JIANZHU LIXUE

最新规范

全国大学版协优秀畅销书

建筑力学（第三版）

主　编　孙　俊　董羽蕙
副主编　李　杰　武晓英
参　编　李凌旭　顾振华　郭瑞霞

重庆大学出版社

内容提要

本书内容涵盖了土建类专业的“理论力学”“材料力学”“结构力学”三门课程的基本内容。全书共分13章，主要包括结构分析的静力学基本知识，平面体系的几何组成分析，静定结构的受力分析，轴向拉压杆的强度计算，弯曲杆的强度计算，结构的位移计算，超静定结构分析，常见结构的计算简图及受力特征等内容。另将扭转杆的强度计算，组合变形杆的强度计算，移动荷载作用下静定梁的计算，压杆稳定等内容作为选讲内容，可供不同专业选用。

本书可作为工程管理、交通工程、给水排水工程、建筑学等近土木专业的本科学生的建筑力学教材，也可满足土木工程专业专科建筑力学的要求，同时可供从事土建类工程的技术人员参考。

图书在版编目(CIP)数据

建筑力学/孙俊，董羽蕙主编.—3版.—重庆：重庆大学出版社，2016.8(2022.7重印)
高等学校土木工程本科规划教材
ISBN 978-7-5624-9820-9

Ⅰ.建… Ⅱ.①孙… ②董… Ⅲ.①建筑科学—力学—高等学校—教材 Ⅳ.①TU311

中国版本图书馆CIP数据核字(2016)第119918号

建筑力学
(第三版)

主　编　孙　俊　董羽蕙
副主编　李　杰　武晓英
参　编　李凌旭　顾振华　郭瑞霞
责任编辑：鲁　黎　版式设计：鲁　黎
责任校对：谢　芳　责任印制：张　策

*

重庆大学出版社出版发行
出版人：饶帮华
社址：重庆市沙坪坝区大学城西路21号
邮编：401331
电话：(023)88617190　88617185(中小学)
传真：(023)88617186　88617166
网址：http://www.cqup.com.cn
邮箱：fxk@cqup.com.cn(营销中心)
重庆华林天美印务有限公司印刷

*

开本：787mm×1092mm　1/16　印张：23.5　字数：557千
2005年8月第1版　2016年8月第3版　2022年7月第17次印刷
印数：31 501—32 500
ISBN 978-7-5624-9820-9　定价：49.80元

土木工程专业本科系列教材

编审委员会

第三版前言

根据各高校转型发展对近土木类专业“建筑力学”的要求，本教材在进行第3版修订时，按照建筑力学的研究对象和任务，适当调整了教材内容体系。更加注重应用型人才培养对教学的要求，更加方便不同专业、不同学时要求对教材内容的取舍。教材修订中，调整了部分例题、习题，更加突出“让读者通过对简单问题的分析建立结构力学分析基本概念、基本分析方法”的教材编写原则。对一些未涉及的问题，在每章结束处以可深入讨论的问题提出，以鼓励学生自学。此外，新增了建筑力学基本实验指导，以方便教师教学。

本次修订由孙俊、董羽蕙老师任主编，李杰、武晓英老师任副主编。参与本次修订工作的人员有云南大学滇池学院孙俊（第4、9章）、李杰（第6、11章及附录2）、武晓英（第2、10章及附录1）、李凌旭（第5章）老师，昆明理工大学董羽蕙（第7、8章）老师，昆明理工大学津桥学院的顾振华（第3章、部分习题答案）、郭瑞霞（第12章、部分习题答案）。

部分使用本教材的教师对本次修订工作提出了非常宝贵的意见和建议，在此表示衷心地感谢。由于编者水平有限，书中不足之处，仍望读者指正。

编　者

2016年2月

第二版前言

教材是在第一版的基础上，根据部分院校使用情况进行修订的。修订原则是保持第一版的特色，同时强调基本概念、基本理论的运用，强调便于学生自学。修订中对各章节的文字、公式、图形进行了认真检查、纠错。对部分章节的内容进行了一些调整，力求使文字更加准确、通顺。对部分习题进行了调整增补，使其能更好地与教学内容配套。

参与本次修订工作的主要有昆明理工大学的孙俊（第1、3、4章）、郑辉中（第2、5、6、7章）、董羽蕙（第9、11、12章）老师、昆明理工大学津桥学院的顾振华（第10章、部分习题答案）、郭瑞霞（第8章、部分习题答案）老师。由孙俊、郑辉中统稿。部分使用本教材的老师对本次修订工作提出了非常宝贵的意见和建议，在此表示衷心地感谢。由于编者水平有限，书中不足之处，望读者指正。

编　者

2013年7月

前言

高校“建筑力学”课程是工程管理(工程造价、房地产管理)专业、交通工程专业、给水排水工程专业、建筑学专业等近土木专业的一门必修的专业基础课。课程内容涵盖了土木工程专业的“理论力学”“材料力学”“结构力学”三门课程。本教材将从力学知识的统一性和连贯性出发,考虑力学知识自身的内在联系,淡化理论力学、材料力学和结构力学三者之间的明显分界,精选静力学、材料力学、结构力学的有关内容贯通汇成一体,形成建筑力学新体系。根据近土木类专业对“建筑力学”的要求,既注意力学理论的系统性,也避免求全。重点放在使学生建立力学的基本概念、掌握基本理论及基本计算方法。同时了解各种结构的受力特征、变形特征,建立构件和结构的强度、刚度、稳定性的概念,为后续课程打下良好力学基础。另外,本教材在内容上将注意尽可能减少不必要的重叠,在突出概念及应用的同时,将繁杂的计算交由计算机解决。对一些难度较大或需进行大篇幅理论推导的问题本书一般未涉及,而在书末指出相关参考书目,以满足不同专业的教学要求,同时有助于不同层次的学生选学,培养学生的自学能力。

本书由昆明理工大学教师孙俊(第1、4、10章)、郑辉中(第2、5、7章及附录)、董羽蕙(第3、9、11章)、寸远鹏(第6、11、12章)和刘铮(第13章)编写,由孙俊、郑辉中、董羽蕙统稿。在编写过程中,各位参编教师参考了大量的相关教材,注重吸取各家之长,一些同学对本书提出了许多宝贵意见,对本书的定稿工作起了很大的作用,在此谨向各参考文献的作者、为本书提供帮助的老师和同学表示衷心的感谢,向重庆大学出版社表示衷心的感谢。由于时间紧迫,加之编者水平有限,书中可能存在错误和不妥之处,敬请广大读者予以批评指正。

编　者

2005年6月

目录

第1章 绪论

1.1 建筑力学的研究对象、任务及特点

1.1.1 引 言

建筑物是人类在生活时所必需的、为实现某种目的而形成的空间。一个优秀的建筑不仅可实现预期的目的，甚至可以对一个国家的政治、经济、文化等产生重大的影响。如著名的巴

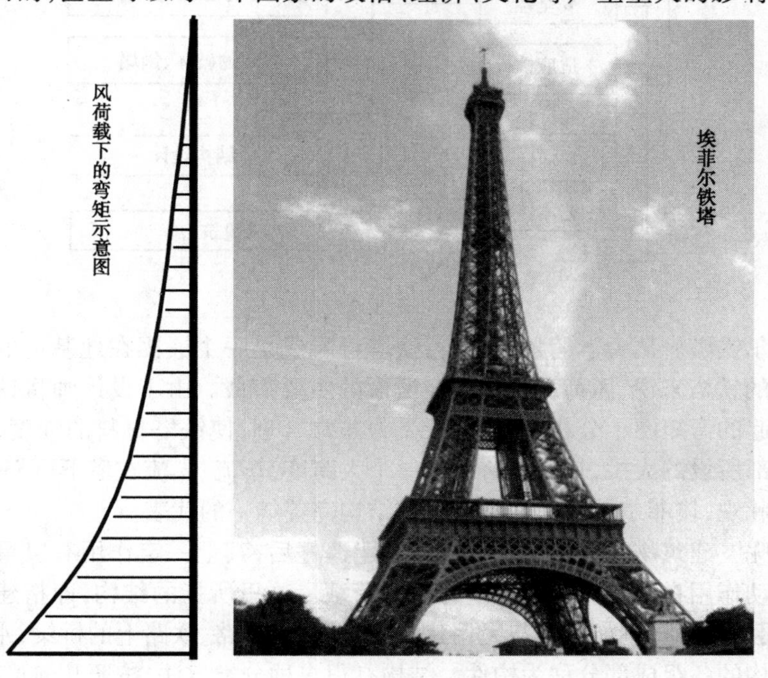

图1.1

黎埃菲尔铁塔(见图1.1),原设计是1889年巴黎博览会临时的标志性建筑,高320 m,用钢量9 000 t,它不仅满足了当时博览会的要求,而且以其造型优美、结构合理,更由于其建筑与结构的完美统一而被世人称颂,人们一看到铁塔,就会想到巴黎,想起法国;一提到法国,就会想到巴黎,想起埃菲尔铁塔。如今埃菲尔铁塔已成为巴黎和法国的象征。对建筑物或说对人类生活空间的设计,取决于设计者对人类和人类生活的理解。建筑物设计的根本思想在古代就已确立。例如,罗马的维特鲁维亚(Vitruvius)(生于公元前60年)在其著作中就列举了建筑设计的目标——坚固、功能、经济及美观。这一思想方法至今未变。当今时代,世间各式各样的建筑,均需满足安全性、适应性、经济性、舒适性、艺术性等要求。

在建筑所要满足的要求中,安全是第一位的。早在公元前1600年,世界四大文明古国之一古巴比伦,其第六代国王汉谟拉比王所制定的法典——汉谟拉比法典中就有规定:由于建筑家的错误,致使房屋倒塌死人时,对建筑家可以处以死刑。我国重庆的彩虹桥垮塌事件,也有人为此坐牢、直至被判处死刑。由此可见安全的重要性。就安全性而言,随着社会的不断进步,人类对生活质量的要求不断提高,当今对安全的理解比罗马时代的坚固有了扩展,其内容包括了化学问题(例如发生火灾时的有毒气体)、物理问题(跌倒、摔伤、热)等,但最基本的还是“坚固”,要求建筑物在其设计使用期限内,保证安全,不至于破坏、倒塌。这一保证的实现首先靠**结构设计**,而结构设计的理论基础则是**力学**(见图1.2)。

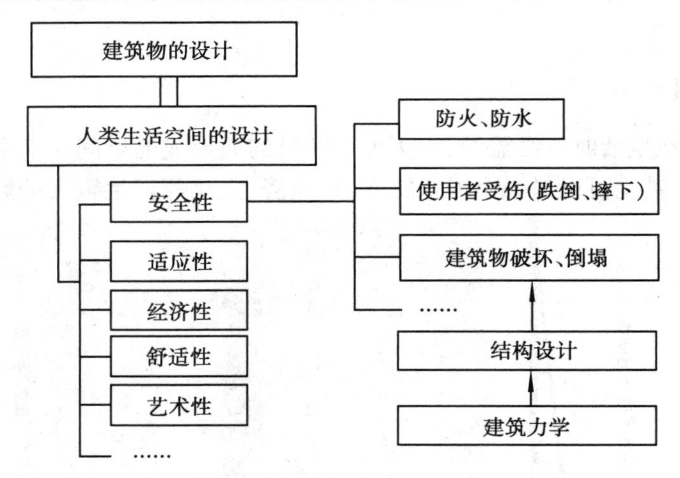

图1.2

再谈埃菲尔铁塔。从力学的角度分析,铁塔可看成是一个嵌固在地基上的悬臂结构。对于高为320 m的铁塔来说,风荷载将是其应考虑的主要荷载。由于设计师将铁塔的外形设计成与风荷载引起的弯矩图十分相似的形状,受力非常合理,使铁塔材料的强度、刚度得以充分利用。塔身底部所设的大拱,轻易地跨越了一个大跨度,车流、人流在塔下可畅通无阻,同时更显铁塔的雄伟壮观,埃菲尔铁塔可谓是建筑与结构完美统一的代表。

何为结构呢?建筑物在其建造过程中以及建造好后,其上一定作用有以重力为主的各种力。我们将主动作用在建筑物上的这些力称为**荷载**。这里所指的**结构**,即指建筑物中承受荷载、起骨架作用的部分。例如工业与民用建筑中的梁柱,公路、铁路上的桥梁,水坝,电视塔等。而其中组成结构的各组成部分称为**构件**。结构有很多种分类方法,按照几何形状可分为3类:

(1)杆系结构

长度方向的尺寸远小于横截面尺寸的构件称为杆件。由若干杆件通过适当方式连接起来组成的结构体系称为杆系结构。杆系结构广泛应用于工业与民用建筑及各种构筑物中,前述埃菲尔铁塔、钱塘江大桥(见图1.3)等均属杆系结构。

图1.3

(2)板壳结构

厚度方向的尺寸远小于长度和宽度方向尺寸的结构。其中表面为平面的称为板,表面为曲面的称为壳。例如一般的钢筋混凝土楼面均为平板结构,一些特殊形体的建筑如悉尼歌剧院、中国国家大剧院等就为壳体结构(见图1.4)。

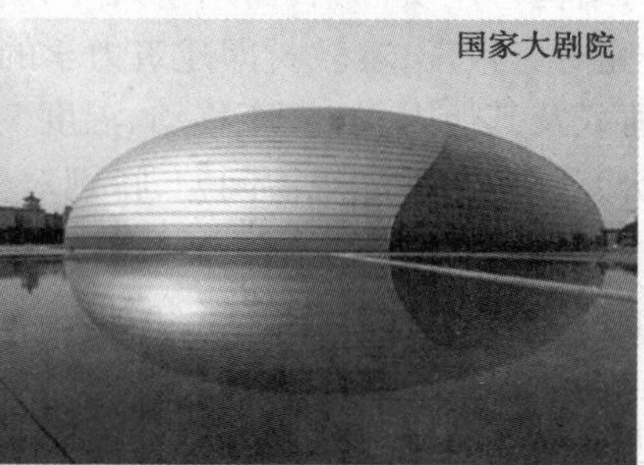

图1.4

(3)块体结构

长、宽、厚三个方向尺寸相近的结构。如水坝、护堤、挡土墙、一些建筑物基础等均为块体结构(见图1.5)。

结构能否安全工作,主要取决于构件能否安全工作以及结构的组成是否合理。若组成不合理,无论各构件能承受多大的力,也不能成为结构。对构件而言,能否安全工作,主要取决于以下3个方面:一是作用在结构上的荷载的大小,其他条件不变,荷载越大,越不安全;二是构件的横截面形状及面积大小,荷载、材料相同的情况下,截面越大越安全;三是构件所用材料的力学性能,材质越好,构件越安全。同样粗细的铁棒比木棒结实。

上述三个因素中,荷载属破坏因素,构件的截面形状尺寸及材质是抵抗破坏的因素,三者之间关系的合理化,是构件安全工作的保障。

图 1.5

1.1.2 研究对象及任务

为了保证建筑结构的安全,需要对结构进行组成分析、受力分析,需要对组成结构构件的材料的力学性能进行研究。从古至今,人类一直很关注建筑材料的力学性能及各种结构的受力特征,以使各种建筑材料在建筑结构中充分发挥其作用。例如,在古代,用得最多的建筑材料是石材。石材的力学性能是:抗压能力强,抗拉能力弱。拱型结构的受力特征是构件内部以受压为主,因此早期的石材建筑大多以拱型结构为主。如梵蒂冈的圣彼得大教堂、罗马的圣母之花大教堂,其屋顶基本是拱型穹顶;中国古代的赵州桥是石拱桥。房屋建筑中的梁,在自重作用下,其受力特征为:上部受拉,下部受压,此时抗拉性能弱的砖、石、素混凝土不能用作梁,我们采用钢筋混凝土。梁下部的拉力就可主要由钢筋来承担,上部的压力主要由混凝土来承担。大跨结构不用实体梁,而用桁架等。总之,建筑结构的设计离不开力学。力学用于建筑工程,其研究对象很广,本教材即建筑力学的研究对象为杆状构件及杆系结构。主要任务是研究它们在荷载及其他因素(支座移动、温度变化等)作用下的工作状况,可归纳为以下几个方面:

①研究结构的组成规律问题,特别对杆系结构,必须保证所设计的杆件体系能承受荷载作为结构。

②结构受力分析的相关概念和基础理论问题。包括静力学的基本公理、力系的简化与平衡。

③强度问题。强度是指在外力作用下结构或材料抵抗破坏的能力,与结构、构件的材料性质、截面形状、几何尺寸及所承受的荷载有关。研究结构的强度问题,须讨论结构的材料性质,截面的几何性质,计算约束反力、内力、应力。

④刚度问题。刚度指结构或构件抵抗变形的能力。结构满足了强度条件,即保证了在设计荷载作用下不致破坏;但若变形过大,超出所规定的范围,也会影响正常的工作和使用。研究刚度问题,主要讨论杆件变形、应变及结构的位移计算等问题。

⑤稳定性问题。保证结构不能丧失稳定。

当然,一栋建筑的最终落成,必须要经过立项、设计、施工三大过程。它既是建筑功能、工程技术和建筑艺术的综合,也是建筑、结构、设备、施工、监理等各专业工种的综合。在设计阶段需要依据力学进行结构分析,在施工过程中,同样需要力学。例如,吊装一根梁,既要保证平稳的吊装,更要保证在吊装过程中梁不被破坏,吊索如何拴;预制板的铺设,保证主筋在下部等。另外,建筑物在使用过程中,由于受到各种各样因素的影响,会出现开裂、破坏,甚至倒塌。热加工车间的温度应力问题,地基的不均匀沉降造成建筑物的倾斜、倒塌,地震造成建筑物的破坏等，也需要我们用力学知识，用工程经验去进行分析、研究、总结。总之，对于从事建筑工程类工作的专业技术人员，除应对本专业有较深的造诣外，还应对建筑结构给予足够的重视，熟悉各种建筑结构的基本受力、变形特征、规律。一个优秀的建筑工程师，必须是一个优秀的结构分析家。

1.1.3　特　点

建筑力学是建筑工程类专业的一门主要专业基础课。之所以称其为专业基础课，一方面它为后续专业课程提供力学基础，学好建筑力学，掌握杆系结构的计算原理和方法是学好后续课程的必备条件。另一方面，它将直接用于工程实际。建筑力学的特点是：理论概念性较强，方法技巧性要求高。理论概念需要通过练习来加深理解，方法技巧则需要多做练习来熟练掌握，特别希望读者注意从具体算法中学习分析问题的一般方法和解题思路，由此及彼，学会由特殊到一般，从而培养分析和解决问题的能力。

1.2　力的基本概念及结构分析中的基本假设

1.2.1　力的基本概念

在中学，我们学习过力的概念，它是物体间相互作用的结果。人们不可能用眼睛直接看到它，却可以用身体感觉到它的存在，用眼观察到它的作用效果（称为**力的效应**）。力的基本效应有二：一是可使物体运动（移动、转动）；二是可使物体变形（拉伸、压缩、弯曲等）。如何确定力的作用呢？以手指推动盒子为例，从它的运动效应来说，推力的大小不同，盒子运动快慢不同；推力方向不同，盒子运动方向不同；手指位置不同，运动形式不同。因此要度量一个力，需要同时考虑三个方面，称为**力的三要素**：大小、方向、作用点。为便于用图来表现力，人们使用了箭头符号，用带箭头的直线段来表示力。规定线段的长度表示力的大小，箭头的方位及指向表示力的方向，箭头线段的起点或终点表示力的作用点。

人们把具有大小、方向的量称为向量（矢量），例如力、速度等均为矢量，而把只考虑大小的量称为标量。例如，时间、质量、温度等都是标量。矢量与标量的计算规则完全不同，这一点将在后面的章节中介绍。

无论建筑结构受何种荷载作用，最终都要传到地基上，由地基产生抵抗荷载的反作用力（称为**约束反力**）作用在建筑结构上。荷载及约束反力统称为作用在结构上的**外力**，它们使建筑物相对于地球不会运动。我们称结构在外力作用下处于“**平衡状态**”。本教材从力的作用效应这一角度来说，主要研究结构在荷载作用下处于平衡状态时其约束反力的计算及在平衡状态下力的变形效应。由力的变形效应可知，结构或构件在外力作用下，将发生变形，与此同时，其内部各部分间将产生相互作用力，此相互作用力称为**内力**。也就是说，建筑力学所研究的内力是由外力（包括温度变化、支座移动等其他因素）引起的，内力将随外力的变化而变化，外力增大，内力也增大，外力去掉后，内力将随之消失。并且内力总是与变形同时产生，对变形起抵抗和阻止作用。

1.2.2 结构分析中的基本假设

工程实际中的建筑结构存在各种各样的形式，使用各种各样的材料，同时受各种外界因素的影响。因此要想对结构的受力进行完全真实的分析相当困难，有时甚至是不可能的。在对结构受力进行分析时，必须采用抽象化和数学演绎的方法，对其进行简化计算。抽象化的方法，就是分析问题时，在一定的研究范围内，根据所研究问题的性质，抓住主要的、起决定作用的因素，而忽略次要的、偶然发生的因素，做出一些假设，将复杂的真实物体看成只具有某些主要性质的理想物体，从而深入事物的本质，探究其内在联系。需要注意两点：一是实践是检验真理的标准，抽象必须是“科学的抽象”，任何假设都不应该是主观臆想的，它必须建立在实践的基础上。同时，在假设基础上得出的理论结果，也必须经过实践来验证。二是不同的分析阶段，人们的关注点不同，取舍不同，得出的力学模型也不尽相同。在本教材所涉及的内容中，主要作了以下简化和基本假设：

1）刚体与变形体

宇宙间的万物，在外力或其他某些特定因素影响下，一定会发生变形。但由于这些变形与物体原来的几何尺寸相比极小，在研究杆件系统如何组成承载体系及建筑结构的整体平衡、计算约束反力时，忽略其变形不会影响分析结果的可靠性，此时就将结构或构件视为不变形的物体，称为**刚体**。有的书将平面刚体称为刚片。反之在研究力的变形效应，即研究结构的强度、刚度及稳定性等问题时，变形成为所研究的基本性质之一而不能忽略。在这一阶段，我们将构件及结构视为可变形固体，简称**变形体**。

2）连续、均匀假设

连续是指材料内部没有空隙，均匀是指材料的性质各处都一样。连续均匀假设即认为物体在其整个体积内毫无空隙地充满了物质，且物体的性质各处一样。

实践证明，在工程中将构件抽象为连续、均匀的变形体，所得到的结果都是令人满意的。由于采用了连续、均匀假设，我们就可以从物体中截取任意微小部分进行研究，并将其结果推广到整个物体；同时，也可以将那些用大尺寸试件在实验中获得的材料性质，用到任何微小部分上面。

3）各向同性假设

各向同性假设即认为材料沿不同方向具有相同的力学性质。常用的工程材料如钢、塑料、玻璃以及浇注得很好的混凝土等，都可认为是各向同性材料。如果材料沿不同方向具有不同的力学性质，则称为各向异性材料。我们这里所研究的，将主要限于各向同性材料。

由于采用了上述假设，大大便利了理论的研究和计算方法的推导。尽管在建筑力学中所得出的一些计算方法只具有近似的准确性，但对工程来说，它的精确程度可满足一般的要求。

第 2 章 结构分析的静力学基本知识

2.1 静力学的基本公理

所谓公理就是指符合客观实际,且不可能用更简单的原理去解释,既不可能证明也无须证明而为大家所公认的普遍规律。下面将要介绍的静力学基本公理,是人们关于力的基本性质和基本关系的概括和总结,它们构成了静力学全部理论的基础。静力学的所有推理及定理都是通过数学方法,在这些公理的基础上推导出来的。准确理解这些公理,对于熟练掌握和应用静力学的知识去解决工程问题是十分重要的。

公理 1　二力平衡公理

作用在同一刚体上的两个力,使刚体保持平衡的必要且充分的条件是:这两个力大小相等,方向相反,且作用在同一直线上。两个力的平衡有两种可能的状态,如图 2.1 所示。

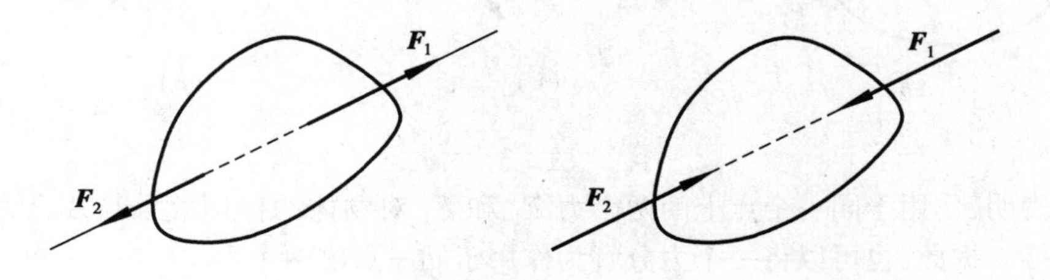

图 2.1

二力平衡的矢量关系表达式可写为

$$\boldsymbol{F}_1 = -\boldsymbol{F}_2 \tag{2.1}$$

其中的负号表示方向相反。

公理 1 揭示了作用在物体上的最简单的力系平衡时必须满足的条件。对于刚体,公理 1 中的条件是必要与充分的;但对于变形体这却只是个必要而不充分的条件。也就是说,受两个力作用的变形体,如果要平衡则必须满足这个条件,但满足了此条件的变形体却不一定能平衡,如气球的受压,在平衡之前要经历一个变形的过程。

二力平衡公理是一切复杂力系平衡的基础法则。由二力平衡公理可以直接得出两个有用的推论：

推论1 忽略自重的直杆，若只在两端点受力下保持平衡，则两端点的作用力必须大小相等，方向相反，且沿着杆的轴线，如图2.2(a)所示。这样的直杆称为**二力杆**。

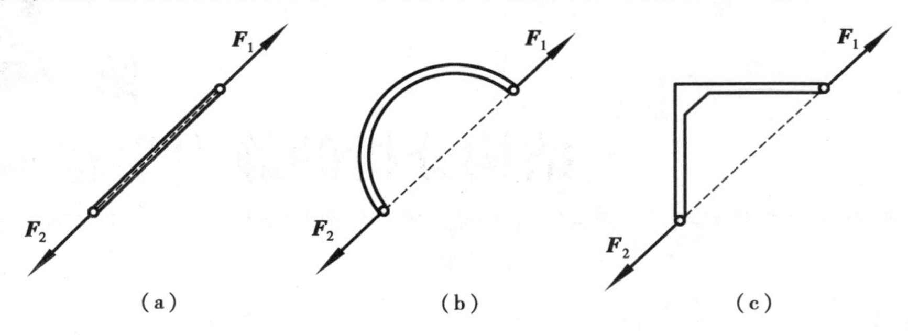

图2.2

推论2 忽略自重的构件，若只在两点的受力下保持平衡，则两点的作用力必须大小相等，方向相反，且沿着两点的连线，如图2.2(b)、(c)所示。这样的构件称为**二力构件**。

公理2 平行四边形法则

作用于物体上同一点的两个力，可以合成为作用于该点的一个合力，其大小和方向可由以这两个力为邻边所构成的平行四边形的对角线表示，如图2.3(a)所示。公理2所表述的法则，也是一般矢量合成的法则，即和矢量等于分矢量的矢量和，合成的矢量关系式为

$$\boldsymbol{F}_R=\boldsymbol{F}_1+\boldsymbol{F}_2 \tag{2.2}$$

而数量关系即三个矢量大小之间的关系由平行四边形的几何关系确定。

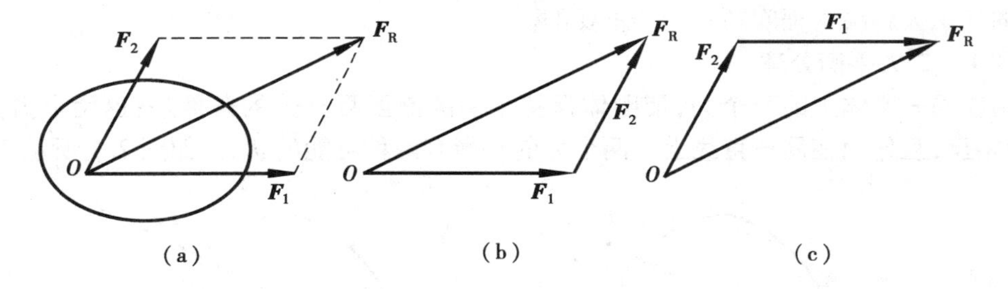

图2.3

公理2表明，作用于同一个点上的两个力 $\boldsymbol{F}_1$ 和 $\boldsymbol{F}_2$ 对物体的作用效果与其合力 $\boldsymbol{F}_R$ 等效，所以可以替换。据此，也可以将一个力分解为作用于同一点的两个力。

公理2平行四边形法则是一切力系分解、合成及简化的基础法则。由平行四边形法则可以演绎出另外两个推理：

推理1 力的三角形法则 在利用几何关系求合力时，无须作平行四边形，只须将其中一个力平行移动至与另一个力首尾相接，并从前一个力的起始点向后一个力的矢端作一个矢量，画出平行四边形的一半即三角形就可以了，这个矢量就是合力 $\boldsymbol{F}_R$，如图2.3(b)、(c)所示。

推理2 力的多边形法则 设一平面汇交力系，所有力的作用线共面且汇交于一点 O，如图2.4(a)所示。根据平行四边形法则，力系中的每两个力可以合成为一个合力，逐步两两合成，最终可以合成为一个合力。

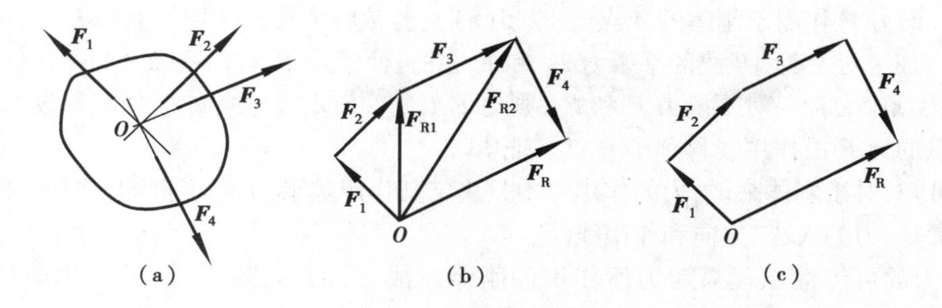

图 2.4

直接应用平行四边形法则并不方便，而利用力三角形法则，将这些力依次两两合成，能够较为简捷地得到该力系的合力 $\boldsymbol{F}_R$，如图 2.4(b)所示。为了更快地得到合力，可以将中间过程省去，直接将各个力按任意的顺序平行移动至首尾相接，得到一条不封闭的折线，然后从第一个力的起始点向最后一个力的矢端作一个矢量使折线封闭成多边形，这条封闭边矢量就是力系的合力 $\boldsymbol{F}_R$，如图 2.4(c)所示。这种确定合力的方法就称为**力多边形法则**。

力多边形法则可以用于由 n 个力构成的平面汇交力系的合成，结论如下：**平面汇交力系可以合成为一个通过汇交点的合力，合力等于分力的矢量和**，即

$$\boldsymbol{F}_R = \boldsymbol{F}_1 + \boldsymbol{F}_2 + \cdots + \boldsymbol{F}_n = \sum_{i=1}^{n} \boldsymbol{F}_i \tag{2.3}$$

合力的大小和方向由力多边形法则及其几何关系确定。这样的计算方法称为**几何法**。

公理 3　加减平衡力系公理

在作用于刚体的已知力系上，加上或除去任何平衡力系，不会改变原力系对刚体的作用效果。

公理 3 表明，在原有力系上加上(减去)平衡力系而形成的新力系与原力系等效，可以替换。所以，公理 3 是对力系进行简化的重要法则，即在等效的前提下，可以用简单的力系去替换复杂的力系。

显而易见，公理 3 只适用于刚体，对变形体来说是不成立的。

根据公理 3 可以推导出两个重要的推理：

推理 1　力的可传性原理

作用于刚体上的力，可以沿其作用线移到刚体内的另一点，而不改变其对刚体的作用效果。

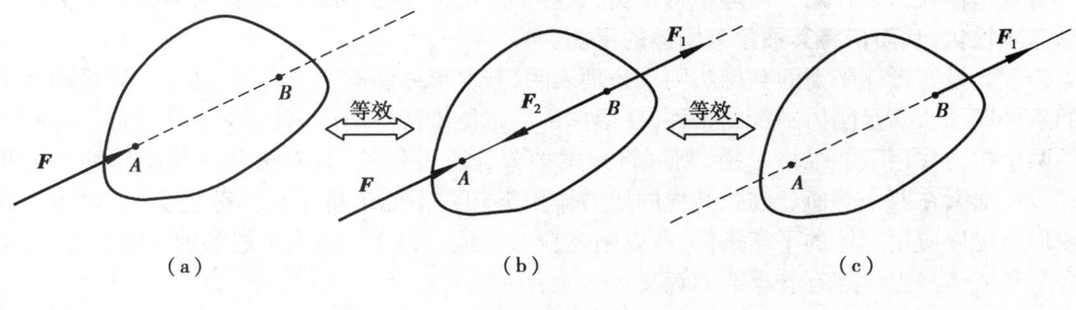

图 2.5

证明 设力 $\boldsymbol{F}$ 作用于刚体的 A 点(图2.5(a)),若欲将力移到作用线上的 B 点,可根据公理3在 B 点加一对沿着 AB 线的平衡力 $\boldsymbol{F}_1$ 和 $\boldsymbol{F}_2$,并且使 $F_1=F_2=F$(图2.5(b))。再根据公理3,从该力系中去掉一对平衡力 $\boldsymbol{F}$ 和 $\boldsymbol{F}_2$,则力 $\boldsymbol{F}_1$(图2.5(c))与原来的力 $\boldsymbol{F}$ 等效,即把原来作用在 A 点的力 $\boldsymbol{F}$ 沿作用线移到了 B 点。证毕。

由此可知,对于刚体来说,力的作用点不是决定其作用效果的要素,因此,作用于刚体上的力的三要素是:力的大小、方向和作用线。

另外,力的可传性原理只对力所作用的刚体才成立,而不能将力沿其作用线移到别的刚体上。

推理2 三力平衡汇交原理

作用于刚体上的三个不平行的力构成的力系,其中两个力的作用线汇交于一点,若此三力要构成平衡力系,则第三个力的作用线必须与前两个力共面,且必须通过汇交点。

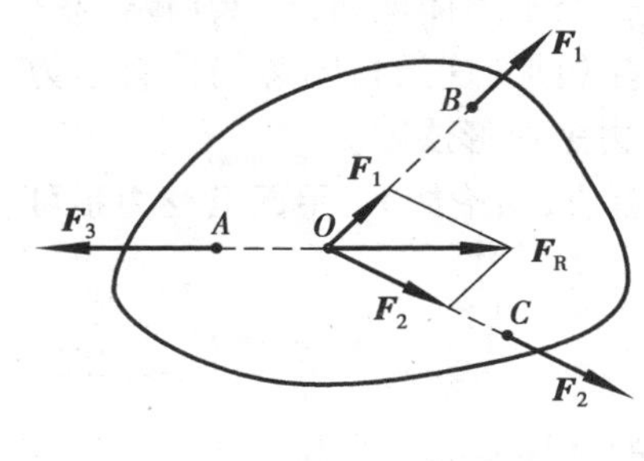

图2.6

证明 设在刚体的 A、B、C 三点上,分别作用三个不平行的力 $\boldsymbol{F}_1$、$\boldsymbol{F}_2$、$\boldsymbol{F}_3$(图2.6),根据力的可传性,将力 $\boldsymbol{F}_1$ 和 $\boldsymbol{F}_2$ 移到汇交点 O,然后根据平行四边形法则,得 $\boldsymbol{F}_1$ 和 $\boldsymbol{F}_2$ 的合力 $\boldsymbol{F}_R$。再根据二力平衡公理,若第三个力 $\boldsymbol{F}_3$ 要与 $\boldsymbol{F}_R$ 平衡,则两个力必须共线,即力 $\boldsymbol{F}_3$ 的作用线必定在 $\boldsymbol{F}_1$ 和 $\boldsymbol{F}_2$ 所构成的平面内,且通过汇交点 O。证毕。

必须指出的是,三力平衡汇交原理只是三个不平行的力平衡的必要条件,而不是充分条件,即三个共面汇交的力并不一定能构成平衡力系。此外,若三个力中有两个力是平行的,则平衡的必要条件是第三个力与前两个力共面且平行(请读者自行证明)。

公理4 作用和反作用定律

两物体相互间的作用力与反作用力总是大小相等、方向相反、沿着同一直线,并分别作用在这两个物体上。

公理4是一切物体系统受力分析的基础法则,其表明作用力和反作用力总是成对出现、同时存在、同时消失,且分别作用在不同的物体上。对于不同的物体而言,作用力与反作用力并不是一对平衡力。但是,相对于包含这两个物体的系统而言,作用力与反作用力就是一对平衡力,根据公理3,这两个力可以同时撤掉。所以,系统内部各部分之间的相互使用力不应画出。

公理5 刚化原理

若变形体在力系作用下能够维持平衡,且变形后的形态能够维持住,则可将变形体变形后的形态刚性化,从而仍将其抽象为刚体的平衡。

公理5是变形体平衡的基础法则。公理表明,若变形体能够维持平衡,其一定满足刚体平衡的条件;反之,满足刚体平衡的条件,变形体不一定能维持平衡。例如,绳索在等值、反向、共线的两个拉力作用下能维持平衡,则可将绳索抽象为不可伸长,其平衡状态与刚体的平衡相同;反之,绳索在两个等值、反向、共线的压力作用下却并不能维持平衡。综上所述,对于平衡的变形体可以应用刚体的平衡条件,所以刚体静力学是一切变形体力学的基础,这对于弹性体静力学和流体静力学都有着重要的意义。

2.2 力系与力系的简化

同时作用于刚体上的若干个力称为力系，诸力作用线在同一平面，称为平面力系；作用线不在同一平面，称为空间力系；作用线汇交于一点，称为汇交力系；作用线互相平行，称为平行力系；作用线既不汇交又不平行，称为任意力系。若两力系分别使一刚体在相同的初始运动条件下产生相同的运动则称为等效力系。力系的简化是把一个复杂的力系化为一个简单的**等效力系**。简化的手段包括分解、合成和等效替换。简化必须以基本公理、推理和定理为依据。

2.2.1 力的分解与投影 合力投影定理

(1)力的分解与投影

根据平行四边形法则和力的可传性原理，两个作用线相交的力可以合成为一个合力。反之，一个力也可以任意分解为两个分力。若给定其中一个分力的方向和大小，那么分解结果就是唯一的，即另一个分力的方向和大小就是确定的；若给定两个分力的方向，那么分解的结果也是唯一的，即两个分力的大小就是确定的。

在实际运用当中，一般采用正交分解，即两个分力的作用线相互垂直。为此，设立正交坐标轴 x 和 y，正交分解即沿坐标分解，两个分力称为力 $\boldsymbol{F}$ 的**坐标分量**，记为矢量 $\boldsymbol{F}_x$ 和 $\boldsymbol{F}_y$，如图2.7(a)所示。

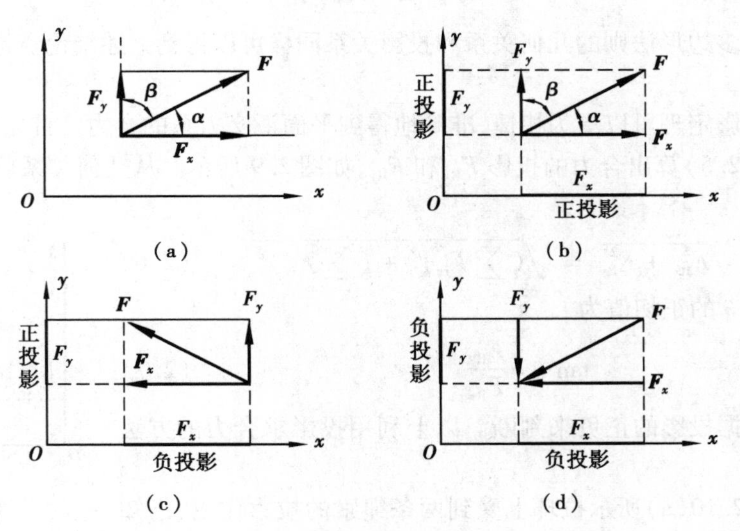

图2.7

力 $\boldsymbol{F}$ 在坐标轴上的垂直影像称为**投影**，分别记为 F_x 和 F_y，如图2.7(b)所示。若已知力 $\boldsymbol{F}$ 与坐标轴的夹角 α 和 β，则力在坐标轴上的投影为

$$\left.\begin{aligned} F_x &= F\cos\alpha \\ F_y &= F\cos\beta = F\sin\alpha \end{aligned}\right\} \tag{2.4}$$

显然，投影是代数量，若力 $\boldsymbol{F}$ 与坐标轴的夹角小于90°，则投影为正值；若夹角大于90°，则投影为负值。这表明，若坐标分量的指向与坐标轴一致，则对应的投影为正值；若坐标分量的

指向与坐标轴相反,则对应的投影为负值(图 2.7(c)、(d))。反过来说,若投影为正值,就表明坐标分量的指向与坐标轴一致;若投影为负值,就表明坐标分量的指向与坐标轴相反。**在直角坐标系中,投影的长度代表坐标分量的大小,投影的正负号代表坐标分量的指向。**所以,投影是分力的代数表示法,这正是投影的意义所在。

(2)合力投影定理

合力在某坐标轴上的投影等于所有分力在同一坐标轴上投影的代数和。

证明 设某平面汇交力系($\boldsymbol{F}_1,\boldsymbol{F}_2,\cdots,\boldsymbol{F}_n$),其合力等于分力的矢量和,即

$$\boldsymbol{F}_R = \boldsymbol{F}_1 + \boldsymbol{F}_2 + \cdots + \boldsymbol{F}_n = \sum \boldsymbol{F}_i$$

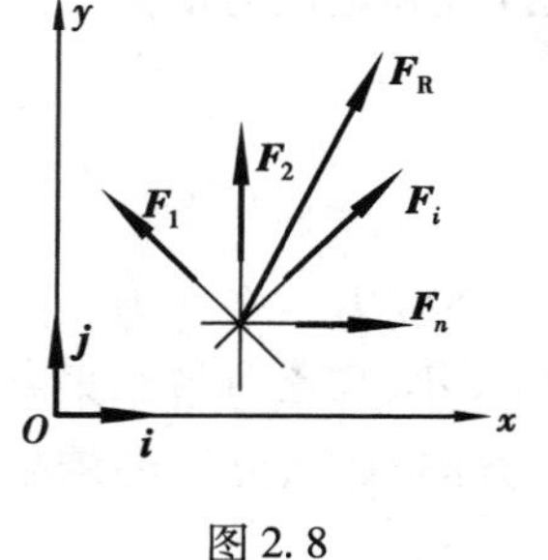

图 2.8

设直角坐标 x、y,单位矢量为 $\boldsymbol{i}$、$\boldsymbol{j}$(图 2.8)。将上式右边所有的分力写成解析式

$$\boldsymbol{F}_i = F_{ix}\boldsymbol{i} + F_{iy}\boldsymbol{j} \quad (其中\ i=1,2,\cdots,n)$$

将左边的合力也写为解析式

$$\boldsymbol{F}_R = F_{Rx}\boldsymbol{i} + F_{Ry}\boldsymbol{j}$$

则有

$$F_{Rx}\boldsymbol{i} + F_{Ry}\boldsymbol{j} = \sum (F_{ix}\boldsymbol{i} + F_{iy}\boldsymbol{j}) = (\sum F_{ix})\boldsymbol{i} + (\sum F_{iy})\boldsymbol{j}$$

对比等式两边 $\boldsymbol{i}$、$\boldsymbol{j}$ 的系数,有

$$\left.\begin{aligned} F_{Rx} &= \sum F_{ix} \\ F_{Ry} &= \sum F_{iy} \end{aligned}\right\} \tag{2.5}$$

定理证毕。从力多边形法则的几何关系和投影关系同样可以得到上述结论。请读者自行进行论证。

利用合力投影定理可以更为快捷、准确地得到平面汇交力系的合力。首先,计算分力的投影,接着由公式(2.5)算出合力的投影 F_{Rx} 和 F_{Ry},如图 2.9 所示。从几何关系可以得到合力的大小为

$$F_R = \sqrt{F_{Rx}^2 + F_{Ry}^2} = \sqrt{(\sum F_{ix})^2 + (\sum F_{iy})^2} \tag{2.6}$$

合力与 x 轴夹角 θ 的正切值为

$$\tan\theta = \frac{F_{Ry}}{F_{Rx}} \tag{2.7}$$

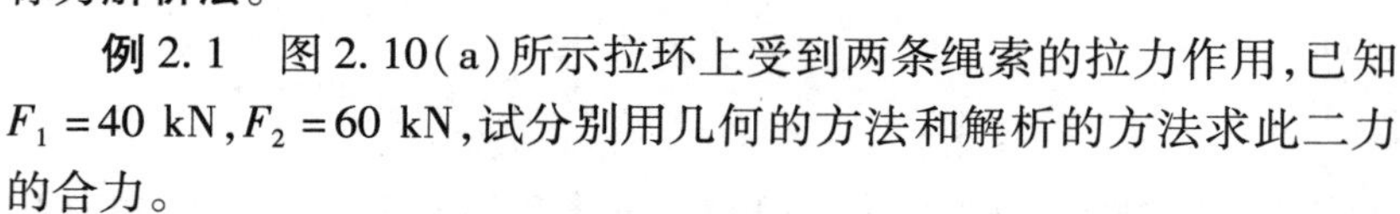

合力的指向可根据投影的正负来判断。以上利用投影求合力的方法称为**解析法**。

图 2.9

例 2.1 图 2.10(a)所示拉环上受到两条绳索的拉力作用,已知 $F_1=40$ kN,$F_2=60$ kN,试分别用几何的方法和解析的方法求此二力的合力。

解 1)解析法 首先在汇交点上建立投影轴并将力沿作用线移到汇交点上(图 2.10(b))。根据合力投影定理可得合力 $\boldsymbol{F}_R$ 在 x、y 轴上的投影分别为

$$F_{Rx} = \sum_{i=1}^{n} F_{ix} = F_1\cos 28^\circ + F_2\cos 62^\circ = 40\times 0.88 + 60\times 0.47 = 63.4(\text{kN})$$

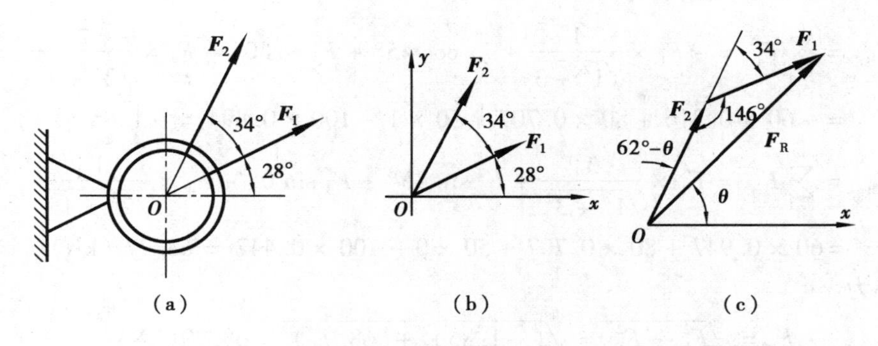

图 2.10

$$F_{Ry} = \sum_{i=1}^{n} F_{iy} = F_1 \sin 28° + F_2 \sin 62° = 40 \times 0.47 + 60 \times 0.88 = 71.6(\text{kN})$$

则,合力的大小为

$$F_R = \sqrt{F_{Rx}^2 + F_{Ry}^2} = \sqrt{63.4^2 + 71.6^2} = 95.6(\text{kN})$$

合力与 x 轴夹角的正切值为

$$\tan\theta = \frac{F_{Ry}}{F_{Rx}} = \frac{71.6}{63.4} = 1.13 \quad (\text{第一象限角})$$

合力与 x 轴的夹角为

$$\theta = 48.5°$$

2)几何法　几何法就是根据力三角形法则或力多边形法则,利用几何关系求解。

将 $\boldsymbol{F}_1$ 平行移动至与 $\boldsymbol{F}_2$ 首尾相接,从 $\boldsymbol{F}_2$ 的起始点向 $\boldsymbol{F}_1$ 的矢端画出合力矢 $\boldsymbol{F}_R$。三个矢量构成了一个三角形(图 2.10(c))。根据余弦定理,合力的大小为

$$F_R = \sqrt{F_1^2 + F_2^2 - 2F_1F_2\cos 146°} = \sqrt{40^2 + 60^2 - 2 \times 40 \times 60 \cos 146°} = 95.8(\text{kN})$$

再根据正弦定理,有如下关系

$$\frac{\sin(62° - \theta)}{40} = \frac{\sin 146°}{95.8}$$

解得

$$\theta = 48.5°$$

例 2.2　图 2.11(a)所示平面汇交力系,已知 $F_1 = 60$ kN,$F_2 = 80$ kN,$F_3 = 50$ kN,$F_4 = 100$ kN。试分别用几何的方法和解析的方法求该力系的合力。

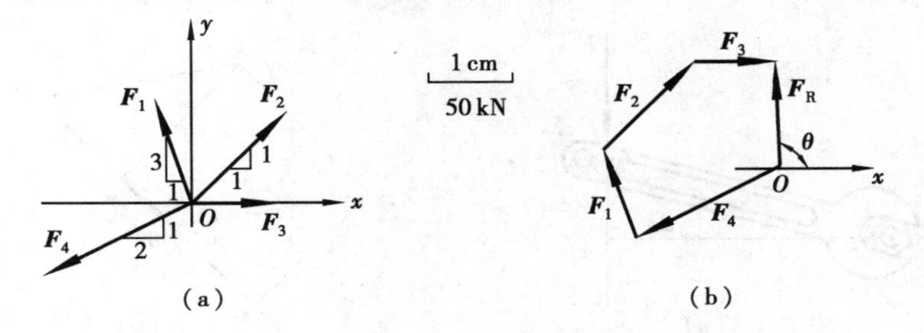

图 2.11

解　1)解析法　合力 $\boldsymbol{F}_R$ 在 x、y 轴上的投影分别为

$$F_{Rx}=\sum_{i=1}^{n}F_{ix}=-F_1\times\frac{1}{\sqrt{1^2+3}}+F_2\cos 45°+F_3\cos 0°-F_4\times\frac{2}{\sqrt{2^2+1^2}}$$
$$=-60\times 0.316+80\times 0.707+50\times 1-100\times 0.894=-1.85\ (\text{kN})$$
$$F_{Ry}=\sum_{i=1}^{n}F_{iy}=F_1\times\frac{3}{\sqrt{1^2+3^2}}+F_2\sin 45°+F_3\sin 0°-F_4\times\frac{1}{\sqrt{2^2+1^2}}$$
$$=60\times 0.947+80\times 0.707+50\times 0-100\times 0.447=68.77\ (\text{kN})$$

合力的大小为

$$F_R=\sqrt{F_{Rx}^2+F_{Ry}^2}=\sqrt{(-1.85)^2+(68.77)^2}=68.79(\text{kN})$$

合力与 x 轴夹角的正切值为

$$\tan\theta=\frac{68.77}{-1.85}=-45.85\quad(\text{第二象限角})$$

合力与 x 轴的夹角为

$$\theta=-88.75°+180°=91.25°$$

2)几何法　设比例尺 1 cm = 50 kN,以 4,1,2,3 的顺序按比例作力多边形(图 2.11(b)),用比例尺量取 $\boldsymbol{F}_R$的长度为

$$F_R=1.36\ \text{cm}\times 50\ \text{kN/cm}=68\ \text{kN}$$

用量角器量得

$$\theta=91°$$

以上方法又称为图解法。请读者以不同的顺序按不同的比例尺重新作图,将会得到同样的结果。

2.2.2　力矩及合力矩定理　力偶及力偶系

(1)平面上力对点之矩

力对物体的作用效果包括移动效应和转动效应,移动的效应与力的大小和方向有关,而转动的效应与什么因素有关?转动的效应如何描述?现以用扳手拧螺母(图 2.12(a))为例来说明。在扳手的臂上施一力 $\boldsymbol{F}$,将使扳手和螺母一起绕螺栓中心 O 点(即绕螺栓的线轴)转动。这就是说,力 $\boldsymbol{F}$ 有使扳手产生绕 O 点转动的效应。经验表明,转动的效应不仅与力 $\boldsymbol{F}$ 的大小有关,而且还与该力的作用线到螺栓中心 O 点的垂直距离 d 有关。从阿基米德杠杆原理中可以发现,转动的效应与这两个因素皆成正比。此外,转动的效应还与转向有关。

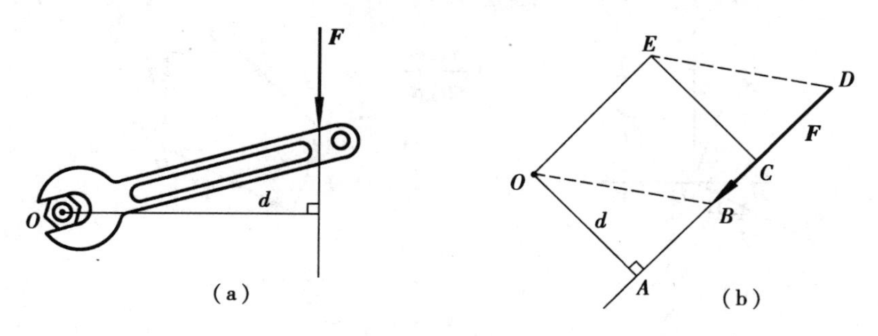

图 2.12

一般地说,任何一个力都具有使物体绕任意一个点转动的效应(图 2.12(b)),如此,可对

力的转动效应作一般性**定义**：

力使物体绕某一点 O 转动的效应可由力的大小 F 与力的作用线到该点的垂距 d 的乘积来度量，称为力 $\boldsymbol{F}$ 对 O 点之矩，用符号 $m_O(\boldsymbol{F})$ 表示，即

$$m_O(\boldsymbol{F}) = \pm F \cdot d \tag{2.8}$$

其中，O 点称为力矩中心，简称矩心，d 称为**力臂或垂距**；力 $\boldsymbol{F}$ 与矩心 O 所决定的平面称为力矩平面；而正负号表示物体绕着矩心（即绕着垂直于力矩平面且过矩心的轴）的转向，一般规定，力使物体绕矩心逆时针转动时力矩为正；反之则为负。所以力矩是代数量。力矩的单位为 N · m或 kN·m。由图 2.12(b)还可以看出，力 $\boldsymbol{F}$ 对 O 点之矩的大小在数值上等于平行四边形 $OBDE$ 的面积，也等于矩形 $OACE$ 的面积。

(2)合力矩定理

平面汇交力系的合力对平面上任一点之矩等于所有分力对同一点之矩的代数和。

证明　任设两个作用于 A 点的力 $\boldsymbol{F}_1$、$\boldsymbol{F}_2$，其合力为 $\boldsymbol{F}_{\mathrm{R}}$。在两个力所构成的平面上任意找一点 O ，连接 OA 作一条直线，垂直于 OA 设为 y 轴（图 2.13）。力 $\boldsymbol{F}_1$ 对 O 点之矩在数值上等于矩形 $OABC$ 的面积，即

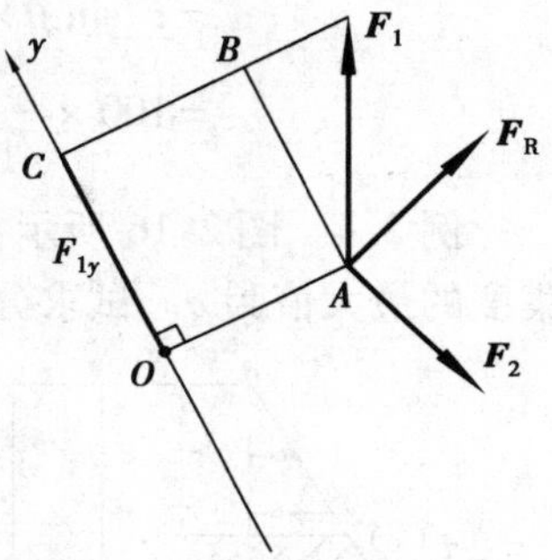

$$m_O(\boldsymbol{F}_1) = F_{1y} \times \overline{OA}$$

同理，有

$$m_O(\boldsymbol{F}_2) = -F_{2y} \times \overline{OA}, m_O(\boldsymbol{F}_{\mathrm{R}}) = F_{\mathrm{R}y} \times \overline{OA}$$

根据合力投影定理，有

$$F_{\mathrm{R}y} = F_{1y} - F_{2y}$$

则　$m_O(\boldsymbol{F}_{\mathrm{R}}) = F_{1y} \times \overline{OA} - F_{2y} \times \overline{OA} = m_O(\boldsymbol{F}_1) + m_O(\boldsymbol{F}_2)$

图 2.13

推广到 n 个力的情形，则有 $m_O(\boldsymbol{F}_{\mathrm{R}}) = \sum_{i=1}^{n} m_O(\boldsymbol{F}_i)$

定理证毕。

若已知力 $\boldsymbol{F}$ 的大小、方向和作用点的坐标 x、y，求力 $\boldsymbol{F}$ 对 O 点之矩时可先将力沿坐标分解（图 2.14），然后根据合力矩定理，有

$$m_O(\boldsymbol{F}) = m_O(\boldsymbol{F}_y) + m_O(\boldsymbol{F}_x) = F_y x - F_x y \tag{2.9}$$

而不必按定义的方法求解。上述表达式称为**力对点之矩的解析表达式**。这种分解的方法称为解析法。

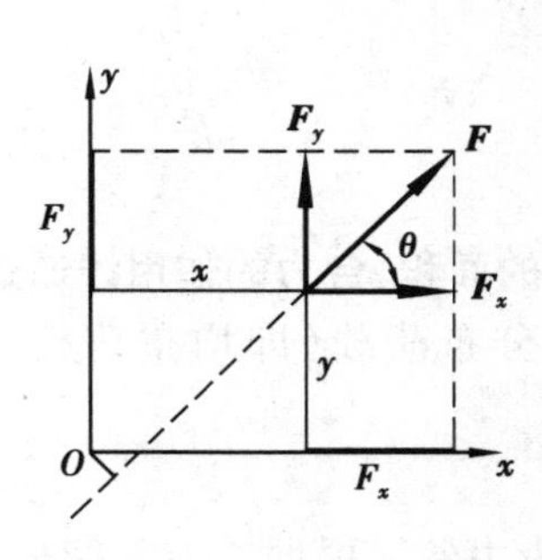

图 2.14

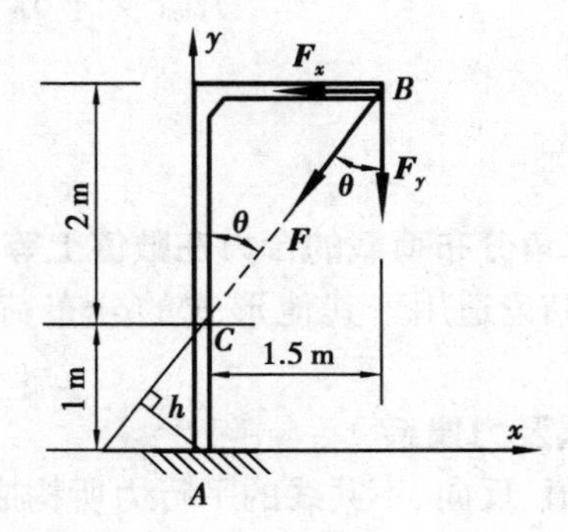

图 2.15

例 2.3　图 2.15 所示支架，A 端为固定端，B 端作用一力 $F=100$ kN。试求 $\boldsymbol{F}$ 对 A 点之矩。

解　1)按定义求解

首先求力的作用线与 A 点之间的垂距 h

$$h=\overline{AC}\sin\theta=1\times\frac{1.5}{\sqrt{1.5^2+2^2}}=0.6(\mathrm{m})$$

则，力 $\boldsymbol{F}$ 对 A 点之矩为

$$m_A(\boldsymbol{F})=F\times h=100\times 0.6=60(\mathrm{kN\cdot m})$$

2)解析法

将力 F 沿坐标分解，则

$$\begin{aligned}m_A(\boldsymbol{F})&=m_A(\boldsymbol{F}_x)+m_A(\boldsymbol{F}_y)\\&=F\sin\theta\times 3-F\cos\theta\times 1.5\\&=100\times\frac{1.5}{\sqrt{1.5^2+2^2}}\times 3-100\times\frac{2}{\sqrt{1.5^2+2^2}}\times 1.5=60(\mathrm{kN\cdot m})\end{aligned}$$

例 2.4　图 2.16 所示挡土墙，墙的高度为 l，沿墙高受三角形分布荷载的作用，分布荷载集度的最大值为 q。试求分布荷载的合力及作用线的位置。

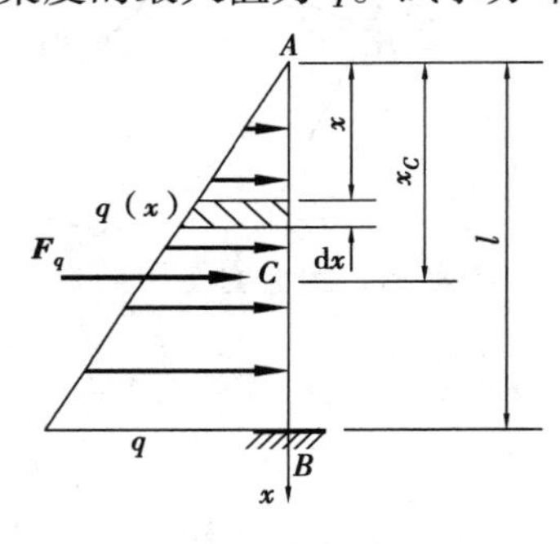

图 2.16

解　首先求分布荷载合力的大小 F_q。

取挡土墙的 A 端为坐标原点，在距 A 端 x 处取一微元段 $\mathrm{d}x$，此微元段上的分布荷载集度为 $q(x)$，根据几何关系，有

$$q(x)=\frac{q}{l}x$$

在微元段上，$q(x)$ 可视为常数，则微元段上的分布荷载的合力为

$$\mathrm{d}F_q=q(x)\mathrm{d}x=\frac{q}{l}x\mathrm{d}x$$

整个墙上的分布荷载的合力为

$$F_q=\int_l \mathrm{d}F_q=\int_0^l q(x)\mathrm{d}x=\int_0^l\frac{q}{l}x\mathrm{d}x=\frac{1}{2}ql$$

又设合力 $\boldsymbol{F}_q$ 的作用线距 A 端为 x_C，根据合力矩定理，有

$$F_q\cdot x_C=\int_l x\mathrm{d}F_q=\int_0^l xq(x)\mathrm{d}x=\int_0^l\frac{q}{l}x^2\mathrm{d}x=\frac{1}{3}ql^2$$

解得

$$x_C=\frac{2}{3}l$$

可以看出，**三角分布荷载的合力在数值上等于此三角形的面积，合力的作用线通过该三角形的形心**。这个结论适用于其他形式的分布荷载，如矩形分布荷载(即均布荷载)和梯形分布荷载等。

(3)力偶及力偶系

两个等值、反向、不共线的平行力所构成的力系称为**力偶**。根据二力平衡公理，此二力不可能平衡。但此二力在任意方向上投影的代数和恒等于零，即力偶对物体没有移动的效应，所以力偶对物体只有转动的效应。由此可知，力偶不可能与一个力等效，则力偶不可能简化为一

个力,也不可能与一个力相抗衡,所以力偶只能与力偶相抗衡。力偶是独立于力而存在的,和力一起构成力学的基本要素。

在生活及工程实践中利用力偶转动物体的例子举不胜举,如用两手指拧动水龙头、用双手转动汽车方向盘以及钳工用丝锥攻螺纹等。实践经验表明,力偶对刚体的转动效应不仅与力的大小有关,还与两个力的垂直距离(力偶臂)有关。设力偶($\boldsymbol{F},\boldsymbol{F}'$),二力的大小为 F,垂距为 h(图 2.17),此二力对所在平面上任意一点 O 之矩的代数和为

$$\sum_{1}^{2} m_O(\boldsymbol{F}_i) = F \cdot (h + x) - F \cdot x = F \cdot h$$

可以看出,力偶对其所在平面上任意一点之矩的代数和恒等于力的大小与垂距的乘积,这个乘积就称为**力偶矩**,记为

$$m(\boldsymbol{F},\boldsymbol{F}') = \pm F \cdot h \tag{2.10}$$

其中,逆时针转动取正号,顺时针转动取负号。

图 2.17

从以上推导可以看出,力偶对刚体的转动效应只取决于力的大小与垂距的乘积和转向,而与力偶在平面上的方位无关,由此可知力偶具有以下性质:

①力偶可以移动和转动而不改变对刚体的作用效果。

②保持力偶矩的代数值不变,可以任意改变力的大小和垂直间距而不会改变力偶对刚体的作用效果。

③两个共面的力偶,若力偶矩的代数值相等,那么两个力偶就是等效的,可以相互替换。

根据以上力偶的性质可以将平面力偶系进行合成。

首先讨论两个共面力偶的合成。设某平面上作用着两个力偶,如图 2.18(a)所示,力偶矩分别记为 m_1 和 m_2。根据力偶的性质②,在保持力偶矩不变的前提下,同时改变这两个力偶的力的大小和垂距的长短,使它们具有相同的垂距 h,并根据性质①将它们在平面内移转,使力的作用线重合,如图 2.18(b)所示。于是得到与原力偶等效的两个新力偶($\boldsymbol{F}_1,\boldsymbol{F}_1'$)和($\boldsymbol{F}_2,\boldsymbol{F}_2'$)。由于力偶矩的数值没有变,所以有

$$F_1 h = m_1,\ -F_2 h = m_2$$

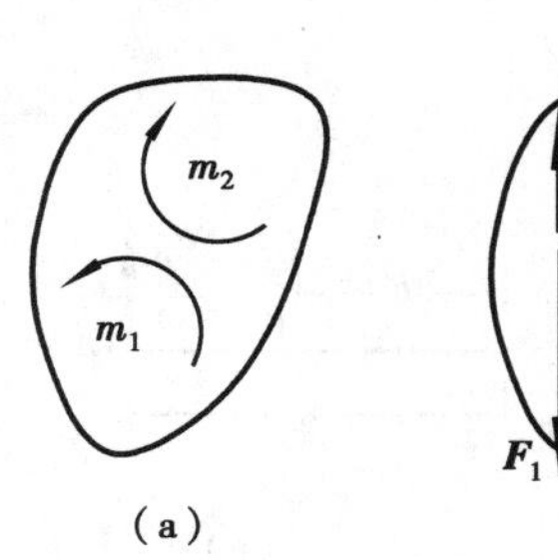

(a)

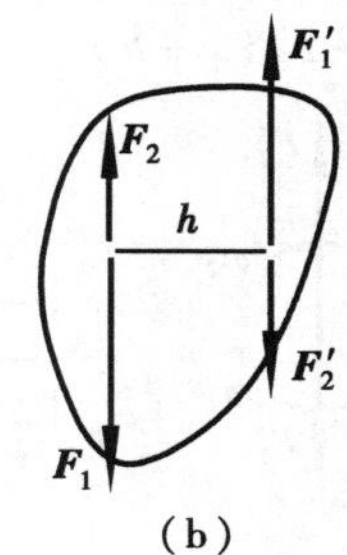

(b)

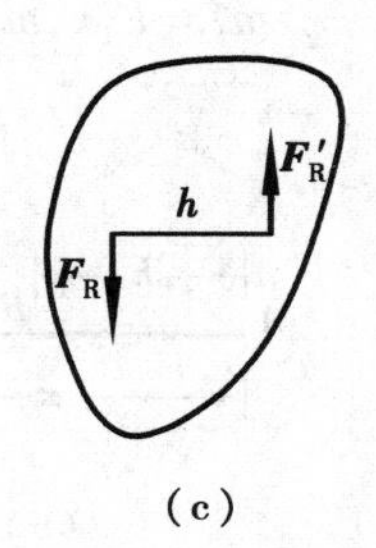

(c)

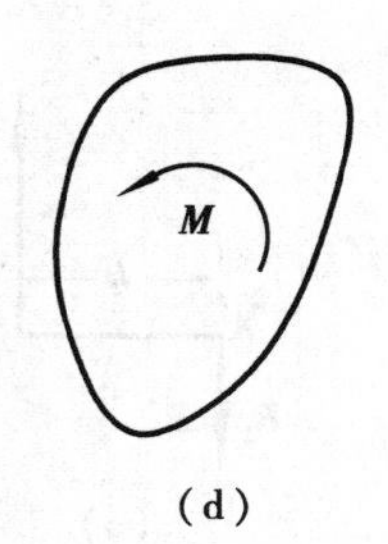

(d)

图 2.18

将共线的两个力分别合成为一个力,有

$$F_R = F_1 - F_2,\ F_R' = F_1' - F_2'$$

如图 2.18(c)所示。显然,$\boldsymbol{F}_R$、$\boldsymbol{F}_R'$大小相等、方向相反,构成一个力偶。这个力偶称为原力偶系的合力偶,可以表示为图 2.18(d)的形式,合力偶的矩记为 M,则有

$$M = F_R h = (F_1 - F_2)h = F_1 h - F_2 h = m_1 + m_2$$

推广到 n 个力偶的合成,则有

$$M = \sum_{i=1}^{n} m_i \tag{2.11}$$

即,平面力偶系可以合成为一个合力偶,合力偶的矩等于分力偶矩的代数和。

2.2.3 力的平移定理 任意力系的简化

(1)力的平移定理

作用在刚体上的力可以平行移动至其作用线以外的任意一点,但必须同时附加一个力偶,这个力偶的矩等于原来的力对新作用点的矩。

证明 设刚体上的 A 点作用一个力 $\boldsymbol{F}$,并在其作用线以外任取一点 B(图 2.19(a))。根据加减平衡力系公理,在 B 点可以加上任意的平衡力系。如此,则在 B 点加上一对作用线与 $\boldsymbol{F}$ 平行的平衡力 $\boldsymbol{F}'$ 和 $\boldsymbol{F}''$,且使得它们的大小相等 $F' = F'' = F$(图 2.19(b))。其中,$\boldsymbol{F}$ 和 $\boldsymbol{F}''$ 大小相等、方向相反,构成一个力偶,可以表示为图 2.19(c)的形式。这个力偶的矩为

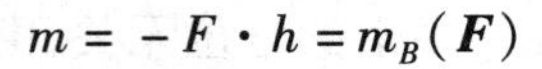

$$m = -F \cdot h = m_B(\boldsymbol{F})$$

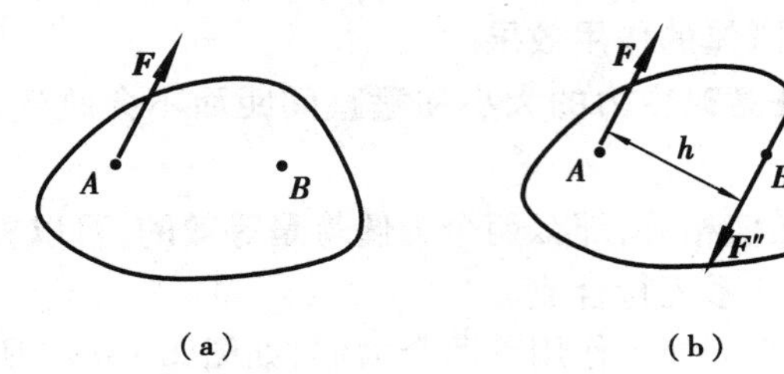

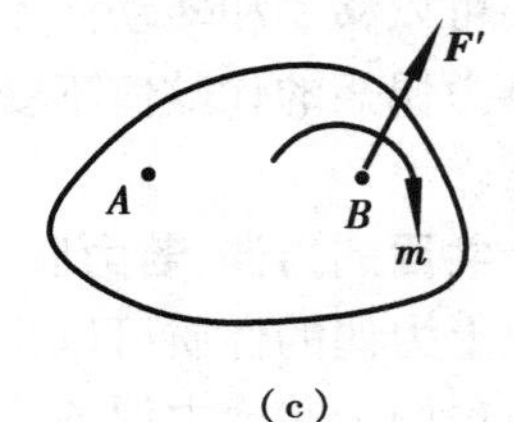

图 2.19

定理得证。利用平移定理可以简化任意的力系。

例 2.5 利用平移定理简化两个反向平行力(设 $F_1 < F_2$)。

解 设 $\boldsymbol{F}_1$、$\boldsymbol{F}_2$ 分别作用于 A、B 两点,两点之间的距离为 h(图 2.20(a))。由于 $F_1 < F_2$,所以将二力向 B 点右侧距 A 点的距离为 x 的某一点平移并附加力偶(图 2.20(b))。其中,

$$m_1 = F_1 x, m_2 = -F_2(x - h) \quad ①$$

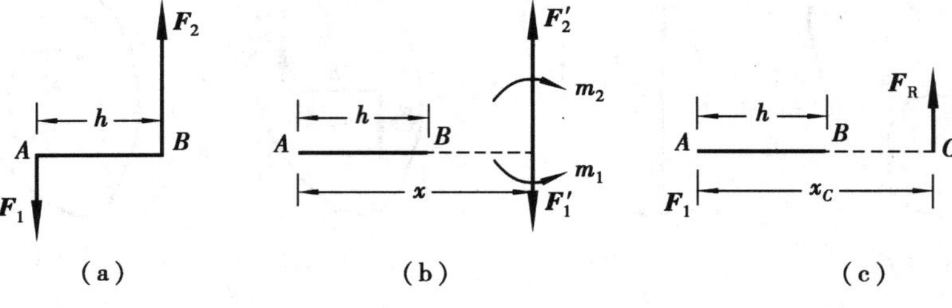

图 2.20

显然,一定存在一点 C,刚好使得

$$m_1 + m_2 = 0 \quad ②$$

将①式代入②式,得 C 点的位置

$$x_C = \frac{F_2}{F_2 - F_1} h$$

此时两个力偶互相抵消，共线的两个力合成为一个合力(图2.20(c))，合力的大小等于分力的差即 $F_R = F_2 - F_1$，合力的方向与较大的分力一致，C 点就是合力的等效作用点。值得注意的是，若 $F_1 = F_2$，即两个力构成力偶，那么以上推导不成立。由此证明，力偶是不能简化的。请读者自行简化两同向平行力。

(2)平面任意力系的简化

设平面任意力系由 $\boldsymbol{F}_1, \boldsymbol{F}_2, \cdots, \boldsymbol{F}_n$ 组成，如图2.21(a)所示。在力系作用面内任选一点 O，称为**简化中心**。根据力的平移定理，将所有的力向 O 点平移，并附加力偶，如图2.21(b)所示。平移后的力与原来的力大小相等、方向相同，即

$$\boldsymbol{F}_i' = \boldsymbol{F}_i \quad (i = 1,2,\cdots,n)$$

并在 O 点构成一平面汇交力系。平面汇交力系可以合成为一个合力，记为 $\boldsymbol{F}_R'$。根据合力等于分力的矢量和，有

$$\begin{aligned}\boldsymbol{F}_R' &= \boldsymbol{F}_1' + \boldsymbol{F}_2' + \cdots + \boldsymbol{F}_n' \\ &= \boldsymbol{F}_1 + \boldsymbol{F}_2 + \cdots + \boldsymbol{F}_n = \sum \boldsymbol{F}_i\end{aligned}$$

根据合力投影定理，有

$$\left.\begin{aligned}F_{Rx}' &= F_{1x} + F_{2x} + \cdots + F_{nx} = \sum F_{ix} \\ F_{Ry}' &= F_{1y} + F_{2y} + \cdots + F_{ny} = \sum F_{iy}\end{aligned}\right\} \tag{2.12}$$

合力 $\boldsymbol{F}_R'$ 并非原力系的合力，而称为原力系的**主矢量**(图2.21(c))。显然，主矢量的大小和方向与简化中心的选择无关，所以无论向哪一点简化，主矢量的大小均为

$$F_R' = \sqrt{F_{Rx}'^2 + F_{Ry}'^2} = \sqrt{(\sum F_{ix})^2 + (\sum F_{iy})^2} \tag{2.13}$$

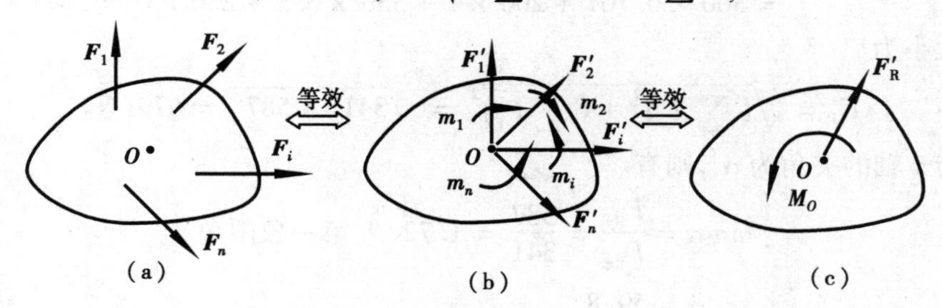

图2.21

所有的附加力偶 $m_i = m_O(\boldsymbol{F}_i)(i = 1,2,\cdots,n)$ 构成一平面力偶系。平面力偶系可以合成为一个合力偶，合力偶的矩记为 M_O。根据合力偶矩等于分力偶矩的代数和，有

$$\begin{aligned}M_O &= m_1 + m_2 + \cdots + m_n = \sum m_i \\ &= m_O(\boldsymbol{F}_1) + m_O(\boldsymbol{F}_2) + \cdots + m_O(\boldsymbol{F}_n) = \sum m_O(\boldsymbol{F}_i)\end{aligned} \tag{2.14}$$

M_O 称为原力系向 O 点简化的**主矩**，所以**主矩等于所有的力对简化中心之矩的代数和**。一般来说，向不同的点简化所得的主矩不相同，即主矩的大小和转向与简化中心的选择有关。

若主矢量不等于零，则原力系必定不平衡。此时，若主矩等于零，即主矢量就是原力系的合力；若主矩也不等于零，则还可继续简化。反向运用力的平移定理，最终可以简化为一个合力。

若主矢量等于零，那么简化结果只有两种可能：第一种结果为主矩不等于零，即原力系就是一个不平衡的力偶系，此时主矩与简化中心的选择无关；第二种结果就是主矩也等于零，则

表明原力系是平衡力系。

例 2.6 已知平板受力 $F_1=300$ N, $F_2=200$ N, $F_3=350$ N, $F_4=250$ N，方向如图 2.22(a)所示。试将作用在平板上的各力向点 O 简化，求力系的主矢和主矩以及合力的作用线与 O 点的垂距 d。（图中长度单位为 cm）

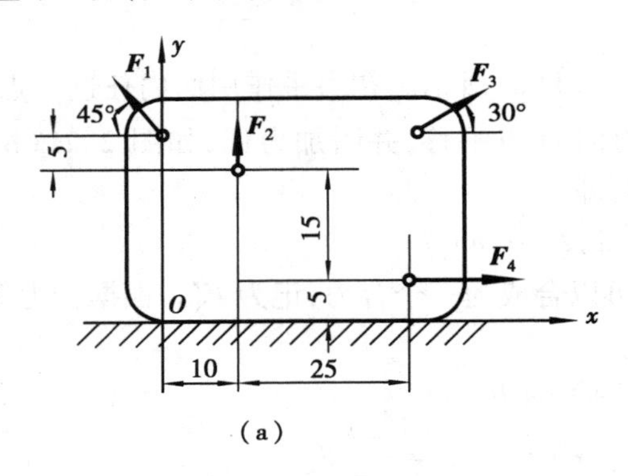

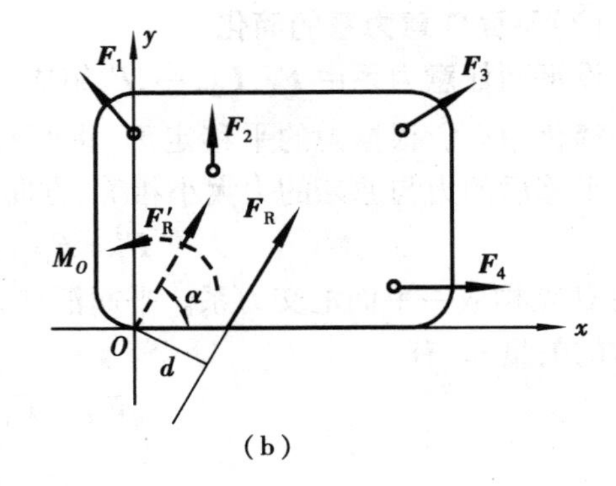

图 2.22

解 1)计算主矢量 $\boldsymbol{F}'_{\mathrm{R}}$

主矢量的坐标分量(或投影)分别为

$$F'_{\mathrm{R}x}=\sum F_x=-F_1\cos 45°+F_2\cos 90°+F_3\cos 30°+F_4\cos 0°$$
$$=-300\times 0.707+200\times 0+350\times 0.866+250=341(\mathrm{N})$$
$$F'_{\mathrm{R}y}=\sum F_y=-F_1\sin 45°+F_2\sin 90°+F_3\sin 30°+F_4\sin 0°$$
$$=300\times 0.707+200\times 1+350\times 0.5+250\times 0=587(\mathrm{N})$$

主矢量的大小为

$$F'_{\mathrm{R}}=\sqrt{\left(\sum F_x\right)^2+\left(\sum F_y\right)^2}=\sqrt{341^2+587^2}=679(\mathrm{N})$$

设主矢量与 x 轴的夹角为 α，则有

$$\tan\alpha=\frac{F_{\mathrm{R}y}}{F_{\mathrm{R}x}}=\frac{587}{341}=1.72 \quad \text{（第一象限角）}$$
$$\alpha=59.8°$$

2)计算主矩 M_O

$$M_O=\sum m_O(\boldsymbol{F})=F_1\cos 45°\times 25+F_2\times 10-F_3\cos 30°\times 25+F_3\sin 30°\times 35-F_4\times 5$$
$$=300\times 0.707\times 25+200\times 10-350\times 0.866\times 25+350\times 0.5\times 35-250\times 5$$
$$=4\ 600(\mathrm{N\cdot cm}) \quad \text{（逆时针）}$$

3)确定合力的作用线

反向运用力的平移定理，将主矢量向右平移并附加力偶，使得该力偶矩与主矩相互抵消，便得到原力系的合力 $\boldsymbol{F}_{\mathrm{R}}$，合力与 O 点的垂距(见图 2.22(b))为

$$d=\frac{M_O}{F'_{\mathrm{R}}}=\frac{4\ 600}{679}=6.77(\mathrm{cm})$$

2.3 物体的重心及截面的几何性质

2.3.1 物体的重心

(1)重心的概念

地球上的所有物体都受到地球引力的作用。在地球表面附近,引力通常称为重力。如果将物体看作是由许多质点组成的,则在忽略地球表面曲率的前提下,所有质点的重力构成一个空间平行力系。运用力的平移定理,该平行力系最终可以简化合成为一个合力,合力的大小就是物体的重量。对于刚体,无论如何放置,重力的合力作用线恒通过其上一个确定的点,这一点称为物体的**重心**。

必须指出的是,重心并不是指一个确定的物质点,而是指一个位置确定的几何点。从简化合成的数学形式上讲,重心是一个抽象的点。但是,在生活与工程实践中,重心的物理意义和作用却是非常具体和实在的,它与物体的平衡、稳定、运动状态密切相关。例如,汽车的重心必须位于确定的位置才能使得左右两侧的轮子受力均衡;重心过高将会影响高速行驶的稳定和安全;如果轮子的重心偏离转轴,将会造成振动和过度磨损。又如,起重机要保证在额定起吊重量范围的任何情况下都不会翻倒,所加的配重必须保证起重机的重心处于恰当的位置。因此,物体重心位置的确定与设计对于现代工程具有十分重要的意义。

(2)重心的坐标公式

形状不变的物体,其重心位置相对于物体是确定不变的,不会因为物体位置的变化而改变。要描述物体重心的确切位置,有必要建立一个相对于物体保持不动的参考坐标系,物体重心的位置由它在参考坐标系中的坐标值确定。显然,在不同的坐标系中,物体的重心坐标值也不相同。所以应当恰当合理地设置参考坐标系。如果物体具有对称面或对称轴或对称中心,则坐标就应当设在对称中心、对称轴和对称面上。

设一物体由 n 个微元体组成,其中第 i 个微元体的体积为 ΔV_i,重力为 ΔG_i。为便于推导,将参考坐标设置成垂直或平行于重力作用线,如图 2.23 所示。第 i 个微元体的坐标为(x_i, y_i, z_i) $(i=1,2,\cdots,n)$。物体的重心位于 C 点,其坐标为(x_C, y_C, z_C)。物体的总体积为 $V = \sum \Delta V_i$,重力的合力为 $G = \sum \Delta G_i$。

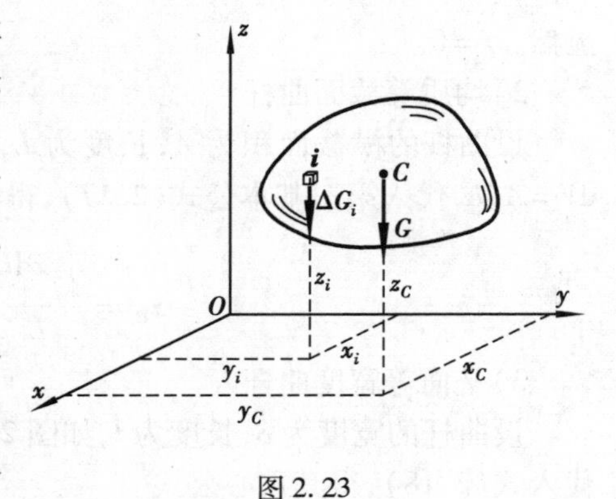

图 2.23

根据合力矩定理,**合力对某坐标轴的矩等于各分力对同一轴之矩的代数和**,将各力分别对 x 轴和 y 轴求矩,由于重力与轴空间正交,类似于平面力对点之矩,将力乘以力和轴之间的垂距即可,便有如下关系:

$$Gx_C = \sum_{i=1}^{n} \Delta G_i x_i, \quad Gy_C = \sum_{i=1}^{n} \Delta G_i y_i$$

由于各力与 z 轴平行而无矩,为了求重心的 z_C,可以将物体连同坐标轴一起绕 x 轴转 90°,再对 x 轴用一次合力矩定理,有

$$Gz_C = \sum_{i=1}^{n} \Delta G_i z_i$$

由此解得物体重心坐标的第一基本公式

$$x_C = \frac{\sum_{i=1}^{n} \Delta G_i x_i}{G}, y_C = \frac{\sum_{i=1}^{n} \Delta G_i y_i}{G}, z_C = \frac{\sum_{i=1}^{n} \Delta G_i z_i}{G} \quad (2.15)$$

若物体是均质的，其容重 γ 为常数，则 $G=\gamma V, \Delta G_i=\gamma \Delta V_i$，代入上式便得重心坐标的第二基本公式

$$x_C = \frac{\sum_{i=1}^{n} \Delta V_i x_i}{V}, y_C = \frac{\sum_{i=1}^{n} \Delta V_i y_i}{V}, z_C = \frac{\sum_{i=1}^{n} \Delta V_i z_i}{V} \quad (2.16)$$

在第二基本公式(2.16)中，令 $n \to \infty$，即认为物体是无限多个质点的集合，则每一个质点的体积为无穷小，即 $\Delta V_i \to \mathrm{d}V \to 0$，则求和变为积分，由式(2.26)得重心坐标的第三基本公式

$$x_C = \frac{\int_V x\mathrm{d}V}{V}, y_C = \frac{\int_V y\mathrm{d}V}{V}, z_C = \frac{\int_V z\mathrm{d}V}{V} \quad (2.17)$$

(3)简单物体的重心

1)均质等厚平板

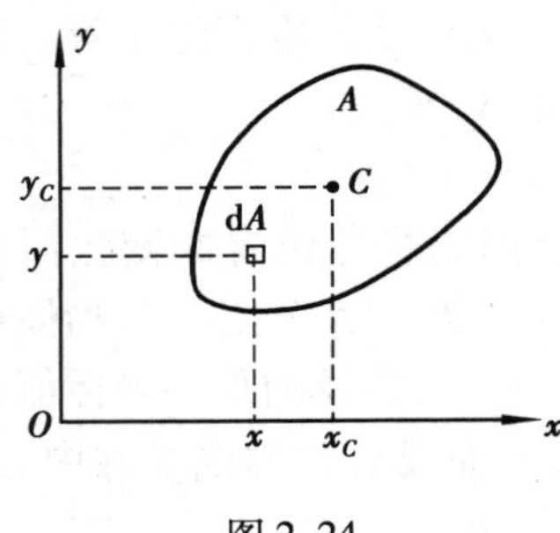

图2.24

设板的厚度为 h，面积为 A，坐标 xOy 设在厚度的对称面内，如图2.24所示。微元体的体积 $\mathrm{d}V=h\mathrm{d}A$，板的体积 $V=hA$，代入第三基本公式(2.17)，得平板的重心公式

$$\begin{cases} x_C = \dfrac{\int_A x\mathrm{d}A}{A} \\ y_C = \dfrac{\int_A y\mathrm{d}A}{A} \end{cases} \quad (2.18)$$

显然，$z_C=0$。

2)均质等截面曲杆

设曲杆的横截面积为 A，长度为 L，如图2.25所示。曲杆的体积 $V=AL$，微元段的体积 $\mathrm{d}V=A\mathrm{d}L$，代入第三基本公式(2.17)，得曲杆的重心公式

$$x_C = \frac{\int_L x\mathrm{d}L}{L}, y_C = \frac{\int_L y\mathrm{d}L}{L}, z_C = \frac{\int_L z\mathrm{d}L}{L} \quad (2.19)$$

3)平面等宽度曲杆

设曲杆的宽度为 δ，长度为 l，如图2.26所示。曲杆的面积 $A=\delta l$，微元段的面积 $\mathrm{d}A=\delta\mathrm{d}l$，代入式(2.18)，得其重心公式

$$x_C = \frac{\int_l x\mathrm{d}l}{l}, y_C = \frac{\int_l y\mathrm{d}l}{l} \quad (2.20)$$

在实际运用中，可根据构件的具体形状和特性，从基本公式出发演变出便于计算的公

式形式。

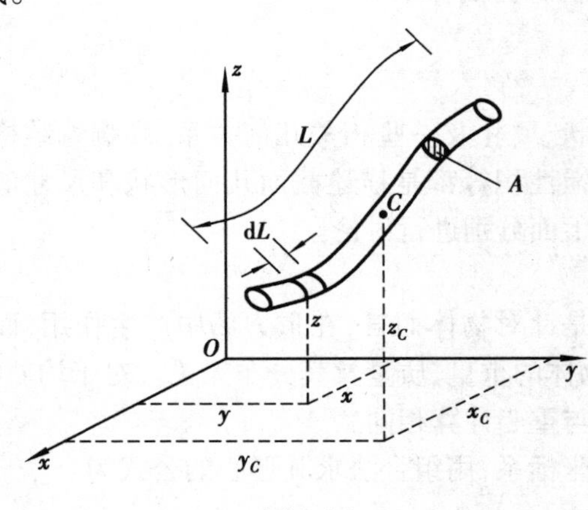

图2.25

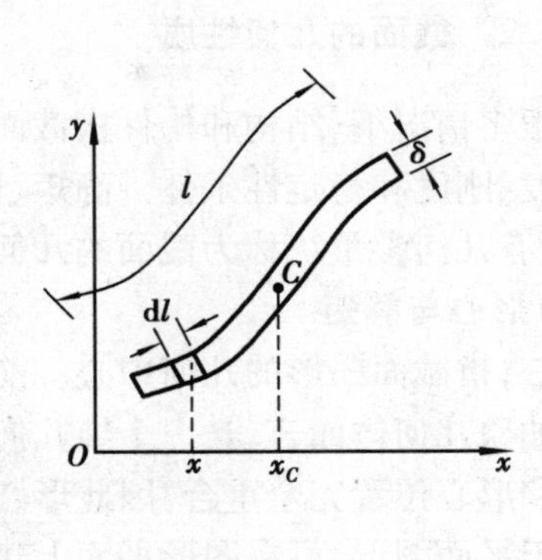

图2.26

例2.7　试求图2.27所示半径为 R 的半圆的形心位置。

解　图示半圆为左右对称，所以将对称轴设为 y 轴，则

$$x_C = 0$$

下面根据式(2.18)求 y_C。用积分法求解之前必须先进行微分。为此，将半圆划分为平行于 x 轴的微元条，距 x 轴为 y 的微元条的宽为 $\mathrm{d}y$，长为 $2x$，微元面积 $\mathrm{d}A=2x\mathrm{d}y$。由圆的方程 $x^2+y^2=R^2$，可得

$$\mathrm{d}A = 2\sqrt{R^2-y^2}\,\mathrm{d}y$$

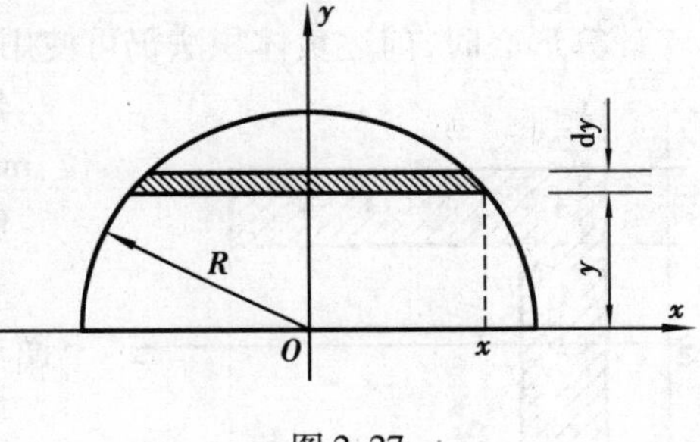

图2.27

代入式(2.18)，有

$$y_C = \frac{\int_A y\mathrm{d}A}{A} = \frac{\int_0^R 2y\sqrt{R^2-y^2}\,\mathrm{d}y}{A} = \frac{-\int_0^R \sqrt{R^2-y^2}\,\mathrm{d}(R^2-y^2)}{A}$$

得

$$y_C = -\frac{2}{3}\frac{(R^2-y^2)^{3/2}\Big|_0^R}{A} = \frac{2}{3}\frac{R^3}{\frac{1}{2}\pi R^2} = \frac{4R}{3\pi}$$

(4)求重心的组合法

实际工程中的有些物体形状较为复杂，不便于积分或不可积分。若这样的物体可以划分为几个形状较为简单的部分，而这些简单部分的重心是已知的或容易求得，就可以用组合法求其重心。

设第 i 个简单部分的体积为 V_i，形心坐标为 (x_i,y_i,z_i) $(i=1,2,\cdots,n)$，n 是有限的。则类似于第二基本公式(2.16)的推导，有

$$x_C = \frac{\sum_{i=1}^{n} x_i V_i}{V},\ y_C = \frac{\sum_{i=1}^{n} y_i V_i}{V},\ z_C = \frac{\sum_{i=1}^{n} z_i V_i}{V} \tag{2.21}$$

若物体形状既不可积分也不能划分，例如在一块板上切出一个孔，可将无孔时的图形视为一个部分，而将切去的部分也视为一个部分并将其体积按负值计算，仍然看作是两个部分的组

合,其重心位置可用公式(2.21)计算。这种方法称为**负体积法**。

2.3.2 截面的几何性质

在很多情况下,结构和构件横截面几何形状、尺寸及一些相关几何关系,影响着结构和构件的强度、刚度和稳定性条件。静矩、惯性矩、惯性积等都是描述截面几何形状和尺寸的特征参量,所有几何参量统称为**截面的几何性质**。下面分别进行讨论。

(1)形心与静矩

形心,指截面图形的几何中心。前述重心是针对物体而言,在重力场中产生作用,而形心是针对抽象几何体而言,是一个纯几何量,与物体的重量、质量及其分布无关。对于均质物体,其重心和形心位置完全重合,因此形心的计算与重心计算相同。

对于平面图形,可在图形平面上建立 xOy 坐标系,用组合法求其形心的公式为

$$x_C=\frac{\sum_{i=1}^{n}x_iA_i}{A},\ y_C=\frac{\sum_{i=1}^{n}y_iA_i}{A} \tag{2.22}$$

计算形心时,前述负体积法仍可使用,称为负面积法。

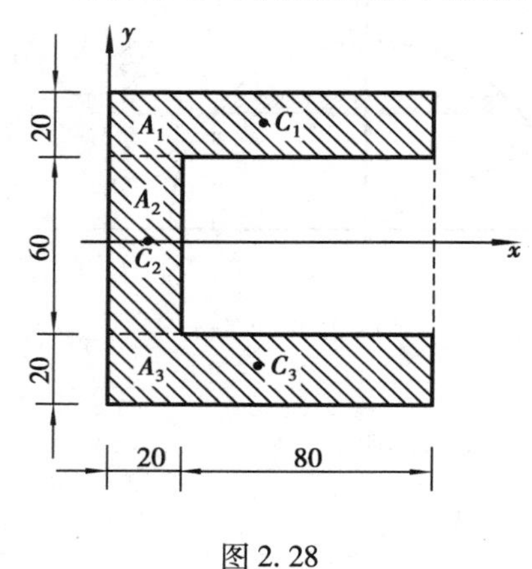

图 2.28

例 2.8 试求图 2.28 所示槽形图形的形心,尺寸单位:mm。

解 图形上下对称,因此将对称轴设为 x 轴,则

$$y_C=0$$

下面求 x_C。

1)组合法

将图形划分为图示的三个部分,每个部分的基本参数为

区域 1 : $A_1=2\ 000, x_1=50$,

区域 2 : $A_2=1\ 200, x_2=10$,

区域 3 : $A_3=2\ 000, x_3=50$,

根据公式(2.22),得

$$x_C=\frac{A_1x_1+A_2x_2+A_3x_3}{A_1+A_2+A_3}=\frac{2\ 000\times50+1\ 200\times10+2\ 000\times50}{2\ 000+1\ 200+2\ 000}=40.77(\text{mm})$$

2)负面积法

将凹槽视为孔洞。

无孔时的图形面积 $A_0=10\ 000$,形心坐标 $x_0=50$;

孔洞的图形面积 $A'=-4\ 800$,其形心坐标 $x'=60$。

根据公式(2.22),得

$$x_C=\frac{A_0x_0+A'x'}{A_0+A'}=\frac{10\ 000\times50-4\ 800\times60}{10\ 000-4\ 800}=40.77(\text{mm})$$

显然,只要坐标不变,两种方法计算的结果一定相同。

静矩,又称为**面积矩**或**一次矩**,类似于力对点或对轴之矩,形式上可以看作是面积对点或对轴的矩。在图 2.29 所示的截面中任取一微元面积 $\mathrm{d}A$,分别乘以其距坐标轴的距离 y、z,并

沿整个横截面面积 A 积分，分别称为截面对 z、y 轴的静矩，记为

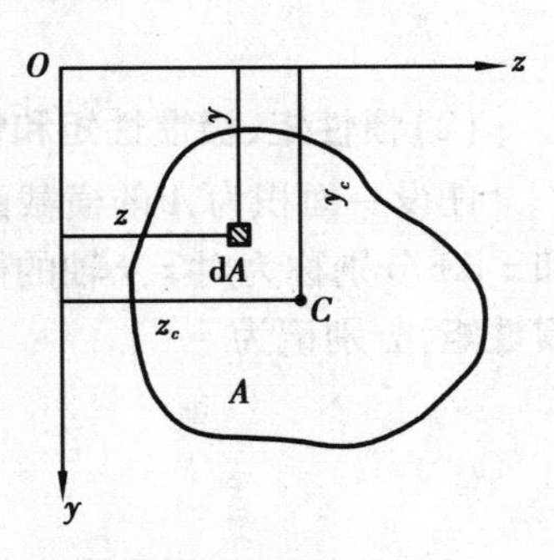

$$S_z = \int_A y\mathrm{d}A, S_y = \int_A z\mathrm{d}A \tag{2.23a}$$

由公式(2.18)，可得在 yOz 坐标系中图形的形心公式为

$$\left.\begin{aligned} y_c &= \frac{\int_A y\mathrm{d}A}{A} = \frac{S_z}{A} \\ z_c &= \frac{\int_A z\mathrm{d}A}{A} = \frac{S_y}{A} \end{aligned}\right\} \tag{2.23b}$$

则截面对 z、y 轴的静矩可以分别改写为

图 2.29

$$S_z = Ay_C, S_y = Az_C \tag{2.23c}$$

即，**截面对某坐标轴的静矩等于截面的面积乘以截面的形心与该坐标轴的垂距**。静矩为代数量，其量纲为长度量纲的三次方，单位为 mm^3、cm^3 或 m^3。

如果坐标轴设在截面的形心上，则根据式(2.23c)可知，**任何图形对通过其形心的坐标轴的静矩恒等于零**。

对于组合截面，由组合图形的形心公式(2.22)，可得截面在 yOz 坐标系中的静矩

$$S_z = \sum_{i=1}^{n} A_i y_i, S_y = \sum_{i=1}^{n} A_i z_i \tag{2.24}$$

即，**组合面积对某轴的静矩等于分面积矩的代数和**，式中的 A_i、y_i、z_i 分别为各个部分的面积及形心坐标，n 为简单部分的数目。若已知整个截面对坐标轴的静矩，则截面的形心公式为

$$\left.\begin{aligned} y_c &= \frac{S_z}{A} = \frac{\sum_{i=1}^{n} A_i y_i}{A} \\ z_c &= \frac{S_y}{A} = \frac{\sum_{i=1}^{n} A_i z_i}{A} \end{aligned}\right\} \tag{2.25}$$

例 2.9　试求图 2.30 所示"L"形截面对给定坐标轴的静矩，并求形心的坐标。

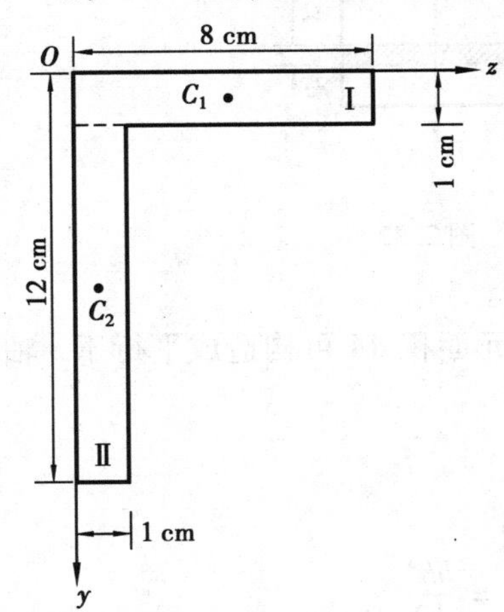

图 2.30

解　用图示虚线将截面划分为两个矩形，分别用符号Ⅰ、Ⅱ表示，面积和形心分别为

$$A_1 = 8.0\ \mathrm{cm}^2, y_1 = 0.5\ \mathrm{cm}, z_1 = 4.0\ \mathrm{cm}$$

$$A_2 = 11\ \mathrm{cm}^2, y_1 = 6.5\ \mathrm{cm}, z_1 = 0.5\ \mathrm{cm}$$

根据公式(2.24)得截面对坐标轴的静矩

$$S_z = \sum_{i=1}^{2} A_i y_i = 8 \times 0.5 + 11 \times 6.5 = 75.5\ \mathrm{cm}^3$$

$$S_y = \sum_{i=1}^{2} A_i z_i = 8 \times 4 + 11 \times 0.5 = 37.5\ \mathrm{cm}^3$$

根据公式(2.25)得截面的形心坐标

$$y_C = \frac{S_z}{A} = \frac{75.5}{8+11} = 3.97\ \mathrm{cm}$$

$$z_C = \frac{S_y}{A} = \frac{37.5}{19} = 1.97\ \text{cm}$$

(2)惯性矩、极惯性矩和惯性积

任设一面积为 A 的横截面(图 2.31),微元面积 $\mathrm{d}A$ 与其距坐标轴距离的平方之乘积 $y^2\mathrm{d}A$ 和 $z^2\mathrm{d}A$ 分别称为对 z、y 轴的微惯性矩,整个截面上所有微惯性矩的总和定义为横截面对轴的**惯性矩**,分别记为

$$\left.\begin{aligned} I_z &= \int_A y^2\mathrm{d}A \\ I_y &= \int_A z^2\mathrm{d}A \end{aligned}\right\} \tag{2.26}$$

以 ρ 表示微元面积 $\mathrm{d}A$ 距坐标原点 O 的距离,则积分

$$I_\mathrm{p} = \int_A \rho^2\mathrm{d}A \tag{2.27}$$

定义为横截面对坐标原点 O 的**极惯性矩**。可以看出,将式(2.26)中的两项相加便得

$$I_z + I_y = \int_A (y^2 + z^2)\mathrm{d}A = \int_A \rho^2\mathrm{d}A = I_\mathrm{p} \tag{2.28}$$

即,对正交轴的惯性矩之和等于对正交轴之交点的极惯性矩。显然惯性矩恒为正值,其量纲为长度量纲的四次方,单位为 mm^4、cm^4或 m^4。

微元面积 $\mathrm{d}A$ 与其分别到 z,y 轴距离的乘积 $zy\mathrm{d}A$ 称为该面积元素对正交坐标轴的**惯性积**,则整个截面对正交坐标轴的惯性积记为

$$I_{zy} = \int_A zy\mathrm{d}A \tag{2.29}$$

由以上式可以看出,惯性矩恒为正值,而惯性积为代数值。由此,可得如下结论:

若正交坐标轴中有一轴为截面的对称轴,则惯性积 I_{zy} 恒等于零。

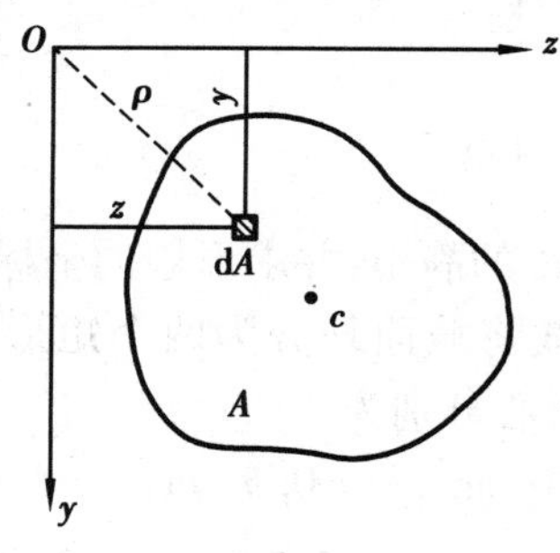

图 2.31

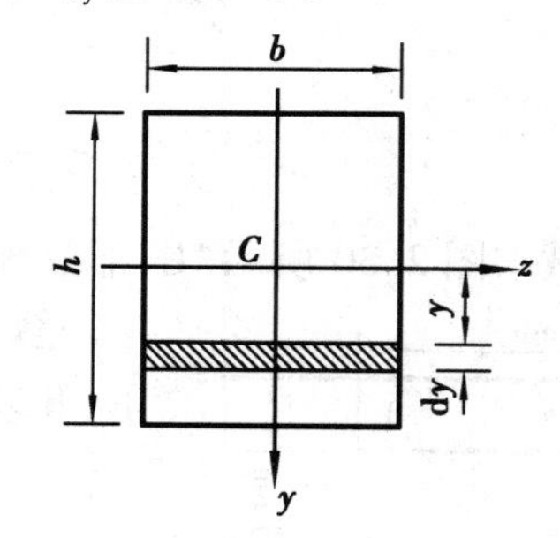

图 2.32

例 2.10 求图 2.32 所示矩形截面对形心轴 z、y 的惯性矩。

解 首先求对 z 轴的惯性矩 I_z。为了避免求二重积分,微元面积 $\mathrm{d}A$ 可构造成平行于 z 轴的水平微元条,则微元面积为

$$\mathrm{d}A = b\mathrm{d}y$$

则

$$I_z = \int_A y^2\mathrm{d}A = \int_{-\frac{h}{2}}^{\frac{h}{2}} y^2 b\mathrm{d}y = \frac{1}{3}by^3 \Big|_{-\frac{h}{2}}^{\frac{h}{2}} = \frac{bh^3}{12}$$

同理可得对 y 轴的惯性矩

$$I_y = \frac{hb^3}{12}$$

例 2.11　求图 2.33(a)所示实心圆截面对形心轴 z 的惯性矩及对坐标圆点 O 的极惯性矩。

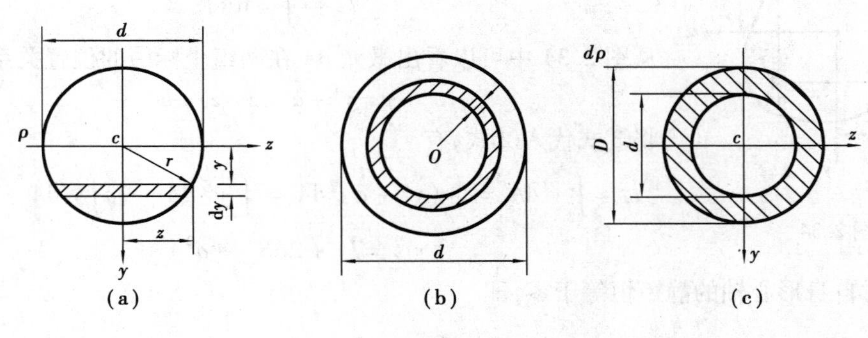

图 2.33

解　首先计算实心圆截面对形心轴 z 的惯性矩。在圆截面上距 z 轴任意距离 y 处取一与 z 轴平行的水平微元条，如图 2.33(a)所示，微元面积

$$dA = 2z\,dy = 2\sqrt{r^2 - y^2}\,dy$$

则

$$I_z = \int_A y^2 dA = 2\int_{-r}^{+r} y^2\sqrt{r^2 - y^2}\,dy = \frac{\pi r^4}{4} = \frac{\pi d^4}{64}$$

其次，计算实心圆截面对坐标圆点 O 的极惯性矩。在圆截面上距坐标圆点任意距离 ρ 处取一微圆环，如图 2.33(b)所示，根据公式 2.27 可知

$$I_p = \int_A \rho^2 dA = \int_0^{\frac{d}{2}} \rho^2(2\pi\rho)\,d\rho = \frac{\pi d^4}{32}$$

讨论：

①根据惯性矩与极惯性矩的关系，也可在求出极惯性矩后，由公式 2.28 求出惯性矩。

根据圆截面的极对称性，必然有

$$I_z = I_y$$

由式(2.28)可得

$$I_z = I_y = \frac{1}{2}I_p = \frac{\pi d^4}{64}$$

②若将实心圆截面改为空心圆截面，如图 2.33(c)所示。对形心轴 z 的惯性矩及对坐标圆点的极惯性矩又如何计算呢？读者可自行计算。

(3)惯性矩的平行移轴公式

一般来说，任意两组正交坐标轴的惯性矩之间存在一定的关系，若已知对某一正交轴的惯性矩，则对任意正交轴的惯性矩便可算出而不必再积分。这里只介绍两组平行轴惯性矩之间的关系。首先假设已知对形心轴 z_c、y_c 的惯性矩

$$\left.\begin{aligned} I_{z_C} &= \int_A y'^2 dA \\ I_{y_C} &= \int z'^2 dA \end{aligned}\right\} \qquad ①$$

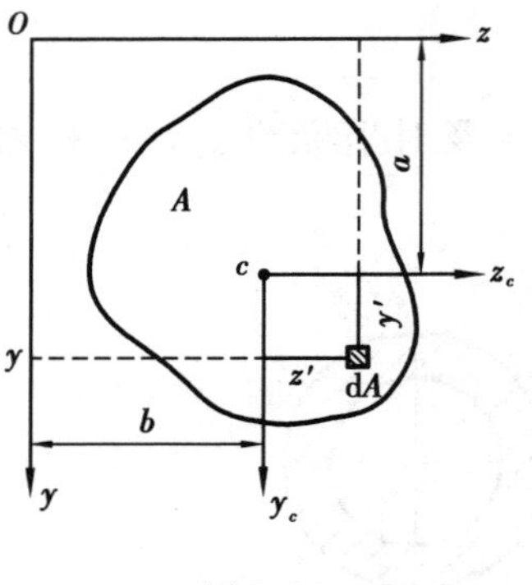

然后求对另一正交轴 z、y 的惯性矩

$$\left.\begin{aligned} I_z &= \int_A y^2 \mathrm{d}A \\ I_y &= \int_A z^2 \mathrm{d}A \end{aligned}\right\} \qquad ②$$

从图 2.34 中可以看出微元 $\mathrm{d}A$ 在两组坐标中的位置关系为

$$y = y' + a\ ,\ z = z' + b \qquad ③$$

将③式代入②式，有

$$I_z = \int_A y^2 \mathrm{d}A = \int_A (y' + a)^2 \mathrm{d}A = \int_A y'^2 \mathrm{d}A + 2a\int_A y' \mathrm{d}A + a^2\int_A \mathrm{d}A$$

$$= I_{z_c} + 2aS_{z_c} + a^2 A$$

图 2.34

其中，图形对自身形心轴的静矩恒等于零，即

$$S_{z_c} = \int_A y' \mathrm{d}A = 0$$

则

$$I_z = I_{z_c} + a^2 A \tag{2.30}$$

同理还可得

$$I_y = I_{y_c} + b^2 A \tag{2.31}$$

$$I_{z_y} = I_{z_c y_c} + abA \tag{2.32}$$

以上三式就是**惯性矩和惯性积的平行移轴公式**。若两对平行轴均不过形心，则需另设过形心的平行轴作为过渡，然后分两次运用平行轴公式，便可求得此两对平行轴惯性矩、惯性积之间的关系。

注意：截面几何性质中还有转轴公式，主惯性轴、主惯性矩以及形心主惯性矩的计算。读者需了解时，请查看其他有关教材。

(4)组合截面的惯性矩

工程中许多梁的横截面为组合图形，例如工字形、"T"形、槽形等。求惯性矩时，可将其划分为若干个简单部分，先求出每一个部分对自身形心轴的惯性矩，然后利用平行轴公式求出该部分面积对给定坐标轴的惯性矩，最后将所有部分对给定坐标轴的惯性矩相加便得到整个截面的惯性矩。这种计算方法称为**组合法**。

若截面图形包含孔穴，如图 2.35 所示，实体部分面积为 A，孔穴图形的面积为 A'。求惯性矩时，可将无孔穴时的图形视为一个部分，而将孔穴部分的图形也视为一个部分并将其面积按负值计算，仍然看作是两个部分的组合，并按组合法进行计算。这种方法也称为**负面积法**。

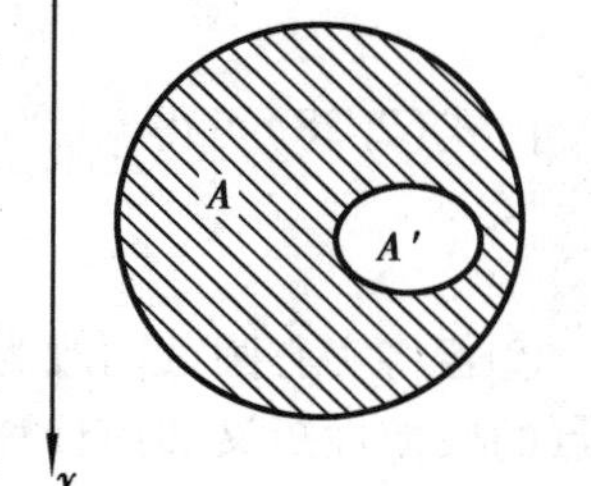

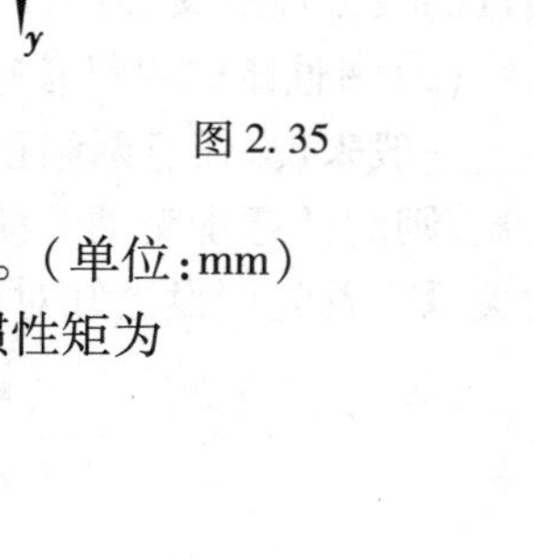

图 2.35

例 2.12 求图 2.36(a)所示工字形截面对形心轴 z、y 的惯性矩。(单位：mm)

解 将图形划分为Ⅰ、Ⅱ、Ⅲ三个部分，整个图形对形心轴 z 的惯性矩为

$$I_z = I_z^{\mathrm{I}} + I_z^{\mathrm{II}} + I_z^{\mathrm{III}}$$

其中，第Ⅰ部分面积对 z 轴惯性矩为

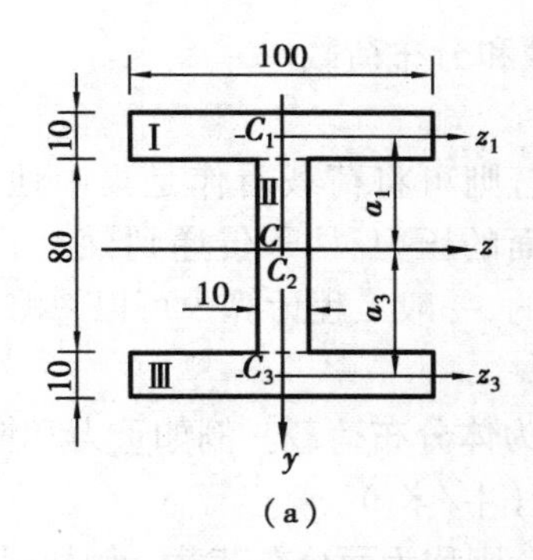

(a)

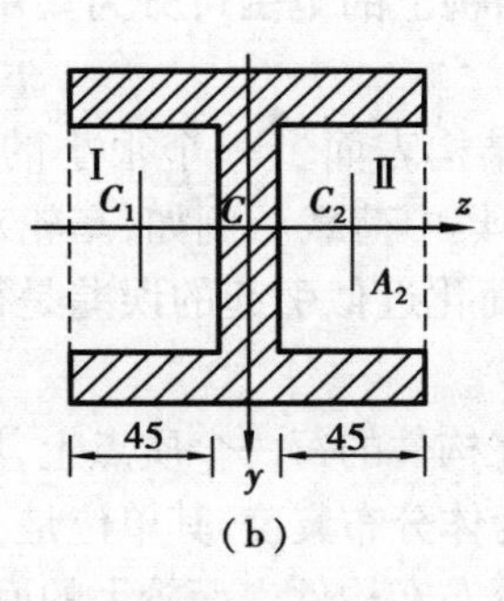

(b)

图2.36

$$I_z^{\text{I}} = I_{z_1}^{\text{I}} + a_1^2 A_1 = \frac{100 \times 10^3}{12} + 45^2 \times 100 \times 10 = 2.03 \times 10^6 \text{ mm}^4$$

第Ⅱ部分面积对 z 轴惯性矩为

$$I_z^{\text{II}} = \frac{10 \times 80^3}{12} = 0.43 \times 10^6 \text{ mm}^4$$

第Ⅲ部分对 z 轴惯性矩为

$$I_z^{\text{III}} = I_{z_1}^{\text{III}} + a_3^2 A_3 = \frac{100 \times 10^3}{12} + 45^2 \times 100 \times 10 = 2.03 \times 10^6 \text{ mm}^4$$

则,整个图形对形心轴 z 的惯性矩为

$$I_z = (2.03 + 0.43 + 2.03) \times 10^6 = 4.49 \times 10^6 \text{ mm}^4$$

对形心轴 y 的惯性矩为

$$I_y = I_y^{\text{I}} + I_y^{\text{II}} + I_y^{\text{III}} = \frac{10 \times 100^3}{12} + \frac{80 \times 10^3}{12} + \frac{10 \times 100^3}{12}$$

$$= (0.83 + 0.006\,7 + 0.83) \times 10^6 = 1.67 \times 10^6 \text{ mm}^4$$

也可以用负面积法求解。将工字形填满为一个正方形(2.36(b)),则工字形对形心轴的惯性矩等于正方形对形心轴的惯性矩减去两个空穴矩形Ⅰ和Ⅱ对形心轴的惯性矩,即

$$I_z = \frac{100 \times 100^3}{12} - 2\left(\frac{45 \times 80^3}{12}\right) = 4.49 \times 10^6 \text{ mm}^4$$

$$I_y = \frac{100 \times 100^3}{12} - 2\left(\frac{80 \times 45^2}{12} + 27.5^2 \times 80 \times 45\right) = 1.67 \times 10^6 \text{ mm}^4$$

2.4　荷载、约束、结构的计算简图

2.4.1　荷载及其分类

使物体产生运动或运动趋势的力称为**主动力**,如重力、惯性力、风力、水压力、土压力及机械牵引力等。工程中,通常将作用在结构物上的主动力称为**荷载**。根据作用的方式及性质的不同,荷载有如下几种分类:

(1)按作用在结构上的范围可分为集中荷载和分布荷载

1)集中荷载

若荷载作用在结构表面上一个很小的区域,则可将荷载看作是集中地作用在一个“点”上,这样的荷载称为集中荷载。例如,车轮对地面的压力、柱子传递到梁上的压力都可以简化为集中荷载。这种简化近似引起的误差是很小的,一般工程计算中可以忽略不计。

2)分布荷载

若荷载是作用在构件的每一个质点上,则称为**体分布荷载**。例如重力和惯性力。每单位体积上承受的荷载称为**体分布集度**,其单位是 N/m^3(牛/米^3)。

若荷载是连续分布在构件表面较大的面积上,则称为**面分布荷载**。例如屋面上的积雪、水坝迎水面上所受的水压力和挡土墙所受的土压力等。面分布荷载集度的单位是 N/m^2(牛/米^2)。

在研究杆件的受力时,往往还要将上述分布荷载简化为沿杆件长度方向的**线分布荷载**。分布集度的单位是 N/m(牛/米)。例如,可将等截面梁的自重简化为沿梁长的**均布荷载**,将变截面梁的自重简化为沿梁长的**非均布荷载**,如图 2.37 所示。

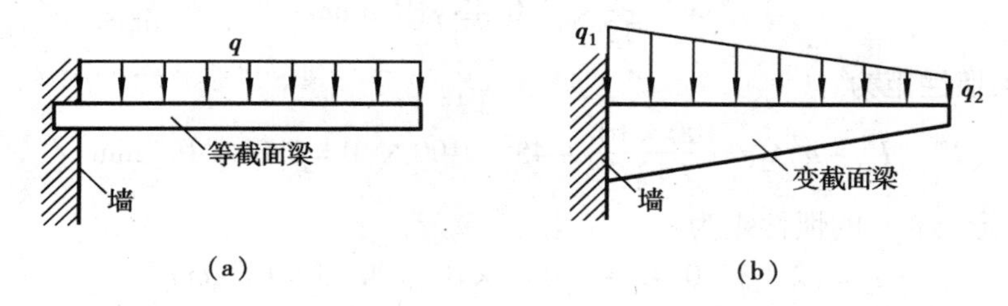

图 2.37

(2)按作用时间的长短可分为恒荷载和活荷载

1)恒荷载

恒荷载指长期作用在结构上且大小和位置都不会发生变化的荷载,例如,结构的自重就是一种典型的恒荷载。

2)活荷载

活荷载指在施工期间或使用期间其存在性、作用位置和作用范围存在不确定性的荷载,如风载、雪荷载和其他随机荷载等。

(3)按作用性质可分为静荷载和动荷载

1)静荷载

静荷载指无加速度、非常缓慢地施加到结构上的荷载,加载完成后其大小、位置和方向不随时间变化或变化极为缓慢。缓慢加载,就不会产生冲击;无加速度,则可略去惯性力的影响。

2)动荷载

与静荷载相反,动荷载的大小、位置和方向都有可能随时间迅速地变化。在动荷载作用下必然产生冲击和显著的加速度,必须考虑冲击力和惯性力的影响。例如,锻造气锤对工件的冲击、内燃机汽缸内燃烧爆炸力对汽缸的冲击、地震引起的惯性力和冲击波等。

2.4.2 约束和约束反力

一般来说,物体在主动力的作用下会产生运动。若其在任何方向上的运动均不受限制,那么这样的物体就可以称为**自由体**。而实际工程中的机构和结构及其构件总是受到诸多的制约而不能自由运动。机构及其构件由于预先设定的某种制约而使其在某些方向上的运动成为不可能,只能按设计的方式运动,如列车受到轨道的制约而只能沿轨道运行,又如门受到销轴的制约而只能绕销轴转动。某些结构如房屋和桥梁受地基和桥墩的支承而在风力和各种荷载的作用下保持静止。

严格地说,一切物体的运动都受到某种程度的制约。对物体的运动起限制或阻碍作用的其他物体称为**约束体**,简称为**约束**。约束与被约束是相对的,决定于所研究的主要对象是什么。例如,地基就是柱子的约束,柱子则是梁的约束;又如枕木是轨道的约束,轨道则是列车的约束。

约束使物体在某些方向上的运动成为不可能,但由于主动力的作用,运动的趋势依然存在,一旦约束消失,运动就会发生。因此约束与被约束物之间必然存在相互作用力。约束作用于被约束物的力就称为**约束反力**,简称为**反力**。约束对物体的运动起限制或阻碍作用,所以**约束反力的方向总是与约束所能限制的运动方向相反**。约束反力的产生和存在决定于主动力的存在和作用方式,所以约束反力是**被动力**。物体的运动状态(包括平衡)决定于全部主动力和被动力。通常主动力是已知的,而约束反力是未知的。

工程中的约束总是通过物体间的直接接触形成的,所以约束反力的作用点一般就是约束与被约束物的接触点,而约束所能限制的运动方向和约束反力的方向决定于约束的类型和约束的性质。约束反力的大小则由平衡关系和平衡条件来确定。

下面将工程中常见的约束抽象简化为几种类型,着重介绍约束的性质及约束反力的表示和方向的确定。

(1)柔性绳索约束

相对于长度较细而柔软的绳索、胶带、链条等只能抵抗张拉作用,用于约束只能限制物体沿柔索伸长方向的运动,所以柔索约束反力的作用点在柔索与物体的连接点、方向沿着柔索并背离被约束的物体,用符号 $\boldsymbol{F}_T$ 表示,如图 2.38 所示。通常,绳索的自重相对于其所受的力要小得多,所以可以忽略其自重。

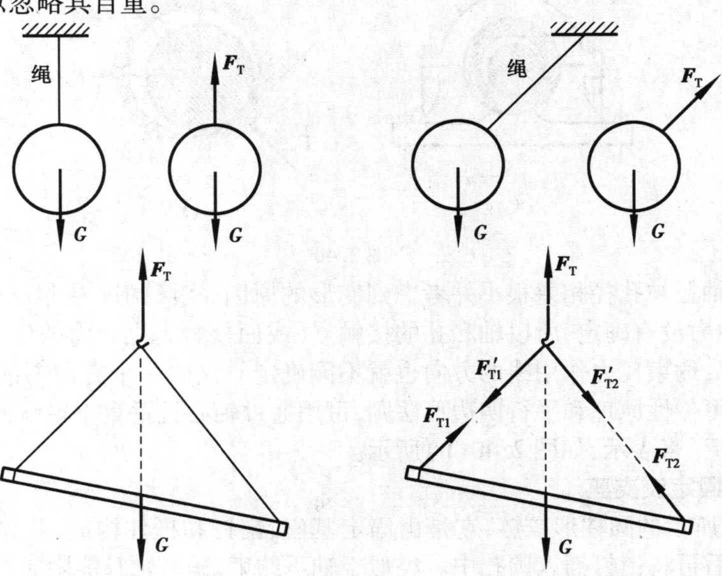

图 2.38

(2)光滑表面约束

在不考虑摩擦影响的前提下,可以认为两物体的接触表面是光滑而刚性的。无论接触面是平面还是曲面,约束只能限制物体沿着接触面的公法线并指向约束物的运动。所以,光滑表面的约束反力作用于接触点、方向沿着接触面的公法线(或垂直于公切线)而指向被约束物,通常用符号 $\boldsymbol{F}_N$表示,如图 2.39 所示。

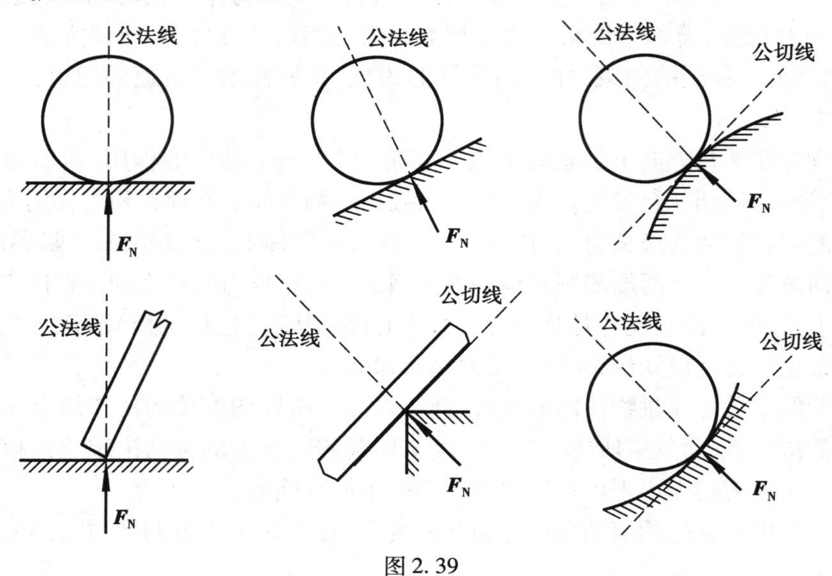

图 2.39

(3)径向轴承约束

图 2.40(a)所示为径向轴承装置,轴的直径较轴承孔的直径略小。轴承限制轴沿半径向外的移动,而不限制轴的转动。在润滑的条件下可忽略摩擦,所以可将轴和轴承孔看作光滑表面接触,故而轴承对轴的约束反力作用于接触点且沿公法线并指向轴心,如图 2.40 (b)中 $\boldsymbol{F}_R$所示。

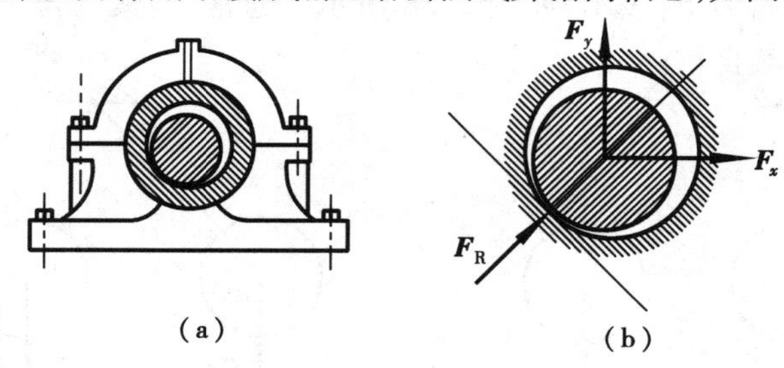

图 2.40

但是,由于轴径与孔径相差很小并考虑到变形的原因,实际情况并非点接触而是面接触,且轴所受的其他力没有确定,所以轴和孔的接触点(或面接触力之合力的作用点)的位置不能简单确定。所以,约束反力作用线的方向也就不能确定。这样一个方向不能预先确定的约束反力,根据力的可传性原理和平行四边形法则,可用通过轴心且垂直于轴线的两个大小未知的正交分力 $\boldsymbol{F}_x$ 和 $\boldsymbol{F}_y$ 来表示,如图 2.40(b)所示。

(4)圆柱形固定铰支座

图 2.41(a)所示的圆柱形铰链,它是由固定基座、销钉和杆件构成,首先将杆件的端头插入基座之中,然后再将销钉插入圆孔中。类似于轴承约束,销钉轴只能限制杆件在垂直于销钉轴线平面内的移动,但不能限制杆件绕销钉轴线的转动,所以销轴对杆件的约束反力作用在与

销钉轴线垂直的平面内,并通过圆孔的中心(图 2.41(b))。由于方向不定,所以仍可用通过铰链中心的两个正交分力 $\boldsymbol{F}_x$ 和 $\boldsymbol{F}_y$ 来表示(图 2.41(c))。建筑工程中通常采用图 2.41(d)所示的链杆约束模型和受力示意图,凡是在两个正交方向上限制移动而不限制转动的约束都可以抽象为这样的模型。圆柱形铰链只能适用于平面结构或机构。

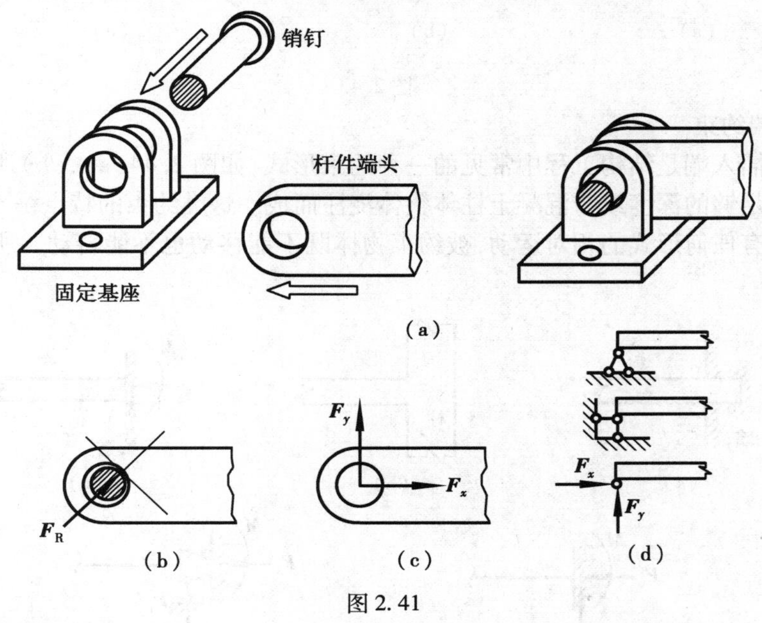

图 2.41

(5) 可动铰支座

相对于固定铰链支座的双向约束,可动铰支座只在一个方向上产生制约,而在另一个方向上可以移动。例如,基座与基础平面之间安置辊轴(图 2.42(a)),或在梁和柱的接触面之间加润滑层(图 2.42(b))等。诸如此类的滚动和滑动支座及其约束反力均可抽象为如图 2.42(c)所示的滑轮或链杆约束模型和受力示意图。

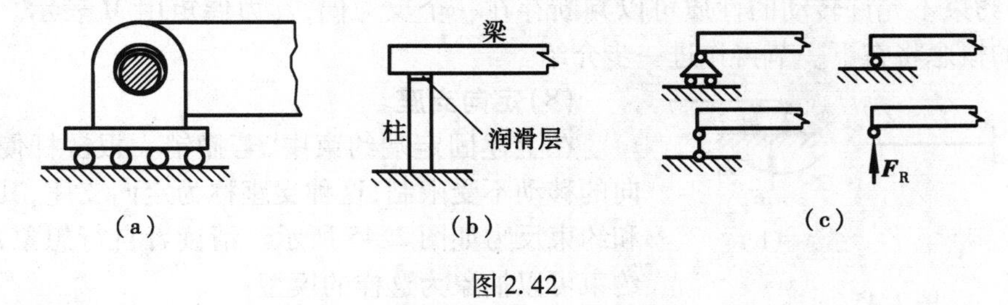

图 2.42

(6) 铰链连接

约束是通过接触或连接而产生的,反过来相互连接的物体也可以视为互相约束。

铰链连接就是将两物体分别钻上直径相同的圆孔并用销钉或铆钉、螺栓连接起来,这样两个物体只能绕着销钉的轴线自由转动(图 2.43(a)),但不能相对移动。若假设销钉与右边的构件固结为一个整体,那么两部分之间的相互作用力可表示为图 2.43(b)的形式。$\boldsymbol{F}_R$ 为右边构件给左边构件的作用力,$\boldsymbol{F}'_R$ 为左边构件给右边构件的反作用力。作用力和反作用力均垂直于销钉轴线,分别作用于孔心和轴心。工程中更普遍地采用正交分力表示法(图 2.43(c))。

若销钉相对于两个物体可以自由转动,则应将销钉轴单独取出,并分别画出与两个物体的相互作用力。请读者自行分析完成。

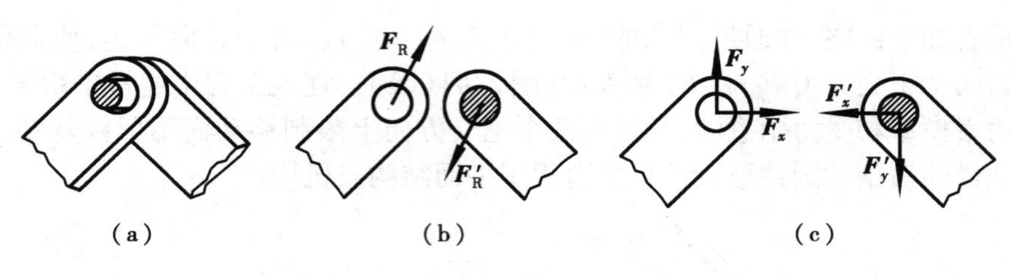

图 2.43

(7)固定端约束

固定端或插入端是结构工程中常见的一种约束形式,如图 2.44(a)、(b)所示混凝土梁的端部嵌入墙体足够的深度或与混凝土柱体整体浇注而成。这类约束的特点是不允许约束与被约束物体之间有任何形式的相对运动,被约束物体既不能移动也不能转动。所以又称为**全约束固定端**。

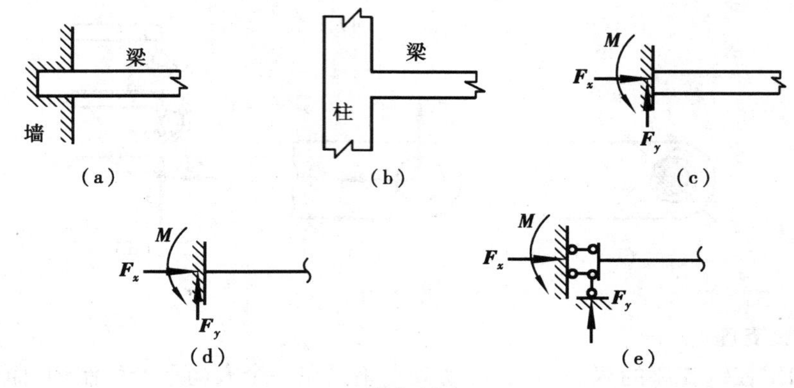

图 2.44

此类约束可以简化为图 2.44(c)、(d)所示的形式,也可以抽象为图 2.44(e)所示的链杆约束模型。根据约束不允许移动的性质,类似于固定铰支座,约束反力可由正交分量 $\boldsymbol{F}_x$ 和 $\boldsymbol{F}_y$ 来表示;由约束不允许转动的性质可以判断存在一个反力偶,其力偶矩用 M 表示。有关力矩和力偶矩的概念将在下一节再作进一步介绍。

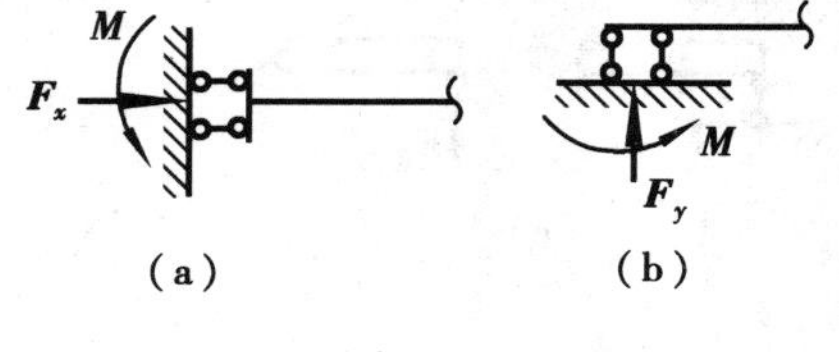

图 2.45

(8)定向支座

在上述固定端约束中,若撤销一根链杆使某一个方向的移动不受限制,这种支座称为定向支座,其简化模型和约束反力如图 2.45 所示。请读者自行想象,什么样的约束可以抽象为这样的模型。

2.4.3 结构的计算简图

(1)结构计算简图的基本概念

实际工程中的结构形式是很复杂的,要进行力学分析需先加以简化,分清结构受力、变形的主次,抓住主要矛盾,忽略一些次要因素,科学抽象,用一简化的理想模型代替实际结构。这种简化的结构应能反映原结构的主要受力和变形特点。简化的理想模型称为结构的计算简图。可见,结构计算简图是实际工程结构进行力学分析的基础;再者,也是把力学分析计算结果用于指导实际结构设计的必要过程。因此,合理选择结构计算简图是非常必要的。

选取结构的计算简图时,应遵循以下原则:一是尽可能正确地反映实际结构的主要工作性能,使计算结构精确可靠;二是抓住主要矛盾、忽略某些次要因素,尽可能使计算简便。

影响结构计算简图选择的因素很多。比较主要的是以下 4 个方面:

①结构的重要性的影响,对重要结构,应着重反映结构的实际受力性能。

②设计阶段的影响,在工程设计中,初步设计选择较粗略的计算简图,而在最后的施工图设计中选择较精确的计算简图。

③计算问题性质的影响,一般在静力计算阶段采用较精确的计算简图,而在动力计算阶段,则选择较粗略的计算简图。

④计算工具的影响,是否采用较精确的计算简图,与所采用的计算方法、计算手段有关。在实际工作中,有时对于同一结构,根据不同情况,分别采用不同的计算简图。

(2)结构计算简图中采用的简化方法

确定结构的计算简图时,通常要考虑结构的简化、支座的简化及荷载的简化。其中结构的简化包括杆件简化及结点的简化。杆件在计算简图中均用其轴线来代替,直线或曲线。结点是指杆件的连接区。根据杆件连接区的受力特点和构造情况,常简化为:

1)铰结点

图 2.46(a)中所示钢桁架,杆件采用铆接,由于这种连接方式阻止转动的能力较弱,约束特点相当于前述铰链连接,各杆可产生相对转动,但无相对移动。我们将其称为铰结点。计算简图见图 2.46(b)。

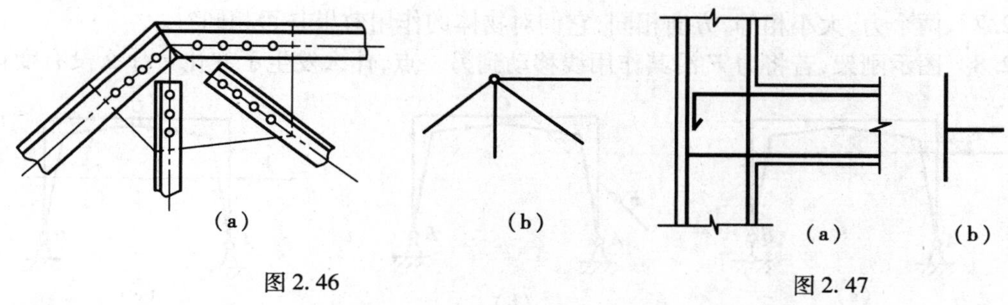

图 2.46　　图 2.47

2)刚结点

图 2.47(a)所示现浇钢筋混凝土梁和柱的结点,其构造为三根杆件连接在一起。分析其变形情况,连接的各杆件变形前后在结点处各杆端切线的夹角保持不变,即不能产生相对转动,也无相对移动。这样的结点称为刚结点。计算简图如图 2.47(b)所示。

有时还会有铰结点与刚结点在一起组合形成的组合结点。如图 2.48 所示计算简图,A、B 处为刚结点,D 处为铰结点,C 处为组合结点,该点处 BC 杆与 CE 杆是刚性连接,CD 杆与 BC 杆和 CE 杆之间为铰结。组合结点处的铰也称为不完全铰。

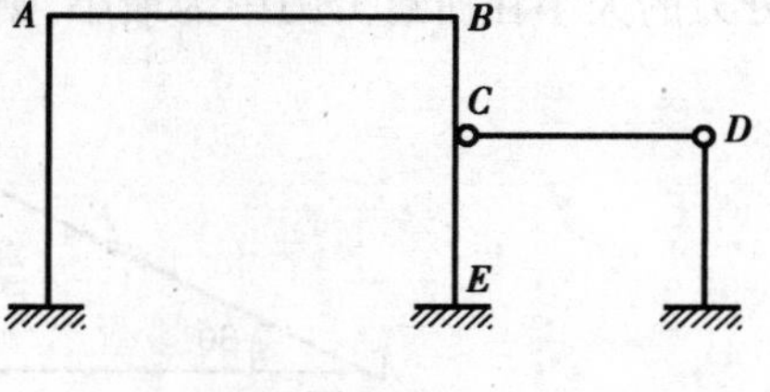

图 2.48

支座是指结构与基础或其他支承物联系用以固定结构位置的装置。结构计算简图中支座的简化一般根据结构的构造及前述各种约束的特点进行,通常有可动铰支座、固定铰支座、固定支座和定向支座。而荷载则考虑作用在杆轴上。需要指出的是,在本节中,仅仅是向读者介绍了结构计算简图选择的一般性知识,真正要做好结构计算简图的选择工作,还需要很多专业知识及实际工程经验。

可深入讨论的问题

1. 本章仅讨论了常用的平面力系的简化问题，而力系除了有平面力系以外还有空间力系。对于空间力系，仍可进行简化，有兴趣的读者可参阅多学时理论力学相关教材。

2. 截面的几何性质除本章所讨论的形心、静矩、惯性矩、极惯性矩、惯性积等几何性质外，还有主惯性矩、形心主轴、惯性半径等，可参看多学时材料力学教材。

思考题2

2.1　刚体在两个力作用下平衡的必要条件有哪些？在什么情况下，这些必要条件才是充分的？

2.2　加减平衡力系公理适用于刚体，能否适用于变形体？为什么？

2.3　力的可传性适用于刚体，能否适用于变形体？为什么？

2.4　力的平行四边形法则是否只适用于刚体？

2.5　作用于刚体上的三个力不汇交于一点，该刚体是否能够平衡？为什么？

2.6　力对物体有哪些作用效果？

2.7　两个力，大小相等，方向相同，它们对物体的作用效果是否相同？

2.8　图示刚架，若将力 $\boldsymbol{F}$ 沿其作用线移动到另一点，什么发生了变化？什么没有变化？

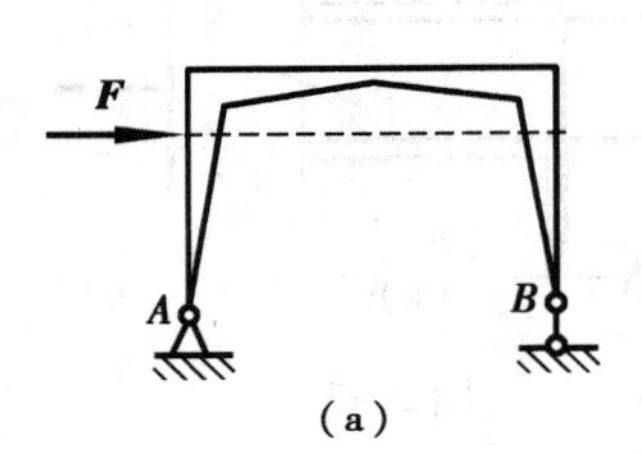

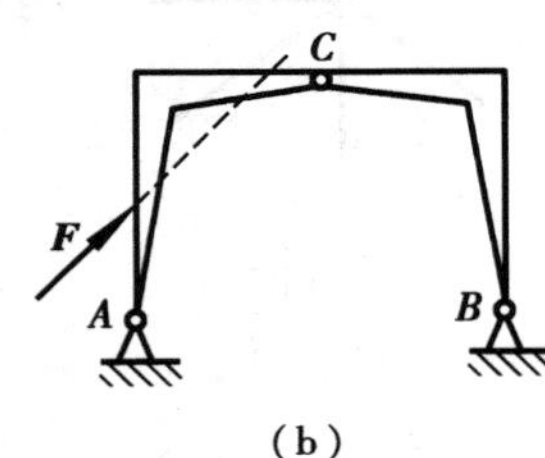

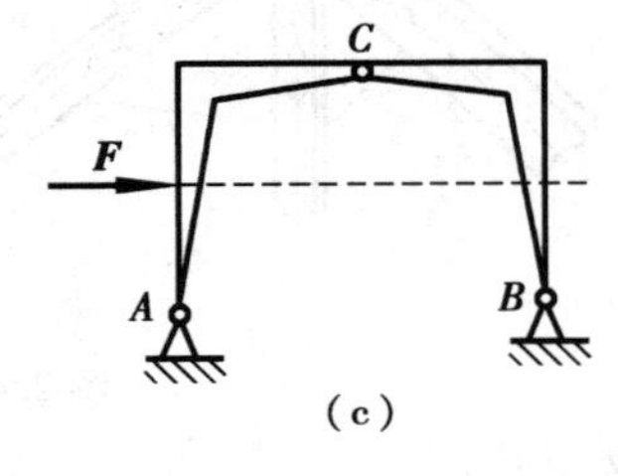

思考2.8图

2.9　将一个已知力 $\boldsymbol{F}$ 分解为 $\boldsymbol{F}_1$ 和 $\boldsymbol{F}_2$ 两个分力，要得到唯一解，必须给定什么条件？

2.10　已知力 $\boldsymbol{F}$ 沿直线 AB 作用，其中一个分力的作用线与 AB 线成30°角，若欲使另一个分力的大小在所有分力中为最小，则这两个分力间的夹角为多少度？

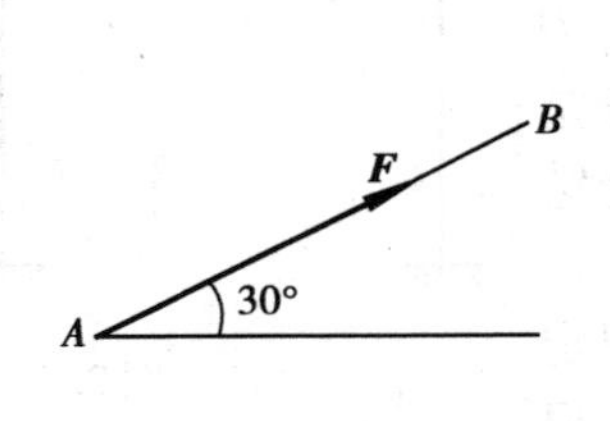

思考2.10图

y
F1
α1
F2
α2
O
x
F3
α4
F4

思考2.11图

2.11　图示力系，$\boldsymbol{F}_1$ 在 x 轴上的投影为________，在 y 轴上的投影为__________；$\boldsymbol{F}_2$ 在 x 轴上的投影为__________，在 y 轴上的投影为__________；$\boldsymbol{F}_3$ 在 x 轴上的投影为__________，在 y 轴上的投影为__________；$\boldsymbol{F}_4$ 在 x 轴上的投影为__________，在 y 轴上的投影为__________。

2.12　一个力偶不可能与一个力相平衡，却能够与两个及两个以上的力构成的力系相平衡，但必须满足什么条件？

2.13　图中画出的五个力偶共面。试问哪些是等效的？

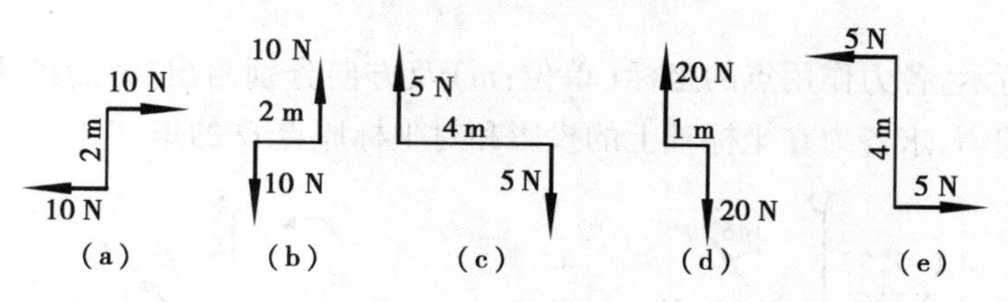

思考 2.13 图

2.14　图示飞轮，不计自重。若 $M = FR$，则飞轮处于平衡状态。是否可以说，作用在轮上的力偶 M 与重物的重力 F 相平衡？为什么？

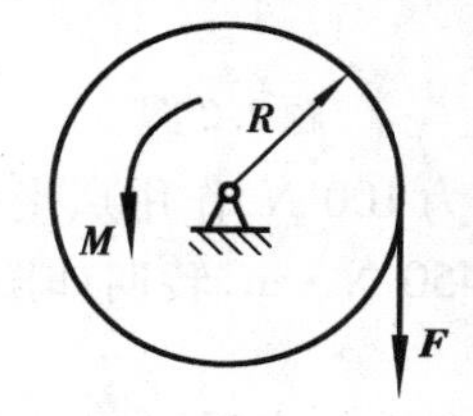

思考 2.14 图

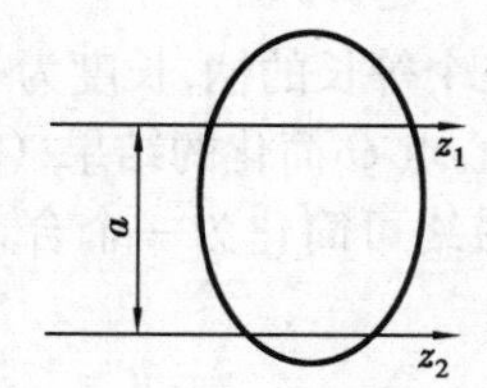

思考 2.15 图

2.15　图示飞轮，不计自重。若要飞轮保持平衡，是否要求 F_1 与 F_2 必须大小相等方向相反，构成力偶？

2.16　平面力系向任一点简化得到的主矢和主矩与简化中心的选择是否有关？

2.17　平面力偶是否可以在其作用面内任意移动，而不改变其作用效果？

2.18　物体的重心是否一定在物体的内部？

2.19　若选取两个不同的坐标系来计算同一物体的重心位置，所得重心坐标是否相同？

2.20　什么情况下，物体的形心和重心在同一个点上？

2.21　任意横截面对形心轴的静矩等于多少？

2.22　矩形截面，C 为形心，阴影面积对形心轴的静矩与其余部分面积对形心轴的静矩是否相等？

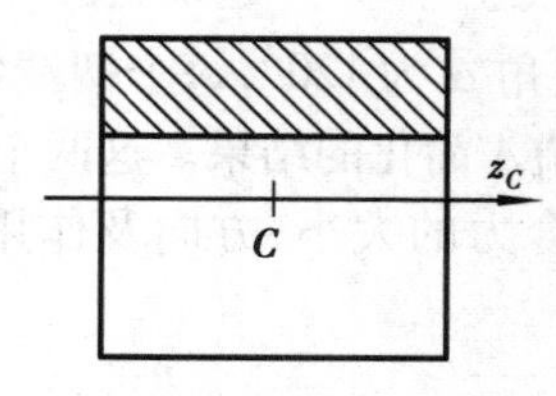

思考 2.22 图

思考 2.23 图

2.23　若已知截面对 z_1 轴的惯性矩为 I_1，z_2 轴与 z_1 轴的距离为 a。问截面对 z_2 轴的惯性矩是否可写为 $I_2 = I_1 + a^2A$？为什么？

2.24　在一组相互平行的轴中，图形对哪一根轴的惯性矩最小？

习题 2

2.1 如图所示，各力作用点的坐标（单位：m）及方向分别给出，各力的大小为 $F_1=5\ \text{N}$，$F_2=10\ \text{N}$，$F_3=30\ \text{N}$，求各力在坐标轴上的投影和对坐标原点 O 的矩。

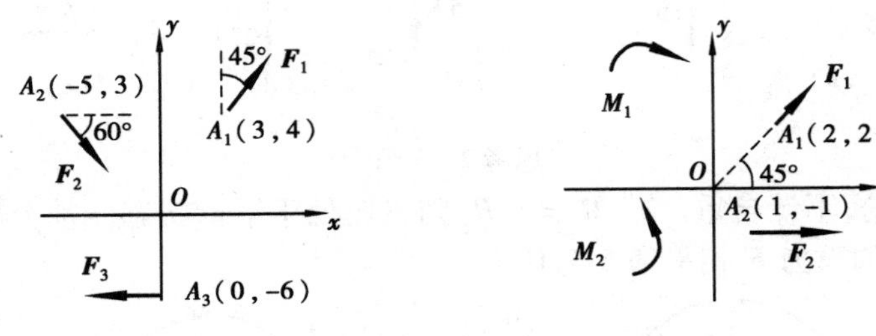

题 2.1 图　　　　题 2.2 图

2.2 一平面力系如图所示，设 $\boldsymbol{F}_1$ 和 $\boldsymbol{F}_2$ 的大小均为 100 N，作用点坐标（单位：m）及方向如图示；力偶矩 M_1 和 M_2 的大小分别为 300 N · m 和 450 N · m，转向如图示。试求各力及各力偶在各坐标轴上的投影以及对坐标原点 O 的矩。

2.3 图示圆盘的半径为 $r=0.5\ \text{m}$。将作用于圆盘上的力系向圆心 O 点简化，试求力系的主矢和主矩的大小。

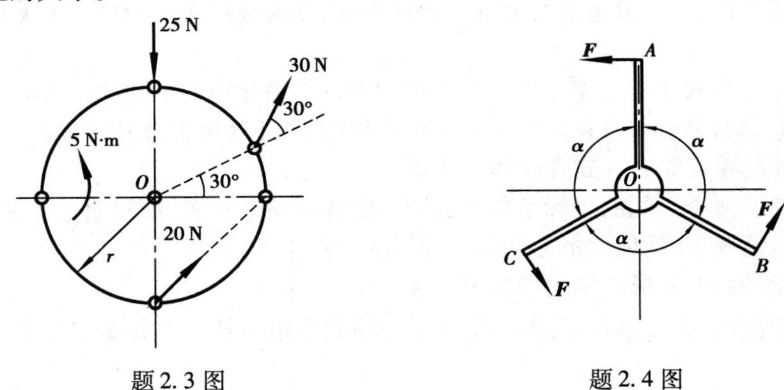

题 2.3 图　　　　题 2.4 图

2.4 一绞盘有三个等长的柄，长度为 l，其间夹角 α 为 120°，每个柄端各作用一垂直于柄的力 $\boldsymbol{F}$。试求：(1) 向中心点 O 简化的结果；(2) 向柄端 A 简化的结果。这两个结果说明什么问题？

2.5 图示力系最终可简化为一个合力，试求合力的大小、方向及作用线到 A 点的垂直距离 d。

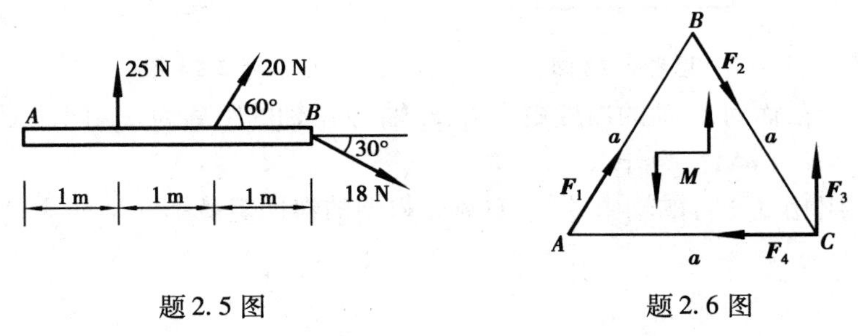

题 2.5 图　　　　题 2.6 图

2.6　图示平面力系，已知：$F_1 = F_2 = F_3 = F_4 = F$，$M = Fa$，$a$ 为三角形边长，若以 A 为简化中心，求力系简化的最终结果，并示于图上。

2.7　试求图示平面图形的形心。

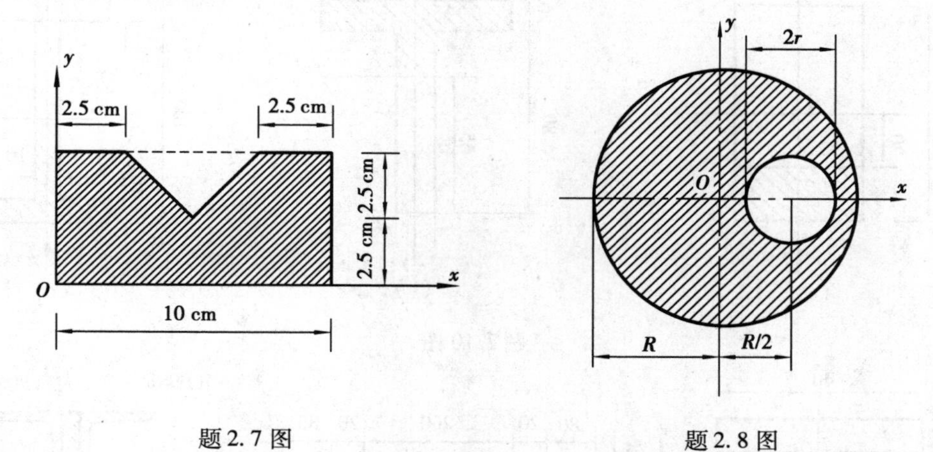

题 2.7 图　　　　题 2.8 图

2.8　在半径为 R 的圆面积内挖出一半径为 r 的圆孔，求剩余面积的形心。

2.9　求图示杆件横截面形心的位置。

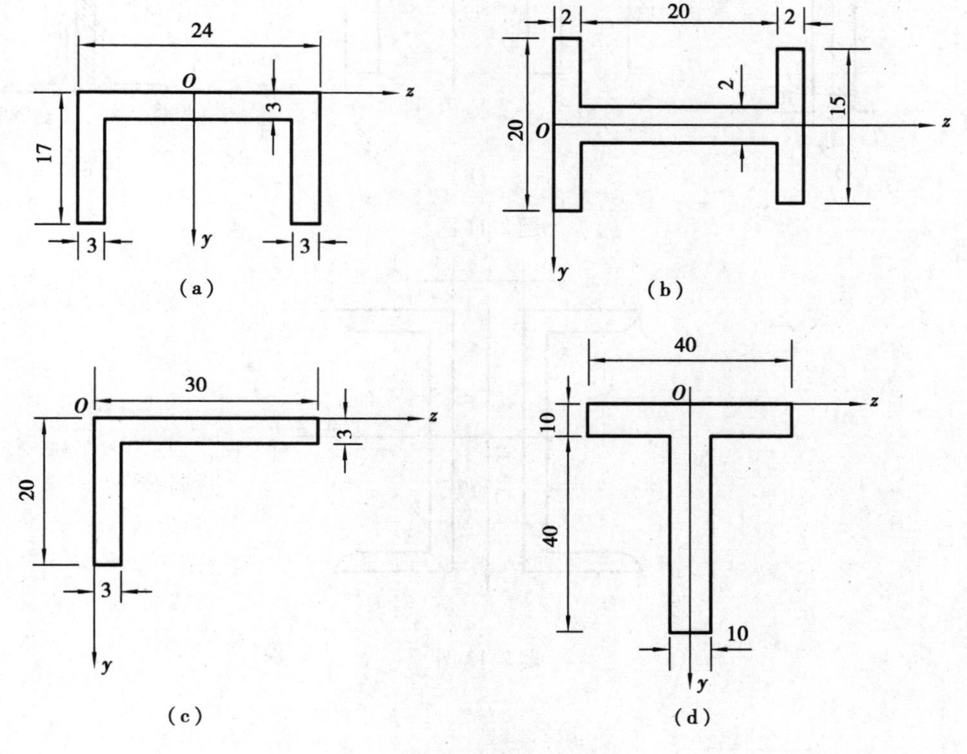

题 2.9 图

2.10　试求图示各截面的阴影面积对形心轴 z 的静矩。（C 为截面的形心）

2.11　试确定图示各截面的形心位置并求对水平形心轴的惯性矩。

2.12　图示由两个№20a 槽钢组成的组合截面，如欲使此截面对两对称轴的惯性矩 I_x 和

I_y 相等，则两槽钢的间距 a 应为多少？

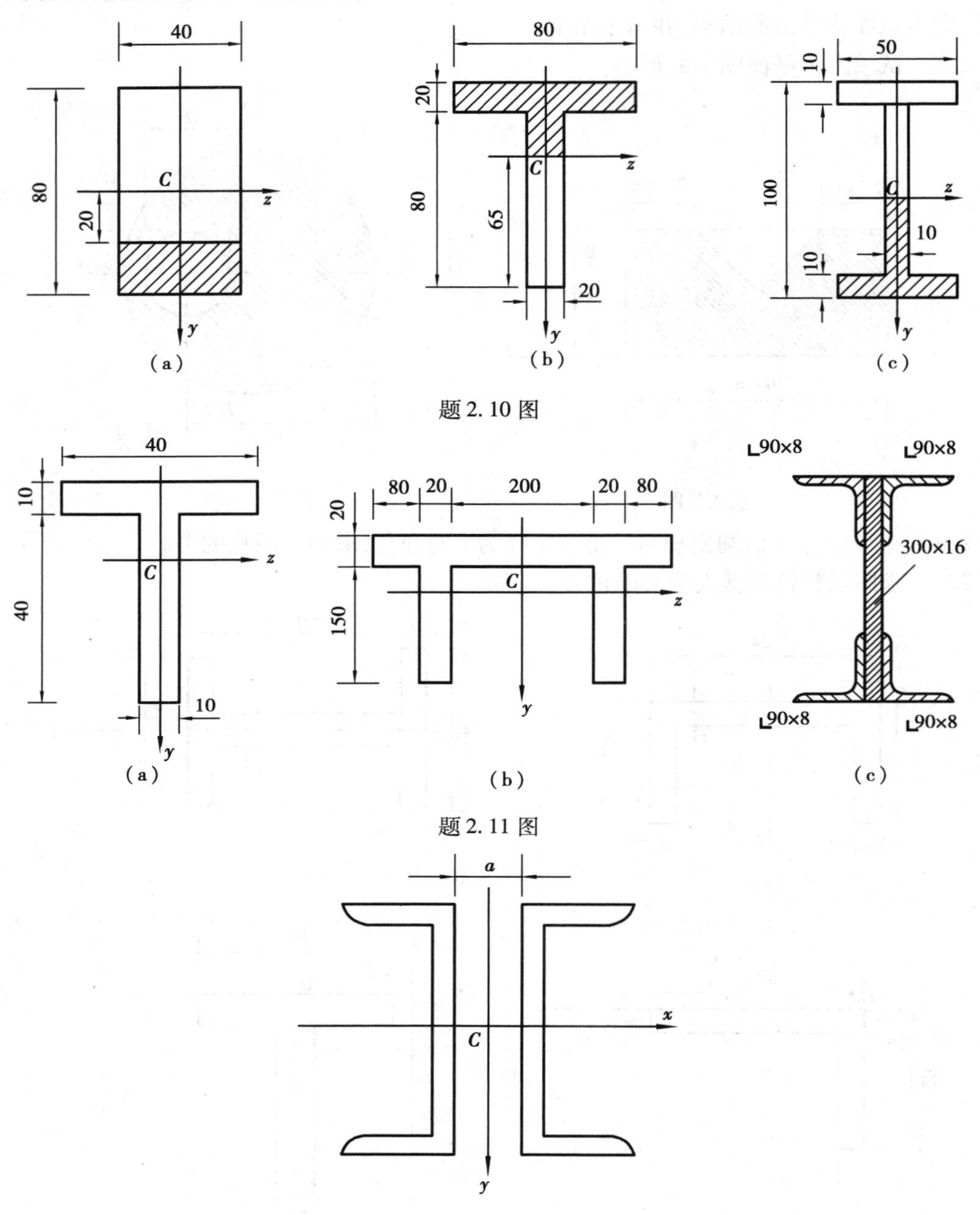

题 2.10 图

题 2.11 图

题 2.12 图

第3章 平面体系的几何组成分析

3.1 概　述

在绪论中已经指出建筑力学的研究对象为杆状构件及杆系结构,而杆系结构是指由若干杆件通过适当方式连接起来组成的结构体系。这就向我们提出了一个问题,若干杆件如何连接才能形成结构?本章的主要任务就是研究结构的组成规律问题。

3.1.1　几何可变体系与几何不变体系

对于由若干杆件组成的平面杆件体系,在不考虑材料应变,即将体系中各杆件视为平面刚体(刚片)的前提下,当体系受到任意荷载作用时,视杆件体系的几何形状和位置是否改变,将体系分为几何不变体系和几何可变体系两大类。若体系能保持其几何形状和位置不变,称为几何不变体系,图3.1(a)所示就为这一类体系的例子。若体系尽管受到很小的荷载作用,其几何形状也会发生改变,这类体系称为几何可变体系,图3.1(b)即为此类例子。可见只有几何不变体系才能作为结构承受荷载。

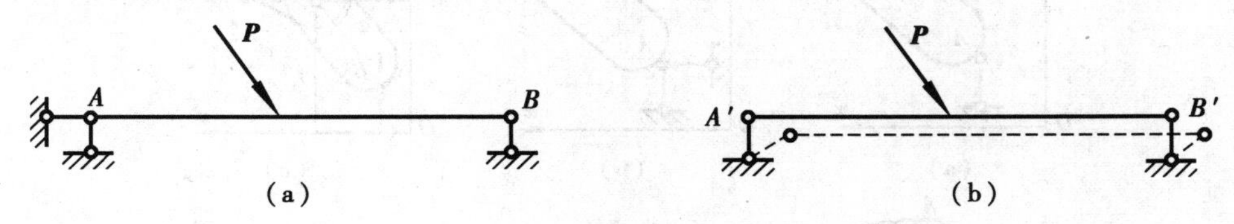

图3.1

3.1.2　几何组成分析的目的

由上可知,判断杆件结构体系的可变和不变情况,是根据体系受到任意荷载,其几何形状和位置是否发生改变来确定。而导致体系分为可变和不变的区别是由于它们的几何组成不同。分析体系的几何组成,确定它们属于哪一类体系,称为体系的几何组成分析。

几何组成分析的目的：一是对给定杆件体系，判断其是否几何不变，从而决定它能否作为结构；二是研究几何不变体系的组成规律，保证所设计的体系能作为结构承受荷载维持平衡；另外，几何组成分析也能为正确区分静定结构和超静定结构以及进行结构内力计算打下基础。

3.1.3 平面体系自由度的概念

在进行体系几何组成分析前，先介绍平面体系自由度的概念。

(1)自由度的概念

物体运动时，可用坐标来确定位置，而确定其位置所需的独立坐标数，称为该物体的自由度。平面上一个点的位置可用两个坐标(x,y)来确定(图3.2(a))，故平面上一个点的自由度等于2，即一个点在平面内可以作两种相互独立的运动，常用平行于坐标轴的两种移动来描述。

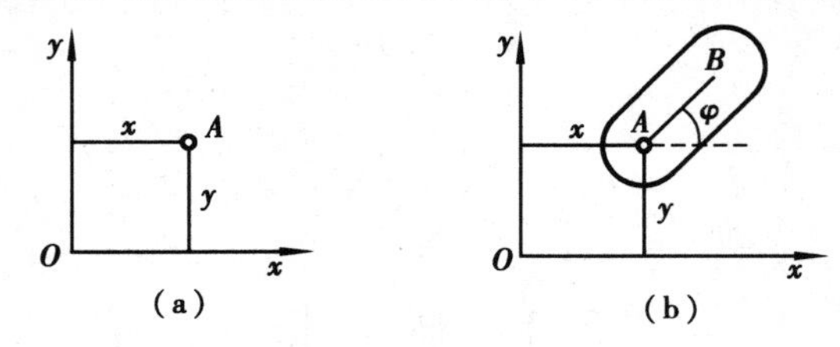

图3.2

对于一个平面刚体(刚片)，当其在平面内运动时，其位置可取刚片上任一点A的坐标(x,y)和过A点的任一直线AB的倾角φ来确定(图3.2(b))。因此，一个刚片在平面内的自由度等于3，即一个刚片在平面内除可以作两种相互独立的移动外，还可以自由转动。

(2)约束与刚片系的自由度

在第2章中，我们介绍了约束的概念，即对物体的运动起限制或阻碍作用的其他物体称为**约束体**，简称**约束**。从自由度的角度来说，也可以这样描述约束：凡能减少一个自由度的装置称为一个约束。例如，用一根链杆将刚片与基础相连(图3.3(a))，刚片将不能沿链杆方向移动，因而减少了一个自由度，故一根链杆为一个约束。如果在刚片与地基之间再加一根链杆(图3.3(b))，则刚片又减少了一个自由度。此时，它就只能绕A点作转动而丧失了自由移动的可能，即减少了两个自由度。

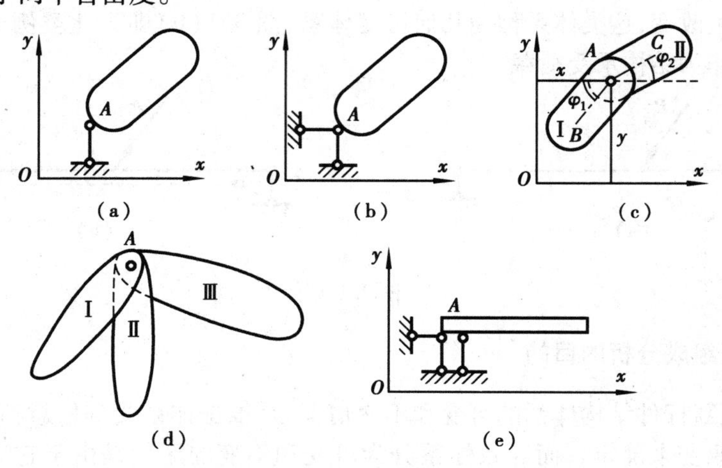

图3.3

N个刚片在平面内的自由度总数应为$3\times N$。用一个铰把两个刚片Ⅰ和Ⅱ在A点连接起来(图3.3(c)),这种连接两个刚片的铰称为**单铰**。分析该体系的自由度:对刚片Ⅰ而言,其位置可由A点的坐标(x,y)和AB线的倾角φ_1来确定。它仍有3个自由度。在刚片Ⅰ的位置被确定后,因为刚片Ⅰ与刚片Ⅱ在A点以铰连接,所以刚片Ⅱ只能绕A点作相对转动。也就是说,刚片Ⅱ只保留了独立的相对转角φ_2。因此,由刚片Ⅰ、Ⅱ所组成的体系在平面内的自由度为4。说明用一个铰将两个刚片连接起来后,就使自由度的总数减少了2个。由此可见,**一个单铰相当于两个约束,或说相当于两根相交链杆的约束作用**(图3.3(b))。

连接三个刚片的铰,称为复铰(图3.3(d))。读者可自行分析,其减少了4个自由度,相当于4个约束,也可把它看作是两个单铰。一般说来,从减少自由度的观点看,连接N个刚片的复铰相当于$N-1$个单铰,可减少$2(n-1)$个自由度。

通过类似的分析可以知道,固定支座为三个约束,相当于既不平行也不交于一点的三根链杆的约束(图3.3(e));连接两杆件的刚结点相当于三个约束。一个平面体系,通常都是由若干个刚片加入某些约束所组成的。加入约束后能减少体系的自由度,如果在组成体系的各刚片之间恰当地加入足够的约束,就能使刚片与刚片之间不可能发生相对运动,从而使该体系成为几何不变体系。

若在体系中增加一个约束,而体系的自由度实际并不因此而减少,则所增加的约束称为多余约束。

(3)平面体系自由度的计算公式

由以上分析可知,若以刚片为研究对象,计算体系自由度可由下面的公式计算:

$$W=3m-2h-r \tag{3.1}$$

式中,W为体系的计算自由度,m为刚片数,h为单铰数,r为链杆数。

由公式(3.1)计算平面体系,可有3种计算结果:若$W>0$,说明体系的约束数目不够,还有独立的运动参变量,体系为几何可变体系;若$W=0$,说明体系具有组成几何不变体系所需的最少约束数目;若$W<0$,说明体系具有多余约束。需注意的是,体系的自由度小于等于零,并不能保证体系一定为几何不变体系,它可能因约束的布置不恰当而形成几何可变体系。确定平面体系是否几何不变,需研究几何不变体系的组成规则。

3.2　几何不变体系的组成规则

3.2.1　组成规则

几何不变体系的基本组成规则有3个。通常用这3个基本规则对平面体系进行几何组成分析。

(1)两刚片组成规则

两刚片用不全交于一点也不全平行的三根链杆相连接,则所组成的体系内部几何不变。

平面中两个独立的刚片,共有6个自由度,如果要将它们组成一个刚片,两刚片之间至少应该用3个约束相连,才可能组成一个内部几何不变的体系。而这些约束应怎样布置才能达到这一目的呢?

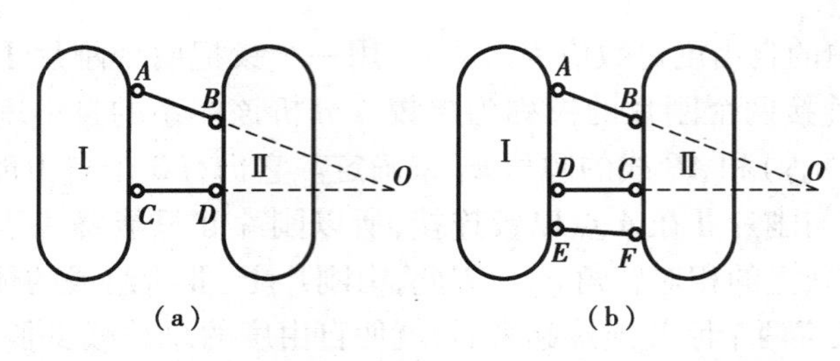

图3.4

以图3.4(a)所示为例,若刚片Ⅰ与刚片Ⅱ用两根不平行的链杆 *AB* 和 *CD* 联结,刚片Ⅰ与刚片Ⅱ可绕链杆 *AB* 和 *CD* 延长线所形成的交点 *O* 转动。因在不同的瞬时,*O* 点在平面上的位置不同,故称 *O* 点为瞬时转动中心。该情况等效于在 *O* 点用单铰把刚片Ⅰ和Ⅱ相联结。由于随着两刚片的相对转动,铰 *O* 点的位置也将随之改变。因此,这种铰与一般的铰不同,称为**虚铰**。若在图3.4(a)所示体系的基础上再添加一根不通过 *O* 点的链杆 *EF*,如图3.4(b)所示。则刚片Ⅰ和Ⅱ之间就不可能再发生相对运动。这时,所组成的体系是内部几何不变的。因此两刚片组成规则也可这样描述:**两刚片用一个铰和一根不过铰心的链杆相联,组成的体系内部几何不变。**

(2)三刚片组成规则

三刚片用不在同一直线上的三个铰两两相连,则组成的体系内部几何不变。

平面中三个独立的刚片,共有9个自由度,在三个刚片之间至少加入6个约束,方可能将三个刚片组成为一个内部几何不变的体系。如图3.5(a)所示,其中刚片Ⅰ、Ⅱ、Ⅲ间用不在同一直线上的 *A*、*B*、*C* 三个铰两两相连。这一情况如同用三条线段 *AB*、*BC*、*CA* 作一个三角形。由平面几何知识可知,用三条定长的线段只能作出一个形状和大小都一定的三角形,即得出的三角形是几何不变的。

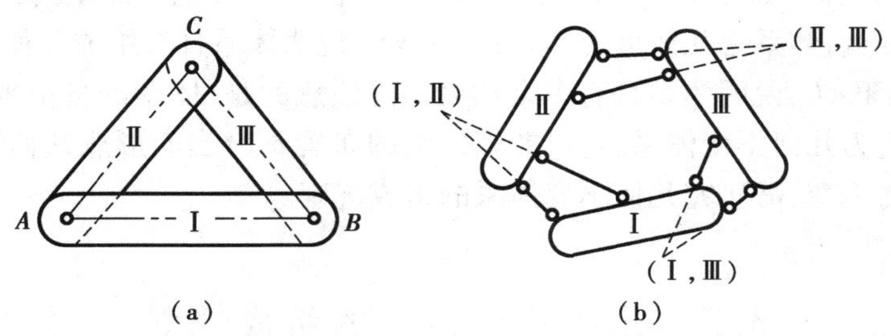

图3.5

图3.5(a)中任一个铰可以换为由两根链杆所组成的虚铰,得出如图3.5(b)所示的体系。虚铰的位置也可位于无穷远处,只要三个虚铰不在同一直线上,这样组成的体系与图3.5(a)一样,显然也是几何不变的。

(3)二元体规则

在原体系上增加或减少二元体,不改变体系的几何组成性质。

若将图3.5(a)中的刚片Ⅱ与Ⅲ视为链杆,就得到如图3.6所示的体系。这种由两根不共线的链杆铰结一个新结点的装置,如图3.6中的 *B-A-C* 称为**二元体**。由上节已知,一个结点的自由度等于2,用两根不在同一直线上的链杆相连,其约束数也等于2。所以增加一个二元体对体系的实际自由度无影响。同理推知,在一个体系上撤去一个二元体,也不会改变体系的几何组成性质。因此,在分析体系的几何组成时,通常先将二元体撤除,再对剩余部分进行分析,所得结论就是原体系几何组成分析的结论。

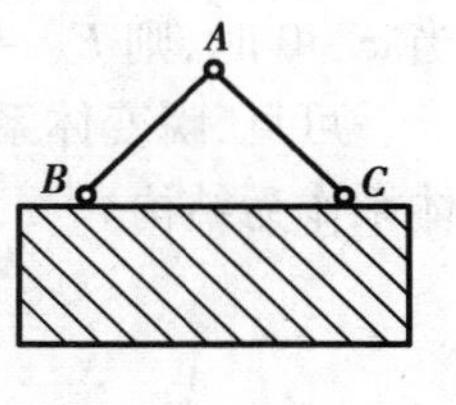

图3.6

3.2.2　常变体系与瞬变体系

根据上述基本规则，可逐步组成一般的几何不变体系，也可用这些规则来判别给定体系是否几何不变。值得注意的是在上述三个组成规则中，都提出了一些限制条件。如果不能满足这些条件，体系称为几何可变体系。几何可变体系又可分为常变体系和瞬变体系。下面以两刚片体系为例进行讨论。

(1)常变体系

如图3.7(a)所示两刚片用三链杆相连，若三链杆平行并且等长，则在两刚片发生相对运动时，三链杆始终保持互相平行，故运动将持续发生，这样的体系就是**常变体系**。

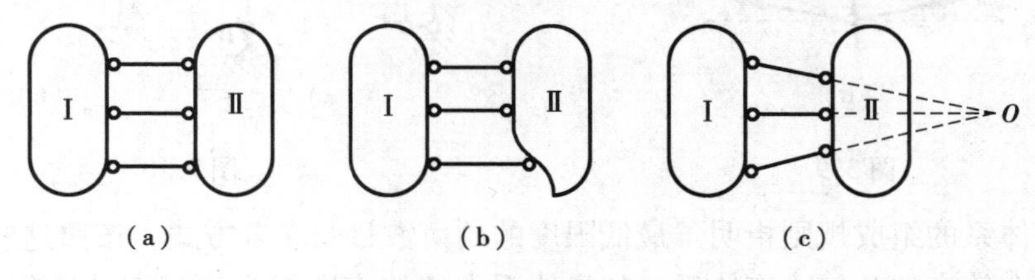

图3.7

(2)瞬变体系

如图3.7(b)所示的两刚片用三根互相平行但不等长的链杆相连，此时，两个刚片可以沿着与链杆垂直的方向发生相对移动，但在发生微小移动后，此三根链杆就不再互相平行且不交于一点，符合两刚片组成规则，两刚片不会再发生相对移动。这种只在某一瞬时可以产生微小运动的体系，称为**瞬变体系**。

如图3.7(c)所示的两个刚片用三根链杆相连，链杆的延长线全交于O点，此时，两个刚片可以绕O点作相对转动，但在发生微小转动后，三根链杆就不再全交于一点，也不相互平行、从而两刚片将不再继续发生相对运动。这种体系也是**瞬变体系**。

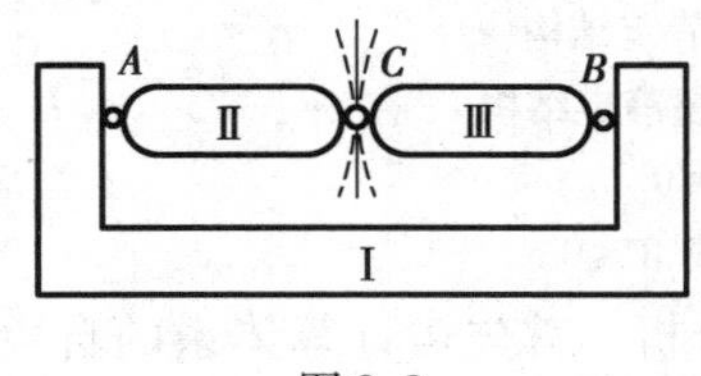

图3.8

再讨论三刚片体系。三个刚片用位于一直线上的三个铰两两相连(图3.8)，此时C点位于以AC和BC为半径的两个圆弧的公切线上，故C点可沿此公切线作微小的移动。不过在发生微小移动后，三个铰就不再位于一直线上，运动也就不再继续，故此体系也是一个**瞬变体系**。

归纳以上几种情况可知，瞬变体系是指这样一类体系，初始时不满足几何不变体系的组成规则，为几何可变体系，但在产生微小移动后，可以满足几何不变体系的组成规则，成为几何不变体系。瞬变体系只发生微小的相对运动，是否可以作为结构呢？我们来分析它的受力特征。

如图3.9(a)所示瞬变体系，在有限外力$\boldsymbol{P}$作用下，铰C向下发生一微小的位移而到C'的位置，由图3.9(b)所示隔离体的平衡条件：

$$\sum F_y = 0$$

得

$$F_N = \frac{P}{2\sin\varphi}$$

当 $\varphi \to 0$ 时，则 $F_N \to \infty$ 。

可见，瞬变体系在有限荷载作用下，其反力、内力将趋于无穷大，在工程中决不能采用瞬变体系作为结构。

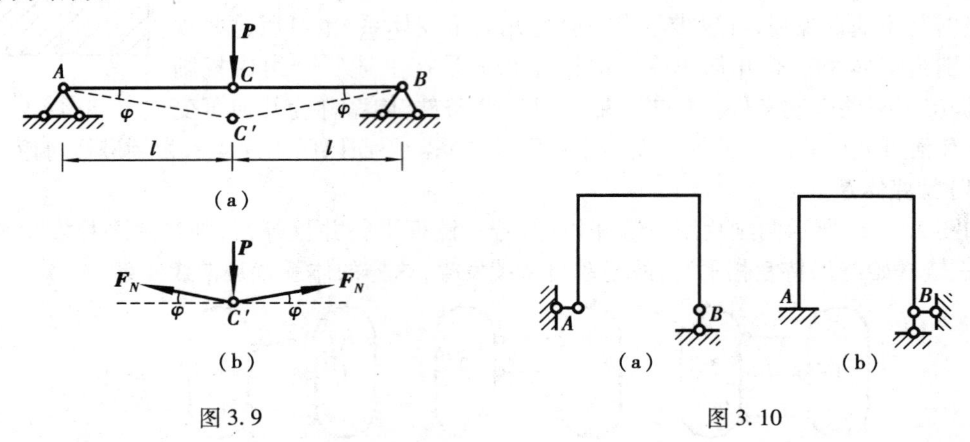

图 3.9　　图 3.10

几何不变体系的组成规则指明了最低限度的约束数目及布置方式。按照这些规则组成的体系称为无多余约束的几何不变体系。如果体系中的约束数目少于规定的数目，则体系几何可变，且属常变体系(图 3.10(a))。如果体系中的约束比规则中所要求的多，则按规则组成有多余约束的几何不变体系。图 3.10(b)所示体系，AB 部分以固定支座 A 与大地连接已构成一几何不变体系，支座 B 处的两根链杆对保证体系的几何不变性来说是多余的，称为多余约束，故该体系是具有两个多余约束的几何不变体系。

3.3　平面体系的几何组成分析

平面体系
- 几何不变 $W \leqslant 0$
  - 无多余约束 $W=0 \to$ 静定结构
  - 有多余约束 $W<0 \to$ 超静定结构
- 几何可变 $W>0$ 或 $W \leqslant 0$
  - 瞬变　$W \leqslant 0$
  - 常变　$W>0$ 或 $W \leqslant 0$

本节讨论根据前述几何不变体系组成规则进行几何组成分析。首先可计算体系的自由度，若体系自由度大于零，可知该体系一定为几何可变体系，且为常变体系。体系自由度小于或等于零，则需进一步按规则进行分析。分析时，将地基及体系中的杆件、包括已确定为几何不变的部分视为刚片或链杆，按规则进行分析。特别是根据二元体规则，可先将体系中的二元体逐一撤除或增加二元体以使分析简化。

例 3.1　试对图 3.11 所示体系进行几何组成分析。

解　1)刚片 AB 通过 1、2 和 3 号链杆与地基连接，这三根链杆既不平行，也不交于一点，满足两刚片规则，几何不变，故可把刚片 AB 并入地基，视为一个刚片。

2)BC 刚片和地基(注意：此时的地基指的是扩大后的地基，包含有 AB 刚片)之间通过铰 B 以及 4 号链杆与地基相连，满足组成规则一，故也可把刚片 BC 并入地基，视为一个刚片。

3)DE 刚片、CD 刚片与地基之间通过铰 C 和铰 D 以及 5、6 号链杆相连。5、6 号链杆相当

于虚铰 F(在竖向无穷远处)。DE 刚片、CD 刚片之间通过铰 D 相连,CD 刚片与地基之间通过铰 C 相连,地基与 DE 刚片之间通过虚铰 F 相连,三个刚片用三个不共线的铰两两相连,所以整个体系是无多余约束的几何不变体系。

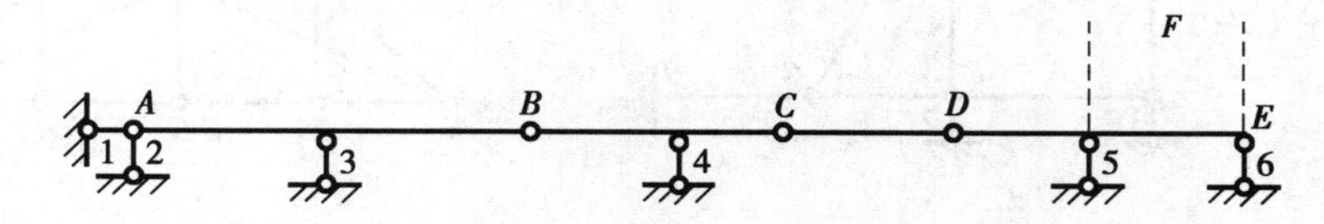

图 3.11

例 3.2　试对图 3.12 所示体系进行几何组成分析。

解　将 AB、BED 和地基分别作为刚片Ⅰ、Ⅱ和Ⅲ。刚片Ⅰ和Ⅱ用铰 B 相连;刚片Ⅰ和Ⅲ用铰 A 相连;刚片Ⅱ和Ⅲ用虚铰 C(D 和 E 两处支座链杆的交点)相连。因三铰在一直线上,故该体系为瞬变体系。

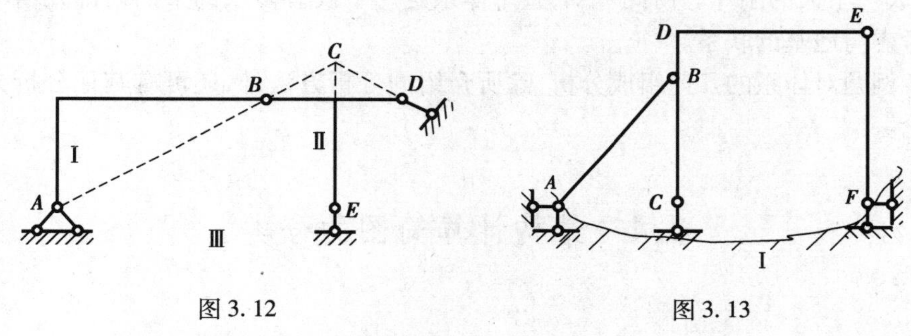

图 3.12　　　　图 3.13

例 3.3　试对图 3.13 所示体系进行几何组成分析。

将增加两个二元体(A、F 处)后的地基视为刚片Ⅰ,$CBDE$ 视为刚片Ⅱ。两刚片用链杆 AB、EF 和 D 处支座链杆相连,这三根链杆既不平行也不交于一点,因此体系是没有多余约束的几何不变体系。

例 3.4　试对图 3.14 所示铰结链杆体系作几何组成分析。

解　在此体系中,ABC 是从一个基本铰结三角形 BFH 开始,按二元体规则依次增加 6 个二元体所组成,故它是一个几何不变部分。把 ABC 视为刚片Ⅰ,地基视为刚片Ⅱ,两刚片之间以三根链杆连接,符合两刚片规则故该体系为几何不变的,且无多余约束。

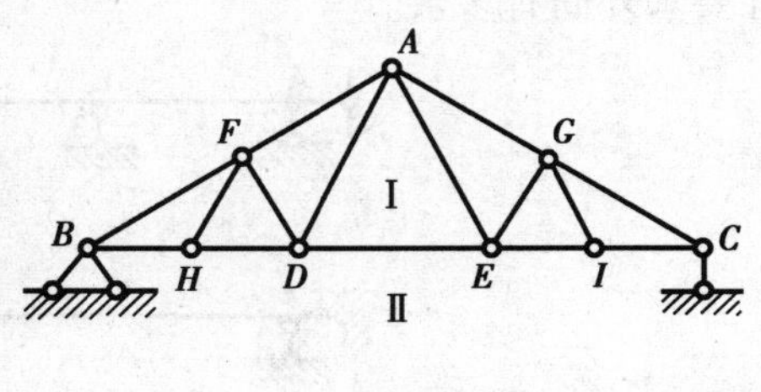

图 3.14

例 3.5　试分析图 3.15 所示体系的几何组成。

解　杆件 GH 通过固定支座 H 与地基连接,可以将 GH 视为地基的一部分。根据三刚片规则,铰结三角形 DFG 可视为一刚片,通过铰 G 和 2 号链杆与地基联结,成为地基的一部分。刚片 BCE 和 AB 以及地基三者之间通过定向支承 A,铰 B 以及链杆 1,EF,CD 联结,其中定向支承 A 可视为一个铰联结刚片 AB 和地基,铰 B 联结刚片 AB 和 BCE,链杆 1 及 EF 杆组成一个铰联结刚片 BCE 和地基,满足三刚片规则,为几何不变体系。按这样的联结方式,链杆 CD 是多余的,故该体系为有一个多余约束的几何不变体系。

请读者思考,在该体系中,多余约束一定是 CD 杆吗?试用其他方法进行分析。

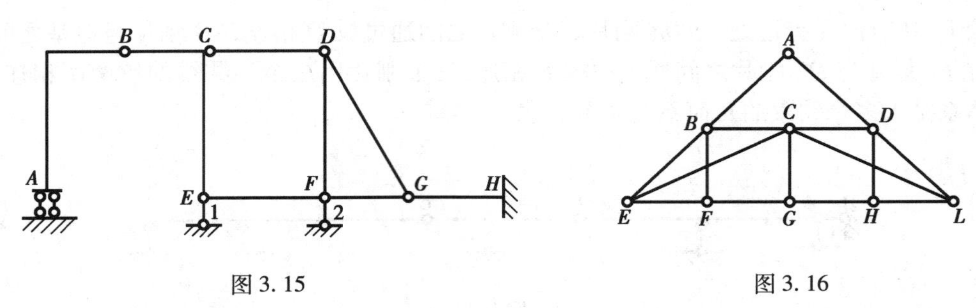

图 3.15　　　　图 3.16

例 3.6　试分析图 3.16 所示体系的几何组成。

解　首先去掉二元体 *BAD*。三角形 *DHI* 和 *BEF* 为两个刚片。由二元体规则，在 *BEF* 刚片上依次增加二元体 *BCE* 和 *CGF*，*CGFEB* 部分几何不变，可视为一个刚片Ⅰ。同理，*DHI* 刚片上增加二元体 *DCI*，*CDIH* 部分几何不变，视为一个刚片Ⅱ。刚片Ⅰ、Ⅱ之间通过铰 *C* 和杆件 *GH* 连接形成一个大的刚片。由此可知，整个体系是一个没有多余约束的内部几何不变体系。该体系未考虑与地基的联系。

以上各例题对体系的几何组成分析，除所介绍的分析方法外，还可有其他分析方法，请读者自行讨论。

3.4　结构计算简图的分类

3.4.1　静定结构和超静定结构

用来作为结构的杆件体系，必须是几何不变体系，而几何不变体系又可分为无多余约束的（例 3.1、例 3.3、例 3.4、例 3.6）和有多余约束的（例 3.5）。后者的约束数目除满足几何不变性要求外尚有多余。

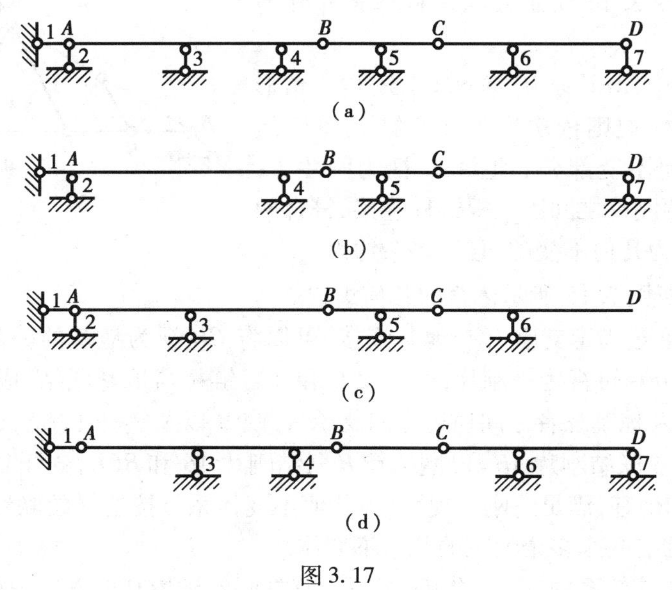

图 3.17

例如图3.17(a)所示连续梁,如果将3、6两支座链杆去掉(图3.17(b)),或者将4、7两支座链杆去掉(图3.17(c)),或者将2、5两支座链杆去掉(图3.17(d)),剩下的支座链杆均可满足体系几何不变性要求。进行几何组成分析时,可从AB刚片的2、3、4链杆中撤除一链杆,从BC、CD刚片的5、6、7链杆中去掉一链杆,该连续梁就是无多余约束的几何不变体系,所以图3.17(a)所示连续梁有两个多余约束。

又如图3.18(a)所示加劲梁,若将链杆ab去掉(图3.18(b)),则它就成为无多余约束的几何不变体系,故此加劲梁具有一个多余约束。

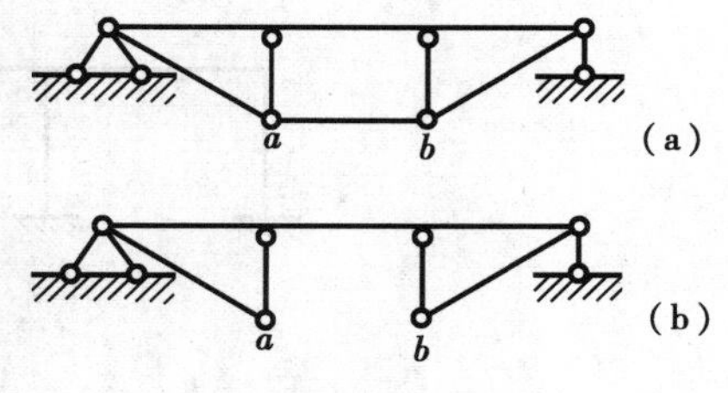

图3.18

对于几何不变体系,根据其是否具有多余联系,可将其分为两类结构。无多余约束的几何不变体系,称为**静定结构**。其静力计算的特征是它的全部反力和内力都可由静力平衡条件求得。静定结构的受力分析将在第4章中介绍。有多余约束的几何不变体系,称为**超静定结构**,其静力计算的特征是仅依靠静力平衡条件不能求得其全部反力和内力。如图3.17(a)所示的连续梁,为超静定结构。根据平衡条件仅能建立9个独立的平衡方程,而支座及铰结点处的约束力共有11个。超静定结构的受力分析将在第10章中介绍。

3.4.2　按组成特征和受力特点分类

根据其组成特征和受力特点,杆系结构可分为以下几种类型:

(1)梁

这类杆件是受弯构件,有如简支梁、悬臂梁、外伸梁,还可分为单跨梁和多跨梁,如图3.19所示。

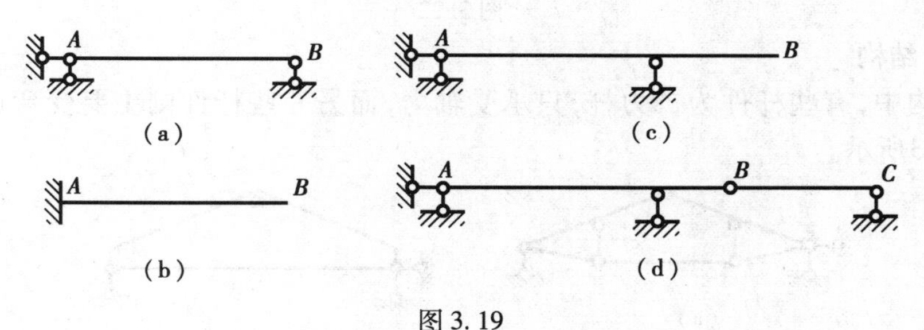

图3.19

(2)刚架

如图3.20所示,刚架一般指由梁和柱组成的结构,结点主要是刚结点和部分铰结点或组合结点。各杆件主要受弯。

(3)桁架

如图3.21所示,桁架是由若干杆件在每杆两端用铰连接成的结构。杆件的轴线都是直线,当受到作用于结点的荷载时,各杆件只产生轴力,即杆件均为二力杆。

(4)拱

拱结构其杆轴为曲线,这种结构在竖向荷载作用下支座将产生水平反力。此时拱内弯矩远小于跨度、荷载及支承情况相同的简支梁弯矩。常见的拱结构有三铰拱、两铰拱和无铰拱,如图3.22所示。

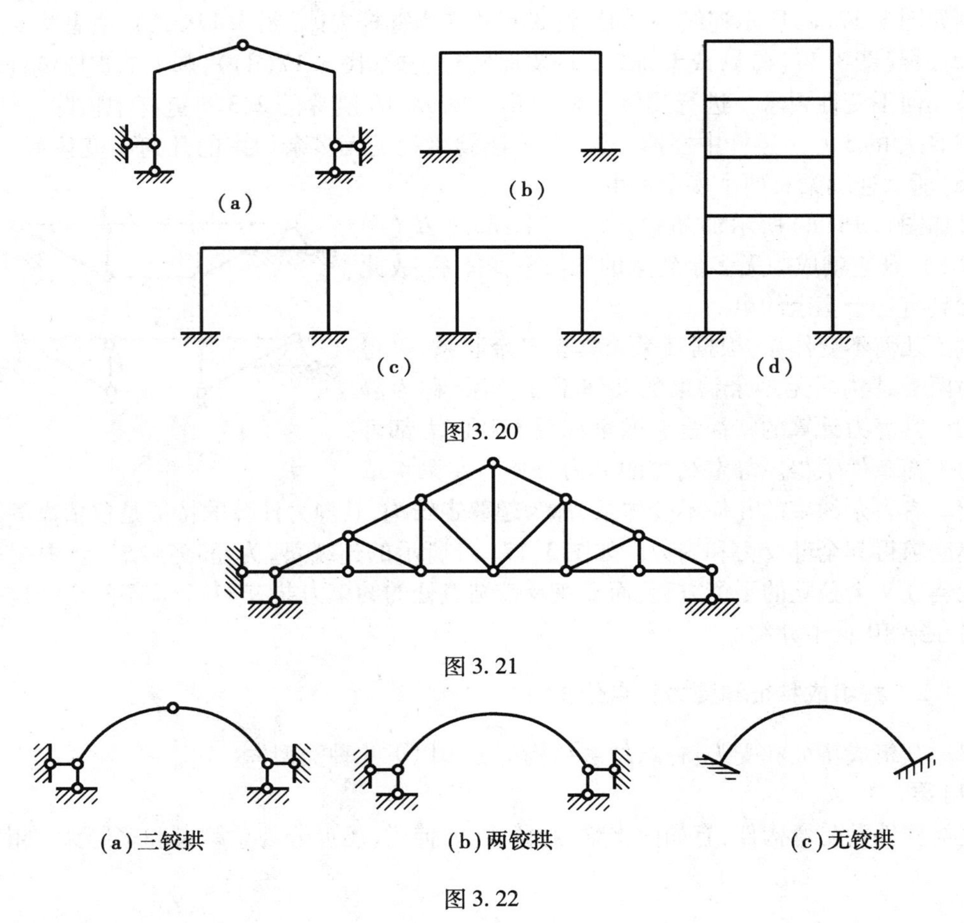

图 3.20

图 3.21

图 3.22

(5)组合结构

这类结构中,有些杆件为二力杆,只承受轴力,而另一些杆件则主要受弯(也称为梁式杆),如图3.23所示。

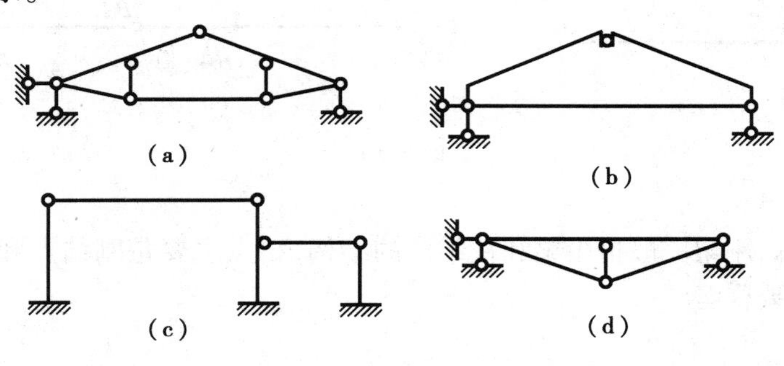

图 3.23

可深入讨论的问题

1. 几何不变体系的基本组成规则有 3 个,分别是两刚片组成规则、三刚片组成规则和二元体规则,实际在学习的过程中,可将此三个规则归结为一个三角形法则。如图 3.24 所示。

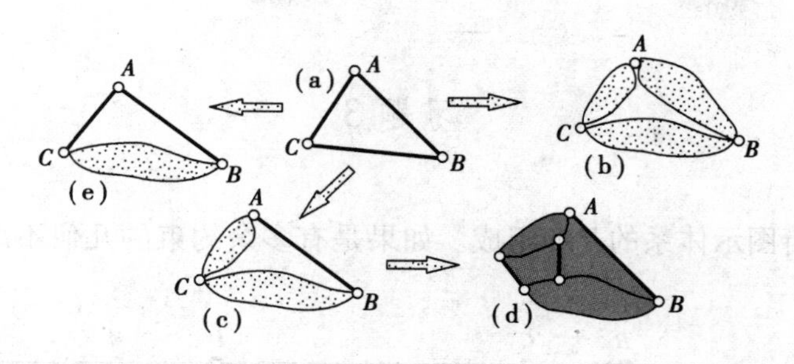

图3.24

2. 对平面体系几何组成中的虚铰，可由两根平行链杆在无穷远处构成虚铰，对此类情况的讨论可参见多学时结构力学教材。

3. 对于计算自由度为零的平面体系，还可用“零载法”进行几何组成分析，可参阅龙驭球、包世华主编的结构力学教材。

4. 随着计算机应用的普及及发展，杆件体系，特别是复杂杆件体系的几何组成分析也可用计算机解决。有兴趣的读者可参阅袁驷教授的《程序结构力学》。

思考题3

3.1　试举例说明几何可变体系、几何瞬变体系，它们能否作为结构体系？

3.2　何谓单铰、虚铰？体系中任何两根链杆是否都相当于在其交点处的一个虚铰。

3.3　图(a)中 B-A-C 是否为二元体？图(b)中 B-D-C 能否看成是二元体？

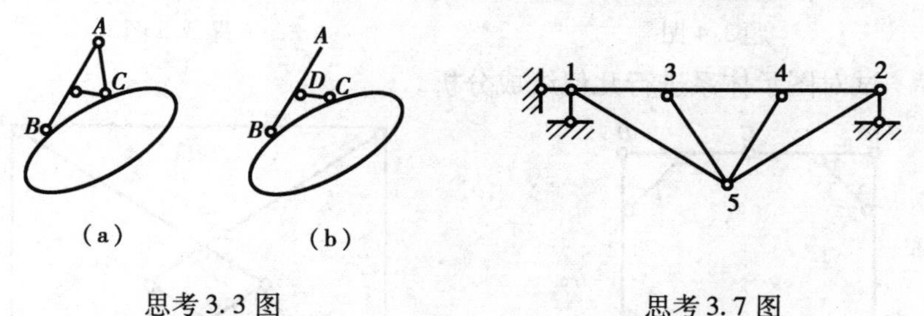

思考3.3图　　　　思考3.7图

3.4　瞬变体系的计算自由度是否一定小于等于零？为什么？

3.5　在进行几何组成分析时，应注意体系的哪些特点？才能使分析得到简化？

3.6　什么是多余约束？如何确定多余约束的个数？

3.7　图示体系有多少个多余约束？

3.8　在图示体系中，可视哪三根链杆为多余联系？为什么？

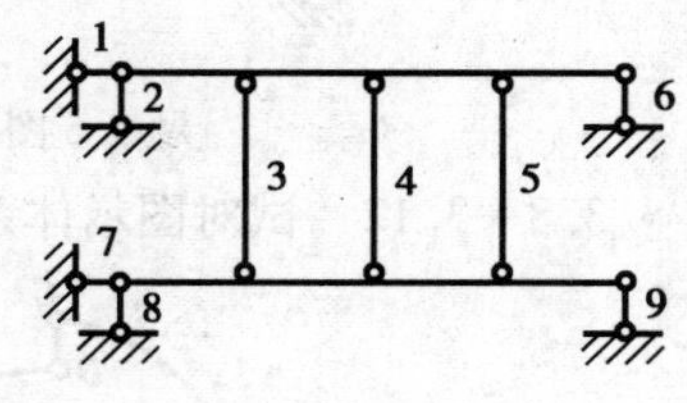

思考3.8图

习题3

3.1—3.3　分析图示体系的几何组成。如果是有多余约束的几何不变体系，则指出其多余约束的数目。

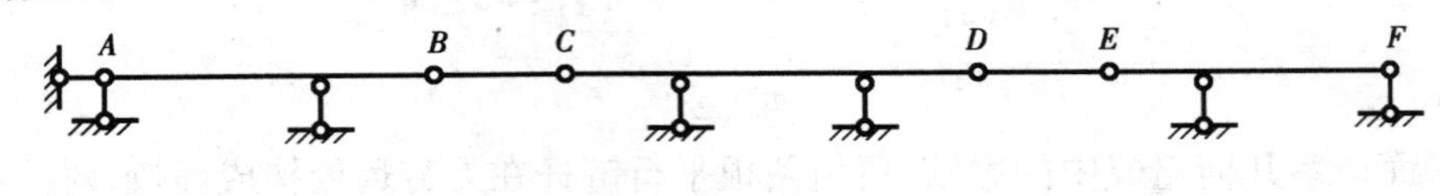

题3.1图

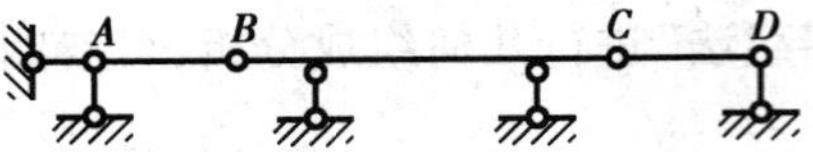

题3.2图

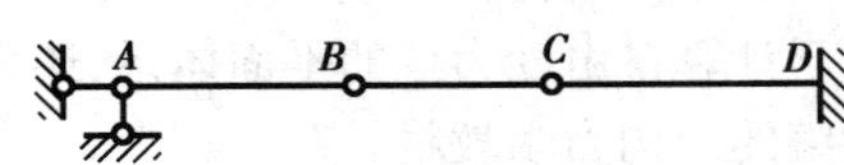

题3.3图

3.4—3.5　试分析图示体系的几何组成。

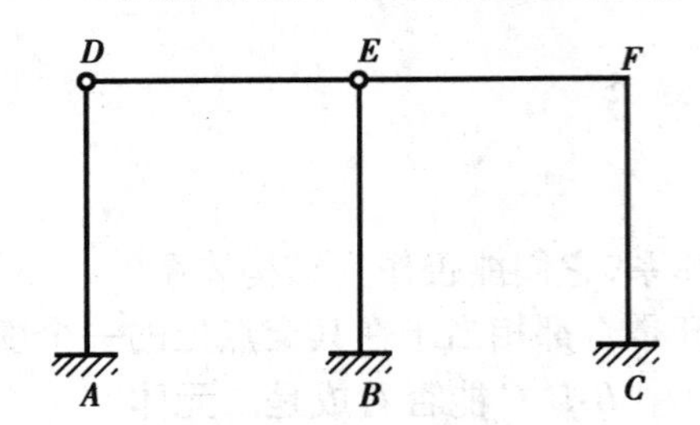

题3.4图

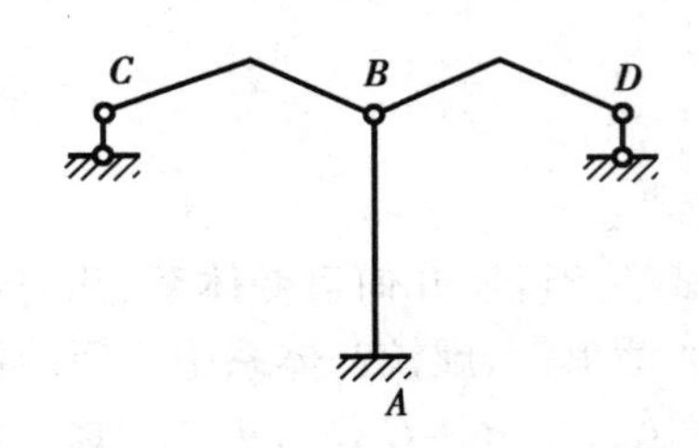

题3.5图

3.6—3.7　试对图示体系进行几何组成分析。

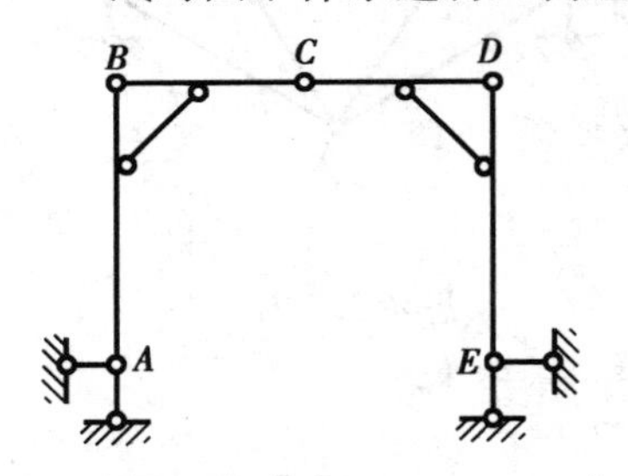

题3.6图

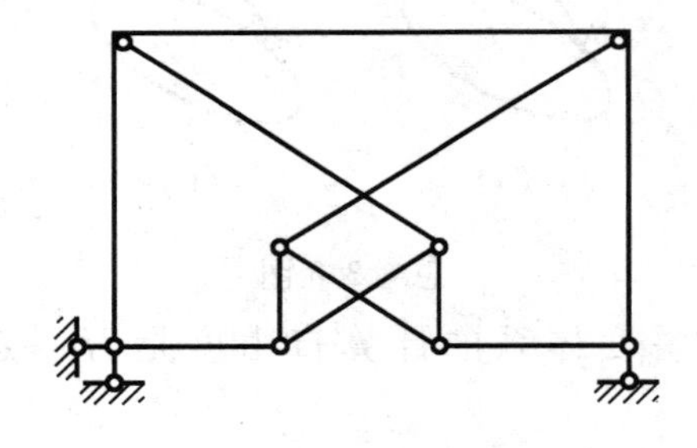

题3.7图

3.8—3.12　试对图示体系进行几何组成分析。

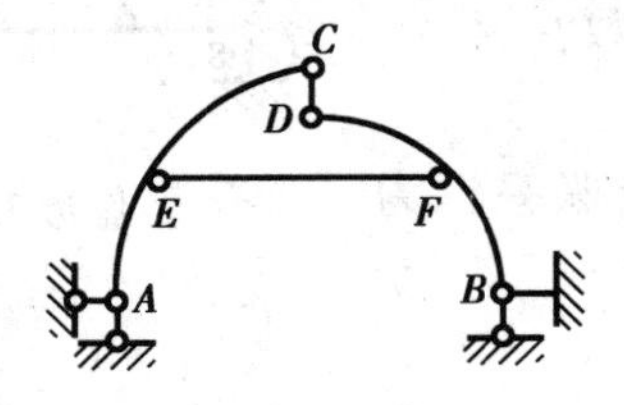

题3.8图

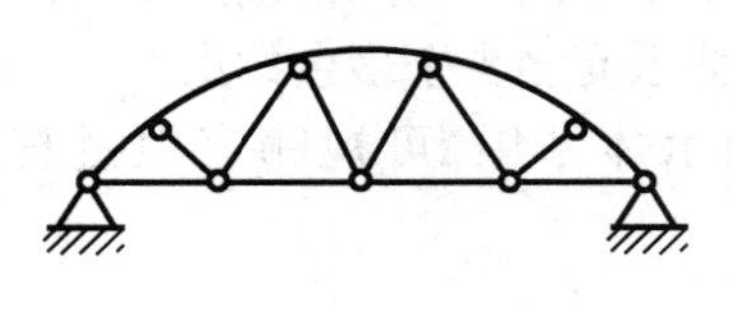

题3.9图

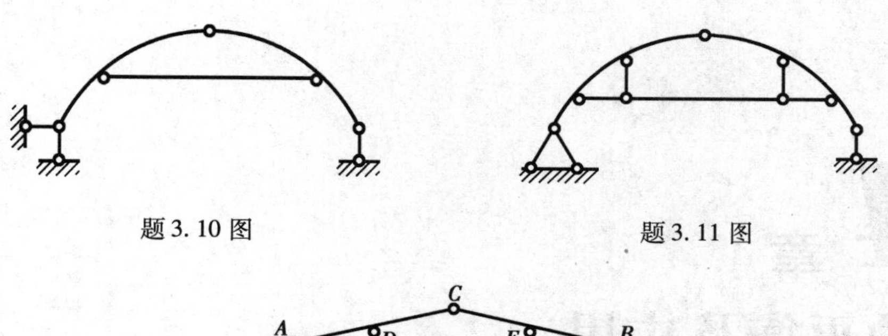

题 3. 10 图　　　　题 3. 11 图

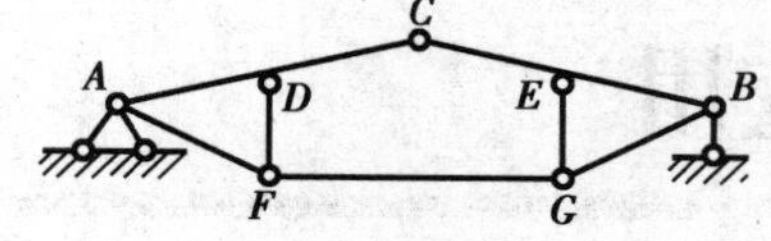

题 3. 12 图

3. 13—3. 16　试对图示体系进行几何组成分析。

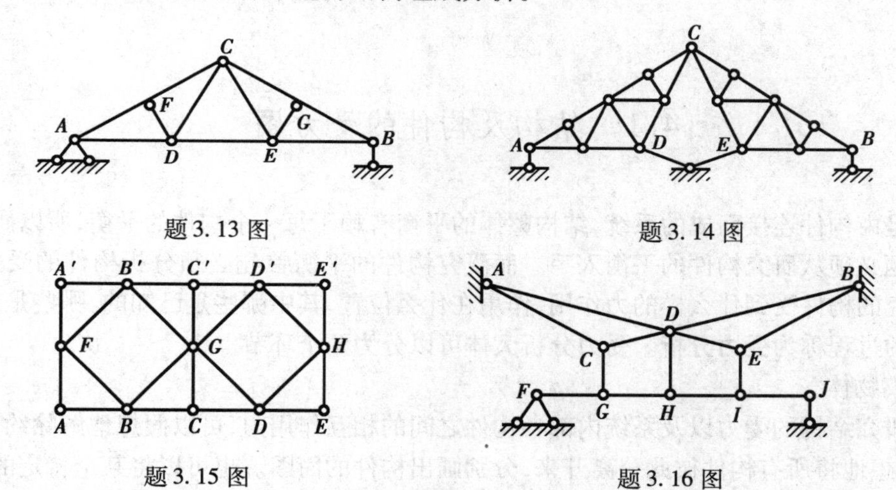

题 3. 13 图　　　　题 3. 14 图

题 3. 15 图　　　　题 3. 16 图

*3. 17—3. 18　试对图示体系进行几何组成分析。

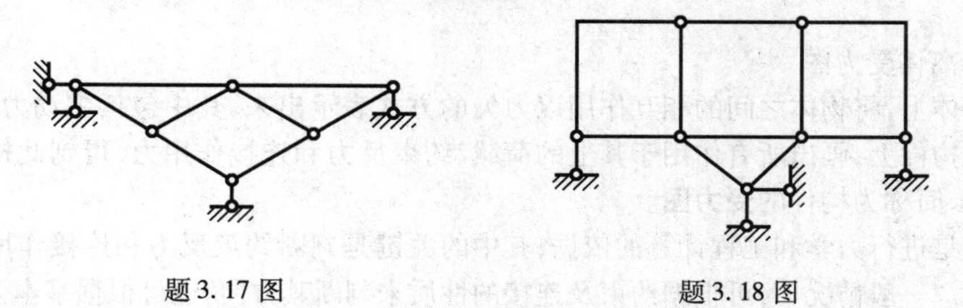

题 3. 17 图　　　　题 3. 18 图

第 4 章 力系的平衡及应用

4.1 结构及构件的受力图

结构是由构件连接而成的系统,结构整体的平衡有赖于每一个构件的平衡,所以研究结构的平衡问题必须从研究构件的平衡入手。而研究构件的平衡首先必须分析构件的受力,需要弄清所研究的构件受到什么样的力作用,作用在什么位置,其中哪些是已知的,哪些是未知的。整个分析的过程称为**受力分析**。受力分析大体可以分为两个环节。

1)分离物体

为了研究结构的受力以及系统内部各构件之间的相互作用力,可以假想地解除约束、打开连接,即假想地将所有构件彼此分离开来,分别画出构件的简图。也可以将某个特定的构件或部分从系统中分离出来,单独画出其简图。分离的目的在于揭示结构各部分之间的内在关系和相互作用。

2)画分离体受力图

在分离体上,将物体之间的相互作用以力矢的方式表示出来,其中包括主动力和被动力。即在确定的构件上,画出所有作用于其上的荷载、约束反力和连接作用力,得到此构件受力情况的示意图,简称为构件的**受力图**。

受力图是进行力学和工程计算的依据,其中的关键是判断约束反力和连接作用力的方向并画出力矢。一般情况下,可根据约束及连接的性质来判断其方向,也可根据基本公理和推理进行分析和推断。同时必须注意的是,约束反力及其方向的表示方法不是唯一的。但是,画任何力矢时都必须有依据。下面通过例题加以说明。

例 4.1 如图 4.1(a)所示水平等截面直梁 AB,A 端支撑于墙体上而 B 端置于立柱之上,梁上 C 点处受一倾斜的集中荷载 $\boldsymbol{F}$ 作用,忽略自重。试将横梁、约束抽象为简化的模型并画其受力图。

解 等截面直梁可用其轴线 AB 来代替;A 端为双向约束,可以抽象为固定铰支座;B 端为单向约束,可以抽象为可动铰支座。从而将原结构简化为如图 4.1(b)所示的形式,称为**简支梁**。

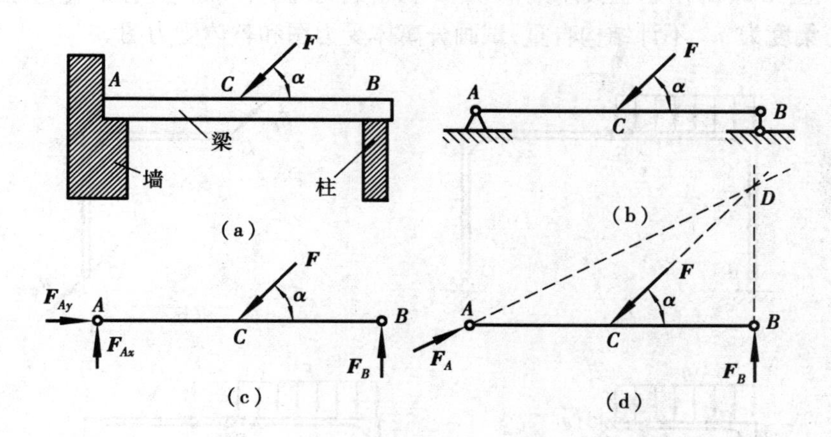

图4.1

B 端为可动铰支座，其约束反力垂直于支承面，用 $\boldsymbol{F}_B$ 表示。其指向虽然可以任意假设，但这里由主动力的方向可以判断其指向上。A 端为固定铰支座，其约束反力可用正交分量 $\boldsymbol{F}_{Ax}$ 和 $\boldsymbol{F}_{Ay}$ 表示（指向可以任意假设）。受力如图4.1(c)所示。

实际上，由于结构是平衡的，A 支座反力之合力的方向可以根据三力平衡汇交原理判断出。已知力 $\boldsymbol{F}$ 与 $\boldsymbol{F}_B$ 的作用线相交于 D 点，则 A 支座反力 $\boldsymbol{F}_A$ 的作用线必交于 D 点（图4.1(d)）。但是在工程中普遍采用正交分量表示法。

例4.2　如图4.2(a)所示，水平等直梁 AB 用直杆 BC 拉住，A、B、C 三点处均为光滑铰链连接。梁上作用一铅直向下的集中荷载 $\boldsymbol{F}$。不计结构自重，试画分离体受力图。

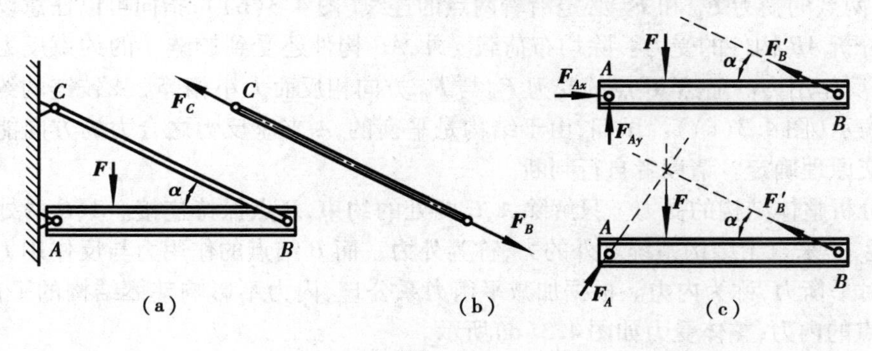

图4.2

解　结构由横梁和拉杆两个部分连接而成，墙壁只作为约束存在。首先解除所有约束和连接，将物体分离开来。

先分析较简单的拉杆 BC 的受力。由于自重不计，直杆只在两端受力，为二力杆，两端铰链连接处的受力 $\boldsymbol{F}_B$ 和 $\boldsymbol{F}_C$ 必定沿着两端点的连线（或沿着杆的轴线）。直观上可以看出，此二力为拉力（图4.2(b)）。无论二力杆受拉还是受压，均可设为受拉力，若根据平衡方程求得的力为正值，说明二力杆受拉；若为负值，则说明二力杆受压。

接着分析横梁 AB 的受力。除荷载 $\boldsymbol{F}$ 外，梁还受到铰链 A 的约束反力和来自于 BC 杆的反作用力。根据作用和反作用定律，B 点的受力 $\boldsymbol{F}'_B$ 与 $\boldsymbol{F}_B$ 方向相反而大小相等。A 点的约束反力可以用正交分量表示，也可以根据三力平衡汇交原理确定（图4.2(c)）。

例 4.3　图 4.3(a)所示三铰刚架,A、B、C 三点处均为光滑铰链连接。左边刚架上作用均布荷载,分布集度为 q。不计结构自重,试画分离体受力图和整体受力图。

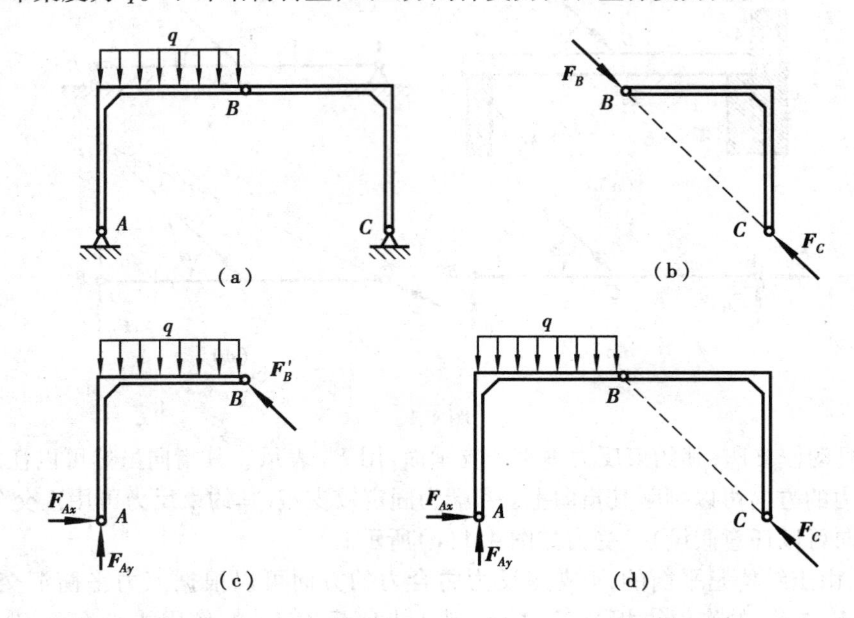

图 4.3

解　解除所有约束和连接,将物体分离开来。

首先分析较简单的部分 BC 构件的受力。由于自重不计,构件只在两铰链连接处受力,为二力构件,两点的受力 $\boldsymbol{F}_B$ 和 $\boldsymbol{F}_C$ 必定沿着两点的连线(图 4.3(b)),指向可以任意设定。

接着分析 AB 构件的受力。除均布荷载 q 外,AB 构件还受到铰链 A 的约束反力和来自于 BC 构件的反作用力。显然,B 点的受力 $\boldsymbol{F}_B'$ 与 $\boldsymbol{F}_B$ 方向相反而大小相等。A 铰链的约束反力用正交分量表示(图 4.3(c))。试问,由于结构是平衡的,A 支座反力之合力的方向能否根据三力平衡汇交原理确定？请读者自行判断。

最后分析整体结构的受力。只解除 A、C 两处的约束,B 点保持连接。A、C 两处的约束反力 $\boldsymbol{F}_A$ 和 $\boldsymbol{F}_C$ 是来自于结构系统之外的力,称为**外力**。而 B 结点的作用力与反作用力对于整体而言是一对平衡力,称为**内力**。根据加减平衡力系公理,内力不影响整体结构的平衡,所以不必画出 B 点的内力,整体受力如图 4.3(d)所示。

例 4.4　图 4.4(a)所示两跨刚架,A 点为固定铰支,B、D 两点为可动铰支,C 点为铰链连接。左边刚架上作用一个集中力偶,右边刚架上作用均布荷载 q 和集中荷载 $\boldsymbol{F}$。不计结构自重,试分别画出两构件的受力图。

解　首先将右边构件 CD 从结构中分离出来,单独分析其受力。D 点为可动铰支座,其约束反力 $\boldsymbol{F}_D$ 垂直于支承面;C 点处的连接作用力只能用正交分量表示(图 4.4(b))。然后将左边构件 AB 从结构中分离出来,单独分析其受力。其上 C 点受到来自于构件 CD 的反作用力 $\boldsymbol{F}_{Cx}'$ 和 $\boldsymbol{F}_{Cy}'$;B 点为可动铰支座,其约束反力 $\boldsymbol{F}_B$ 垂直于支承面;A 点为固定铰支座,其约束反力用正交分量表示(图 4.4(c))。

通过以上例题分析,可看出在绘制受力图时,应注意以下问题:

①画或多画力。对建筑力学的研究对象及任务而言,除重力外,只讨论物体之间通过接触

产生的相互机械作用力,进行受力分析时,要分清研究对象(受力体)与周围哪些物体(施力体)相接触,接触处必有力,力的方向由约束类型而定,不能漏画或多画力。

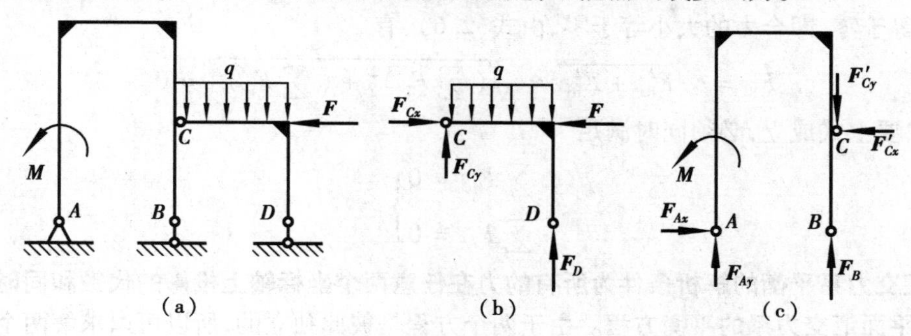

图4.4

②力的作用点及方向。进行受力分析时,主动力的作用点及方向是已知的,约束力的作用点一定在构件与约束的连接处,不能随意移动。其方向必须严格地按照约束的类型来画,不能单凭直观或根据主动力的方向来简单推想。在分析两物体之间的作用力与反作用力时,要注意作用力的方向一旦确定,反作用力的方向一定要与之相反,不要把箭头方向画错了。

③内力与外力。在本章讨论结构或构件的受力图时,只画外力,不画内力。

一个力,属于外力还是内力,因研究对象的不同,有可能不同。对整个物体系统进行分析时,系统内各连接点的力属内力;将物体系统拆开对各个构件进行分析时,原系统内各连接点的力就成为新研究对象的外力。

④整体与局部的一致性。同一系统内各研究对象的受力图必须做到整体与局部一致,相互协调,不能相互矛盾。即对于某一个约束力,其方向一旦设定,在整体、局部或单个物体的受力图上必须保持一致。

⑤静力学基本公理的运用。在绘制受力图时,应灵活运用第2章所述静力学基本公理,正确判断二力构件,运用三力平衡汇交原理等概念分析构件的受力,判断约束力的方向。

4.2　力系的平衡条件及平衡方程

第2章中讨论了常见的平面力系及力系的简化,本节主要针对常用的平面汇交力系、平面力偶系及平面一般力系,讨论其平衡条件及平衡方程。

(1)平面汇交力系

平面汇交力系最终可以合成为一个合力,此合力与原力系等效。如果合力等于零,则原力系必定是一个平衡力系。反之,若原力系是平衡的,则其合力必定等于零。所以,**平面汇交力系平衡的充分必要条件为其合力等于零**,由式(2.3),有

$$\boldsymbol{F}_{\mathrm{R}} = \boldsymbol{F}_1 + \boldsymbol{F}_2 + \cdots + \boldsymbol{F}_n = \sum \boldsymbol{F}_i = 0 \tag{4.1}$$

该平衡条件可以几何形式和投影形式表示。

1)几何形式

合力等于零,即力多边形的封闭边的长度等于零,则**平面汇交力系平衡的几何条件为其力**

多边形自行封闭。

2)投影的形式

合力等于零,即合力的大小等于零,由式(2.6),有

$$F_{\mathrm{R}} = \sqrt{F_{\mathrm{R}x}^2 + F_{\mathrm{R}y}^2} = \sqrt{\left(\sum F_{ix}\right)^2 + \left(\sum F_{iy}\right)^2} = 0$$

显然,要上式成立,必须同时满足

$$\left.\begin{aligned}\sum F_{ix} = 0\\ \sum F_{iy} = 0\end{aligned}\right\} \tag{4.2}$$

即,**平面汇交力系平衡的解析条件为所有的力在任意两个坐标轴上投影的代数和同时等于零。**上式称为**平面汇交力系的平衡方程**。由于两个方程是彼此独立的,所以可以求解两个未知量。

(2)平面力偶系

平面力偶系最终可以合成为一个合力偶,所以**平面力偶系平衡的充分必要条件为合力偶矩等于零**,由式(2.11),有

$$M = \sum_{i=1}^{n} m_i = \sum m_i = 0 \tag{4.3}$$

即,所有力偶矩的代数和等于零。上式称为**平面力偶系的平衡方程**。一个平衡方程只能求解一个未知量。

(3)平面任意力系

由前面分析可知,**平面任意力系平衡的充分必要条件为向任意一点简化的主矢量和主矩同时等于零**。由式(2.13)和式(2.14)有

$$\left.\begin{aligned}\sum F_{ix} = 0\\ \sum F_{iy} = 0\\ \sum m_O(\boldsymbol{F}_i) = 0\end{aligned}\right\} \tag{4.4}$$

即,**平面任意力系平衡的解析条件为所有的力在任意两个坐标轴上投影的代数和以及对平面上任意一点之矩的代数和同时等于零。**上式就是**平面任意力系的平衡方程**。由于三个方程是彼此独立的,所以可以求解三个未知量。

例4.5 图4.5(a)所示支架由 AB 和 BC 两直杆构成。B 点为铰链连接,A、C 两点处为固定铰支座。在 B 结点上悬挂重量为 G 的重物。忽略支架的自重,试求两杆的受力。

解 由于忽略自重,AB 和 BC 两杆均为二力杆,所以选取销子 B 和重物一起为研究对象,两杆的受力及重物的重力汇交于 B 节点(图4.5(b)),直观上可以看出 AB 杆受拉、BC 杆受压。

1)几何法

先按适当的比例和实际的方向画出已知力 G,然后由其端点作 $\boldsymbol{F}_{BC}$ 的平行线,再由其起始点作 $\boldsymbol{F}_{AB}$ 的平行线,两条直线的交点确定了 $\boldsymbol{F}_{AB}$ 的 $\boldsymbol{F}_{BC}$ 大小,最后作自行封闭的力多边形(图4.5(c))。由于只有三个力,所以多边形为三角形。根据三角形的正弦定理,有

$$\frac{F_{AB}}{\sin 30^\circ} = \frac{G}{\sin 105^\circ} = \frac{F_{BC}}{\sin 45^\circ}$$

可解得

$$F_{AB}=\frac{\sin 30°}{\sin 105°}G=0.518G,F_{BC}=\frac{\sin 45°}{\sin 105°}G=0.732G$$

或者用图解法，按设定的比例尺量取两个力的大小。

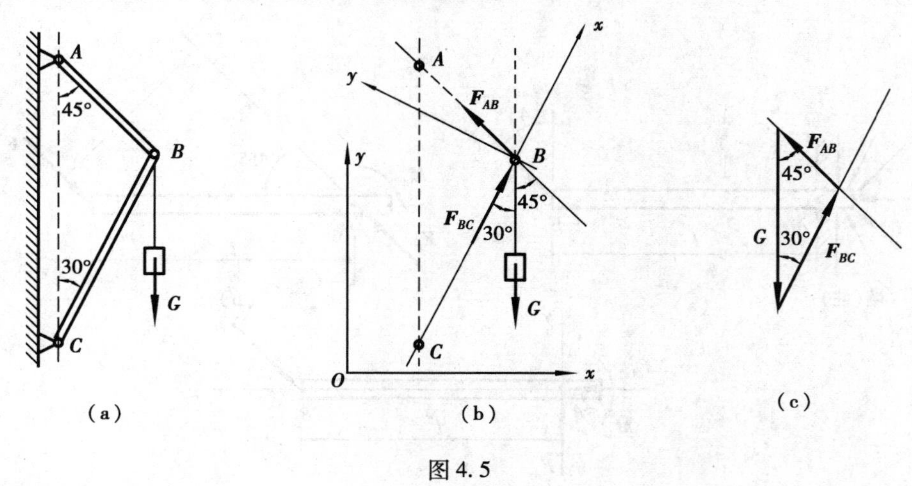

图4.5

2）解析法一

在图4.5（b）中建立坐标系 xOy，坐标系的原点和轴的方向可任意设置。按式（4.2）的形式列平衡方程，由

$\sum F_x=0$ 有

$$-F_{AB}\sin 45°+F_{BC}\sin 30°=0 \qquad ①$$

$\sum F_y=0$ 时

$$F_{AB}\cos 45°+F_{BC}\cos 30°-G=0 \qquad ②$$

从①式中解得 $F_{BC}=\dfrac{F_{AB}\sin 45°}{\sin 30°}$，代入②式，得

$$F_{AB}=\frac{G\sin 30°}{\cos 45°\sin 30°+\sin 45°\cos 30°}=0.518G$$

由此得

$$F_{BC}=0.732G$$

3）解析法二

在图4.5（b）中，重新设置坐标系 xBy，沿未知力 $\boldsymbol{F}_{BC}$ 设 x 轴，重新列平衡方程。

由 $\sum F_y=0$，有

$$F_{AB}\cos 15°-G\sin 30°=0$$

解得

$$F_{AB}=0.518G$$

又由 $\sum F_x=0$，有

$$F_{AB}\sin 15°+F_{BC}-G\cos 30°=0$$

解得

$$F_{BC}=0.732G$$

用解析法时，有两点值得注意：①未知力的指向可以任意设定，结果为负则表明与实际情况相反；②投影轴之一应与未知力平行或垂直，使得方程中的未知量减少而便于求解。

例4.6 图4.6(a)所示悬臂梁,梁的A端插入墙体或与柱体整体浇注而成,B端为自由端。梁的长度为l,B端作用一个与铅垂线成45°角的集中力$\boldsymbol{F}$。试分析、简化并求解固定端的约束反力。

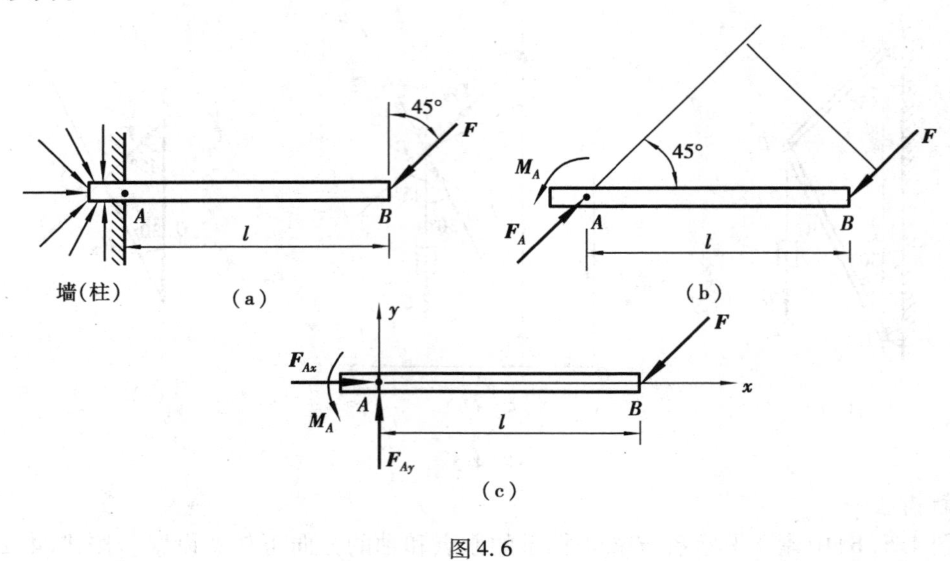

图4.6

解一

固定端约束是由插入部分与约束物的相互作用而实现的。在插入端与固定约束的接触面上实际作用着非常复杂的一群分布力,在平面问题中,这些力构成一个平面任意力系,如图4.6(a)所示。应用平面任意力系的简化方法,将这群分布约束力向梁根截面的中心点A平移简化,得到一个力$\boldsymbol{F}_A$和一个矩为M_A的力偶,如图4.6(b)所示。$\boldsymbol{F}_A$为固端约束反力,其限制梁的移动;M_A称为固端**反力偶矩**,其限制梁的转动。

由于梁上只作用着一个荷载,则根据力偶的特性"力偶只能与力偶相抗衡",图4.6(b)中的反力$\boldsymbol{F}_A$与集中荷载$\boldsymbol{F}$必定构成力偶,才有可能与反力偶平衡。由此可知,$\boldsymbol{F}_A$的作用线与$\boldsymbol{F}$平行,$\boldsymbol{F}_A$的大小与$\boldsymbol{F}$相等,即

$$F_A = F$$

按平面力偶系的形式列平衡方程,有

$$\sum m = 0, M_A - F \times l \sin 45^\circ = 0$$

解得

$$M_A = \frac{\sqrt{2}}{2} Fl$$

解二

固端反力的方向通常是未知的,一般宜采用正交分量来表示,指向可以任意设置,反力偶的转向也可以任设,如图4.6(c)所示。分量的大小及指向和反力偶矩的大小及转向则由平衡条件确定。

下面按平面任意力系的形式列平衡方程

$$\sum F_x = 0, F_{Ax} - F \sin 45^\circ = 0$$

$$\sum F_y = 0, F_{Ay} - F\cos 45° = 0$$

$$\sum m_A(\boldsymbol{F}) = 0, M_A - F\cos 45° \times l = 0$$

每个方程中只含一个未知数,可直接解得

$$F_{Ax} = F\sin 45° = \frac{\sqrt{2}}{2}F$$

$$F_{Ay} = F\cos 45° = \frac{\sqrt{2}}{2}F$$

$$M_A = Fl\cos 45° = \frac{\sqrt{2}}{2}Fl$$

将正交分量求和,得反力的合力

$$F_A = \sqrt{F_{Ax}^2 + F_{Ay}^2} = F$$

与解法一的结果完全相同。在实际应用当中,普遍采用第二种表示方法和解法。

例4.7　简易起重装置如图4.7(a)所示。工字形横梁的A端用固定铰链支承,B端与拉杆BC铰链连接,梁的自重为G,起重重量为W,尺寸如图所示。试求BC杆的受力和A端的反力。

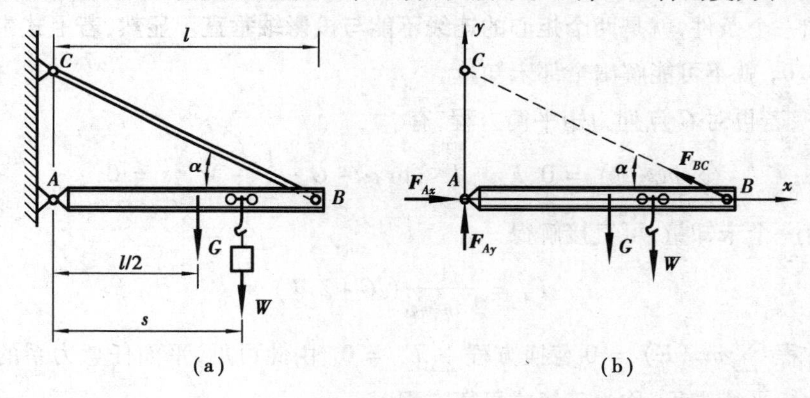

图4.7

解　以AB横梁为研究对象,解除约束和连接,代之以反力。其中,BC杆为二力杆,其对横梁的拉力沿杆的轴线;A端的反力应该用正交分量表示。梁的受力及投影轴如图4.7(b)所示。按式(4.4)的形式列平衡方程

$$\sum F_x = 0, F_{Ax} - F_{BC}\cos\alpha = 0 \quad ①$$

$$\sum F_y = 0, F_{Ay} + F_{BC}\sin\alpha - G - W = 0 \quad ②$$

$$\sum m_A(\boldsymbol{F}) = 0, F_{BC}\sin\alpha \cdot l - G \cdot \frac{l}{2} - W \cdot s = 0 \quad ③$$

由③式解得

$$F_{BC} = \frac{1}{2l\sin\alpha}(lG + 2sW)$$

代入①式、②式,解得

$$F_{Ax} = \frac{1}{2\tan\alpha}(lG + 2sW)$$

$$F_{Ay}=\frac{G}{2}+\left(1-\frac{s}{l}\right)W$$

由前面的分析已知,力矩平衡方程的矩心是可以任意选择的。从上例中可以看出,若选择 B 点列力矩平衡方程,有

$$\sum m_B(\boldsymbol{F})=0,G\cdot\frac{l}{2}+W(l-s)-F_{Ay}\cdot l=0$$

方程中只有一个未知量,可直接解得

$$F_{Ay}=\frac{G}{2}+\left(1-\frac{s}{l}\right)W$$

因此可以用方程 $\sum m_B(\boldsymbol{F})=0$ 替换方程 $\sum F_y=0$。由此可见,平面任意力系的平衡方程可以采用一个投影平衡方程和两个力矩平衡方程,称为**二矩式平衡方程**。

$$\left.\begin{aligned}\sum F_x&=0\\\sum m_B(\boldsymbol{F})&=0\\\sum m_A(\boldsymbol{F})&=0\end{aligned}\right\}\tag{4.5}$$

但是必须附加一个条件,就是**两个矩心的连线不能与投影轴垂直**。显然,若上式中的投影方程采用 $\sum F_y=0$,就不可能解出全部未知量。

在上例中,若再对 C 点列力矩平衡方程,有

$$\sum m_C(\boldsymbol{F})=0,F_{Ax}\cdot l\cdot\tan\alpha-G\cdot\frac{1}{2}-W\cdot s=0$$

方程中也只有一个未知量,可直接解得

$$F_{Ax}=\frac{1}{2\tan\alpha}(lG+2sW)$$

因此可以用方程 $\sum m_C(\boldsymbol{F})=0$ 替换方程 $\sum F_x=0$。由此可见,平面任意力系的平衡方程可以采用三个力矩平衡方程,称为**三矩式平衡方程**。

$$\left.\begin{aligned}\sum m_C(\boldsymbol{F})&=0\\\sum m_B(\boldsymbol{F})&=0\\\sum m_A(\boldsymbol{F})&=0\end{aligned}\right\}\tag{4.6}$$

但是也必须附加一个条件,就是**三个矩心不能连成一条直线**。显然在上例中,若选择 AB 轴线上的三个点为矩心,就不可能解出全部未知量。

同样的道理,平面汇交力系、平面力偶系和平面平行力系也可以采用不同形式的平衡方程。

平面汇交力系可以采用一个投影平衡方程和一个力矩平衡方程的形式

$$\left.\begin{aligned}\sum F_x&=0\\\sum m_A(\boldsymbol{F})&=0\end{aligned}\right\}\tag{4.7}$$

附加条件为:**矩心与汇交点的连线不能与投影轴垂直**。也可以采用两个力矩平衡方程

$$\left.\begin{aligned}\sum m_B(\boldsymbol{F}) = 0\\ \sum m_A(\boldsymbol{F}) = 0\end{aligned}\right\} \tag{4.8}$$

附加条件为:**两个矩心及汇交点不能连成一条直线**。

平面力偶系可以无条件地采用一个力矩平衡方程,但不能采用投影平衡方程。

平面平行力系所有的力相互平行,因而在垂直于平行力的方向上的投影平衡方程自然满足,所以独立的平衡方程只有两个,可以采用一个投影平衡方程和一个力矩平衡方程的形式

$$\left.\begin{aligned}\sum F_x = 0\\ \sum m_A(\boldsymbol{F}) = 0\end{aligned}\right\} \tag{4.9}$$

条件是:**投影轴不能与平行力垂直**。也可以采用两个力矩平衡方程

$$\left.\begin{aligned}\sum m_B(\boldsymbol{F}) = 0\\ \sum m_A(\boldsymbol{F}) = 0\end{aligned}\right\} \tag{4.10}$$

附加条件为:**两个矩心的连线不能与平行力平行**。

从以上几个例题中可以看出,适当设置投影轴和选择矩心,可以使方程中的未知量减少;灵活运用平衡方程的不同形式,可以提高解决问题的效率和准确率。为此,在列投影平衡方程时,应使投影轴与未知力平行或垂直;在列力矩平衡方程时,应选择多个未知力的交点为矩心;在选择平衡方程的形式时,应尽可能地使每个方程中的未知量只有一个。

本节讨论了常用平面汇交力系、平面力偶系及平面一般力系的平衡条件及平衡方程。受力平衡原则是工程结构力学分析及设计中最基本的原则。在后面构件或结构强度、刚度等计算问题的讨论中,均会涉及力系平衡方程的应用。读者应通过大量练习熟练掌握。

4.3 静定结构支座反力的计算

作为平面力系平衡条件、平衡方程的基本应用,本节重点讨论静定结构支座反力的计算。支座反力的概念曾在第2章中进行了描述。支座反力对整个结构而言属于由荷载引起的外力。荷载变化,反力也随之变化,但整个力系始终处于平衡状态。其计算依据为平面一般力系的平衡条件。对于静定平面结构,支座反力的计算可概括为两种情况进行讨论。

第一种情况:结构未知反力的数目等于3,如图4.8(a)、4.9(a)。此时可以整个结构为研究对象,用平面一般力系的平衡方程解决问题。平衡方程的形式有3种,需注意其应用条件。基本计算步骤为:

①取整个结构为研究对象,绘出结构的受力图(只考虑外力);

②根据平衡方程求解。

需要注意的是,在计算支座反力的过程中,绘受力图时,只应绘出作用在结构上的外力,即荷载和支座反力。荷载是已知的,支座反力属未知力。未知力的大小根据平衡方程求解,方位由支座约束特点确定,其指向可随意假定,若计算结果为正,表示反力的实际方向与图示相同,否则相反。

例4.8 计算图4.8(a)所示悬臂梁的支座反力。

解 1)取梁 AB 为研究对象,绘出受力图如图 4.8(b)。

2)根据平衡方程求解。

$$\sum F_X = 0, F_{XA} = 0$$

$$\sum F_Y = 0, F_{YA} - 40 = 0$$

$$X_{YA} = 40\ \text{kN} \quad (\uparrow)$$

$$\sum M_A(F) = 0, M_A - 40 \cdot 1 - 20 = 0$$

$$M_A = 60\ \text{kN·m} \quad (\circlearrowleft)$$

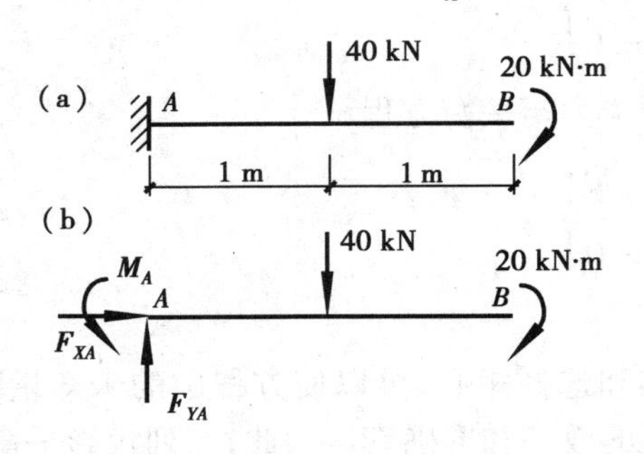

图 4.8

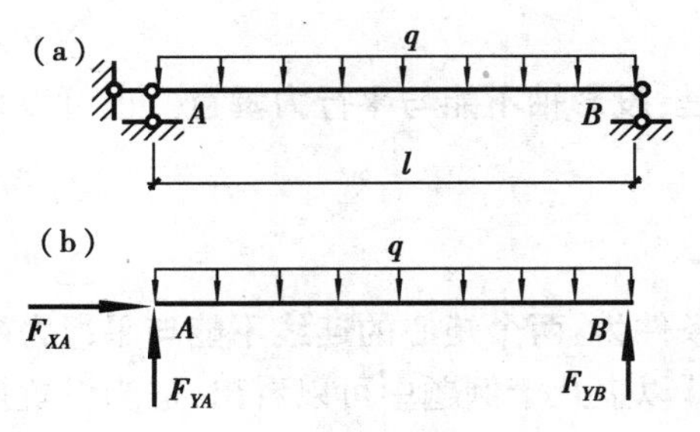

图 4.9

例 4.9 计算图 4.9(a)所示示简支梁的支座反力。

解 1)取梁 AB 为研究对象,绘出受力图如图 4.9(b)。

2)根据平衡方程求解。

$$\sum F_X = 0, F_{XA} = 0$$

$$\sum M_A(F) = 0, F_{YB} \cdot l - ql \cdot \frac{l}{2} = 0, F_{YB} = \frac{ql}{2} \quad (\uparrow)$$

$$\sum F_Y = 0, F_{YA} + F_{BY} - ql = 0, F_{YA} = \frac{ql}{2} \quad (\uparrow)$$

在该题中,F_{YA}的求解也可用力矩方程。

$$\sum M_B(F) = 0, F_{YA} \cdot l - ql \cdot \frac{l}{2} = 0, F_{YA} = \frac{ql}{2} \quad (\uparrow)$$

讨论:由以上两题可看出,在支座反力的计算过程中,对一个研究对象,最多只能建立三个独立的平衡方程。但三个平衡方程的应用顺序却不是一成不变的,可根据具体问题灵活处理。另外在分析中,应注意分析技巧,根据实际情况,灵活应用平衡方程的投影式和力矩式。采用投影方程时,应注意投影轴的选择,尽可能使投影轴与较多的未知力垂直。采用力矩方程时,注意力矩中心(矩心)的选择,尽可能使较多的未知力通过矩心。其目的是为了在每一步计算中,避开一些未知力,尽可能做到一个方程解一个未知力,以简化计算。

例 4.10 计算图 4.10 所示刚架的支座反力。

解 1)取整个刚架作为研究对象,绘出受力图。(为绘图方便,在以整个结构为研究对象时,可将受力图绘在原图上。)

2)根据平衡方程求解。

$$\sum F_X = 0, \quad 5 - F_{XB} = 0, \quad F_{XB} = 5\ \text{kN} \quad (\leftarrow)$$

$$\sum M_B(F)=0,\quad F_{YC}\cdot 5-5\cdot 4=0, F_{YC}=4\text{ kN}\quad(\uparrow)$$

$$\sum F_Y=0, F_{YB}=4\text{ kN}\quad(\downarrow)$$

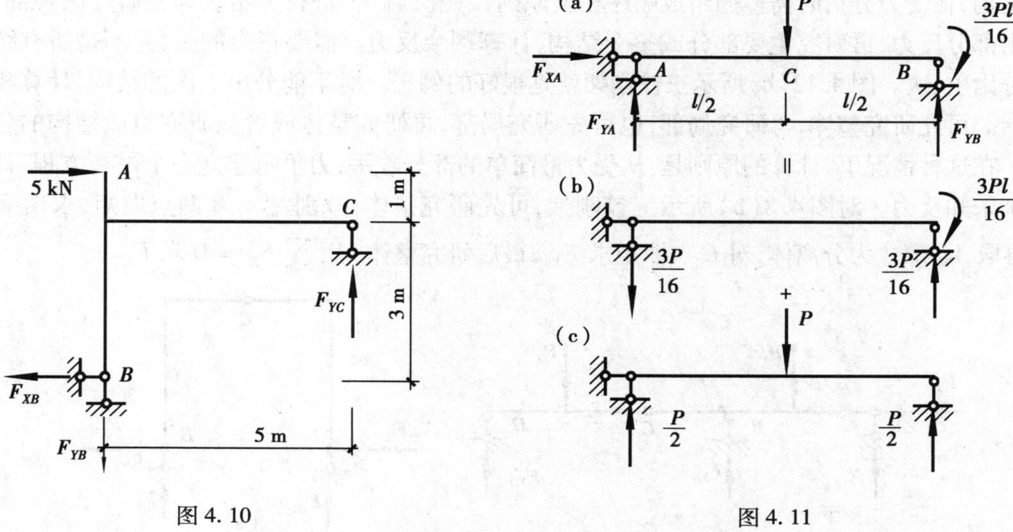

图4.10　　　　　　　　　　　　　　　　图4.11

该结构支座反力的计算还可用二矩式或三矩式平衡方程，请读者自行讨论。

例4.11　计算图4.11(a)所示简支梁的支座反力。

解　取梁AB为研究对象，绘出受力图。

$$\sum F_X=0,\quad F_{XA}=0$$

$$\sum M_B(F)=0,\quad F_{YA}\cdot l-P\cdot\frac{l}{2}+\frac{3}{16}Pl=0$$

$$F_{YA}=\frac{5}{16}P\quad(\uparrow)$$

$$\sum F_Y=0,\quad F_{YB}=\frac{11}{16}P\quad(\uparrow)$$

另解：此梁上受两个荷载作用，其支座反力可视为两个荷载单独作用时产生的反力之和。分别计算简支梁在力偶及集中力单独作用下的支座反力，如图4.11(b)、(c)，对所得结果求和，即得多个荷载作用下的支座反力。这种方法称为“叠加法”。运用叠加法，可将一个复杂的问题转化为简单问题的分析及组合。这在结构分析中是一个很有用的方法。希望读者加以注意。

第二种情况：结构未知反力的数目大于3，如图4.12(a)、(b)。此时对整个结构来说，未知力的数目多于独立的平衡方程数目，研究整体不能求出全部反力。因此在这种情况下，除研究整体外，还必须取部分结构为研究对象，整体与局部二者结合进行分析。必须指出，在研究整个结构时，结构内部之间相互作用的力属内力，由于是相互作用，内力必定成对出现，且大小相等、方向相反，作用在一条直线上，因此相互抵消，在计算支座反力时不必考虑。但当取某一部分结构为分离体时，其他部分对该部分的作用力就属外力，绘受力图时必须根据作用与反作用定律将这部分力添加上。在分析过程中，要想使计算顺利进行，还必须研究结构的组成。如图4.12(a)所示结构，整个结构有4个未知反力，研究整体不能全部求出。对该结构进行几何组成分析，杆件

ABC 首先与地基组成几何不变体系，称其为主结构，或结构的基本部分；杆件 CD 通过铰 C 及 D 点处的链杆支座与 ABC 及地基相连，形成几何不变体系，称其为次结构，或结构的附属部分。可看出次结构只有依赖于主结构才能承载。即该结构的组成顺序是“先主后次”。对此类能分主次的结构，在受力分析时需遵循组成顺序相反原则，“先次后主”进行分析。即先研究次要部分，计算出部分反力，再研究主要部分或整个结构，计算剩余反力。需要指出的是，并不是所有结构都可分出主、次。图 4.12(b)所示三铰刚架就是很好的例子。对不能分出主次的结构，计算相对较灵活。可先研究整体，再研究局部，也可先研究局部，再研究整体或者只研究组成结构的各个部分。在这种情况下，计算的原则是：从受力最简单的部分着手，力争每建立一个平衡方程，计算出一个未知反力。对图 4.8(b)所示三铰刚架，可先研究整体，分别对 A、B 两点取矩，求出 F_{YB}、F_{YA}，再取 AC 部分为分离体，对 C 点取矩求 F_{XA}，最后研究整体，用 $\sum F_X = 0$ 求 F_{XB}。

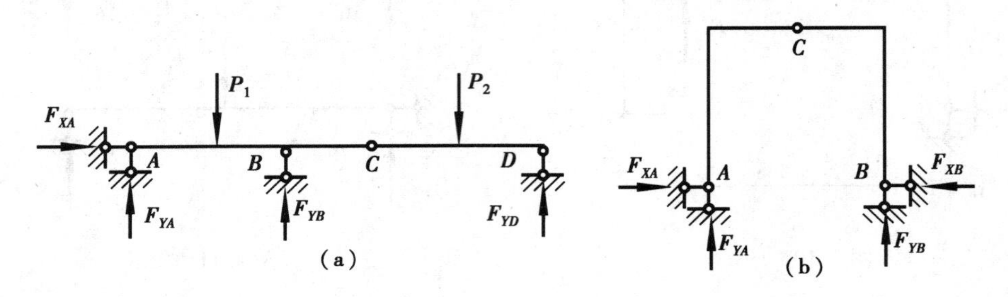

图 4.12

例 4.12 计算图 4.13(a)所示多跨静定梁的支座反力。

解 此结构为多跨静定梁，ABC 为主要部分，CD 为次要部分。

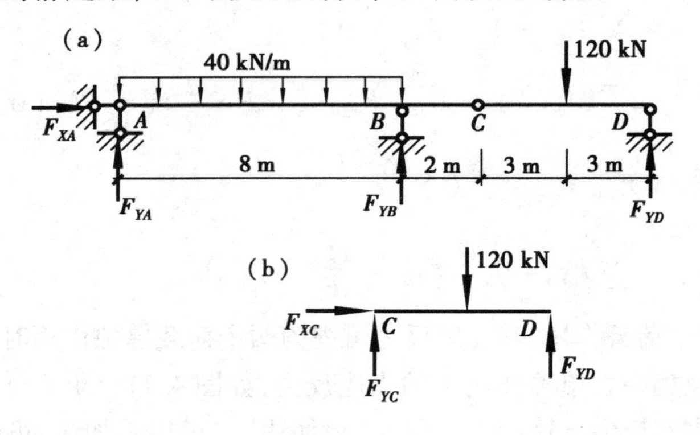

图 4.13

1)取梁 CD 为研究对象，绘出受力图如图 4.13(b)。

$$\sum M_C(F) = 0$$

$$F_{YD} = 60\ \text{kN} \quad (\uparrow)$$

2)取整个结构为研究对象，绘出受力图。此时只有 3 个未知反力，由平衡条件可得：

$$\sum F_X = 0, \quad F_{XA} = 0$$

$$\sum M_B(F) = 0, \quad F_{YA} = 145\ \text{kN} \quad (\uparrow)$$

$$\sum M_A(F) = 0, \quad F_{YB} = 235\ \text{kN} \quad (\uparrow)$$

例4.13　计算图4.14(a)所示三铰刚架的支座反力。图中 $l=12$ m, $h=6.8$ m, $f=1.2$ m。

解　分析:此结构共有4个未知反力。考察整体可发现,A、B 铰位于同一水平线上,即 F_{XA}、F_{XB}共线。此时分别以 A、B 点为矩心,用力矩方程可直接求出 F_{YA}、F_{YB}。再取部分刚架为研究对象,求出其余反力。

1)取整体为研究对象,绘出受力图如图4.14(a)所示。

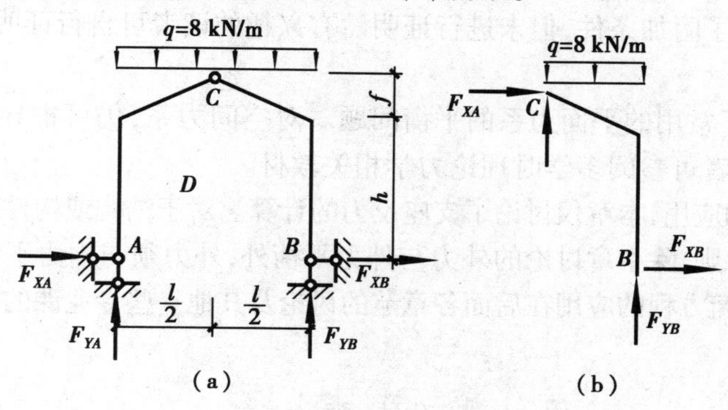

图4.14

$$\sum M_A(F)=0,\quad F_{YB}\cdot l-ql\cdot\frac{1}{2}=0$$

$$F_{YB}=\frac{1}{2}ql=48\text{ kN}\quad(\uparrow)$$

$$\sum M_B(F)=0,\quad F_{YA}=\frac{1}{2}ql=48\text{ kN}\quad(\uparrow)$$

$$\sum F_X=0,\quad F_{XA}+F_{XB}=0$$

2)取刚架 BC 为研究对象,绘出受力图如图4.14(b)所示。

$$\sum M_C(F)=0,\quad F_{XB}\cdot(h+f)+F_{YB}\cdot\frac{l}{2}-q\cdot\frac{l}{2}\cdot\frac{l}{4}=0, F_{XB}=-18\text{ kN}\quad(\leftarrow)$$

此时将 F_{XB}代入研究整体时的第三个方程,即可求出 F_{XA}。

$$F_{XA}=18\text{ kN}\quad(\rightarrow)$$

例4.14　计算图4.15(a)所示结构的支座反力。

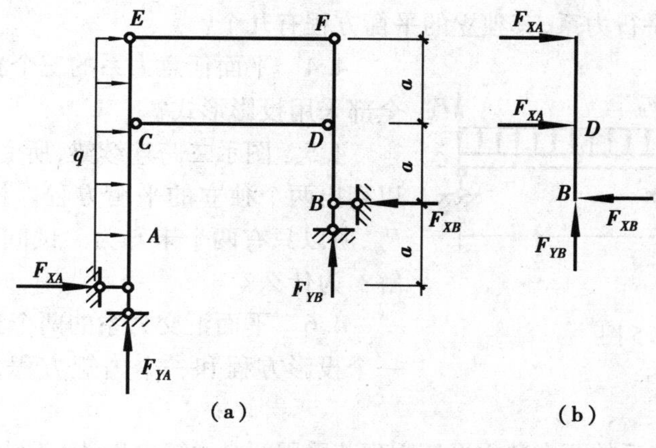

图4.15

解 此结构不能分出主次。但注意到 CD、EF 均为二力杆，因此 BF 杆受力较简单，可先研究 BF 杆，再研究整体。具体计算请读者自行完成。

可深入讨论的问题

1. 本章在讨论平面任意力系的平衡方程时，除基本形式外还给出了二矩式平衡方程、三矩式平衡方程，并给出了附加条件，但未进行证明。有兴趣的读者可自行证明或参阅多学时理论力学相关教材。

2. 本章仅讨论了常用的平面力系的平衡问题。对空间力系，仍可推导出空间力系的平衡条件及平衡方程，读者可参阅多学时理论力学相关教材。

3. 对平衡方程的应用，本章仅讨论了支座反力的计算。对于结构或构件的受力分析而言，受力平衡原则是基本原则，除本章讨论的外力与外力平衡外，外力须与内力平衡，内力与内力也存在平衡关系，因此平衡方程的应用在后面各章节的讨论及其他一些专业课的讨论中都会涉及。

思考题 4

4.1 已知一刚体在 n 个力作用下处于平衡，若其中 $n-1$ 个力的作用线汇交于一点，则第 n 个力的作用线是否一定通过上述汇交点？为什么？

4.2 图示三铰拱。受力 $\boldsymbol{F}_1$ 和 $\boldsymbol{F}_2$ 作用，其中 $\boldsymbol{F}_1$ 作用于 B 铰上，忽略自重。试问，BC 部件是不是二力构件？若是，受力图该如何画？若不是，受力图又该如何画？

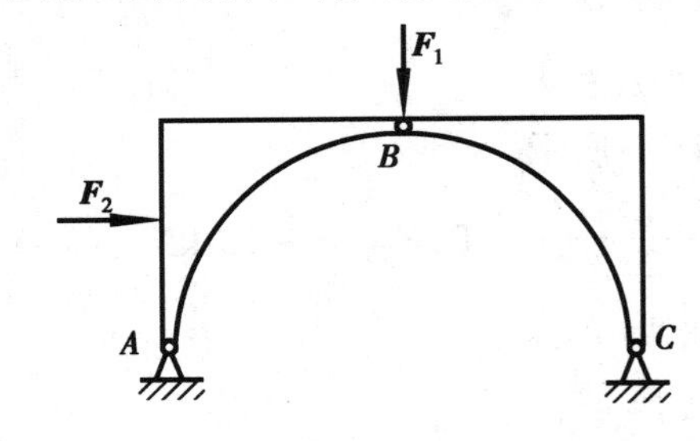

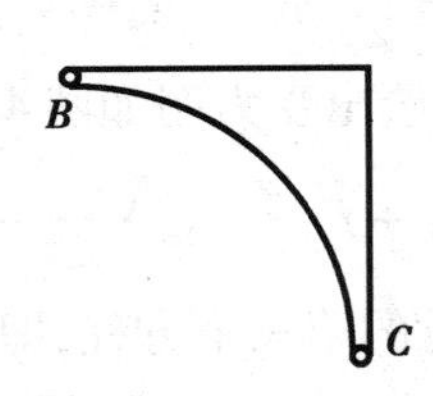

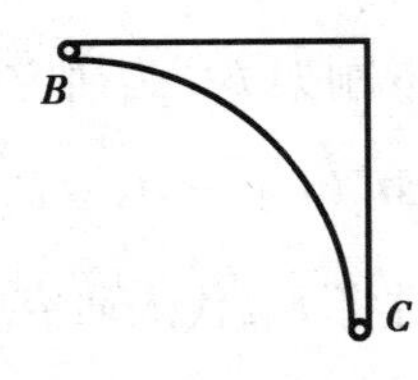

思考 4.2 图

4.3 对于平面平行力系，其独立的平衡方程有几个？

4.4 平面任意力系的三个独立平衡方程能不能全部采用投影形式？

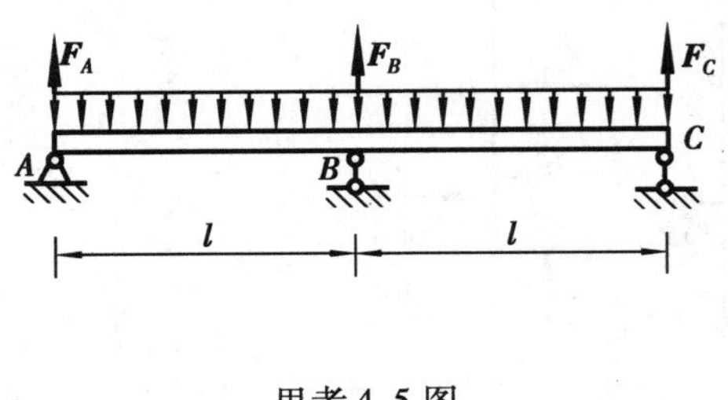

思考 4.5 图

4.5 图示二跨连续梁，所受力系为平行力系，可以列出两个独立的平衡方程。根据对称性，有 $F_A=F_C$，所以只有两个未知力。试问，此问题是否可以求解？为什么？

4.6 平面汇交力系的两个独立平衡方程若采用一个投影方程和一个力矩方程，则必须满足什么附加条件？

4.7 平面平行力系的两个独立平衡方程若采用两个力矩方程，则必须满足什么附加条件？

4.8　三铰刚架共有4个反力分量,可否直接考虑整体,用两个投影方程加两个力矩方程求解?为什么?

习题4

4.1　画出下列各物体的受力图。图中所有接触点处视为光滑面。***G***、***W*** 表示重力,无重力矢即忽略自重。

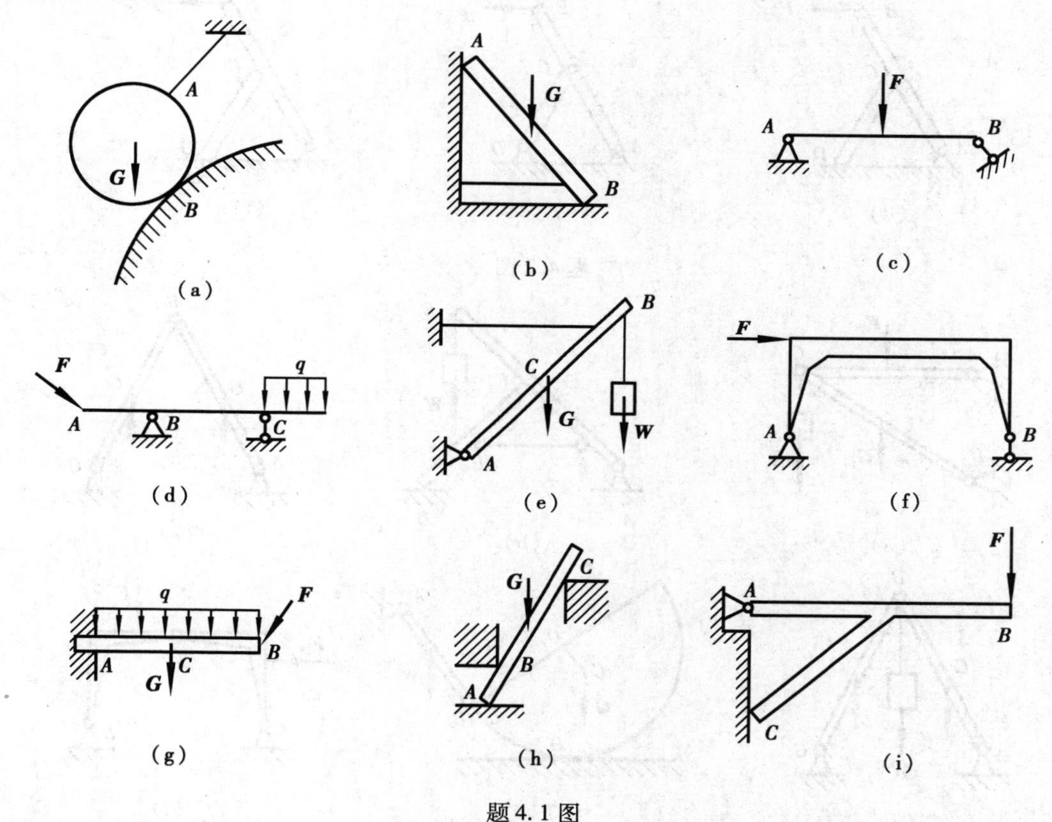

题4.1图

4.2　图示六种支架,***F*** 为已知力,方向如图所示,不计自重。试画出各约束反力的作用线和指向。

4.3　画出下列各物体系统中每个物体的受力图及整体受力图。所有摩擦均不计,无重力矢即忽略自重。

4.4　物体重 $W=20$ kN,用绳子挂在支架的滑轮 B 上,绳子的另一端接在铰车 D 上,如图所示。设滑轮的大小、AB 与 CB 杆自重及摩擦略去不计,A、B、C 三处均为铰链连接。当物体处于平衡状态时,试求拉杆 AB 和支杆 CB 所受的力。

4.5　电动机重 $W=5$ kN,放在水平梁 AC 的中央,如图所示。梁的 A 端以铰链固定,另一端以撑杆 BC 支持,撑杆与水平梁的交角为30°。如忽略梁和撑杆的重量,求撑杆 BC 的受力。

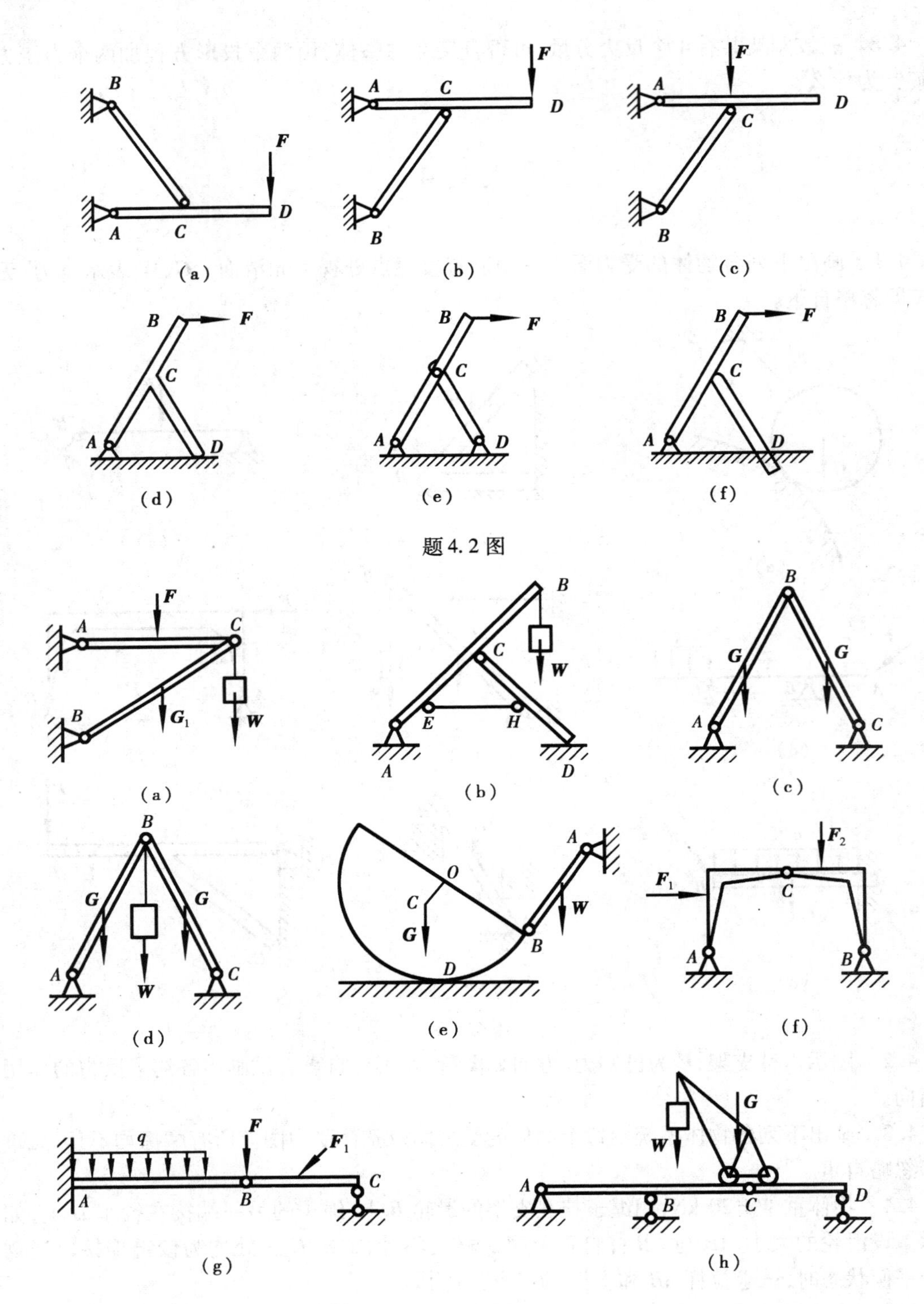

题4.2图

题4.3图

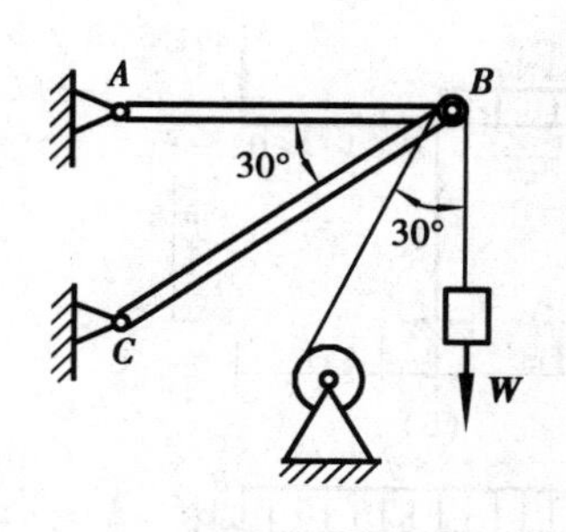

题4.4图

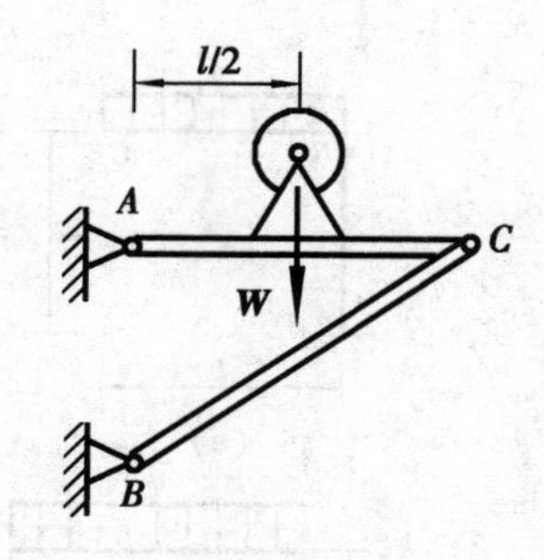

题4.5图

4.6　杆 AB 与杆 DC 在 C 处为光滑接触，它们分别受力偶矩为 m_1 与 m_2 的力偶作用，转向如图所示。问 m_1 与 m_2 的比值为多大，结构才能平衡？两杆的自重不计。

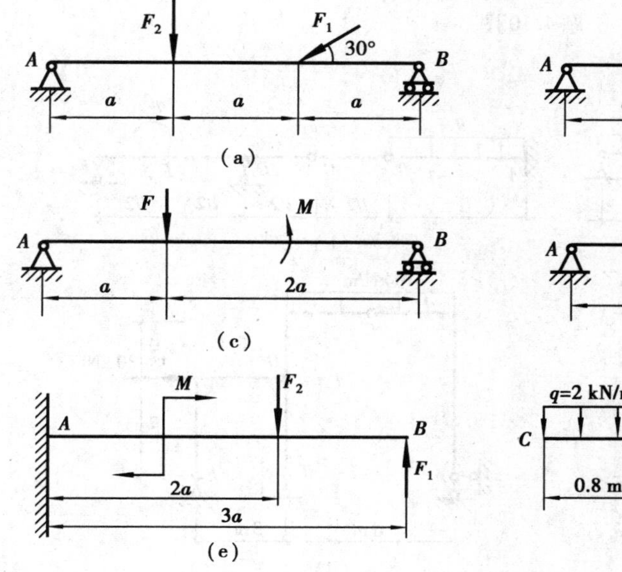

题4.6图

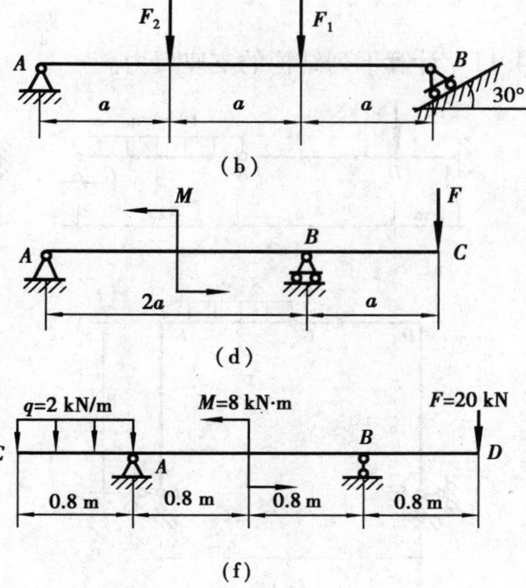

题4.7图

4.7　在图示结构中，各构件的自重略去不计。在构件 AB 上作用一个力偶，力偶矩为 M，求 BC 部分的受力。

4.8　计算下列各梁的支座反力。

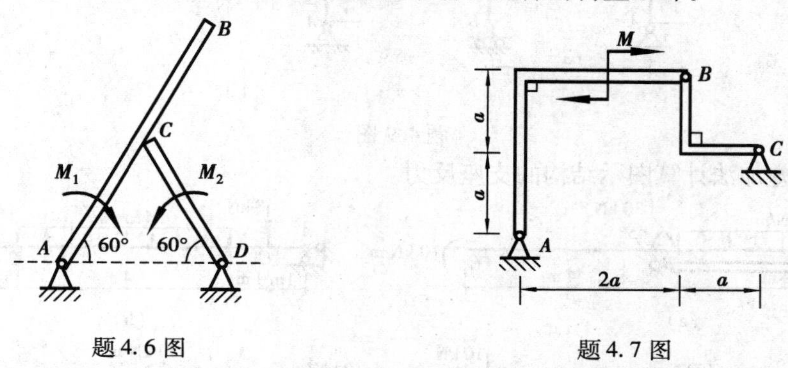

题4.8图

4.9　计算下列刚架的支座反力。

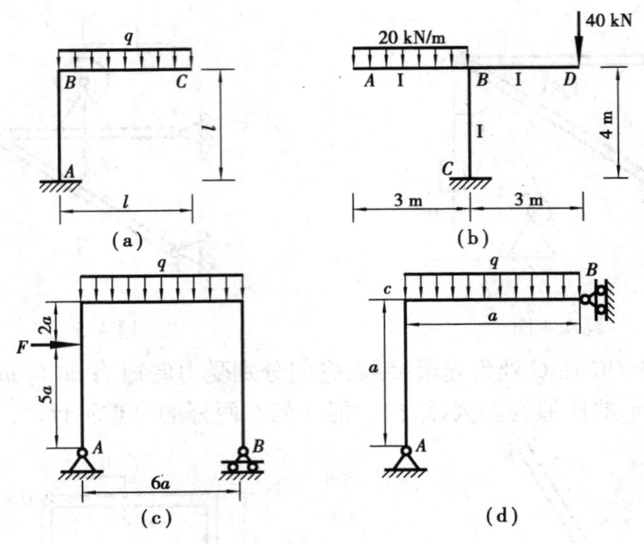

题 4.9 图

4.10 用叠加法计算图示结构的支座反力。

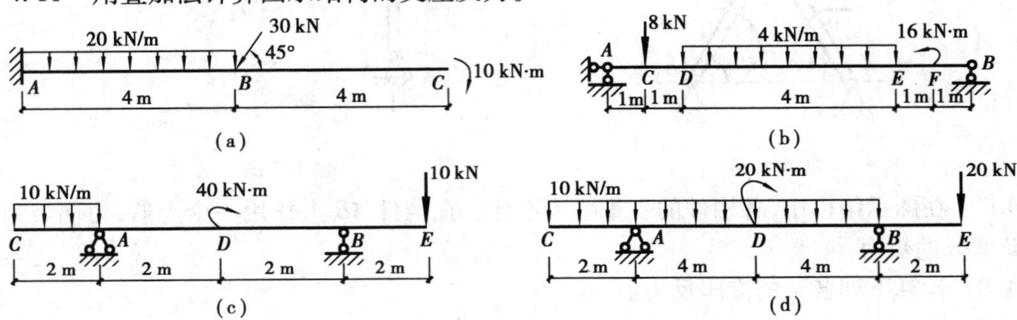

题 4.10 图

4.11 计算下列结构的支座反力。

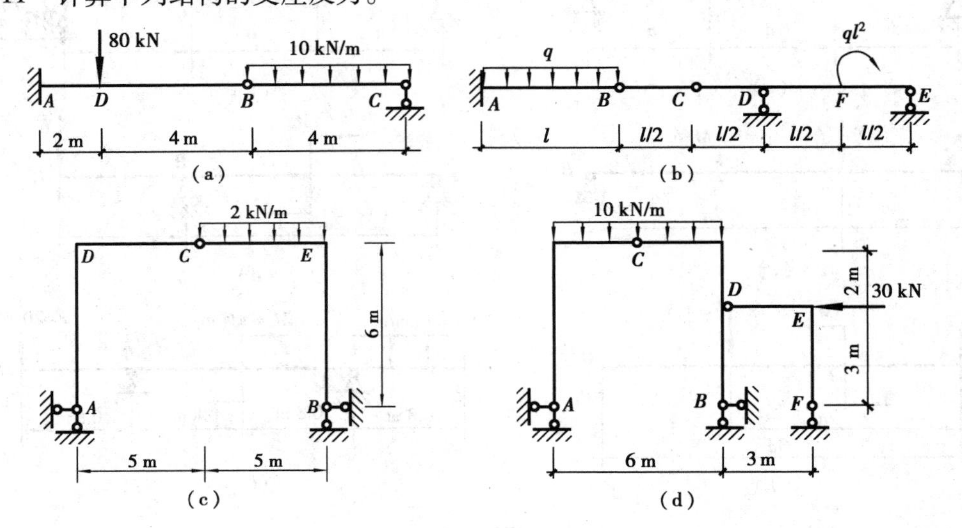

题 4.11 图

第5章 轴向拉伸(压缩)构件

5.1 概述

5.1.1 内力、应力、强度的概念

引起结构构件内部相互作用的力称为内力,它会使构件发生很大变化,内力与构件的强度、刚度、稳定性密切相关,所以研究构件的内力非常重要。在日常生活中内力也会随处遇到,比如当我们用手拉橡皮筋时,橡皮筋会有一种抵抗手拉长它的力,手拉的力越大,橡皮筋会被拉得越长,它的抵抗力也就越大,这种橡皮筋的抵抗力就是它的**内力**。物体在未受外力时,分子间存在着相互作用力,使物体保持固定的形状,当物体在外力作用下,它发生了形变,分子间的相互作用力也发生了改变。如图5.1(a)所示任一受力物体,用一假想平面将受力体一分为二并切掉其中一部分,将切掉部分对保留部分的作用以力的形式表示,就是受力体被截平面上的内力。通常将截面上的分布内力用位于截面形心处的合力(主矢和主矩)代替。也可用六个内力分量表示,如图5.1(b)所示。对于平面结构,只有三个内力分量,如图5.2所示。内力由外力引起,并且随着外力的变化而变化。当内力增大到一定限度,构件将发生破坏而不能使用。

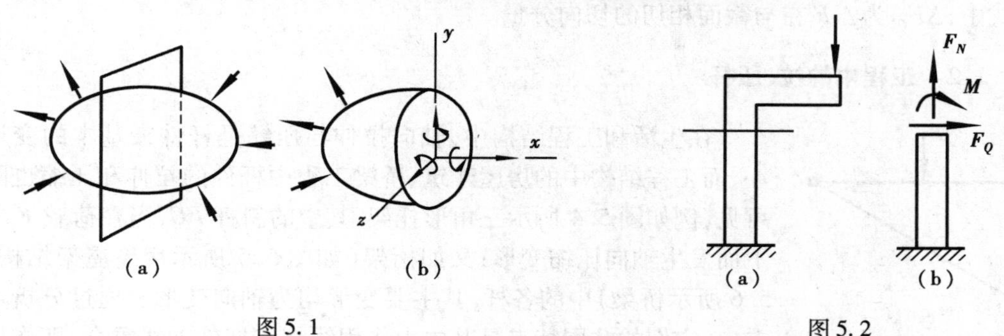

图5.1　　图5.2

在外力作用下,材料或结构、构件抵抗破坏(永久变形和断裂)的能力称为强度。强度问

题是工程设计和计算的首要问题,它直接影响结构的使用功能(安全性和可靠性)。许多房屋、桥梁、堤坝等的破坏或倒塌都是由于强度不够而造成的。强度不仅与结构的材料强度有关,而且与结构的几何形状、外力的作用形式等有关。按外力作用的性质不同,主要有抗拉强度、抗压强度、抗弯强度等。

一般来说,构件的破坏总是从某个点(微小区域)开始发生,然后沿某个截面逐步发展和延伸。所以要了解构件在外力作用下的强度,仅仅知道构件截面上分布内力的总和是不够的,还有必要引入描述微小区域受力程度的应力概念。

为此,在构件某截面上,围绕一点 C 取一微小面积 ΔA(图 5.3a),并设 ΔA 面积上分布内力的合力为 ΔF。由于内力是连续地分布在整个截面上,则无论 ΔA 取得多么小,即令

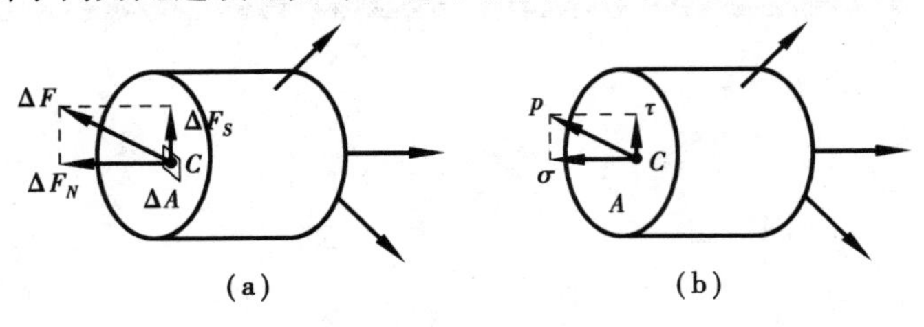

图 5.3

$\triangle A\to 0$ 时,极限 $\lim\limits_{\Delta A\to 0}\dfrac{\Delta F}{\Delta A}$ 一定存在,称为 M 点的全应力,记为

$$p=\lim_{\Delta A\to 0}\frac{\Delta F}{\Delta A}$$

简单地说,应力就是单位面积上的分布内力。或者说应力就是微小面积上内力的分布集度。应力的量纲为[力]·[长度]$^{-2}$,基本单位为牛顿/米^2(N/m^2),称为一个帕(帕斯卡,符号为 Pa)。

将全应力 p 沿截面的法线方向和与截面相切的切向分解(图 5.3b),法向分量称为 C 点的正应力,记为

$$\sigma=\lim_{\Delta A\to 0}\frac{\Delta F_N}{\Delta A}$$

式中,ΔF_N 为 ΔF 在截面法线方向的分量。全应力 p 在与截面相切的切向分量称为 C 点的剪应力或切应力,记为

$$\tau=\lim_{\Delta A\to 0}\frac{\Delta F_Q}{\Delta A}$$

式中,ΔF_Q 为 $\triangle F$ 在与截面相切的切向分量。

5.1.2 工程中的拉、压杆

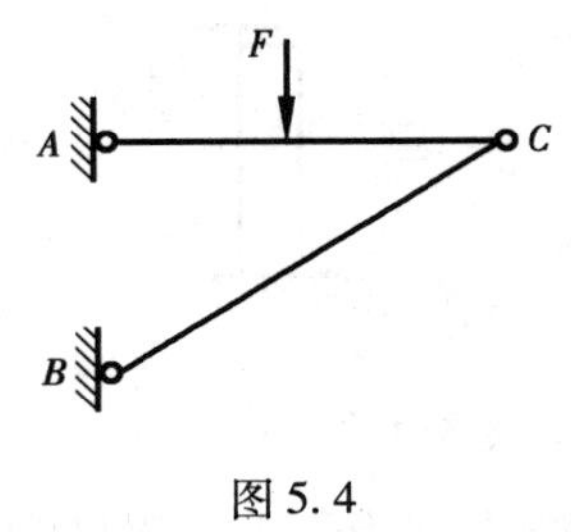

图 5.4

在生活和工程结构中,轴向拉伸与压缩是杆件最基本的变形之一,而工程结构中的房屋建筑、桥梁工程中杆件的拉伸和压缩也随处可见,例如图 5.4 所示三角形托架,其中的斜杆 BC,当在荷载 F 作用下而发生轴向压缩变形;又如桁架(如图 5.5 所示房屋屋架结构、图 5.6 所示桥梁)中的各杆,其主要变形均为轴向变形。通过分析可以看出,它们的共同特点是其内力作用线都与杆件轴线重合,即作用在

构件上的力是**轴向力**,相应的变形称为轴向变形,即轴向的伸长和缩短。这一类型的杆件在工程中被称为拉(压)杆。

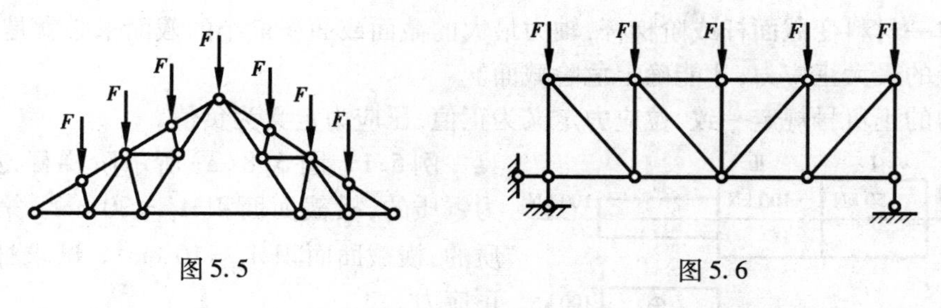

图5.5　　　　图5.6

5.2　轴向拉(压)杆的应力及强度条件

5.2.1　拉(压)杆横截面上的应力

设一等截面直杆,只在两端承受沿轴线的拉力作用,如图5.7(a)所示。大量的实验观察表明,无论两端加载的方式如何变化,在离端部一段距离的 AB 段上,伸长变形后横截面将保持为垂直于轴线的平面。这就是圣维南**平面假设**。

在 AB 段上任意取一段 CD,并想象地将其划分为许多等截面的细杆。根据平面假设,C、D 两横截面始终保持为相互平行的平面,则变形后,所有细杆的伸长量均相同,即所有细杆横截面上的内力均相同。由此可以推断,横截面上的轴向内力是均匀分布的,即横截面上各点(单位面积)上的正应力是相等的(图5.7(b))。根据静力学等效关系,分布内力的合力就等于横截面上的轴力,即

$$\sigma A = F_N$$

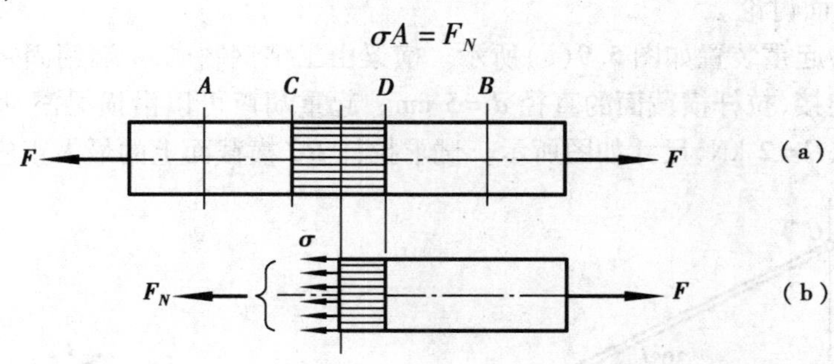

图5.7

得横截面上的正应力计算公式

$$\sigma = \frac{F_N}{A} \tag{5.1}$$

显然,对于两端受力的等截面直杆,$F_N = F$,代入式(5.1),有

$$\sigma = \frac{F_N}{A} = \frac{F}{A} \tag{5.2}$$

由单一材料制成的等截面直杆,受几个轴向外力作用时,可先作轴力图,求得最大轴力 $F_{N,\max}$,即危险截面的轴力,代入式(5.1)可得最大工作正应力

$$\sigma_{max} = \frac{F_{N,max}}{A} \tag{5.3}$$

对于单一材料变截面杆或阶梯杆,轴力最大的截面或面积最小的截面未必就是危险截面,须求出杆上的最大正应力,才能确定危险截面。

与轴力的正负号规定一致,拉应力定义为正值,压应力定义为负值。

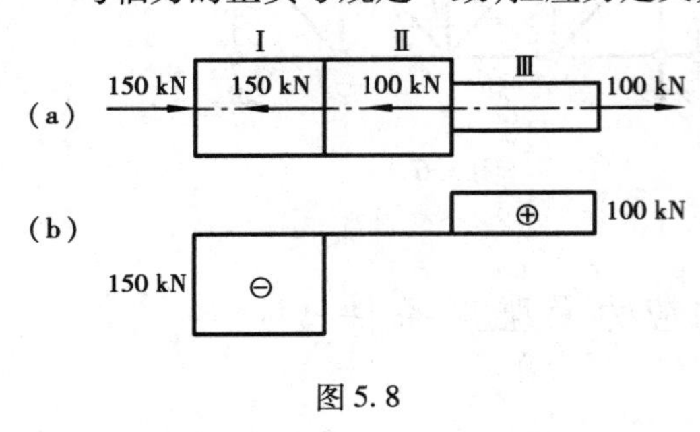

图 5.8

例 5.1 图 5.8(a)所示阶梯杆,第Ⅰ、Ⅱ段为铜质的,横截面面积 $A_1 = 20\ \text{cm}^2$;第Ⅲ段为钢质的,横截面面积 $A_2 = 10\ \text{cm}^2$。试求杆中的最大正应力。

解 首先作轴力图,如图 5.8(b)所示,从轴力图中可以读出各段的轴力。

第Ⅰ段各横截面上的轴力 $F_{N1} = -150\ \text{kN}$

第Ⅱ段各横截面上的轴力 $F_{N2} = 0$

第Ⅲ段各横截面上的轴力 $F_{N3} = 100\ \text{kN}$

根据公式(5.1),可得各段横截面上的正应力为

$$\sigma_1 = \frac{F_{N1}}{A_1} = \frac{-150 \times 10^3}{20 \times 10^{-4}} = -75 \times 10^6\ \text{N/m}^2 = -75\ \text{MPa} \quad (\text{压应力})$$

$$\sigma_2 = \frac{F_{N2}}{A_1} = 0$$

$$\sigma_3 = \frac{F_{N3}}{A} = \frac{100 \times 10^3}{10 \times 10^{-4}} = 100 \times 10^6\ \text{N/m}^2 = 100\ \text{MPa} \quad (\text{拉应力})$$

由于各段的材料不同,所以最大正应力所在截面未必就是最危险截面,这涉及材料的力学性质问题,将在后面讨论。

例 5.2 简易起重装置如图 5.9(a)所示。横梁由工字钢制成,A 端用固定铰链支承,B 端与拉杆 BC 铰链连接,拉杆横截面的直径 $d = 5$ cm。起重葫芦可以沿横梁滚动,起重重量 $W = 100$ kN,钢梁自重 $G = 2$ kN,尺寸如图所示。试求拉杆 BC 横截面上的最大正应力。

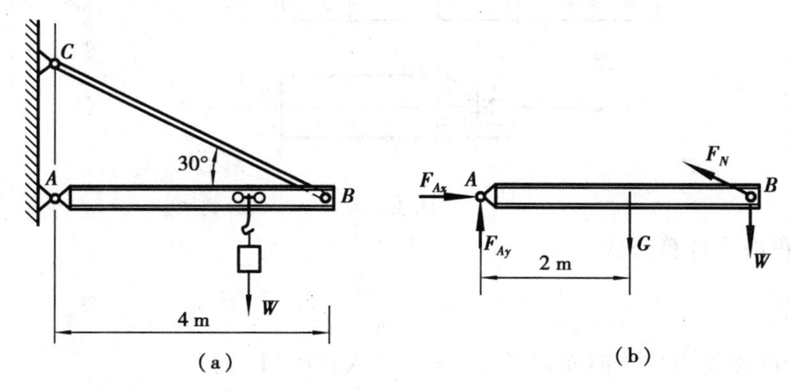

图 5.9

解 以钢梁为研究对象,受力如图 5.9(b)所示,显然,当葫芦运动至 B 端点时拉杆的轴力最大。对 A 点列力矩平衡方程

$$\sum m_A(\boldsymbol{F}) = 0, F_{BC}\sin 30° \times 4 - 2\times 2 - 100\times 4 = 0$$

解得

$$F_{N,\max} = 202\ \text{kN}$$

则拉杆横截面上的最大正应力

$$\sigma_{\max} = \frac{F_{N,\max}}{A} = \frac{202\times 10^3}{\dfrac{\pi\times 5^2}{4}\times 10^{-4}} = 102.9\ \text{MPa}$$

如果不考虑梁的自重,则 $F_{N,\max} = 200$ kN,最大正应力为

$$\sigma_{\max} = \frac{F_{N,\max}}{A} = \frac{200\times 10^3}{\dfrac{\pi\times 5^2}{4}\times 10^{-4}} = 101.8\ \text{MPa}$$

误差只有1%。所以,在某些情况下忽略自重是有其合理性的。但是对于高大的建筑物,如烟囱,自重将成为荷载的主要部分。

5.2.2　斜截面上的应力

实验表明,由不同材料制成的杆件在拉伸(或压缩)时的破坏机理和方式是不同的,同一种材料在拉伸和压缩时的破坏机理和方式也是不相同的。破坏并非都是沿着横截面发生,所以必须研究所有斜截面上的应力分布情况及变化规律。

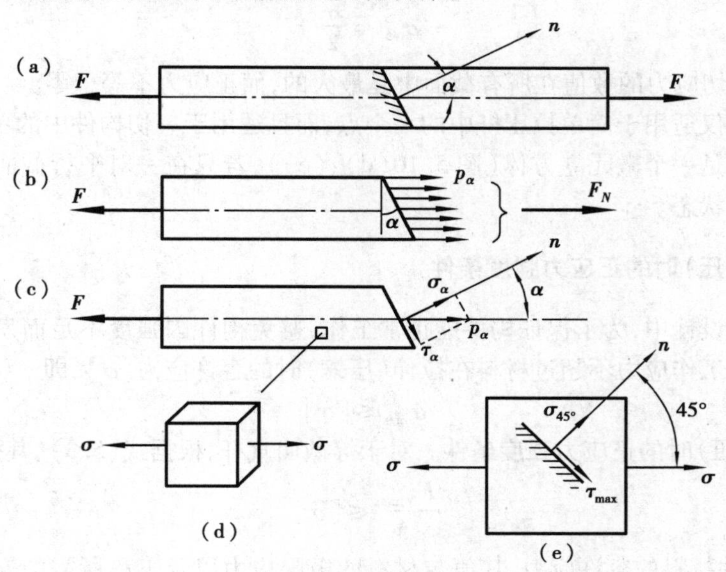

图5.10

为了研究图5.10(a)所示法线 n 与轴线成 α 角的斜截面上的应力,可假想地沿该斜截面将杆切为两部分,任意取其中一部分进行研究(图5.10(b))。由于横截面保持为平面,所以斜截面也保持为平面,则斜截面上的全应力 p_α 也是均匀分布的。根据静力等效关系,斜截面分布内力的总和也等于轴力,即

$$p_\alpha A_\alpha = F_N$$

式中,A_α 为斜截面的面积,则斜截面上的全应力为

$$p_\alpha = \frac{F_N}{A_\alpha} = \frac{F_N}{A/\cos\alpha} = \frac{F_N}{A}\cos\alpha = \sigma\cos\alpha$$

式中,σ 为横截面($\alpha=0$)上的正应力。将斜截面上一点的全应力沿截面的法线和切向分解(图 5.10(c)),得斜截面上的正应力和切应力分别为

$$\sigma_\alpha = p_\alpha\cos\alpha = \sigma\cos^2\alpha$$

$$\tau_\alpha = p_\alpha\sin\alpha = \sigma\sin\alpha\cos\alpha$$

通常改写为

$$\left.\begin{aligned}\sigma_\alpha &= \frac{\sigma}{2} + \frac{\sigma}{2}\cos 2\alpha \\ \tau_\alpha &= \frac{\sigma}{2}\sin 2\alpha\end{aligned}\right\} \tag{5.4}$$

上式表明,通过一点沿不同方位斜截面上的正应力和切应力是截面方位角 α 的周期函数。可以看出,当 $\alpha=0$ 时,有

$$\sigma_0 = \sigma_{\max} = \sigma$$

$$\tau_0 = 0$$

即,横截面上的正应力数值在所有截面中是最大的,而切应力等于零。当 $\alpha=45°$时,有

$$\tau_{45°} = \tau_{\max} = \frac{\sigma}{2}$$

$$\sigma_{45°} = \frac{\sigma}{2}$$

即,45°斜截面上切应力的数值在所有截面中是最大的,而正应力不等于零。

以上推导不仅适用于简单拉压杆中的一个点,而且适用于一切构件中的单向应力状态点。这里所指的点就是一个微元立方体(图 5.10(d)、(e)),若只在一对平行截面上存在正应力,就称为单向应力状态。

5.2.3 拉(压)时的正应力强度条件

在实际工程设计中,为了保证构件能正常工作,避免构件因强度不足而发生破坏,必须使杆件中最大设计工作应力不超过材料在拉伸(压缩)时的容许应力[σ],即

$$\sigma_{\max} \leqslant [\sigma] \tag{5.5}$$

这就是杆件拉(压)时的正应力**强度条件**。对于等截面直杆,根据式(5.3),其强度条件可写为

$$\frac{F_{N,\max}}{A} \leqslant [\sigma] \tag{5.6}$$

式中,[σ]为杆件材料的容许应力,其值与材料的极限应力以及工程所需的安全储备度有关,相关概念和规定将在后面介绍。

应用式(5.6),可进行 3 种不同类型的强度计算。

(1)校核杆的强度

若已确定杆件的材料和截面的尺寸(即[σ]和 A),并已知承受的荷载(即轴力),则可用式(5.6)检查和校核杆件是否满足强度要求,若满足

$$\frac{F_{N,\max}}{A} \leqslant [\sigma]$$

则表示杆件的强度是足够的。

(2)截面尺寸设计

若已确定杆件的材料并已知所承受的荷载,则可将式(5.6)改写为

$$A \geqslant \frac{F_{N,\max}}{[\sigma]}$$

即横截面的面积不得小于$F_{N,\max}/[\sigma]$的比值,并以此为依据,设计、选择截面的面积和尺寸。

(3)确定容许荷载

若已确定杆件的材料和截面的尺寸,可将式(5.6)改写为

$$F_{N,\max} \leqslant A[\sigma]$$

$F_{N,\max}$为杆件所容许承受的最大轴力,从而确定结构所容许承受的最大荷载。

在对杆件进行强度计算或设计时,在保证安全的前提下,还要注意节约材料。不要使计算工作应力小于容许应力$[\sigma]$太多。对于计算工作应力略微超过容许应力的情况,国家工程设计规范规定:在普通工程中,钢材的设计工作应力超过容许应力时,超过的幅度不得大于5%。

例5.3　如图5.11所示起重链条,链环为钢质,容许应力$[\sigma]=100$ MPa,链环所用圆钢的直径$d=15$ mm,起吊重量$W=30$ kN。忽略自重,试校核圆钢受轴向拉伸部分的强度。

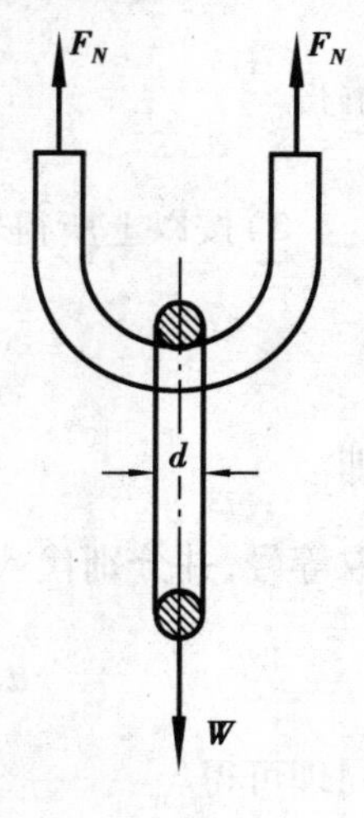

图5.11

解　设受轴向拉伸部分圆钢横截面上的轴力为F_N,显然,

$$F_N = \frac{1}{2}W = 15 \text{ kN}$$

则圆钢横截面上的正应力为

$$\sigma = \frac{F_N}{A} = \frac{15 \times 10^3}{\dfrac{\pi \times 15^2}{4} \times 10^{-6}} = 84.9 \text{ MPa} \leqslant [\sigma]$$

满足强度要求。

必须说明的是,以上计算并不完整,链环的圆弧部分会发生弯曲变形。

例5.4　如图5.12(a)所示桁架,已知$F=24$ kN,杆件材料的容许应力$[\sigma]=120$ MPa,试选择指定杆①②③的直径。

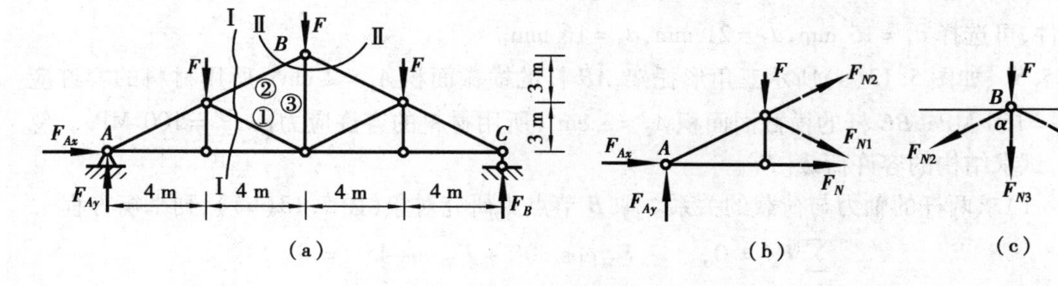

图5.12

解　1)首先研究整体,求支座反力。受力如图5.12(a)所示,对B点列力矩平衡方程

$$\sum m_B(\boldsymbol{F}) = 0, -F_{Ay} \times 16 - F \times 12 - F \times 8 - F \times 4 = 0$$

解得

$$F_{Ay} = 36 \text{ kN} \quad (拉)$$

2)求指定杆的内力。为此用Ⅰ—Ⅰ切面截取左边部分为研究对象(图5.12(b)),对A点列力矩平衡方程

$$\sum m_A(\boldsymbol{F}) = 0,\ -F_{N1} \times \sin\alpha \times 3 - F_{N1} \times \cos\alpha \times 4 - F \times 4 = 0$$

解得

$$F_{N1} = -\frac{4F}{\frac{4}{5} \times 3 + \frac{3}{5} \times 4} = -20\ \text{kN} \quad (\text{压})$$

再列平衡方程

$$\sum F_y = 0,\quad F_{Ax} - F + F_{N2}\cos\alpha - F_{N1}\cos\alpha = 0$$

解得

$$F_{N2} = -40\ \text{kN} \quad (\text{压})$$

为了求③杆的内力,用Ⅱ—Ⅱ切面截取B节点为研究对象(图5.12(c)),列平衡方程

$$\sum F_y = 0,\quad -2F_{N2}\cos\alpha - F - F_{N3} = 0$$

解得

$$F_{N3} = 24\ \text{kN} \quad (\text{拉})$$

3)按以上所得轴力选择杆的直径。根据强度条件

$$A_i \geqslant \frac{F_{N,i}}{[\sigma]} \quad (i = 1,2,3)$$

即

$$d_i \geqslant \sqrt{\frac{4F_{N,i}}{\pi[\sigma]}} \quad (i = 1,2,3)$$

取等号,并分别代入轴力的绝对值,得满足强度条件的最小直径

$$d_1 = \sqrt{\frac{4F_{N,1}}{\pi[\sigma]}} = \sqrt{\frac{4 \times 20 \times 10^3}{\pi \times 120 \times 10^6}} = 1.46 \times 10^{-2}\ \text{m} = 14.6\ \text{mm}$$

同理可得

$$d_2 = 20.6\ \text{mm}$$

$$d_3 = 15.9\ \text{mm}$$

按标准件,可选择$d_1 = 15$ mm,$d_2 = 21$ mm,$d_3 = 16$ mm。

例5.5 如图5.13(a)所示三角形托架,AB杆的横截面积$A_1 = 2\ \text{cm}^2$,所用材料的容许应力$[\sigma]_1 = 160$ MPa,BC杆的横截面面积$A_2 = 3\ \text{cm}^2$,所用材料的容许应力$[\sigma]_2 = 100$ MPa。忽略自重,试求结构的容许荷载$[F]$。

解 1)求两杆的轴力与荷载的关系。取B节点为研究对象(图5.13(b)),列平衡方程

$$\sum F_x = 0,\quad -F_{N1}\cos 30° + F_{N2}\cos 45° = 0$$

$$\sum F_y = 0,\quad F_{N1}\sin 30° + F_{N2}\sin 45° - F = 0$$

解得

$$F_{N1} = 0.732F,\ F_{N2} = 0.897F$$

2)分别按两杆的强度确定结构的容许荷载。根据强度条件

$$F_{N,i} \leqslant A_i[\sigma]_i \quad (i = 1,2)$$

按AB杆的强度,有

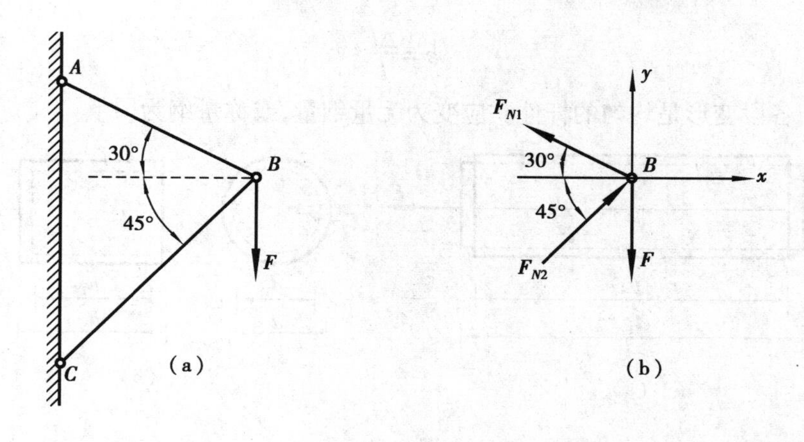

图5.13

$$0.732F \leqslant A_1[\sigma]_1$$

取等号,得结构的容许荷载

$$[F]_1=\frac{2\times10^{-4}\times160\times10^6}{0.732}=4.37\times10^4\ \text{N}=43.7\ \text{kN}$$

按 BC 杆的强度,有

$$0.897\ F \leqslant A_2[\sigma]_2$$

取等号,得结构的容许荷载

$$[F]_2=\frac{3\times10^{-4}\times100\times10^6}{0.897}=3.34\times10^4\ \text{N}=33.4\ \text{kN}$$

比较以上结果,为使两杆都满足强度要求,此结构的容许荷载为

$$[F]=[F]_2=33.4\ \text{kN}$$

一般取较小的整数,不得四舍五入。所以,此结构的容许荷载可以取

$$[F]=33\ \text{kN}$$

5.3　轴向拉(压)杆的变形　胡克定律

5.3.1　拉(压)杆的轴向和横向变形

轴向受拉杆件的变形主要是轴向伸长,同时其横向尺寸有所缩小。轴向受压杆件的变形则是轴向缩短,横向尺寸有所增大。下面以轴向受拉杆件的变形情况为例,介绍相关的基本概念和方法。

设一原长为 l 的等截面直杆,在两端承受沿轴向拉力 F 作用后,杆的长度增大为 l_1,如图5.14(a)所示。则杆的轴向总伸长量为

$$\Delta l=l_1-l$$

伸长量并不能描述杆件变形的程度,对于相同的伸长量,原长度较短的杆相对于原长度较长的杆而言,其变形的程度就较大。所以,变形的程度决定于伸长量相对于原来长度的比例,即单位长度的伸长量。杆沿轴向每单位长度的伸长量(或缩短量)称为杆的**轴向线应变**,记为

$$\varepsilon = \frac{\Delta l}{l} \tag{5.7}$$

上式只适用于各段变形是均匀的杆件。应变为无量纲量,或称量纲为[1]。

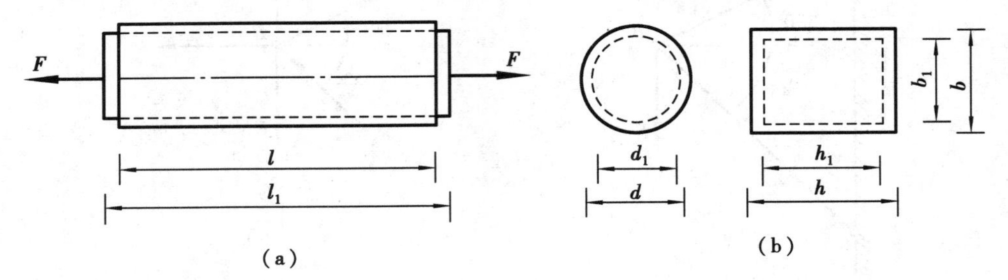

图 5.14

下面来研究轴向受拉杆件的横向变形。设圆杆原有横向尺寸为 d,受力变形后缩小为 d_1(图 5.14(b)),其横向变形量为

$$\Delta d = d_1 - d$$

与其相应的横向线应变记为

$$\varepsilon' = \frac{\Delta d}{d}$$

显然,若 $\Delta l > 0$,则 $\Delta d < 0$,即 ε'与 ε 异号。

对于用各向同性材料制成的杆件,无论横截面是圆形还是矩形或是其他形状,其横截面沿各个方向的收缩都是均匀的,则有

$$\varepsilon' = \frac{\Delta h}{h} = \frac{\Delta b}{b} = \cdots$$

以上介绍的这些基本概念同样适用于轴向受压杆件,但受压杆的轴向线应变 ε 为负值,而横向线应变 ε'为正值。

5.3.2 胡克定律

大量拉伸和压缩实验表明:当杆内的应力不超过某一限度时,杆的伸长(缩短)量 Δl 与杆的轴力 F_N、杆的原长 l 成正比关系,而与杆的横截面面积 A 成反比关系,即有如下关系

$$\Delta l \propto \frac{F_N l}{A}$$

引入比例系数 E,可写为

$$\Delta l = \frac{F_N l}{EA} \tag{5.8}$$

这就是**胡克定律**。式中的系数 E 称为材料的**弹性模量**,其值须通过实验来测定,用于描述材料的刚性即抵抗变形的能力。所以弹性模量为刚性系数,而 EA 称为杆件的**抗拉(压)刚度**,即杆件抵抗变形的能力。刚度越大,则变形越小,即越不容易变形。

式(5.8)可以改写为

$$\frac{\Delta l}{l} = \frac{1 F_N}{EA}$$

即

$$\varepsilon = \frac{1}{E}\sigma \tag{5.9a}$$

或

$$\sigma = E\varepsilon \tag{5.9b}$$

这是**胡克定律**的另一种表达式，即：**当杆内的应力不超过某一极限值时，正应力与线应变成正比关系**。这一极限值称为**比例极限**。可以看出，弹性模量 E 的量纲与应力的量纲相同，所以单位也相同。

式(5.9)不仅适用于简单拉(压)杆，而且适用于一切复杂构件中的单向应力状态微元点，所以也称为单向应力状态的胡克定律。

大量实验数据统计表明，在满足胡克定律的前提下，杆件的横向线应变 ε' 与轴向线应变 ε 之比的绝对值为一个常数，记为

$$\nu = \left|\frac{\varepsilon'}{\varepsilon}\right|$$

称为**横向变形系数**或**泊松比**。由于 ε' 与 ε 异号，所以有

$$\varepsilon' = -\nu\varepsilon = -\nu\frac{\sigma}{E} \tag{5.10}$$

弹性模量 E 和泊松比 ν 是弹性材料的两个重要基本常数。表5.1给出了一些常用材料的 E、ν 值。

表5.1　几种常用材料的 E、ν 值

材料名称	E(10^9 Pa 或 GPa)	ν
钢	200 ~ 220	0.22 ~ 0.3
灰口铸铁	60 ~ 162	0.23 ~ 0.27
球墨铸铁	150 ~ 180	0.24 ~ 0.27
铝合金	70 ~ 72	0.26 ~ 0.33
铜合金	100 ~ 110	0.31 ~ 0.36
硬质合金	380	0.23 ~ 0.28
混凝土	15 ~ 36	0.16 ~ 0.20
木材(顺纹)	8 ~ 12	—
木材(横纹)	0.5 ~ 1	—
硅石料	2.7 ~ 3.5	0.12 ~ 0.20

例5.6　如图5.15所示阶梯杆，第Ⅰ段横截面为直径20 mm的圆形，第Ⅱ段横截面为边长30 mm的正方形，第Ⅲ段横截面为直径15 mm的圆形。两端的轴向拉力 $F = 20$ kN，弹性模量 $E = 210$ GPa。求杆中的最大正应力及杆的总伸长。

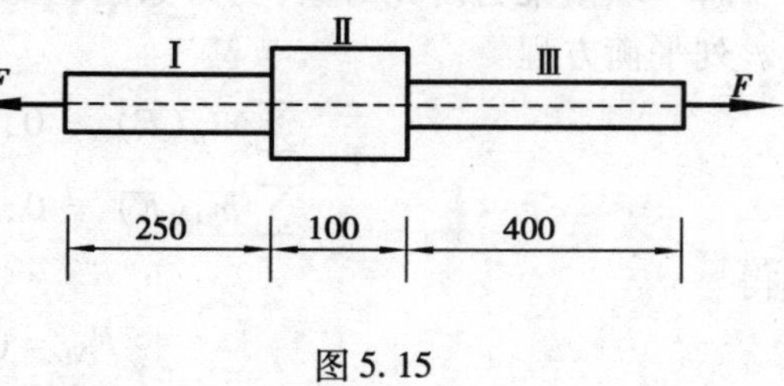

图5.15

解　显然，各段横截面上的轴力相同，即

$$F_{N1} = F_{N2} = F_{N2} = F = 20\ \text{kN}$$

则各段横截面上的正应力分别为

$$\sigma_1=\frac{F_{N1}}{A_1}=\frac{20\times10^3}{\frac{\pi\times20^2}{4}\times10^{-6}}=63.67\ \text{MPa}$$

$$\sigma_2=\frac{F_{N2}}{A_2}=\frac{20\times10^3}{30\times30\times10^{-6}}=22.2\ \text{MPa}$$

$$\sigma_3=\frac{F_{N3}}{A_3}=\frac{20\times10^3}{\frac{\pi\times15^2}{4}\times10^{-6}}=113.2\ \text{MPa}$$

各段的伸长量分别为

$$\Delta l_1=\frac{F_{N1}l_1}{EA_1}=\frac{20\times10^3\times250\times10^{-3}}{210\times10^9\times\frac{\pi\times20^2}{4}\times10^{-6}}=7.58\times10^{-5}\ \text{m}$$

$$\Delta l_2=\frac{F_{N2}l_2}{EA_2}=\frac{20\times10^3\times100\times10^{-3}}{210\times10^9\times30\times30\times10^{-6}}=1.06\times10^{-5}\ \text{m}$$

$$\Delta l_3==\frac{F_{N3}l_3}{EA_3}=\frac{20\times10^3\times400\times10^{-3}}{210\times10^9\times\frac{\pi\times15^2}{4}\times10^{-6}}=21.56\times10^{-5}\ \text{m}$$

杆中的最大正应力为

$$\sigma_{\max}=\sigma_3=113.2\ \text{MPa}$$

杆的总伸长为

$$\Delta l=\Delta l_1+\Delta l_2+\Delta l_3=(7.58+1.06+21.56)\times10^{-5}=30.2\times10^{-5}=0.302\ \text{mm}$$

例 5.7 如图 5.16(a)所示水平横梁 AB 由两根拉杆悬吊起来。①杆为钢质,直径 $d_1=20$ mm,弹性模量 $E_1=200$ GPa;②杆为铜质,$d_2=25$ mm,$E_2=100$ GPa。忽略横梁的自重和变形,试求荷载 F 作用在何处方能使横梁保持水平。

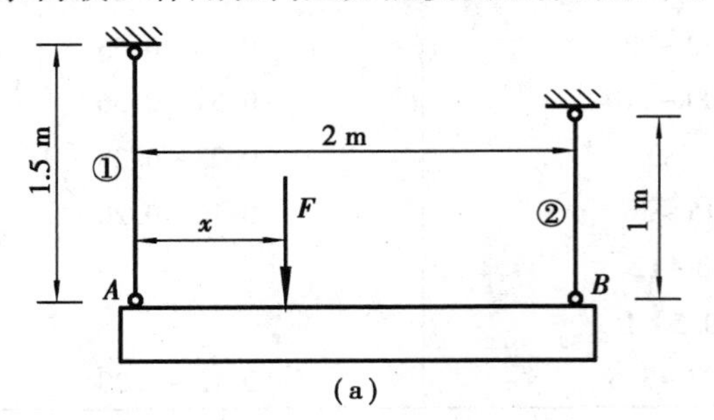

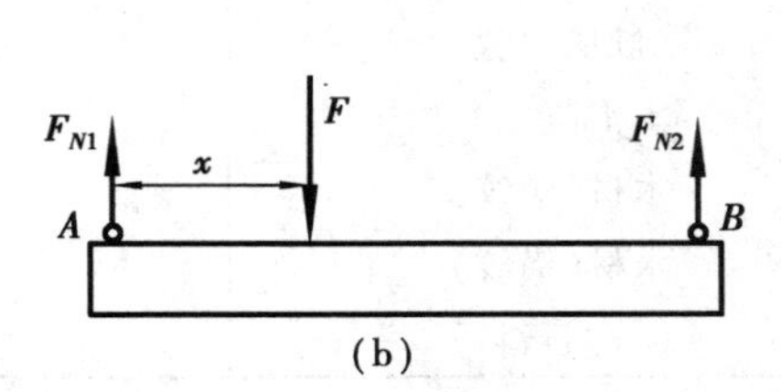

图 5.16

解 取横梁为研究对象,受力如图 5.16(a)所示,求两杆的受力和变形与荷载及 x 的关系。列平衡方程

$$\sum m_B(F)=0,\ -F_{N1}\times2+F(2-x)=0$$

$$\sum m_A(F)=0, F_{N2}\times2-Fx=0$$

解得

$$\left.\begin{aligned}F_{N1}&=(1-0.5x)F\\F_{N2}&=0.5xF\end{aligned}\right\}\qquad ①$$

两杆的伸长量分别为

$$\left.\begin{aligned}\Delta l_1 &= \frac{(1-0.5x)Fl_1}{E_1A_1}\\ \Delta l_2 &= \frac{0.5xFl_2}{E_2A_2}\end{aligned}\right\} \quad ②$$

根据题意,为使横梁保持水平,应使两杆具有相同的伸长量,即

$$\Delta l_1 = \Delta l_2$$

将式②代入,有

$$\frac{(1-0.5x)Fl_1}{E_1A_1} = \frac{0.5xFl_2}{E_2A_2}$$

即

$$\frac{1-0.5x}{0.5x} = \frac{E_1}{E_2} \times \frac{d_1^2}{d_2^2} \times \frac{l_2}{l_1} = \frac{2}{1} \times \frac{2^2}{2.5^2} \times \frac{1}{1.5} = 0.853$$

解得

$$x = 1.08\ \text{m}$$

结论,当荷载 F 作用在距 A 点 1.08 m 时,横梁将保持水平。

5.4　材料在拉伸和压缩时的力学性质

在前面的应力、变形和强度计算中,涉及描述材料力学性质的一些基本参数,如材料的弹性模量 E、泊松比 ν 和极限应力等。这些力学性质都是需通过材料实验测定。本节主要介绍低碳钢和铸铁等材料在常温、静载条件下的拉(压)实验和力学性质。

5.4.1　材料在拉伸时的力学性质

(1)低碳钢在拉伸时的力学性质

低碳钢是工程中应用广泛的材料,含碳量低于0.25%。其力学性质比较有代表性,是典型的塑性材料。

为了保证实验的客观性和一致性,试验按国家标准的规定将试件做成标准试件。常用的标准试件有圆截面和矩形截面两种,如图5.17所示。在距加载端一定距离的中间部分标注适当长度的工作段,其长度 l 称为标距。由试验测定该段的变形。

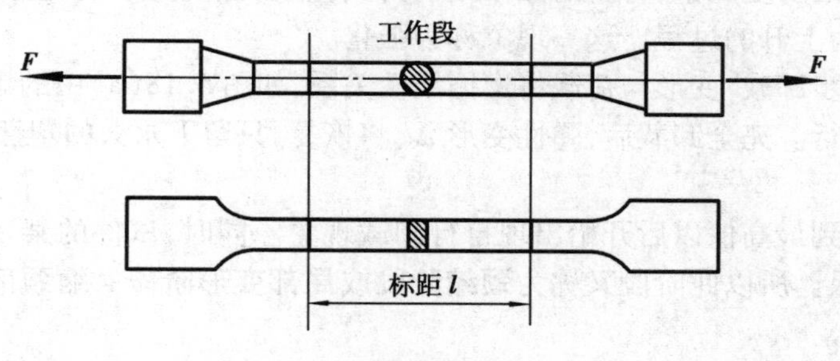

图5.17

试验时,将试件两端夹在试验机上、下夹头中,通过夹头缓慢的相对运动实现对杆的拉伸

(或压缩),使其产生伸长变形,直至拉断。试验过程中,拉力的变化可从试验机的示力盘上读出,工作段的伸长量可用变形仪表测量出来。一般的试验机都能自动绘出整个试验过程中工作段的伸长量 Δl 与拉力 F 之间的关系曲线,称为试件的**拉伸图**。

低碳钢试件拉伸图的大致形态如图 5.18(a)所示,整个过程大体上可以划分为 4 个阶段:

①弹性阶段

在此阶段材料的变形是完全弹性的,即完全卸载后,变形将完全消失。即图 5.18(a)所示的第①段,此阶段基本呈直线,所以又称为线弹性阶段。

直线表明荷载与伸长量之间为正比关系。胡克定律描述的就是这一阶段变形与力的关系。

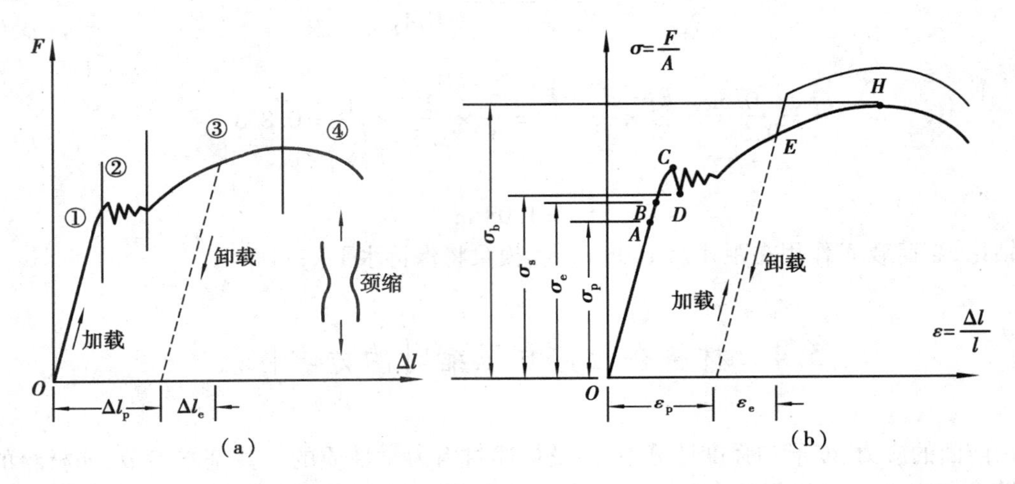

图 5.18

②屈服阶段

在此阶段,加载读数出现小幅波动,变形却急剧增大,图形呈横向发展,表示材料暂时不能再承受加载。这一现象称为**屈服**或**流动**。在屈服阶段,产生的变形是不可恢复的塑性变形,又称为永久变形。

若试件表面经过抛光处理,可观察到与轴线成 ±45°的两簇正交条纹,它是由在较大的切应力下材料的晶格发生滑移(错动)而形成的,称为**滑移线**。表明拉杆在 ±45°斜截面上出现最大切应力。这与 5.2.2 节中的描述相吻合。

③强化阶段

经过屈服阶段的反复调整,材料的晶格结构得到重组,抵抗变形的能力有所增强,加载继续进行,图形表现为上升的过程。这一现象称为**强化**。

若在此阶段逐步卸载,变形与荷载将遵循线性关系,如图 5.18(a)中的虚线所示。卸载线与加载线基本上平行。完全卸载后,弹性变形 Δl_e 将恢复,只留下永久的塑性变形 Δl_p。

④颈缩阶段

当荷载读数达到最高值以后开始出现自行卸载现象。同时,试件的某一段内横截面明显收缩,出现**颈缩**现象。所以此阶段又称为**颈缩阶段**或**局部变形阶段**。缩颈部分的横截面迅速收缩直至断裂。

显然,拉伸图大小和纵横比例与试件的长度和横截面积有关。为了反映材料本身的力学性质应消除试件尺寸的影响。为此,可以将荷载除以横截面面积,伸长量除以标距,即绘出材料的

应力-应变关系曲线(σ-ε 曲线),如图5.18(b)所示,图形特征与拉伸图大致相同。OA 直线段表现应力与线应变之间的正比关系,比例系数为 E,也就是直线的斜率,即材料的弹性模量。

低碳钢 σ-ε 曲线,图5.18(b)中一些特殊点的应力值是材料力学性质的重要参数。其中,A 点是线弹性的极限点,该点的应力值称为**比例极限**,记为 σ_p。B 点是弹性的极限点,该点的应力值称为**弹性极限**,记为 σ_e。C、D 两点的应力值分别称为屈服高限和屈服低限,取低限值偏于安全。所以,通常将 D 点的应力值称为**屈服极限**,记为 σ_s。

以上三个极限的数值较为接近,但要获得比例极限和弹性极限的精确数值是很困难的,而屈服极限 σ_s 却容易获得。由于材料在屈服阶段将产生显著的塑性变形,卸载后不能恢复。所以,在构件的设计中,将屈服极限 σ_s 作为塑性材料强度的设计极限指标。

在图5.18(b)所示的应力与应变曲线,若在 E 点完全卸载(图中虚线所示)后立即重新加载,则应力应变曲线仍将沿虚线上升,直至 E 点后才又沿着原来的曲线变化。如此,使得第二次加载过程的比例极限有所提高。这种不经过热处理,只在常温下拉到强化阶段再卸载,以此来提高钢材强度的方法,称为**冷作硬化**。若在第一次卸载后间隔一段时间再加载,这时的应力与应变关系曲线将沿虚线上升到一个更高的位置,比例极限进一步得到提高。这种现象称为**冷拉时效**。此外,由于卸载线与线弹性直线段平行,所以冷拉后的弹性模量与材料的原始弹性模量基本相同。必须注意的是,在什么情形下需要冷拉、在强化阶段的什么位置实施卸载,必须按国家标准进行。

H 点的应力值是整个变形过程中应力的最大值,所以称为材料的**强度极限**,记为 σ_b。必须说明的是,此时材料的变形非常大,而横截面的面积仍按原来的数值进行计算,所以上述最大应力值只是名义值,比真值要小得多。为保证构件的正常工作要求,塑性材料的应力值是不允许超过屈服极限 σ_s 的。强度极限 σ_b 可以作为钢材可加工性和品质的指标。

材料的其他可加工性指标还包括材料可塑性的两个塑性指标。试件拉断后,弹性变形消失,留下塑性变形。测量出拉断后的工作段长度 l_1 和断口处的横截面积 A_1,算出它们相对于原始数值变化的百分比,并分别记为

$$\delta = \frac{l_1 - l}{l} \times 100\%, \psi = \frac{A_1 - A}{A} \times 100\%$$

δ 称为**延伸率**,ψ 称为**面积收缩率**。工程中将 $\delta > 5\%$ 的材料定义为塑性材料。低碳钢的延伸率达到 $20\% \sim 30\%$。所以低碳钢是很好的塑性材料。塑性指标的数值越高,表明材料的可加工性越好。而延伸率 $\delta < 2\% \sim 5\%$ 的材料定义为脆性材料。

(2)铸铁拉伸时的力学性质

铸铁的延伸率远小于1%,所以铸铁是典型的脆性材料。铸铁拉伸时的应力-应变关系曲线如图5.19所示。可以看出,应力-应变关系曲线是非线性的,没有明显的直线段。但由于拉断时的变形都很小,曲线的弯曲程度也很小,所以可以认为近似线弹性,胡克定律近似成立。近似弹性模量由一条割线的斜率来确定,切割点通常定在应变为0.1%的点处,如图5.19中的虚线所示。铸铁没有屈服、强化和颈缩阶段,拉断时的应力最大,称为**强度极限**,也记为 σ_b。强度极限是脆性材料唯一的强度指标。

(3)其他材料在拉伸时的力学性质

图5.20给出了几种塑性材料的应力-应变关系曲线。将它们与低碳钢进行比较可以看出,它们都没有明显的屈服阶段,延伸率都较大。对于没有明显屈服阶段的塑性材料,通常以卸载后产生0.2%的塑性应变所对应的卸载点的应力值作为屈服极限,称为**名义屈服极限**,记

为 $\sigma_{0.2}$，如图 5.21 所示。图中的虚线与线弹性直线段平行。

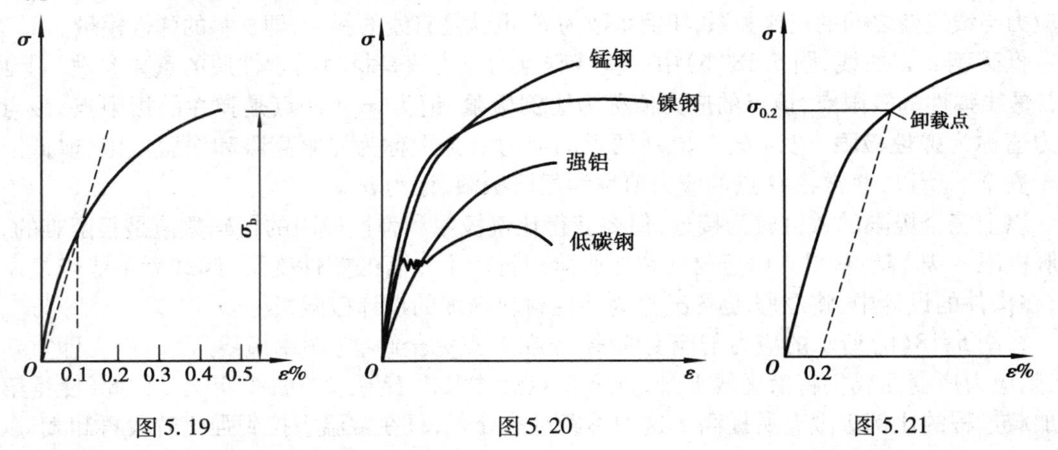

图 5.19　　图 5.20　　图 5.21

5.4.2　材料在压缩时的力学性质

压缩试件通常采用圆截面或正方形截面的短柱体，短柱的高度 h 一般为直径 d（或边长 a）的 1 ~3 倍（图 5.22（a））。高度过大压缩时会导致歪斜或弯曲而失去稳定性。此外，加载前应在上下两端面涂抹减摩剂，以降低摩擦力对横向变形的制约作用。

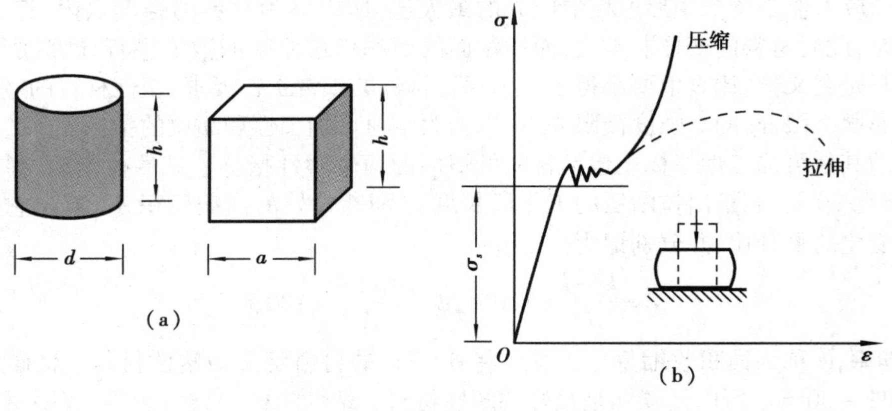

图 5.22

（1）低碳钢压缩时的力学性质

低碳钢压缩时的应力-应变关系曲线如图 5.22（b）所示，与拉伸时的情形（虚线）对比可以看出，线弹性阶段与拉伸时基本相同，屈服阶段与拉伸时大体相似，弹性横量 E、比例极限 σ_p 和屈服极限 σ_s 都与拉伸时大致相等。屈服阶段以后，试件越压越扁，由于摩擦力的影响而成为鼓形，横截面积不断增大，抗压能力不断提高。理论上讲，这个过程可以无限地进行下去，不存在抗压的强度极限。构件设计中，仍然将屈服极限 σ_s 作为塑性材料压缩强度的设计极限指标。

（2）铸铁压缩时的力学性质

铸铁压缩时的应力-应变关系曲线如图 5.23 所示。铸铁压缩与拉伸时相同的是，都表现出一定程度的非线性。所不同的是，压缩时的变形比拉伸时要显著得多，抗压强度极限 σ_{bc} 比抗拉强度极限 σ_{bt} 要大得多，达到 3 ~5 倍。所以，铸铁等脆性材料适宜作抗压构件。铸铁拉伸基本上沿横截面拉断，而压缩时则沿与轴线成 39° ~45°的斜截面错断，这是由于该斜截面上的剪应力最大。

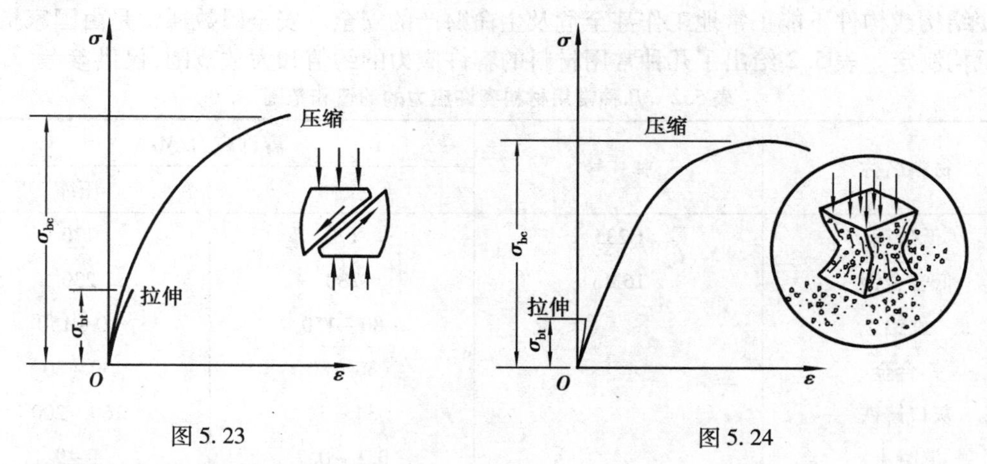

图5.23　　　　图5.24

(3)混凝土在压缩时的力学性质

混凝土压缩时的应力-应变关系曲线如图5.24所示。若上下两端面的摩擦力较小时,将沿横向发生劈裂,出现铅垂方向的裂纹;若上下两端面的摩擦力较大时,压坏后呈对接的截锥体形态。混凝土的抗压强度极限是其抗拉强度极限的10倍左右,所以,钢筋混凝土梁的受拉一侧布置有较粗的钢筋,以钢筋来承受拉力从而减轻混凝土的受拉程度。

5.4.3　安全系数与容许应力

材料即将丧失正常工作能力时的应力称为危险应力,或极限应力。通过拉伸和压缩试验,可以测得不同材料的极限应力,统一用符号 σ_u 表示。对于塑性材料,当应力达到屈服强度 σ_s 时,将发生较大的塑性变形,即使杆件不会破坏,但由于过大的塑性变形,使之丧失正常工作的能力,故以屈服极限 σ_s 为极限应力 σ_u。对于脆性材料,由于材料破坏过程的变形较小,当最大工作应力达到强度极限时,材料即发生断裂破坏,故以强度极限 σ_b 为极限应力 σ_u。

为保证构件能正常地工作并具有足够的安全储备,将极限应力除以一个大于1的系数 n,便得到容许应力(或许用应力)$[\sigma]$,即

$$[\sigma]=\frac{\sigma_u}{n} \tag{5.11}$$

式中,n 称为**安全系数**,或称为**安全因数**。

塑性材料:$\sigma_u=\sigma_s$(或 $\sigma_u=\sigma_{0.2}$),容许应力为

$$[\sigma]=\frac{\sigma_s}{n_s}\left(\text{或}[\sigma]=\frac{\sigma_{0.2}}{n_s}\right)$$

通常拉伸与压缩时的屈服极限 σ_s 大致相同,故可以认为容许应力相等。

脆性材料:$\sigma_u=\sigma_b$,容许应力为

$$[\sigma]=\frac{\sigma_b}{n_b}$$

拉伸与压缩时的强度极限 σ_b 是不相同的,故容许应力也不相等。

式中,n_s 和 n_b 分别为塑性材料和脆性材料的安全因数。

安全因数是表示构件强度储备大小的系数。合理地选择安全因数是一个十分重要的系统工作问题,也是一个相当复杂的系统工程问题,与许多技术因素有关,如所用材料、工程性质、

工程等级以及经济指标等有关。安全因数选得过大,将造成材料的浪费;反之,若选得太小,则可能使结构或构件不能正常地工作甚至危及生命财产的安全。安全因数通常是由国家指定的专门机构制定。表 5.2 给出了几种常用材料的容许应力的约值和大致范围,仅供参考。

表 5.2　几种常用材料容许应力的约值和范围

材料名称	牌　号	容许应力/MPa	
		拉伸	压缩
低碳钢	Q235	170	170
低合金钢	16Mn	230	230
硬铝		80 ~ 150	80 ~ 150
铝合金		30 ~ 80	30 ~ 80
灰口铸铁		34 ~ 54	160 ~ 200
混凝土		0.1 ~ 0.7	1 ~ 9
顺纹松木		7 ~ 10	10 ~ 12
顺纹橡木		9 ~ 13	13 ~ 15

*5.5　应力集中的概念

在实际工程中,由于约束与连接的需要或构造与工艺的要求,通常须在杆件上钻孔或切槽,如图 5.25(a)所示。这使得局部区域的横截面突然发生变化,在剩余的横截面上应力不再均匀分布,孔口边缘处出现峰值应力 $\sigma_{\max}$,而在离孔口稍远点处的应力迅速趋于平均值 σ_0,变化如图 5.25(b)所示。这种由于截面的尺寸(或形状)的骤然改变而使局部区域的应力急剧增大的现象称为**应力集中**。

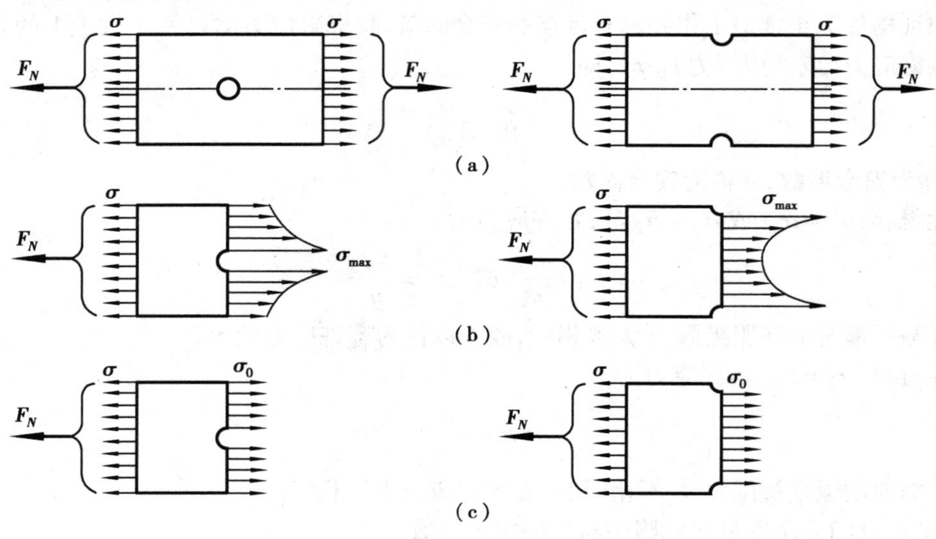

图 5.25

应力峰值须借助弹性理论的精确计算或实验应力分析的方法得到。应力峰值σ_{max}与剩余面积上的平均应力值σ_0之比称为应力集中系数,记为

$$K=\frac{\sigma_{max}}{\sigma_0} \tag{5.12}$$

用来描述应力集中的程度。有关工程中常见的各种应力集中问题,可参阅相关资料和手册。

在静荷载作用下,若材料会发生屈服变形,则当峰值应力达到屈服极限时就不再继续增大;随着载荷的不断增加,屈服的区域会逐步增大至整个截面,从而大大缓解了应力集中的程度。对于这类塑性材料,可以不考虑应力集中的影响,在剩余截面上按应力平均分布来处理(图5.25(c))。但是,对于无屈服的塑性材料(如高强钢)和脆性材料(如铸铁),决不能按平均化处理,必须考虑应力集中效应。

*5.6　压杆稳定

工程实际中的轴向受压构件,不但要考虑其强度问题,而且要考虑其稳定性问题。图5.26所示材料相同、横截面面积均为20 mm×2 mm,但长度分别为200 mm和20 mm的两根金属杆,对其加载让板承受轴向压力。按照杆件轴向拉压理论,短杆可以承受的工作压力约为6 800 N(取[σ]=170 MPa);而当长杆上的压力逐渐增加到约65 N时,长杆即发生弯曲变形,如果继续增加压力,杆就迅速被折断。可以看到,短杆的压力大约是长杆的100倍。这是由于对细长压杆,当作用于其上的轴向压力达到或超过某一极限值F_{cr}时,杆会突然产生侧向弯曲而失去直线平衡,这种现象称为压杆丧失稳定性,简称失稳。

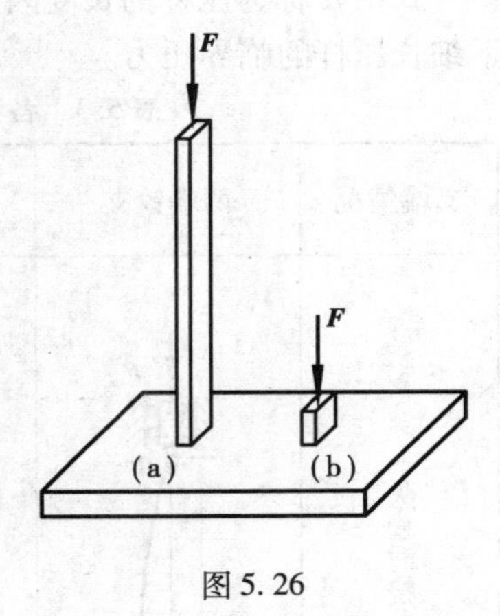

图5.26

失稳现象不局限于压杆,在许多薄壁结构上也会发生,且有多种失稳形式。在此仅介绍压杆失稳问题。

5.6.1　基本概念 欧拉公式

(1)稳定性概念

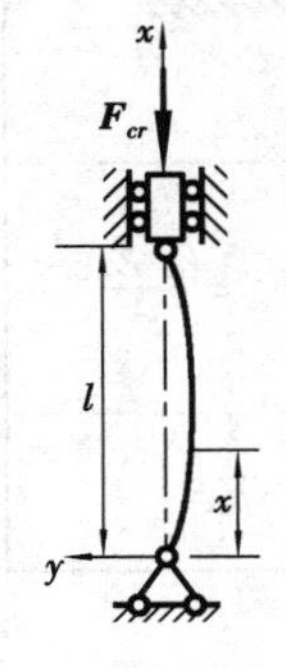

图5.27

取两端铰支细长压杆来做实验。当对压杆施加较小的轴向压力F(F小于极限值F_{cr})时,杆的轴线将保持为直线。此时对杆施加一微小的侧向干扰力,使其处于微弯的状态,杆便偏离原来的平衡位置(图5.27),但只要把侧向干扰力移除,杆又回到原来的直线平衡位置。这样的平衡称为稳定的平衡。当轴向压力F等于或大于极限值(即$F\geq F_{cr}$)时,压杆在侧向干扰力下偏离原来的平衡位置,即使移除侧向干扰力,杆件也不能回到原来的平衡位置(图5.27),这样的平衡称为不稳定平衡,或称杆件丧失了稳定性。杆件所受压力$F=F_{cr}$时,称杆件处于临界平衡状态,F_{cr}称为临界压力。杆件一旦失稳,即不能再承受压力。所以,控制细长压杆能否正常工作的主要因素是稳定性问题。

(2)临界压力欧拉公式

临界压力欧拉公式的推导思路如下:设杆件处于临界状态,如图5.27所示两端铰支细长压杆,长度为l,在临界力F_{cr}的作用下保持微弯的平衡状态,根据杆件在微弯状态下的平衡条件及杆件弯曲时的挠曲线近似微分方程,并利用边界条件可得到杆件的稳定方程,由稳定方程即可推出临界荷载如下(推导过程略):

$$F_{cr} = \frac{\pi^2 EI}{l^2} \tag{5.13}$$

此公式由瑞士数学家物理学家欧拉(L. Euler)在1774年推得,故临界压力计算公式也称为欧拉公式。常见约束形式下细长压杆的欧拉公式列于表5.3。比较各约束形式下细长压杆的弯曲变形特点(见表5.3中各杆失稳时挠曲线形状图),可将各种约束形式下细长压杆临界压力的欧拉公式改写为

$$F_{cr} = \frac{\pi^2 EI}{(\mu l)^2} \tag{5.14}$$

式中μ称为压杆的长度因数,μl称为压杆的相当长度。应用此公式可计算常见约束形式下细长压杆的临界压力。

表5.3　各种约束形式下等截面细长压杆临界力的欧拉公式

支端情况	两端铰支	一端固定另端铰支	两端固定	一端固定另端自由	两端固定但可沿横向相对移动
失稳时挠曲线形状	F_{cr}, B, A, l	F, B, C, A, l, $0.7l$; C:拐点	F_{cr}, B, D, C, A, l, $l/2$; C、D:拐点	F_{cr}, B, A, l, $2l$	F_{cr}, B, C, A, l, $l/2$; C:拐点
临界力F_{cr}欧拉公式	$F_{cr}=\frac{\pi^2 EI}{l^2}$	$F_{cr}\approx\frac{\pi^2 EI}{(0.7l)^2}$	$F_{cr}=\frac{\pi^2 EI}{(0.5l)^2}$	$F_{cr}=\frac{\pi^2 EI}{(2l)^2}$	$F_{cr}=\frac{\pi^2 EI}{l^2}$
长度系数μ	$\mu=1$	$\mu\approx0.7$	$\mu=0.5$	$\mu=2$	$\mu=1$

例5.8　如图5.27所示压杆,材料为A3钢,弹性模量$E=200$ GPa,横截面面积为20 mm×2 mm,杆长为200 mm,两端为铰支。试求其临界压力F_{cr}。

解　1)计算其最小惯性矩

$$I_{\min}=\frac{hb^3}{12}=\frac{20\times2^3\times10^{-12}}{12}=1.33\times10^{-11}(\mathrm{m}^4)$$

2)计算临界压力。压杆的两端为铰支,由两端铰支细长压杆临界力的计算公式(5.13)可得

$$F_{\mathrm{cr}}=\frac{\pi^2EI}{l^2}=\frac{\pi^2\times200\times10^9\times1.33\times10^{-11}}{0.2^2}=656.33(\mathrm{N})$$

(3)临界应力欧拉公式

当压杆在临界力 F_{cr}作用下保持不稳定的直线平衡状态或微弯平衡状态时,其横截面上的临界压应力可由下列公式计算

$$\sigma=\frac{F_{\mathrm{cr}}}{A}=\frac{\pi^2EI}{(\mu l)^2A}$$

令

$$I=Ai^2$$

其中 i 称为惯性半径,则

$$\sigma_{\mathrm{cr}}=\frac{F_{\mathrm{cr}}}{A}=\frac{\pi^2E}{\left(\frac{\mu l}{i}\right)^2}$$

再令

$$\lambda=\frac{\mu l}{i}\tag{5.15}$$

称 λ 为柔度(也称长细比),则有

$$\sigma_{\mathrm{cr}}=\frac{\pi^2E}{\lambda^2}\tag{5.16}$$

上式称为临界应力的欧拉公式。

(4)欧拉公式的适用范围

临界应力欧拉公式是在材料为线弹性小变形条件下建立的,故:

$$\sigma_{\mathrm{cr}}=\frac{\pi^2E}{\lambda^2}\leqslant\sigma_{\mathrm{p}}\qquad\text{或}\qquad\lambda\geqslant\sqrt{\frac{\pi^2E}{\sigma_{\mathrm{p}}}}$$

取等号,得满足欧拉公式的最小柔度,并记为

$$\lambda_{\mathrm{p}}=\sqrt{\frac{\pi^2E}{\sigma_{\mathrm{p}}}}\tag{5.17}$$

柔度 $\lambda\geqslant\lambda_{\mathrm{p}}$的压杆称为大柔度杆件(也称细长杆)。即只有当压杆为大柔度杆件时,才能用欧拉公式进行计算。

对于常用的 A3 钢,弹性模量 $E=206$ GPa,比例极限 $\sigma_{\mathrm{p}}=200$ MPa,代入式(12.5)则有

$$\lambda_{\mathrm{p}}=\sqrt{\frac{\pi^2\times206\times10^9}{200\times10^6}}\approx100$$

也就是说对于用 A3 钢制成的压杆,当其为 $\lambda\geqslant\lambda_{\mathrm{p}}$ 的大柔度杆件时,方可采用欧拉公式进行计算。

5.6.2 临界应力总图

(1)临界应力的经验公式

当压杆的柔度 $\lambda < \lambda_p$ 时,一般用经验公式计算压杆的临界力。经验公式有多种,这里介绍直线型经验公式

$$\sigma_{cr} = a - b\lambda \tag{5.18}$$

式中 a 和 b 为与材料性质有关的常数,对于 A3 钢 $a=304$,$b=1.12$。其他材料可查相关手册。

对于柔度比较小的压杆,一般不会出现较大的弯曲变形,其破坏方式对于塑性材料而言是塑性屈服,对于脆性材料而言是脆性断裂。这类压杆破坏属于强度问题。由塑性材料制成压杆,临界应力为屈服极限 σ_s(对应于屈服极限的柔度用 λ_s 表示)。

$$\sigma_{cr} = a - b\lambda_s = \sigma_s$$

由此可反算出柔度值

$$\lambda_s = \frac{a - \sigma_s}{b} \tag{5.19}$$

对于柔度 $\lambda_s \leqslant \lambda \leqslant \lambda_p$ 的压杆称为中柔度杆(也称中长杆)。只有当压杆为中柔度杆件时,其临界应力才能用经验公式(5.18)进行计算。

对于柔度 $\lambda \leqslant \lambda_s$ 的压杆,称为小柔度杆(也称短粗杆)。此时的临界应力计算公式同强度计算公式

$$\sigma_{cr} = \frac{F_N}{A} \tag{5.20}$$

(2)临界应力总图

将柔度 λ 作为横坐标,临界应力 σ_{cr}作为纵坐标,画出三段柔度与临界应力所对应的关系曲线,称为压杆的临界应力总图(图5.28)。

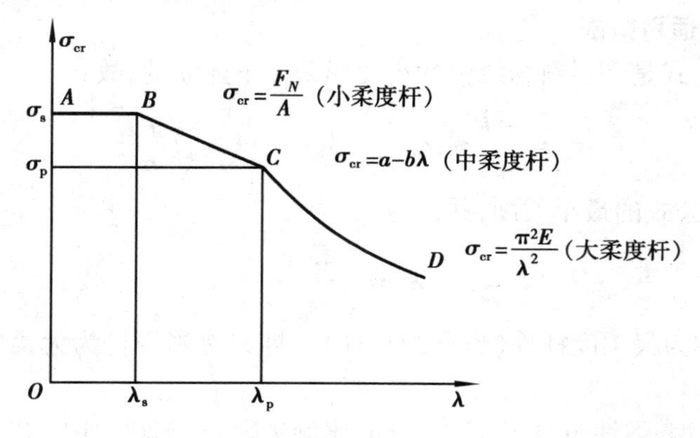

图 5.28

把大柔度杆件、中柔度杆件和小柔度杆件都纳入稳定性的概念中,因此,对于受压杆件,一般都应该首先计算杆件的柔度 λ,用它来与柔度的分界值 λ_s、λ_p 进行比较,确定杆件的类型,选用相应的计算公式计算。

5.6.3 压杆的稳定计算

(1)稳定条件

在强度问题中,杆件满足强度校核的条件是工作应力小于等于容许应力。当然也可以用安全系数的方法来校核,只要工作的安全系数大于等于容许的安全系数,就能满足杆件的强度条件。与强度计算相似,要保证压杆具有足够的稳定性,就必须使工作的安全系数 n 大于等于稳定的安全系数 n_{st},即

$$n=\frac{F_{cr}}{F}\geqslant n_{st} \tag{5.21}$$

由于影响杆件稳定的因素比较多而且复杂,例如杆件制造时初曲率的存在、简化支座与真实支座不完全一致以及施加荷载的作用线不能与轴线弯曲重合等,所以规定的稳定安全系数 n_{st} 一般要大于强度问题的安全系数,以保证压杆的稳定性。有关稳定的安全系数 n_{st},一般可从相应的设计手册或规范中查到。

(2)稳定计算

例5.9 如图5.29所示压杆长为 $l_1=1.2$ m,$l_2=1.15$ m,截面为 $b=30$ mm,$h=65$ mm 的矩形,材料为A3钢,弹性模量 $E=200$ GPa,稳定的安全因数 $n_{st}=2.5$,压杆承受荷载 $F=150$ kN。试校核该压杆的稳定性。

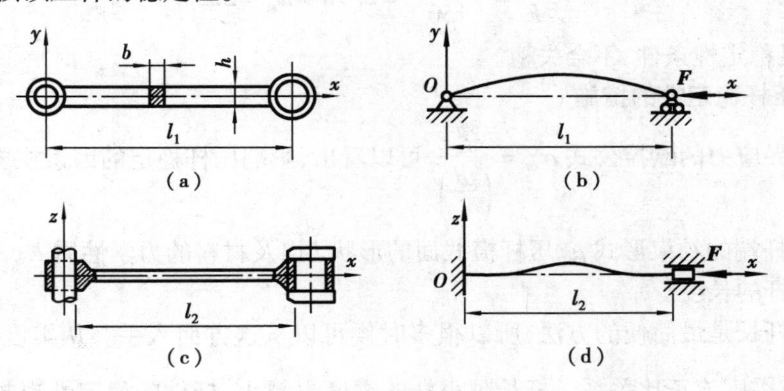

图5.29

解 1)计算柔度

压杆在 xOy 平面内失稳,两端可视为铰支,长度因数 $\mu=1$。其惯性矩为

$$I_z=\frac{bh^3}{12}=\frac{30\times65^3}{12}=6.87\times10^5(\text{mm}^4)$$

惯性半径为

$$i_z=\sqrt{\frac{I_z}{A}}=\sqrt{\frac{6.87\times10^5}{30\times65}}=18.77(\text{mm})$$

柔度为

$$\lambda_z=\frac{\mu l_1}{i_z}=\frac{1\times1\ 200}{18.77}=63.93$$

压杆在 xOz 平面内失稳,两端可视为固定,长度因数 $\mu=0.5$。其惯性矩为

$$I_y = \frac{hb^3}{12} = \frac{65 \times 30^3}{12} = 1.46 \times 10^5 (\text{mm}^4)$$

惯性半径为

$$i_y = \sqrt{\frac{I_z}{A}} = \sqrt{\frac{1.46 \times 10^5}{30 \times 65}} = 8.66(\text{mm})$$

柔度为

$$\lambda_y = \frac{\mu l_2}{i_y} = \frac{0.5 \times 1\ 150}{8.66} = 66.40$$

由于柔度为 $\lambda_y > \lambda_z$，所以压杆将先在 xOz 平面内失稳。

2）计算临界压力

因为 $\lambda_s = 60 < \lambda_y < \lambda_p = 100$，所以压杆属于中柔度杆件，应该选用经验公式进行计算。查表 12.2 得 $a = 304$ MPa，$b = 1.12$ MPa，则有临界应力

$$\sigma_{cr} = a - b\lambda = 304 - 1.12 \times 66.40 = 229.63(\text{MPa})$$

临界压力为

$$F_{cr} = \sigma_{cr} A = 229.63 \times 10^6 \times 30 \times 65 \times 10^{-6} = 447.78(\text{kN})$$

3）校核稳定性

$$n = \frac{F_{cr}}{F} = \frac{447.78}{150} = 2.98 > n_{st} = 2.5$$

所以，压杆满足稳定性条件，不会失稳。

（3）提高压杆稳定性的措施

从压杆临界应力的欧拉公式 $\sigma_{cr} = \dfrac{\pi^2 E}{\left(\dfrac{\mu l}{i}\right)^2}$ 可以看出，影响压杆稳定的因素主要有 4 个方面：压杆的长度 l、杆端的约束形式 μ、压杆横截面的形状 i 以及材料的力学性质 E。

①减小压杆的长度

由于改变杆长是最简便的方法，所以很多时候可以从这方面入手。从柔度的计算式 $\lambda = \dfrac{\mu l}{i}$ 可知，杆长与柔度成正比关系。杆长越小杆的柔度也越小，杆件的稳定性也越好。因此，从稳定性方面考虑，压杆的杆长应尽可能地小。若由于客观条件的限制，杆长不能减小，杆件的稳定性又达不到要求，则可考虑在杆件中部增加支座，这就把一根杆变成了两根杆，相当于减小了杆长，提高了压杆的稳定性。例如，两端固定的压杆（图 5.30(a)）由于稳定性不够，可以在其中部增加一个可动铰支座（图 5.30(b)），以提高稳定性。

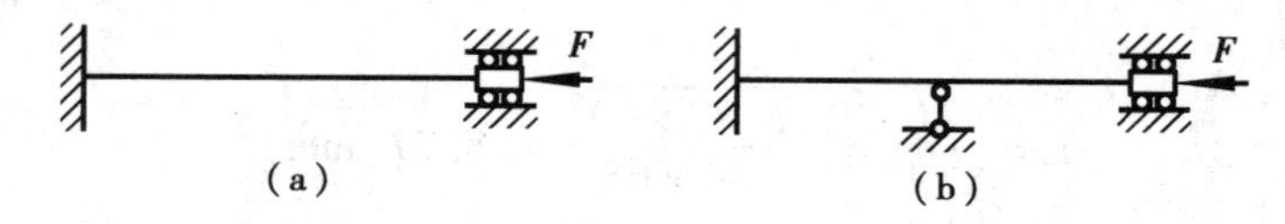

图 5.30

②强化压杆的约束形式

杆件的相当长度 μl 与约束的形式密切相关。从表 5.3 可知，在相同杆长的情况下，一端固定一端自由压杆的长度因数是两端固定压杆长度因数的 4 倍。即长为 $4l$ 的两端固定压杆

与长为 l 的一端固定一端自由压杆的稳定性相当。由临界压力的欧拉公式 $F_{cr}=\frac{\pi^2 EI}{(\mu l)^2}$可以计算出,两端固定压杆的临界压力是同一根一端固定一端自由压杆的16倍。或者可以这样说,从稳定性的层次上看,固定端优于固定铰,固定铰优于可动铰,可动铰优于自由端。因此,为了提高压杆的稳定性,可以提高约束的类型。

③选择合理的横截面形状

由欧拉公式可知,临界压力 F_{cr}与截面的惯性矩 I 成正比例关系,I 越大 F_{cr}越大。因此,在横截面面积相等的情况下,应尽可能地把材料放在远离截面形心处,以增大惯性矩 I,提高临界压力 F_{cr}。由公式(5.15)也可看出,增大惯性矩 I,也就是增大惯性半径 i,减小柔度 λ,提高临界压力 F_{cr}。从具体的形状来说,空心圆比实心圆好(图5.31(a)、(b)),空心框形比实心正方形好(图5.31(c)、(d)),对于由四根角钢组成的组合截面,截面积远离形心比截面积靠近形心好(图5.31(e)、(f))。应该注意的是,四根角钢必须用缀板连成一个整体,否则,各杆件将绕各自的形心轴失稳,使截面布局失去意义。当然,也不能说截面面积离形心越远越好,这里有两个原因。以圆形截面为例,首先,如果为了取得较大的 I 和 i,就无限地增加环形截面的直径并减小其壁厚,这将会因其变成薄壁圆管而有引起局部失稳、发生局部折皱的危险;其次,截面面积离形心越远,所占空间越大,这在工程中也必须要考虑。

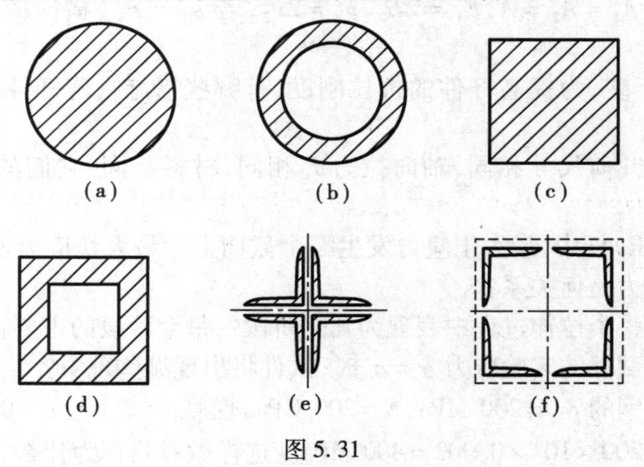

图5.31

一般说来,从临界应力公式 $\sigma_{cr}=\frac{\pi^2 E}{\lambda^2}$看,应该综合考虑截面面积的形状和分布以及杆端约束的情况,使柔度 λ 在两个形心主惯性平面内相等,即 $\lambda_y=\frac{\mu_y l_1}{i_y}=\lambda_z=\frac{\mu_z l_2}{i_z}$,以达到压杆在两个形心主惯性平面内具有相同的稳定性。

可深入讨论的问题

1. 对于拉(压)构件,本章仅讨论了静定问题,轴向拉压杆的超静定问题,在大家学习了第10章超静定结构内力计算后即可解决,或可参阅多学时材料力学教材。

2. 对压杆稳定问题,本仅以第一类失稳问题——分支点失稳,进行了简单的讨论,目的是让读者建立有关稳定性问题的概念。对欧拉公式的详细推导、第二类失稳问题——极值点失稳、结构的失稳等问题均未涉及,感兴趣的读者可参阅其他材料力学、结构力学教材。

思考题 5

5.1　轴力图与杆件的材料性质是否有关？与截面的形状是否有关？与截面的面积是否有关？

5.2　轴力相同、材料相同的两根拉(压)杆，其强度决定于什么？由什么量来描述？

5.3　若构件产生了位移，是否一定产生变形？若构件产生了变形，是否一定产生位移？

5.4　图示杆件受轴向力 F 的作用，B、C、D 为杆长 AE 的三个等分点。在杆件变形过程中，四段的伸长量是否相同？B、C、D、E 四点的位移是否相等？

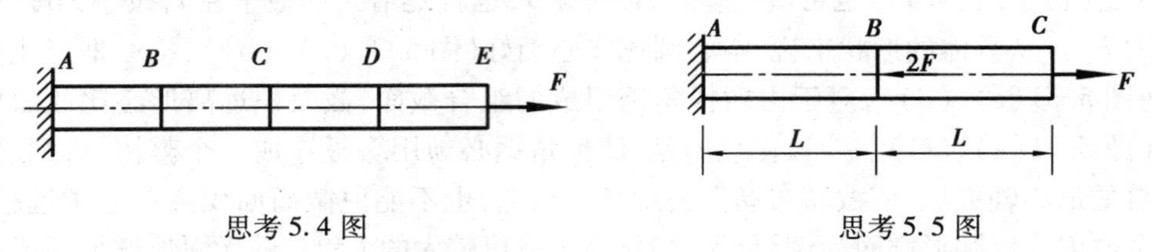

思考 5.4 图　　　　思考 5.5 图

5.5　杆件受力如图所示，在变形过程中，B、C 两截面的位置如何变化？

5.6　空心圆杆受轴向压缩时，在线弹性范围内，外径、内径及壁厚如何变化？

5.7　两拉杆中，$A_1=A_2=A$，$E_1=2E_2$，$\nu_1=2\nu_2$；若 $\varepsilon_1'=\varepsilon_2'$(横向应变)，则两杆轴力是否相等？

5.8　保持轴力不变，为提高杆件的抗拉刚度，有哪些措施？若杆件由钢材制成，又如何变化？

5.9　两根拉杆，几何尺寸相同，轴向拉力 F 相同，材料不同，它们的应力和变形是否相同？为什么？

5.10　简单拉(压)杆中，最大正应力发生哪个截面上？最大切应力发生哪个截面上？最大切应力与最大正应力是何关系？

5.11　低碳钢在整个拉伸过程中表现为几个阶段？每个阶段的主要特征有哪些？

5.12　当低碳钢试件的实验应力 $\sigma=\sigma_s$时，试件将出现哪些现象？

5.13　已知低碳钢的 $\sigma_p=200$ MPa，$E=200$ GPa，现测得试件上 $\varepsilon=0.002$，根据胡克定律可算出应力 $\sigma=E\varepsilon=200\times10^3\times0.002=400$ MPa。这样做对吗？为什么？

5.14　三根试件的尺寸相同，材料不同，其应力-应变关系曲线如图所示。试问强度极限最高的是哪种材料？弹性模量最大的材料是哪种材料？塑性最好的是哪种材料？

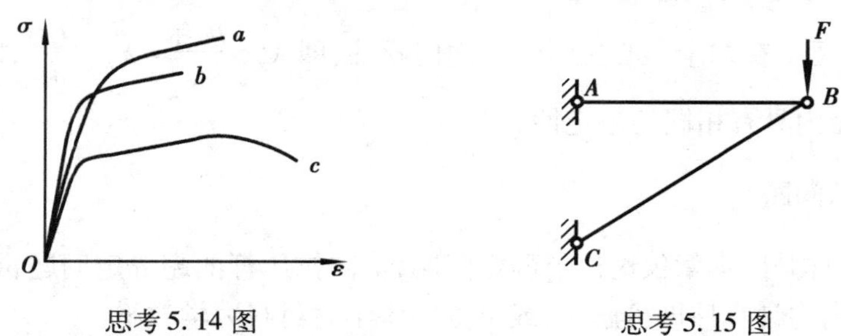

思考 5.14 图　　　　思考 5.15 图

5.15　一托架如图所示，若 AB 杆的材料选用铸铁，BC 杆选用低碳钢，从材料强度的观点看是否合理？为什么？应当如何布置？

5.16　钢筋经过冷拉处理后，哪个性能指标得到了提高？

5.17　图示为一种材料的应力-应变关系曲线，标示出 D 点的弹性应变 ε_e、塑性应变 ε_p，并标示出材料的延伸率 δ。

5.18　对于塑性材料和脆性材料，在确定安全系数时，应有哪些不同的考虑？

5.19　关于细长压杆受力达到临界荷载后，结构出现了新的平衡形式，杆件还能继续承载吗？为什么？

5.20　提高大柔度杆承载能力有哪些方法？

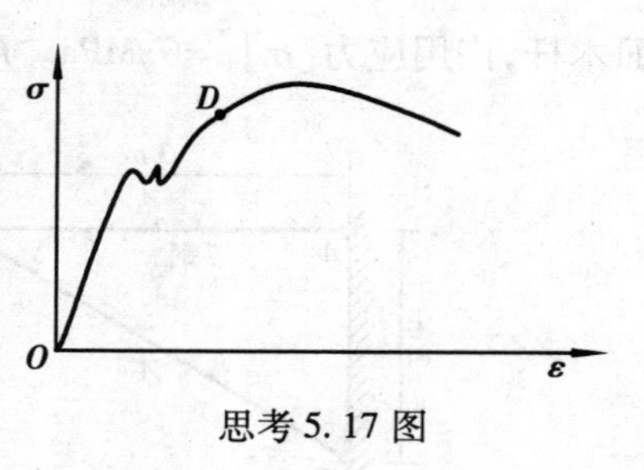

思考5.17图

习题5

5.1　作图示阶梯杆的轴力图。若各段横截面面积分别为 $A_1 = 200\ \text{mm}^2$，$A_2 = 300\ \text{mm}^2$，$A_3 = 400\ \text{mm}^2$，求各段横截面上的正应力。

5.2　一根等直杆受力如图所示。已知杆的横截面面积 A 和材料的弹性模量 E。试作轴力图，并求端点 D 的位移。

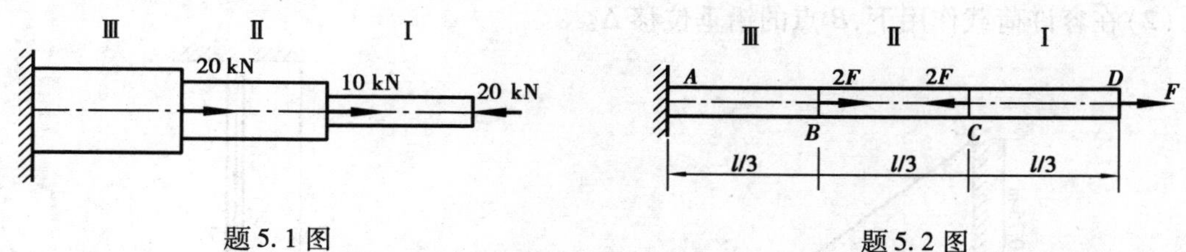

题5.1图　　题5.2图

5.3　一木柱受力如图所示。柱的横截面为边长200 mm的正方形，材料可认为符合胡克定律，其弹性模量 $E = 100$ GPa。如不计柱的自重，试求下列各项：

(1)作轴力图；

(2)各段柱横截面上的应力；

(3)各段柱的纵向线应变；

(4)柱的总变形。

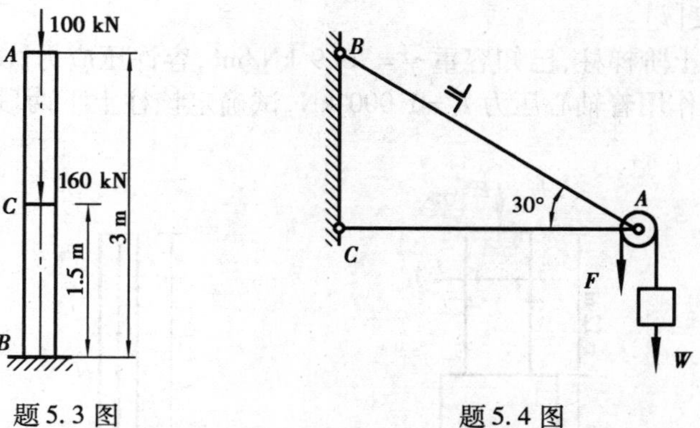

题5.3图　　题5.4图

5.4　简易起重设备的计算简图如图所示。已知斜杆 AB 用两根不等边角钢63 mm × 40 mm × 4 mm组成。如钢的许用应力 $[\sigma] = 160$ MPa，问这个起重设备在提起重量为 $W = 15$ kN的重物时，斜杆 AB 是否满足强度条件？

5.5　图示三角形托架，AC 为圆截面钢杆，许用拉应力 $[\sigma]_2 = 160$ MPa。BC 为正方形截面木杆，许用应力$[\sigma]_1=7$ MPa。$F=60$ kN，试选择钢杆截面的直径 d 和木杆截面的边长 a。

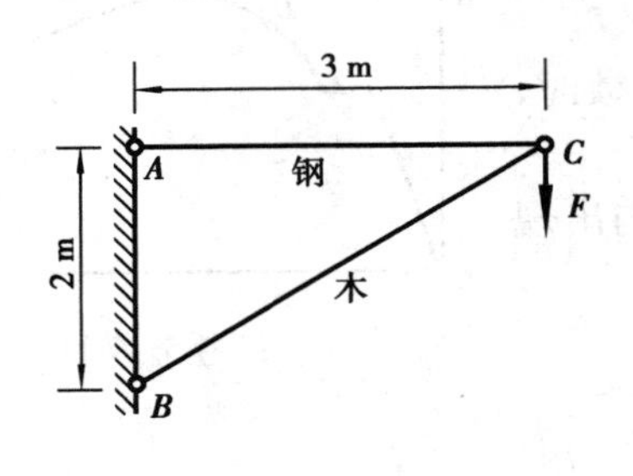

题 5.5 图

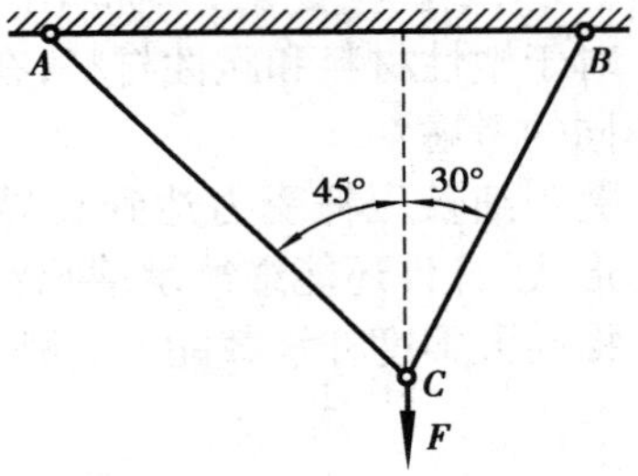

题 5.6 图

5.6　图示结构中 AC、BC 两杆均为钢质，容许应力$[\sigma]=160$ MPa，直径 $d=20$ mm。试求此结构的容许荷载$[F]$。

5.7　图示结构中，CD 杆为钢拉杆，直径 $d=20$ mm，弹性模量 $E=200$ GPa，容许应力$[\sigma]=160$ MPa；横梁 AB 为刚性梁。试求：

(1)结构的容许荷载$[F]$；

(2)在容许荷载作用下，B 点的铅垂位移 Δ。

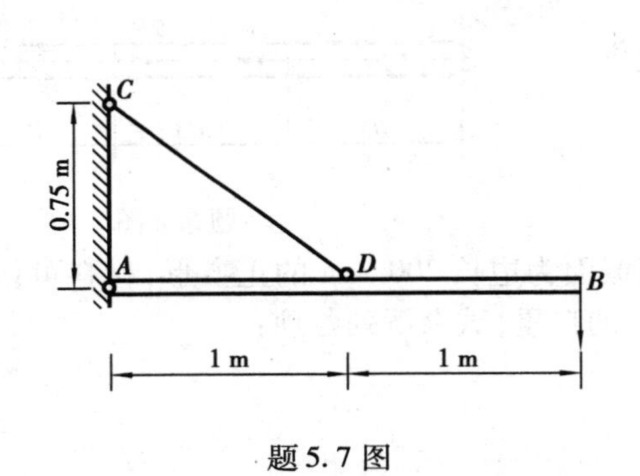

题 5.7 图

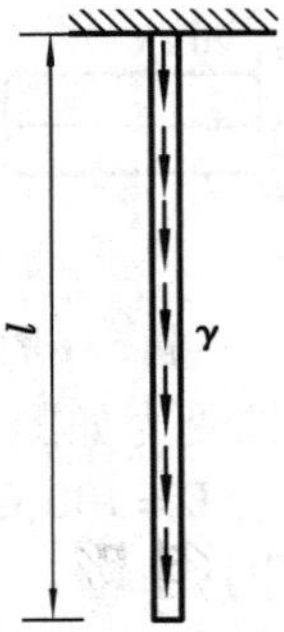

题 5.8 图

5.8　图示为一悬挂的钢缆，若钢缆的容重 $\gamma=76.9\ \text{kN/m}^2$，容许应力$[\sigma]=60$ MPa。试求此钢缆的容许长度$[l]$。

5.9　图示混凝土阶梯柱，已知容重 $\gamma=76.9\ \text{kN/m}^2$，容许压应力$[\sigma]=2$ MPa，弹性模量 $E=20$ GPa。若顶面作用着轴心压力 $F=1\ 000$ kN，试确定该柱上下两段的横截面面积 A_1、A_2 和顶点位移 Δ。

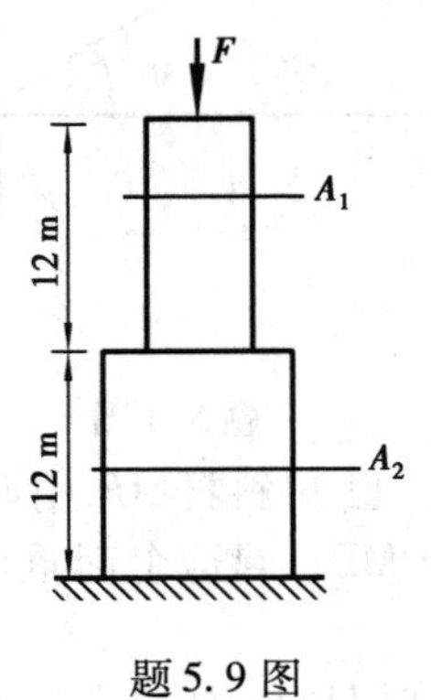

题 5.9 图

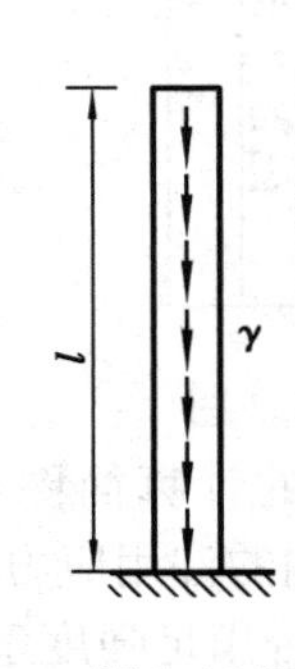

题 5.10 图

5.10　试计算等截面直柱在自重作用下的压缩变形。已知柱的横截面积为A,长度为l,材料的容重为γ,弹性模量为E。

5.11　两端铰支的圆截面受压钢杆(Q235 钢),已知$l=2$ m,$d=0.05$ m,材料的弹性模量$E=2\times10^5$ MPa,比例极限$\sigma_p=200$ MPa。试求该压杆的临界力。

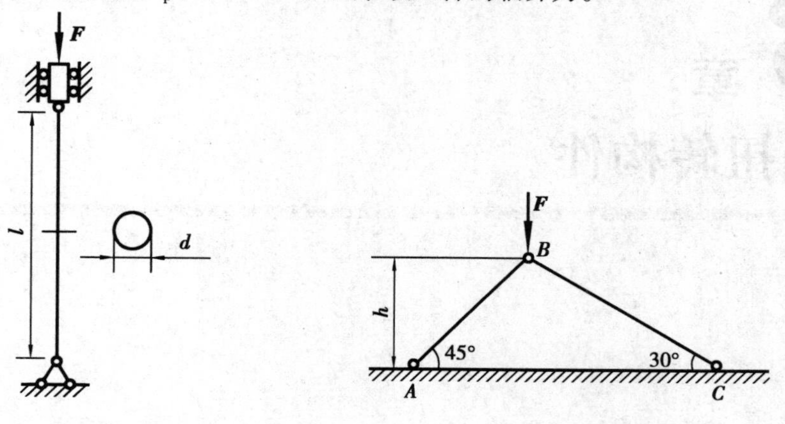

题5.11图　　题5.12图

5.12　图示结构由两个圆截面杆组成,已知二杆的直径d及所用材料均相同,且二杆均为大柔度杆。问:当F(其方向垂直向下)从零开始增加时,哪根杆首先失稳?

5.13　图示压杆是由两个同型号的槽钢组成(由缀板连成一个整体),杆之两端均为球铰,已知杆长$l=6$ m,槽钢的型号为18a,二槽钢之间的距离$a=0.1$ m,材料的许应力[σ] = 170 MPa。试求该压杆能承受的最大安全荷载。

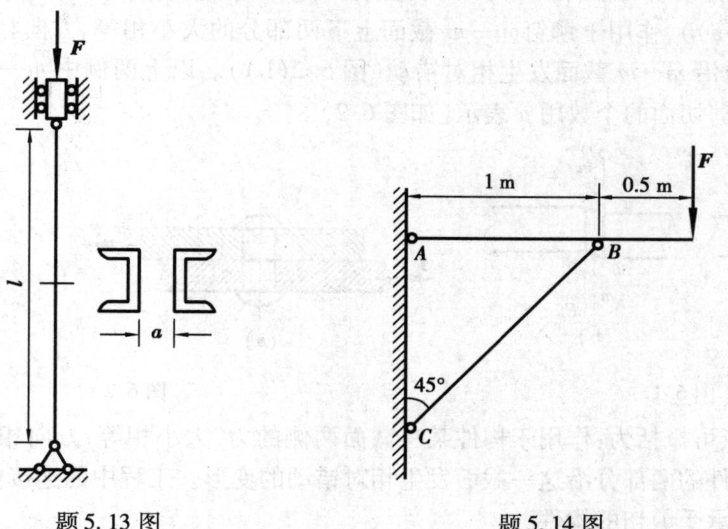

题5.13图　　题5.14图

5.14　图示三角架中,BC杆为圆截面钢杆,已知$F=10$ kN,BC杆材料的许应力[σ] = 170 MPa。试选择BC杆的直径d。

第 6 章
剪切与扭转构件

6.1 剪切的概念

现以钢杆受剪为例,介绍剪切的概念。如图 6.1(a)所示,上、下两个刀刃以大小相等、方向相反、垂直于轴线且作用线很近的两个力作用于钢杆上,使得 $m—m$ 截面左右两部分发生沿 $m—m$ 截面相对错动的变形(图 6.1(b)),直到杆件最后被剪断。又如钢结构中广泛应用的铆钉连接(图 6.2(a)),作用于铆钉 $m—m$ 截面上下两部分的大小相等、方向相反的力 F_p,将使铆钉上下两部分沿 $m—m$ 截面发生相对错动(图 6.2(b))。以上两例中 $m—m$ 截面可称为剪切面,连接件中剪切面的个数用 n 表示(如图 6.2)。

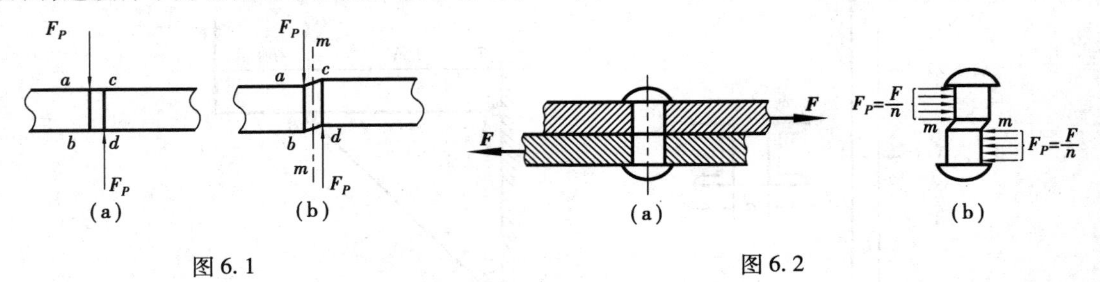

图 6.1　　　　图 6.2

剪切的特点可概括为:作用于构件某一截面两侧的力,大小相等,方向相反,相互平行,且距离很近,使构件的两部分沿这一截面发生相对错动的变形。工程中的连接件,如螺栓、铆钉、销钉、键等都是承受剪切的构件。

连接件的破坏形式有两种。一种破坏形式是:受力过大时,连接件两相反力之间的相邻截面发生相对错动,导致剪切破坏;第二种破坏形式,受力过大时,连接件和被连接件之间的接触面上产生很大的法向挤压力,受挤压部位及附近局部区域发生显著变形而失效破坏,这种破坏形式称为挤压破坏。

发生剪切变形的构件一般都不是细长直杆,应力和变形主要产生在外力作用处附近,其分布规律十分复杂,要简化成简单的计算模型进行理论分析比较困难。本章仅介绍工程中常用的实用计算方法。

6.2　剪切与挤压的实用计算

6.2.1　剪切的实用计算

剪切面上的内力可用截面法计算，以图6.3所示的螺栓为例，取螺栓在剪切面 $m—m$ 和剪切面 $n—n$ 之间的部分为研究对象。两截面上的内力 F_Q 与截面相切，称为剪力。

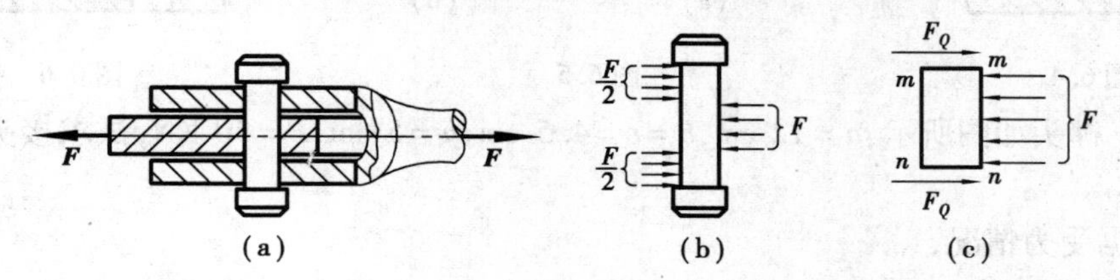

图6.3

在一些连接件的剪切面上，应力的实际情况比较复杂。实用计算中，假定剪应力在剪切面上均匀分布，于是，将剪力 F_Q 除以剪切面的面积 A，得到剪切面上的“平均剪应力”

$$\tau = \frac{F_Q}{A} \tag{6.1}$$

由(6.1)式算出的是剪切面上的名义剪应力。为了弥补这一缺陷，在用实验的方式建立强度条件时，使试样受力尽可能地接近实际连接件的情况，由剪切实验测出破坏荷载，计算出剪切面上的剪力，也用(6.1)式求出相应的名义极限应力，除以安全系数 n，得到许用剪应力 $[\tau]$，从而建立强度条件

$$\tau = \frac{F_Q}{A} \leqslant [\tau] \tag{6.2}$$

各种材料的剪切许用剪应力 $[\tau]$，可以从有关规范中查得。根据以上强度条件，便可进行连接件的强度计算。

6.2.2　挤压的实用计算

连接件与被连接件之间的接触面上有压力传递时，就会产生挤压，传递的压力称为挤压力，记为 F_{bs}。挤压力是外力，不是内力。接触面上有压力传递的这一部分面积就称为挤压面。例如在图6.2所示铆钉连接中，铆钉与钢板相互挤压，挤压面可能产生较大的塑形变形。而在挤压面上，应力分布一般也比较复杂。与剪切实用计算一样，采用挤压实用计算方法，名义挤压应力 σ_{bs} 用下式计算：

$$\sigma_{bs} = \frac{F_{bs}}{A_{bs}} \tag{6.3}$$

相应的强度条件是

$$\sigma_{bs} = \frac{F_{bs}}{A_{bs}} \leqslant [\sigma_{bs}] \tag{6.4}$$

式中$[\sigma_{bs}]$为材料的许用挤压应力,A_{bs}为挤压面在垂直于挤压力F_{bs}作用线平面上的投影面积,称为挤压计算面积。当实际挤压面为平面时(如图6.4中榫头连接),A_{bs}即为实际挤压面的面积。当接触面为圆柱面时(如铆钉与孔的接触面图(6.5),挤压应力的分布情况略如图6.5(a)所示,实用计算中,A_{bs}为圆孔或圆钉直径平面面积$\delta \cdot d$,如图6.5(b)所示。

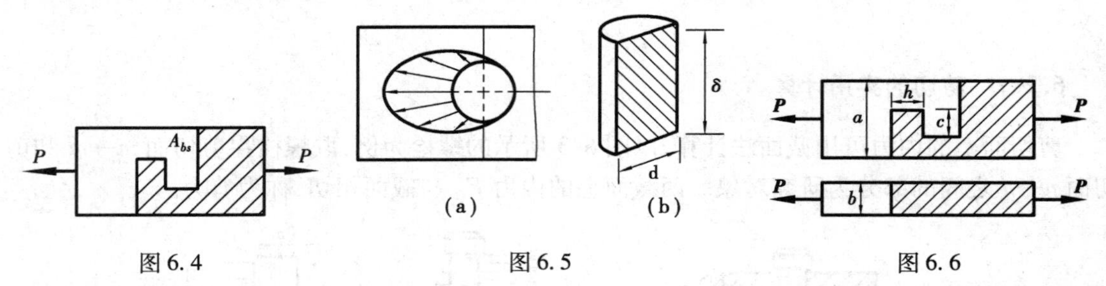

图6.4　　图6.5　　图6.6

例6.1　榫头如图所示,$a=12$ cm,$b=c=4.5$ cm,$h=5$ cm,$P=40$ KN,试求接头的剪应力和挤压应力。

解　根据受力情况,

剪切面积$A=h \cdot b$,

挤压面积$A_{bs}=c \cdot b$。

取阴影部分为研究对象,由平衡方程容易求出,剪力$F_Q=P$,挤压力$F_{bs}=P$,于是木榫接头上的剪应力和挤压应力为

$$\tau=\frac{F_Q}{A}=\frac{P}{hb}=\frac{40\times10^3}{5\times4.5\times10^2}=17.78\ \text{MPa}$$

$$\sigma_{bs}=\frac{F_{bs}}{A_{bs}}=\frac{P}{cb}=\frac{40\times10^3}{4.5\times4.5\times10^2}=19.75\ \text{MPa}$$

例6.2　如图6.7所示接头,受轴向力F作用。已知$F=50$ kN,板宽$b=150$ mm,厚$h=10$ mm,接头用两根铆钉连接,铆钉直径$d=17$ mm,$a=80$ mm,$[\sigma]=160$ MPa,$[\tau]=120$ MPa,$[\sigma_{bs}]=320$ MPa,铆钉和板的材料相同,试校核其强度。

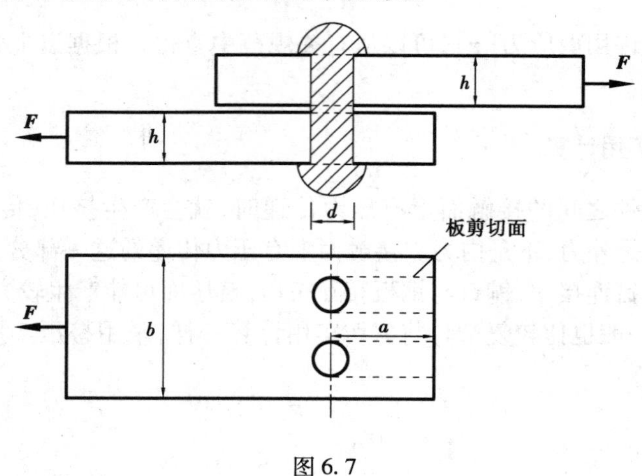

图6.7

解　(1)铆钉的校核:

由于每根铆钉的受力情况相同,取一根铆钉为研究对象,首先校核铆钉的剪切强度。如图

6.7 所示，铆钉受到的剪力为 $F_S=\frac{F}{2}$，铆钉的横截面积即为剪切面积，于是

$$\tau=\frac{F_S}{A}=\frac{\frac{F}{2}}{\frac{\pi d^2}{4}}=\frac{2\times 50\times 10^3}{\pi\times 17}=110\ \text{MPa}<[\tau]$$

所以，铆钉满足剪切强度要求。

其次校核铆钉的挤压强度。挤压力 $F_{bs}=\frac{F}{2}$，挤压面积 $A_{bs}=dh$，于是

$$\sigma_{bs}=\frac{F_{bs}}{A_{bs}}=\frac{\frac{F}{2}}{dh}=\frac{50\times 10^3}{2\times 17\times 10}=147\ \text{MPa}<[\sigma_{bs}]$$

故铆钉也满足挤压强度要求。

（2）板的校核：

对板的抗拉强度，根据受力情况，板受到的拉力为 F，板横截面的最小面积为 $A=(b-2d)\cdot h$，该横截面为危险截面，其上的正应力为

$$\sigma=\frac{F}{A}=\frac{50\times 10^3}{(150-2\times 17)\times 10}=43.1\ \text{MPa}<[\sigma]$$

可见板满足拉伸强度条件。

对于板的剪切强度，如图 6.7 所示，每块板在此两根铆钉的作用下，若发生剪切破坏，将有 4 个剪切面，每个剪切面的面积为 $a\cdot h$，远大于铆钉的剪切面积。由于铆钉和板的材料相同，若铆钉满足剪切强度要求，那么板也满足剪切强度要求。

6.3　扭转剪应力及剪应力的若干重要性质

在工程实际中有一类杆件，其所受外力主要是力偶，且力偶的作用面与杆的轴线垂直，如汽车的转向轴（图 6.8(a)），轴的上端受到由方向盘传来的力偶作用，下端则又受到阻抗力偶作用，又如地质钻探机的钻杆（图 6.8(b)）及车床的传动轴（图 6.8(c)）等。这些构件是以扭转变形为主的构件，扭转的受力特征可表达为杆件受矩矢与轴线一致的力偶作用。

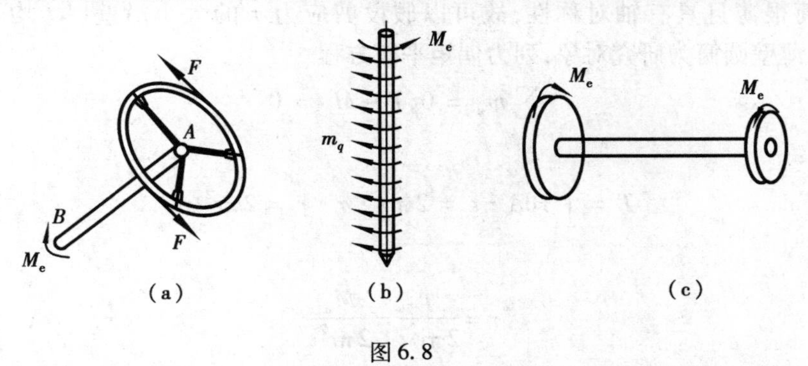

图 6.8

6.3.1　薄壁圆筒的扭转·扭转剪应力

作为研究圆截面等直杆的基础，首先研究薄壁圆筒的扭转。图6.9(a)所示为一壁厚 t 远小于平均半径 r 的其两端作用有矩为 M_e 的外扭转力偶。扭转前，在圆筒的外表面画上圆周线和平行于轴线的纵向线；受扭后可以看出，圆筒的长度和圆周的长度均没有变化(图6.9(b)所示)，据此可以判断，圆筒横截面和纵截面上都没有正应力。此外，圆周线的形状也没有发生改变，保持为平面圆周线，据此可以判断，横截面依然保持为平面。而圆周线各自绕圆轴转过一定的角度，不同的圆周线转过的角度不一样，于是两横截面发生了相对旋转错动，据此可以判断，横截面上只有剪应力 τ，方向与圆周相切；两相邻纵向线保持平行，但纵向线与圆周线不再垂直，角度变化即为切应变，如图6.10(a)所示。由平衡关系可知，横截面上的剪应力 τ 所构成的内扭转力偶矩与外扭转力偶矩 M_e 相平衡，这个内扭转力偶的矩称为扭矩，用符号 T 表示。

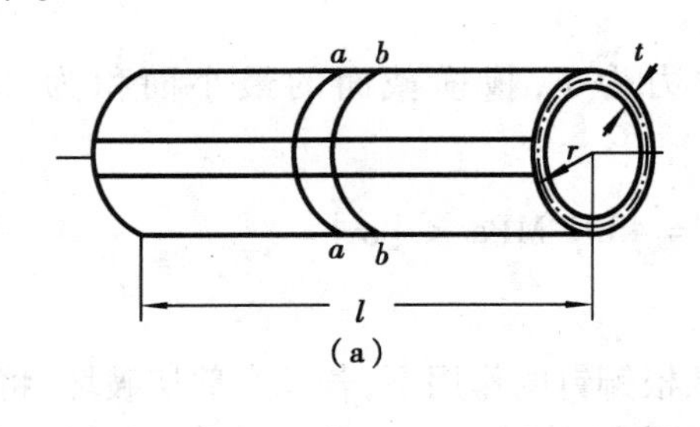

(a)

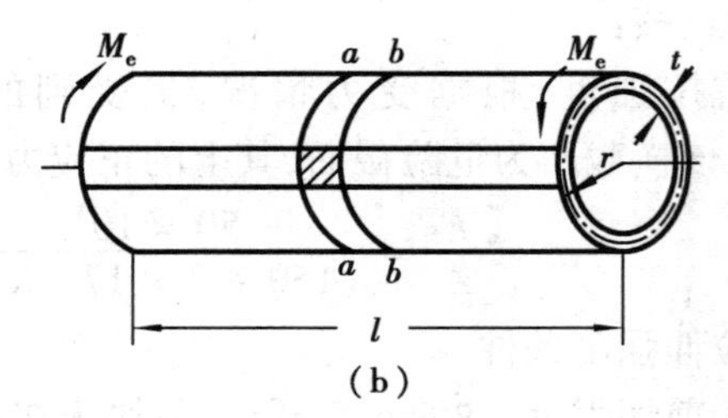

(b)

图6.9

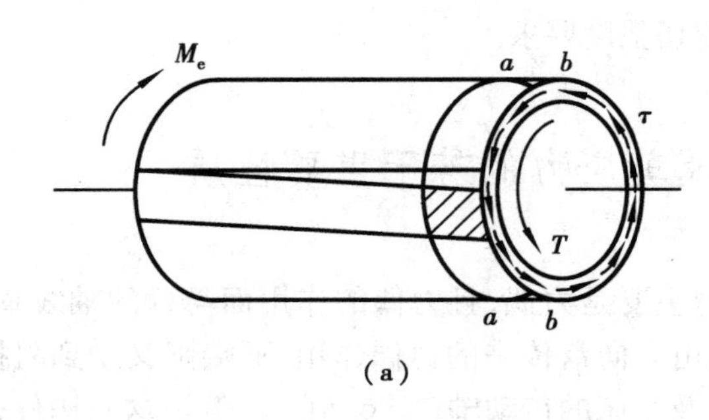

(a)

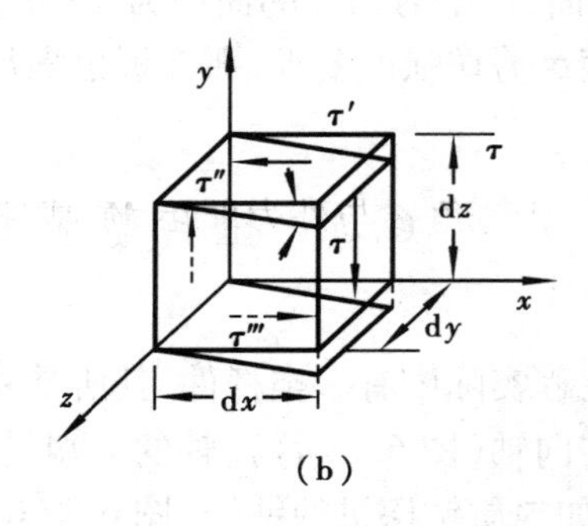

(b)

图6.10

由于圆筒很薄且具有轴对称性，故可以假设剪应力 τ 的大小沿壁厚 t 均匀分布，以图6.10(a)所示薄壁圆筒为研究对象，列力偶矩平衡方程

$$\sum m_x = 0, T - M_e = 0$$

而

$$T = \int_A \tau \mathrm{d}A \cdot r = 2\pi rt \cdot \tau \cdot r = 2\pi r^2 t\tau$$

可得

$$\tau = \frac{T}{2\pi r^2 t} = \frac{M_e}{2\pi r^2 t} \tag{6.5}$$

上式即为薄壁圆筒扭转时横截面上的剪应力公式。

6.3.2　纯剪切应力状态·剪应力互等定理

在薄壁圆筒中，沿相距无穷小的两个横截面、两个纵向截面和两个垂直于半径的截面截取边长为 dx、dy 和 dz 的微元体。在微元体的四个相互垂直的截面上，只有剪应力，而另两个截面为自由表面（图6.10(b)），这样的应力状态叫作**纯剪切应力状态**。列平衡方程，由

$$\sum m_z(\boldsymbol{F}) = 0, (\tau' dxdz)dy - (\tau dydz)dx = 0$$

得

$$\tau' = \tau \qquad ①$$

由

$$\sum F_y = 0, \tau'' dydz - \tau dydz = 0$$

得

$$\tau'' = \tau \qquad ②$$

由

$$\sum F_x = 0, \tau''' dzdx - \tau' dzdx = 0$$

并代入式①、②，得

$$\tau''' = \tau'' = \tau' = \tau \tag{6.6}$$

从以上三式可知，**在单元体相互垂直的两两截面上，剪应力大小相等、指向相向或相背，即剪应力同时指向或者背离单元体的同一条棱。这就是剪应力互等定理。**

6.3.3　材料扭转时的力学性能·剪切胡克定律

在剪应力的作用下，单元体的两条棱边直角的改变量称为切应变，用符号 γ 表示（图6.11）。设圆筒两端截面的相对扭转角为 φ，则切应变 γ 为

$$\gamma = \frac{\varphi r}{l} \tag{6.7}$$

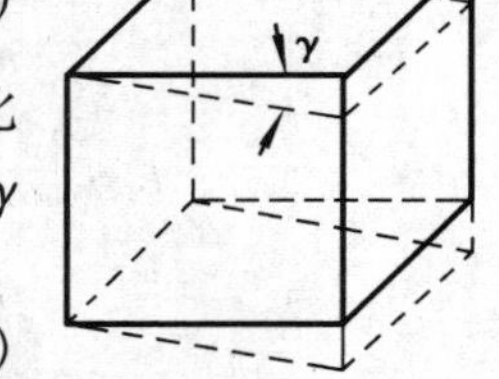

图6.11

通过对薄壁圆筒的扭转试验，结果表明，当剪应力低于材料的剪切比例极限时，扭转角 φ 与外力偶矩 M_e 成线性关系。据此，可推断出 τ 与 γ 之间也成线性关系，这种线性关系称为**剪切胡克定律**，表示为

$$\tau = G\gamma \tag{6.8}$$

式中的比例常数 G 称为材料的剪切弹性模量。由于 γ 用弧度表示，无量纲，因此 G 的量纲和单位与应力相同。一般钢材的剪切弹性模量约值为 80 GPa。

对于各向同性材料可以证明，弹性模量 E、泊松比 ν 和剪切弹性模量 G 之间的关系为

$$G = \frac{E}{2(1+\nu)} \tag{6.9}$$

从上式可以看出，剪切弹性模量 G 的值不到弹性模量 E 的一半。

6.4　轴外力偶矩的计算　扭矩和扭矩图

6.4.1　传动轴外力偶矩的计算

工程中的传动轴一般只知道它所传递的功率和转速，可由功率和转速再求出它所传递的外力偶矩。例如，某电动机铭牌上的转速为 n(r/min)，传递的功率为 P_k(kW)，则此电动机每

秒钟所做的功为

$$W = P_k \times 1\ 000\ \text{N} \cdot \text{m} \tag{①}$$

而电动机传递的外扭转力偶 M_e 在一秒钟内所做的功为

$$W = M_e \times \frac{2\pi n}{60}\ \text{N} \cdot \text{m} \tag{②}$$

因为式①等于式②,故得

$$M_e = 9\ 549\ \frac{P_k}{n}\ \text{N} \cdot \text{m} \tag{6.10}$$

有的电动机铭牌上的功率是以马力的形式标出,而1马力等于0.735千瓦,由此可以得到换算公式

$$M_e = 7\ 024\ \frac{P_k}{n}\ \text{N} \cdot \text{m} \tag{6.11}$$

已知外力偶的矩,即可求杆的扭矩。

6.4.2 扭矩和扭矩图

知道了圆轴上的外力偶矩,一般用截面法求横截面上的扭矩,并可将扭矩绘成扭矩图。仿照轴向拉伸与压缩时的轴力图,将扭矩图中的横坐标 x 表示为轴线方向,纵坐标 T 表示扭矩的大小。如图6.12所示的圆轴,要画其扭矩图,可以假想地沿Ⅰ—Ⅰ截面将圆轴截为两段,取左段进行受力分析,横截面上的扭矩用 $T_1(x)$ 表示。由平衡方程

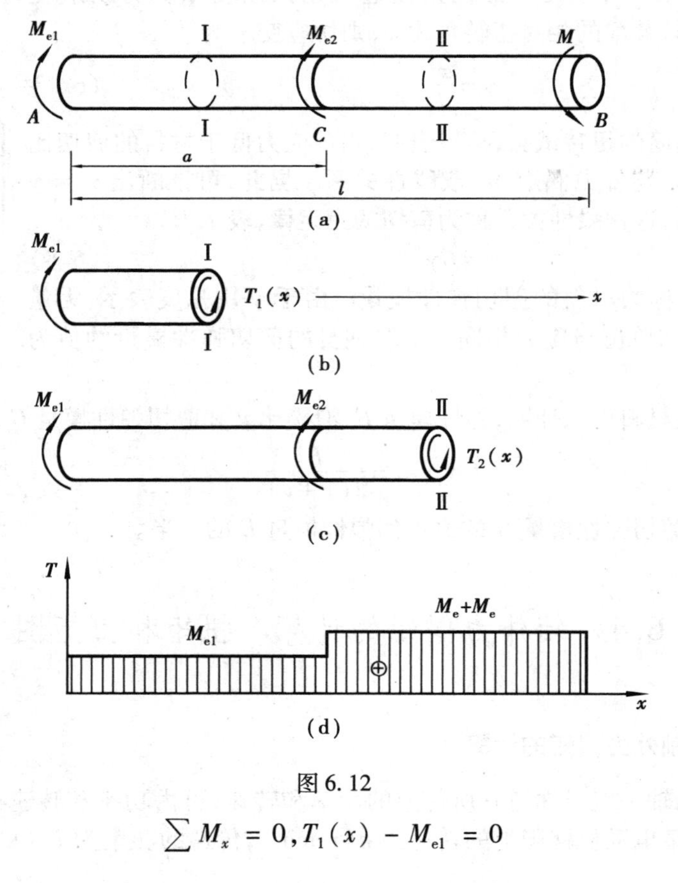

图6.12

$$\sum M_x = 0, T_1(x) - M_{e1} = 0$$

得

$$T_1(x) = M_{e1} \quad (0 < x < a)$$

再沿Ⅱ—Ⅱ截面将圆轴截为两段，仿照上述方法由左段的平衡方程

$$\sum M_x = 0, T_2(x) - M_{e1} - M_{e2} = 0$$

得

$$T_2(x) = M_{e1} + M_{e2} \quad (a < x < l)$$

将扭矩 $T(x)$ 用图形表示，即得到扭矩图。显然，横截面上的扭矩存在两种转向，为了区别，特作如下符号规定：**按右手螺旋法则，将四个手指的方向表示为扭矩 T 的转向，当拇指的方向与截面外法线方向相同时，扭矩定义为正值；反之为负。**

例6.3　一传动轴如图6.13(a)所示。已知主动轮 A 输入的功率 $P_1 = 550$ kW，从动轮 B、D 输入的功率分别为 $P_2 = 300$ kW，$P_4 = 100$ kW，轴的转速为 $n_1 = 300$ r/min。试绘轴的扭矩图。

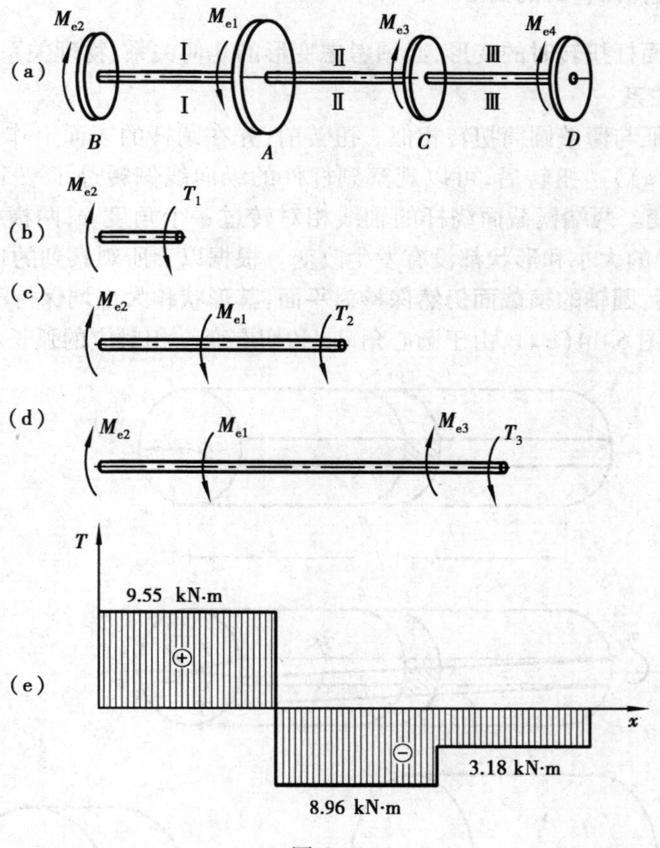

图6.13

解　由公式(6.10)计算外力偶矩

$$M_{e1} = 9\ 549\frac{P_1}{n} = 9\ 549 \times \frac{550}{300} = 17\ 506.5\ \text{N} \cdot \text{m} = 17.51\ \text{kN} \cdot \text{m}$$

$$M_{e2} = 9\ 549\frac{P_2}{n} = 9\ 549 \times \frac{300}{300} = 9\ 549\ \text{N} \cdot \text{m} = 9.55\ \text{kN} \cdot \text{m}$$

$$M_{e4} = 9\ 549 \frac{P_4}{n} = 9\ 549 \times \frac{100}{300} = 3\ 183\ \text{N} = 3.18\ \text{kN}$$

由平衡方程求 M_{e3}

$$\sum M_x = 0, M_{e1} - M_{e2} - M_{e3} - M_{e4} = 0$$

$$M_{e3} = M_{e1} - M_{e2} - M_{e4} = 4.78\ \text{kN} \cdot \text{m}$$

作扭矩图,如图 6.13(e)所示。

6.5 圆轴扭转时的变形和应力,扭转强度计算

6.5.1 圆截面杆扭转时的变形

为了研究圆截面杆扭转时的变形,必须考虑变形的几何关系、物理关系和静力平衡关系。

(1)变形几何关系

圆轴扭转的特征与薄壁圆筒扭转相似。扭转前,先在圆杆的表面上作一组相邻的圆周线和纵向线(图 6.14(a))。扭转后,可以观察到杆件的纵向线偏转过了一个微小的角度 γ(图 6.14(b)),即切应变。两端横截面绕杆的轴线相对转过一个角度 φ;两横截面间的距离仍然保持不变;而圆周线的大小和形状都没有发生改变。根据以上所观察到的现象,可以做出如下的假设:**受力变形后,圆轴的横截面仍然保持为平面,其形状和大小均保持不变。**据此,可以考虑长为 dx 的微段(图 6.14(c)),由于圆心角 $d\varphi$ 和切应变 γ 相对应的弧长相等,则有

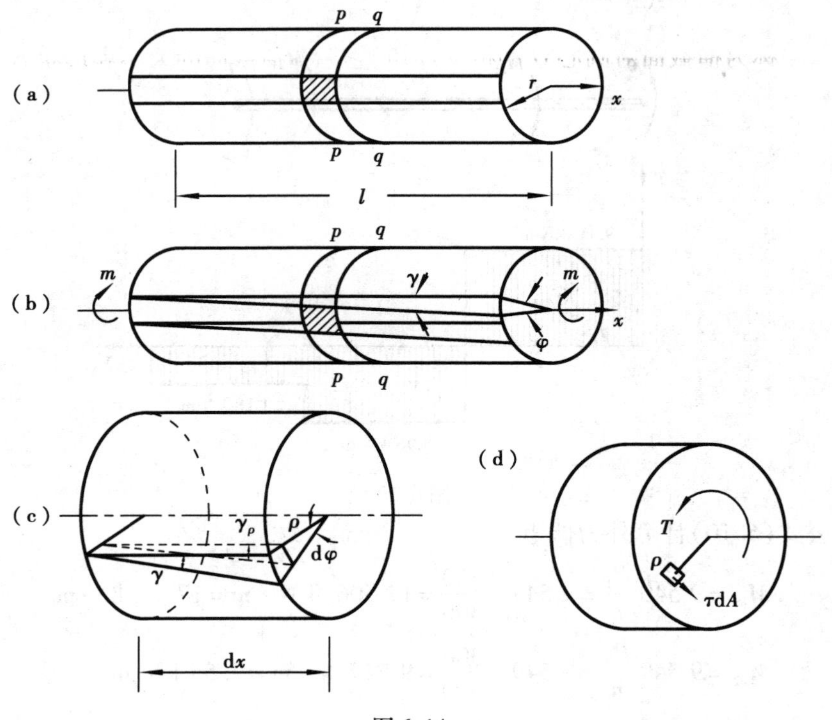

图 6.14

$$ds = \gamma dx = r d\varphi \qquad ①$$

同理可得半径为$\rho(\rho \leqslant r)$层面上的几何关系

$$\gamma_\rho dx = \rho d\varphi \qquad ②$$

即

$$\gamma_\rho = \rho \frac{d\varphi}{dx} \qquad ③$$

由于 dx 取定以后，$d\varphi/dx$ 的比值就是常量，因此，上式说明 γ_ρ 与 ρ 成正比例关系。

(2)物理关系

由材料在线弹性范围内的剪切胡克定律知

$$\tau_\rho = G\gamma_\rho \qquad ④$$

将式③代入式④，得

$$\tau_\rho = G\rho \frac{d\varphi}{dx} \qquad ⑤$$

从式⑤可知，切应力 τ 与半径 ρ 成线性关系。

(3)静力等效关系

切应力 τ 的内力元 τdA 对 x 轴之矩的代数和构成扭矩 T(图6.14(d))

$$\begin{aligned} T &= \int_A \rho\tau_\rho dA \\ &= \int_A G\rho^2 \frac{d\varphi}{dx} dA \\ &= G\frac{d\varphi}{dx}\int_A \rho^2 dA \end{aligned} \qquad ⑥$$

令 $I_p = \int_A \rho^2 dA$，称为横截面对圆心 O 的极惯性矩，它只与横截面的大小和形状有关，而与外力无关，则上式可写成

$$T = GI_p \frac{d\varphi}{dx} \qquad ⑦$$

或

$$d\varphi = \frac{Tdx}{GI_p} \qquad ⑧$$

由上式可以算出两相邻横截面的相对扭转角。欲求圆轴两端截面的相对扭转角，则需积分

$$\varphi = \int_l d\varphi = \int_0^l \frac{Tdx}{GI_p} \qquad (6.12)$$

若在两端截面之间扭矩 T 值不变，且轴为同材料等直杆，则有

$$\varphi = \frac{Tl}{GI_p} \qquad (6.13)$$

若轴在各段内的扭矩 T 值不同，或各段内的 I_p 不同，或圆轴沿杆长方向为非同种材料，则两端截面的相对扭转角为各段扭转角的代数和

$$\varphi = \sum_{i=1}^n \varphi_i = \sum_{i=1}^n \frac{T_i l_i}{G_i I_{pi}} \qquad (6.14)$$

圆轴单位长度扭转角记为

$$\theta = \frac{\mathrm{d}\varphi}{\mathrm{d}x} = \frac{T}{GI_p}$$

因此,得到由国际单位表示的刚度条件为

$$\theta_{\max} = \frac{T_{\max}}{GI_p} \leqslant [\theta] \ (\mathrm{rad/m}) \tag{6.15}$$

由工程单位表示的刚度条件为

$$\theta_{\max} = \frac{T_{\max}}{GI_p} \cdot \frac{180}{\pi} \leqslant [\theta] (°/\mathrm{m}) \tag{6.16}$$

6.5.2 圆截面杆扭转时的应力

将式⑧代入式⑤,可得圆截面杆上任意点的剪应力为

$$\tau = \frac{T\rho}{I_p} \tag{6.17}$$

由上式可知,剪应力沿半径方向呈线性分布,且在圆心处剪应力为零,在圆截面的周边处切应力达到最大。

在圆截面边缘上,ρ 达到最大值 r,故最大剪应力为

$$\tau_{\max} = \frac{Tr}{I_p} \tag{6.18}$$

若令 $W_p = \frac{I_p}{r}$,称为抗扭截面因数,则得到同截面的最大剪应力的表达式为

$$\tau_{\max} = \frac{T}{W_p} \tag{6.19}$$

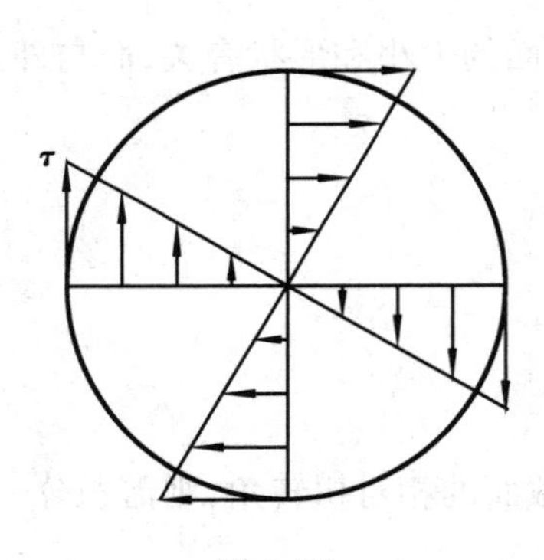

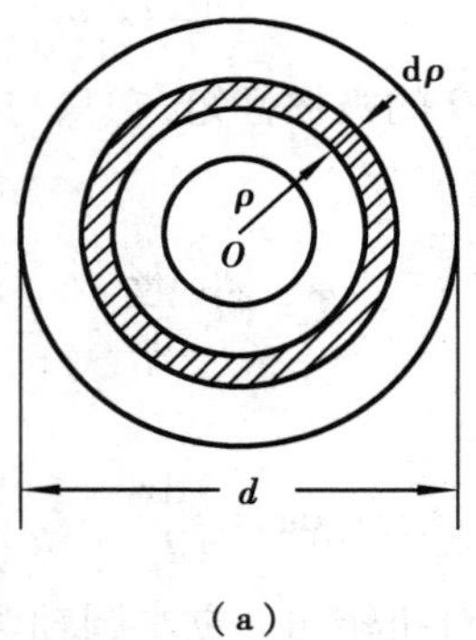

(b)

图 6.15

图 6.16

要计算扭转角 φ 和剪应力 τ,就必须知道极惯性矩 I_p 和抗扭截面因数 W_p。对于实心轴(图 6.16(a)),有

$$I_p = \int_A \rho^2 \mathrm{d}A = \int_0^{2\pi} \mathrm{d}\varphi \int_0^{\frac{d}{2}} \rho^3 \mathrm{d}\rho$$

$$= \frac{\pi d^4}{32} \tag{6.20}$$

$$W_p = \frac{I_p}{\frac{d}{2}} = \frac{\pi d^3}{16} \tag{6.21}$$

由此得实心圆截面杆上任意点的剪应力为

$$\tau_\rho = \frac{T\rho}{I_p} = \frac{32T\rho}{\pi d^4} \tag{6.22}$$

实心圆截面杆上的最大剪应力为

$$\tau_{max} = \frac{T}{W_p} = \frac{16T}{\pi d^3} \tag{6.23}$$

6.5.3　空心圆截面杆的扭转

对于空心圆轴(图6.16(b)),有

$$\begin{aligned} I_p &= \int_A \rho^2 dA = \int_0^{2\pi} d\varphi \int_{\frac{d}{2}}^{\frac{D}{2}} \rho^3 d\rho \\ &= \int_0^{2\pi} d\varphi \int_{\frac{d}{2}}^{\frac{D}{2}} \rho^2 d\rho \\ &= \frac{\pi}{32}(D^4 - d^4) \end{aligned}$$

若令 $\alpha = d/D$,为内外径的比,则极惯性矩可写为

$$I_p = \frac{\pi D^4}{32}(1 - \alpha^4)$$

抗扭截面因数为

$$W_p = \frac{I_p}{\frac{D}{2}} = \frac{\pi D^3}{16}(1 - \alpha^4)$$

空心圆截面杆上任意点的剪应力为

$$\tau_\rho = \frac{T\rho}{I_p} = \frac{32T\rho}{\pi D^4(1 - \alpha^4)}$$

空心圆截面杆上的最大剪应力为

$$\tau_{max} = \frac{T}{W_p} = \frac{16T}{\pi D^3(1 - \alpha^4)}$$

6.5.4　圆截面杆的扭转破坏试验

圆截面杆受扭转时,其横截面上各点都处于纯剪切应力状态。下面以低碳钢和铸铁两种金属材料为例,来说明扭转破坏试验。

(1)低碳钢的扭转

低碳钢(含碳量小于0.3%)受扭转时,其横截面上的剪应力沿半径方向呈线性分布,此时剪应力和切应变成线性关系,材料服从剪切胡克定律。随着外力偶矩的逐渐增加,剪应力的值也逐渐增加。当圆截面外缘剪应力的最大值达到剪切屈服极限 τ_s 时,如果再加大外力偶矩,则由于圆截面外缘的剪应力已经达到剪切屈服极限 τ_s,故该点的变形会逐渐增加,以维持其应力为剪切屈服极限;而增大的外力偶的值,将使圆截面外缘临近点的应力迅速达到剪切屈服极限,此时材料进入屈服阶段(图6.17(a))。当外力偶矩逐渐增加到某一数值时,圆截面上各个点的应力值都达到剪切屈服极限 τ_s(图6.17(b))。

如果此时继续加大外力偶矩，则圆截面外缘的剪应力将随着该点变形的增加而增加，从而使材料进入强化阶段。当外力偶矩增大到使圆截面外缘的剪应力达到强度极限 τ_b 时，由于材料不能抵抗该应力，将使该点材料被破坏；而该点原先所承担的应力将分摊到其相邻点上，从而使其相邻点也被破坏，似此，整个圆截面将迅速被剪断。由于低碳钢是塑性材料，在扭断前将产生很大的扭转角。其破坏断面是一个垂直于杆件轴线的横截面，其破坏应力是剪切强度极限 τ_b。

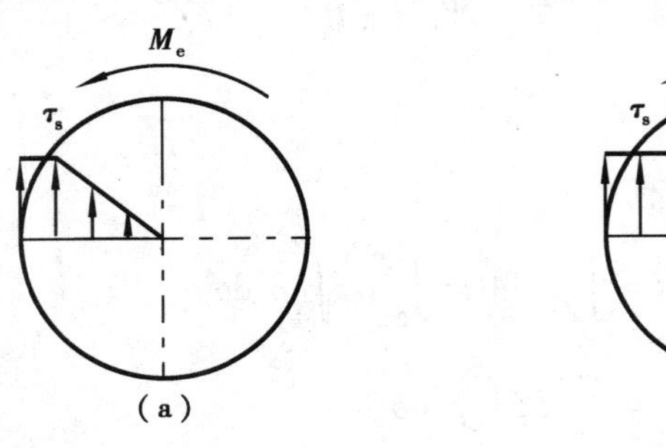

图 6.17

(2)铸铁的扭转

由铸铁制成的圆轴，当最大剪应力未达到强度极限 τ_b时，轴并不会沿横截面被剪断。受纯扭的圆轴其表面上一点处于纯剪切应力状态。由应力状态分析可知，对于纯剪切应力状态（图 6.18(b)），在其 −45°和 135°斜截面上的拉应力为最大，由于铸铁耐压而不耐拉，所以将沿 −45°螺旋面被拉断(图 6.18(a))。

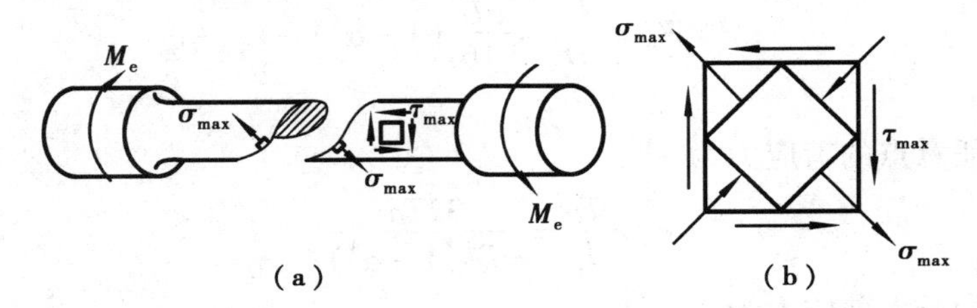

图 6.18

6.5.5 扭转杆的强度条件

对于等直圆截面杆件，最大的扭转剪应力产生在扭矩最大的横截面的外缘上。强度条件为最大剪应力 τ_{max}不超过容许切应力[τ]，故有

$$\tau_{max}=\frac{T_{max}}{W_p}\leqslant[\tau] \tag{6.24}$$

由强度计算公式可作如下三方面的工作。

①强度校核

$$\tau_{max}=\frac{T_{max}}{W_p}\leqslant[\tau]$$

②截面设计

$$W_p\geqslant\frac{T_{max}}{[\tau]}$$

对于等直圆截面杆件，抗扭截面因数 $W_p=\frac{\pi d^3}{16}$，上式也可以表示为

$$d\geqslant\sqrt[3]{\frac{16T_{\max}}{\pi[\tau]}}$$

对于等直空心圆截面杆件，抗扭截面因数 $W_p=\frac{\pi D^3}{16}(1-\alpha^4)$，上式也可以表示为

$$D\geqslant\sqrt[3]{\frac{16T_{\max}}{(1-\alpha^4)\pi[\tau]}}$$

③确定许可荷载

$$T_{\max}=[\tau]W_p$$

若圆截面杆件只受一对大小相等转向相反的外力偶作用，则扭矩等于外力偶矩 $T=M_e$，故有

$$[M_e]=[\tau]W_p$$

例6.4　空心圆截面传动轴，外径 $D=95$ mm，内外径之比 $\alpha=0.8$，受矩为 M_e 的外力偶作用，容许扭转剪应力 $[\tau]=70$ MPa。试确定该圆轴的容许外力偶矩 $[M_e]$。

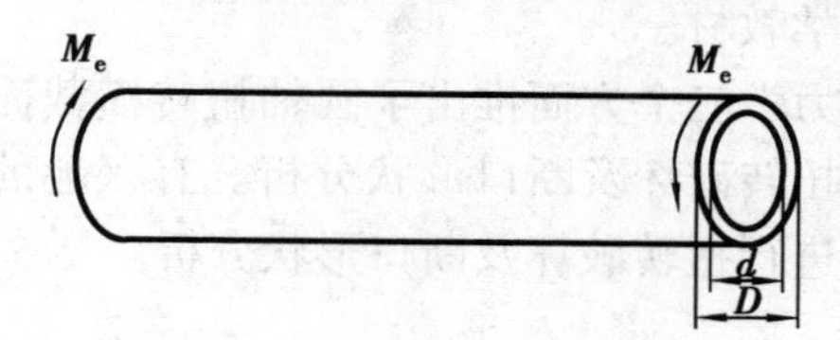

图6.19

解　计算抗扭截面系数

$$W_p=\frac{\pi D^3}{16}(1-\alpha^4)=\frac{\pi\times 95^3\times 10^{-9}}{16}(1-0.8^4)$$

$$=9.939\times 10^4\ \text{mm}^3=9.939\times 10^{-5}\ \text{m}^3$$

计算最大剪应力

因为
$$\tau_{\max}=\frac{T_{\max}}{W_p}=\frac{M_e}{W_p}\leqslant[\tau]$$

所以
$$M_e\leqslant[\tau]W_p=70\times 10^6\times 9.939\times 10^{-5}$$

$$=6.957\times 10^3\ \text{N}\cdot\text{m}=6.975\ \text{kN}\cdot\text{m}$$

即

$$[M_e]=6.975\ \text{kN}\cdot\text{m}$$

例6.5　如把上例中的传动轴改为直径为 d_0 的实心轴，要求它与原来的空心轴强度相同，试确定其直径，并比较实心轴和空心轴的质量。

解　因为
$$\tau_{\max}=\frac{T_{\max}}{W_p'}=\frac{[M_e]}{\frac{\pi d_0^3}{16}}=[\tau]$$

所以
$$d_0=\sqrt[3]{\frac{16[M_e]}{\pi[\tau]}}=\sqrt[3]{\frac{16\times 6.975\times 10^3}{\pi\times 70\times 10^6}}=7.976\times 10^{-2}\ \text{m}=79.76\ \text{mm}$$

实心轴横截面面积为

$$A_0=\frac{\pi d_0^2}{4}=\frac{\pi\times 79.76^2}{4}=4\ 996.43\ \text{mm}^2$$

空心轴横截面面积为

$$A=\frac{\pi}{4}(D^2-d^2)=\frac{\pi D^2}{4}(1-\alpha^2)$$

$$=\frac{\pi\times 95^2}{4}(1-0.8^2)=2\ 551.76\ \text{mm}^2$$

两轴质量之比等于横截面面积之比

$$\frac{A}{A_0}=\frac{2\ 555.76}{4\ 996.43}=0.510\ 7=51.07\%$$

可深入讨论的问题

1.本章着重讨论了圆轴扭转时横截面上的应力及强度计算条件,但对非圆截面受扭杆,如矩形截面杆并未涉及。非圆截面杆件扭转时,横截面会发生翘曲,截面上变形及最大剪应力的计算可参阅多学时的材料力学教材。

2.本章从几何、物理、静力学三个方面推出了圆轴扭转横截面上的扭转剪应力计算式,但未针对不同材料的式样进行扭转破坏及断口形状分析。有兴趣的读者可参阅材料力学教材,对低碳钢、木材、铸铁等式样进行扭转破坏及断口形状分析。

思考题6

6.1　剪切和挤压应力计算式得到的是名义应力,不是真实应力,为什么能用名义应力建立强度条件?

6.2　挤压变形与轴向压缩变形有何区别?σ_{bs}与轴向压缩应力σ有何区别?

6.3　圆轴扭转时,横截面上切应变γ与半径ρ成正比的条件是什么?横截面上切应力τ与半径ρ成正比的条件是什么?

6.4　三根直径相同、扭矩相同的圆轴,分别由木料、石料和铝材制成,它们的应力是否相同?三者破坏荷载是否相同?

6.5　同横截面积的空心圆杆与实心圆杆,它们的强度、刚度哪一个好?同外径的空心圆杆与实心圆杆,它们的强度、刚度哪一个好?工程上使用实心轴比空心轴多,为什么?

习题6

6.1　试校核图示连接销钉的剪切强度。已知$F=100$ kN,销钉直径$d=30$ mm,材料的许用剪应力$[\tau]=60$ MPa。若强度不够,应改用多大直径的销钉?

6.2　图示起重机吊具、吊钩与吊板通过销轴联结,起吊重物。已知$F=40$ kN,直径$D=22$ mm,吊钩厚度$t=20$ mm。销轴许用应力$[\tau]=60$ MPa,$[\sigma_{bs}]=100$ MPa。试校核该轴强度。

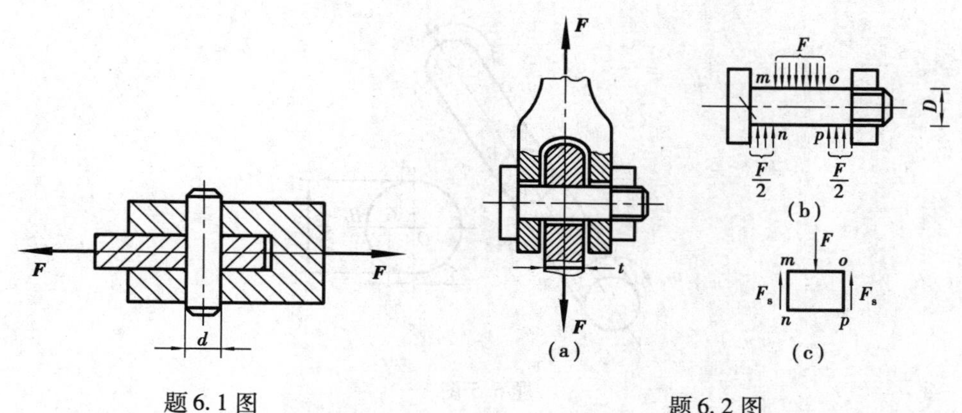

题6.1图　　　　题6.2图

6.3　钢制圆轴上作用有4个外力偶，其矩为 $m_1=1\ \mathrm{kN\cdot m}$，$m_2=0.6\ \mathrm{kN\cdot m}$，$m_3=0.2\ \mathrm{kN\cdot m}$，$m_4=0.2\ \mathrm{kN\cdot m}$。

(1)作轴的扭矩图；

(2)若 m_1 和 m_2 的作用位置互换，扭矩图有何变化？

题6.3图

6.4　一钻探机的功率为10 kW，转速 $n=180$ r/min。钻杆钻入土层的深度 $l=40$ m。如土壤对钻杆的阻力可视为均匀分布的力偶。试求此分布力偶的集度 m_q，并作出钻杆的扭矩图。

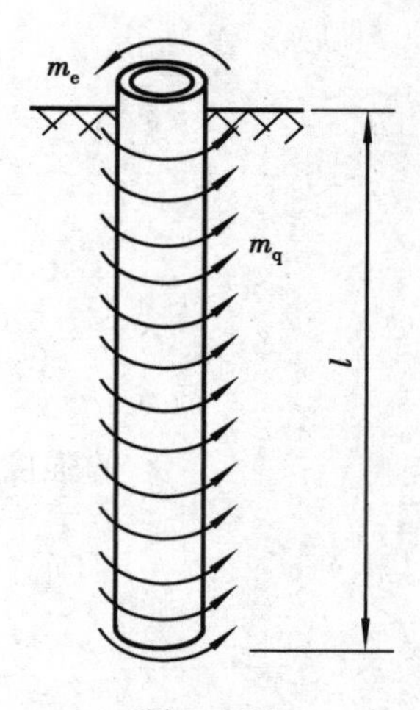

题6.4图

6.5　实心圆轴的直径 $d=100$ mm，长 $l=1$ m，其两端所受外力偶的矩 $m_e=14\ \mathrm{kN\cdot m}$，材料的切变模量 $G=80$ GPa。试求：

(1)最大剪应力及两端截面间的相对扭转角；

(2)图示截面上 A、B、C 三点处剪应力的数值及方向；

(3)C 点处的剪应变。

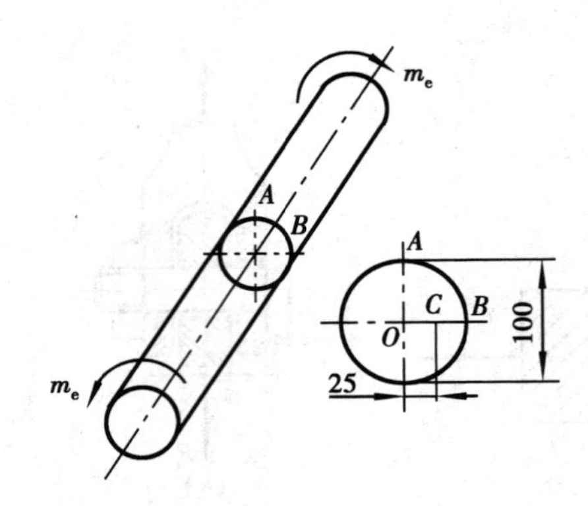

题6.5图

6.6　阶梯形圆杆，AE 段为空心，外径 $D=140$ mm，内径 $d=100$ mm；BC 段为实心，直径 $d=100$ mm。外力偶矩 $m_A=18$ kN·m，$m_B=32$ kN·m，$m_C=14$ kN·m。已知：$[\tau]=80$ MPa，$[\theta]=1.2$ (°)/m，$G=80$ MPa。试校核该轴的强度和刚度。

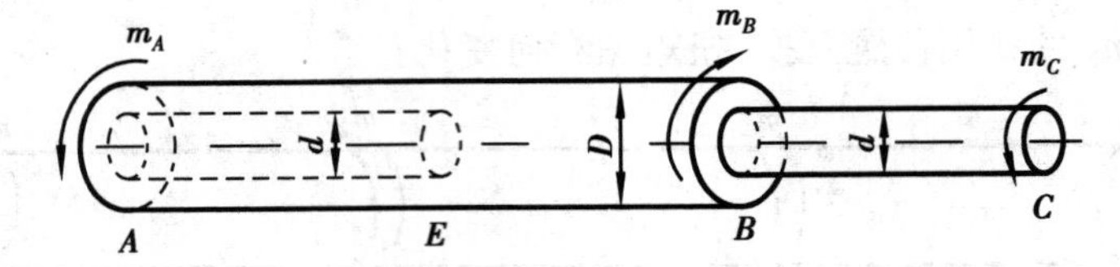

题6.6图

第7章 弯曲构件

7.1 概　述

弯曲变形是工程结构最常见的基本变形之一，以弯曲为主要变形特征的杆件通常称为梁。在工程结构中，梁是建筑结构中的基本构件和基本结构之一，如路桥工程中的桥梁和工业建筑的檩条、屋架大梁以及民用建筑中的板、梁等。

工程中常见的梁一般杆轴为直线，梁上所受的荷载通常为垂直于杆轴方向的集中力或分布荷载以及力偶。在这样的荷载作用下，梁的变形以弯曲为主，内力分量主要有剪力和弯矩。如图7.1所示行车的大梁、图7.2所示房屋结构中的板梁等。梁的简化力学模型通常用轴线表示。根据约束的不同性质，梁的约束一般可以简化为固定铰支、可动铰支和固定端。图7.1(a)的行车梁受轨道的约束，可简化为如图7.1(b)所示一端固定铰支座另一端可动铰支座的情况，称为简支梁。图7.2(a)所示板梁的插入端可以简化为固定端，柱支撑可以简化为可动铰支（图7.2(b)）。弯曲后的轴线如图中虚线所示。

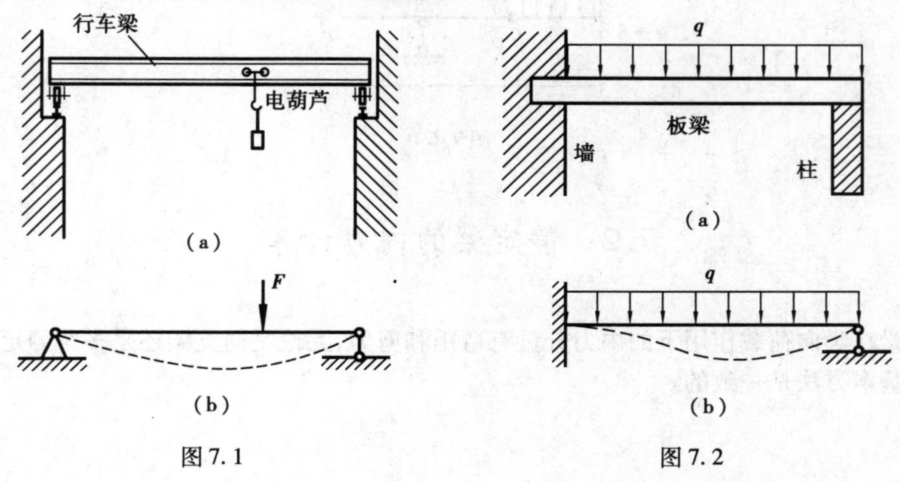

图7.1　　图7.2

工程中，梁的横截面通常采用对称形状，如矩形、圆形、工字形、梯形、“T”形、“Π”形等，如图7.3所示。这些对称截面的梁均至少存在一个纵向对称平面，如矩形截面(图7.4)中阴影面所示。当荷载作用在该平面内时，若梁变形后的轴线仍在此纵向对称面内，这种弯曲称为对称弯曲。这样的弯曲属平面弯曲。本章只研究对称平面弯曲问题，非对称弯曲问题在本章中不讨论。

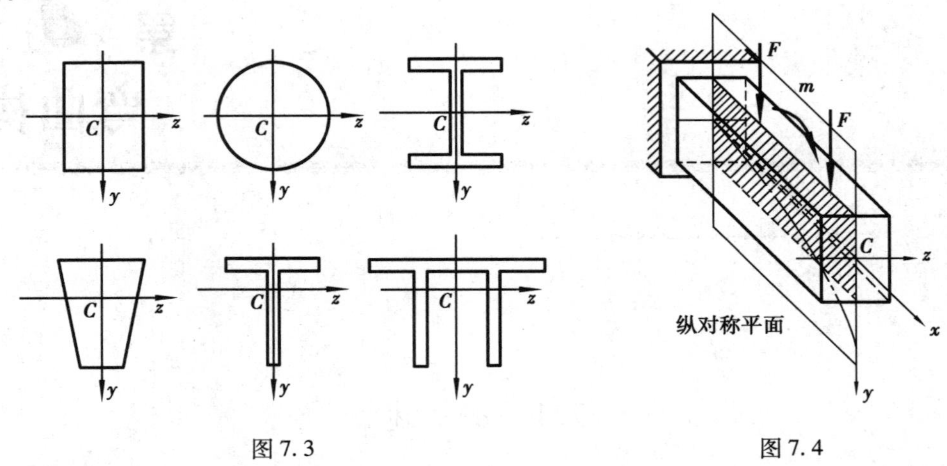

图7.3　　图7.4

从平面体系的几何组成分析知，一根梁若满足几何组成有三个约束的是静定梁。如图7.5(a)所示杆的一端约束为固定铰支座，另一端为可动铰支座的梁称为简支梁；图7.5(b)所示杆的一端约束为固定支座，一端为自由端的梁称为悬臂梁；图7.5(c)所示约束杆的固定铰支座和可动铰支座并不一定布置在杆的端部的梁称为伸臂梁(或称外伸梁)。除了上述简单梁外，还有多层、多跨静定梁(如图7.6)。我们也将逐一讨论。

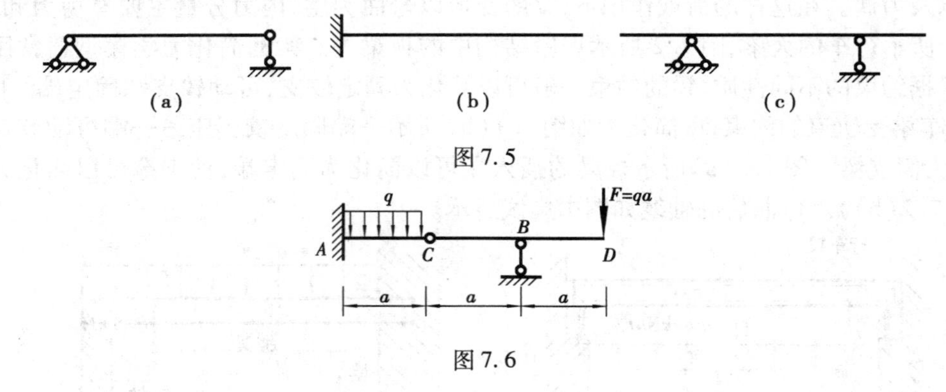

图7.5

图7.6

7.2　静定梁的内力计算

静定梁在竖向荷载作用下的内力分量有弯矩和剪力，无论是简支梁还是多跨静定梁，其内力分析的基本方法是一致的。

7.2.1　指定截面的内力计算

计算梁指定截面的内力,基本方法仍然是截面法。其计算步骤为:假想用一截面将梁沿拟求内力的截面“切开”,取截面的任一侧梁段为研究对象,绘出分离体的受力图,利用平衡条件计算内力。由此可将截面法概括为四个字:“切”“取”“力”“平”。实际上,不仅是对梁,对所有静定的杆系结构,求指定截面内力时,采用的方法都是截面法。图7.7所示简支梁,跨中受集中荷载作用,分析梁上 D 截面上的内力。

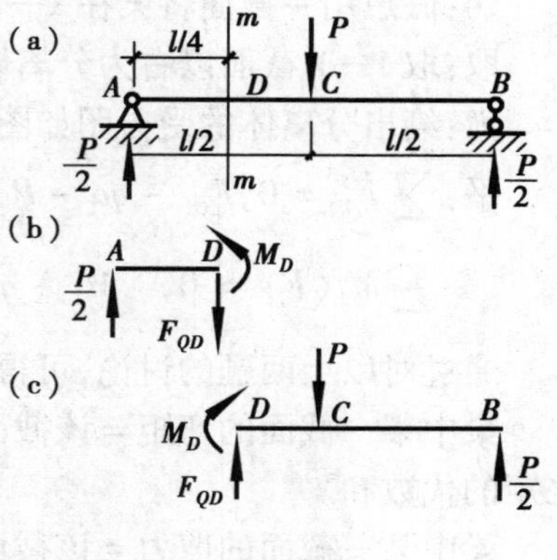

图7.7

首先求出简支梁的支座反力。假想用截面 $m—m$ 将梁从 D 点处“切开”,取截面以左或以右为分离体,见图7.7(b)、(c),绘出分离体上的所有荷载、反力及切开截面所暴露出来的剪力和弯矩,分离体上的受力情况为一平面一般力系,因此可由平衡方程

$$\sum F_X = 0, \sum F_Y = 0, \sum M_O(F) = 0$$

求解。现讨论截面以左部分,即 AD 部分,

$$\sum F_Y = 0, F_{QD} = \frac{P}{2} \quad (\downarrow)$$

$$\sum M_D(F) = 0, M_D - \frac{P}{2} \cdot \frac{l}{4} = 0, M_D = \frac{Pl}{8} \quad (\circlearrowleft)$$

对于梁的剪力和弯矩的正负号,在工程中通常这样约定:弯矩以使梁下部受拉为正,剪力以使分离体顺时针转动为正。如图7.8所示。因此,所求 D 截面上的弯矩和剪力均为正值。一般在计算时,未知力均按正值假设。

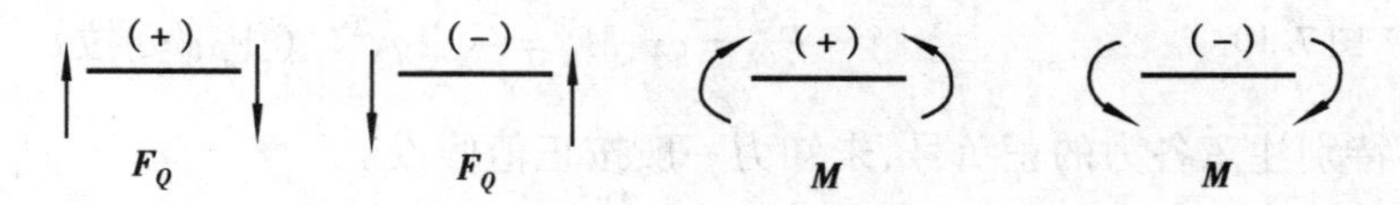

图7.8

例7.1　试求图7.9(a)所示悬臂梁的支座反力及1—1截面上的内力。

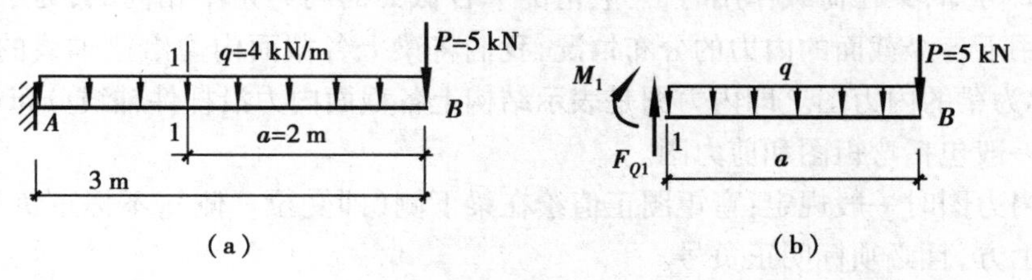

图7.9

解　1)计算支座反力。研究整体,可求出:

$$\sum F_X = 0, F_{XA} = 0,$$

$$\sum F_Y = 0, F_{YA} = ql + P = 17 \text{ kN} \quad (\uparrow)$$

$$\sum M_A(F) = 0, M_A - Pl - ql \cdot \frac{l}{2} = 0, M_A = 33 \text{ kN·m} \quad (\circlearrowleft)$$

2)求1—1截面上的剪力和弯矩。

切:假想用一截面将梁在1—1截面处切开。

取:取1—1截面以右为分离体。

力:绘出分离体的受力图如图7.9(b)所示。

平:$\sum F_Y = 0, F_{Q1} - qa - P = 0,\quad F_{Q1} = 13 \text{ kN}$

$$\sum M_1(F) = 0,\quad M_1 + qa \cdot \frac{a}{2} + Pa = 0,\quad M_1 = -18 \text{ kN·m} \quad (\text{上部受拉})$$

通过对以上两题的讨论,可得出以下推论:

梁中某一截面的弯矩=该截面任意一侧所有外力(包括荷载和支座反力)对该截面形心之矩的代数和。

梁中某一截面的剪力=该截面任意一侧所有外力(包括荷载和支座反力)沿截面切线方向投影的代数和。

需要指出:若荷载方向并非垂直于杆轴,则梁的内力还包括轴力,同样可由截面法求出。

梁中某一截面的轴力=该截面任意一侧所有外力(包括荷载和支座反力)沿截面法线方向投影的代数和。

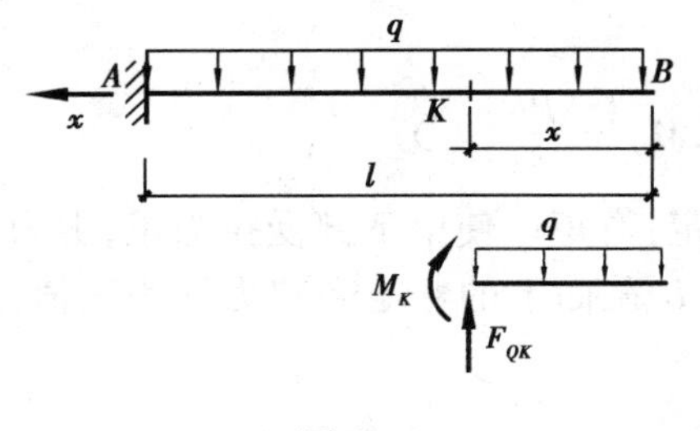

图7.10

依据以上推论来计算指定截面上的内力,实际上是截面法的一种熟练应用。

例7.2 试求图7.10所示悬臂梁在自重荷载作用下任意截面K上的剪力和弯矩。

解 设以B点为坐标原点,向左为x轴正向,K截面距坐标原点距离为x。考虑K截面以右,

$$F_{QK} = qx, M_K = -\frac{1}{2}qx^2 \quad (\text{上部受拉})$$

计算时要特别注意各力的正负号,未知力一般按正值假设。

7.2.2 梁的内力图绘制

由例7.2可知,梁在荷载作用时,一般情况下各截面的内力是不相同的,为了形象地反映梁在荷载作用下各个截面的内力的分布情况,我们将梁上各截面内力沿梁轴线的分布情况用图形表示,称为梁的内力图。即内力图是表示结构上各截面内力沿杆件轴线分布情况的图形。梁的内力图一般包括弯矩图和剪力图。

绘制梁内力图时一般规定:弯矩图正值绘在梁下侧(即受拉一侧),不标正负号;剪力图正值绘于梁的上方,且必须标明正负号。

弯矩图的绘制方法有三种。其一是根据弯矩方程来绘图;其二是根据截面法及弯矩图的形状特征绘弯矩图;其三是根据叠加法绘弯矩图。剪力图的绘制方法也有三种,其一是根据剪力方程来绘图;其二可根据截面法及剪力图的形状特征来绘图,用得最多的是第三种方法,根据弯矩图绘制剪力图。在弯矩图和剪力图绘制的三种方法中,根据内力方程绘内力图是最基本的方法。下面首先讨论根据梁的内力方程绘其内力图。

(1)根据内力方程绘制梁的弯矩图和剪力图

在梁的弯矩图绘制中,简支梁和悬臂梁在常见荷载作用下的六个弯矩图是最基本的弯矩图,其他弯矩图均可在它们的基础上用迭加法进行绘制。因此我们首先讨论这六个基本的弯矩图以及它们的剪力图。

图 7.11(a)为一简支梁,受均布荷载作用。求出支座反力如图中所示。绘制内力图时,可先任选一截面,设截面距 A 点的距离为 x,由截面法求出该截面上的弯矩和剪力。

$$M(x)=\frac{ql}{2}\cdot x-qx\cdot\frac{1}{2}x,\quad F_Q(x)=\frac{ql}{2}-qx\quad(0\leqslant x\leqslant l)$$

可见弯矩和剪力均为 x 的函数,用上述两式可求出梁上任意截面的内力。我们将其称为弯矩方程和剪力方程。由方程可知,简支梁在均布荷载作用下,梁的弯矩分布即弯矩图为一条二次抛物线,剪力图为一斜直线。如图 7.11(b)、(c)所示。

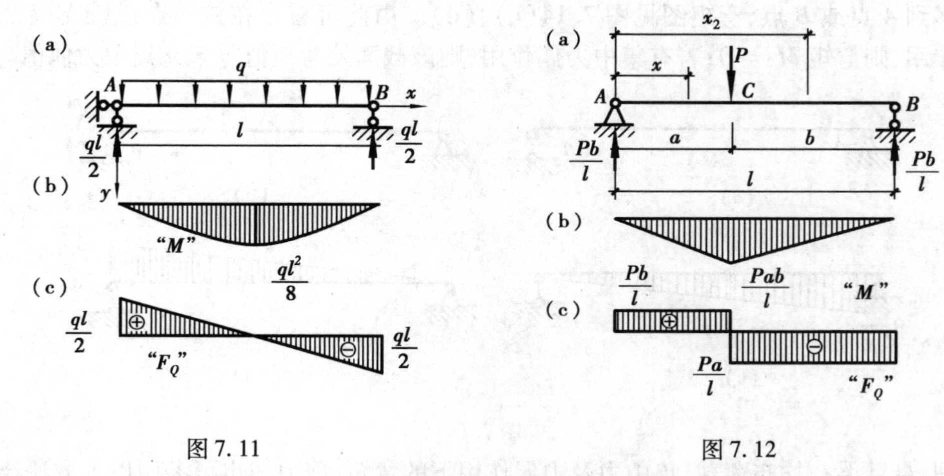

图 7.11　　　　图 7.12

图 7.12(a)为一简支梁在 C 点受集中力作用。求出支座反力如图中所示。此时由于内力在全梁范围内不能用一个统一的函数表达式来表达,因此必须分段讨论。先讨论 AC 段,

$$M(x_1)=\frac{b}{l}P\cdot x_1,\quad F_Q(x_1)=\frac{b}{l}P\quad(0\leqslant x_1\leqslant a)$$

再讨论 CB 段,

$$M(x_2)=\frac{b}{l}P\cdot x_2-P(x_2-a)\quad(a\leqslant x_2\leqslant l)$$

$$F_Q(x_2)=\frac{b}{l}P-P=-\frac{a}{l}P$$

根据以上 4 个方程,可绘出弯矩图和剪力图如图 7.12(b)、(c)所示。由图可看出,简支梁在跨中某一点 C 处受集中力作用时,其弯矩图为两段斜直线组成,两斜直线在集中力作用处相交。C 点左右两边剪力均为常数,剪力图为平直线,在集中力作用处剪力发生突变,突变值等于集中力偶值的大小。

图 7.13(a)为一简支梁在 C 点受集中力偶作用。求出支座反力如图中所示。与集中力作用时相同,此时内力在全梁范围内也不能用一个统一的函数表达式来表达,仍须分段讨论。

AC 段:$M(x_1)=-\frac{m}{l}\cdot x_1,F_Q(x_1)=-\frac{m}{l}P$

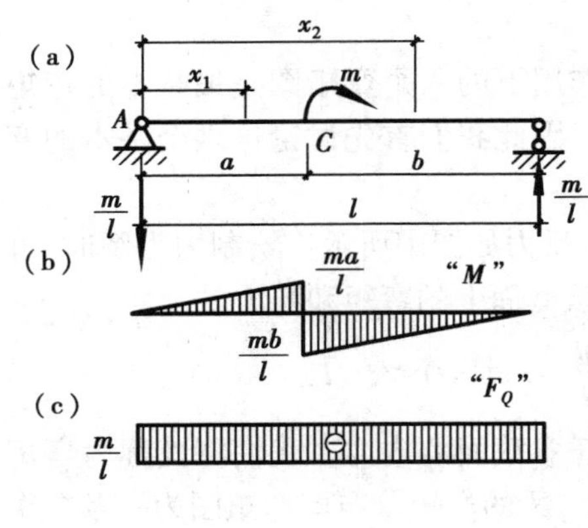

图 7.13

$(0 \leqslant x_1 \leqslant a)$

CB 段：$M(x_2) = m - \frac{m}{l} \cdot x_2$， $F_Q(x_1) = -\frac{m}{l}$

$(a \leqslant x_2 \leqslant l)$

绘出弯矩图及剪力图如图 7.13(b)、(c)所示。由图可看出，简支梁在跨中某一点 C 点受集中力偶作用时，其弯矩图为两段相互平行的斜直线组成，在集中力偶作用处弯矩发生突变，突变值等于集中力偶值的大小。剪力图则为一条平直线，说明集中力偶作用处对剪力无影响。进一步讨论：当 7.13(a)图中的力偶作用在 A 点或 B 点(见图 7.14(a))、(b))时，其突变点也移到 A 点或 B 点，弯矩图见图 7.14(c)、(d)。由此可看出在铰结点或铰支座处，若无外力偶作用，则弯矩 $M = 0$；若有集中力偶作用，则该截面处弯矩值等于此集中力偶值。

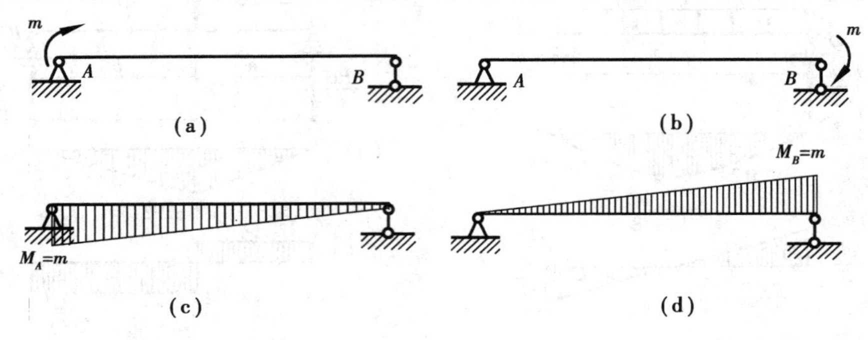

图 7.14

同理，悬臂梁在均布荷载、集中力及力偶作用下的弯矩、剪力图也可参照以上方法绘出，分别如图 7.15、图 7.16、图 7.17 所示。绘制过程请读者自行完成。

(2)荷载、剪力和弯矩的微分关系

由前面的讨论可看出，弯矩、剪力和分布荷载的集度均为 x 的函数，因此，它们之间一定存在着某种联系。找出其关系，将有利于内力的计算和内力图的绘制。再讨论图 7.11(a)所示受均布荷载作用的简支梁，取 x 轴平行于梁的轴线，并以向右为正，y 轴以向下为正，已得到其弯矩和剪力表达式如下：

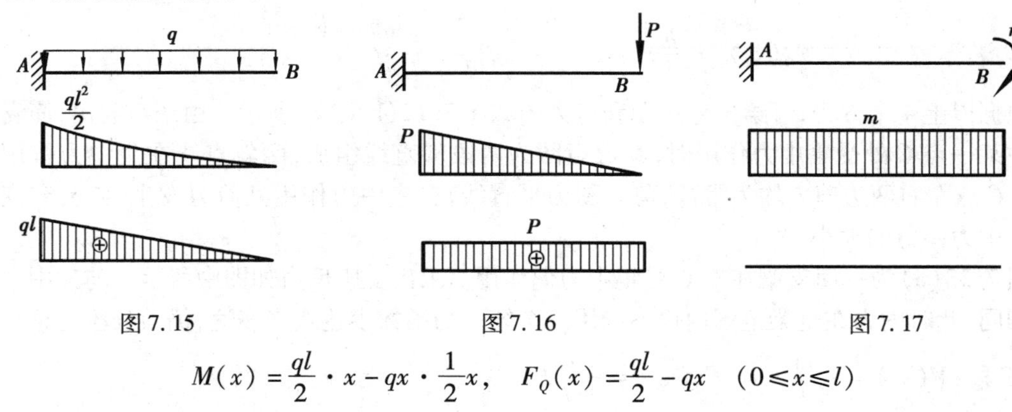

图 7.15　　图 7.16　　图 7.17

$$M(x) = \frac{ql}{2} \cdot x - qx \cdot \frac{1}{2}x, \quad F_Q(x) = \frac{ql}{2} - qx \quad (0 \leqslant x \leqslant l)$$

将剪力表达式对 x 求导有

$$\frac{\mathrm{d}F_Q(x)}{\mathrm{d}x}=-q \tag{7.1}$$

将弯矩表达式对 x 求导有

$$\left.\begin{aligned}\frac{\mathrm{d}M(x)}{\mathrm{d}x}&=F_Q(x)\\ \frac{\mathrm{d}^2M(x)}{\mathrm{d}x^2}&=-q\end{aligned}\right\} \tag{7.2}$$

即剪力对 x 的一阶导数等于相应位置分布荷载的集度的相反数。弯矩对 x 的一阶导数等于相应截面上的剪力，而对 x 的二阶导数等于相应位置分布荷载的集度的相反数。此推论对直梁，无论 $q=0$、$q=$常数或 $q=q(x)$ 均成立，严格的推导可参看其他教材。

由高等数学可知，一阶导数的几何意义是代表曲线上的切线斜率，二阶导数的正、负可用来判定曲线的凹向。因此式(7.1)的几何意义是：F_Q 图在某点的切线斜率等于该点的荷载集度，但两者正负号相反。式(7.2)的几何意义是：M 图在某点的切线斜率等于该点的剪力。当均布荷载向下时，q 为正值，$\frac{\mathrm{d}^2M(x)}{\mathrm{d}x^2}=-q<0$，曲线凹向朝上（$M$ 图坐标向下为正）；当均布荷载向上时，q 为负值，$\frac{\mathrm{d}^2M(x)}{\mathrm{d}x^2}=-q>0$，曲线凹向朝下。对弯矩、剪力及荷载集度三者间的微分关系进行认真地分析，可推出荷载与 M 图、F_Q 图形状之间的一些对应关系。如表7.1所示。

表7.1　荷载 q、F_Q、M 图的形状特征

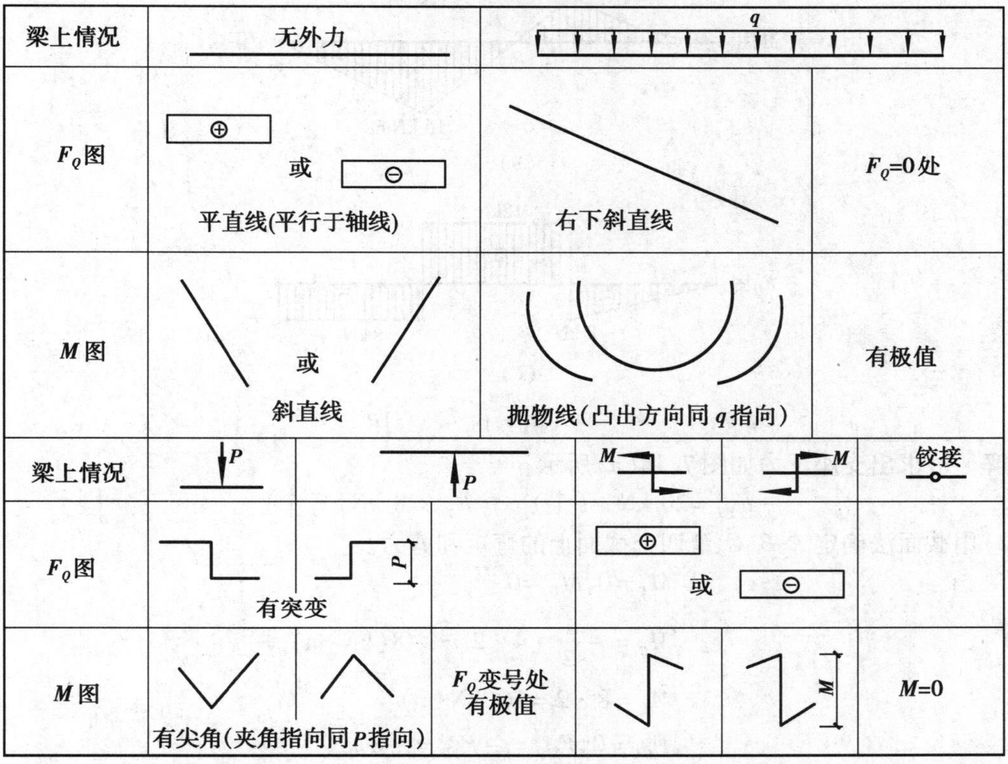

梁上情况	无外力	q	
F_Q图	⊕ 或 ⊖ 平直线(平行于轴线)	右下斜直线	F_Q=0处
M图	或 斜直线	抛物线(凸出方向同 q 指向)	有极值

梁上情况	P ↓	P ↑		M	M	铰接
F_Q图	有突变	P		⊕ 或 ⊖		
M图	有尖角(夹角指向同 P 指向)		F_Q变号处有极值		M	M=0

将表 7.1 所示的内力特征用文字进行简单概括,可得出下面便于记忆的对弯矩、剪力图形状特征的描述:

弯矩图形状特征:无载段,斜直线;均载段,抛物线;集中力,成尖点;力偶处,要突变。

剪力图形状特征:无载段,平直线;均载段,斜直线;力偶处,无影响;集中力,要突变。

(3)根据内力图的形状特征绘制

根据荷载与弯矩、剪力的微分关系,知道杆的内力图的形状特征。在绘制内力图时,我们就可以很方便地根据内力图的形状特征用截面法计算出图形特征点(即控制截面)的内力值来绘制内力图。绘图时,一般先求出支座反力,然后,按梁上的荷载情况选定控制截面(如集中力及力偶作用点、支座两侧的截面、均布荷载起止点及其中间某处截面),求出各控制截面的内力值,并用纵距标在梁轴线对应点处,根据荷载、剪力和弯矩的微分关系,判断各段梁上的内力图形状,最后用直线或曲线将各区段的点顺次相连,即得所求内力图。

例 7.3 对于图 7.18(a)所示外伸梁,按荷载、剪力图和弯矩图的形状特征,分段绘制内力图。

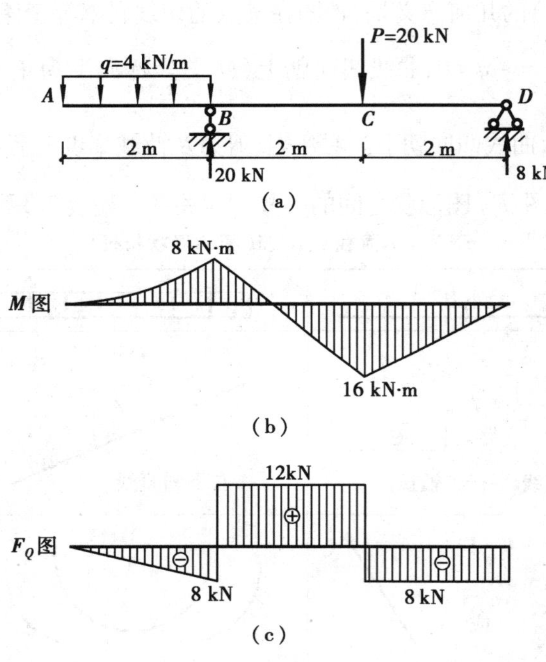

图 7.18

解 1)求出支座反力如图 7.18(a)所示。

$$F_{YB}=20\ \text{kN}\quad(\uparrow)\qquad F_{YD}=8\ \text{kN}\quad(\uparrow)$$

2)用截面法确定 A、B、C、D 四个截面上的弯矩和剪力。

$$M_A=0,M_D=0$$

$$M_B=-\frac{1}{2}\cdot 4\cdot 2^2=-8(\text{kN}\cdot\text{m})$$

$$M_C=8\cdot 2=16(\text{kN}\cdot\text{m})$$

$$F_{QA}=0,F_{QD}=-F_{YD}=-8\ \text{kN}$$

注意:在 B 点处有集中力(支座反力),因此 B 点处剪力有突变,要分 F_{QB}^{l}、F_{QB}^{r} 计算。

$$F_{QB}^{l} = -8\ \text{kN}, F_{QB}^{r} = 12\ \text{kN}$$

3)按弯矩图和剪力图的形状特征,分段绘制内力图。如图 7.18(b)、(c)所示。

(4)已知弯矩图,绘剪力图

根据弯矩和剪力之间存在的微分关系,我们也可直接根据弯矩图绘制剪力图。由弯矩和剪力之间的微分关系可知,当弯矩为常数时,剪力为零;弯矩为 x 的一次函数时,剪力为常数(平直线);弯矩为 x 的二次函数时,剪力为 x 的一次函数(斜直线)。在大多数情况下,弯矩图多为直线或二次抛物线。下面分别讨论弯矩图出现这两种情况时剪力图的绘制。

情况一:某一杆段弯矩图为斜直线,则剪力图为平直线。此时我们只需计算出剪力的大小及正负即可绘出剪力图。由微分关系可知剪力的大小等于弯矩图的斜率。对图 7.19(a)所示结构的弯矩图,各杆段剪力值可用下式计算:

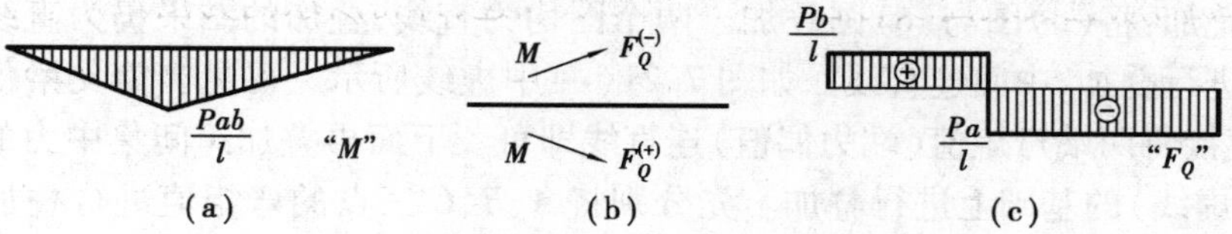

(a)　(b)　(c)

图 7.19

$$F_{Q_{ik}} = \left| \frac{M_{ik} \pm M_{kj}}{l_{ik}} \right| \tag{7.3}$$

式中,当 M_{ik} 与 M_{kj} 位于杆件同侧时相减;M_{ik} 与 M_{kj} 位于杆件异侧时相加。剪力的正负仍由微分关系确定,例对水平直杆,当 M 图向下倾斜时,或者说由基线转向 M 图线为顺时针转动时,剪力为正(此时弯矩图的斜率为正);M 图向上倾斜时,或者说由基线转向 M 图线为逆时针转动时,剪力为负(此时弯矩图的斜率为负),如图 7.19(b)。故已知图 7.19(a)弯矩图时,梁的剪力图如图 7.19(c)。

情况二:某一杆段 M 图为二次抛物线,则该杆段剪力图为斜直线。此时可取该杆段为分离体,将其视为简支梁求出简支梁的支反力即杆段两端剪力值,中间连直线。

如已知图 7.20(a)所示杆段弯矩图,绘剪力图时,首先将该杆段视为简支梁求支座反力(见图 7.20(c)),根据剪力的正负号规定确定两端剪力。将两端剪力连直线即得该杆段剪力图(见图 7.20(b))。

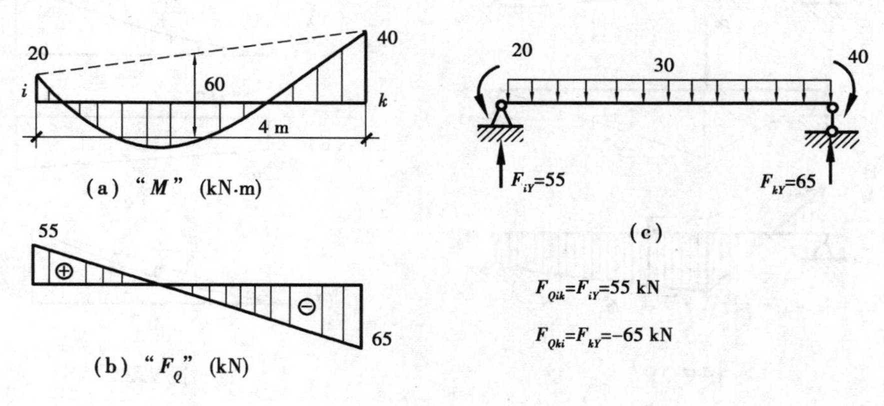

图 7.20

对非均匀的分布荷载段，也可按情况二求出杆段两端剪力值，中间连曲线。

(5)叠加法绘制弯矩图

在前述简支梁、悬臂梁的六个基本弯矩图的基础上，利用叠加法绘制各种梁、刚架等结构的弯矩图是今后常用的一种简便作图方法。而且对以后利用图乘法(9.7节)计算结构位移，也提供了便于计算的基础。

叠加法绘制弯矩图还可细分为两种方法。一种称为"荷载叠加法"，另一种称为"区段叠加法"。"荷载叠加法"是把作用在同一杆段的各个荷载分别单独作用的弯矩图进行叠加，从而得到各荷载共同作用下的弯矩图。讨论图7.21(a)所示简支梁，外荷载包括三个：跨间集中力P和端部集中力偶M_A、M_B。若仅A端作用有力偶M_A时，弯矩图如图7.21(b)所示，仅B端作用有力偶M_B时，弯矩图如图7.21(c)所示，仅跨间集中力P作用时，弯矩图如图7.21(d)所示。现进行叠加：将(b)图与(c)图叠加。两个图均为直线，叠加的结果仍为直线。此时可分别对两端值进行叠加，中间连直线。如图7.21(e)中虚线所示。可见当简支梁仅受端部力偶作用时，可直接将两端弯矩值(端力偶值)连直线即可。下面再叠加跨间集中力的影响。此时是在图(e)(虚线)的基础上进行叠加。先分别将A、B、C三点的弯矩值进行叠加确定三点的最终弯矩值，再按弯矩图的形状特征连线。所得弯矩图如图7.21(e)中阴影部分所示。

必须注意，所谓弯矩图的叠加，是指弯矩值(垂直于杆轴的弯矩竖标)的叠加，而不是图形叠加(垂直于图中虚线叠加)。

例7.4　作图7.22(a)所示悬臂梁的弯矩图和剪力图。$P=2ql$。

解　1)计算支座反力：请读者自行完成。

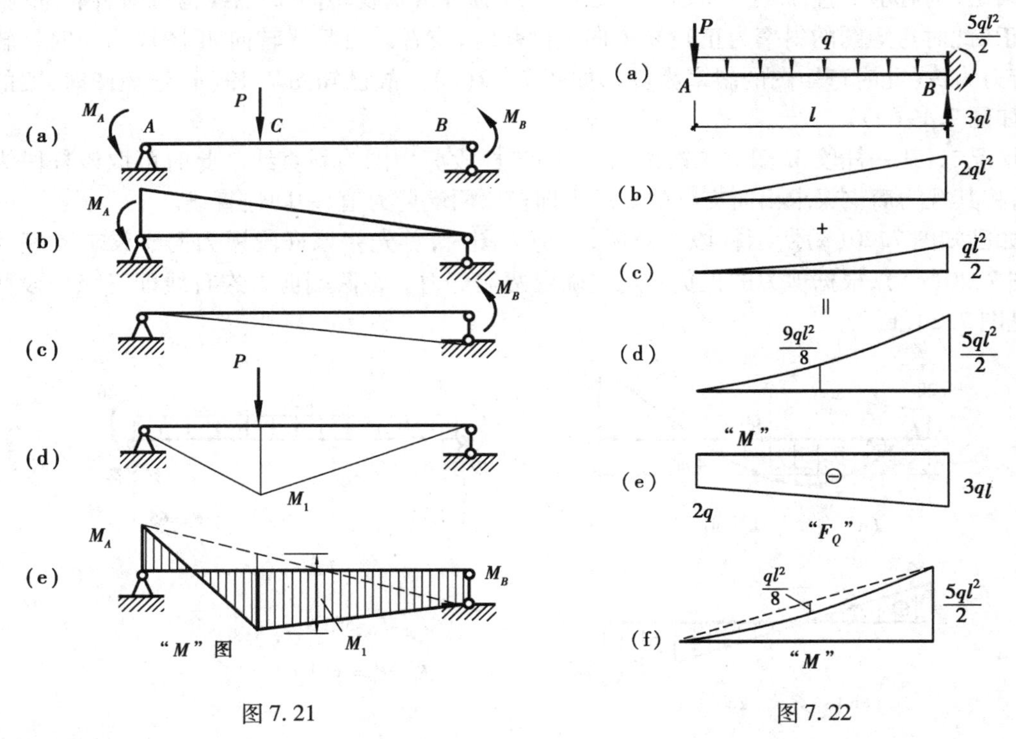

图7.21　　　　图7.22

2)作弯矩图。

先考虑悬臂梁分别受集中力和均布荷载作用，绘出基本弯矩图如图7.22(b)、(c)，然后叠加。因直线与曲线迭加的结果为曲线，固需对梁两个端点及跨中点值进行迭加，计算出三个弯矩值，三点连曲线，即得弯矩图的大致形状，如图 7.22(d)所示。

3)绘剪力图。

由于弯矩图为二次抛物线，剪力图为斜直线，求出两端剪力，中间连直线。如图 7.22(e)所示。

$$F_{Q_A} = -2ql \qquad F_{Q_B} = -3ql$$

"区段叠加法是将梁(或结构)拆分为若干区段，根据杆件各截面的受力特征与支座的对应情况，将每一区段视为简支梁或悬臂梁绘弯矩图。讨论图 7.23(a)所示外伸梁。该梁在绘制弯矩图时可分为三个区段：AD、DB、BC。分析各区段的受力情况，对 BC 段，C 端为自由端，B 端有剪力与弯矩且未知，由第 4 章可知，固定端支座的约束反力与之吻合，因此 B 端的剪力与弯矩可由固定端支座取代，这样 BC 段即可视为悬臂梁绘制弯矩图(图 7.23(b))。对 AD 段，除外荷载及支反力外，截面 D 处有剪力与弯矩，先用截面法计算出 D 截面的弯矩，将 D 截面的剪力用可动铰支座取代，则 AD 段可视为简支梁绘制弯矩图(图 7.23(c))。对 DB 段，D、B 端均有剪力与弯矩且未知，先用截面法计算出 D、B 截面的弯矩，将 D、B 截面的剪力用可动铰支座取代(为保证其几何不变，一端用可动铰支座，另一端用固定铰支座)，则 DB 段也可视为简支梁绘制弯矩图(图 7.23(d))。这样我们就把一个较复杂的梁(结构)的弯矩图绘制问题转化为简单的简支梁或悬臂梁的弯矩图绘制。而多个荷载下的简支梁或悬臂梁的弯矩图绘制，可用前述"荷载叠加法"绘制。由以上讨论，可得出区段叠加法绘制弯矩图的两个基本思路：

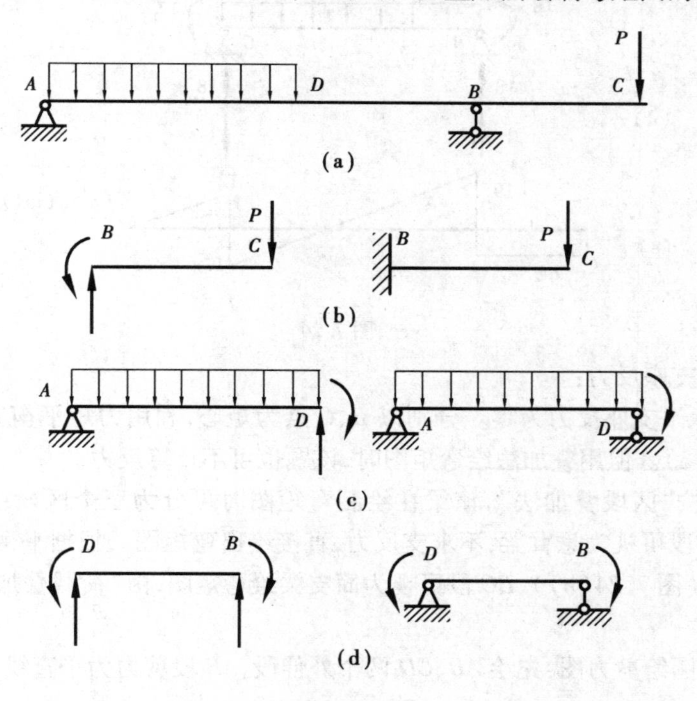

图 7.23

①简支梁思路：对结构中的任一区段，若已知区段两端的弯矩，则可将该区段视为简支梁绘制弯矩图。

②悬臂梁思路：对结构中的任一区段，若一端自由或已知其弯矩和剪力，则可将另一端视

为固定端，按悬臂梁绘制弯矩图。

按简支梁思路，例题7.4图7.22(a)所示悬臂梁的弯矩图绘制，也可在求出支反力后，将其视为简支梁绘弯矩图。此时梁A端为自由端，无集中力偶作用，弯矩为零；B端由第一步支反力的计算，可知$M_B=\frac{5}{2}ql^2$(上部受拉)。已知其两端弯矩，将此梁视为简支梁绘弯矩图。按荷载叠加法，先将两端弯矩连直线(虚线)，再以虚线为基线，叠加相应简支梁在均布荷载作用下的弯矩图。整个梁的弯矩图如图7.22(f)所示，与图7.23(d)完全相同。

例7.5 作图7.24(a)所示外伸梁的弯矩图，并根据弯矩图绘剪力图。

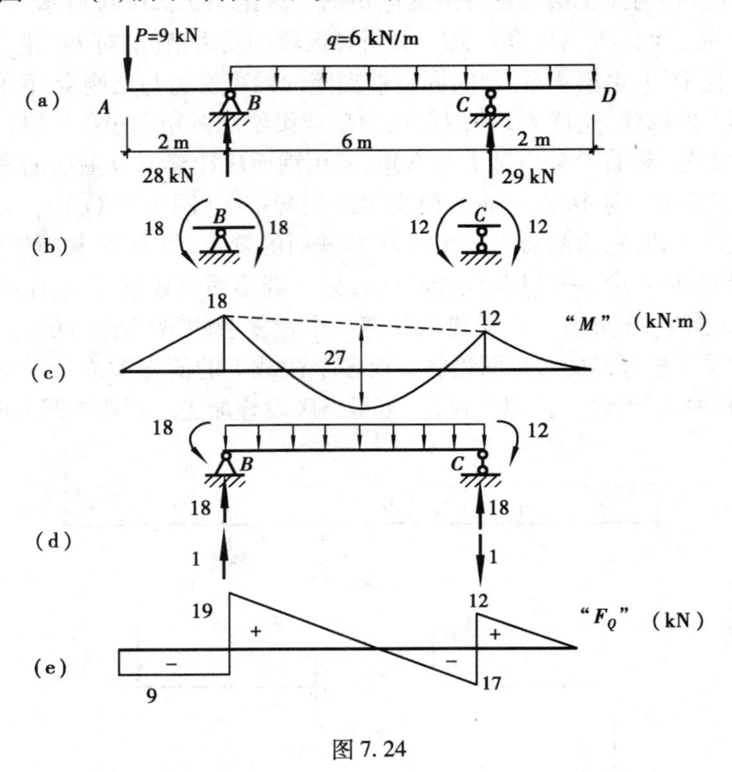

图7.24

解 1)计算支座反力：

显然，梁的水平支座反力为零。分别以B、C点为矩心，利用力矩平衡方程可计算出竖向反力，见图7.24(a)。但用叠加法绘弯矩图时，该题也可不计算反力。

2)绘M图：按"区段叠加法"，该梁在绘制弯矩图时可分为三个区段：AB、BC、CD。其中AB、CD两个外伸段可视为悬臂梁，不求支反力，直接绘出弯矩图。根据平衡条件，B、C两截面处的弯矩为已知(图7.24(b))，BC段可视为简支梁绘弯矩图，由"荷载叠加法"绘出弯矩图如图7.24(c)。

3)根据弯矩图绘剪力图：先绘AB、CD两个外伸段，AB段剪力为平直线，

$$F_{QB}^{l}=-9(\text{kN})$$

CD段剪力为斜直线，$F_{QC}^{r}=12(\text{kN})$　$F_{QD}=0$

BC段剪力也为斜直线，将BC段视为简支梁求出支反力即为端剪力。支反力的计算也可用迭加法计算如图7.24(d)，剪力图如图7.24(e)所示。

$$F_{QB}^{r} = 19\ (\text{kN}) \qquad F_{QC}^{l} = -17\ (\text{kN})$$

注意:B、C 点处均有支座,或说有集中力作用,因此支座两侧截面的剪力不相等,计算时要分别计算两侧的剪力。

*7.2.3　斜梁内力图的绘制

工程中常遇到杆轴为倾斜的斜梁,如图 7.25 所示梁式楼梯的楼梯梁。这里仅就简支斜梁讨论其计算方法。

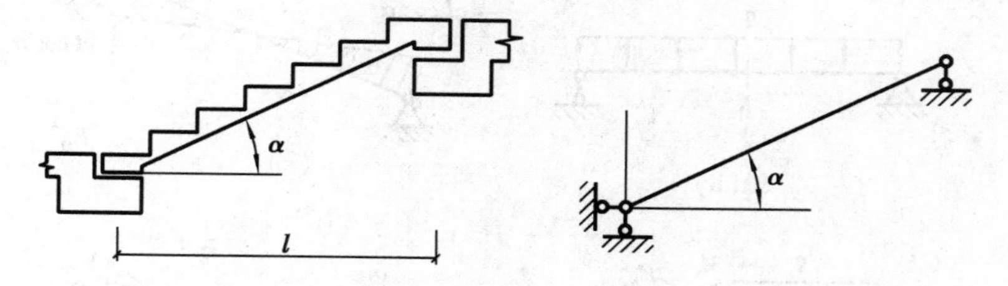

图 7.25

当斜梁承受竖向均布荷载时,荷载按分布情况的不同,其荷载集度 $q(x)$ 可有两种表示方法。一种,如图 7.26(a)所示,作用于斜梁上的均布荷载 q 沿水平方向分布,如楼梯受到人群荷载以及屋面斜梁受到雪荷载的情况;另一种,如图 7.26(b)所示,斜梁上的均布荷载 q'沿斜杆的杆轴方向分布。如斜梁、扶手自重等,就属于这种情况。

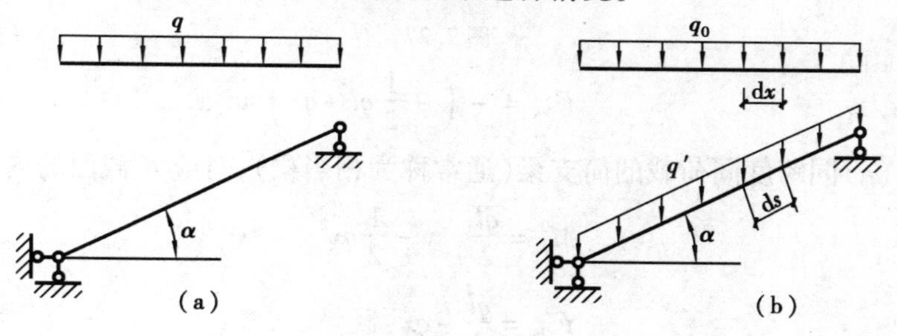

图 7.26

为了计算上的方便,一般将沿斜梁轴线方向的均布荷载 q'换算成沿水平方向分布的均布荷载 q_0。根据在同一微斜段上合力相等的原则可求得 q_0,即

$$q_0 \cdot \mathrm{d}x = q' \cdot \mathrm{d}s \tag{7.4}$$

$$q_0 = \frac{\mathrm{d}s}{\mathrm{d}x} \cdot q' = \frac{q'}{\cos\alpha}$$

计算斜梁截面内力的基本方法仍然是截面法。与水平梁相比,斜梁的杆轴和横截面是倾斜的,因而在竖向荷载作用下,其内力除弯矩和剪力外,还有轴力。以图 7.27(a)为例,斜简支梁的倾斜角为 α,作用在梁上的均布荷载 q 沿水平方向分布,设 x 轴沿水平方向,任一截面 K 的内力表达式为

$$M_K = \frac{ql}{2} \cdot x - \frac{1}{2}qx^2 \qquad ①$$

$$F_{QK} = \left(\frac{1}{2}ql - qx\right)\cos\alpha \qquad ②$$

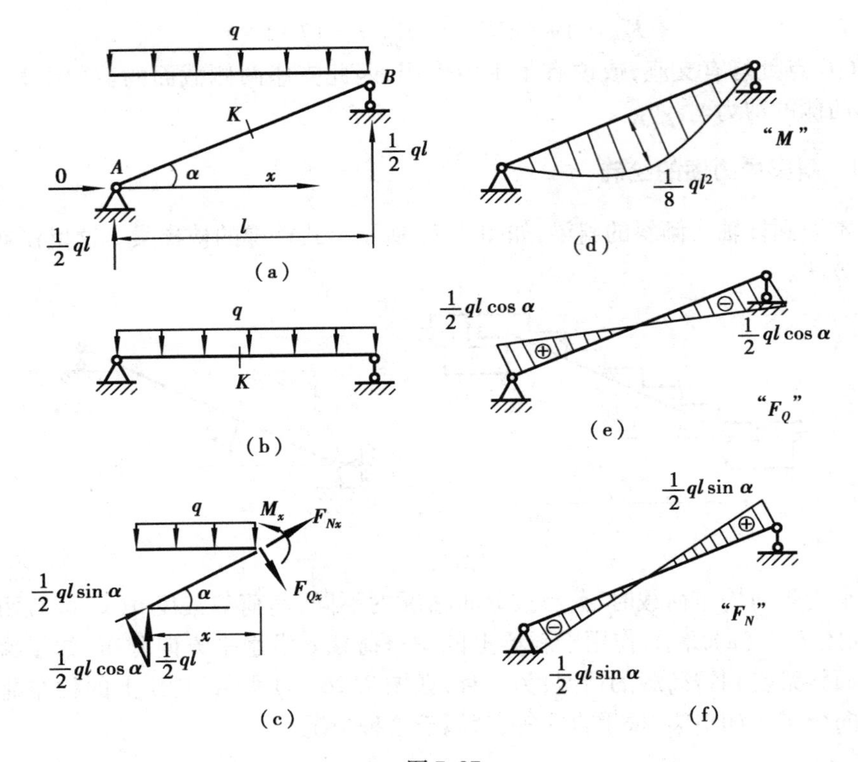

图 7.27

$$F_{NK} = -\left(-\frac{1}{2}ql - qx\right)\sin\alpha \qquad ③$$

考虑与图 7.27(a)同跨度同荷载的简支梁(通常称为相当梁),对应 K 截面的内力表达式为

$$M_K^0 = \frac{ql}{2}\cdot x - \frac{1}{2}qx^2 \qquad ④$$

$$F_{QK}^0 = \frac{ql}{2} - qx \qquad ⑤$$

将式④、⑤分别代入式①、②、③,则得斜梁内力表达式

$$\left.\begin{aligned} M_K &= M_K^0 \\ F_{QK} &= F_{QK}^0\cos\alpha \\ F_{NK} &= -F_{QK}^0\sin\alpha \end{aligned}\right\} \qquad (7.5)$$

根据内力表达式,绘内力图,如图 7.27(d)、(e)、(f)所示。

7.2.4 多跨静定梁的内力计算

多跨静定梁是由若干单跨梁(简支梁、悬臂梁、外伸梁)用铰联结而成的静定结构,在工程结构中,常用作房屋建筑中的檩条(图 7.28a))和公路桥梁的主要承重结构(图 7.29(a))。图 7.28(b)和图 7.29(b)所示分别为它们的计算简图。计算多跨静定梁内力,原则仍是将一个未知的问题转化为已知问题分析。因单跨静定梁的弯矩图我们已经掌握,所以可将多跨问题转化为单跨问题进行分析。需要解决的问题是:各跨之间力的传递规律。首先我们讨论其组成。多跨静定梁从几何组成来看有一个特点:可分为基本部分和附属部分。对图 7.28(b),梁

①不依赖于其他部分的存在，独立地与地基构成一个几何不变部分，我们称其为基本部分（主梁）；梁②在竖向荷载作用下仍能独立维持其平衡，故在竖向荷载作用时也可将它当作基本部分（主梁）；梁③需要依靠基本部分（梁①和梁②）才能维持其几何不变性，因而称其为附属部分（次梁）。显然，一旦基本部分破坏，附属部分的几何不变性也随之破坏；附属部分若破坏，对基本部分几何不变性则无任何影响。所以，多跨静定结构的构成顺序是先固定基本部分，再固定附属部分。

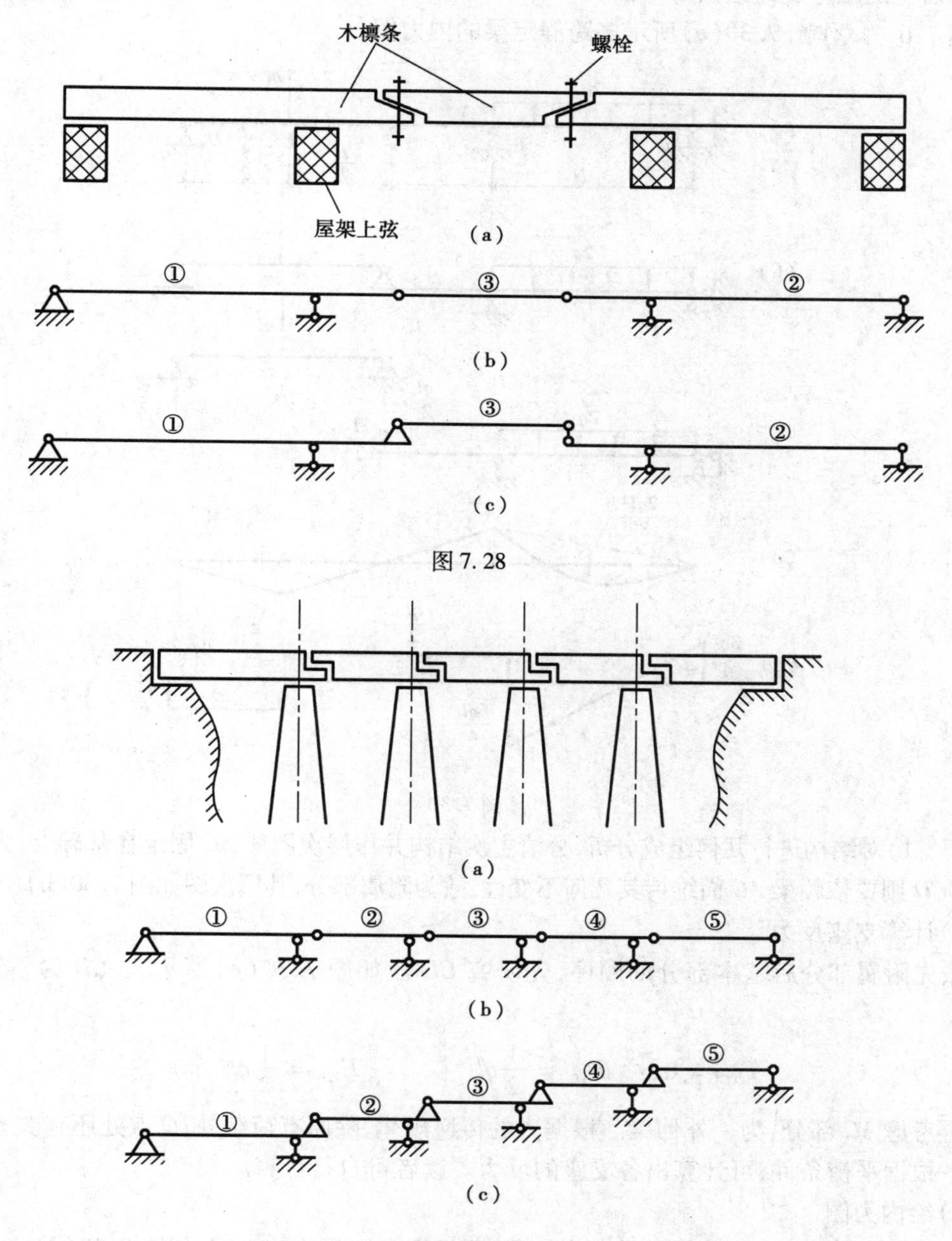

图 7.28

图 7.29

根据上述分析，再利用两根链杆可代替一个单铰的特点，可得到更为清楚的杆件传力关系图。即层次图，如图 7.28(c)所示。由层次图可清晰地看出，当梁①及梁②上作用荷载时，对梁③无影响,但当梁③上作用荷载时,必通过支承传递到梁①及梁②。由此,我们可得出多跨静定梁各跨之间力的传递规律:主梁上作用的荷载对次梁无影响,但次梁上作用的荷载必传递至支承它的主梁。知道了多跨静定梁各跨之间力的传递规律。我们可很轻松地绘制其内力图,绘制的步骤仍然是先绘出弯矩图,再根据弯矩图绘制剪力图。

绘制弯矩图时,首先要对结构进行几何组成分析,分清主次结构;其次绘出其层次图;最后按先次后主的顺序逐跨绘出弯矩图。

例 7.6 试作图 7.30(a)所示多跨静定梁的内力图。

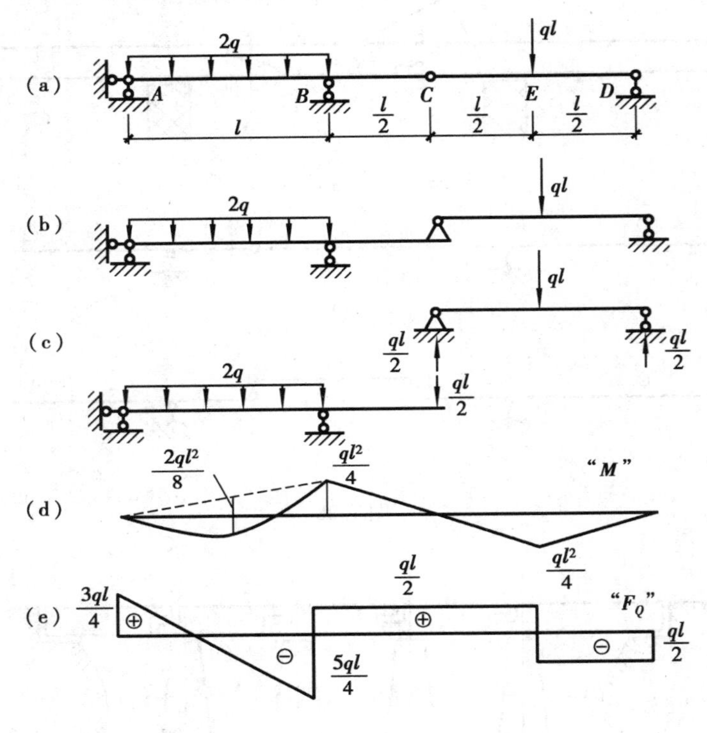

图 7.30

解 1)对结构进行几何组成分析,分清主次结构并作层次图梁 AC 固定在基础上,为基本部分;梁 CD 则要依赖梁 AC 而维持其几何不变性,故为附属部分,其层次图如图 7.30(b)所示。

2)计算支座反力

按先附属部分后基本部分的顺序,先研究 CD 段如图 7.30(c)所示. 。CD 为一简支梁,显然

$$F_{XC}=0 \qquad F_{YC}=\frac{1}{2}ql(\uparrow) \qquad F_{YD}=\frac{1}{2}ql(\uparrow)$$

再考虑 AC 部分,为一外伸梁。根据力的传递规律,除原有荷载外,C 点处还有次梁传来的荷载。根据平衡条件,可计算出各支座的反力。读者可自行计算。

3)绘内力图

首先按由次到主的顺序逐跨绘制弯矩图,再根据弯矩图绘剪力图,如图 7.30(d)、(e)所示。绘制 M 图时,次梁按简支梁绘制,梁的下部受拉,M 图呈三角形;主梁先考虑 BC 段,按悬臂梁绘制,上部受拉,为斜直线;在得到 A、B 两点弯矩后,将 AB 段视为简支梁绘弯矩图。请读者分析 BE

段弯矩图为何为一斜直线，中间无转折。根据弯矩图绘剪力图时，不必考虑主、次梁之分，而按弯矩图的形状特征分段绘剪力图，该梁的剪力图绘制可分为 AB、BE、ED 三段绘制。

7.3　弯曲杆的正应力

由上节可知，梁的横截面上有弯矩 M 和剪力 F_Q。根据内力与应力之间的关系，横截面上微面积的正应力 σ 之和为该面积 $\mathrm{d}A$ 上的的法向内力，即轴力 $\mathrm{d}F_N=\sigma\mathrm{d}A$，而横截面上的法向内力对截面形心简化的主矩就是该截面上的弯矩；同理，微面积的切应力 τ 之和为该面积 $\mathrm{d}A$ 上的的切向内力，即剪力 $\mathrm{d}F_Q=\tau\mathrm{d}A$。所以一般情况下梁横截面上一般既有正应力又有剪应力。

在这一节里，以梁在平面对称弯曲情况下进行分析，研究纯弯曲和横力弯矩下横截面上的正应力分布规律和正应力的计算。

7.3.1　纯弯曲时横截面上的正应力

纯弯曲是平面弯曲中最简单的一种形式，指的是横截面上只存在弯矩而没有剪力的情形。如图7.31所示简支梁，其中 CD 段各个横截面剪力均等于零而弯矩保持不变。此段梁的弯曲就是纯弯曲，其轴线弯曲为圆弧。在 C、D 两截面之间任意截取一纯弯曲段，弯曲前在梁上刻上两族正交直线，一组与轴线平行，另一组与轴线垂直(图7.32(a))。弯曲后可以观察到，与轴线平行的纵向直线变成了曲线；与轴线垂直的横向线仍然保持为直线且与弯曲的轴线保持正交(图7.32(b))。这里的一条线代表了一个面，由此可以推断，弯曲后横截面依然保持为平面。此推断即为**平面假设**。另外还可观察到，纯弯曲下，纵向直线弯曲为圆弧，且相互平行，如图7.32(b)所示，靠近上边缘线段缩短，而靠近下边缘线段伸长。由此可以推断，横截面的上部存在着压应力，而下部存在着拉应力，从上到下，正应力由负到正。因此，正应力的分布规律可通过变形的规律获得。

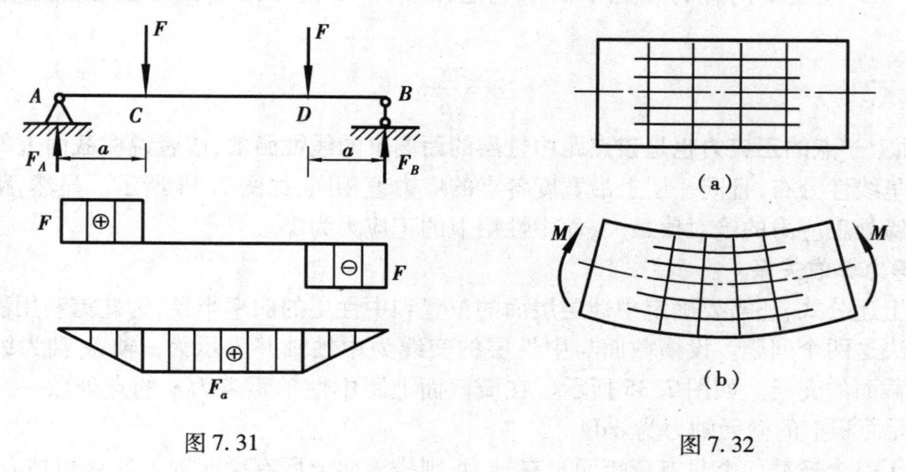

图7.31　　图7.32

(1)变形规律

既然横截面保持为垂直于轴线的平面，且轴线弯曲为圆弧，则相距 $\mathrm{d}x$ 的两个横截面(图

7.33(a))将相对转动并形成一个夹角 $d\theta$(图 7.33(b)),下半部$\overline{AA}$层线伸长并弯曲为$\widehat{AA}$圆弧,而上半部$\overline{BB}$层线缩短并弯曲为$\widehat{BB}$圆弧。从上到下各层线由缩短变为伸长,则其间必有一层既不伸长也不缩短,即$\overline{O_1O_2}=\widehat{O_1O_2}$,称为**中性层**。设中性层的曲率半径为$\rho$,$\overline{AA}$层距中性层的距离为$y$,则$\overline{AA}$层线的轴向线应变为

$$\varepsilon=\frac{\widehat{AA}-\overline{AA}}{\overline{AA}}=\frac{\widehat{AA}-\widehat{O_1O_2}}{\widehat{O_2O_2}}=\frac{(\rho+y)\,d\theta-\rho d\theta}{\rho d\theta}=\frac{y}{\rho} \qquad ①$$

其中,表示弯曲程度的曲率半径ρ与截面上的弯矩、截面的几何性质以及材料的力学性质有关而与y无关,所以可以得到如下结论:**横截面上一点的轴向线应变是该点距中性层的距离 y 的线性函数**。距中性层越远线应变的绝对值越大,越靠近中性层就越小,中性层的轴向线应变为零。

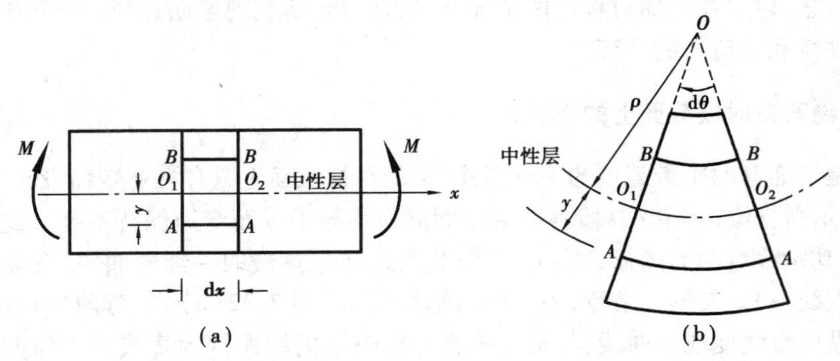

图 7.33

(2)正应力的分布规律

由于剪力为零,则横截面上无切应力存在。此外在离外力作用点稍远的中间梁段上可以不考虑层与层之间的挤压。考虑到以上两点,可以将横截面上各点的应力状态视为单向应力状态。将①式代入单向应力状态下的胡克定律 $\sigma=E\varepsilon$ 便得到横截面上各点正应力的分布规律

$$\sigma=\frac{E}{\rho}y \qquad ②$$

即,**横截面上一点的正应力也是该点距中性层的距离 y 的线性函数**,或者说横截面上的正应力从上到下呈线性分布,且同一层上沿宽度各点的应力值相同,如图 7.34 所示。显然,距中性层最远的边缘处正应力的绝对值最大,而中性层上的正应力为零。

(3)静力等效关系

使用上述公式,还需要确定中性层层面的位置和中性层的曲率半径,为此需利用静力等效关系来解决这两个问题。设横截面与中性层的交线为**中性轴**并表示为 z 轴,y 轴为纵向对称平面与横截面的交线。如图 7.35 所示。在横截面上距中性轴距离为 y 的点处取一个微元面积 dA,微元面积上的微元轴力为 σdA。

①由于整个横截面上只有弯矩而没有轴力,则横截面上所有微元轴力的总和必为零,即

$$\int_A \sigma dA = F_N = 0$$

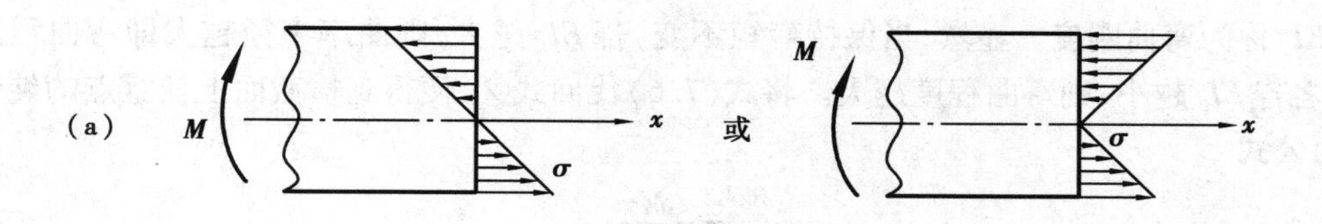

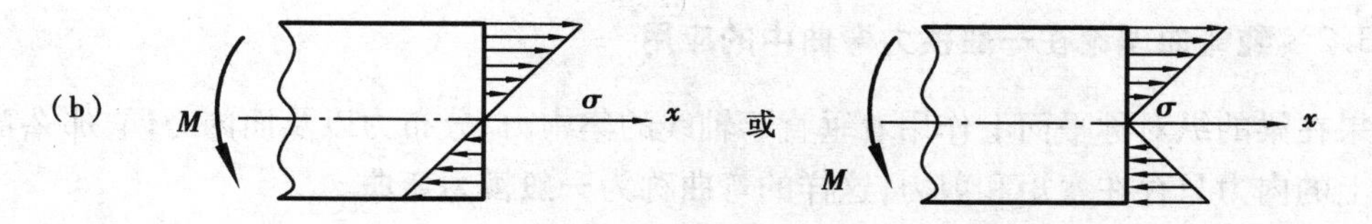

图7.34

将式②代入上式,有

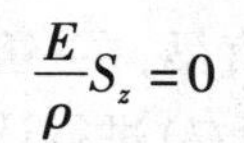

$$\frac{E}{\rho}\int_{A} y\mathrm{d}A = 0$$

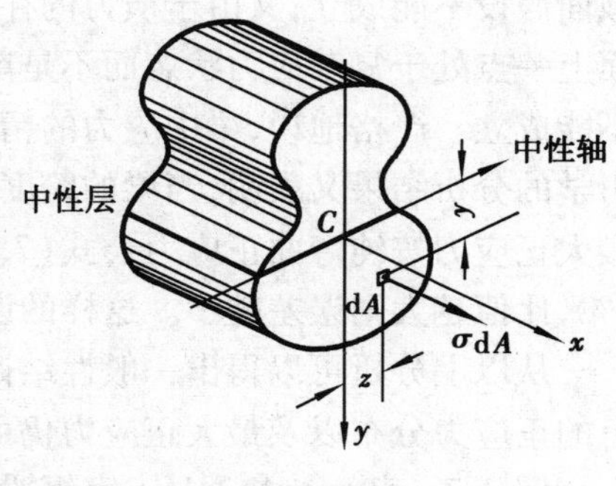

图7.35

又知,$S_z = \int_A y\mathrm{d}A$,称为横截面对中性轴 z 的**静矩**,则上式可写为

$$\frac{E}{\rho}S_z = 0$$

对于弯曲的梁来说,E/ρ 不可能为零,则有

$$S_z = 0$$

由4.3节可知,$S_z = 0$ 表明形心在中性轴上,或者说中性轴(中性层)必定通过截面形心 C。

②所有微元面积上的轴力对对称轴 y 之矩的代数和为

$$M_y = \int_A z\sigma\mathrm{d}A = \int_A z\frac{E}{\rho}y\mathrm{d}A = \frac{E}{\rho}\int_A zy\mathrm{d}A = \frac{E}{\rho}I_{zy}$$

由截面上内力分布的对称性可知,$M_y = 0$,有

$$M_y = \frac{E}{\rho}I_{zy} = 0$$

即有

$$I_{zy} = 0$$

因纵向弯曲中 y 轴为截面的纵向对称轴,上式自然满足。

③所有微元面积上的轴力对中性轴 z 之矩的代数和应等于横截面上的弯矩,即

$$M = \int_A y\sigma\mathrm{d}A$$

将式②代入上式,得到

$$\frac{E}{\rho}\int_A y^2\mathrm{d}A = M$$

式中,令 $I_z = \int_A y^2\mathrm{d}A$,即横截面对中性轴 z 的惯性矩。由此,便得到曲率半径 ρ 与弯矩、截面的几何性质以及材料性质的关系如下:

$$\frac{1}{\rho} = \frac{M}{EI_z} \tag{7.6}$$

其中，EI_z 称为**弯曲刚度**。显然，当保持弯矩不变，若 EI_z 越大，则曲率半径越大即弯曲程度越小；反之若 EI_z 越小，则弯曲程度越大。将式(7.6)代回式②，便得到横截面上任意点的**纯弯曲正应力公式**

$$\sigma = \frac{My}{I_z} \tag{7.7}$$

7.3.2 纯弯曲理论在一般横力弯曲中的应用

如果在梁的纵对称平面上作用着垂直于轴线的集中力、分布力以及面内力偶，那么弯曲后横截面上的内力只存在弯矩和剪力，这样的弯曲称为**一般横力弯曲**。

在一般横力弯曲中，由于剪力的存在，梁的横截面将不再保持为平面而发生翘曲，则平面截面假设不能成立；又由于横力的存在使得与中性层平行的各层面之间产生层间挤压，则横截面上一点处于复杂应力状态而不是单向应力状态，所以单向应力状态下的胡克定律在此处也不能成立。严格地说，梁中应力的精确值应采用弹性力学的方法进行分析和计算。但是弹性力学的分析结果又表明，当梁的跨度 l 与横截面的高度 h 之比(l / h)大于 5 时，横截面上的最大正应力按纯弯曲正应力公式(7.7)得到的近似值相对于弹性力学的结果，其误差不超过 1%，比值越大则误差越小。这样的误差量级对于一般工程设计来说是足可以接受的。

从以上分析可以得出一般性结论：对于足够长的等截面直梁，在一般横力弯曲时其横截面上的正应力分布以及最大正应力仍可按纯弯曲正应力公式(7.7)进行计算。

例 7.7 截面为№24b 工字钢梁受力如图 7.36(a)所示，试求梁上的最大拉应力和最大压应力。

解 首先求支座反力，由平衡方程

$$\sum m_A(F) = 0, \sum m_B(F) = 0$$

可得 $F_A = 160\ \text{kN}, F_B = 132\ \text{kN}$

弯矩图如图 7.36(c)所示，显然 C 截面的弯矩值最大，为

$$M_{\max} = 64\ \text{kN}\cdot\text{m}$$

再查型钢表，可得№24b 工字钢的惯性矩和截面尺寸分别为

$$I_z = 4\ 570\ \text{cm}^4$$

$$y_{\max} = 12\ \text{cm}$$

最后，根据公式(7.7)，可得整个梁中的最大拉应力

$$\sigma_{t,\max} = \frac{M_{\max} y_{\max}}{I_z} = \frac{64 \times 10^3 \times 12 \times 10^{-2}}{4\ 570 \times 10^{-8}} = 168\ \text{MPa}$$

其发生在 C 截面的下缘；最大压应力

$$\sigma_{t,\max} = \frac{M_{\max} y_{\max}}{I_z} = \frac{64 \times 10^3 \times 12 \times 10^{-2}}{4\ 570 \times 10^{-8}} = 168\ \text{MPa}$$

其发生在 C 截面的上缘。显然，**对于上、下对称截面梁，最大拉应力和最大压应力的数值相同，且同时发生在弯矩最大的截面上。**

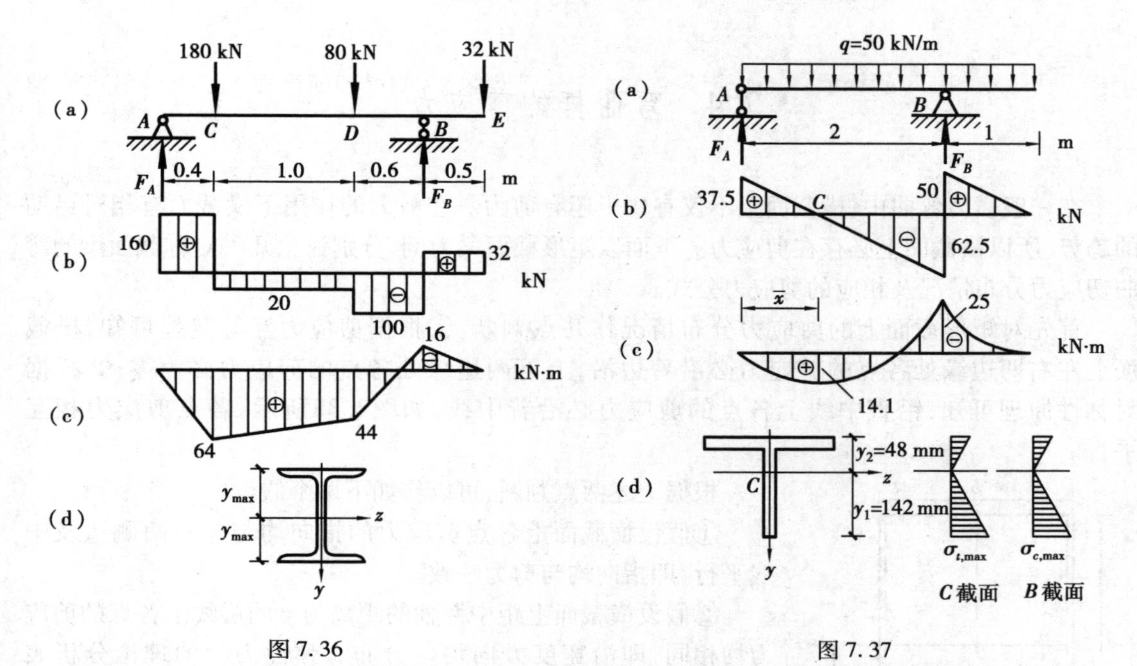

图 7.36　　　　　　　　　　　　　　图 7.37

例 7.8　"T"形截面梁受力如图 7.37(a)所示。已知截面对中性轴的惯性矩 I_z = 2 610 cm^4,试求梁上的最大拉应力和最大压应力,并指明产生于何处。

解　首先求支座反力,由平衡方程

$$\sum m_A(F) = 0, \sum m_B(F) = 0$$

可得

$$F_A = 37.5\ kN, F_B = 112.5\ kN$$

弯矩图如图 7.37(c)所示,极值点位置为

$$\bar{x} = 0.75\ m$$

极值弯矩为

$$M(\bar{x}) = M(C) = 14.1\ kN\cdot m$$

而最大弯矩值为

$$M_{max} = 25\ kN\cdot m$$

最后,根据式(7.7),可得整个梁中的最大拉应力为

$$\sigma_{c,max} = \frac{M(C)y_1}{I_z} = \frac{14.1\times10^3\times142\times10^{-3}}{2\ 610\times10^{-8}} = 76.71\ MPa$$

其发生在 C 截面的下缘;梁中的最大压应力为

$$\sigma_{t,max} = \frac{M_{max}y_1}{I_z} = \frac{25\times10^3\times142\times10^{-3}}{2\ 610\times10^{-8}} = 136\ MPa$$

其发生在 B 截面的下缘。由本题可以看出,**对于上下不对称截面梁,其最大拉应力和最大压应力并不发生在同一个截面上,而且数值也不相同。**

7.4 弯曲杆的剪应力

在一般横力弯曲中，横截面上不仅有弯矩还有剪力。在剪力的作用下横截面有相对错动的趋势，所以横截面上必存在剪应力。下面以矩形截面梁为例，分别讨论几种对称截面梁的弯曲切应力分布情况及相应的剪应力公式。

首先对矩形截面上的剪应力分布情况作几点判断：①根据剪应力互等定理可知，横截面上左右两边缘处各点的剪应力必沿着边沿，上下两边缘处各点的剪应力必为零；②根据对称性原理可知，铅直中线上各点的剪应力必沿着中线，如图7.38所示，各点剪应力相互平行。

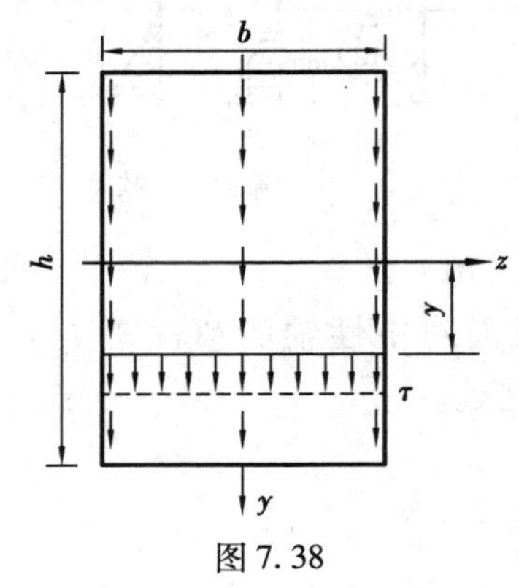

图 7.38

根据上述两点判断，可以作如下两个假设：

①假设横截面上各点剪应力的指向均与左右两侧边及中线平行，即指向均与剪力一致。

②假设横截面上距中性轴的距离为 y 的层线上各点的剪应力均相同，即沿宽度方向均匀分布。弹性力学的理论分析表明，对于高度大于宽度（$h>b$）的矩形截面梁，上述两点假设与实际情况相当吻合；对于高度小于宽度（$h<b$）的矩形截面梁则有一定的误差。

在上述两点假设基础上，可分析确定横截面上的剪应力沿 y 方向的变化规律。从任意的横梁（图 7.39(a)）中截取一微元段进行受力分析（图 7.39(b)）。由于剪力的存在，左右两横截面上的弯矩不相等，有一个微小的差 dM。为了求得横截面上距中性轴的距离为 y 的一条层线上各点的剪应力 τ（图 7.39(c)），可从微元段中再截取 y 以下部分（图 7.39(d)）进行受力分析。微元块左右两截面上的正应力是不同的，即 $\sigma_1\neq\sigma_2$，则左右两截面上的轴力也就不相同，即 $F_{N1}\neq F_{N2}$，所以在水平层面上必存在一个微元剪力 dF'_Q，其相应的剪应力为 τ'，该剪应力 τ' 与横截面上的剪应力 τ 互等（剪应力互等定理），即 $\tau'=\tau$。根据轴向的平衡条件 $\sum F_x=0$，有

$$F_{N2}-F_{N1}-dF'_Q=0 \qquad ①$$

而
$$dF'_Q=\tau'\cdot b dx=\tau\cdot b dx$$

$$F_{N2}=\int_{A^*}\sigma_2 dA=\int_{A^*}\frac{(M+dM)y'}{I_z}dA=\frac{M+dM}{I_z}\int_{A^*}y'dA=\frac{(M+dM)S_z^*}{I_z}$$

$$F_{N1}=\int_{A^*}\sigma_1 dA=\int_{A^*}\frac{My'}{I_z}dA=\frac{M}{I_z}\int_{A^*}y'dA=\frac{MS_z^*}{I_z}$$

式中，S_z^* 为 y 以下面积 A^*（图 7.39(c)中的阴影区域）对中性轴的静矩。将以上三项代入平衡方程①，有

$$\frac{(M+dM)S_z^*}{I_z}-\frac{MS_z^*}{I_z}-\tau\cdot b dx=0$$

于是，得

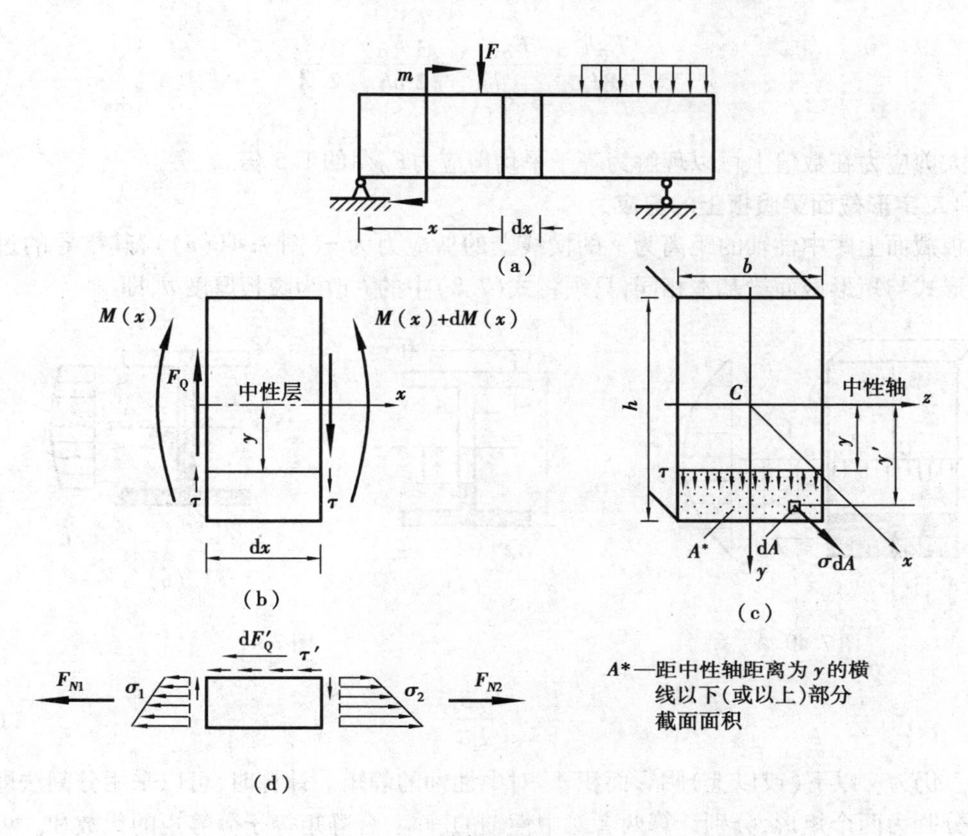

图 7.39

$$\tau=\frac{\mathrm{d}MS_z^*}{\mathrm{d}x\,I_zb}$$

即

$$\tau=\frac{F_QS_z^*}{I_zb}\tag{7.8}$$

这就是等截面直梁在平面弯曲时横截面上的剪应力计算公式，它不仅适用于矩形截面，也适用于由矩形组合而成的对称截面，如工字形、"T"形等截面。

下面分别介绍几种对称截面梁的剪应力分布情况及最大剪应力的计算。

(1)矩形截面

对于指定的截面，式(7.8)中的剪力 F_Q、惯性矩 I_z 和截面的宽度 b 是确定不变的，而面积 A^* 对中性轴的静矩 S_2^* 等于面积乘以其形心 C^* 距中性轴的距离 y_C^*，即

$$S_z^*=A^*\cdot y_C^*=\left(\frac{h}{2}-y\right)b\left(y+\frac{\frac{h}{2}-y}{2}\right)=\frac{1}{2}b\left(\frac{h^2}{4}-y^2\right)$$

将上式代入式(7.8)即得横截面上距中性层的距离为 y 的层线上各点的剪应力公式

$$\tau=\frac{F_Q}{2I_z}\cdot\left(\frac{h^2}{4}-y^2\right)\tag{7.8a}$$

可以看出，从上到下剪应力呈抛物线分布(图7.40)，在下和上($y=\pm h/2$)边缘处，剪应力的确为零；而在中性层($y=0$)上各点的剪应力为最大，即

$$\tau_{max}=\frac{F_Q h^2}{8I_z}=\frac{F_Q h^2}{8\times\frac{bh^3}{12}}=\frac{3}{2}\frac{F_Q}{bh}=\frac{3}{2}\frac{F_Q}{A}$$

最大剪应力在数值上可以理解为等于平均剪应力F_Q/A的1.5倍。

(2)工字形截面梁腹板上的剪应力

腹板截面上距中性轴的距离为y的横线上的剪应力为τ(图7.41(a)),其推导的过程和公式的形式与矩形截面梁基本相同,只须将式(7.8)中的b改为腹板厚度d,即

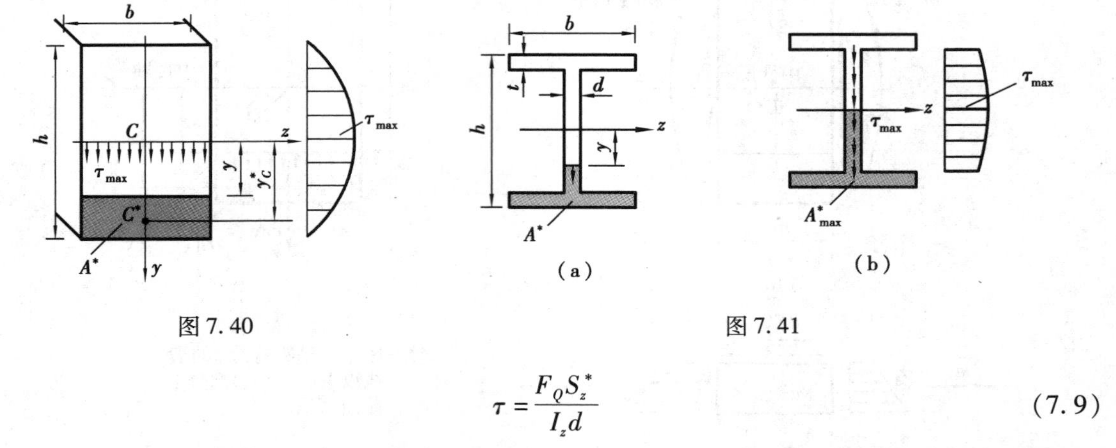

图7.40　　图7.41

$$\tau=\frac{F_Q S_z^*}{I_z d} \tag{7.9}$$

其中,S_z^*仍为y以下(或以上)阴影面积A^*对中性轴的静矩。计算时,可以采用分割法即将阴影面积分割为两个矩形,分别计算两者对中性轴的静矩,合静矩等于分静矩的代数和。可以看出,当y逐渐趋于零时,阴影面积逐渐达到其最大值A_{max}^*,S_z^*也达到其最大值$S_{z,max}^*$,即中性层上各点的剪应力为最大(图7.41(b)),为

$$\tau_{max}=\frac{F_Q S_{z,max}^*}{I_z d} \tag{7.10}$$

其中$S_{z,max}^*$也就是中性轴以下(或以上)阴影面积A_{max}^*对中性轴的静矩,同样可用分割法计算。腹板上的剪应力也按抛物线分布,但是在腹板与翼板的连接点处剪应力并不为零。一般来说,翼板上的剪应力远小于腹板上的切应力,通常可以不必考虑。需要指出的是,翼板与腹板的结合点处于复杂应力状态,其危险程度甚至高于其他点,通常需要做圆角过渡处理。

(3)"T"形截面

"T"形截面(图7.42)腹板上各点的切应力类似于工字形截面,仍按式(7.9)计算,中性层上的最大剪应力仍按式(7.10)计算,翼板上的剪应力可以忽略不计,而在翼板与腹板的结合点处正应力和剪应力均不为零。

(4)圆形及管形

对于圆形及管形截面,若假设中性层上各点的剪应力均相等,则最大剪应力也可按式(7.10)进行计算。如图7.43所示圆截面,有

$$\tau_{max}=\frac{F_Q S_{z,max}^*}{I_z d}=\frac{F_Q\times\frac{\pi d^2}{2}\times\frac{2d}{3\pi}}{\frac{\pi d^4}{64}\times d}=\frac{4F_Q}{3A}$$

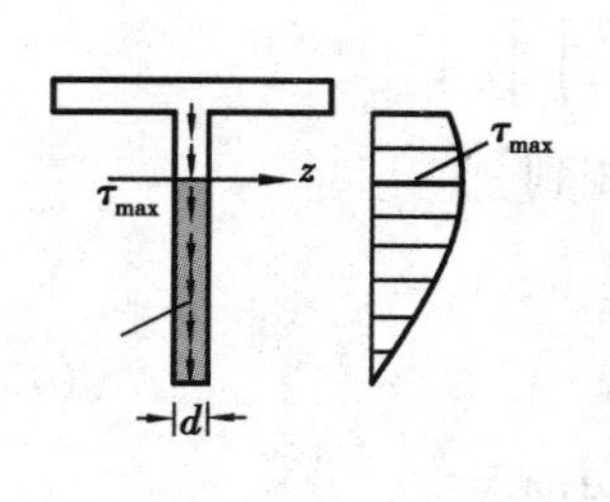

图 7.42

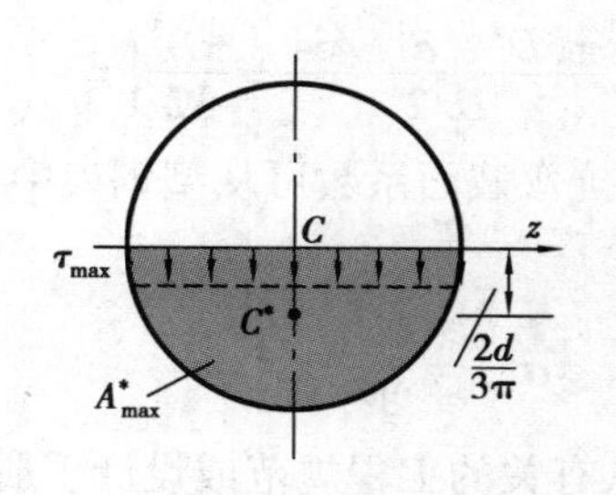

图 7.43

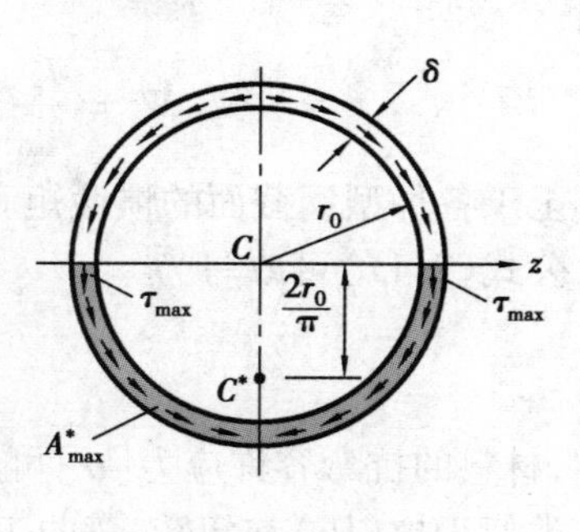

图 7.44

如图 7.44 所示的薄壁管，有

$$\tau_{\max}=\frac{F_Q S_{z,\max}^*}{I_z\times 2\delta}=2\frac{F_Q}{A}$$

其中，r_0 为平均半径，δ 为管壁的厚度。

7.5　弯曲强度计算

7.5.1　弯曲正应力强度计算

从前面的分析已知，梁的最大弯曲正应力发生在横截面的上（或下）边缘处。在上下边缘处剪应力为零。显然，在忽略层间挤压的前提下，上、下边缘处的点（微元体）处于单向应力状态，类似于简单拉（压）杆中一点的应力状态（图 7.45）。由此，可建立梁的弯曲正应力强度条件，整个梁中最危险截面上的最危险点的最大设计工作应力 $\sigma_{\max}$ 不得超过材料的抗弯容许应力 $[\sigma]$，即

$$\sigma_{\max}=\frac{M_{\max}y_{\max}}{I_z}\leqslant[\sigma] \tag{7.11}$$

令

$$\frac{I_z}{y_{\max}}=W_z \tag{7.12}$$

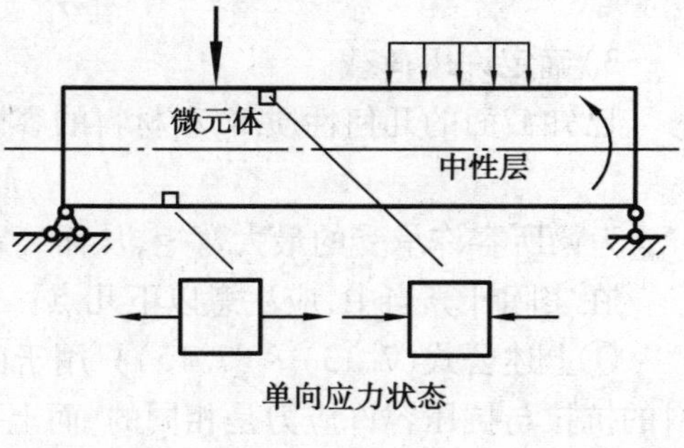

图 7.45

W_z 称为**抗弯截面系数**，为长度单位的三次方。

对于上下对称的截面，上下边缘距中性层的距离相等，即最大拉应力与最大压应力数值相等。常用的上、下对称截面有：

1）矩形截面　设高度为 h，宽度为 b，其抗弯截面系数为

$$W_z=\frac{I_z}{y_{\max}}=\frac{bh^3/12}{h/2}=\frac{bh^2}{6}$$

2）圆截面　设直径为 d，其抗弯截面系数为

$$W_z=\frac{I_z}{y_{\max}}=\frac{\pi d^4/64}{d/2}=\frac{\pi d^3}{32}$$

3）管形截面　设外径为 D，内径为 d，其抗弯截面系数为

$$W_z=\frac{I_z}{y_{max}}=\frac{\pi(D^4-d^4)/64}{D/2}=\frac{\pi D^3}{32}\left[1-\left(\frac{d}{D}\right)^4\right]$$

至于各种型钢截面的惯性矩和抗弯截面系数可从型钢表中查到。

公式(7.11)可改写为

$$\sigma_{max}=\frac{M_{max}}{W_z}\leqslant[\sigma] \tag{7.13}$$

其中,材料的抗弯容许应力$[\sigma]$可从有关的工程规范或设计手册中查到。

类似于拉(压)和扭转,弯曲正应力强度条件式(7.13)也可用于三个方面的强度计算:

1)强度校核

已知梁中的最大弯矩 M_{max}、截面的几何性质 W_z 和材料的容许应力$[\sigma]$,可根据公式(7.13)校核梁是否满足强度要求,即:

$$\frac{M_{max}}{W_z}\leqslant[\sigma]$$

若上式成立则表示梁的强度是满足安全要求的。

2)截面设计

已知梁中的最大弯矩 M_{max} 和材料的容许应力$[\sigma]$,则表示梁在满足强度要求的前提条件下,可将公式(7.13)改写为

$$W_z\geqslant\frac{M_{max}}{[\sigma]} \tag{7.14}$$

即横截面的抗弯截面系数不得小于$\frac{M_{max}}{[\sigma]}$,并以此为依据选择和设计截面的形状以及几何尺寸。

3)确定许用荷载

已知截面的几何性质 W_z 和材料的容许应力$[\sigma]$,可将公式(7.13)改写为

$$M_{max}\leqslant[\sigma]W_z \tag{7.15}$$

M_{max}为梁所容许承受的最大弯矩,从而确定结构所容许承受的最大荷载。

在实际计算当中,应注意以下几点:

①上述公式(7.13)~(7.15)只用于由塑性材料制成的上下对称截面梁,这是因为塑性材料的抗拉与抗压容许应力是相同的,而上下对称梁的最大拉应力与最大压应力也相同,所以上述强度计算并不区别抗拉强度还是抗压强度。

②由塑性材料制成的上下不对称截面梁,可以应用公式(7.13),其中的最大正应力 σ_{max} 是指数值上最大的正应力,而不论是拉应力还是压应力。

③对于用脆性材料制成的上下不对称截面梁,由于其抗拉与抗压容许应力不相同,所以应按公式(7.11)分别进行拉、压强度计算。

④脆性材料的抗拉能力远底于抗压能力,所以脆性材料一般不适于制成抗弯构件,即使在抗弯状态下,一般采用不对称截面,按不对称等强度进行设计。

例 7.9 图 7.46(a)所示用铸铁制成的"T"形截面梁,已知铸铁的抗拉、抗压容许应力分别为$[\sigma]_t=30$ MPa、$[\sigma]_c=60$ MPa;"T"形截面(图 7.46(c))对中性轴的惯性矩 $I_z=763\ \text{cm}^4$,$y_1=8.8$ cm、$y_2=5.2$ cm。试校核此梁的强度。

解 首先求支座反力,由平衡方程

$$\sum F_A(\boldsymbol{F}) = 0 \text{ 和 } \sum F_B(\boldsymbol{F}) = 0$$

可得

$$F_A = 2.5\ \text{kN}, F_B = 10.5\ \text{kN}$$

作弯矩图如(图7.46(b))所示,可得

$$M_B = -4\ \text{kN·m}, M_C = 2.5\ \text{kN·m}$$

由于截面上下不对称,所以 B、C 两个截面均为可能的危险截面。经过分析比较可知,最大拉应力发生在 C 截面的下缘,而最大压应力发生在 B 截面的下缘。根据公式(7.11)得梁中的最大拉应力为

$$\sigma_{t,\max} = \frac{M_C \cdot y_1}{I_z} = \frac{2.5 \times 10^3 \times 8.8 \times 10^{-2}}{763 \times 10^{-8}} = 28.8\ (\text{MPa}) < [\sigma]_t$$

而最大压应力为

$$\sigma_{C,\max} = \frac{M_B \cdot y_1}{I_z} = \frac{4.0 \times 10^3 \times 8.8 \times 10^{-2}}{763 \times 10^{-8}} = 46.1\ (\text{MPa}) < [\sigma]_c$$

可知无论拉、压均满足强度条件的要求,或者说此梁具有足够的抗弯强度。

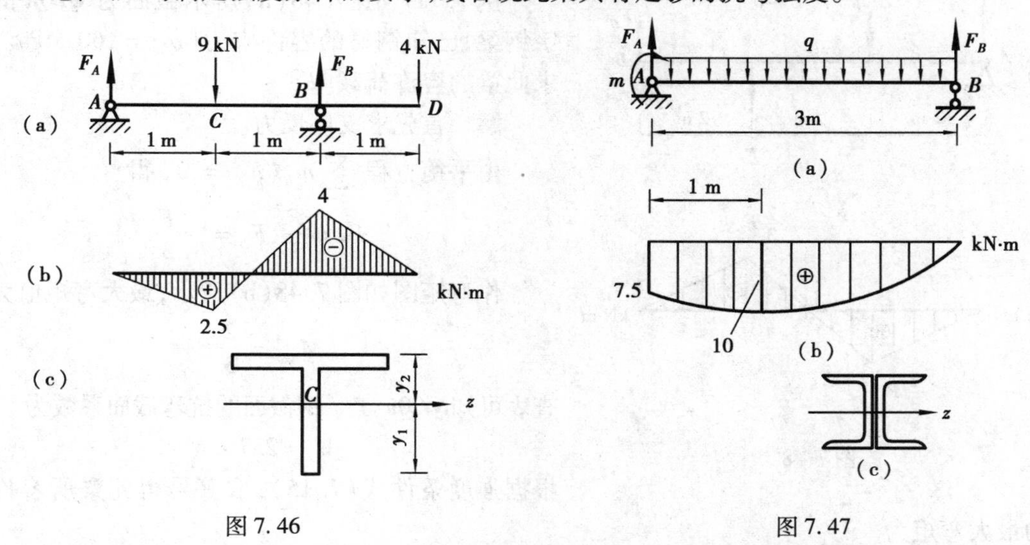

图7.46　　　　图7.47

例7.10　图7.47所示的简支梁由两根槽钢焊接成工字形截面。梁上的均布荷载分布集度 $q = 5$ kN/m,此外,左端还作用一个力偶 $m = 7.5$ kN·m。若已知钢材的容许应力 $[\sigma] = 120$ MPa,试选择此梁的槽钢型号。

解　首先求支座反力。

由平衡方程 $\sum m_A(F) = 0$ 和 $\sum m_B(F) = 0$,可得

$$F_A=5\ \text{kN}, F_B=10\ \text{kN}$$

作弯矩图如图 7.47(b)所示，可得极值矩也是最大弯矩

$$M_{\max}=10\ \text{kN}\cdot\text{m}$$

根据强度条件公式(7.14)，取等号可求得梁所必需的最小抗弯截面系数

$$W_z=\frac{M_{\max}}{[\sigma]}=\frac{10\times10^3}{120\times10^6}=83.3\ \times10^{-6}\ \text{m}^3=83.3\ \text{cm}^3$$

单个槽钢所必需的最小抗弯截面系数则为

$$W_{1z}=\frac{1}{2}W_z=41.6\ \text{cm}^3$$

查槽钢型钢表，符合要求的最小钢型号为№12.6 号槽钢，其抗弯截面系数为 $W_z=62.137\ \text{cm}^3$，超过最小值达 49%，从而造成材料的浪费。若采用№10 号槽钢，其抗弯截面系数 $W_z=39.7\ \text{cm}^3$，则梁的抗弯截面系数为 $W_z=79.4\ \text{cm}^3$。如此，梁中的最大正应力为

$$\sigma_{\max}=\frac{M_{\max}}{W_z}=\frac{10\times10^3}{79.4\times10^{-6}}=125.9\ \text{MPa}$$

超过容许值的百分比为

$$\frac{125.9-120}{120}\times100\%=4.9\%$$

对于钢结构，在线弹性、小变形条件下，工程规范允许其工作应力超过容许应力，但是超过的百分比不得大于5%。所以上述问题中采用№10 的槽钢仍是可以接受的。必须明确，这种处理方法只能用于钢材，对于其他材料不适用。

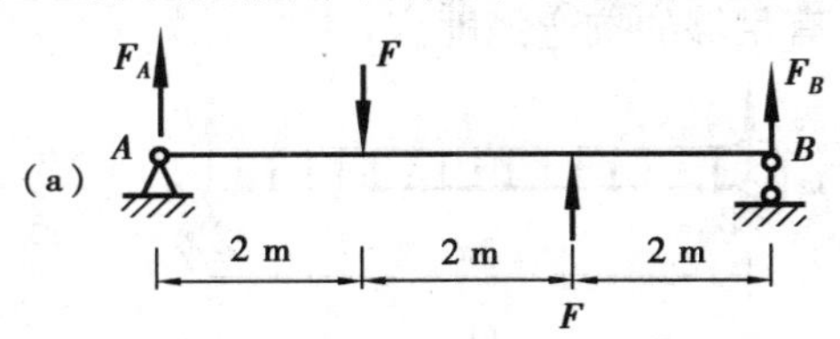

图 7.48

例 7.11　图 7.48(a)所示截面为№20a 的工字钢梁，已知钢材的容许应力$[\sigma]=160$ MPa。试求此梁的容许荷载$[F]$。

解　首先求支座反力。

由平衡方程 $\sum m_B(F)=0$，得

$$F_A=\frac{F}{3}, F_B=-\frac{F}{3}$$

作弯矩图如图 7.48(b)所示，最大弯矩值为

$$M_{\max}=\frac{2}{3}F$$

查表可知№20a 工字钢截面的抗弯截面系数为

$$W_z=237\ \text{cm}^3$$

根据强度条件式(7.15)，取等号得此梁所容许承受的最大弯矩为

$$M_{\max}=[\sigma]W_z=160\times10^6\times237\times10^{-6}=37.92\ \text{kN}\cdot\text{m}$$

得此梁所容许承受的最大荷载

$$F_{\max}=\frac{3}{2}M_{\max}=56.88\ \text{kN}$$

取整数得此梁的容许荷载$[F]=56$ kN。

7.5.2　剪应力强度计算

一般来说,整个梁中的最大剪应力发生在最大剪力 $F_{Q,\max}$ 所在截面的中性层上,即

$$\tau_{\max}=\frac{F_{Q,\max}S_{z,\max}^{*}}{I_z b}$$

式中,b 统一表示为横截面中性层的宽度。由于中性层上的弯曲正应力为零,且忽略层间挤压,所以中性层上各点处于纯剪切应力状态(图7.49)。从微观上讲,这里的纯剪切应力状态与纯扭转中轴上一点的纯剪切应力状态是完全相同的。所以,剪应力强度条件也是相同的,即

$$\tau_{\max}\leqslant[\tau]$$

或者写为

$$\frac{F_{Q,\max}S_{z,\max}^{*}}{I_z b}\leqslant[\tau] \tag{7.16}$$

式中,$[\tau]$为材料的剪切容许应力。

在进行梁的强度计算时,通常必须同时满足弯曲正应力强度条件式(7.11)和切应力强度条件式(7.16)。但是,从受集中力作用的简支梁的内力图可以看出一个特点:在外力不变的情况下,梁越长,则最大弯矩值也就越大,而最大剪力的数值却不变;对于受均布荷载的梁来说,梁越长,则最大弯矩值按长度的平方增加,而最大剪力的数值按长度的一次方增加。所以,对于足够长的梁,其强度主要由弯矩或弯曲正应力控制,而不必进行切应力强度计算。但在以下几种特殊情况下,就必须校核梁的剪切强度:

①荷载靠近支座的梁,荷载越靠近支座,弯矩就越小,剪力的作用就凸显出来了。

②截面中性层的宽度较小的梁,从弯曲切应力公式可以看出,截面宽 b 越小,剪应力就越大。所有型钢腹板的厚度都是按剪应力强度条件设计的,所以通常不进行剪应力强度计算。

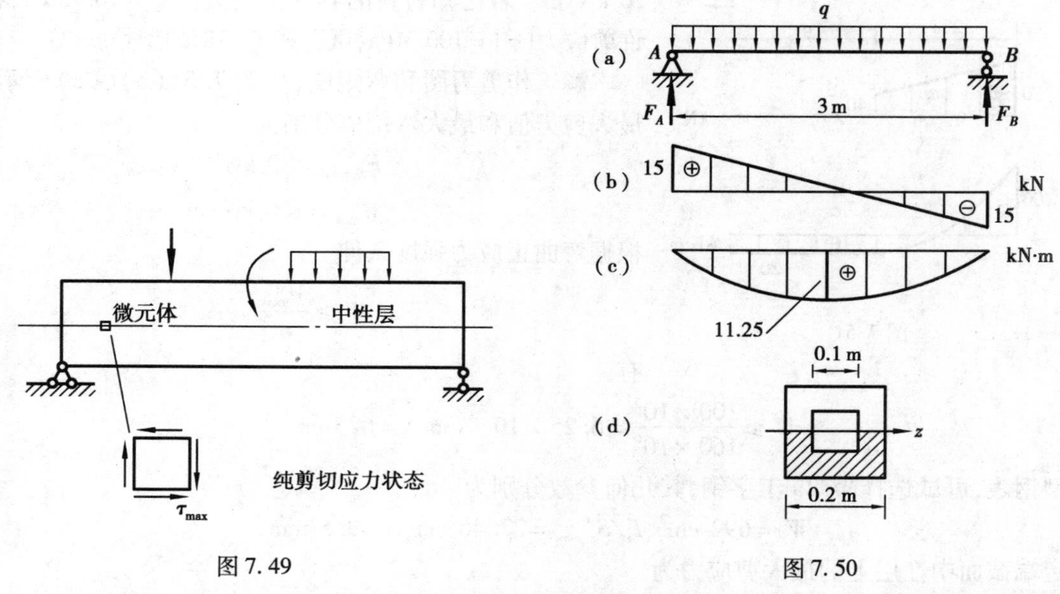

图7.49　　图7.50

③木梁,根据剪应力互等定理,在梁的纵截面上存在层间切应力。木材在顺纹方向的抗剪能力很差,在横力作用下会产生纵向剪切破坏而导致分层。

例 7.12　图 7.50(a)所示受均布荷载作用的简支梁,荷载分布集度 $q=10\ \text{kN/m}$,横截面的形状为方孔型(图 7.50(d)),试求梁的最大正应力及最大剪应力。

解　首先求支反力。

根据对称性可知,两端的反力为

$$F_A=F_B=15\ \text{kN}$$

作剪力图和弯矩图如图 7.50(b)、(c)所示,最大剪力值和最大弯矩值分别为

$$F_{Q,\max}=15\ \text{kN}$$

$$M_{\max}=11.25\ \text{kN}\cdot\text{m}$$

截面的几何性质如下:

$$I_z=\frac{0.2^4}{12}-\frac{0.1^4}{12}=1.25\times10^{-4}\ \text{m}^4$$

$$y_{\max}=0.1\ \text{m},b=0.1\ \text{m}$$

$$W_z=\frac{I_z}{y_{\max}}=1.25\times10^{-3}\ \text{m}^3$$

$$S_z^*=0.1\times0.2\times0.05-0.1\times0.05\times0.025=8.75\times10^{-4}\ \text{m}^3$$

梁上的最大正应力和最大剪应力分别为

$$\sigma_{\max}=\frac{M_{\max}}{W_z}=\frac{11.25\times10^3}{1.25\times10^{-3}}=9\ \text{MPa}$$

$$\tau_{\max}=\frac{F_{S,\max}S_z^*}{I_zb}=\frac{15\times10^3\times8.75\times10^{-4}}{1.25\times10^{-4}\times0.1}=1.05\ \text{MPa}$$

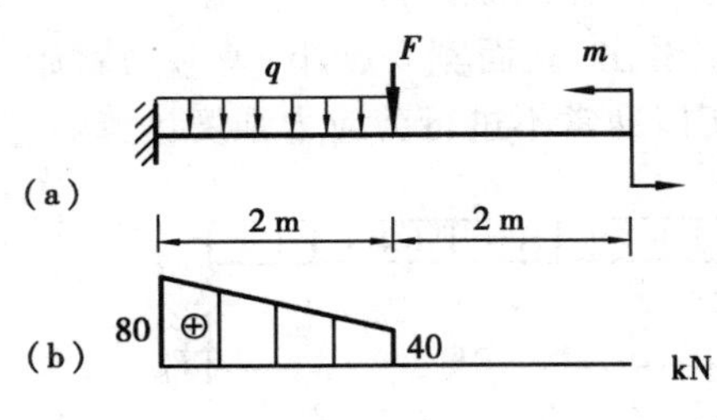

图 7.51

例 7.13　图 7.51(a)所示工字钢悬臂梁,梁上分布荷载集度 $q=20\ \text{kN/m}$,集中荷载$F=40\ \text{kN}$,右端力偶矩 $m=20\ \text{kN}\cdot\text{m}$。若已知材料的容许正应力$[\sigma]=160\ \text{MPa}$、容许剪应力$[\tau]=100\ \text{MPa}$,试选择工字钢的型号。

解　作剪力图和弯矩图,如图 7.51(b)、(c)所示,最大剪力值和最大弯矩值分别为

$$F_{S,\max}=80\ \text{kN}$$

$$M_{\max}=100\ \text{kN}\cdot\text{m}$$

根据弯曲正应力强度条件

$$W_z\geqslant\frac{M_{\max}}{[\sigma]}$$

有

$$W_z\geqslant\frac{100\times10^3}{160\times10^6}=6.25\times10^{-4}(\text{m}^3)=625\ \text{cm}^3$$

查型钢表,可试选择№32a 工字钢,其几何参数分别为

$$W_z=692\ \text{cm}^3,I_z/S_{z,\max}^*=27.46\ \text{cm},d=9.5\ \text{mm}$$

固定端截面中性层上的最大剪应力为

$$\tau_{\max}=\frac{F_{\max}}{I_z/S_{z,\max}^*\cdot d}=\frac{80\times10^3}{27.46\times10^{-2}\times9.5\times10^{-3}}=30.7\ \text{MPa}<[\tau]$$

显然满足剪切强度条件的要求，所以可以选用№32a工字钢。

7.6　梁的变形及刚度校核

梁在荷载作用下，既产生内力也发生变形。为确保梁正常工作，梁除满足强度要求外，还需满足刚度要求，即控制梁的变形。研究梁在荷载作用下产生的变形是否过大，是否会影响结构物的正常使用。例如，当桥梁的变形过大，机车通过时将会引起很大的振动；楼板梁变形过大时，会使板下部的灰层开裂、脱落，并影响楼板地面的平整度；吊车梁的变形过大时，影响吊车的正常运行；等等。实际工程中，根据不同的用途，对梁的变形给予一定的限制，要求其变形不能超过一定的容许值。

变形与位移是两个不同的概念。变形与内力是相互依存的，而位移与内力之间则没有绝对的依存关系，荷载作用下构件的位移是相对于某一参考位置构件变形的集合。梁的整体变形通常是用横截面形心处的线位移 Δ 和转角 θ 这两个位移量来度量。

图7.52(a)为一矩形截面的悬臂梁，当自由端作用一集中力 F 时，在梁的纵向对称平面内将发生平面弯曲。梁弯曲后，轴线由直线变成为一条光滑的平面曲线，此曲线称为梁的挠曲线或梁的弹性曲线。图7.52(b)中，AB 表示梁变形前的轴线，AB' 表示梁变形后的挠曲线（外力没有画出），在此将通过梁的轴线来讨论横截面的竖向位移和转角。

1)竖向位移

梁的任一横截面 C 在梁变形后，从 C 点移到 C' 点（因为研究的是小变形，所以 C 点沿水平方向的位移较之更小，故可忽略不计），沿竖向的线位移 CC' 称为 C 截面的挠度，以 y_C 表示。如图7.52(b)所示，不同截面的挠度值是不同的，根据图7.52(b)中所示坐标，各截面的挠度将是 x 的函数，可写成

$$y = f_1(x)$$

此式为挠曲线的方程式，它表示挠度沿梁长的变化规律。

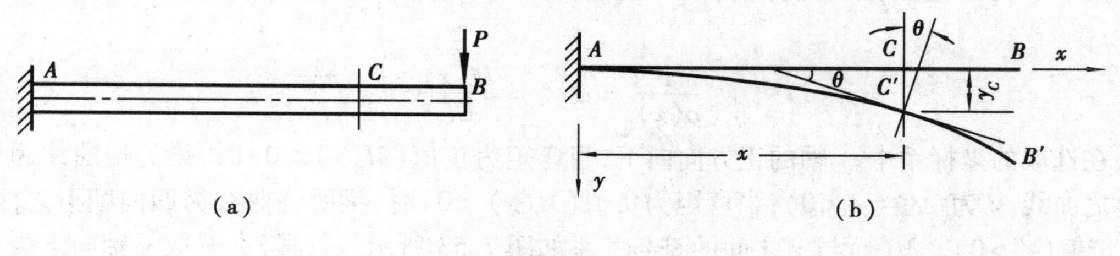

图7.52

2)转角

梁的任一横截面 C 在梁变形后，绕中性轴转过一个角度 θ，θ 称为 C 截面的转角。不同截面的转角值各不相同，也是 x 的函数，即

$$\theta = f_z(x)$$

计算梁的变形，就是计算某一截面上的 y 值和 θ 值。

从图7.52(b)看到，θ 是挠曲线上 C' 点的切线与 x 轴的夹角，所以有：$\tan\theta = \mathrm{d}y/\mathrm{d}x = y'$。由于我们研究的是小变形，梁的挠曲线为一条很平缓的曲线，θ 角很小，故：$\tan\theta \approx \theta$。

从而得

$$\theta = dy/dx = y'$$

此式反映了挠度与转角间的关系。

正负号规定：在如图 7.52(b)所示坐标系中，挠度向下为正，反之为负；转角顺时针转为正，反之为负。

由上可见，只要能建立挠曲线的方程 $y=f(x)$，则任何横截面的挠度和转角便可求出。因此，求变形的关键在于求出挠曲线的方程式。

7.6.1 梁的挠曲线的近似微分方程式

由 7.3 节可知，某截面上挠度 y 和转角 θ 与度量梁弯曲程度的挠曲线的曲率大小有关，同时还与梁的支座约束有关。

梁发生平面弯曲时，轴线由直线变成一条平面曲线（即挠曲线）。利用曲率$\frac{1}{\rho}$与梁的弯曲刚度及弯矩 M 的物理关系，即

$$\frac{1}{\rho} = \frac{M}{EI_z}$$

该式是梁在线弹性范围内纯弯曲的情况下的曲率表达式。工程上常用的梁，其跨度通常远大于截面的高度，根据较精确的理论研究可知，剪力对梁的变形的影响很小，可忽略不计。故该式也适用于横力弯曲时的剪弯情况。在非纯弯曲的情况下，弯矩和曲率都随截面位置而变化，它们都是 x 的函数，此时上式可写为

$$\frac{1}{\rho(x)} = \frac{M(x)}{EI_z} \tag{1}$$

从几何方面，曲线 $y=f(x)$ 上任一点的曲率的数学公式为：

$$\frac{1}{\rho(x)} = \pm \frac{y''}{(1+y'^2)^{3/2}} \tag{2}$$

对于小变形范围，梁的挠曲线很平缓，y' 远小于 1，故 y'^2 为高阶微量。（即 $y'^2 \approx 0$），公式为：

$$\frac{1}{\rho(x)} = \pm y'' = \frac{M(x)}{EI_z} \tag{7.17a}$$

在选取的坐标系中，y 轴的正方向向下，当弯矩为正值（$M(x)>0$）时，梁的挠曲线为凹向朝上之曲线，y''为负值（$y''<0$）；当弯矩为负值（$M(x)<0$）时，梁的挠曲线为凹向朝下之曲线，y''为正值（$y''>0$）。$M(x)$与 y''之间的符号关系如图 7.53 所示。这样，在选取 y 轴向下为正的情况下，$M(x)$与 y''的符号总是相反，所以式中应选取负号，即

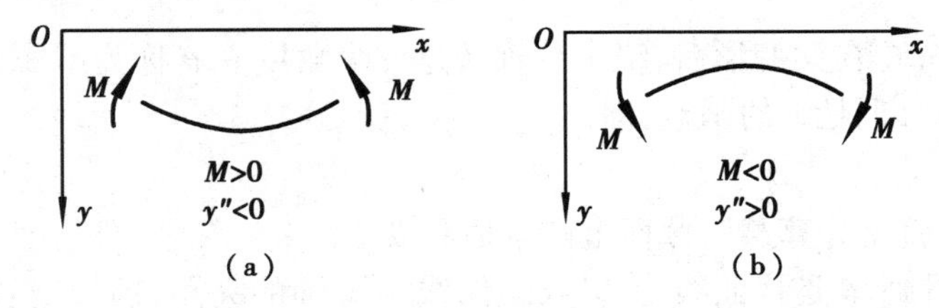

图 7.53

$$y'' = -\frac{M(x)}{EI_z} \tag{7.17}$$

此式就是梁的挠曲线的近似微分方程式。有了挠曲线的近似微分方程式，可用积分方法求挠曲线的方程式。

7.6.2　积分法计算梁的位移

计算梁的位移时，可对公式(7.17)进行积分，积分一次得转角方程式，积分两次得挠度方程式，此法称为积分法。

(1)挠曲线和转角的积分方程

对等截面梁来说，EI_z 为常量，对上式积分一次，得

$$EI_z\theta = EI_z y' = \int -M(x)\,\mathrm{d}x + C \tag{7.18}$$

再积分一次得

$$EI_z y = \iint -M(x)\,\mathrm{d}x^2 + Cx + D \tag{7.19}$$

式中，C、D 为积分常数，其值可由梁的某些截面的已知变形条件来确定。

(2)边界条件和变形连续条件

用积分法计算位移时，先列弯矩表达式，然后建立挠曲线的近似微分方程式，对微分方程式进行积分便得到转角及挠度方程式。在积分过程中出现的积分常数，一般是通过梁的边界条件求得。当梁各截面的弯矩不能用一个统一的函数式表达时，应该分段列出弯矩表达式和挠曲线的近似微分方程式，并分段积分。此时积分常数的确定，除利用梁的边界条件外，还需利用梁的变形连续条件。弯矩表达式为2个时，出现4个积分常数，当弯矩表达式为 n 个时，出现的积分常数将为 $2n$ 个。此时，边界条件和变形连续条件也必须有 $2n$ 个才能确定各积分常数。在求梁的位移时，总会找到足够的边界条件和变形连续条件。

1)边界条件

已知的支座约束处的变形条件称为梁的边界条件。固定端 A 处，截面的挠度 $y=0$，截面的转角 $\theta=0$，见图7.54(a)；铰支座 A 处，截面的挠度 $y=0$，见图7.54(b)、(c)；当约束为弹性支座 A(图7.54(d))时，支座处截面的挠度 $y=\frac{F_{Ay}}{k}$；当支座 A 处有下降位移 Δ(图7.54(e))时，支座处截面的挠度 $y=\Delta$。

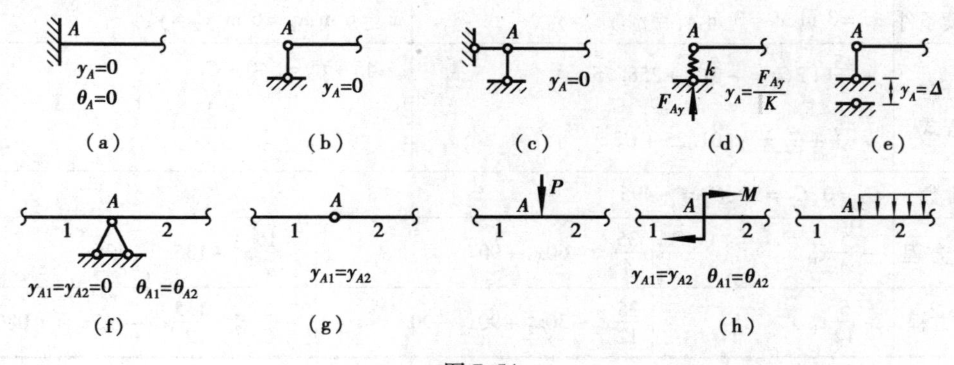

图7.54

2)变形连续条件

两段曲线之间的变形条件为变形连续条件。如图7.54(f)、(g)、(h)所示。

根据梁的约束和荷载布置情况下的变形条件就可求出积分常数,获得挠曲线和转角方程。利用方程式便可求出任一截面的转角和挠度。

例7.14 图7.55(a)所示外伸梁,试用积分法求B、D点的挠度和D点转角。

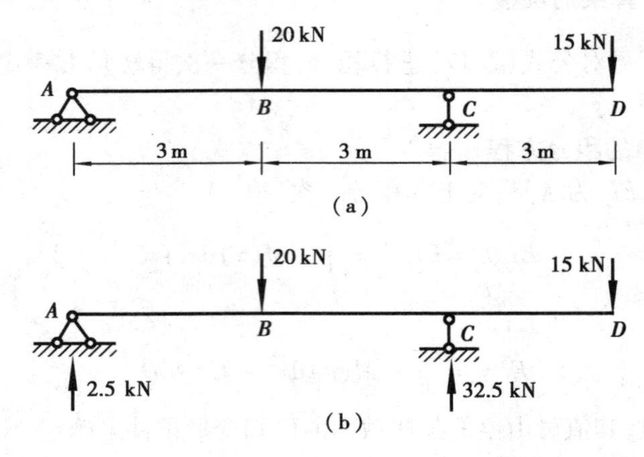

图7.55

解 1)求支反力,结果见图7.55(b)。

2)求挠度方程。分段建立近似微分方程,分段为AB、BC、CD三段,列表计算。

表7.2 挠曲线方程计算表

分　段	AB段($x_1=0\sim3$ m)	BC段($x_2=3\sim6$ m)	CD段($x_3=6\sim9$ m)
$M(x)$	$2.5x_1$	$-17.5x_2+60$	$15x_3-135$
$EI'_y(x)$	$-\frac{5}{4}x_1^2+C_1$	$\frac{35}{4}x_2^2-60x_2+C_2$	$-\frac{15}{2}x_3^2+135x_3+C_3$
$EI_y(x)$	$-\frac{5}{12}x_1^3+C_1x_1+D_1$	$\frac{35}{12}x_2^3-30x_2^2+C_2x_2+D_2$	$-\frac{5}{2}x_3^3+\frac{135}{2}x_3^2+C_3x_3+D_3$
边界条件	$x_1=0,y_1=0$	$x_2=6$ m$,y_2=0$	$x_3=6$ m$,y_3=0$
$EI_y(x)$	$D_1=0$ $-\frac{5}{12}x_1^3+C_1x_1$	$D_2=450-6C_2$ $\frac{35}{12}x_2^3-30x_2^2+C_2(x_2-6)+450$	$D_3=-1\ 890-6C_3$ $-\frac{5}{2}x_3^3+\frac{135}{2}x_3^2+C_3(x_3-6)-1\ 890$
变形连续条件	$x_1=3$ m$,x_2=3$ m$,y_1=y_2,y_1'=y_2'$		$x_2=6$ m$,x_3=6$ m$,y'_2=y'_3$
求积分常数方程式	$-\frac{45}{4}+3C_1=-3C_2+258.75$ $-\frac{45}{4}+C_1=-101.25+C_2$		$-45+C_2=540+C_3$
积分常数	$C_1=0,C_2=90,C_3=-495$		
$EIy'(x)$方程	$-\frac{5}{4}x_1^2$	$\frac{35}{4}x_2^2-60x_2+90$	$-\frac{15}{2}x_3^2+135x_3-495$
$EIy(x)$方程	$-\frac{5}{12}x_1^3$	$\frac{35}{12}x_2^3-30x_2^2+90x_2-90$	$-\frac{5}{2}x_3^3+\frac{135}{2}x_3^2-495x_3+1\ 080$

3)求 B、D 点挠度,D 点转角。

由 AB 段或 BC 段均可求出 B 点挠度:

$$y_B = \frac{-5}{12EI} \times 3^3 = \frac{-45}{4EI}$$

由 CD 段可求出 D 点挠度和转角:

$$y_D = \frac{1}{EI}\left(-\frac{5}{2} \times 9^3 + \frac{135}{2} \times 9^2 - 495 \times 9 + 1\,080\right) = \frac{270}{EI}$$

$$\theta_D = y'_D = \frac{1}{EI}\left(-\frac{15}{2} \times 9^2 + 135 \times 9 - 495\right) = \frac{225}{2EI}$$

积分法是计算变形的基本方法,但当作用在梁上的荷载较复杂时,其计算过程比较繁杂,计算工作量大,但该法在理论上是比较重要的。

在实际工程中,梁上可能同时作用有几种(或几个)荷载,为了使用上的方便,将各种单一常见荷载作用下简单梁的转角和挠度计算公式及挠曲线的方程式列表(表7.3),而采用叠加法来计算复杂荷载作用下梁的位移。

表7.3　简单荷载作用下梁的转角和挠度

序号	支承和荷载情况	梁端转角	最大挠度	挠曲线方程式
1	A P B x y_{max} l y	$\theta_B = \frac{Pl^2}{2EI_z}$	$y_{max} = \frac{Pl^3}{3EI_z}$	$y = \frac{Px^2}{6EI_z}(3l - x)$
2	A a P b B x y_{max} l y	$\theta_B = \frac{Pa^2}{2EI_z}$	$y_{max} = \frac{Pl^2}{6EI_z}(3l - a)$	$y = \frac{Px^2}{6EI_z}(3a - x)\quad 0 \leqslant x \leqslant a$ $y = \frac{Pa^2}{6EI_z}(3x - a)\quad a \leqslant x \leqslant l$
3	q A B x y_{max} l y	$\theta_B = \frac{ql^3}{6EI_z}$	$y_{max} = \frac{ql^4}{8EI_z}$	$y = \frac{qx^2}{24EI_z}(x^2 + 6l^2 - 4lx)$
4	M_e A B x y_{max} l y	$\theta_B = \frac{M_e l}{EI_z}$	$y_{max} = \frac{M_e l^2}{2EI_z}$	$y = \frac{M_e x^2}{2EI_z}$
5	P A B x θ_A y_{max} θ_B $\frac{l}{2}$ $\frac{l}{2}$ y	$\theta_A = \frac{Pl^2}{16EI_z}$ $\theta_A = -\theta_B$	$y_{max} = \frac{Pl^3}{48EI_z}$	$y = \frac{Px}{48EI_z}(3l^2 - 4x^2)$
6	q A B x θ_A y_{max} θ_B l y	$\theta_A = \frac{ql^3}{24EI_z}$ $\theta_A = -\theta_B$	$y_{max} = \frac{5ql^4}{384EI_z}$	$y = \frac{qx}{24EI_z}(l^3 - 2lx^2 + x^3)$

续表

序号	支承和荷载情况	梁端转角	最大挠度	挠曲线方程式
7		$\theta_A=\frac{Pab(l+b)}{6lEI_z}$ $\theta_B=-\frac{Pab(l+a)}{6lEI_z}$	$y_{\max}=\frac{Pb}{9\sqrt{3}EI_z}(l^2-b^2)^{\frac{3}{2}}$ 在 $x=\frac{\sqrt{l^2-b^2}}{3_z}$ 处	$y=\frac{Pbx}{6lEI_z}(l^2-b^2-x^2)$ $0\leqslant x\leqslant a$ $y=\frac{P}{EI_z}\left[\frac{b}{6l}(l^2-b^2-x^2)x+\frac{1}{6}(x-a)^3\right]$ $a\leqslant x\leqslant l$
8		$\theta_A=\frac{M_e l}{6EI_z}$ $\theta_B=-\frac{M_e l}{3EI}$	$y_{\max}=\frac{M_e l^2}{9\sqrt{3}EI_z}$ 在 $x=\frac{l}{\sqrt{3}}$ 处	$y=\frac{M_e x}{6lEI_z}(l^2-x^2)$

7.6.3 叠加法计算梁的位移

只要梁的变形是微小的(即小变形),材料处于弹性阶段且服从胡克定律(即材料在线弹性范围内工作),则位移均与梁上荷载成线性关系,此时,均可应用叠加法。

叠加法分两类:

①荷载叠加法,即多个荷载作用下梁的位移计算视为各单个荷载作用下位移的代数相加;

②区段叠加法,即根据位移是杆件各部分变形的累加的结果的概念,将梁视为由多个杆段组成,按各杆段构成梁的变形分析计算指定截面的位移,并进行叠加。

(1)荷载叠加法

荷载叠加法实际上就是将梁上的荷载视为多个如表 7.3 中图所示简单荷载的组合,利用表中的公式分别计算各荷载下指定截面下的位移,然后再将这些位移代数相加。由于梁在各种简单荷载作用下产生的位移均可查表 7.3,因而这类情况用叠加法计算梁的位移就比较简便,下面以例题加以说明。

例 7.15 用叠加法求如图 7.56(a)所示梁的跨中挠度 y_C 以及 A 点的转角。

解 先分别计算 q 与 P 单独作用下(图 7.56(b)、(c))的跨中挠度 y_{C1} 和 y_{C2}。

查表 7.3 得

$$y_{C1}=\frac{5ql^4}{384EI_z},y_{C2}=\frac{Pl^3}{48EI_z}$$

q、P 共同作用下的跨中挠度则为

$$y_C=y_{C1}+y_{C2}=\frac{5ql^4}{384EI_z}+\frac{Pl^3}{48EI_z}$$

同样,可求得 A 点截面的转角为

$$\theta_A=\theta_{A1}+\theta_{A2}=\frac{ql^3}{24EI_z}+\frac{Pl^2}{16EI_z}$$

例 7.16 图 7.57(a)所示悬臂梁,已知:$l=3$ m,$q=10$ kN/m。试用叠加法计算 C 截面的挠度。

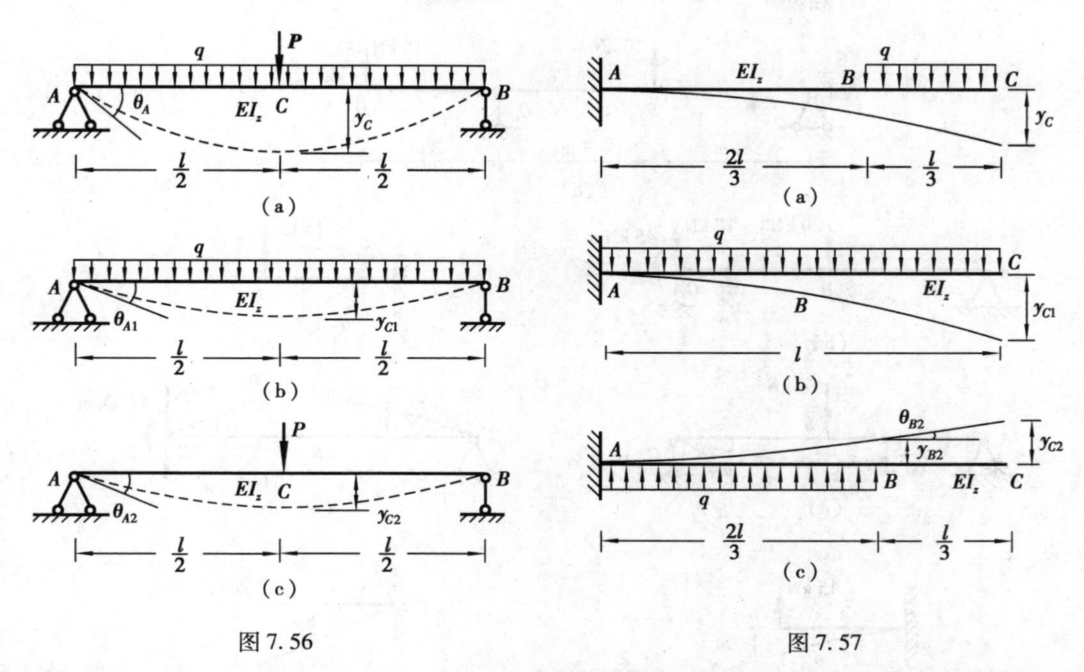

图7.56　　　　　　图7.57

解　1)分析表7.3没有如图7.57(a)所示情况的挠度计算公式。根据叠加法,图7.57(a)的情况相当于图7.57(b)、(c)两种情况的叠加。

2)C截面的挠度。查表7.3,分别计算图7.57(b)、(c)两种情况下C点截面的挠度。

$$y_{C1}=\frac{ql^4}{8EI_z}=\frac{10\times 3^4}{8EI_z}=\frac{810}{8EI_z};$$

$$y_{C2}=y_{B2}+\theta_{B2}\times l/3=\frac{-10\times 2^4}{8EI_z}+\frac{-10\times 2^3}{6EI_z}\times 1=-\frac{100}{3EI_z}$$

C点截面挠度为

$$y_C=y_{C1}+y_{C2}=\frac{810}{8EI_z}-\frac{100}{3EI_z}=-\frac{815}{12EI_z}$$

(2)区段叠加法

表7.3只列出简支梁和悬臂梁在简单荷载作用下的位移计算公式,对于表中没有的梁,可将梁视为由多个杆段组成,根据受力和变形一致条件将各杆段处理成简支梁或悬臂梁,各杆段用表7.3公式计算荷载作用下的变形,按各杆段构成梁的变形分析计算指定截面的位移,再进行叠加。下面举例说明。

例7.17　对例7.13的外伸梁(图7.58(a)),用叠加法求B,D点的挠度和D点转角。

解　1)分析

外伸梁的位移不能直接查图表7.3获得,为此须进行分解处理。分解处理的原则是分解的杆段处理成简支梁或悬臂梁时无论在受力还是在变形上均应与原外伸梁的相同。

因此,将AC段视为简支梁,分析外伸梁C点的受力情况,故把原外伸杆段上的荷载即作用在D上的力向C点简化,得到满足受力条件要求的简支梁AC,见图7.58(b)。

将CD段视为悬臂梁,分析外伸梁C点的变形情况,根据AC杆段与CD杆段在C点变形连续条件,故认为悬臂梁的C点处存在初始转角(或称为支座的转角位移),且该转角应与AC梁C点的转角相等。由此得到满足受力和变形一致条件下的悬臂梁CD,见图7.58(c)。

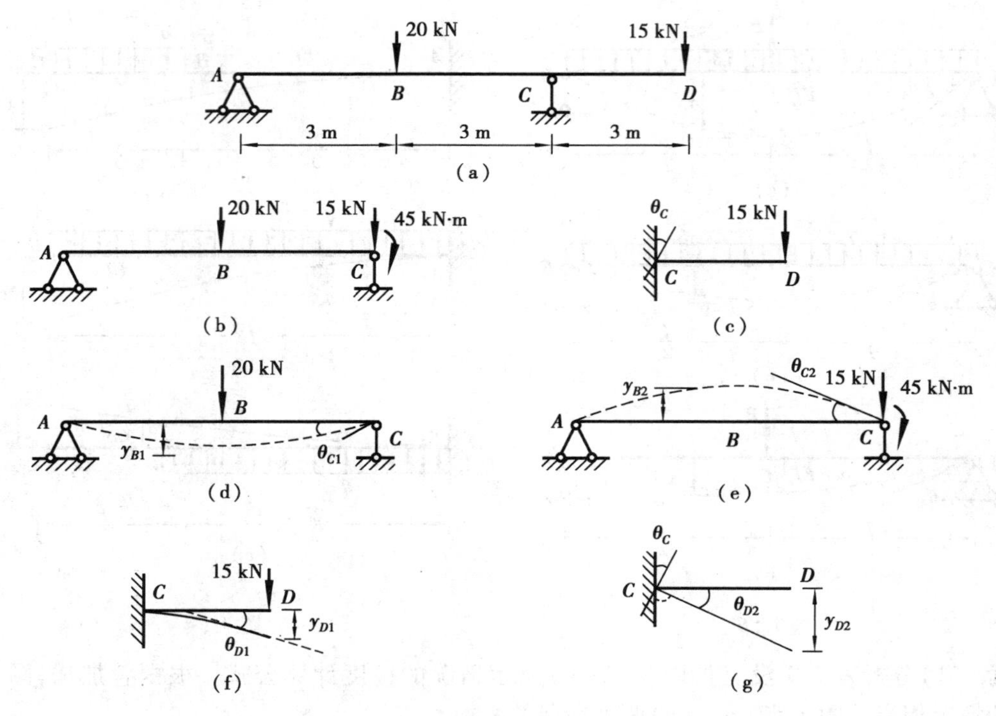

图 7.58

2)求 B 点挠度以及 C 点转角

简支梁 AC 在 B 点的集中力 20 kN 与 C 点的集中力偶 45 kN·m 两种荷载作用情况下的变形,采用叠加法,则 B 点变形为图 7.58(d)与图 7.58(e)两种变形的叠加。查表 7.3 得

$$y_B = y_{B1} + y_{B2} = \frac{20\times6^3}{48EI} - \frac{45\times3}{6lEI}(6^2-3^2) = \frac{90}{EI} - \frac{405}{EI} = -\frac{45}{4EI}$$

$$\theta_C = \theta_{C1} + \theta_{C2} = -\frac{20\times6^2}{16EI} - \frac{-45\times6}{3EI} = \frac{45}{EI}$$

3)求 D 点挠度和转角

悬臂梁 CD 在 D 点的集中力 15 kN 和 C 点存在支座的转角位移 θ_C 下的变形,采用叠加法,则 B 点变形为图 7.58(f)与图 7.58(g)两种变形的叠加。查表 7.3 得

$$y_D = y_{D1} + y_{D2} = \frac{15\times3^3}{3EI} + \theta_C\times l$$

$$= \frac{135}{EI} + \frac{45\times3}{EI} = \frac{270}{EI}$$

$$\theta_D = \theta_{D1} + \theta_{D2} = \frac{15\times3^2}{2EI} + \theta_C$$

$$= \frac{135}{2EI} + \frac{45}{EI} = \frac{225}{2EI}$$

7.6.4 梁的刚度校核与合理刚度设计

(1)梁的刚度校核

梁的刚度校核就是检查梁在荷载作用下产生的位移是否超过容许值。在机械工程中,一

般对转角和挠度都需要进行校核;在建筑工程中,大多只校核挠度。校核挠度时,通常是以挠度的容许值与跨长 l 的比值 $\left[\frac{f}{l}\right]$ 作为校核的标准。即梁在荷载作用下产生的最大挠度 $y_{\max}$ 与跨长 l 的比值不能超过 $\left[\frac{f}{l}\right]$。即梁的刚度条件为

$$\frac{y_{\max}}{l} \leqslant \left[\frac{f}{l}\right] \tag{7.20}$$

根据不同的工程用途,在有关规范中,对 $\left[\frac{f}{l}\right]$ 值均有具体的规定。

强度条件和刚度条件都是梁必须满足的。在建筑工程中,一般情况下,强度条件常起控制作用。由强度条件选择的梁,大多能满足刚度要求。因此,在设计梁时,一般是先由强度条件选择梁的截面,选好后再校核一下刚度。

(2)合理刚度设计

在对梁进行刚度校核后,如果梁的变形太大而不能满足刚度要求时,就要设法减小梁的变形。以承受均布荷载的简支架为例,梁跨中的最大挠度为:$y_{\max} = \frac{5ql^4}{384EI_z}$。从式中看到,当荷载 q 一定时,梁的最大挠度决定于截面的惯性矩 I_z、跨度 l 及材料的弹性模量 E,而$\frac{5}{384}$反映了梁的支承条件和加载方式。

①挠度与截面的惯性矩成反比,I_z 越大梁产生的变形就越小。故采用惯性矩比较大的工字形、槽形等形状的截面,不仅在强度方面是合理的,在刚度方面也是合理的。

②挠度与跨长 l 的四次方成正比,说明跨长 l 对梁的变形影响很大。因而,减少梁的跨度或在梁的中间增加支座,将是减小变形的有效措施。

③改变加载方式:集中力变为分布力。

④改变支承方式:外伸梁优越于简支梁,简支梁优越于悬臂梁。

至于材料的弹性模量 E,虽然也与挠度成反比,但由于同类材料的 E 值都相差不多,故从材料方面来提高刚度的作用不明显。例如,普通钢材与高强度钢材的 E 值基本相同,从刚度角度上看,采用高强度材料是没有什么意义的。

*7.7　平面应力状态分析

对于构件而言,不同截面上的应力分布一般不同,同一截面上各点应力的大小和方向一般不同,同一点处沿不同方向应力的大小和方向一般也不同。强度分析应选择在哪个平面?哪个点?哪个方向?此时就需要研究应力状态。构件内,一点各微截面所有应力的集合,称为该点处的应力状态。如图7.59(b)的应力微元体描述了图7.59(a)中 A 点的应力状态。

应力微元体的特点:尺寸无穷小,因此微元体各面上的应力可视为均匀分布;各平行平面上的应力相等。

7.7.1　点的平面应力状态

对于组合截面梁(例如工字形、“T”形等),在截面板块的结合点处,既有正应力也有剪应

力而处于复杂应力状态。例如图 7.60(a)所示“T”形截面梁,在某横截面翼板和腹板的结合点处取一个微元体,若假设该截面的剪力和弯矩均为正值,则微元体的应力状态如图 7.60(b)所示:在与轴线垂直的两个横截面上存在着拉应力 σ,而横截面和纵截面存在着互等剪应力 τ,两个侧截面上无任何应力。若在微元体的一对平行截面上始终无任何应力,即点的应力状态是二维的,故称为**平面应力状态**,可以表示为图 7.60(c)的平面形式。

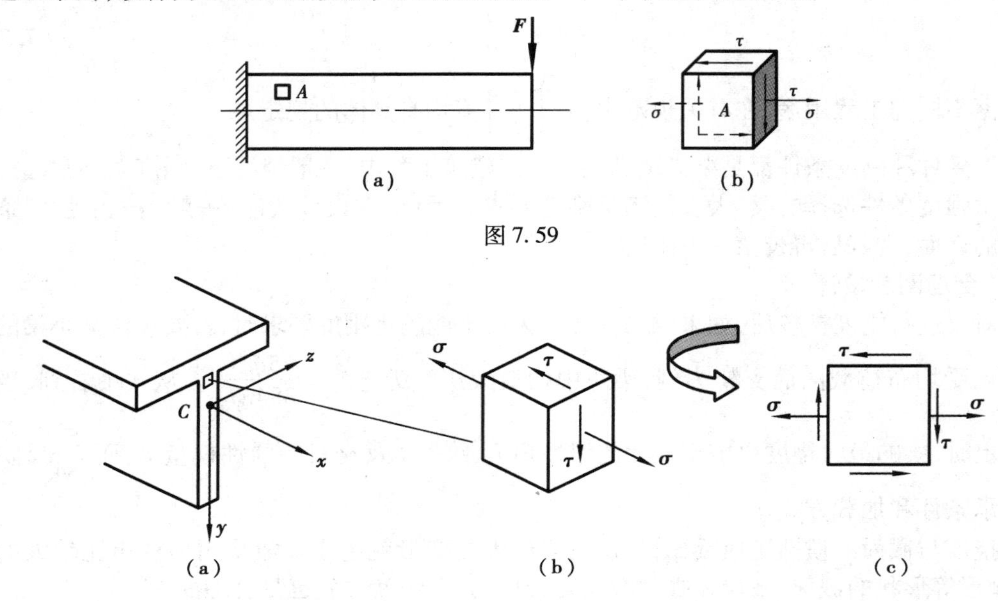

图 7.59

图 7.60

对于复杂应力状态,在线弹性、小变形条件下应力是可以叠加的,但是破坏不可能叠加。因此,不能将正应力和剪应力分别进行强度计算,必须进行点的应力状态分析,了解微元体中所有斜截面上的应力,并确定最大正应力、最大剪应力及其所在截面的方位,并根据材料在复杂应力状态下的破坏机理对特殊点作主应力强度计算。

7.7.2　任意斜截面上的应力

下面以图 7.61(a)所示的更为一般的平面应力状态来进行分析研究,在图示微元体平行于 xOy 坐标面的前、后两个平面上无任何形式的应力,而其他四个平面上同时存在着正应力和剪应力。为了区别,将外法线与 x 轴平行的截面上的正应力和剪应力分别记为 σ_x 和 τ_x,而外法线与 y 轴平行的截面上的应力分别记为 σ_y、τ_y。根据剪应力互等定理,τ_x 与 τ_y 的数值相等,即 $\tau_x = \tau_y$。

不同指向的应力将使微元体产生不同的形变,为此规定:拉应力为正,压应力为负;使微元体产生顺时针转动的剪应力为正,反之为负。这与轴力和剪力的正负号规定是一致的。

沿斜截面将微元体切分为二,并任取其中一部分进行受力分析,如图 7.61(b)所示。设斜截面切口面积为 dA,斜截面的外法线 n 与 x 轴的交角为 α,并规定其逆时针转为正向,顺时针转为负向。微元体上力系处于平衡状态,沿斜截面的法向 n 和切向 t 列平衡方程 $\sum F_n = 0$ 和 $\sum F_t = 0$,并整理后得平面应力状态任意斜截面上的应力公式

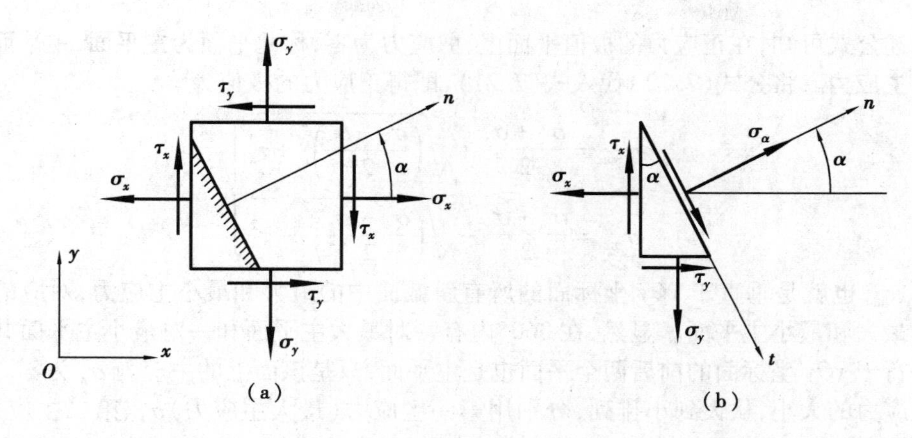

图7.61

$$\left.\begin{aligned}\sigma_\alpha &= \frac{\sigma_x+\sigma_y}{2}+\frac{\sigma_x-\sigma_y}{2}\cos 2\alpha-\tau_x\sin 2\alpha\\ \tau_\alpha &= 0+\frac{\sigma_x-\sigma_y}{2}\sin 2\alpha+\tau_x\cos 2\alpha\end{aligned}\right\}\tag{7.21}$$

若 $\sigma_x \neq 0$ 而 $\sigma_y = 0$、$\tau_x = \tau_y = 0$，则由上式可得单向应力状态任意斜截面上的应力公式

$$\sigma_\alpha = \frac{\sigma_x}{2}+\frac{\sigma_x}{2}\cos 2\alpha$$

$$\tau_\alpha = 0+\frac{\sigma_x}{2}\sin 2\alpha$$

即拉(压)杆斜截面上的应力公式(5.4)。若 $\sigma_x = 0$ 而 $\sigma_y = 0$、$\tau_x = \tau_y = \tau$，则由式(7.21)得纯剪切应力状态任意斜截面上的应力公式

$$\sigma_\alpha = -\tau_x\sin 2\alpha$$

$$\tau_\alpha = \tau_x\cos 2\alpha$$

即纯扭转杆件表面一点斜截面上的应力公式。

7.7.3　主平面及主应力

从公式(7.21)可以看出，与 xOy 坐标面垂直的斜截面上的应力是截面方位角 α 的周期函数，周期为 π。为了求正应力的极值，将公式(7.21)中 σ_α 对 α 求一阶导数，令其等于零，得一个周期内的极值平面方位角的倍角正切值

$$\tan 2\alpha_1 = \frac{-2\tau_x}{\sigma_x-\sigma_y}\tag{7.22a}$$

$$\alpha_1 = \frac{1}{2}\arctan\left(\frac{-2\tau_x}{\sigma_x-\sigma_y}\right)\tag{7.22b}$$

由上式可知 α_1 有两个相差90°的根(即两个相互垂直的面)，最大正应力所在平面的方位角标注为 α_1，另一个根即为最小正应力所在平面的方位角。判别 α_1 的规则如下：

①若 $\sigma_x > \sigma_y$，则 $|\alpha_1| < 45°$

②若 $\sigma_x < \sigma_y$，则 $|\alpha_1| > 45°$

③若 $\sigma_x = \sigma_y$，则 $\alpha_1 = \begin{cases} -45° & \text{当 } \tau_x > 0 \text{ 时} \\ 45° & \text{当 } \tau_x < 0 \text{ 时}\end{cases}$

由上述公式可知，在正应力的极值平面上，剪应力为零，称此平面为**主平面**，主平面上的正应力称为**主应力**。将公式(7.22)代入式(7.21)，即得正应力的极值为

$$\left.\begin{aligned}\sigma_{max} &= \frac{\sigma_x+\sigma_y}{2}+\sqrt{\left(\frac{\sigma_x-\sigma_y}{2}\right)^2+\tau_x^2}\\ \sigma_{min} &= \frac{\sigma_x+\sigma_y}{2}-\sqrt{\left(\frac{\sigma_x-\sigma_y}{2}\right)^2+\tau_x^2}\end{aligned}\right\} \tag{7.23}$$

σ_{max}、σ_{min}也就是垂直于 xOy 坐标面的所有斜截面中的最大和最小主应力，对应的主平面分别称为最大和最小主平面。显然，在 360°内有一对最大主平面和一对最小主平面共 4 个主平面。平行于 xOy 坐标面的前后两个平面也是主平面，只是该面上的主应力 σ_z 为零。比较上述三个主应力的大小，从大到小排列，分别用第一主应力(最大主应力)σ_1、第二主应力 σ_2 和第三主应力(最小主应力)σ_3 表示，相对应的主平面分别称为第一、第二、第三主平面，其法线方向分别称为第一、第二、第三主方向。

从理论上讲，任何复杂的应力状态均存在 3 对共 6 个主平面，相互垂直的三个主平面的外法线方向简称为主方向。即一般点的应力状态为三向应力状态，确定了两个主平面方位，则所有的主平面方位也就确定了，称为主应力状态。

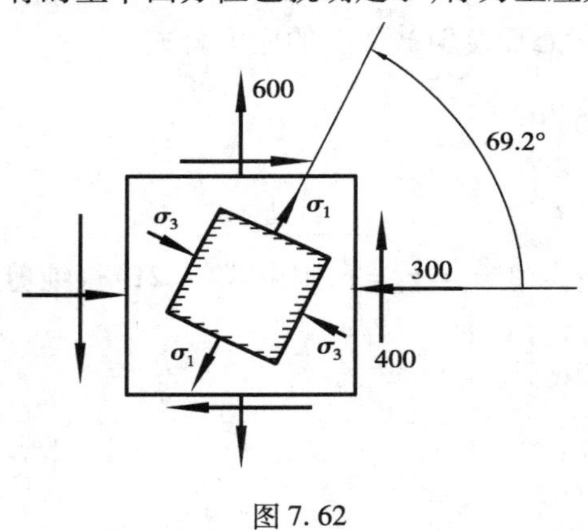

图 7.62

例 7.18 如图 7.62 所示平面应力状态微元体，$\sigma_x=-300$，$\sigma_y=600$，$\tau_x=-400$，单位为 MPa。试求各主应力、确定各主平面方位并画出主应力状态图。

解 根据公式(7.23)，有

$$\sigma_1=\frac{-300+600}{2}+\sqrt{\left(\frac{-300-600}{2}\right)^2+(-400)^2}$$
$$=150+602=752\ \text{MPa}$$

显然，按公式(7.23)得到的另一个主应力小于零，因此应改写为

$$\sigma_3=150-602=-452\ \text{MPa}$$

而平行于 xOy 坐标面的前后两个平面上的主应力应写为

$$\sigma_2=0$$

即前后两个平面为第二主平面。

根据公式 7.22(a)，可求出第一主平面方位角

$$\tan 2\alpha_1=\frac{-2\tau_x}{\sigma_x-\sigma_y}=\frac{-2\times(-400)}{-300-600}=\frac{8}{-9}=-0.889$$

即

$$2\alpha_1=-41.6°+180°=138.4°$$

得

$$\alpha_1=69.2°$$

根据主平面的判断规则，α_1 的确是第一主平面方位角。在微元体中标示出第一主平面，从第一主平面顺时针或逆时针转 90°标示出第三主平面，从第一主平面顺时针或逆时针转 180°标示出另一个第一主平面。沿四个主平面可以切出一个新的微元体，其应力状态称为**主应力状态**。

7.7.4　应力圆

将公式(7.21)改写为

$$\left(\sigma_\alpha-\frac{\sigma_x+\sigma_y}{2}\right)^2+(\tau_\alpha-0)^2=\left[\sqrt{\left(\frac{\sigma_x-\sigma_y}{2}\right)^2+\tau_x^2}\right]^2$$

可以看出，这是一个以 σ_α、τ_α 为变量的圆方程。若以 σ 设立横坐标，以 τ 设立纵坐标，则可以绘出描述应力 σ_α 和 τ_α 关系的一个圆，称为**应力圆**。圆心的坐标为 $\left(\frac{\sigma_x+\sigma_y}{2},0\right)$，圆的半径为 $\sqrt{\left(\frac{\sigma_x-\sigma_y}{2}\right)^2+\tau_x^2}$。

必须明确，圆上的一个点对应(图7.63(a))所示微元体中垂直于 xOy 坐标面的某一个斜截面，点的横坐标和纵坐标值就是该截面上的正应力和剪应力的代数值。下面介绍应力圆的作法。

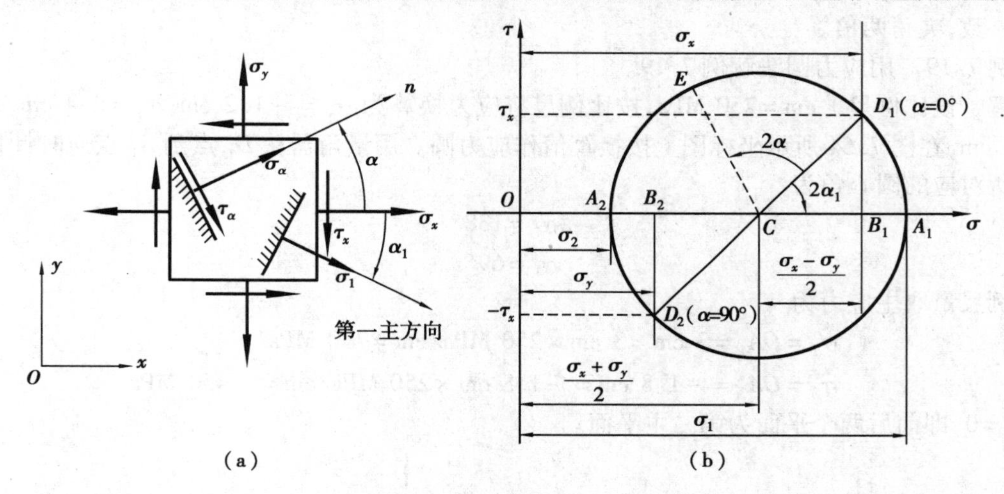

图7.63

作图之前，适当设定应力值与坐标值之间的比例尺，按比例标注各个截面所对应的点。

第一步，在图7.63(b)所示应力的坐标中，标示出 $\alpha=0°$ 的截面所对应点，该截面的应力就是该点的坐标，记为 $D_1(\sigma_x,\tau_x)$ 点；接着标示出 $\alpha=90°$ 的截面所对应点，记为 $D_2(\sigma_y,-\tau_x)$ 点。显然 $\alpha=180°$ 的截面也对应 D_1 点，$\alpha=270°$ 的截面也对应 D_2 点。由此可见，从0°到180°所有斜截面刚好对应一个 2π 周期的应力圆。

第二步，连接 D_1 点和 D_2 点作一条直线，该直线就是圆的一条直径，该直径与横坐标的交点就是应力圆的圆心 C，$\overline{CD_1}$ 直线就是应力圆的半径。确定了圆心和半径就可以很容易地用圆规绘出应力圆。

从绘出的应力圆，可以清晰地看出各个特殊截面与特殊点之间的对应关系，并可以直接读出几个特殊截面的应力值。

图7.63(a)所示任意 α 斜截面对应图7.63(b)应力圆上的 E 点。D_1E 圆弧对应的圆心角就是 α 角的两倍，两者的转向必须一致。量取 E 点的坐标值并按比例换算为 α 斜截面上的应力值。

应力圆上 A_1 点的横坐标值是所有点中的最大值，可见 A_1 点对应第一主平面。D_1A_1 圆弧

对应的圆心角就是第一主平面方位角 α_1 的两倍,转向也必须一致。从图上的几何关系可以直接写出

$$\tan(-2\alpha_1)=\frac{\overline{D_1B_1}}{\overline{CB_1}}=\frac{\tau_x}{\dfrac{\sigma_x-\sigma_y}{2}}$$

由此可推出主平面方位角公式 7.22(a)。A_1 点的横坐标即第一主应力为

$$\sigma_1=\overline{OC}+\overline{CA_1}=\overline{OC}+\overline{CD_1}=\frac{\sigma_x+\sigma_y}{2}+\sqrt{\left(\frac{\sigma_x-\sigma_y}{2}\right)^2+\tau_x^2}$$

A_2 点对应第二主平面,其横坐标即第二主应力为

$$\sigma_2=\overline{OC}-\overline{CA_2}=\overline{OC}-\overline{CD_1}=\frac{\sigma_x+\sigma_y}{2}-\sqrt{\left(\frac{\sigma_x-\sigma_y}{2}\right)^2+\tau_x^2}$$

上两式即为主应力公式(7.23)。由上可知应力圆与应力单元体之间的关系:点面对应,转向一致,夹角两倍。

例 7.19　用应力圆法解例 7.19。

解　设比例尺 1 cm = 250 MPa,按比例尺将应力换算为 $\sigma_x=-1.2$ cm,$\sigma_y=2.4$ cm,$\tau_x=-1.6$ cm,在图 7.64 所示坐标图上按换算值作应力圆。用量角器从 D_1 点到 A_1 点逆时针量取圆弧所对应的圆心角为

$$2\alpha_1=138°$$

则

$$\alpha_1=69°$$

按比例尺量取主应力为

$$\sigma_1=\overline{OA_1}=3\text{ cm}=3\text{ cm}\times 250\text{ MPa/cm}=750\text{ MPa}$$

$$\sigma_3=OA_3=-1.8\text{ cm}=-1.8\text{ cm}\times 250\text{ MPa/cm}=-450\text{ MPa}$$

而 $\sigma_2=0$,即前后两个平面为第二主平面。

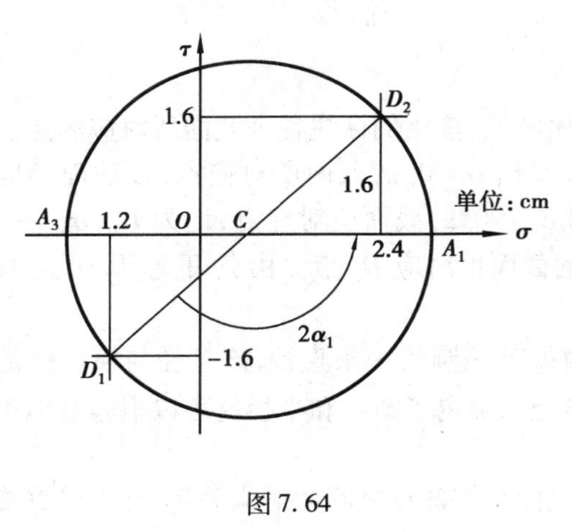

图 7.64

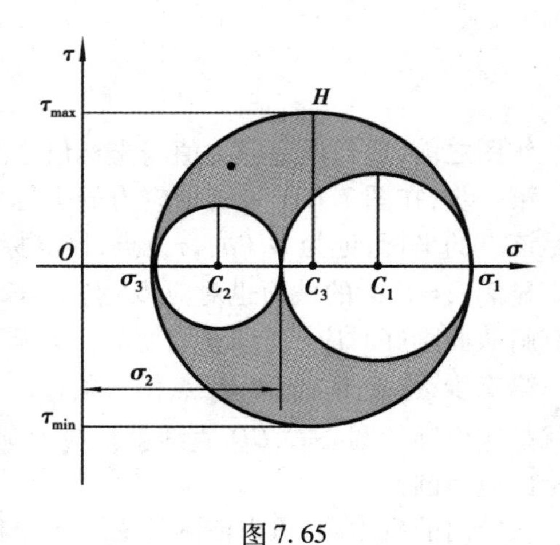

图 7.65

7.7.5　最大剪应力

任何应力状态均存在相应的主应力状态,主应力状态的应力图如图 7.65 所示;相关内容请参阅有关的材料力学教材和手册。

从图 7.65 所示应力圆中可以容易地看出,最大剪应力等于最大应力圆的半径,即

$$\tau_{\max}=\frac{\sigma_1-\sigma_3}{2} \tag{7.24}$$

7.7.6　广义胡克定律

在线弹性、小变形条件下的任意的空间应力状态(图7.66),应力和应变可以按单向应力状态计算各方向的应变,然后叠加得各个方向上的线应变。即

$$\left.\begin{aligned}\varepsilon_x&=\frac{1}{E}[\sigma_x-\nu(\sigma_y+\sigma_z)]\\ \varepsilon_y&=\frac{1}{E}[\sigma_y-\nu(\sigma_z+\sigma_x)]\\ \varepsilon_z&=\frac{1}{E}[\sigma_z-\nu(\sigma_x+\sigma_y)]\end{aligned}\right\} \tag{7.25}$$

对于三个主应力方向上的主应变为第一、二、三主应变,记为ε_1、ε_2、ε_3,上式为

$$\left.\begin{aligned}\varepsilon_1&=\frac{1}{E}[\sigma_1-\nu(\sigma_2+\sigma_3)]\\ \varepsilon_2&=\frac{1}{E}[\sigma_2-\nu(\sigma_3+\sigma_1)]\\ \varepsilon_3&=\frac{1}{E}[\sigma_3-\nu(\sigma_1+\sigma_2)]\end{aligned}\right\} \tag{7.26}$$

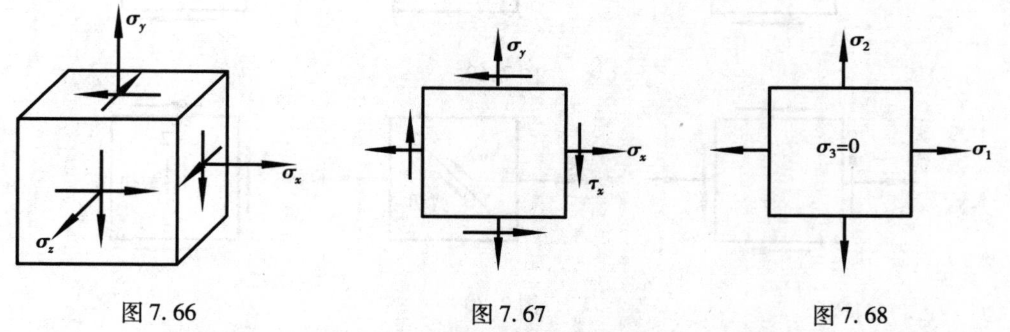

图7.66　　图7.67　　图7.68

式(7.25)、式(7.26)称为**三向应力状态的广义胡克定律**。

对于平面应力状态(图7.67),**广义胡克定律**可以写为

$$\left.\begin{aligned}\varepsilon_x&=\frac{1}{E}(\sigma_x-\nu\sigma_y)\\ \varepsilon_y&=\frac{1}{E}(\sigma_y-\nu\sigma_x)\\ \varepsilon_z&=-\frac{\nu}{E}(\sigma_x+\sigma_y)\end{aligned}\right\} \tag{7.27}$$

对于双向应力状态即主应力状态(图7.68),广义胡克定律可以写为

$$\left.\begin{aligned}\varepsilon_1&=\frac{1}{E}(\sigma_1-\nu\sigma_2)\\ \varepsilon_2&=\frac{1}{E}(\sigma_2-\nu\sigma_1)\\ \varepsilon_3&=-\frac{\nu}{E}(\sigma_1+\sigma_2)\end{aligned}\right\} \tag{7.28}$$

*7.8 复杂应力状态下的强度条件

7.8.1 概述

材料在简单应力状态(单向应力状态、纯剪切状态)下破坏的原因和方式以及相应的强度条件,已在前述各章节中有所了解。在复杂应力状态下的强度条件,必须了解在复杂应力状态下材料断裂及失效的原因和规律。在线弹性、小变形条件下,微元体上的复杂应力状态可以视为简单应力状态的叠加,然而破坏的方式则不是简单应力状态破坏方式的组合。如图 7.69 所示脆性材料的应力状态,实验表明,不可能发生沿 1—1 截面和 2—2 截面同时被拉断的情况,也不存在两个截面中的一个先发生断裂的情况。又如塑性材料低碳钢,在同样的应力状态下(图 7.70),实验表明,不可能发生沿 1—1 截面和 2—2 截面同时出现屈服(晶格滑移)的情况,也不存在两个截面中的一个先发生屈服的情况。

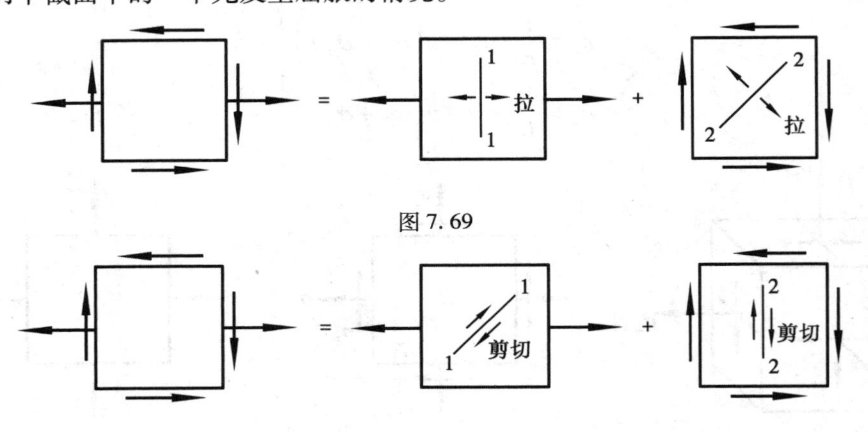

图 7.69

图 7.70

从简单应力状态的破坏方式可以推断,材料的破坏方式大体可以分为两种基本类型:即①以脆性断裂作为破坏的标志,认为断裂沿第一主平面发生;②以屈服失效为破坏的标志,认为失效沿最大切应力作用面开始。由此形成了四种简单的强度准则。大量的实验和工程实践表明,这四个强度准则都只在特定情况下才具有较高的准确性。

本节的侧重点是介绍强度准则的概念及应用,强度准则公式的详细推导见多学时材料力学教材。

7.8.2 强度准则及相当应力

(1)最大拉应力准则

最大拉应力准测也称为**第一强度理论**。这一理论认为,最大拉应力 σ_1 是导致材料发生脆性断裂的主要因素,即认为无论材料处于何种应力状态只要最大拉应力 σ_1 达到材料的抗拉极限应力 σ_b,材料就会发生脆性断裂。据此,材料脆性断裂的准则为

$$\sigma_1 = \sigma_b$$

其中σ_b由单向拉伸实验测定。对于铸铁、陶瓷、花岗岩等脆性材料在单向和双向拉伸时，实验数据与这一理论的预测相当吻合。将σ_b除以安全系数n得到材料的容许应力$[\sigma]$。于是，可按第一强度理论建立强度条件为

$$\sigma_1 \leqslant \frac{\sigma_b}{n} = [\sigma] \tag{7.29}$$

这个条件的使用是有限制的。即σ_1必须是最大拉应力($\sigma_1 > 0$)。若其他方向存在压应力，则要求最大拉应力的数值不低于最大压应力的数值或低得不太多。该理论主要适用于以拉伸为主的脆性材料，而对于三向受压的脆性材料显然是不适用的，而且三向受压的脆性材料也将表现出塑性流动的变形特点。

(2)最大伸长线应变准则

最大伸长线应变准则也称为**第二强度理论**。这一理论认为，最大拉伸长应变ε_1是导致材料发生脆性断裂的主要因素，即认为无论材料处于何种应力状态只要最大拉伸线应变ε_1达到极限值ε_b，材料就会发生脆性断裂。据此，材料脆性断裂的准则为

$$\varepsilon_1 = \varepsilon_b$$

其中$\varepsilon_b = \dfrac{\sigma_b}{E}$，由单向拉伸实验测定。根据广义胡克定律(7.25)及材料脆性断裂的准则建立的强度条件为

$$\sigma_1 - \nu(\sigma_2 + \sigma_3) \leqslant [\sigma] \tag{7.30}$$

该理论主要适用于脆性材料。但是实验表明，该理论并不适用于以拉伸为主的脆性材料，这是因为以拉为主的脆性材料变形太小，对于某些以压为主的脆性材料还是比较吻合的。例如，木材的顺纹压缩、混凝土的减摩压缩，沿垂直于压缩方向的横向将发生撕裂现象，这是因为这样的材料在压缩时变形较为明显。但是，对于铸铁这样不容易变形的材料，压缩时不会出现横向断裂，而是沿斜截面错断，显然与第二强度理论不相符。第二强度理论形式上似乎更合理，考虑到了变形和其他主应力，但实际适用的范围却非常有限。

(3)最大剪应力准则

最大剪应力准则也称为**第三强度理论**。这一理论认为，最大剪应力τ_{max}是导致材料发生屈服而失效的主要因素，即认为无论材料处于何种应力状态只要最大剪应力τ_{max}达到材料屈服时的极限值τ_s，材料就会发生塑性屈服。据此，材料屈服失效的准则为

$$\tau_{max} = \tau_s$$

其中$\tau_s = \dfrac{\sigma_s}{2}$，由单向拉伸实验测定。根据复杂应力状态的最大剪应力公式(7.24)，材料屈服失效的准则可写为

$$\tau_{max} = \frac{\sigma_1 - \sigma_3}{2} = \frac{\sigma_s}{2}$$

强度条件为

$$\sigma_1 - \sigma_3 \leqslant [\sigma] \tag{7.31}$$

该条件只适用于单向拉伸时会发生屈服的塑性材料，但对于三向受拉的塑性材料不适用，因为三向受拉的塑性材料也表现脆性变形特点。此外，该理论只考虑了一个平面内的剪切变形，而没有考虑微元体其他方向上的歪斜变形，所以用这个强度条件偏于安全。

(4)形状改变比能准则

形状改变比能准则也称为**歪形比能理论**,通常称为**第四强度理论**。这一理论认为,若单位体积的微元体整体歪斜所积蓄的变形能达到一个限值,就会出现明显的屈服而被认为失效。在此不作详细推导,有关内容可参阅专门的材料力学教材和相关资料。第四强度理论的强度条件为

$$\sqrt{\frac{1}{2}[(\sigma_1-\sigma_2)^2+(\sigma_2-\sigma_3)^2+(\sigma_3-\sigma_1)^2]}\leqslant[\sigma] \tag{7.32}$$

$[\sigma]$仍然采用单向拉伸时的容许应力,该条件也只适用于单向拉伸时会发生屈服的塑性材料。

实验表明,第四强度理论比第三强度理论更合乎实际情况。由于第三强度理论形式简单且偏于安全,所以工程中广泛采用。

将以上各强度理论的强度条件统一地写为如下形式:

$$\sigma_{ri}\leqslant[\sigma]\quad(i=1,2,3,4) \tag{7.33}$$

其中σ_r称为相当应力。第一至第四强度理论的相当应力分别为

$$\left.\begin{aligned}&\sigma_{r1}=\sigma_1\\&\sigma_{r2}=\sigma_1-\nu(\sigma_2+\sigma_3)\\&\sigma_{r3}=\sigma_1-\sigma_3\\&\sigma_{r4}=\sqrt{\frac{1}{2}[(\sigma_1-\sigma_2)^2+(\sigma_2-\sigma_3)^2+(\sigma_3-\sigma_1)^2]}\end{aligned}\right\} \tag{7.34}$$

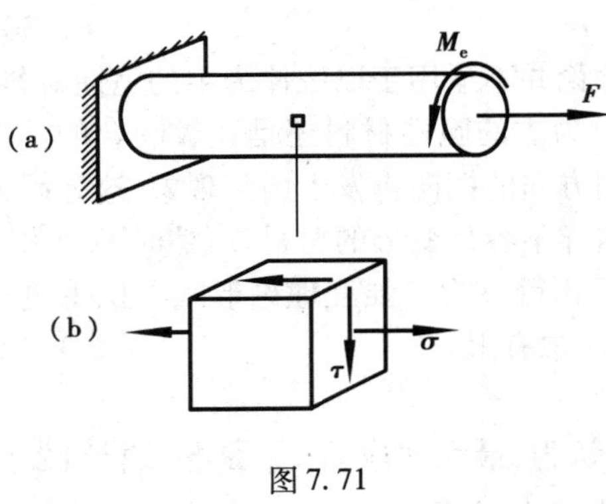

图 7.71

例 7.20 图 7.71(a)所示圆截面杆,受轴向拉力 F 和扭转力偶矩 M_e 的共同作用,且 $M_e=\frac{d}{10}F$,其中直径 $d=10$ mm。若分别用两种材料制成:①钢材,容许应力$[\sigma]=160$ MPa;②铸铁,抗拉容许应力$[\sigma]_t=30$ MPa,抗压容许应力$[\sigma]_c=60$ MPa。试分别确定容许荷载$[F]$。

解 此问题为拉扭组合受力问题。从受拉来看,任何一个点的轴向拉应力均相同;从受扭来看,表面上的点剪应力最大。综合来看,表面上的点为危险点。故此,可从外表面上取一个点(图 7.71(b))进行应力状态分析。

任意横截面上的轴力和扭矩分别为

$$F_N=F,T=M_e=\frac{d}{10}F$$

则微元体横截面和纵截面上的应力分别为

$$\sigma=\frac{F_N}{A}=\frac{F}{\frac{\pi\times10^2}{4}\times10^{-6}}=1.27F\times10^4(\text{Pa})$$

$$\tau=\frac{T}{W_p}=\frac{10\times10^{-3}}{10}\times\frac{F}{\frac{\pi\times10^3}{16}\times10^{-9}}=0.51F\times10^4(\text{Pa})$$

根据公式(7.23),得主应力分别为

$$\sigma_1 = \frac{\sigma}{2} + \sqrt{\left(\frac{\sigma}{2}\right)^2 + \tau^2} = \left[\frac{1.27}{2} + \sqrt{\left(\frac{1.27}{2}\right)^2 + 0.51^2}\right] F \times 10^4$$

$$= (0.635 + 0.814) F \times 10^4 = 1.44F \times 10^4 (\text{Pa})$$

$$\sigma_3 = (0.635 - 0.814) F \times 10^4 = -0.18F \times 10^4 (\text{Pa})$$

$$\sigma_2 = 0$$

若杆件由钢材制成，则根据第三强度理论，相当应力必须满足

$$\sigma_{r3} = \sigma_1 - \sigma_3 = (1.44 + 0.18) F \times 10^4 = 1.62F \times 10^4 (\text{Pa}) < [\sigma]$$

则
$$F \leqslant \frac{[\sigma]}{1.62 \times 10^4} = \frac{160 \times 10^6}{1.62 \times 10^4} = 9\,876(\text{N}) = 9.88(\text{kN})$$

容许荷载可取为$[F] = 9.8$ kN。

若杆件由铸铁制成，则根据第一强度理论，相当应力必须满足

$$\sigma_{r1} = \sigma_1 = 1.44F \times 10^4 \text{ Pa} < [\sigma]_t$$

则
$$F \leqslant \frac{[\sigma]_t}{1.44 \times 10^4} = \frac{30 \times 10^6}{1.62 \times 10^4} = 2\,083(\text{N}) = 2.08(\text{kN})$$

容许荷载可取为$[F] = 2$ kN。

可深入讨论的问题

1. 本章仅介绍了具有纵向对称截面梁的平面弯曲，对非对称截面梁、开口薄壁截面梁未进行讨论，有兴趣的读者可参阅孙训方、胡增强修订《材料力学》。

2. 对工字型、"T"形截面等有翼缘的截面梁，本章仅讨论了腹板上的剪应力，而未讨论翼缘上剪应力的分布和计算，读者可参阅多学时材料力学教材。

3. 对于弯曲构件，同样存在静定与超静定问题。本章仅讨论了静定问题，弯曲构件的超静定问题，在大家学习了第10章超静定结构内力计算后即可解决，或可参阅多学时材料力学教材。

4. 本章对第四强度理论中形状改变比能计算公式未进行详细推导，有兴趣的读者可参阅多学时材料力学教材。

思考题7

7.1　求截面的内力时，在分离体受力图中，通常将内力按规定的正方向画出，为什么？

7.2　斜梁在竖向荷载作用下的内力图与相应水平梁的内力图有何异同？

7.3　多跨静定梁与对应的多跨简支梁在受力性能上有何差别？

7.4　为什么分析内力时，一般应先从附属部分着手，然后分析基本部分？这样的分析方法是否是按结构的几何组成逆顺序进行？

7.5　直径为d的钢丝绕在直径为D的圆筒上，若钢丝仍处于弹性范围内，此时钢丝的最大弯曲正应力等于多少？如何才能减小弯曲正应力？

7.6　图示各种截面形状的梁，在铅垂对称平面内弯曲，试分别绘出弯曲正应力沿高度的分布图。

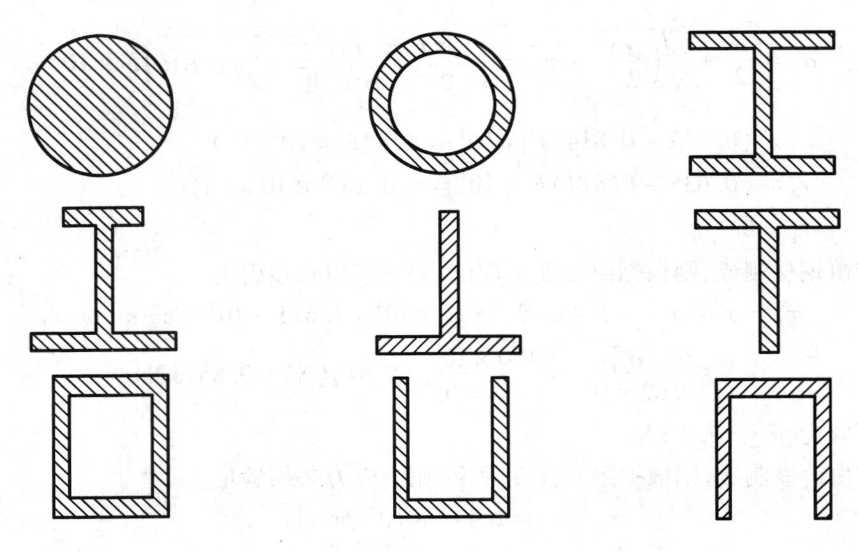

思考 7.6 图

7.7　边长为 a 的正方形截面梁，按图示两种不同方式放置，在相同弯矩作用下，两者最大正应力之比等于多少？

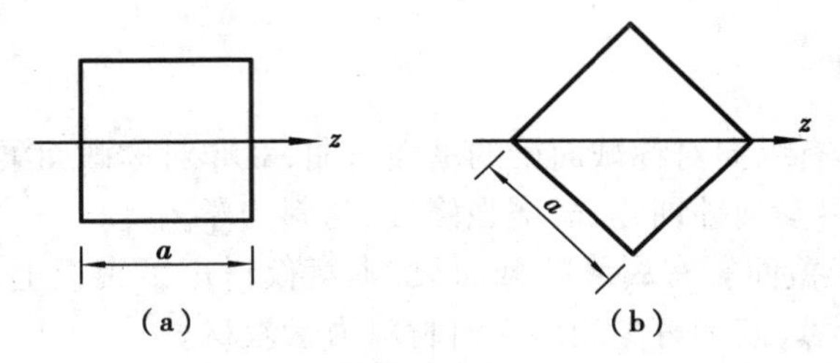

思考 7.7 图

7.8　由四根 80 mm×10 mm 的等边角钢按图示三种方式组合成不同截面的梁，仅从抗弯的角度讲，在相同弯矩的作用下，哪一种组合的弯曲正应力强度最高？哪一种组合的弯曲正应力强度最低？

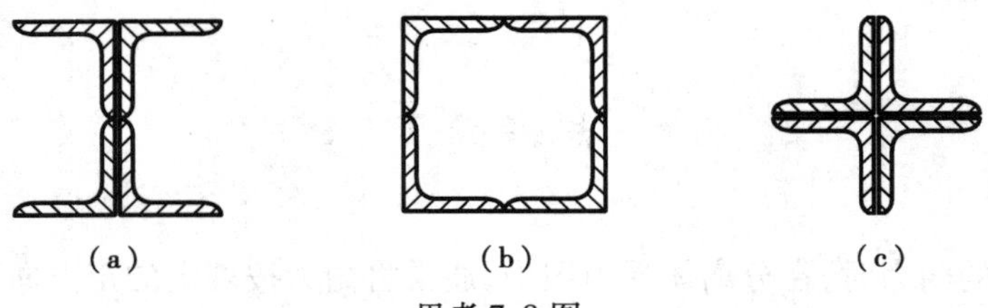

思考 7.8 图

7.9　图示"T"形截面铸铁梁，有(a)、(b)两种截面放置方式，哪种放置方式的承载能力较强？为什么？

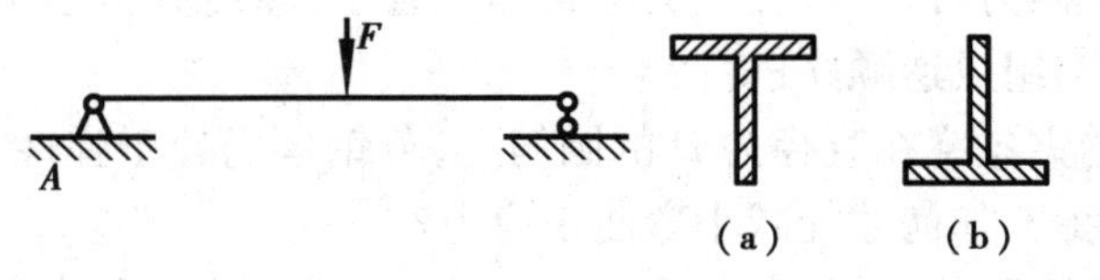

思考 7.9 图

7.10　图示两截面,材料相同,面积也相等,两者所能承受的最大弯矩之比等于多少?

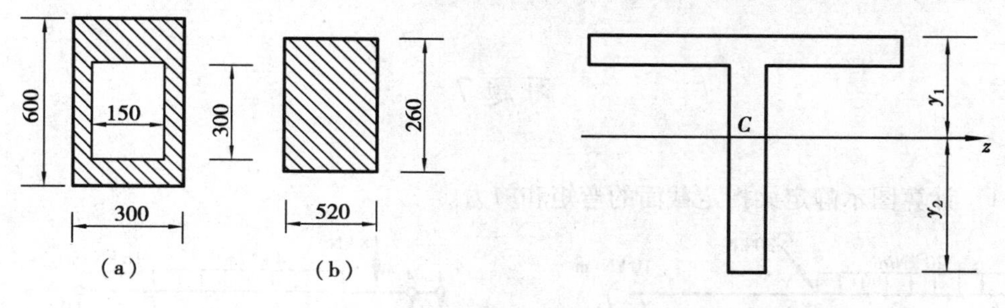

思考 7.10 图　　　　思考 7.11 图

7.11　“T”形截面铸铁梁,为使截面上的最大拉应力和最大压应力同时达到材料的抗拉容许应力$[\sigma]_t$和抗压容许应力$[\sigma]_c$,应如何设计 y_1 和 y_2 的比值?

7.12　图示两横截面所受剪力相同,两者的最大剪应力之比等于多少?

7.13　梁在纯弯时的挠曲线是圆弧曲线,但用积分法求得的挠曲线却是抛物线,其原因是什么?

7.14　根据什么可画出挠曲线的大致形状?且如何判断挠曲线的凹凸性与拐点位置?

7.15　能否认为弯矩最大的截面转角最大,弯矩为零的截面上转角为零。

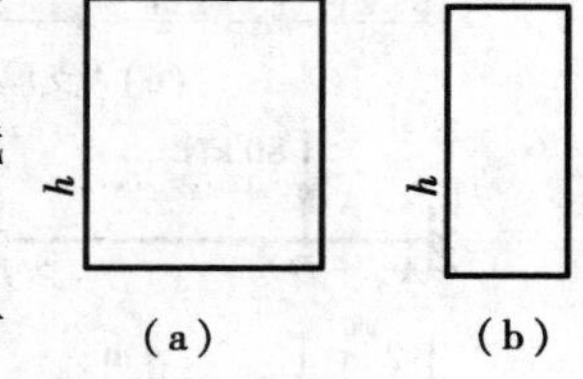

思考 7.12 图

7.16　梁受横力弯曲时,在同时存在剪力和弯矩的横截面上,各点沿横截面法线方向的正应力是否都是主应力?

7.17　轴向拉(压)杆内各点是否均为单向应力状态?

7.18　微元体中最大剪应力所在截面上的正应力是否一定等于零或一定不等于零?

7.19　微元体中剪应力为零的截面上,正应力是否一定有最大值或最小值?

7.20　最大剪应力所在截面与 σ_2 方向的夹角为 45°还是 90°?

7.21　图示为一个处于平面应力状态下的单元体及其应力圆,试在应力圆上用点表示单元体 1—0,2—0,3—0,4—0 各截面的位置。

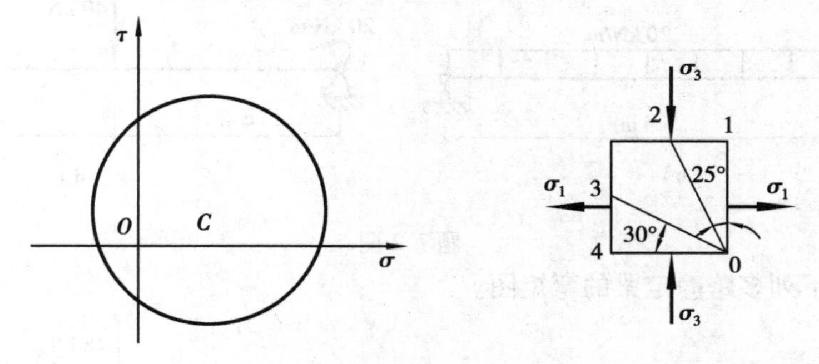

思考 7.21 图

7.22　在什么情况下,平面应力状态下的应力圆退化为一个点圆?在什么情况下,平面应力状态下的应力圆的圆心位于原点?在什么情况下,平面应力状态下的应力圆与 τ 轴相切?

7.23　材料在静载作用下失效的形式有哪几种?

7.24　铸铁制的水管在冬天常有冻裂现象,这是为什么?

习题 7

7.1　计算图示静定梁指定截面的弯矩和剪力。

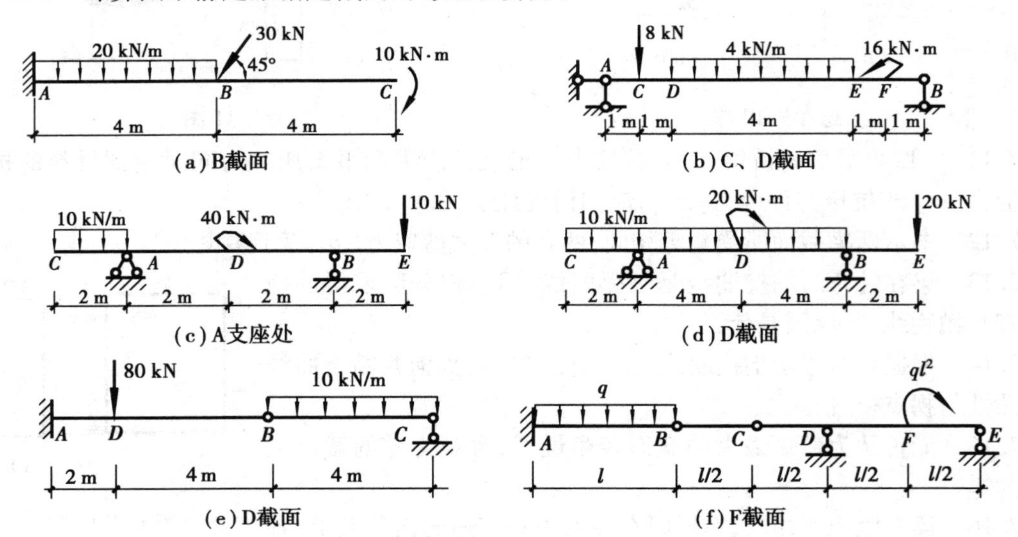

题 7.1 图

7.2　绘出下列静定梁的弯矩图和剪力图。

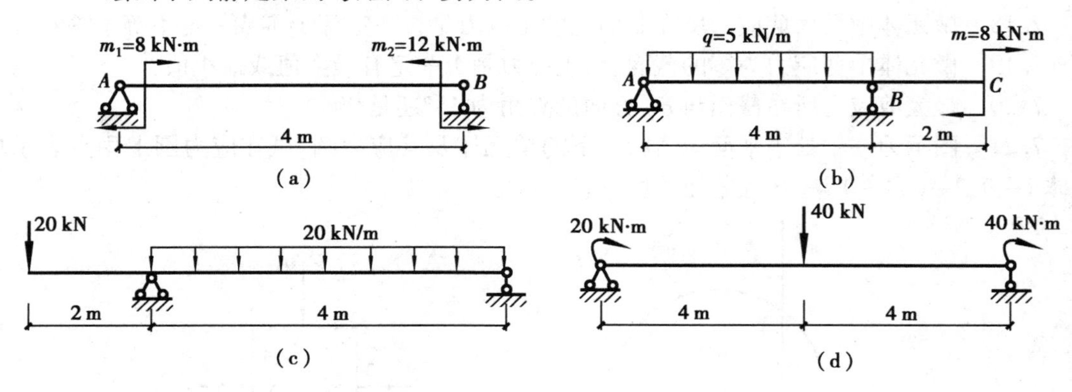

题 7.2 图

7.3　绘出下列多跨静定梁的弯矩图。

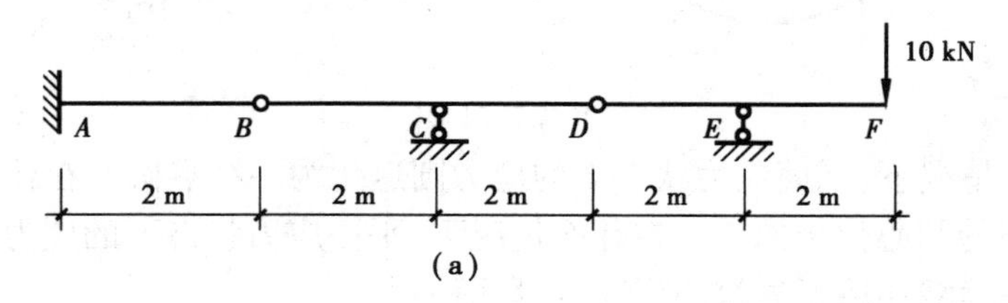

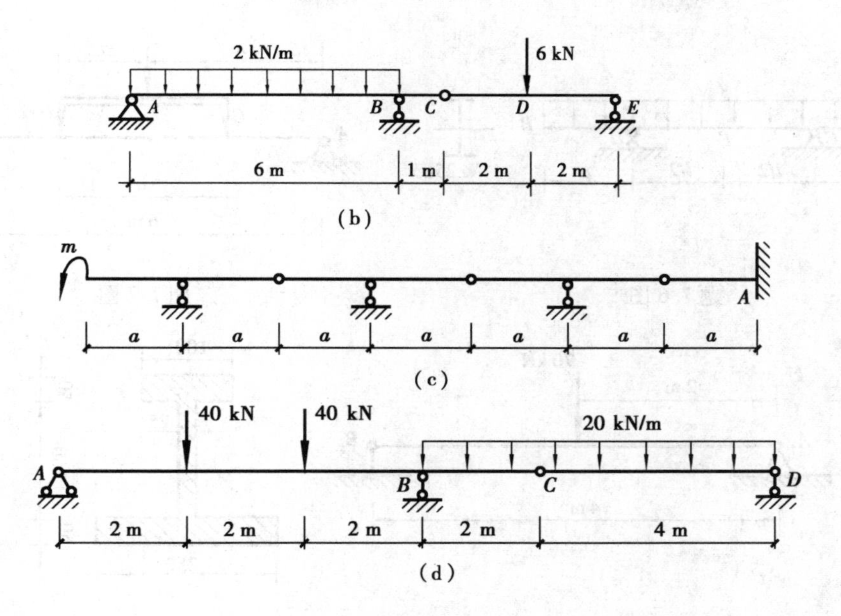

题7.3图

7.4　图示矩形截面悬臂梁，试求梁中的最大正应力。

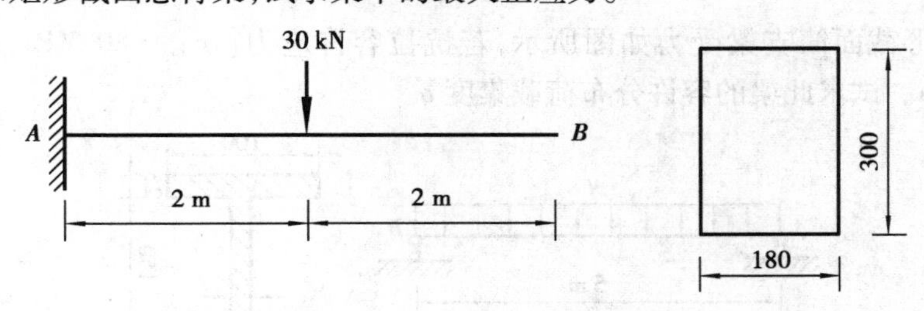

题7.4图

*7.5　图示右端外伸梁，截面为矩形，所受荷载如图所示。试求梁中的最大拉应力，并指明其所在的截面和位置。

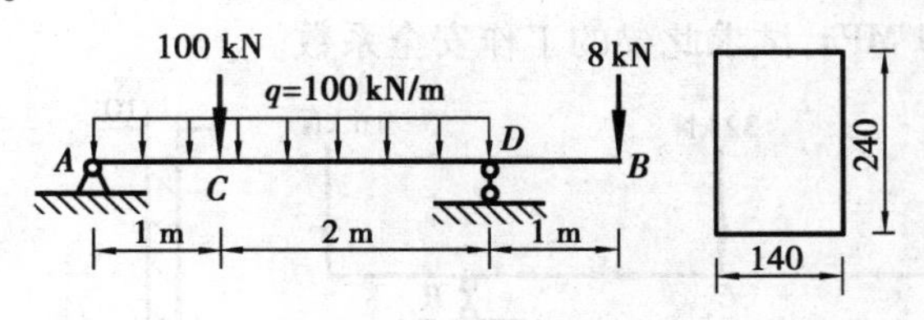

题7.5图

7.6　图示两端外伸梁由№25a 工字钢制成，其跨长 $l=6$ m，承受满均布荷载 q 的作用。若要使 C、D、E 三截面上的最大正应力均为140 MPa，试求外伸部分的长度 a 及荷载集度 q 的数值。

7.7　当荷载 F 直接作用在梁跨中点时，梁内的最大正应力超过容许值30%。为了消除这种过载现象，可配置如图所示的次梁 CD，试求次梁的最小跨度 a。

7.8　上下不对称工字形截面铸铁梁受力如图所示，已知铸铁的抗拉容许应力 $[\sigma]_t=30$ MPa，抗压容许应力 $[\sigma]_c=80$ MPa，试校核此梁的强度。

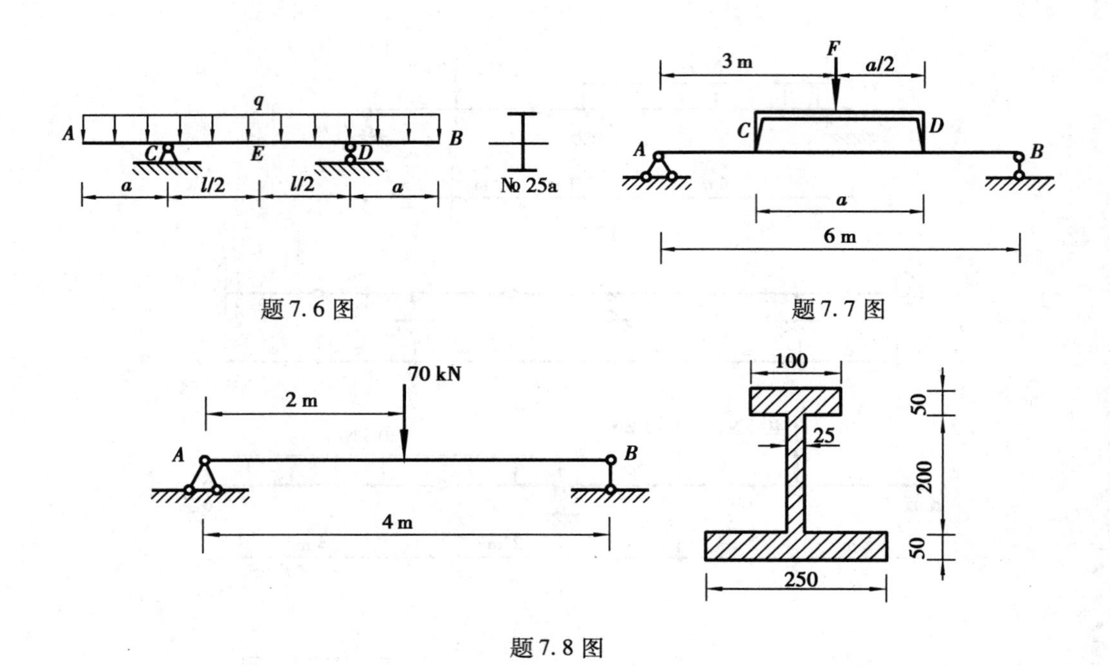

题 7.6 图　　题 7.7 图

题 7.8 图

7.9　"T"形截面简支梁受力如图所示，若抗拉容许应力$[\sigma]_t = 80$ MPa，抗压容许应力$[\sigma]_c = 160$ MPa。试求此梁的容许分布荷载集度 q。

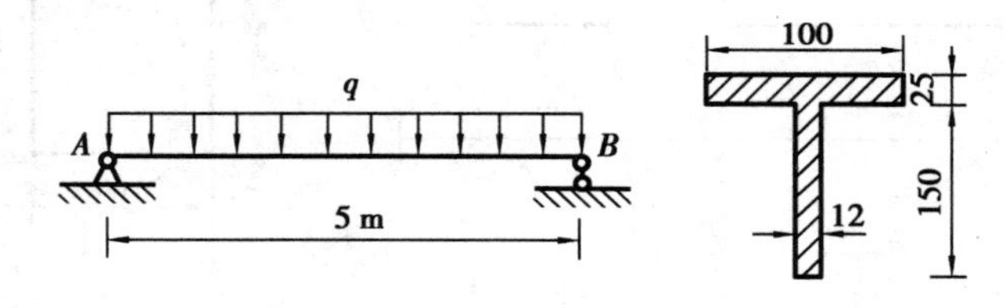

题 7.9 图

7.10　槽形截面铸铁梁所受荷载如图所示，已知铸铁的抗拉强度极限$(\sigma_b)_t = 150$ MPa，抗压强度极限$(\sigma_b)_c = 630$ MPa，试求此梁的工作安全系数。

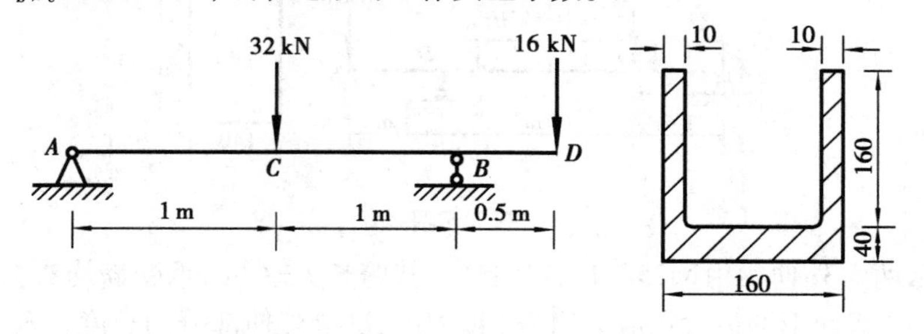

题 7.10 图

7.11　简支梁 AB 承受如图所示的集中荷载，若钢梁是由两个槽钢组合而成的工字形截面梁，钢材的容许正应力$[\sigma] = 170$ MPa。不计自重，试选择槽钢的型号。

7.12　图示为一承受纯弯曲的铸铁梁，其截面为⊥形，材料的拉伸和压缩许用应力之比$[\sigma_t]/[\sigma_c] = 1/4$。求水平翼板的合理宽度 b。

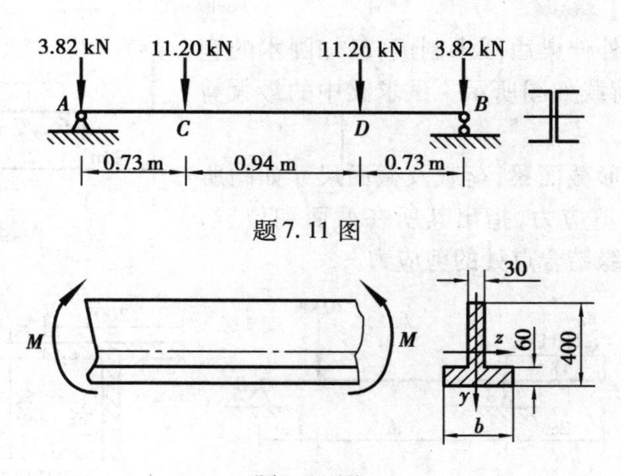

题7.11图

题7.12图

7.13　试求图示悬臂梁中的最大剪应力。

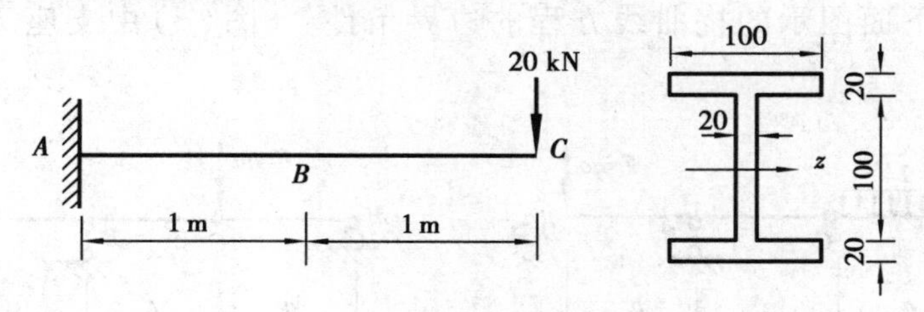

题7.13图

7.14　图示简支梁，试求其D截面上a、b、c三点处的剪应力。

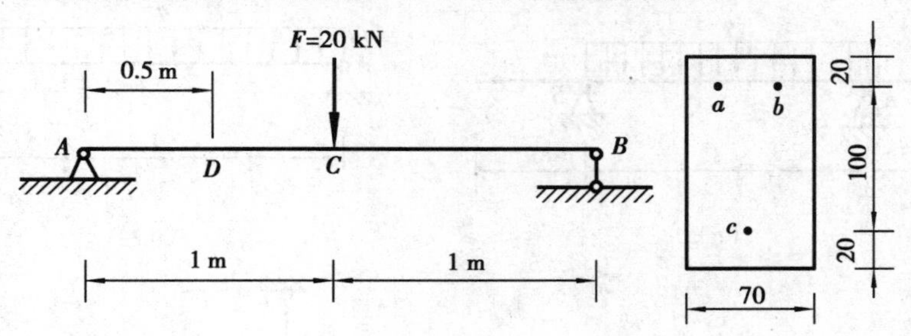

题7.14图

7.15　图示悬臂梁由三块截面为矩形的木板胶合而成，胶合缝的容许剪应力[τ] = 0.35 MPa。试按胶合缝的剪切强度求此梁的容许荷载[F]。

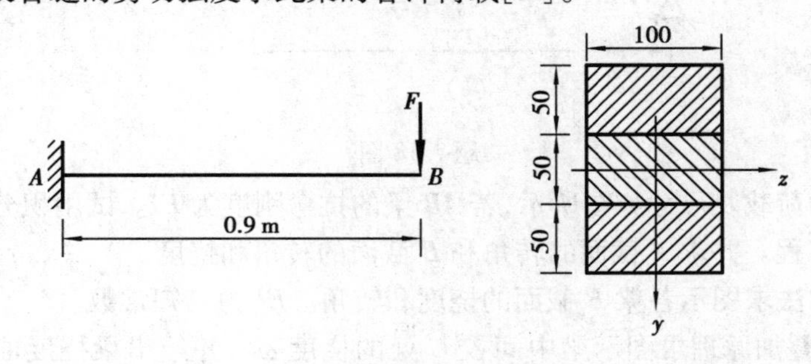

题7.15图

7.16 图示左端外伸梁由圆木制成，已知圆木的直径 $d=145$ mm，所受荷载如图所示。试求梁中的最大剪应力。

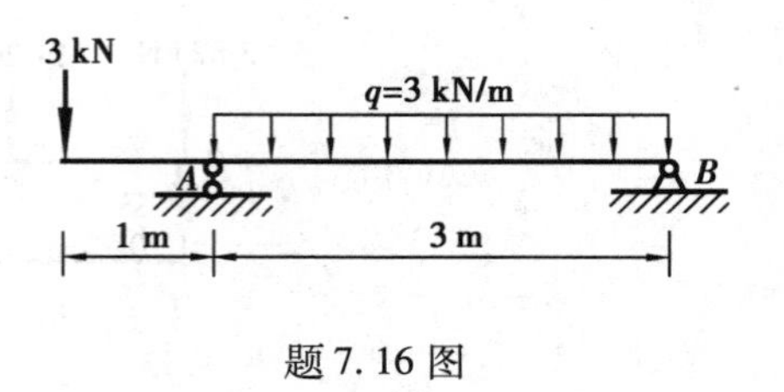

题 7.16 图

7.17 图示"T"形截面梁，荷载及截面尺寸如图所示。试求梁中的最大剪应力，指出其所在截面和位置，并求该截面腹板与翼缘结合点处的剪应力。

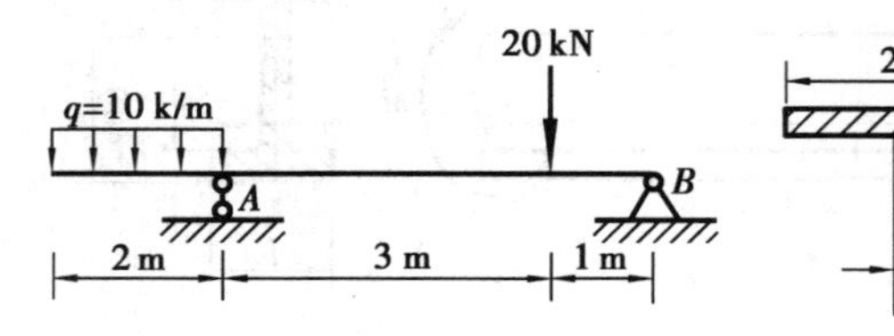

题 7.17 图

7.18 写出下面图示的挠曲线方程的边界条件。（图(d)中支座 B 的弹簧刚度为 C(N/m)）

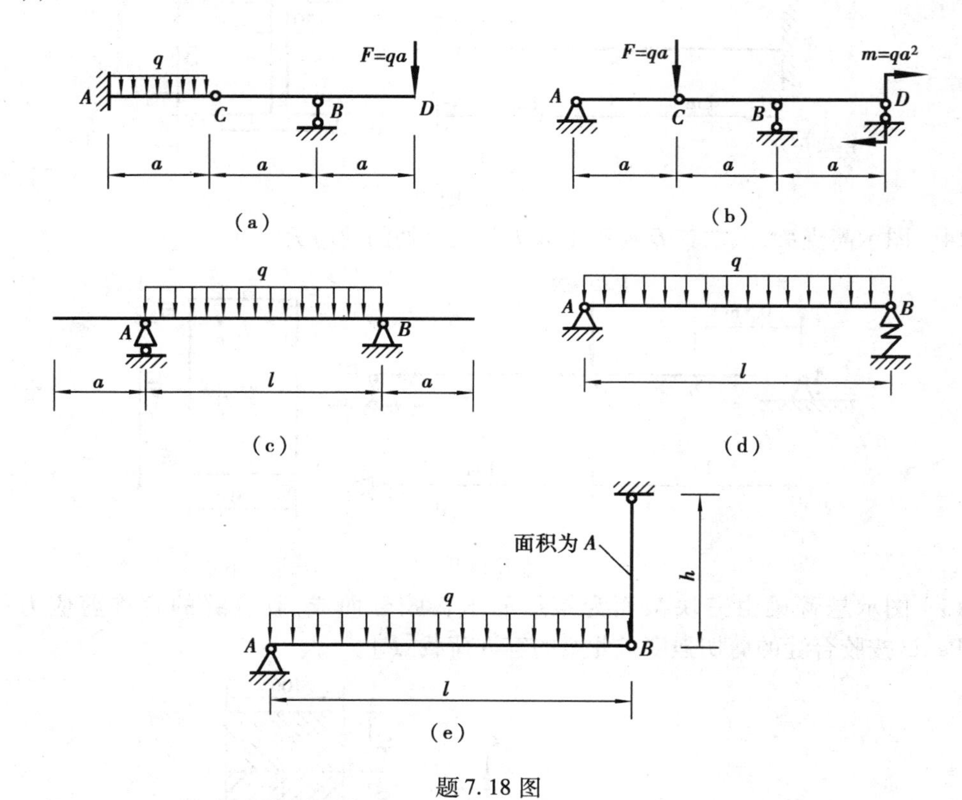

题 7.18 图

7.19 各梁的荷载及尺寸如图所示，若 AB 梁的抗弯刚度为 EI。试用积分法求 AB 梁的转角方程和挠曲线方程。并求 A 截面的转角和 B 截面的转角和挠度。

7.20 用叠加法求图示各梁 B 截面的挠度和转角。EI 为已知常数。

*7.21 试按叠加原理求图示梁中间铰 C 处的挠度 ω_C，并绘出梁挠度曲线的大致形状。已知 EI 为常量。

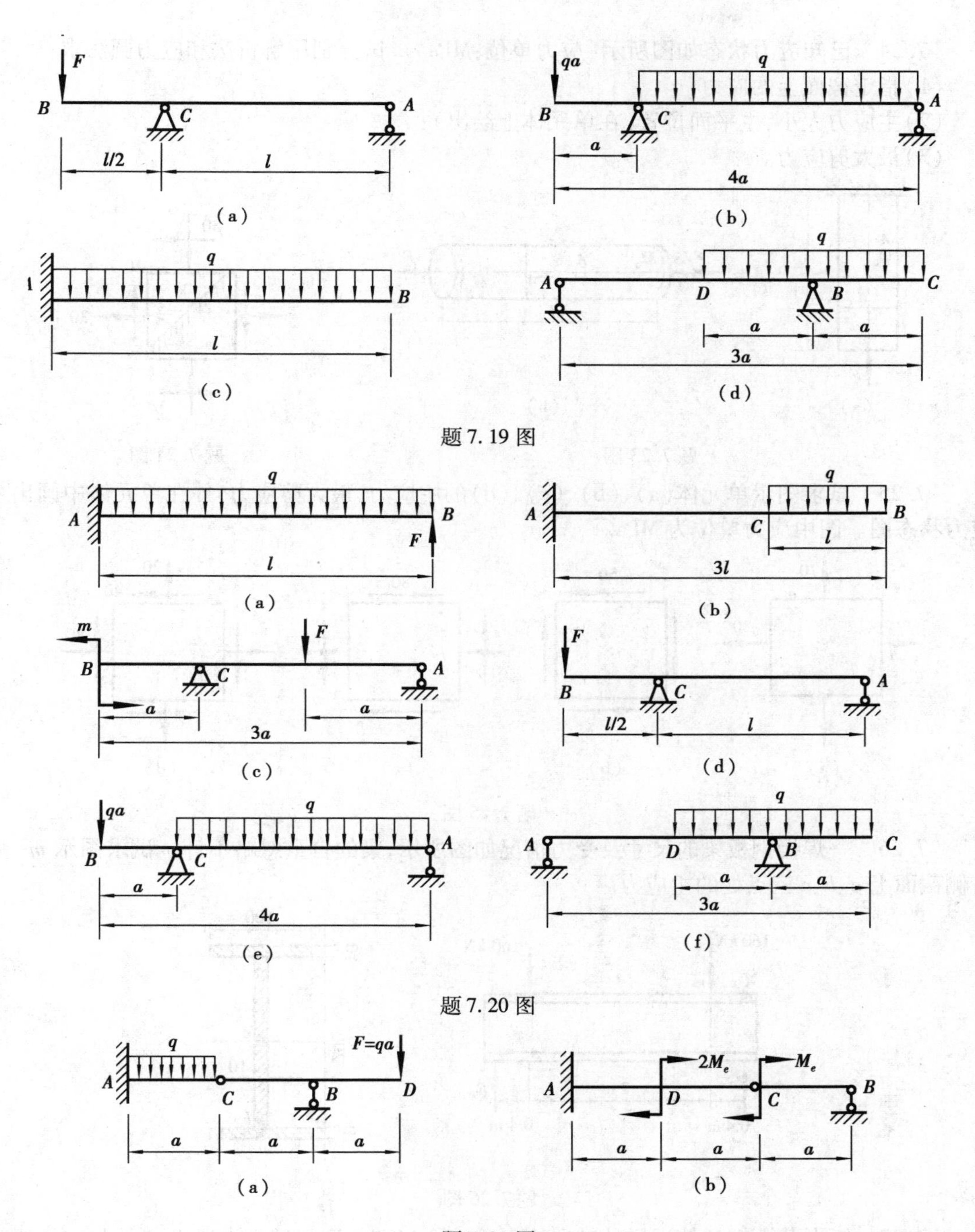

题 7.19 图

题 7.20 图

题 7.21 图

*7.22　松木桁条的横截面为圆形，跨长为 4 m，两端可视为简支，全跨上作用有集度为 $q=1.82\ \text{kN/m}$ 的均布荷载。已知松木的许用应力 $[\sigma]=10\ \text{MPa}$，弹性模量 $E=10\ \text{GPa}$。桁条的许可相对挠度为 $\left[\dfrac{\omega}{l}\right]=\dfrac{1}{200}$。试求桁条横截面所需的直径。（桁条可视为等圆木梁计算，直径以跨中为准）

*7.23　试绘出图示杆件表面上 A 点的应力状态图，并写出应力的计算式。

*7.24　已知应力状态如图所示(应力单位:MPa)。试分别用解析法和应力圆法求:

(1)指定截面上的应力;

(2)主应力大小,主平面位置(在单元体上绘出);

(3)最大剪应力。

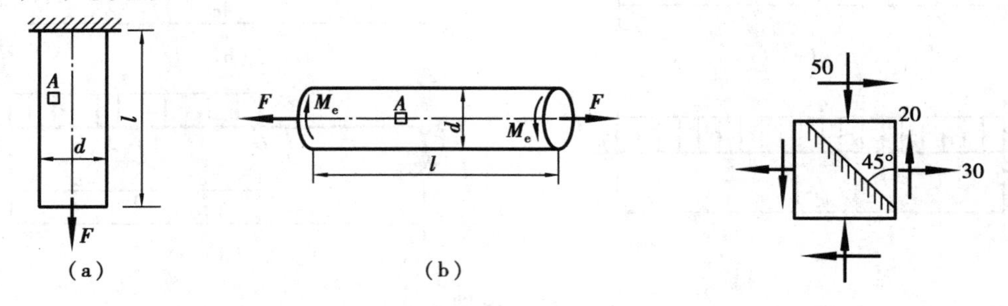

题7.23图　　题7.24图

*7.25　试求图示单元体(a)、(b)、(c)、(d)的主应力,最大剪应力,并在单元体中画出主应力状态图。图中应力单位为MPa。

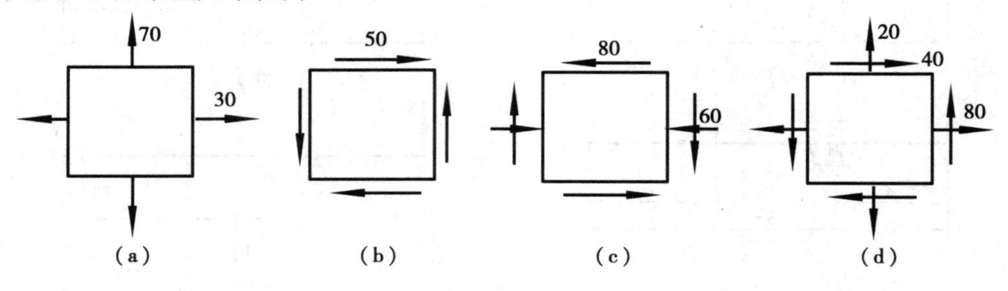

题7.25图

*7.26　一焊接钢板梁的尺寸及受力情况如图所示,梁的自重忽略不计。试求图示 $m—m$ 右侧截面上 a、b、c 三点处的主应力。

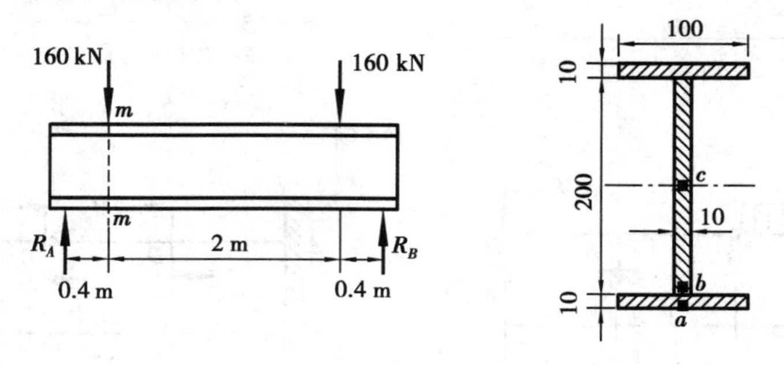

题7.26图

*7.27　矩形截面钢拉伸试样的轴向拉力 $F=20$ kN 时,测得试样中段 B 点处与其轴线成30°方向的线应变为 $\varepsilon_{30^\circ}=3.25\times10^{-4}$。已知材料的弹性模量 $E=210$ GPa。试求泊松比 ν。

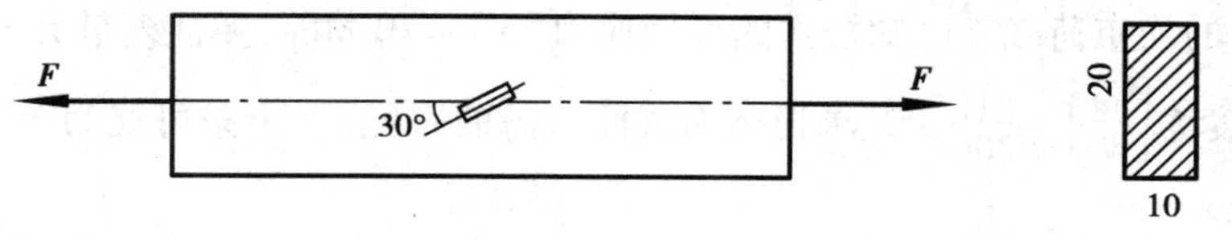

题7.27图

*7.28　写出图示(a)、(b)各应力状态的四种常用强度理论的相当应力。设 $\nu=0.25$。

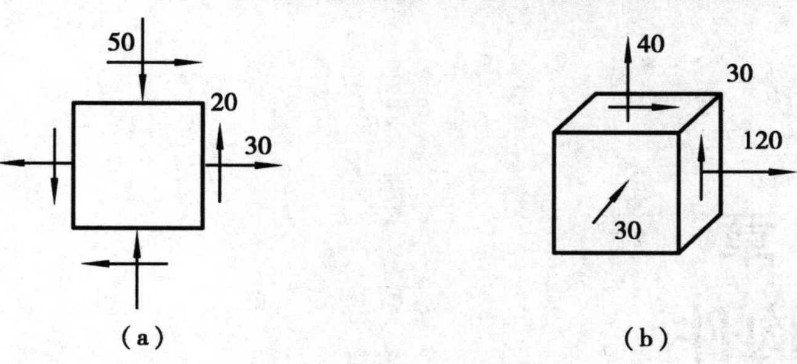

题7.28图

* 第 8 章 组合变形构件

8.1 概 述

在前面几章中，分别研究了杆的拉压、扭转和弯曲三种基本变形。然而，工程实际中的很多构件在荷载作用下并不只是产生单纯的基本变形，而是同时产生两种或两种以上的基本变形，这种变形叫作组合变形。例如，工业厂房的排架柱（图 8.1(a)）受到屋架和吊车梁传来的荷载 F_1 和 F_2，F_1、F_2 一般与柱子的轴线不相重合，而是有偏心。如果将 F_1、F_2 平移到轴线上，则会产生附加力偶 F_1e_1 和 F_2e_2，F_1 和 F_2 引起轴向压缩，而附加力偶 F_1e_1 和 F_2e_2 则引起纯弯曲，所以这种情况是轴向压缩和纯弯曲的共同作用，称为偏心压缩。其他如机械中的传动轴（图 8.1(b)）受到外力作用时，同时承受扭转变形和弯曲变形，烟囱（图 8.1(c)）受到自身重力和水平风载的作用，将同时承受轴向压缩变形和弯曲变形。

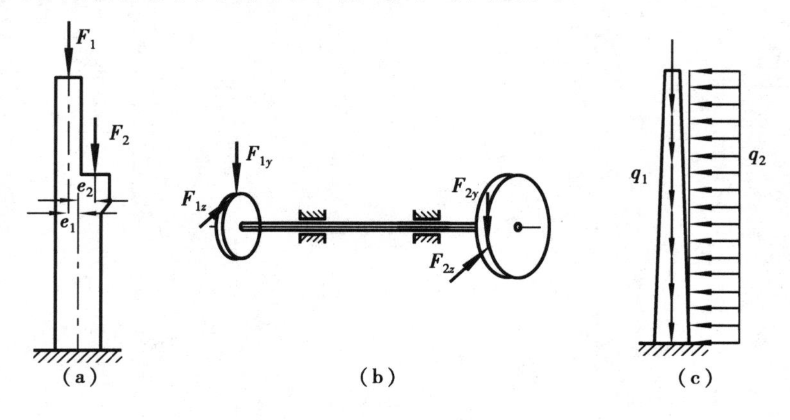

图 8.1

在小变形的情况下，当材料处于线弹性阶段时，杆件上的各种荷载所引起的内力和基本变形互不影响，即各种内力、应力和变形、应变是彼此独立的。因此，当荷载引起构件发生组合变形时，其应力和变形的计算可以应用叠加原理，先分别计算引起基本变形的各种单一荷载产生的应力和变形,然后进行叠加,求得组合变形杆件上的应力和变形。也就是说,求解组合变形问题离不开基本变形的相关理论和方法。

组合变形的形式主要有斜弯曲、偏心压缩、拉(压)弯组合、弯扭组合、拉(压)弯扭组合等形式。本章仅讨论斜弯曲、拉(压)弯组合和弯扭组合的情况,其他形式的组合变形,其分析方法可参照上述几种情况由读者自行分析或参看其他教材。

8.2　斜弯曲杆的强度计算

8.2.1　斜弯曲杆的应力

前面曾经讨论过,当梁具有纵向对称面且外荷载都作用在此纵向对称面内时,梁的变形形式为平面弯曲。此时,梁变形后的轴线也在该纵向对称面内。若梁具有两个纵向对称面,而外荷载并不作用在梁的两个纵向对称面内时(图8.2),梁的变形形式将不再是平面弯曲。因为,此时梁的挠曲轴线所在的平面一般并不与梁的纵向对称面重合,甚至挠曲轴线也不再是平面曲线。这种弯曲叫作斜弯曲。现以矩形截面悬臂梁为例来说明斜弯曲的应力和强度计算。

如图8.3所示悬臂梁,选取坐标系如图8.3所示,梁轴线作为x轴,两个对称轴分别作为y轴和z轴。在自由端受一作用于平面yoz内的集中力F,力F与y轴夹角为φ。求距坐标原点距离为x处截面(x截面)上任意点的正应力,设所求点的坐标为y和z。

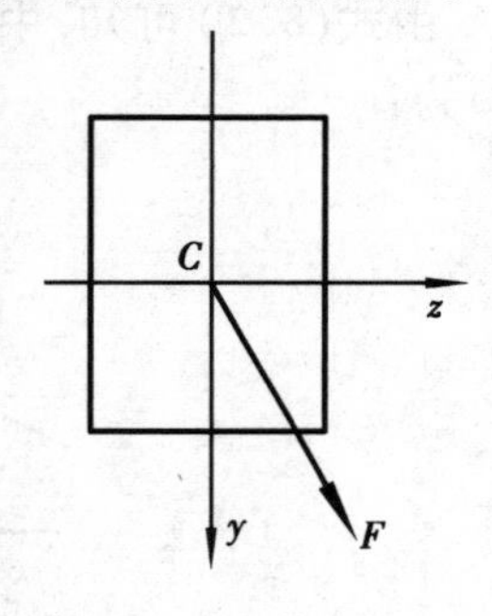

图8.2

为求梁横截面上任意一点的正应力,先将力F沿两个坐标轴y、z方向分解,得:

$$F_y = F\cos\varphi, F_z = F\sin\varphi \tag{1}$$

F_y和F_z将分别引起梁在两个相互垂直的对称面内产生平面弯曲。F_y使梁在平面xoy内产生平面弯曲,F_z使梁在平面xoz内产生平面弯曲。

先求出(x截面)弯矩M_z和M_y:

$$M_z = F_y(l-x) = F\cos\varphi\cdot(l-x) \tag{2}$$

$$M_y = F_z(l-x) = F\sin\varphi\cdot(l-x) \tag{3}$$

由M_z和M_y所产生的x截面上任意一点的弯曲正应力分别为:

$$\sigma' = \pm\frac{M_z y}{I_z} \tag{4}$$

$$\sigma'' = \pm\frac{M_y z}{I_y} \tag{5}$$

应力的正负号可以通过观察梁的变形来确定,拉应力取正号,压应力取负号。正应力σ'和σ''都沿着x方向,由叠加原理得x截面上任意一点的弯曲正应力为:

$$\sigma = \sigma' + \sigma'' = \pm\frac{M_z y}{I_z} \pm \frac{M_y z}{I_y} \tag{8.1}$$

在图8.3所示受力情况下,按(2)、(3)两式计算的弯矩为正值时,按图中标定的坐标正方向,M_z 和 M_y 产生的拉应力分别在 y 和 z 坐标轴的负值区域,则上述定义的正应力 σ' 和 σ'' 的值与坐标 y 和 z 的值异号,故 x 截面任意一点 E 的正应力由式(4)、(5)和(8.1)改写为:

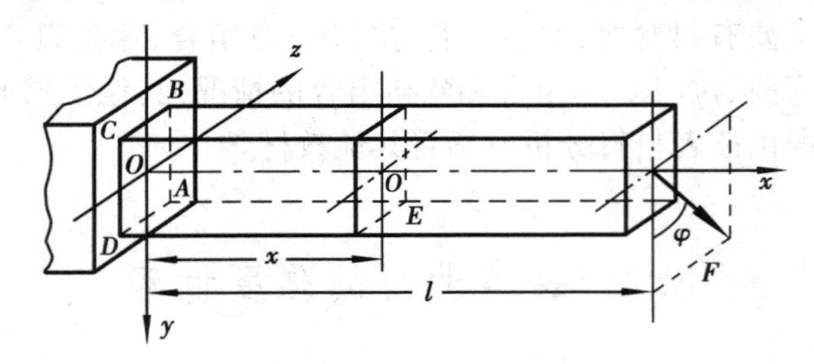

图 8.3

$$\sigma' = -\frac{M_z y}{I_z};\qquad \sigma'' = -\frac{M_y z}{I_y};\qquad \sigma = \sigma' + \sigma'' = -\frac{M_z y}{I_z} - \frac{M_y z}{I_y}$$

在斜弯曲横截面上,中性轴把应力分为拉应力和压应力两个区,根据中性轴上弯曲正应力为零的特点,令 y_0、z_0 为中性轴上任意一点的坐标,则斜弯曲杆横截面上中性轴方程为:

$$-\frac{M_z y_0}{I_z} - \frac{M_y z_0}{I_y} = 0 \tag{8.2}$$

由式(8.2)可知,中性轴是一条通过截面形心的直线,它与 z 轴的夹角 α(如图 8.4 所示)为:

$$\tan\alpha = -\frac{y_0}{z_0} = -\frac{M_y I_z}{M_z I_y} = -\frac{I_z}{I_y}\tan\varphi \tag{8.3}$$

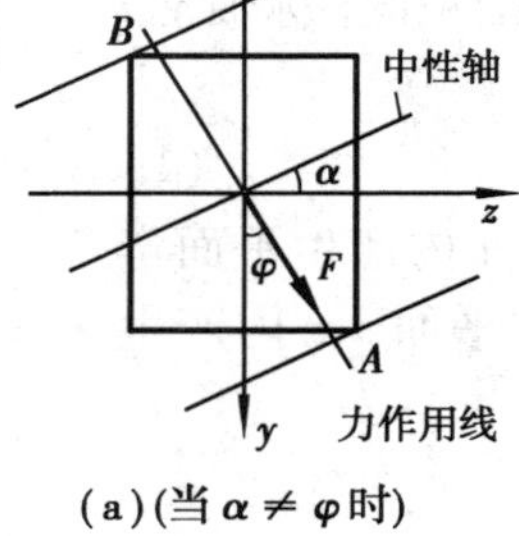

(a)(当 $\alpha \neq \varphi$ 时)

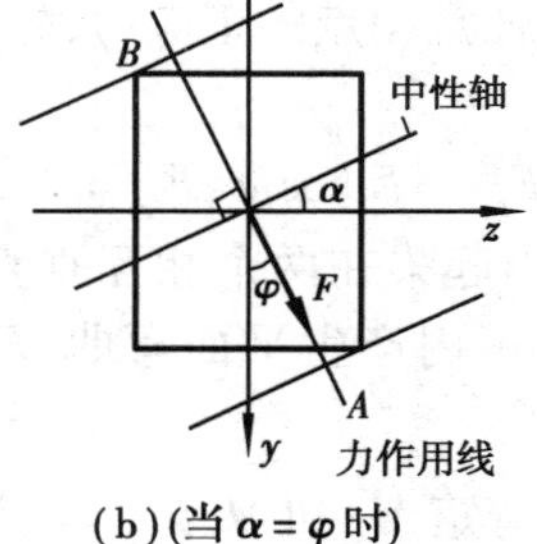

(b)(当 $\alpha = \varphi$ 时)

图 8.4

作中性轴的平行线与截面的周边相切,得到横截面上离中性轴最远的两个点 A 、B (图 8.4所示),在这两点上有最大的弯曲正应力。其中,一点为最大的拉应力,另一点为最大的压应力,即代数值的最大和最小值:

$$\sigma_{\substack{\max\\ \min}} = \pm\left(\frac{M_z y_{\max}}{I_z} + \frac{M_y z_{\max}}{I_y}\right)$$

又因:$W_z = \dfrac{I_z}{y_{\max}}$, $W_y = \dfrac{I_y}{z_{\max}}$

$$\sigma_{\substack{\max\\ \min}} = \pm\left(\frac{M_z}{W_z} + \frac{M_y}{W_y}\right) \tag{8.4}$$

由式(8.3)可以看出,当 $I_y \neq I_z$ 时,中性轴与外力 F 的作用线并不垂直,这正是斜弯曲的特点(见图8.4(a));当 $I_y = I_z$ 时中性轴与外力的作用线相互垂直(图8.4(b)),梁将由斜弯曲变为平面弯曲。

8.2.2　斜弯曲杆的强度计算

由第7章可知,在进行强度计算时须先确定危险截面,然后在危险截面上确定危险点。对如图8.3所示的悬臂梁,其危险截面在使弯矩 M_z 和 M_y 的绝对值达到最大的固定端处。该截面上的应力危险点是距中性轴最远的点,以危险点的正应力(即最大正应力)建立强度条件,修改公式(8.4)为:

$$\sigma_{\max} = \frac{M_{z,\max}}{W_z} + \frac{M_{y,\max}}{W_y} \leqslant [\sigma] \tag{8.5}$$

例8.1　矩形截面梁受力如图8.5(a)所示。已知 $F_y = 1$ kN,$F_z = 2$ kN,$l = 2$ m,$b = 50$ mm,$h = 75$ mm,$[\sigma] = 140$ MPa,对梁的弯曲正应力进行强度校核。如在保持其横截面面积不变的情况下改为圆截面,最大正应力为多少?能否满足弯曲正应力强度条件?

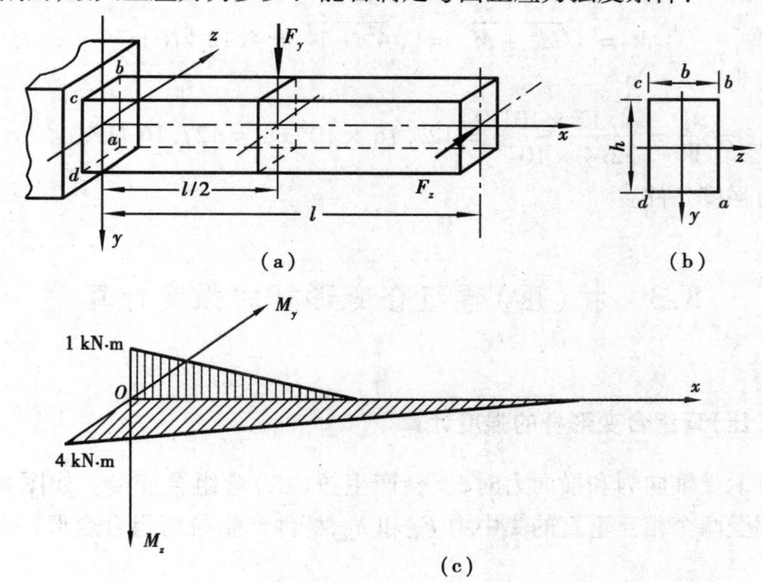

图8.5

解　1)求矩形截面梁的最大正应力。梁受到两向弯曲,弯矩图如图8.5(c)所示。由图可知,固定端截面为危险截面,该截面弯矩为

$$M_y = 2 \times 2 = 4.0 \text{ kN·m}$$

$$M_z = 1 \times 1 = 1.0 \text{ kN·m}$$

矩形截面的抗弯截面系数为

$$W_y = \frac{hb^2}{6} = \frac{75 \times 50^2}{6} \times 10^{-9} = 31.3 \times 10^{-6}\text{m}^3$$

$$W_z = \frac{bh^2}{6} = \frac{50 \times 75^2}{6} \times 10^{-9} = 46.9 \times 10^{-6}\text{m}^3$$

根据弯曲正应力分布规律,叠加后在固定端截面的 c 点与 a 点分别有最大的拉应力与最

大的压应力,且绝对值相等,其大小为

$$\sigma_{max} = \frac{M_y}{W_y} + \frac{M_z}{W_z} = \frac{4 \times 10^3}{31.3 \times 10^{-6}} + \frac{1 \times 10^3}{46.9 \times 10^{-6}} = 149.1 \times 10^6 \text{ Pa} = 149.1 \text{ MPa}$$

2)强度校核

$\sigma_{max} = 149.1 \text{ MPa} > [\sigma] = 140 \text{ MPa}$　不满足弯曲正应力强度要求。

3)求圆形截面梁的直径及最大正应力

保持其横截面面积不变,改为圆截面,有

$$bh = \frac{\pi d^2}{4} \qquad d = \sqrt{\frac{bh \cdot 4}{\pi}} = \sqrt{\frac{50 \times 75 \times 4}{\pi}} = 69.12 \text{ mm}$$

此时圆截面的抗弯截面系数为:

$$W = \frac{\pi d^3}{32} = \frac{\pi \times 69.1^3 \times 10^{-9}}{32} = 32.4 \times 10^{-6} \text{m}^3$$

当矩形截面改为圆截 $I_y = I_z$,在此的斜弯曲仍是平面弯曲,因此,固定端的弯矩按矢量合成计算,其弯矩为:

$$M = \sqrt{M_y^2 + M_z^2} = \sqrt{4^2 + 1^2} = 4.12 \text{ kN} \cdot \text{m}$$

梁中最大正应力为

$$\sigma_{max} = \frac{M}{W} = \frac{4.12 \times 10^3}{32.4 \times 10^{-6}} = 127.16 \times 10^6 \text{ Pa} = 127.16 \text{ MPa} < [\sigma]$$

满足弯曲正应力强度条件。

8.3　拉(压)弯组合变形杆的强度计算

8.3.1　拉(压)弯组合变形杆的强度计算

杆件在同时承受轴向力和横向力时,就会产生拉(压)弯组合变形。如图 8.6 所示,为一悬臂梁在自由端受两个相互垂直的集中力 F_x 和 F_y,杆件产生拉弯组合变形。由 F_x 产生的轴向拉应力为

$$\sigma' = \frac{F_N}{A} = \frac{F_x}{A} \tag{1}$$

任一截面(距自由端 x)F_y 产生的弯矩为 $M = F_y x$,由弯矩 M 引起的正应力为:

$$\sigma'' = \frac{M}{I_z} y = \frac{F_y x}{I_z} y \tag{2}$$

则在拉弯组合变形下的正应力为

$$\sigma = \sigma' + \sigma'' = \frac{F_N}{A} + \frac{M}{I_z} y \tag{8.6}$$

由式(8.6)绘制出正应力沿截面高度的变化规律图,见图 8.6(b)。

由图 8.6(b)可知,拉(压)弯组合变形时中性轴不过截面形心,而是根据弯矩引起的弯曲方向,中性轴平行于弯曲惯性轴,在其下侧(或者上侧)。中性轴的两侧分别是拉应力和压应

力区，两侧距中性轴最远处分别为最大拉应力和最大压应力，也即是任一截面(距自由端 x 距离)的最大和最小正应力值：

$$\sigma_{\min}^{\max} = \frac{F_N}{A} \pm \frac{M}{W_z} = \frac{F_x}{A} \pm \frac{F_y x}{W_z} \tag{8.7}$$

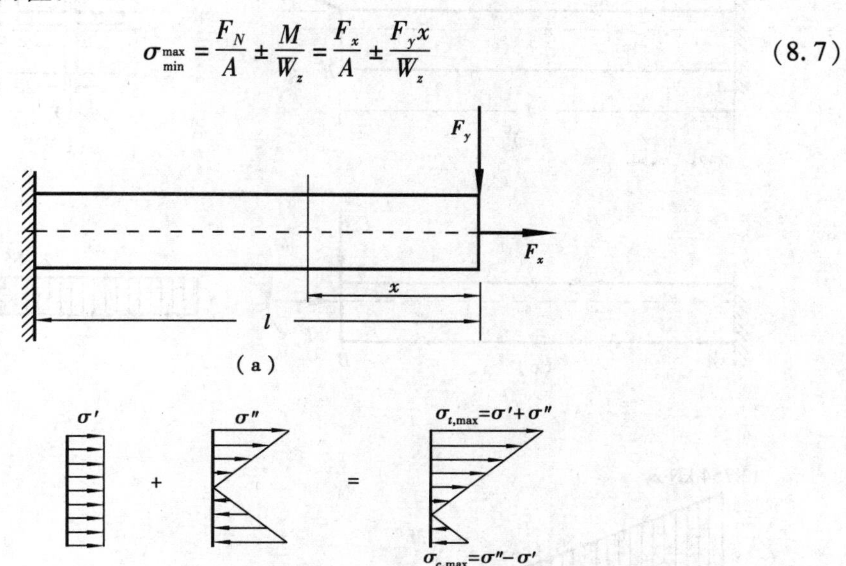

图8.6

例8.2　"T"形截面铸铁悬臂梁，在自由端 B 截面的上缘处沿斜方向作用一集中力 F(图8.7(a))。已知 $F=25$ kN，$\varphi=30°$，$l=1.2$ m，截面尺寸如图8.7(b)所示。已知材料的容许拉应力 $[\sigma_t]=25$ MPa，容许压应力 $[\sigma_c]=80$ MPa，试校核梁的强度。

解　1)计算形心位置 C，求 y_1、y_2 及惯性矩 I_z。取 z_1 为参考轴

$$A = 200 \times 20 + 20 \times 180 = 7\ 600(\text{mm}^2)$$

$$y_1 = \frac{200 \times 20 \times 10 + 20 \times 180 \times (20 + 90)}{7\ 600} = 57.37(\text{mm})$$

$$y_2 = 200 - 57.37 = 142.63(\text{mm})$$

$$I_z = \left(\frac{200 \times 20^3}{12} + 200 \times 20 \times 47.37^2\right) + \left(\frac{20 \times 180^3}{12} + 20 \times 180 \times 52.63^2\right)$$

$$= 2.88 \times 10^7(\text{mm}^4) = 2.88 \times 10^{-5}(\text{m}^4)$$

2)受力分析，作内力图。将 F 力沿水平方向和铅垂方向分解为 F_x 和 F_y，再将 F_x 向 B 截面的形心平移，得到一个力 F_x 和一个力偶矩 M_B(图8.7(c))

$$F_x = F\cos\varphi = 25 \times \cos 30° = 21.65(\text{kN}) = F_N$$

$$F_y = F\sin\varphi = 25 \times \sin 30° = 12.50(\text{kN})$$

$$M_B = F_x y_1 = 21.65 \times 57.37 = 1.246(\text{kN}\cdot\text{m})$$

$$M_A = F_y l - M_B = 12.50 \times 10^3 \times 1.2 - 1\ 246.06 = 13.754(\text{kN}\cdot\text{m})$$

根据受力分析，作轴力图和弯矩图(图8.7(d)、(e))。

3)强度校核。由于该横梁截面上、下不对称，又 A、B 截面的弯矩反号，因此 A、B 截面都是危险截面。由弯矩图可知，在 A 截面上的上边缘出现最大的拉应力，且为

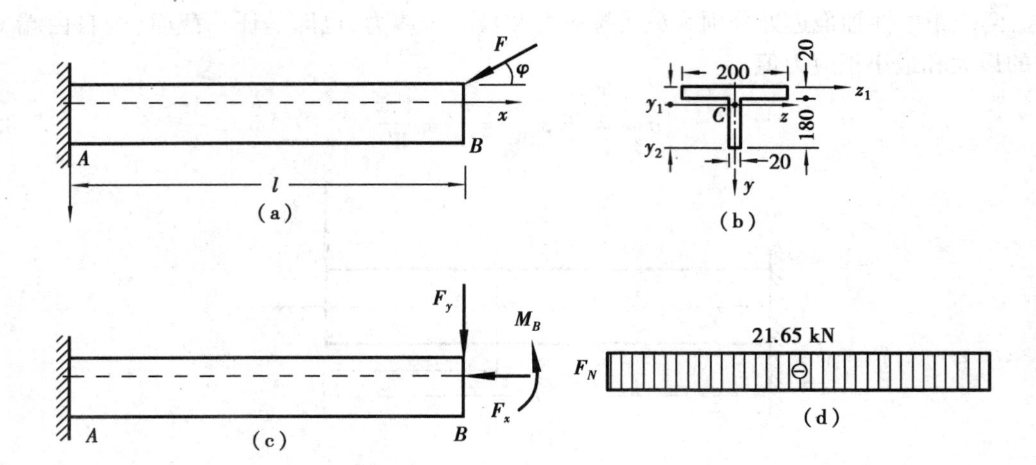

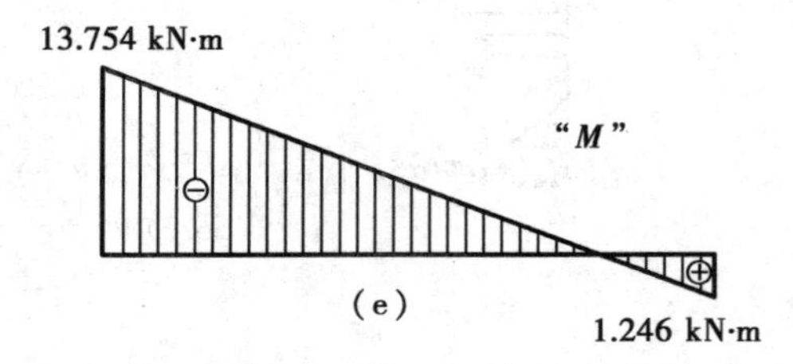

图 8.7

$$\sigma'_t=\frac{M_A y_1}{I_z}-\frac{F_N}{A}=\frac{13\ 753.94\times 57.37\times 10^{-3}}{2.88\times 10^{-5}}-\frac{21.65\times 10^3}{7\ 600\times 10^{-6}}$$
$$=24.55\times 10^6(\text{Pa})=24.55(\text{MPa})<[\sigma_t]$$

在 A 截面的下边缘出现最大的压应力

$$\sigma'_c=\frac{M_A y_1}{I_z}+\frac{F_N}{A}=\frac{13\ 753.94\times 57.37\times 10^{-3}}{2.88\times 10^{-5}}+\frac{21.65\times 10^3}{7\ 600\times 10^{-6}}$$
$$=30.25\times 10^6(\text{Pa})=30.25(\text{MPa})<[\sigma_c]$$

在 B 截面的下边缘出现最大的拉应力

$$\sigma''_t=\frac{M_B y_2}{I_z}-\frac{F_N}{A}=\frac{1\ 246.06\times 142.63\times 10^{-3}}{2.88\times 10^{-5}}-\frac{21.65\times 10^3}{7\ 600\times 10^{-6}}$$
$$=3.32\times 10^6(\text{Pa})=3.32(\text{MPa})<[\sigma_t]$$

在 B 截面的上边缘出现最大的压应力

$$\sigma''_c=\frac{M_B y_2}{I_z}+\frac{F_N}{A}=\frac{1\ 246.06\times 142.63\times 10^{-3}}{2.88\times 10^{-5}}+\frac{21.65\times 10^3}{7\ 600\times 10^{-6}}$$
$$=9.02\times 10^6(\text{Pa})=9.02(\text{MPa})<[\sigma_c]$$

因此,梁满足强度条件。

8.3.2　拉(压)弯组合变形杆的强度计算及截面核心

由公式(8.7)可知,最大拉应力和最大压应力都将随弯矩值的增大而增大,因此危险截面是在轴力和弯矩都较大的截面。若杆件由塑性材料制成,则强度条件:

$$\sigma_{\max} = \left| \frac{F_N}{A} + \frac{M_{\max}}{W_z} \right| \leqslant [\sigma] \tag{8.8}$$

若杆件由脆性材料制成,则要分别对最大拉应力和最大压应力建立强度条件。

$$\sigma_{t,\max} = \frac{F_N}{A} + \frac{M_{\max}}{W_z} \leqslant [\sigma_t] \tag{8.9}$$

$$\sigma_{c,\max} = \frac{F_N}{A} - \frac{M_{\max}}{W_z} \leqslant [\sigma_c] \tag{8.10}$$

(1)偏心受压(受拉)杆的应力计算

偏心受压(受拉)杆指杆件受到平行于杆轴线,但不与轴线重合的力作用时图 8.8(a)所示。图中横截面具有两个对称轴的柱子受压力 F 作用,设 F 力作用点的坐标为 y_F 和 z_F,将力 F 简化到截面的形心 O,得到一个轴向压力 F 和两个对称轴方向(图 8.8 所示 y,z 两坐标轴方向)的力偶 M_y 和 M_z。压力 F 引起轴向压缩,而 M_y 和 M_z 将引起两个相互垂直对称面上的弯曲(斜弯曲),由此可见,偏心受压是压缩与弯曲的组合变形。如图 8.8(b)所示,横截面上任一点的应力计算仍然依据叠加原理进行,先由截面法求得任一横截面上的内力为:

$$M_y = F \cdot z_F, M_z = F \cdot y_F,\ F_N = -F$$

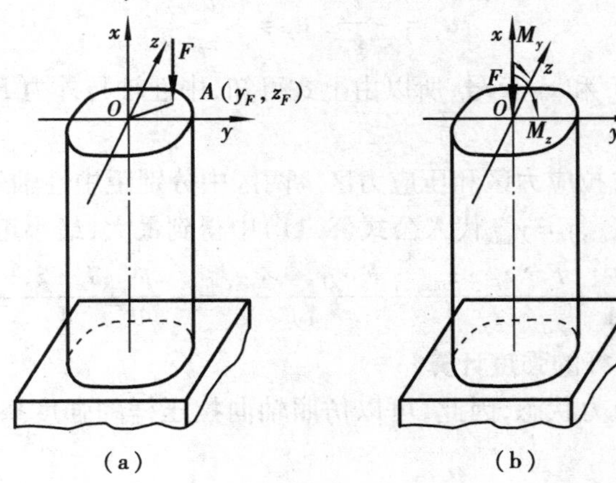

图 8.8

轴力引起的正应力为:

$$\sigma_N = \frac{F_N}{A} = -\frac{F}{A}$$

由弯矩 M_y 和 M_z 将引起的正应力,在考虑各弯矩引起变形方向和坐标轴的设定正方向情况下,图 8.8(b)所示弯曲正应力分别为:

$$\sigma_{M_y} = \frac{M_y z}{I_y} = -\frac{F \cdot z_F \cdot z}{I_y}$$

$$\sigma_{M_z}=\frac{M_z y}{I_z}=-\frac{F\cdot y_F\cdot y}{I_z}$$

根据杆件的变形可知，σ_N、σ_{M_y}和σ_{M_z}均为压应力，故横截面上绝对值最大的应力为压应力，发生在图8.8(b)所示坐标的第一象限上。由叠加原理，截面上任一点的应力为

$$\sigma=\sigma_N+\sigma_{M_y}+\sigma_{M_z}=-\left(\frac{F}{A}+\frac{F\cdot z_F\cdot z}{I_y}+\frac{F\cdot y_F\cdot y}{I_Z}\right) \tag{8.11}$$

将惯性矩表示为横截面积与惯性半径平方的乘积

$$I_y=A\cdot i_y^2, I_z=A\cdot i_z^2$$

公式(8.11)可改写为

$$\sigma=-\frac{F}{A}\left(1+\frac{z_F\cdot z}{i_y^2}+\frac{y_F\cdot y}{i_z^2}\right) \tag{8.12}$$

(2)偏心受压(受拉)杆的中性轴

根据中性轴上正应力特点，若令y_0、z_0代表中性轴上任一点的坐标，将其代入式(8.12)，即得正应力σ等于零的中性轴方程为

$$1+\frac{z_F}{i_y^2}z_0+\frac{y_F}{i_z^2}y_0=0 \tag{8.13}$$

这是一个直线方程。由此可知，在偏心压缩情况下，中性轴是一条不通截面形心的直线。若中性轴在y、z两轴上的截距分别用a_y和a_z表示，则在上式中令$z_0=0$，得到$y_0=a_y$；令$y_0=0$，得到$z_0=a_z$，即

$$a_y=-\frac{i_z^2}{y_F},\ a_z=-\frac{i_y^2}{z_F} \tag{8.14}$$

由于a_y和y_F反号、a_z和z_F反号，所以由上式可知，中性轴与外力F作用点A分别处于截面形心的两侧。

中性轴将横截面分成拉应力区和压应力区。两区中分别距中性轴最远处产生最大拉应力和最大压应力，即将$z=z_{max}$，$y=y_{max}$代入公式(8.11)中得到最大、最小正应力：

$$\sigma_{\substack{max\\min}}=-\frac{F}{A}\pm\frac{F\cdot z_F\cdot z_{max}}{I_y}\pm\frac{F\cdot y_F\cdot y_{max}}{I_Z}=-\frac{F}{A}\pm\frac{F\cdot z_F}{W_y}\pm\frac{F\cdot y_F}{W_z} \tag{8.15}$$

(3)偏心受压(受拉)杆的强度计算

偏心受压杆是单向应力状态，因此，可以仿照轴向拉压杆的强度条件建立偏心受压(拉)杆的强度条件。

对塑性材料制成的杆件，强度条件：

$$\sigma_{max}=-\sigma_{min}=\left|\frac{F}{A}+\frac{F\cdot z_F}{W_y}+\frac{F\cdot y_F}{W_z}\right|\leqslant[\sigma] \tag{8.16}$$

对脆性材料制成的杆件，分别建立抗拉强度条件和抗压强度条件：

则有：

$$\sigma_{c,max}=-\sigma_{min}=\frac{F}{A}+\frac{F\cdot z_F}{W_y}+\frac{F\cdot y_F}{W_z}\leqslant[\sigma_c] \tag{8.17}$$

$$\sigma_{t,max}=\sigma_{max}=-\frac{F}{A}+\frac{F\cdot z_F}{W_y}+\frac{F\cdot y_F}{W_z}\leqslant[\sigma_t] \tag{8.18}$$

出现最大拉应力σ_{tmax}和最大压应力σ_{cmin}的位置即危险点，对于周边具有棱角的截面，如

矩形截面,其危险点必在截面的角点上,可根据杆件变形情况来确定。对其他情况,则需通过确定中性轴的位置后再加以确定。

(4)截面核心的概念

在土木工程中常用的许多建筑材料如砖、石材、混凝土等,它们的抗拉强度远小于抗压强度,这些材料制成的构件适于承压。而这些材料所制成的构件承受偏心压力的能力常常受拉应力控制,因此某些构件设计时要求横截面上无拉应力区(如柱基底面不允许出现拉应力)。

从前面的分析可知,构件偏心受压时,横截面上的应力由轴力引起的应力和弯矩引起的应力所组成。当施加压力的偏心距较小时,则相应产生的弯矩也较小,从而使 $\sigma_M \leqslant \sigma_N$,即横截面上只有压应力而无拉应力。截面上只有压应力区,意味着中性轴不出现在截面上(或仅出现在截面边界线上)。由公式(8.14)可以看出,y_F 和 z_F 值越小,a_y 和 a_z 数值越大,意味着中性轴距截面形心越远,当外力的偏心距小到一定范围时,中性轴就不通过横截面,即在横截面上就不出现拉应力,而只有压应力。这个使中性轴不通过横截面的外力作用区域,称为**截面核心**。

以矩形截面为例如图8.9所示,由惯性半径计算公式知,

$$i_y^2 = \frac{b^2}{12}, i_z^2 = \frac{h^2}{12}。$$

假设截面上也仅有一种压应力分布的极限情况,即中性轴位于截面边界线上。由此根据公式(8.14)反推出荷载作用位置,即:

$$y_F = -\frac{i_z^2}{a_y},\ z_F = -\frac{i_y^2}{a_z} \tag{8.19}$$

如图8.9中性轴①的截距方程为:

$$a_y = \frac{h}{2}, a_z = \propto,$$

则得到荷载作用点 D_1 的位置坐标:

$$y_F = -\frac{h^2/12}{h/2} = -\frac{h}{6}, z_F = 0$$

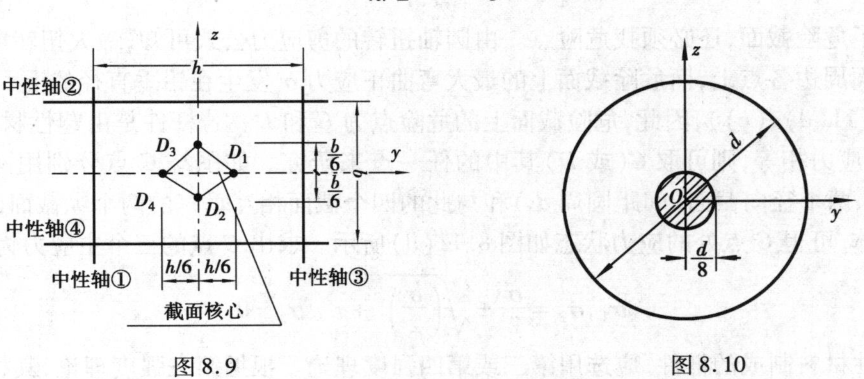

图8.9　　　　图8.10

同理可分别计算出中性轴②、中性轴③和中性轴④的荷载作用位置为 D_2、D_3 和 D_4,将 D_1、D_2、D_3 和 D_4 点连线围成的图形就是其截面核心。荷载作用在该区域内时,截面上只有压应力而无拉应力。

同理可推得圆形截面的截面核心是半径为直径的1/8的同心圆面积,如图(8.10)所示的

阴影区域。

8.4 弯扭组合变形杆的强度计算

工程中的很多构件常发生弯扭组合变形,现在讨论圆截面杆件发生扭转与弯曲组合变形时的强度计算。

如图 8.11(a)所示直径为 d 的圆截面直杆在集中力 F 和扭矩 M_e 作用下,产生弯扭组合变形。分别作杆在外力作用下的扭矩图和弯矩图(图 8.11(b)、(c)),由内力图可知,杆的危险截面为固定端截面 A,其扭矩和弯矩分别为

$$T = M_e, M = Fl \qquad ①$$

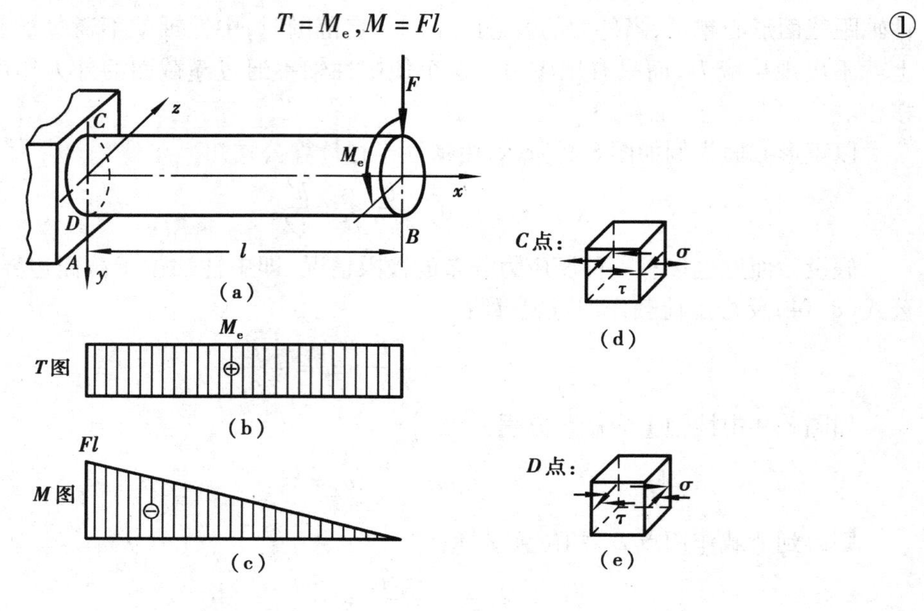

图 8.11

找到了危险截面,还必须找危险点。由圆轴扭转的剪应力公式可知,最大扭转剪应力 τ 发生在横截面周边各点上,而危险截面上的最大弯曲正应力 σ 发生在铅垂直径的上、下两端点 C 和 D(图 8.11(d)、(e)),因此,危险截面上的危险点为 C 和 D。若杆件是由塑性材料制成,其容许拉、压应力相等,则可取 C(或 D)其中的任一点来研究。如围绕 C 点分别用两个横截面(间距 dx)、两个径向截面(间距圆周 ds)和与此的四个截面相互垂直的两个纵截面(间距 dr),围成单元体,可得 C 点处的应力状态如图 8.11(d)所示。求出 C 点的三个主应力为:

$$\sigma_1, \sigma_3 = \frac{\sigma}{2} \pm \sqrt{\left(\frac{\sigma}{2}\right)^2 + \tau^2}; \sigma_2 = 0 \qquad ②$$

对于用塑性材料制成的杆件,应选用第三或第四强度理论。根据第三强度理论,其相当应力表达式为

$$\sigma_{r3} = \sigma_1 - \sigma_3$$

将主应力 σ_1 和 σ_3 代入上式,得

$$\sigma_{r3} = \sqrt{\sigma^2 + 4\tau^2} \qquad (8.20)$$

对于圆截面杆件，有 $W_p = 2W$，代入上式，可得第三强度理论的强度条件为

$$\sigma_{r3} = \sqrt{\left(\frac{M}{W}\right)^2 + 4\left(\frac{T}{W_p}\right)^2} = \frac{\sqrt{M^2 + T^2}}{W} \leqslant [\sigma] \tag{8.21}$$

若用第四强度理论，则可得相应的相当应力为

$$\sigma_{r4} = \sqrt{\frac{1}{2}[(\sigma_1 - \sigma_2)^2 + (\sigma_2 - \sigma_3)^2 + (\sigma_3 - \sigma_1)^2]}$$

将主应力 σ_1、σ_2 和 σ_3 代入上式，得

$$\sigma_{r4} = \sqrt{\sigma^2 + 3\tau^2} \tag{8.22}$$

将 $W_p = 2W$ 代入，可得第四强度理论的强度条件为

$$\sigma_{r4} = \sqrt{\left(\frac{M}{W}\right)^2 + 3\left(\frac{T}{W_p}\right)^2} = \frac{\sqrt{M^2 + 0.75T^2}}{W} \leqslant [\sigma] \tag{8.23}$$

公式(8.21)、式(8.23)同样适用于空心圆杆，而只需将式中的 W 改为空心圆截面的抗弯截面系数。

例 8.3　皮带轮传动轴如图 8.12(a)所示。已知皮带轮的紧边拉力 $F_{t1} = 6$ kN，松边拉力 $F_{t2} = 3$ kN，皮带轮的直径 $D = 300$ mm；齿轮的节圆直径 $D_0 = 120$ mm，压力角 $\alpha = 20°$；圆轴的直径 $d = 35$ mm，容许应力 $[\sigma] = 165$ MPa，试按第四强度理论校核轴的强度。

解

1)传动轴受力分析

将齿轮及皮带轮上的外力向传动轴截面简化得传动轴整体受力图(8.12(b))。分别在 xAz 平面对 B 点取矩，在 xAz 平面对 C 点取矩，并沿 y 轴和 z 轴建立力的平衡方程，可求出约束反力。

$$\sum m_x = 0,\ F_{Dz}\frac{D_0}{2} - (F_{t1} - F_{t2})\frac{D}{2} = 0,\ F_{Dz} = 7.5\ \text{kN},\quad F_{Dy} = F_{Dz}\tan\alpha = 2.73\ \text{kN}$$

$$\sum M_B = 0,\ (F_{t1} + F_{t2}) \times 370 + F_{Dy} \times 120 - F_{Cy} \times 320 = 0,\quad F_{Cy} = 11.43\ \text{kN}$$

$$\sum F_y = 0,\ F_{By} + F_{Cy} - (F_{t1} + F_{t2}) - F_{Dy} = 0,\quad F_{By} = 0.3\ \text{kN}$$

$$\sum M_C = 0,\ F_{Bz} \times 320 - F_{Dz} \times 200 = 0,\quad F_{Bz} = \frac{F_{Dz} \times 200}{320} = 4.687\,5\ \text{kN}$$

$$\sum F_z = 0,\ F_{Bz} + F_{Cz} - F_{Dz} = 0,\quad F_{Cz} = 7.5 - 4.69 = 2.81\ \text{kN}$$

2)内力图绘制

根据图 8.12(b)所示力系，分别绘制扭矩 T 图和两个对称面上的弯矩图 M_y 和 M_z，见图 8.12(c)、(d)、(e)。

3) 强度校核

由图 8.12(c)、(d)、(e)可知，最大弯矩出现在 D 截面：

$$M_D = \sqrt{M_{yD}^2 + M_{zD}^2} = \sqrt{0.56^2 + 0.04^2} = 0.56\ \text{kN}\cdot\text{m}$$

AD 端扭矩为常数，$T_{AD} = 0.45$ kN. m，DB 段扭矩为零。因此 D 截面为危险截面，危险点在其截面上离中性轴最远的地方。根据第四强度理论，对圆截面杆有：

$$\sigma_{r4} = \frac{\sqrt{M^2 + 0.75T^2}}{W} = \frac{\sqrt{M^2 + 0.75T^2}}{\frac{\pi d^3}{32}} = \frac{32\sqrt{0.56^2 + 0.75 \times 0.45^2}}{\pi \times 35^3 \times 10^{-9}}$$

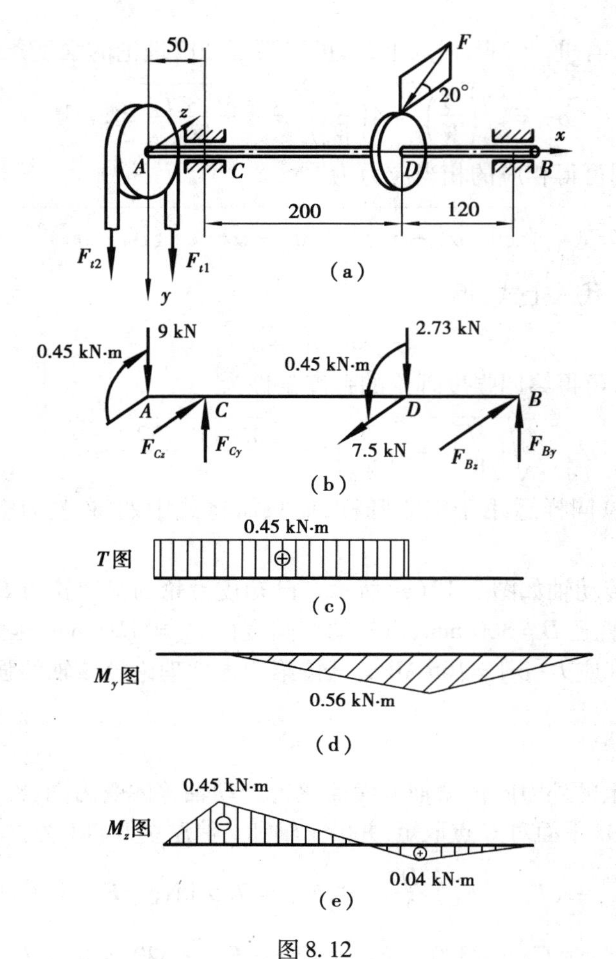

图 8.12

$$=162.7\times10^{6}\text{Pa}=162.7\ \text{MPa}<[\sigma]=165\ \text{MPa}$$

所以传动轴满足强度条件。

可深入讨论的问题

1. 对斜弯曲杆，本章仅涉及其强度计算，关于挠度的计算、斜弯曲杆弯曲方向与外力作用方向的对比等问题，可参阅多学时材料力学教材。

2. 本章讨论了拉(压)弯组合、弯扭组合等问题，而未讨论更复杂的拉、弯、扭组合的强度分析计算，有兴趣的读者可参阅同济大学编写的《材料力学》教材 。

思考题 8

8.1　矩形截面杆承受拉弯组合变形时，建立相应的强度条件的依据是什么？

8.2　圆形截面杆承受拉弯组合变形时，其上任一点的应力是什么样的应力状态？

8.3　拉(压)弯组合变形的杆件，其中性轴是否过截面形心？

8.4　设计受弯扭组合变形的圆轴时，能否采用分别按弯曲正应力强度条件及扭转切应力强度条件进行轴径设计计算,然后取二者中较大的计算结果值为设计轴的直径。

习题 8

8.1　图示一矩形截面悬臂木梁,在自由端平面内作用一集中力 F,此力通过截面形心,与对称轴 y 的夹角 $\varphi=30°$。已知 $E_木=10$ GPa,$F=2.4$ kN,$l=2$ m,$h=200$ mm,$b=120$ mm。试求固定端截面上 A、B、C、D 四点的正应力和自由端的挠度。

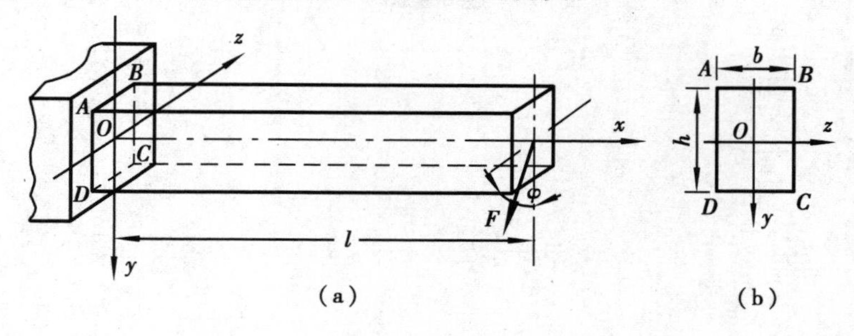

题 8.1 图

8.2　图示一正方形截面柱,边长为 a,顶端受轴向压力 F 作用,在右侧中部挖一个槽,槽深 $a/4$。试求:

(1)开槽前后柱内最大压应力值及所在的点的位置;

(2)若在槽的对称位置再挖一个相同的槽,则应力有何变化?

8.3　图示一在水平面内的圆截面悬臂折杆,在自由端受铅直力 F 作用。已知 $F=1$ kN,$l=2$ m,$a=1.5$ m,$C=0.4\,E$,$E=200$ GPa,$d=120$ mm。试求自由端的挠度 f_C。

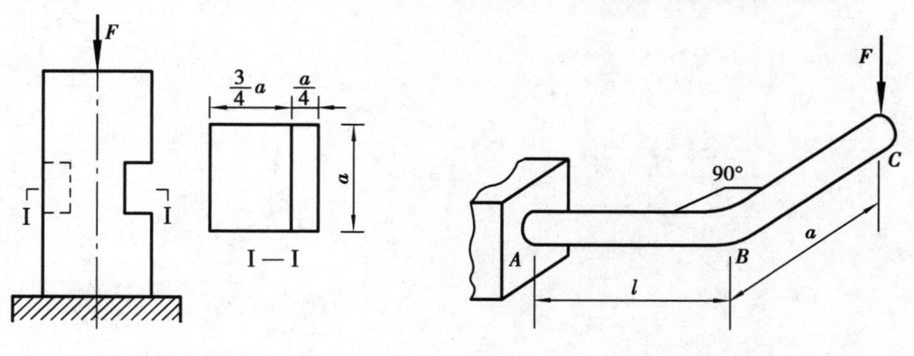

题 8.2 图　　题 8.3 图

8.4　图示一带轮传动轴。设轮 I 输入功率为 12.5 kW,转速 $n=300$ r/min,两轮松带边拉力 F' 与紧带边拉力 F 的比例均为 1/3。已知:$l=1$ m,$D_2=300$ mm,$D_1=600$ mm,$[\sigma]=120$ MPa。试根据第四强度理论计算所需的直径 d。

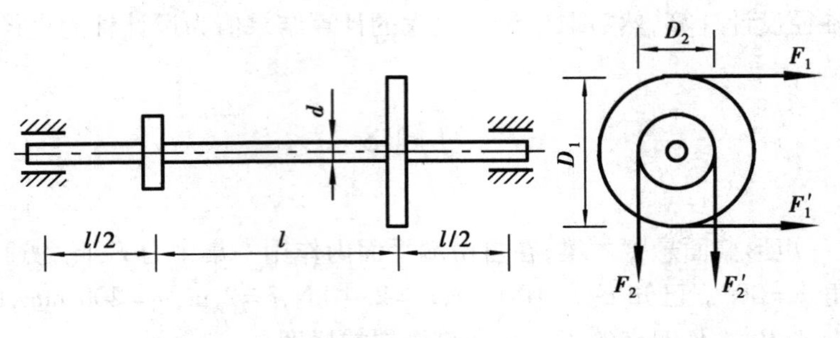

题 8.4 图

第 9 章 静定结构

9.1 概 述

在工程结构中,静定结构得到广泛的应用,如多跨静定梁可用作桥梁或房屋建筑中的檩条,桁架和拱可作桥梁或房屋建筑中的屋架等。静定梁作为典型的弯曲构件已在第七章中进行讨论,其他静定结构:拱、桁架、钢架、组合结构等将在本章讨论。本章涉及的静定平面结构按其组成及受力特征可分为以下几类:

①静定平面刚架(图 9.1(a));

②三铰拱(图 9.1(b));

③静定平面桁架(图 9.1(c));

④静定平面组合结构(图 9.1(d))。

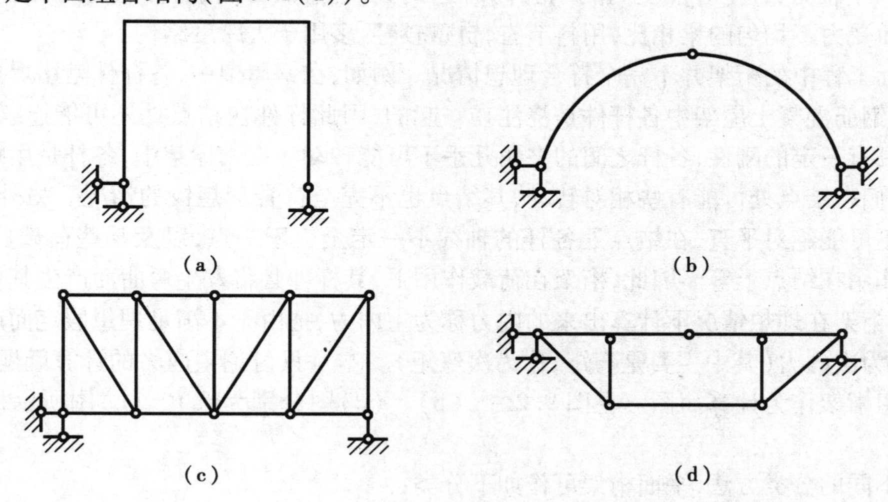

图 9.1

本章将在第 7 章对梁进行内力分析的基础上,由简到繁,引导读者对其他静定结构进行内力分析;通过学习,掌握静定结构的受力特征及内力分析方法。知道了各种结构各个截面上的内力,其强度问题可根据第5章、第7章所述方法解决。同时本章还将介绍用于结构位移计算的单位荷载法,讨论结构的刚度问题。

9.2 静定平面桁架的内力计算

9.2.1 桁架的概念

桁架是由若干直杆在其两端用铰连接而成的结构,常用于建筑工程中的屋架、桥梁、建筑施工用的支架等。

图9.2(a)、(c)、(e)所示分别为钢屋架、钢筋混凝土屋架和钢结构桥梁的示意图。

桁架的杆件,依其所在位置的不同,可分为弦杆和腹杆两大类。如图9.2(a)所示,弦杆是指桁架上下边缘的杆件,上边缘的杆件称为上弦杆,下边缘的杆件称为下弦杆。桁架上弦杆和下弦杆之间的杆件称为腹杆。腹杆又分为竖杆和斜杆。杆件间的连接处称为结点,弦杆上两相邻结点之间称为节间,其间距 d 称为节间长度。

实际桁架,其结构和受力都比较复杂。在分析桁架的内力时,必须抓住矛盾的主要方面,选取既能反映桁架的本质又便于计算的计算简图。理论分析和实验表明,结点荷载作用下,桁架中各杆的内力主要是沿杆轴的拉力或压力,统称为**轴力**,而其余内力分量则很小,可以忽略不计。因此,对实际桁架的计算简图可采用如下3条假定:

①各杆两端用绝对光滑而无摩擦的理想铰相互连接;

②各杆轴线均为直线,且在同一平面内并通过铰的几何中心;

③荷载和支座反力都作用在结点上并位于桁架平面内。

满足上述假定的桁架称为理想平面桁架。理想平面桁架的各杆均为两端铰接的直杆(二力杆),只产生轴力,杆上各点受力均匀且同时达到极限值,故材料能得到充分的利用。因而桁架与截面受力不均匀的梁相比,用料节省,自重较轻,多用于大跨度结构。

在实际工程中的桁架并不完全符合理想情况。例如,在钢屋架中,各杆件是用焊接或铆接连接的,在钢筋混凝土屋架中各杆件是浇注在一起的,因此杆件在结点处还可能连续不断,这就使结点具有一定的刚性,各杆之间的夹角几乎不可能转动。在木屋架中,各杆是用螺栓连接或榫接,它们在结点处可能有些相对转动,其结点也不完全符合理想铰的情况。另外,施工时各杆件也不可能绝对平直,在结点处各杆的轴线不一定全交于一点,以及某些荷载(如自重)不一定都作用在结点上等。因此,桁架在荷载作用下,其杆件必将发生弯曲而产生其他附加内力,通常把桁架在理想情况下计算出来的内力称为主内力,把由于不满足理想假定而产生的附加内力,称为次内力(其中主要是弯矩,称为次弯矩)。本章只讨论主内力的计算问题。因而,我们取理想桁架作为计算简图。在图9.2中,(b)、(d)图分别为(a)、(c)图所示桁架的计算简图。

根据不同的分类方法,平面桁架可作如下分类:

1)按照桁架的外形可分为:平行弦桁架、抛物线桁架、三角形桁架、梯形弦桁架等。如图9.3所示。

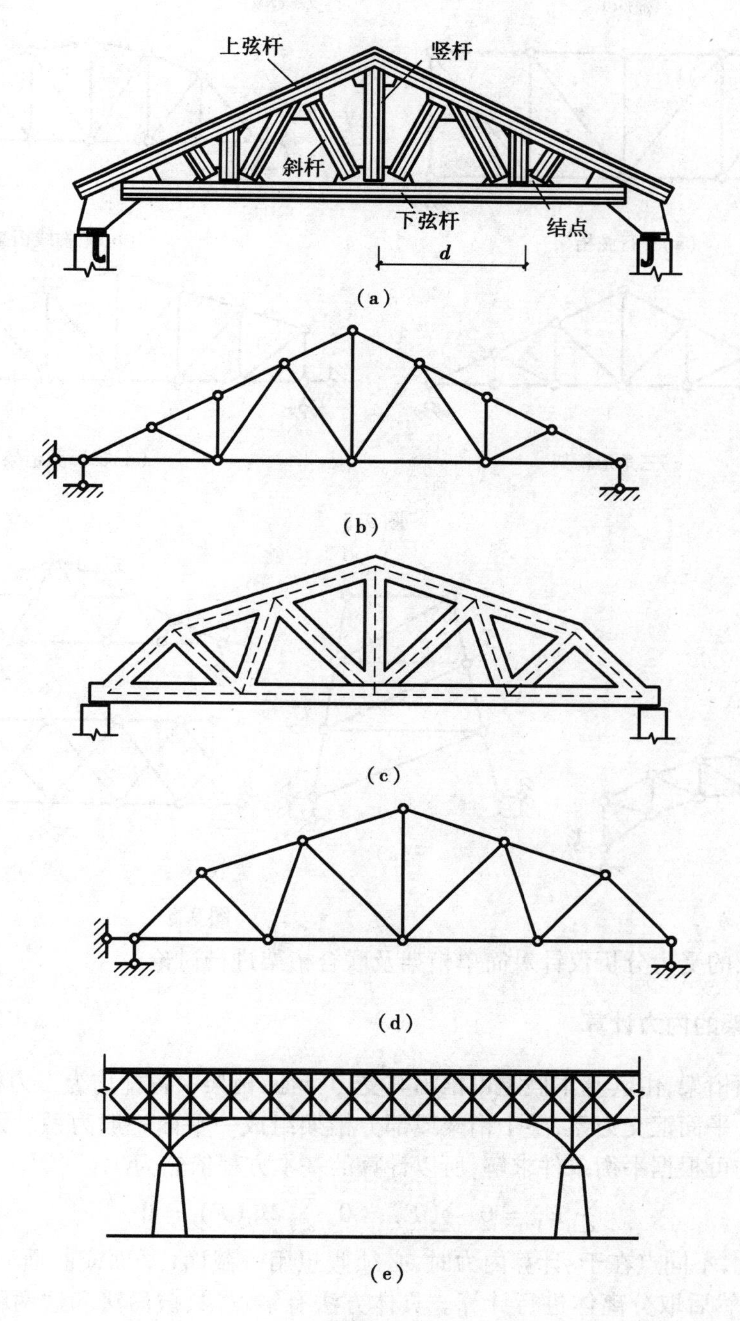

图 9.2

2)按照整体受力特征可分为:梁式桁架(图 9.3)、拱式桁架(图 9.4)等。

3)按照桁架的几何组成方式分类可分为:简单桁架、联合桁架及复杂桁架。

①简单桁架:由基础或一基本铰接三角形开始,依次增加二元体所组成的桁架(图 9.3、图 9.5(a))。

②联合桁架:由几个简单桁架按几何不变体系组成规则所连成的桁架(图 9.4、9.5(b))。

③复杂桁架:不按以上两种方式组成的其他桁架(图 9.5(c))。

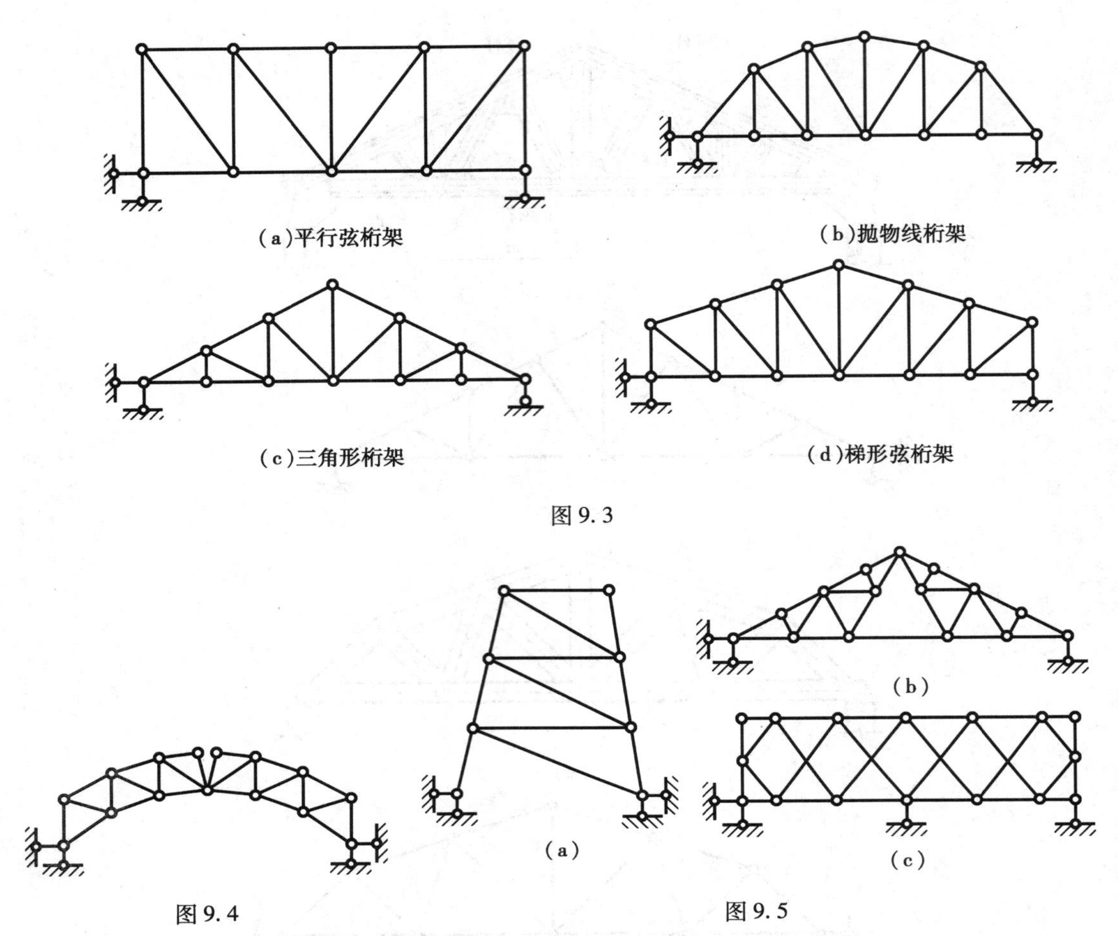

图 9.3

图 9.4　　　　图 9.5

本节对桁架的受力分析仅针对简单桁架及联合桁架进行讨论。

9.2.2　桁架的内力计算

对理想平面桁架，由其基本假定可推出其受力特征：桁架中各杆均为二力杆，仅承受轴力，每一结点组成一平面汇交力系，整个桁架或部分桁架组成一平面一般力系。因静定结构的所有反力及内力均可根据平衡条件求解，所以计算的基本方程依然为

$$\sum F_X = 0, \sum F_Y = 0, \sum M_O(F) = 0$$

与计算反力相比，不同点在于：计算内力时，必须假想用一截面（平面或曲面）将杆件"切断"，使其内力暴露，然后取分离体进行计算。具体方法有结点法、截面法和这两种方法的联合应用。结点法与截面法的根本区别就在于所取分离体不同，下面分别讨论。

(1)结点法

用结点法计算桁架的轴力时，取桁架的各结点为研究对象，利用平面汇交力系的平衡条件计算各杆轴力。此时对每一结点均可列出两个独立的平衡方程进行解答。在实际计算中，为避免解联立方程，一般从未知力不超过两个的结点开始，依次推算。结点法适用于简单桁架的轴力计算。

桁架轴力的正负号规定为：拉力为正、压力为负。

注意:在计算中绘受力图时,通常对已求出的内力按实际方向绘出,而未知轴力按拉力假设,若解答结果为正,即为拉力;若解答结果为负,则为压力。此外,为简便计算,在建立平衡方程求杆的轴力时,经常把斜杆的轴力 F_N 分解为水平分力 F_X 和竖向分力 F_Y(图9.6)。设斜杆的长度为 l,其水平和竖向的投影长度分别为 l_x、l_y,由比例关系有

$$\frac{F_N}{l}=\frac{F_X}{l_x}=\frac{F_Y}{l_y}$$

利用这个比例关系,若 F_N、F_X 和 F_Y 三者中,已知其中一个力,便可很方便地推算其余两个力,而不需使用三角函数。

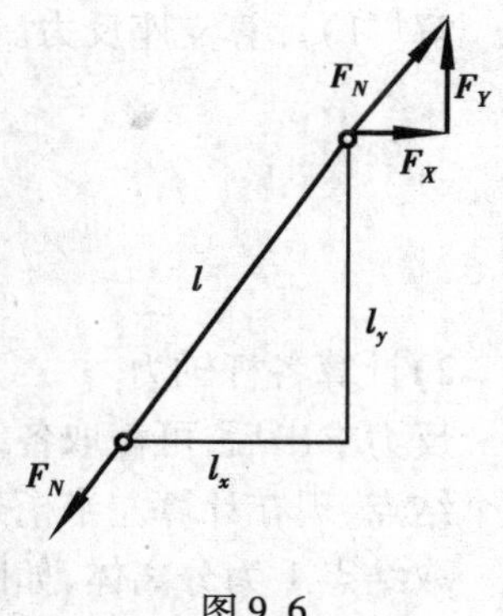

图9.6

例9.1　试用结点法分析图9.7(a)所示桁架各杆的轴力。

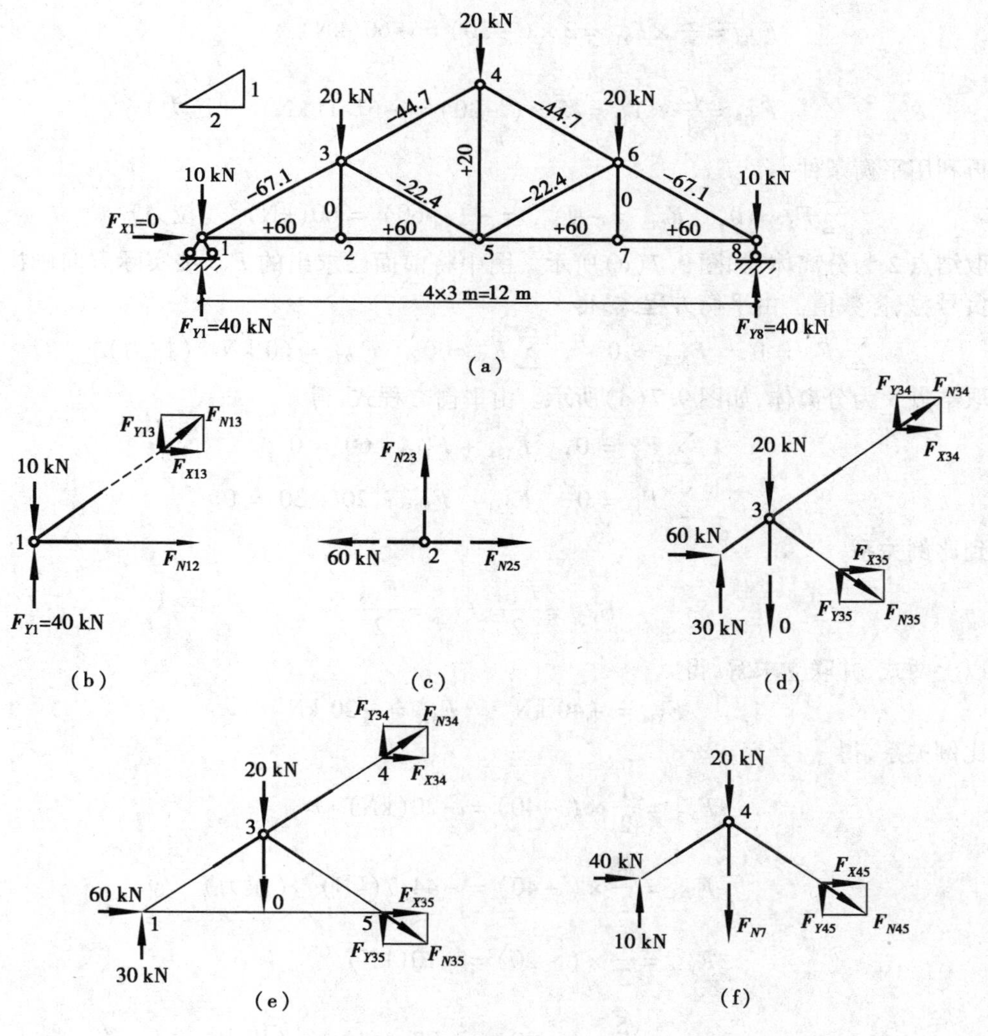

图9.7

解 1)计算支座反力。研究整个桁架,可求出:

$$\sum F_X = 0, \quad F_{1X} = 0$$

$$\sum M_8(F) = 0, \quad F_{Y1} = 40\ \text{kN} \quad (\uparrow)$$

$$\sum M_1(F) = 0, \quad F_{Y8} = 40\ \text{kN} \quad (\uparrow)$$

2)计算各杆轴力

反力求出后,可截取各结点解算各杆的轴力。从只含两个未知力的结点开始,这里有1、8两个结点,现在计算左半桁架,从结点1开始,然后依次分析相邻结点。

取结点1为分离体,如图9.7(b)所示。由平衡条件得

$$\sum F_Y = 0, \quad F_{Y13} = -30\ \text{kN}$$

利用比例关系,得

$$F_{X13} = \frac{2}{1} \times F_{Y13} = 2 \times (-30) = -60(\text{kN})$$

$$F_{N13} = \frac{\sqrt{5}}{1} \times Y_{13} = \sqrt{5} \times (-30) = -67.1(\text{kN}) \quad (\text{压力})$$

再利用平衡条件

$$\sum F_X = 0, \quad F_{N12} = -F_{X13} = -(-60) = 60(\text{kN}) \quad (\text{拉力})$$

取结点2为分离体,如图9.7(c)所示。图中将前面已求出的F_{N12}按实际方向画出,不再标正负号,只标数值。由平衡方程式,得

$$\sum F_Y = 0, \quad F_{N23} = 0 \qquad \sum F_X = 0, \quad F_{N25} = 60\ \text{kN} \quad (\text{拉力})$$

取结点3为分离体,如图9.7(d)所示。由平衡方程式,得

$$\sum F_X = 0, \quad F_{X34} + F_{X35} + 60 = 0$$

$$\sum F_Y = 0, \quad F_{Y34} - F_{Y35} - 20 + 30 = 0$$

注意到比例关系,

$$F_{Y34} = \frac{F_{X34}}{2}, F_{Y35} = \frac{F_{X35}}{2}$$

代入以上两式,并联立求解,得

$$F_{X34} = -40\ \text{kN} \qquad F_{X35} = -20\ \text{kN}$$

利用比例关系,得

$$F_{Y34} = \frac{1}{2} \times (-40) = -20(\text{kN})$$

$$F_{N34} = \frac{\sqrt{5}}{2} \times (-40) = -44.7(\text{kN}) \quad (\text{压力})$$

$$F_{Y35} = \frac{1}{2} \times (-20) = -10(\text{kN})$$

$$F_{N35} = \frac{\sqrt{5}}{2} \times (-20) = -22.4(\text{kN}) \quad (\text{压力})$$

在对该结点的计算中,为了避免解联立方程组,也可采用以下途径:选取适当的投影轴

(例如图9.7(d)中,以F_{N34}的作用线为X轴),使每个方程中只包含一个未知力,或者利用力矩平衡方程求解。如果改用力矩平衡方程求解的方法,应注意利用力的可传性原理及合力矩定理来简化计算,如图9.7(e)所示,将已知力F_{N13}及未知力F_{N34}和F_{N35}分别在结点1、5、4处分解为水平分力和竖向分力,以5结点处为矩心,得

$$\sum M_5(F) = 0, \quad F_{X34} \cdot 2 + 30 \cdot 4 - 20 \cdot 2 = 0$$

$$F_{X34} = -40 \text{ kN}$$

取结点4为隔离体,如图9.7(f)所示。由平衡条件得

$$\sum F_X = 0, \quad F_{X46} = -40 \text{ kN}$$

利用比例关系,得

$$F_{Y46} = \frac{1}{2} \times (-40) = -20(\text{kN})$$

$$F_{N46} = \frac{\sqrt{5}}{2} \times (-40) = -44.7(\text{kN}) \quad (\text{压力})$$

再由平衡方程,得

$$\sum F_Y = 0, F_{N45} = 20 \text{ kN} \quad (\text{拉力})$$

从计算结果看出,F_{N34}与F_{N46}完全相同,当桁架和荷载均对称时,相应的杆件轴力和支座反力也必然是对称的,故只需计算半个桁架即可。

3)校核

从结构中任取一个结点,如4结点。

$$\sum F_X = 0, F_{X34} - F_{X46} = 40 - 40 = 0$$

$$\sum F_Y = 0, F_{Y34} + F_{Y46} - F_{N45} - 20 = 20 + 20 - 20 - 20 = 0$$

满足平衡条件,计算正确。最后,将各杆轴力计算结果标于计算简图对应杆的位置。如图9.7(a)所示,称为结论图。

在用结点法分析桁架时,经常会遇到一些特殊的结点,掌握了这些特殊结点的平衡规律,可以方便计算杆件轴力。下面我们加以讨论:

①两杆结点(图9.8(a)),当结点上仅有两根不共线的链杆且无荷载时,两杆轴力均为零,我们将轴力为零的杆件称为零杆。换句话说,一个无荷载作用的两杆结点,两杆不在同一直线时,两杆均为零杆。若不共线的两杆结点上有一荷载作用,荷载作用线与其中一杆共线(图9.8(b)),则与荷载不共线的杆件为零杆。与荷载共线的杆件轴力与荷载大小相等且性质相同(即同为拉力或同为压力)。

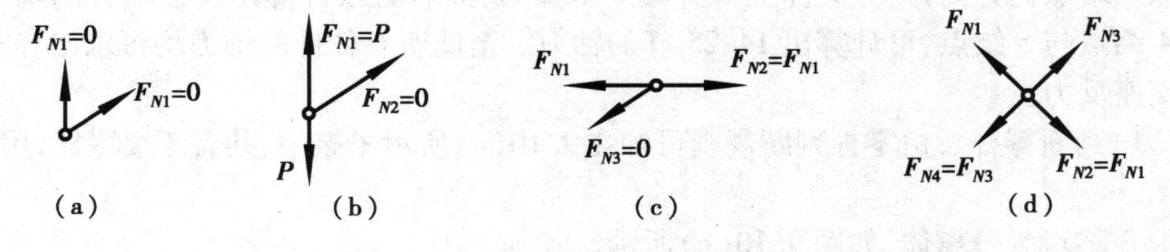

图9.8

②三杆结点,当其中两杆共线且结点上无荷载时(图9.8(c)),不共线的一杆必为零杆,

共线的两杆轴力大小相等且性质相同。

③四杆结点且两两共线(图9.8(d)),当结点上无荷载时,则共线的两杆轴力相等且性质相同。

利用以上结论讨论图9.9所示桁架,可以看出虚线所示各杆皆为零杆。若计算内力时先排除零杆,则计算工作量大为减少。

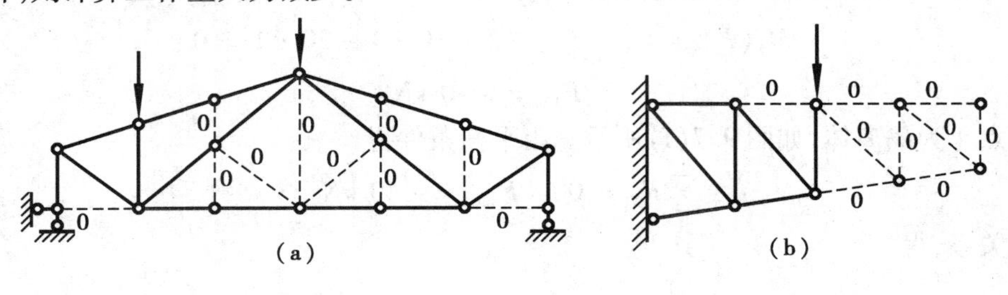

图9.9

例9.2 用结点法计算图9.10(a)所示桁架各杆轴力。

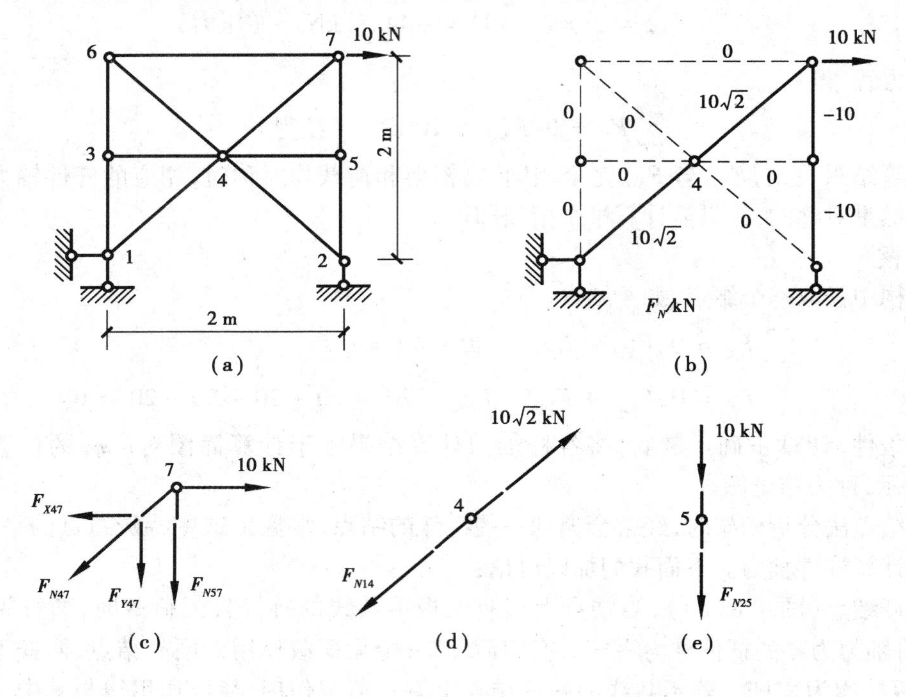

图9.10

解题思路:对该桁架进行分析时,首先根据前述零杆判断规则确定零杆,在零杆确定后,可看出若取7结点为分离体,分离体上只有两个未知力,故可直接计算出47、57杆的轴力,再分别研究4结点与5结点,可计算出14、25杆的轴力。至此所有杆件的轴力均可求出,故该题可不计算支座反力。

解 1)判断零杆。由零杆判断规则可知在9.10(a)所示桁架中,共有7根零杆,用图9.10(b)表示。

2)取7结点为分离体,如图9.10(c)所示。

$$\sum F_X = 0,\ F_{X47} = 10\ \text{kN}\ (\text{拉力})$$

利用比例关系,得

$$F_{Y47} = \frac{2}{2} \times F_{X47} = 10\ \text{kN}$$

$$F_{N47} = \frac{2\sqrt{2}}{2} \times X_{13} = \sqrt{2} \times 10 = 10\sqrt{2}\ \text{kN}\quad（拉力）$$

$$\sum Y = 0,\quad F_{N57} = -F_{Y47} = -10\ \text{kN}\quad（压力）$$

3)分别取4结点及5结点为分离体,由图4.20(d)、4.20(e)可知:

$$F_{N14} = F_{N47} = 10\sqrt{2}\ \text{kN}（拉力）\quad F_{N25} = F_{N57} = -10\ \text{kN}（压力）$$

4)将各杆轴力标注在结构上,得结论图如图9.10(b)所示。

(2)截面法

用截面法分析桁架时,取部分桁架(包含两个以上结点)为分离体,利用平面一般力系的三个平衡方程计算需求的未知轴力。因为平面一般力系只有三个独立的平衡方程,因此每取一个分离体,最多可计算三个未知轴力。截面法适用于联合桁架的计算及简单桁架中指定杆件的计算。与结点法相同,在计算过程中对未知轴力仍按拉力假设,若解答结果为正,即为拉力。若解答结果为负,则为压力。另外,在运用截面法时,特别讲究"切"的技巧和方程选用的技巧,其原则是:尽可能避免计算不需要计算的未知力,尽可能避免解联立方程组。

例9.3　试用截面法计算图9.11(a)所示桁架中a、b两杆的轴力。

解　1)计算支座反力。研究整个桁架,可求出:

$$F_{XA}=0, F_{YA}=50\ \text{kN}\quad(\uparrow), F_{YB}=30\ \text{kN}\quad(\uparrow)$$

请读者自行验证。

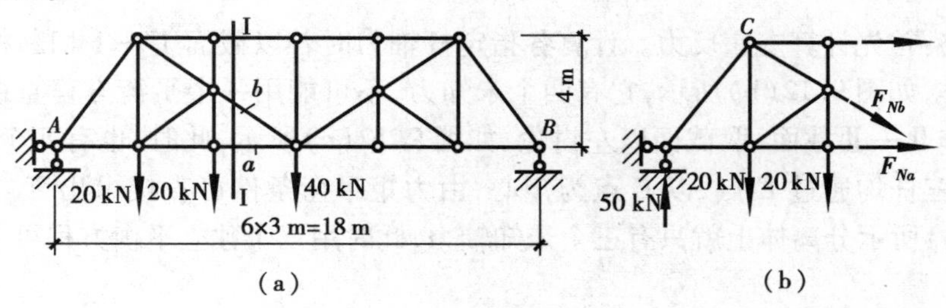

图9.11

2)求指定杆件轴力

作Ⅰ—Ⅰ截面,切断三根杆件,取截面以左为分离体,如图9.11(b)所示,共有3个未知力。将三杆轴力均设为拉力,对上下弦杆,未知力均在水平方向,因此可在竖直方向应用投影方程,求出b杆轴力。

$$\sum F_Y = 0,\quad 50 - 20 - 20 - F_{Nb} \cdot \sin\alpha = 0,\quad F_{Nb} = 5\sqrt{13}\ \text{kN}\quad（拉力）$$

求未知轴力F_{Na}时,为避免解联立方程,可取另两个未知力的交点C为矩心,列出力矩方程求解。

$$\sum M_C(F) = 0,\quad F_{Na} \cdot 4 - 50 \cdot 3 - 20 \cdot 3 = 0,\quad F_{Na} = 52.5\ \text{kN}\quad（拉力）$$

同理,对a、b杆的交点取矩,也可求出第三根杆的轴力。请读者自行完成。

需要注意的是,在某些情况下,截面所截断的杆件有3根以上,而平衡方程只能计算出3个未知力。这时特别需要注意解题技巧,巧妙地选取截面,尽可能使较多的未知力平行或相交,尽可能简便地求出所需要求解的未知力。

例 9.4　试求图 9.12(a)所示桁架中杆 a、b 杆的轴力。

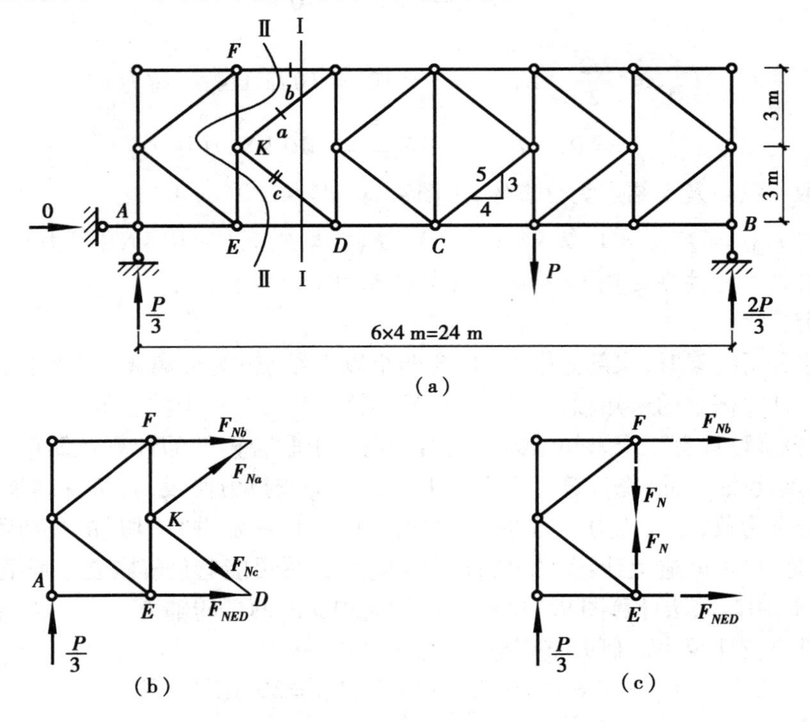

图 9.12

解题思路：首先计算支座反力。计算各指定杆轴力时若以截面Ⅰ—Ⅰ切断杆件并取截面以左为分离体，如图 9.12(b)所示，它有四个未知力，不可能用一个平衡方程直接求出某一未知力。若先作Ⅱ—Ⅱ截面，取截面以左讨论，如图 9.12(c)所示，此时，也有四个未知力，但除杆 b 外，其余三杆均通过 E 点，以 E 点为矩心，由力矩平衡条件可直接求出 F_{Nb}。当求出 F_{Nb} 后，图 9.12(b)所示分离体上就只有三个未知轴力，此时用三个独立平衡方程可求出全部指定杆轴力。

解　1)求出支座反力，如图 9.12(a)所示。

2)求 b 杆轴力。

取Ⅱ—Ⅱ截面以左为分离体(图 9.12(c))，

$$\sum M_E(F) = 0, \quad F_{Nb} \times 6 + \frac{P}{3} \times 4 = 0 \quad F_{Nb} = -\frac{2}{9}P \quad (\text{压力})$$

3)求 a 杆轴力。

取Ⅰ—Ⅰ截面以左为分离体(图 9.12(b))，

$$\sum M_D(F) = 0, \quad \frac{P}{3} \times 8 + 6F_{Nb} + 6F_{Xa} = 0 \quad F_{Xa} = -\frac{2}{9}P$$

利用比例关系有：$F_{Na} = \frac{5}{4}F_{Xa} = -\frac{5}{18}P$　(压力)

请读者自行计算 c 杆轴力。

(3)结点法和截面法的联合应用

在计算桁架各杆内力时，对简单桁架计算，可直接用结点法进行计算。对联合桁架，一般需联合应用结点法和截面法。如图9.13(a)所示的联合桁架，是由两个简单桁架按几何组成规则连接而成。计算时，一般先用截面法计算连接处杆件的轴力，再按简单桁架分析。另外在各种桁架计算指定杆件的内力时，有的情况下将结点法和截面法联合起来应用，往往也能收到良好的效果。例如在例9.4中，当求出了F_{Na}后，取K结点为分离体，可以很方便地求出F_{Nc}。读者可自己进行试算。

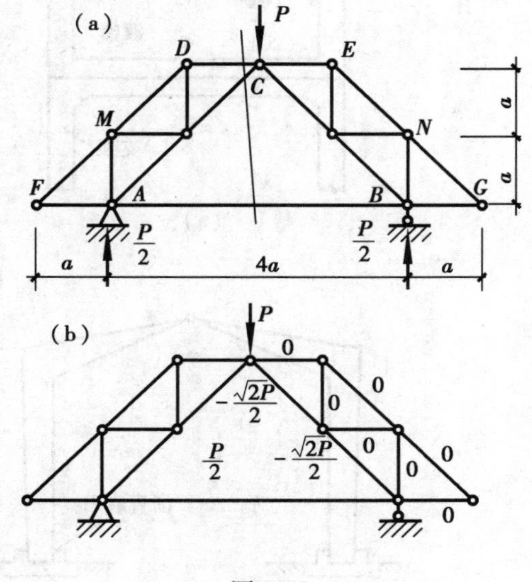

图9.13

例9.5　试求图9.13(a)所示联合桁架各杆的轴力。

解题思路：首先计算支座反力。其次判断零杆。确定零杆后，可发现所有结点上均有三根以上的杆件(图9.13(b))，直接用结点法计算显得无从下手。此时应该分析结构的组成，假想用截面从两个简单桁架的联合处将桁架“切开”，取其中任一部分为分离体，以C点为矩心，由力矩平衡方程可直接求出AB杆轴力。之后便可用结点法依次求出各杆轴力。具体计算请读者自行完成，最终结论图见图9.13(b)。(考虑对称性，结论图中只对半边结构标注了内力)

9.3　静定平面刚架的内力计算

9.3.1　静定平面钢架的内力特征及分析思路

由第3章已知，静定平面刚架是由梁和柱组成的结构，为无多余联系的几何不变体系，其结点全部或大部分是刚性结点。所有杆件的轴线都在同一平面内，且荷载也全作用于该平面。静定平面刚架常见的类型有悬臂刚架，如图9.14所示；简支刚架图，如图9.15所示；三铰刚架，如图9.16所示；多跨刚架，如图9.17所示等。

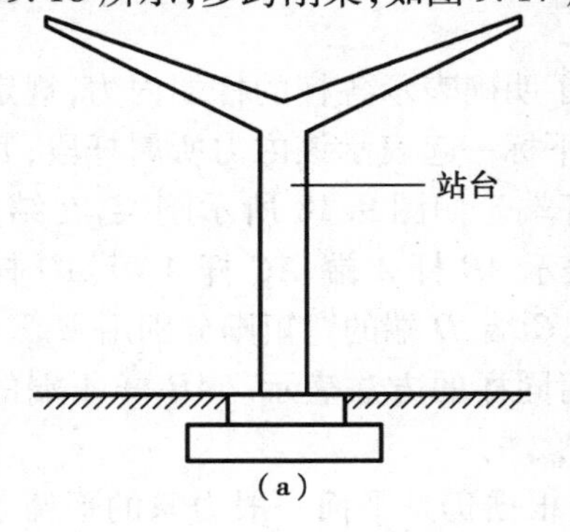

(a)

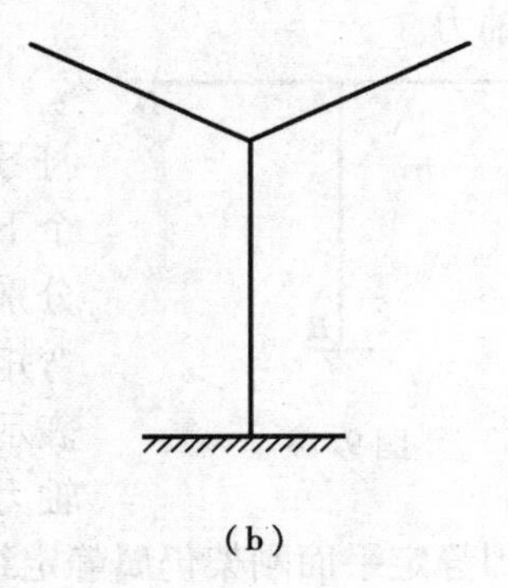
(b)

图9.14

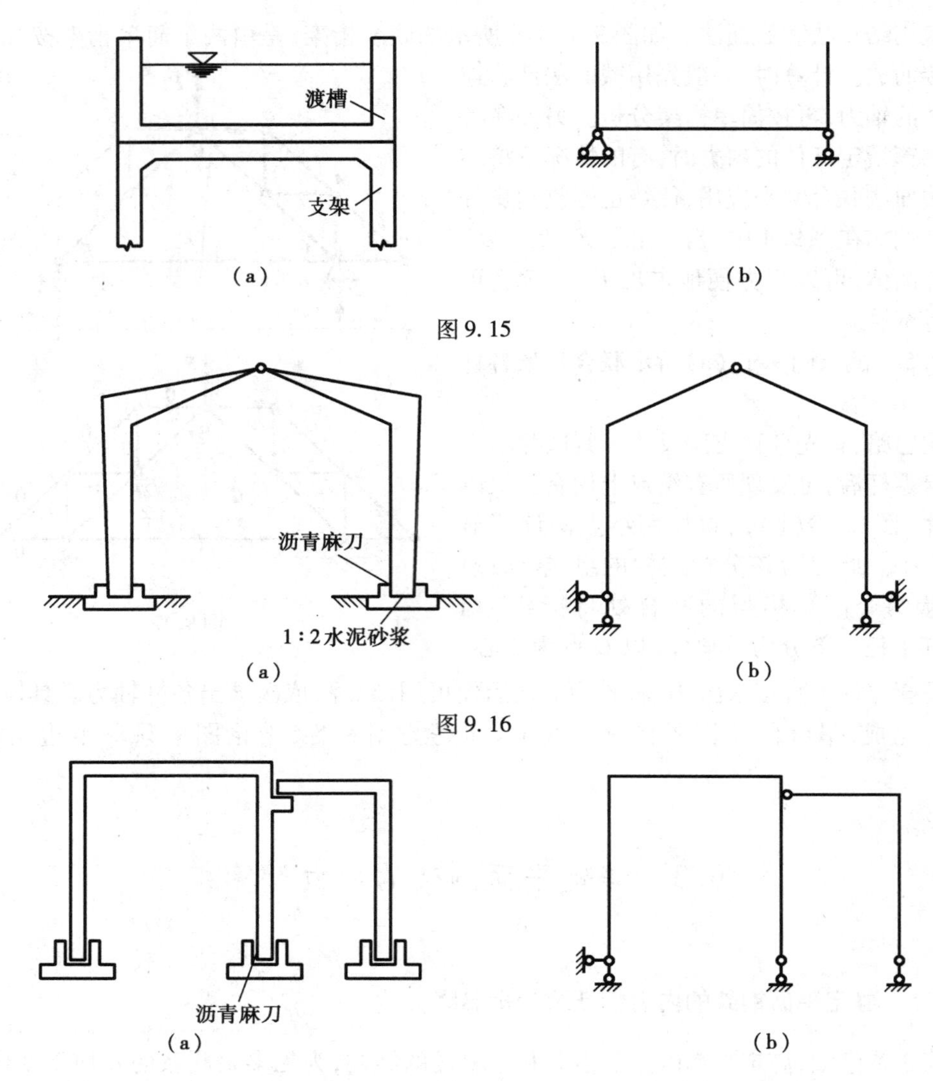

图 9.15

图 9.16

图 9.17

由于刚性结点对杆端的相对转动具有约束作用(与刚性结点相连的各杆杆端无相对转动),能承受和传递弯矩,使得刚架中各杆的内力以受弯为主。其内力分量通常包含弯矩、剪力及轴力。

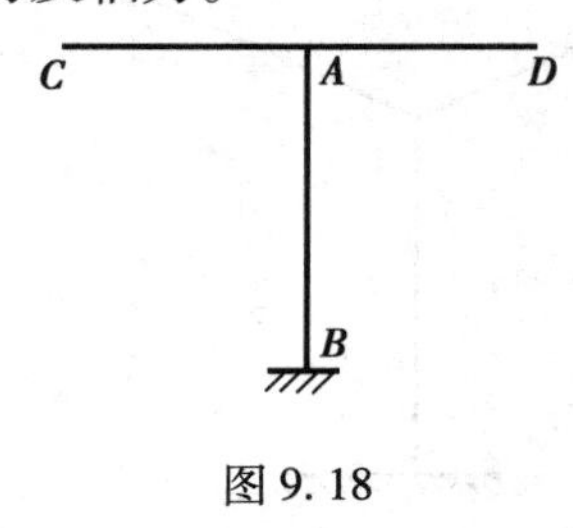

图 9.18

分析刚架内力时,为了明确表示各杆的杆端内力,规定在内力符号后用两个下标:两个下标一起表示该内力所属杆段,其中第一个下标表示该内力所属杆端。如图 9.18 所示刚架,在结点 A 处,分别用 M_{AB}、M_{AC}、M_{AD} 来表示 AB 杆 A 端、AC 杆 A 端、AD 杆 A 端的弯矩,三杆的另一端 B 端、C 端、D 端的弯矩则分别用 M_{BA}、M_{CA}、M_{DA} 表示。杆端剪力和轴力用同样的方法表示。AB 杆 A 端的剪力和轴力分别表示为:F_{QAB}、F_{NAB}。

因静定平面刚架仍属静定结构,所以计算内力的根据仍是平面一般力系的平衡条件。内力分析的思路是先求出支反力,再用截面法计算各杆件控制截面的内力,根据内力图形状特征逐杆绘制内力图;也可在支座反力求出后,用叠加法绘弯矩图,再根据弯矩图绘剪力图,根据剪力图与结点的平衡关系绘轴力图。对前一种方法,读者可参阅其他教材,本书着重介绍后一种方法。

9.3.2　静定平面刚架的弯矩图绘制

从力学角度看,刚架是若干杆件的组合,因此,在绘制静定刚架的弯矩图时,可将刚架拆分为单杆,将刚架弯矩图的绘制转化为单杆弯矩图的绘制,注意结点平衡条件。这一分析方法体现了建筑力学分析、解决问题的两个基本思路。其一是将一个未知的问题转化为已知问题进行分析;其二是将一个复杂问题转化为简单问题的分析及组合。大家可在学习过程中注意体会。刚架弯矩图的绘制方法:在求出各支座反力后,根据第7章讨论静定梁弯矩图绘制时所述叠加法(荷载叠加、区段叠加),先用截面法或结点平衡条件计算各区段(一般为单杆)的杆端弯矩,然后按简支梁思路逐杆绘制弯矩图。特别注意,弯矩图绘在受拉侧,不标正负号。

例9.6　绘制如图9.19(a)所示H型刚架的弯矩图。

解　1)求支座反力

$$\sum F_X = 0,\quad F_{XB} = qa\ (\leftarrow)$$

$$\sum M_A = 0,\quad F_{YD} = \frac{5}{2}qa(\uparrow)$$

$$\sum M_D = 0,\quad F_{YA} = \frac{3}{2}qa(\downarrow)$$

2)绘弯矩图

该结构在绘制弯矩图时可拆分为五根杆件(五个区段),EC杆可视为悬臂杆直接绘出弯矩图。EA、FD杆仅受轴力作用,不考虑失稳,轴力不引起弯矩,因此两杆弯矩为零。BF杆可用截面法求出杆件两端弯矩,按简支梁思路绘弯矩图(该杆也可视为悬臂杆)。绘出上述四杆的弯矩图后,对EF杆,可分别研究E、F两个结点,利用结点的力矩平衡条件,求出两端弯矩(图9.19(b)),按简支梁思路同时考虑荷载叠加绘弯矩图。BF、EF杆的杆端弯矩计算结果如下,最终弯矩图见(图9.19(c))。

$$BF\text{杆}:M_{BF}=0,\quad M_{FB}=qa^2(\text{右侧受拉})$$

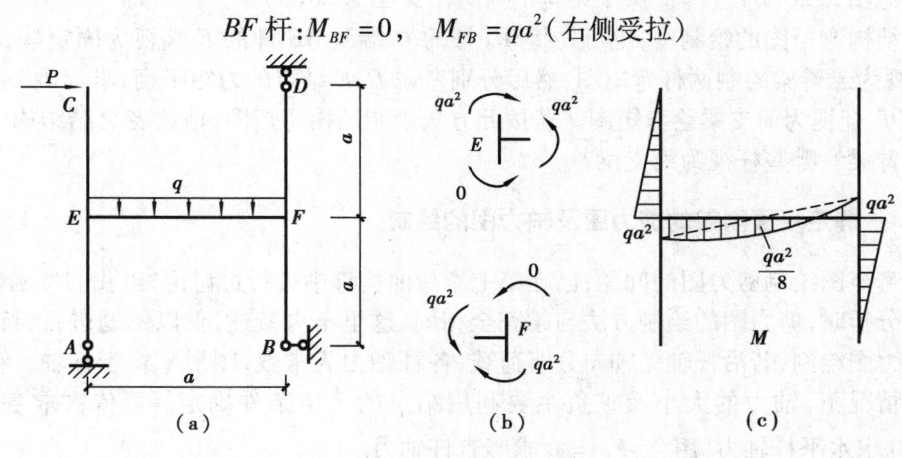

图9.19

$$EF\text{ 杆:取 }E\text{ 结点},\sum M_E = 0,\quad M_{EF} = qa^2\text{(下部受拉)}$$

$$\text{取 }E\text{ 结点},\sum M_F = 0,\quad M_{FE} = qa^2\text{(上部受拉)}$$

例 9.7 绘图 9.20(a)所示刚架的弯矩图。

解 1)求支座反力

$$\sum X = 0,\quad F_{XB} = 30\ \text{kN}\quad (\leftarrow)$$

$$\sum M_A = 0,\quad F_{YB} = 80\ \text{kN}\quad (\uparrow)$$

$$\sum M_D = 0,\quad F_{YA} = 40\ \text{kN}\quad (\uparrow)$$

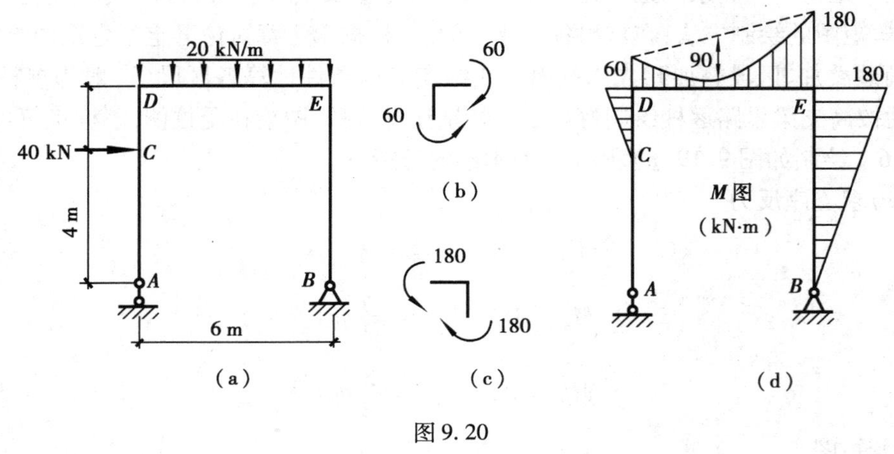

图 9.20

2)绘弯矩图

先看 AC 杆,因 F_{YA}对 AC 杆而言属于轴力,AC 杆段弯矩为零。由截面法求出 M_{DC},可绘出 DC 杆弯矩图。

$$M_{CD}=0, M_{DC}=60\ \text{kN}\cdot\text{m}\quad\text{(左侧受拉)}$$

考虑 BE 杆,B 点为铰支座,弯矩为零。由截面法求出 M_{EB},可绘出 BE 杆弯矩图。

分别考虑 D、E 结点的力矩平衡,求出 DE 杆的两端弯矩,将 DE 杆视为简支梁绘弯矩图。计算过程见图 9.20(b)、(c)。整个结构的弯矩图见图 9.20(d)。

在该结构弯矩图的绘制中,也可先将 AD 杆的 D 端及 BE 杆的 E 端视为固定端,将 AD 杆及 BE 杆视为悬臂梁绘制两杆弯矩图,然后分别考虑 D、E 结点的力矩平衡,求出 DE 杆的两端弯矩,将 DE 杆视为简支梁绘弯矩图。若按此方法绘制结构弯矩图,请读者总结结构中哪些杆可视为悬臂梁?哪些杆视为简支梁?

9.3.3 静定平面刚架的剪力图及轴力图的绘制

根据弯矩图绘制剪力图的问题,已在第七章弯曲构件中进行过讨论,当我们将刚架拆分为单杆进行分析时,剪力图的绘制方法与梁完全相同,这里不再赘述,仅以例题进行讨论。对于结构的轴力图绘制,若沿杆轴无轴向分布荷载,各杆轴力为常数,图形平行于杆轴。在已知各杆剪力的情况下,轴力的大小及正负主要利用结点的平衡条件确定。可依次取各结点,用 $\sum F_x = 0$ 求水平杆轴力,用 $\sum F_Y = 0$ 求竖直杆轴力。

例 9.8 绘图 9.21(a)所示简支刚架的内力图

解　1)求支座反力

$$\sum F_X = 0,\quad F_{XB} = 5\ \text{kN}\quad (\leftarrow)$$

$$\sum M_B = 0,\quad F_{YC} = 4\ \text{kN}\quad (\uparrow)$$

$$\sum F_Y = 0,\quad F_{YB} = 4\ \text{kN}\quad (\downarrow)$$

2)绘制弯矩图

按简支梁思路求出各杆端弯矩值如下:

AD 杆:$M_{AD}=0,M_{DA}=5\ \text{kN}\cdot\text{m}$　(左侧受拉)

DB 杆:$M_{BD}=0,M_{DB}=15\ \text{kN}\cdot\text{m}$　(右侧受拉)

CD 杆:$M_{CD}=0,M_{DC}=20\ \text{kN}\cdot\text{m}$　(下侧受拉)

各杆端弯矩求得后,绘出弯矩图,如图9.21(c)所示。该结构也可按悬臂梁思路绘制,请读者自行讨论。

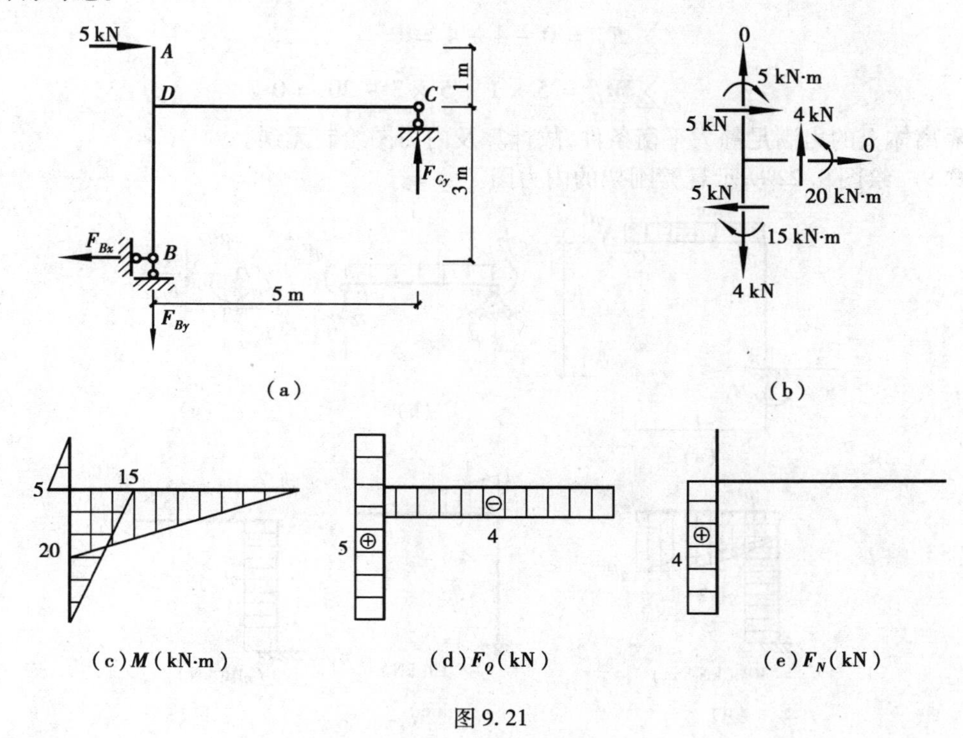

图9.21

3)绘剪力图

因各杆段弯矩均为斜直线,故剪力均平行于各杆轴线。由弯矩图可判定 AD、BD 段剪力为正,DC 段剪力为负。各杆段剪力值如下:

AD 杆:$F_{QDA}=F_{QAD}=5\ \text{kN}$

DB 杆:$F_{QDB}=F_{QBD}=5\ \text{kN}$

AB 杆:$F_{QDC}=F_{QCD}=4\ \text{kN}$

剪力图如图9.21(d)所示。

4)绘轴力图

取 AD 段,由截面法求得

$$F_{NDA}=0$$

根据已绘出的剪力图(图9.21(d)),取D结点为研究对象

$$\sum F_X=0, F_{NDC}=0$$

$$\sum F_Y=0, F_{NDB}=4\ \text{kN}$$

因无轴向分布荷载,各杆轴力为常数。图9.21(e)为所绘轴力图。

5)校核

内力图校核时,除对内力图形状特征进行校核外,一般还需要校核任一结点或任一杆件是否处于平衡状态。其方法是取出隔离体,根据内力图画出隔离体上的实际受力情况,利用平衡方程检查它们是否满足平衡条件。

取图9.21(b)所示隔离体,

$$\sum F_X=5-5+0=0$$

$$\sum F_Y=0-4+4=0$$

$$\sum M_D=5\times1+5\times3-20=0$$

作用在隔离体上的力满足静力平衡条件,故计算及内力图绘制无误。

例9.9 绘图9.22所示悬臂刚架的内力图。

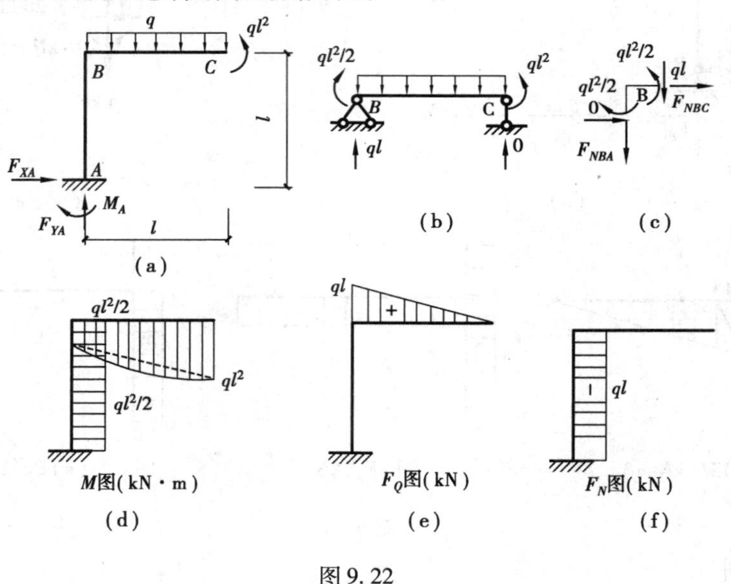

图9.22

解:1)求支座反力

$$\sum F_X=0,\qquad F_{XA}=0\qquad(\rightarrow)$$

$$\sum F_Y=0,\qquad F_{YA}=ql\qquad(\uparrow)$$

$$\sum M_A=0,\qquad M_A=\frac{ql^2}{2}\qquad(\smile)$$

对简单的悬臂刚架,绘弯矩图时也可不求支座反力或只计算出反力偶,由自由端开始直接求作M图。

$$\sum M_A = 0, M_A = \frac{ql^2}{2}(\smile)$$

2)绘制弯矩图

将刚架拆分为 AB、BC 两根杆。先讨论 BC 杆,杆端弯矩值如下:

$$M_{CB} = ql^2(\text{下部受拉}), \qquad M_{BC} = \frac{ql^2}{2}(\text{下部受拉})$$

将 BC 杆视为简支梁如图 9.22(b)绘弯矩图。

再讨论 AB 杆,由 B 结点的力矩平衡条件,可知 $M_{BA} = \frac{ql^2}{2}$(右侧受拉),由支座反力的计算,可知 $M_{AB} = M_A = \frac{ql^2}{2}$(右侧受拉)。这样 AB 杆也可视为简支梁绘弯矩图。整个刚架的弯矩图如图 9.22(d)所示。

3)绘剪力图

根据弯矩剪力间的微分关系,由于 AB 杆弯矩图为平直线,可知 AB 杆剪力为零。BC 杆弯矩图为二次抛物线,其剪力图应为斜直线。求出 BC 杆两端剪力分别为:

$$F_{QBC} = ql \qquad F_{QCB} = 0$$

将两端剪力连直线即可。整个刚架的剪力图如图 9.22(e)所示。

4)绘轴力图

根据刚架的剪力图,研究 B 结点,即可求出两杆轴力。B 结点受力图如图 9.22(c)所示。

$$\sum F_X = 0, \qquad F_{NBC} = 0$$

$$\sum F_Y = 0, \qquad F_{NBA} = -ql$$

整个刚架的轴力图如图 9.22(f)所示。

例 9.10 试作图 9.23(a)所示多跨静定刚架的弯矩图。

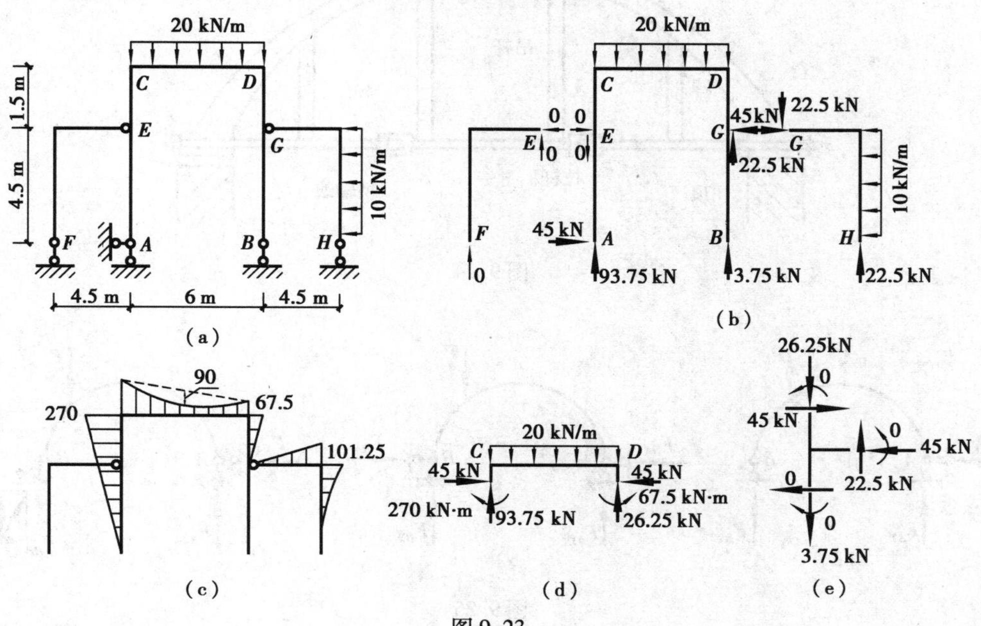

图 9.23

解 多跨平面静定刚架的内力分析同多跨静定梁。首先分清基本部分和附属部分，按先附属部分后基本部分的顺序计算。在图9.23(a)所示刚架中，*ACDB*为基本部分，*EF*、*GH*为附属部分。所以，先讨论*EF*、*GH*部分。由于*EF*部分无荷载，故无反力及内力；*GH*部分按简支刚架进行分析。基本部分*ABCD*仍为简支刚架，分析时应注意*GH*部分传来的荷载，可根据作用与反作用定律由*GH*部分*G*点处的反力等值反向得到。整个结构的弯矩图如图9.23(c)所示。计算过程请读者自行完成。

*9.4 三铰拱的受力分析

9.4.1 拱结构的基本概念

拱在房屋、桥涵和水工建筑中被广泛采用。图9.24装配式钢筋混凝土屋架为一带拉杆拱结构。与梁相比，拱结构除杆轴为曲线外，最大特点是：在竖向荷载作用下能产生水平反力(或称水平推力)，故拱结构也称为推力结构。如图9.25所示的三个曲杆结构，图(a)所示结构在竖向荷载下不产生水平推力，就不是拱结构，称为曲梁。图(b)、(c)所示结构，在竖向荷载下能产生水平推力，属于拱结构。由于水平推力的存在，使拱体内各截面的内力以受压为主，而弯矩较小，所以，拱结构可利用抗压强度高而抗拉强度低的砖、石、混凝土等建筑材料来建造，且能跨越较大的空间。但因拱的构造比较复杂，施工难度较大，施工费用较高，同时，因水平推力的存在，也使支承部分受力较复杂，需要有较坚固的基础或支承物。有时也采用加拉杆的方法，用拉杆来承受推力。

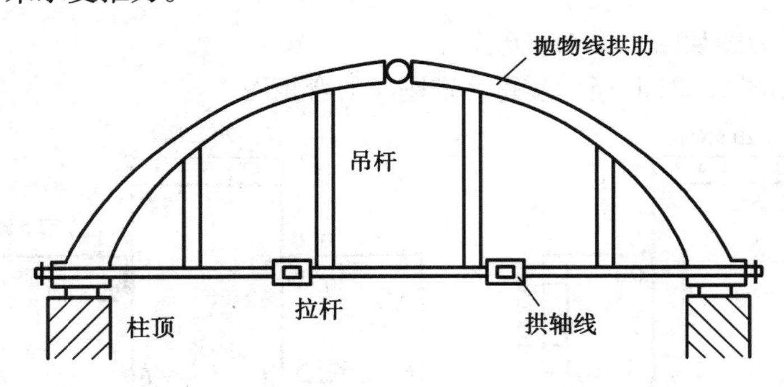

图9.24

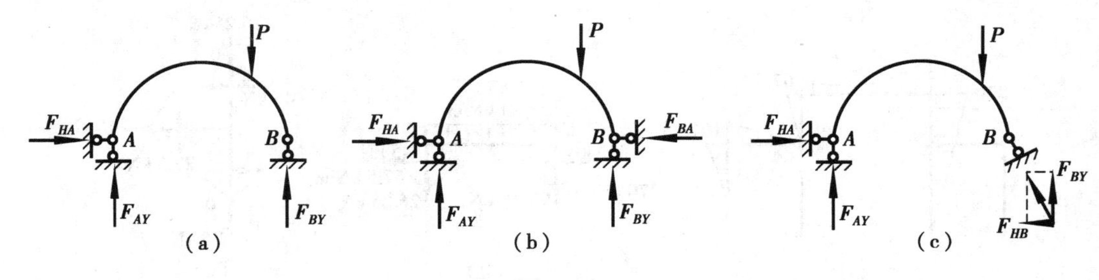

图9.25

在工程中常见拱结构的计算简图如图 9.26 所示，可分为无拉杆及带拉杆两大类。图 9.26(a)、(b)、(c)所示为无拉杆的拱结构，其中(a)、(b)图所示无铰拱和两铰拱是超静定的，(c)图所示三铰拱是静定的；图 9.26(d)、(e)所示为带拉杆的拱结构。带拉杆的拱结构是在三铰拱或两铰拱支座间连以水平拉杆，拉杆内所产生的拉力替代了支座推力，使支座在竖向荷载作用下只产生竖向的反力，它的优点在于消除了推力对支承结构(如墙或柱)的影响。拉杆有时做成(e)图所示的折线形式，可获得较大的净空。在本节中，将只讨论静定拱结构的计算。

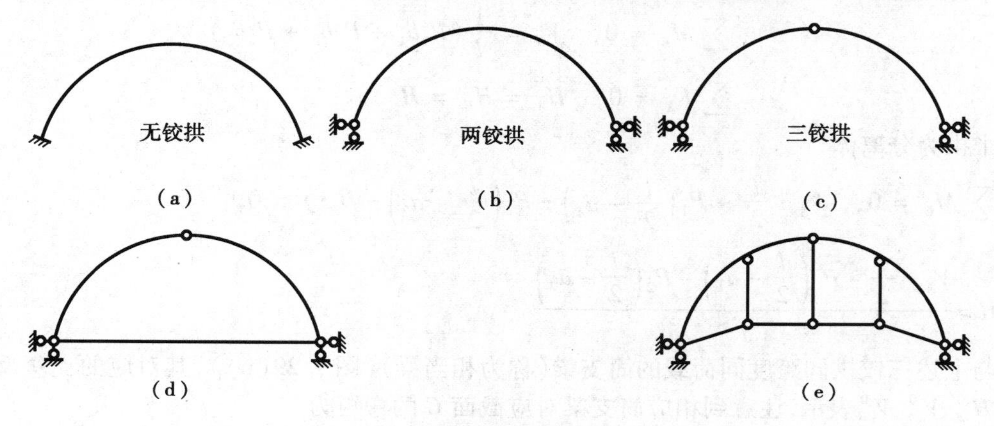

图 9.26

拱结构中各部分名称如图 9.27 所示，拱身各横截面形心的连线称拱轴线。拱的两端支座处称为拱趾。两拱趾间的水平距离称为拱的跨度。两拱趾的连线称为起拱线。拱轴上距起拱线最远的一点称为拱顶，三铰拱通常在拱顶处设置铰。拱顶至起拱线之间的竖直距离称为拱高。拱高与跨度之比 f/l 称为高跨比，在以后的讨论中可以看到，拱的主要力学性能与高跨比有关。

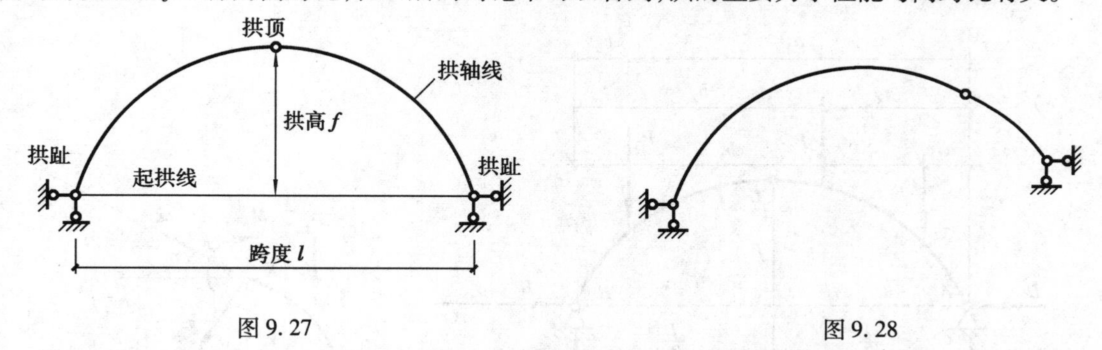

图 9.27　　　　图 9.28

在工程结构中，这个比值为 1～1/10。两拱趾在同一水平线上的拱称为平拱，不在同一水平线上的称为斜拱，如图 9.28 所示。

9.4.2　三铰拱的支座反力和内力计算

由几何组成分析可知，三铰拱为无多余联系的几何不变体系——静定结构，因此其全部支座反力和内力均可由静力平衡条件确定。分析方法同前。由于拱轴为曲线，用截面法求内力时，所取截面应与拱轴正交，建立平衡方程时要特别注意几何关系。学习中还要注意拱结构与梁式结构的比较，以便更好地掌握拱结构的力学性能，同时简化计算。下面以在竖向荷载作用下的三铰拱(图 9.29(a))为例，进行讨论。

(1)支座反力计算

三铰拱的两端均为固定铰支座,因此,其支座反力共有4个,分别用V_A、H_A、V_B、H_B表示。因未知反力数多于3个,求解时除考虑整体建立3个平衡方程外,还须取左(或右)半拱为分离体,再建一个平衡方程式。由图9.29(a)得

$$\sum M_A = 0,\quad V_B = \frac{1}{l}(P_1a_1 + P_2a_2 + P_3a_3)$$

$$\sum M_B = 0,\quad V_A = \frac{1}{l}(P_1b_1 + P_2b_2 + P_3b_3)$$

$$\sum F_X = 0,\quad H_A = H_B = H$$

取左半拱为分离体

$$\sum M_C = 0,\quad V_A\cdot\frac{l}{2} - P_1\left(\frac{l}{2}-a_1\right) - P_2\left(\frac{l}{2}-a_2\right) - H\cdot f = 0,$$

$$H = \frac{V_A\cdot\frac{l}{2} - P_1\left(\frac{l}{2}-a_1\right) - P_2\left(\frac{l}{2}-a_2\right)}{f}$$

考虑与上述三铰拱同跨度同荷载的简支梁(称为相当梁)(图9.29(b)),其对应的支座反力分别用H_A^0、V_A^0、V_B^0表示,注意到相应简支梁对应截面C的弯矩为

$$M_C^0 = V_A\cdot\frac{l}{2} - P_1\left(\frac{l}{2}-a_1\right) - P_2\left(\frac{l}{2}-a_2\right)$$

可以得出

$$V_A = V_A^0,\qquad V_B = V_B^0,\qquad H = \frac{M_C^0}{f} \tag{9.1}$$

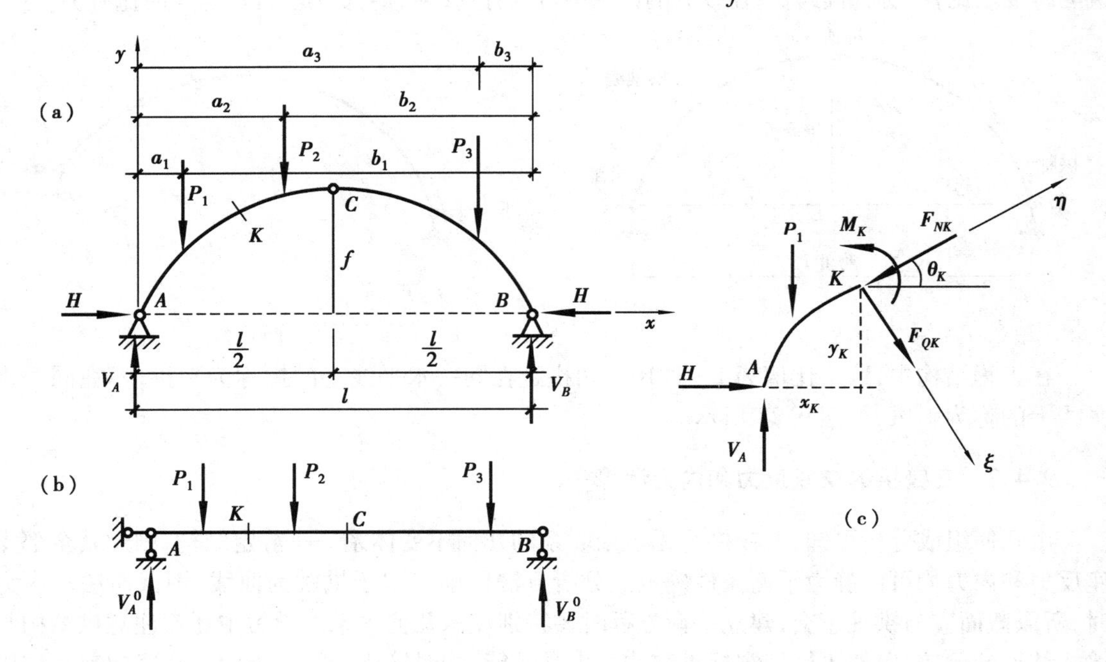

图9.29

由式(9.1)可知,三铰拱的支反力只与三个铰的位置有关,而与拱轴形状无关。当荷载及跨度

不变时,推力与拱高 f 成反比,拱高越大推力越小,拱高越低推力越大,若 $f=0$,则 $H=\infty$。这时 A、B、C 三铰在同一直线上,成为几何瞬变体系。

(2)内力计算

当支座反力求出后,仍可用截面法计算任一截面的弯矩、剪力和轴力。取 K 截面以左部分为分离体如图9.29(c)所示。在图9.29(a)所示坐标系下,该截面的拱轴坐标为 x_K、y_K,拱轴切线与 x 轴之间的夹角用 θ_K 表示,在计算中规定弯矩以使拱体内侧纤维受拉为正,剪力以使所取分离体有顺时针方向转动趋势为正,轴力使拱截面受压为正。利用静力平衡方程

$$\sum M_K = 0,\quad M_K = [V_A \cdot x_K - P_1(x_K - a_1)] - H \cdot y_K \qquad ①$$

沿 ξ 轴方向投影,

$$\sum F_\xi = 0,\quad F_{QK} = (V_A - P_1)\cos\theta_K - H\sin\theta_K \qquad ②$$

沿 η 轴方向投影,

$$\sum F_\eta = 0,\quad F_{NK} = (V_A - P_1)\sin\theta_K + H\cos\theta_K \qquad ③$$

与相当梁比较,

$$M_K^0 = V_A \cdot x_k - P_1(x_k - a_1),\ F_{QK}^0 = V_A - P_1$$

则上述①、②、③三式可写成为

$$M_K = M_K^0 - H \cdot y_K \qquad (9.2)$$

$$F_{QK} = F_{QK}^0\cos\theta_K - H\sin\theta_K \qquad (9.3)$$

$$F_{NK} = F_{QK}^0\sin\theta_K + H\cos\theta_K \qquad (9.4)$$

式中,θ_K 为截面 K 处拱轴切线的倾角,其在左半跨时取正,在右半跨时取负。

上述三式即为在竖向荷载作用下拱体内任一截面弯矩、剪力和轴力的计算公式。由式(9.2)可看出,拱体内任一截面的弯矩,等于相应简支梁对应截面的弯矩减去由于拱的推力 H 所引起的弯矩。由此可知,因推力 H 的存在,三铰拱的弯矩比相应简支梁的弯矩要小。

绘内力图时,由于拱轴为曲线,内力方程不是一简单曲线方程,因此直接根据方程作图较困难。为了简便起见,通常是将拱轴分为若干等份,计算出等分点处截面的内力,然后以拱轴曲线的水平投影为基线,标出纵距,连以曲线即得所求的内力图。

例9.11　试绘制图9.30(a)所示三铰拱的内力图。三铰拱的拱轴为一抛物线,当坐标原点选在左支座时,它的方程可由下式表达:

$$y = \frac{4f}{l^2}(l - x)x$$

解　1)先求支座反力,由公式(9.1)可得

$$V_A = V_A^0 = \frac{100 \times 9 + 20 \times 6 \times 3}{12} = 105(\text{kN})$$

$$V_B = V_B^0 = \frac{100 \times 3 + 20 \times 6 \times 9}{12} = 115(\text{kN})$$

$$H = \frac{M_C^0}{f} = \frac{105 \times 6 - 100 \times 3}{4} = 82.5(\text{kN})$$

2)绘内力图,我们将拱跨分为8等份,分别计算出各等分点截面上的内力值,再根据这些数值绘出弯矩图、剪力图和轴力图。计算通常列表进行。

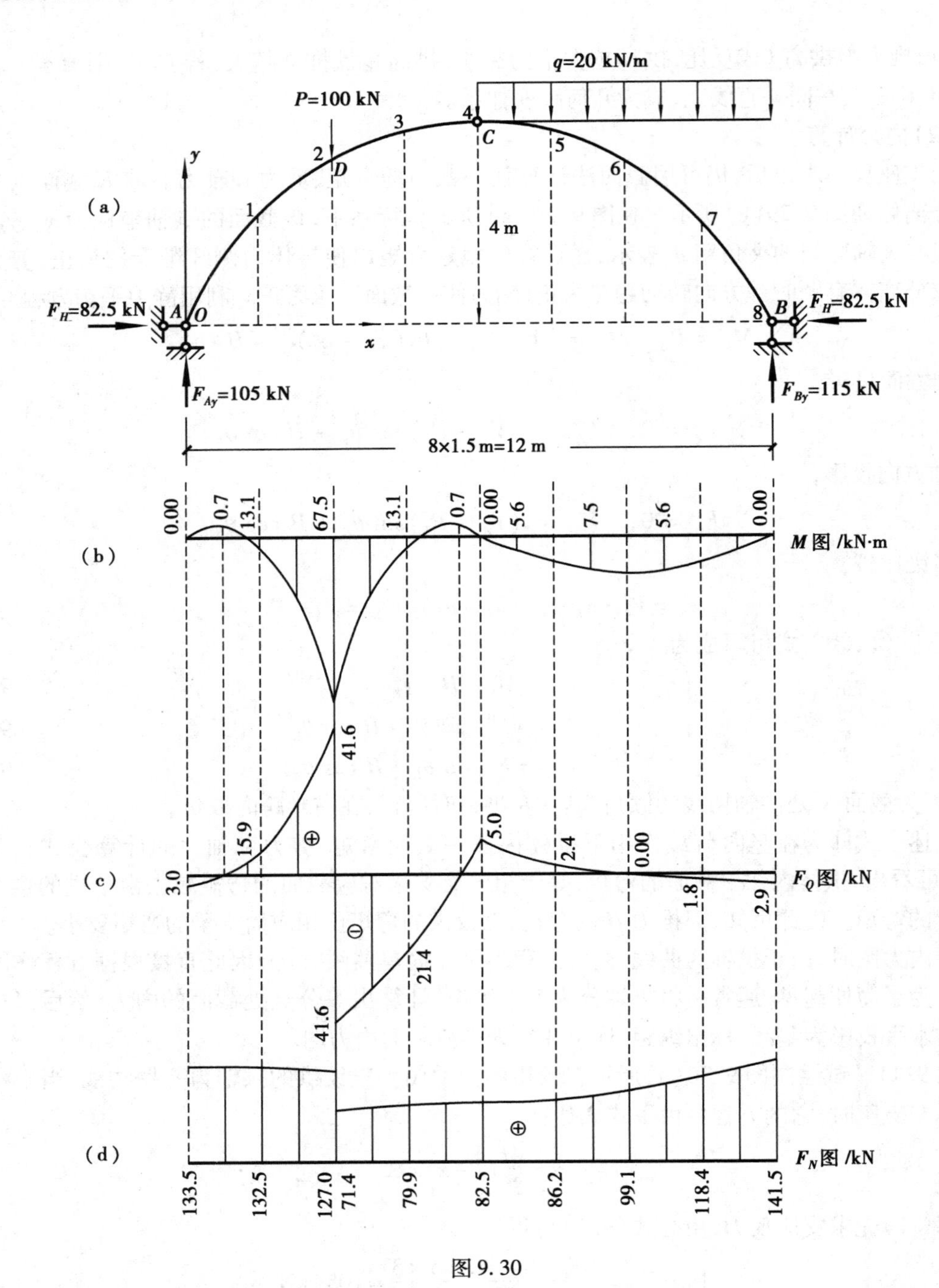

图 9.30

现以距 A 支座 3 m 处的截面 2 为例,说明内力的计算方法。

当 $x=3$ m 时,由拱轴方程得

$$y=\frac{4f}{l^2}(l-x)x=\frac{4\times4}{12^2}(12-3)\times3=3(\mathrm{m})$$

$$\tan\,\theta_2=\frac{\mathrm{d}y}{\mathrm{d}x}=\frac{4f}{l}\left(1-\frac{2x}{l}\right)=\frac{4\times4}{12}\left(1-\frac{2\times3}{12}\right)=0.667$$

查表得

$$\theta_2 = 33°43', \sin\theta_2 = 0.555, \cos\theta_2 = 0.832$$

由公式(9.2)得

$$M_2 = M_2^0 - Hy_2 = 105 \times 3 - 82.5 \times 3 = 67.5(\text{kN}\cdot\text{m})$$

求截面2的剪力和轴力时,由于该截面处作用有集中荷载 $P = 100$ kN,剪力及轴力均有突变。因此需要计算集中荷载作用处以左及以右截面上的剪力和轴力。由公式(9.3)得

表9.1　三铰拱内力计算表

拱轴分点	y/m	$\tan\theta_K$	$\sin\theta_K$	$\cos\theta_K$	F_{QK}^0/kN	M/(kN·m)			F_Q/kN			F_N/kN		
						M_K^0	$-Hy_K$	M_K	$F_{QK}^0\cos\theta_K$	$-H\sin\theta_K$	F_{QK}	$F_{QK}^0\sin\theta_K$	$H\cos\theta_K$	F_{NK}
0	0	1.333	0.800	0.600	105.00	0.00	0.00	0.00	63.00	-66.00	-3.00	84.00	49.50	133.50
1	1.75	1.000	0.707	0.707	105.00	157.50	-144.40	13.10	74.20	-58.30	15.90	74.20	58.30	132.50
2_r^l	3	0.667	0.555	0.832	105.00 5.00	315.00	-247.50	67.50	87.40 4.20	-45.80	41.60 -41.60	58.40 2.80	68.60	127.00 71.40
3	3.75	0.333	0.316	0.948	5.00	322.50	-309.40	13.10	4.70	-26.10	-21.40	1.60	78.30	79.90
4	4	0.000	0.000	1.000	5.00	330.00	-330.00	0.00	5.00	0.00	5.00	0.00	82.50	82.50
5	3.75	-0.333	-0.316	0.948	-25.00	315.00	-309.40	5.60	-23.70	26.10	2.40	7.90	78.30	86.20
6	3	-0.667	-0.555	0.832	-55.00	225.00	-247.50	7.50	-45.80	45.80	0.00	30.50	68.60	99.10
7	1.75	-1.000	-0.707	0.707	-85.00	150.00	-144.40	5.60	-60.10	58.30	-1.80	60.10	58.30	118.40
8	0	-1.333	-0.800	0.600	-115.00	0.00	0.00	0.00	-68.90	66.00	-2.90	92.00	49.50	141.50

$$\begin{aligned} F_{Q2}^l &= F_{Q2}^{0l}\cos\theta_2 - H\sin\theta_2 \\ &= 105 \times 0.832 - 82.5 \times 0.555 \\ &= 41.6(\text{kN}) \end{aligned}$$

$$\begin{aligned} F_{Q2}^r &= F_{Q2}^{0r}\cos\theta_2 - H\sin\theta_2 \\ &= (105 - 100) \times 0.832 - 82.5 \times 0.555 \\ &= -41.6(\text{kN}) \end{aligned}$$

由公式(9.4)得

$$\begin{aligned} F_{N2}^l &= F_{N2}^{0l}\sin\theta_2 + H\cos\theta_2 \\ &= 105 \times 0.555 + 8.25 \times 0.832 \\ &= 127(\text{kN}) \end{aligned}$$

$$\begin{aligned} F_{N2}^r &= F_{N2}^{0r}\sin\theta_2 + H\cos\theta_2 \\ &= (105 - 100) \times 0.555 + 82.5 \times 0.832 \\ &= 71.4(\text{kN}) \end{aligned}$$

其余各截面的内力计算同上,见表9.1。根据表中数值作出 M、F_Q 及 F_N 图。如图9.30(b)、(c)、(d)所示。

由上例可看出,三铰拱内力的计算方法与其他静定结构完全相同,由于其拱轴为曲线,计算过程显得比其他静定结构烦琐。

9.4.3 三铰拱合理拱轴线的概念

由以上计算可知,在荷载作用下,三铰拱的任一截面上均有弯矩、剪力及轴力,这三个内力分量必然可以用它们的合力 R 来代替,因拱截面上的轴力多是压力,故合力 R 通常称为总压力,如图 9.31(a)、(b)所示。也就是说三铰拱在荷载作用下各截面一般处于偏心受压状态,这样材料得不到充分利用。若能使所有截面上的弯矩为零(同时剪力也为零),则截面上将只有轴向压力如图 9.31(c),即各截面都处于均匀受压状态,使材料能得到充分的利用,此时材料的使用最经济。由式(9.2)可知,拱体内各截面的弯矩除与荷载有关外,还与拱轴形状有关。因此就理论上说,在设计时,根据预先确定的设计荷载,总能找到一适当拱轴,使拱体内任一截面上的弯矩和剪力均为零,拱体内各截面只受压力,正应力均匀分布,这样的拱轴称为合理拱轴。

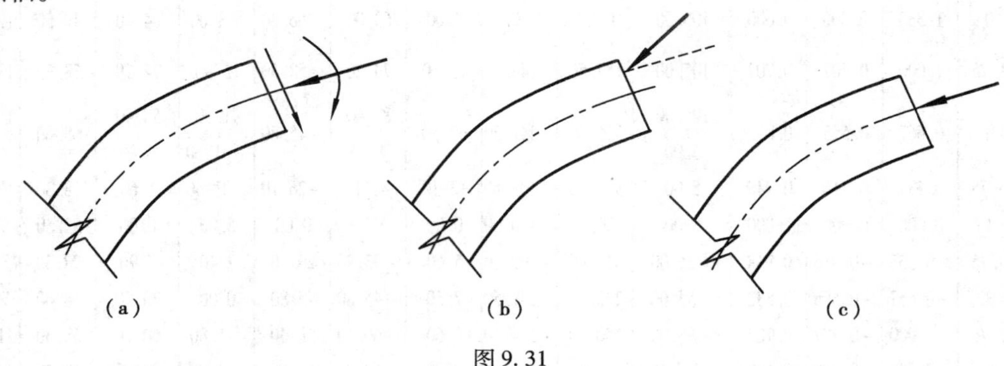

图 9.31

对于竖向荷载作用下的三铰拱,根据公式(9.2),当拱轴为合理拱轴时,应有

$$M(x)=0$$

即

$$M^0(x)-Hy(x)=0$$

由此得

$$y(x)=\frac{M^0(x)}{H} \tag{9.5}$$

由上式可知,合理拱轴的竖标 y 与相应简支梁的弯矩成正比。当拱上所受荷载为已知时,只要求出相应简支梁的弯矩方程,然后除以推力 H,即得三铰拱的合理拱轴的轴线方程。

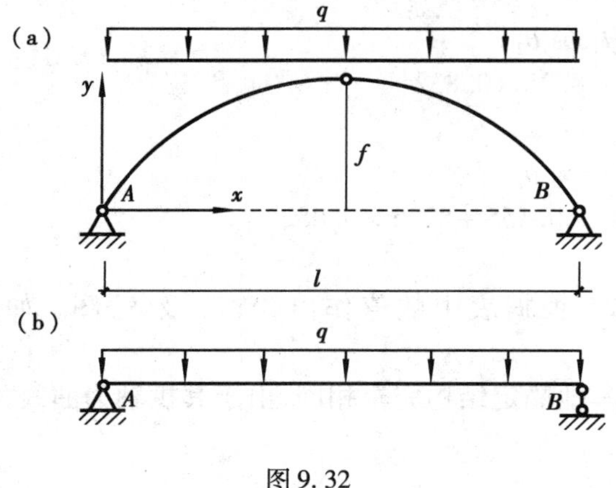

图 9.32

例 9.12 试求图 9.32(a)所示对称三铰拱在均布荷载 q 作用下的合理拱轴。

解 作出相应简支梁如图 9.32(b),其弯矩方程为

$$M^0=\frac{1}{2}qlx-\frac{1}{2}qx^2=\frac{1}{2}qx(l-x)$$

推力 H 由式(9.1)求得为

$$H=\frac{M_C^0}{f}=\frac{\frac{1}{8}ql^2}{f}=\frac{ql^2}{8f}$$

故由式(9.5)可得合理拱轴的轴线方程

$$y=\frac{M^0}{H}=\frac{\frac{1}{2}qx(l-x)}{\frac{ql^2}{8f}}$$

即

$$y=\frac{4f}{l^2}(l-x)x$$

由此可知,三铰拱在竖向荷载作用下,合理轴为抛物线。房屋建筑中拱的轴线就常用抛物线。

按此方法可推出,在填料荷载作用下,三铰拱的合理轴线是一悬链线图(9.33(a)),又叫双曲线拱;而在均匀水压力作用下,合理轴线是圆弧图(9.33(b)),此时轴力为常数。在实际工程中,水管、高压隧洞和拱坝常采用圆形截面。

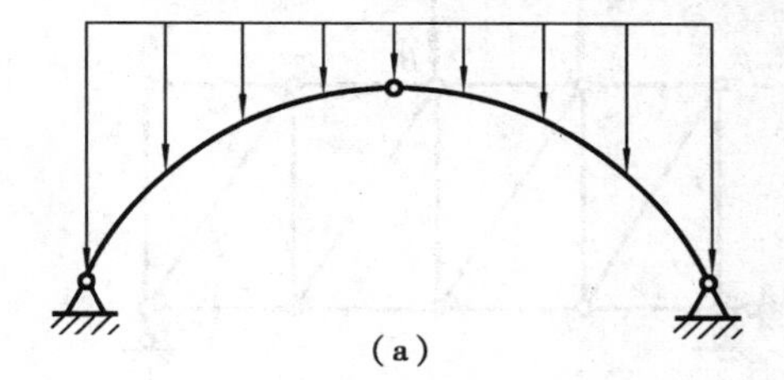
(a)

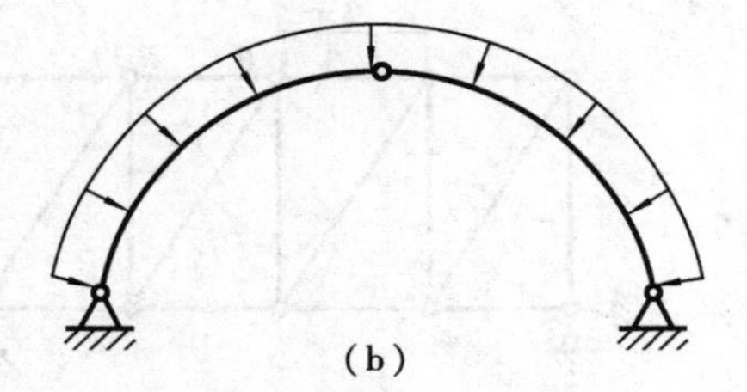
(b)

图9.33

由以上讨论可看出,合理拱轴对应的是一组固定荷载。在实际工程中,结构既受恒载作用,同时还受活载作用。而活载是暂时作用的可变荷载,因此不可能得到完全符合工程实际的合理拱轴,一般以主要荷载作用下的合理轴线作为拱的轴线。

9.5　静定结构的静力特性

通过对以上各节的讨论,将其进行归纳总结,可得出静定结构的一些基本特征:

①由于静定结构的反力和内力只用静力平衡条件就可以确定,而不须考虑结构的变形条件,因此,静定结构的反力和内力只与荷载以及结构的几何形状和尺寸有关,而与构件所用的材料以及截面的形状尺寸无关。

②平衡力系的特性:当平衡力系加在静定结构的某一内部几何不变部分时,对结构的其余部分无影响。即其余部分不产生内力和反力。

例如图9.34所示,(a)图中 CD 部分和(b)图中阴影部分均为内部几何不变部分,作用有平衡力系,则只有该部分受力,其余部分均无内力和支座反力产生。

③荷载等效变换的特性:根据静定结构平衡力系的特性,当静定结构的某一内部几何不变

部分上的荷载作等效变换时，只有该部分的内力发生变化，其余部分的内力和反力均保持不变。

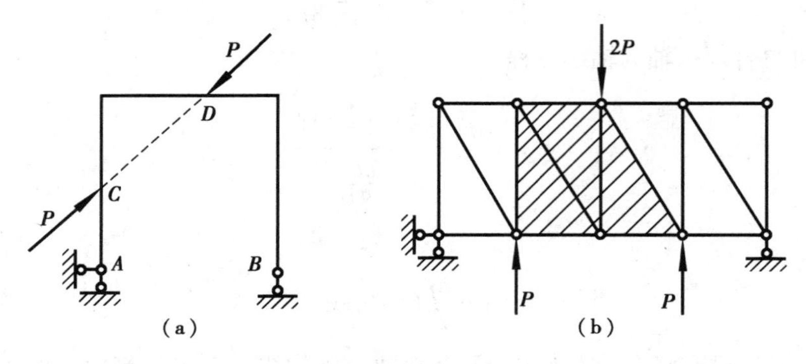

图 9.34

所谓等效变换，是由一组荷载变换为另一组荷载，且两组荷载的合力保持相同。

例如图 9.35(a)所示，桁架 AB 上作用有均布荷载 q，若将它的等效荷载作用于 A、B 结点，则除 AB 杆的受力状态发生变化外，其余部分的内力和反力均保持不变。

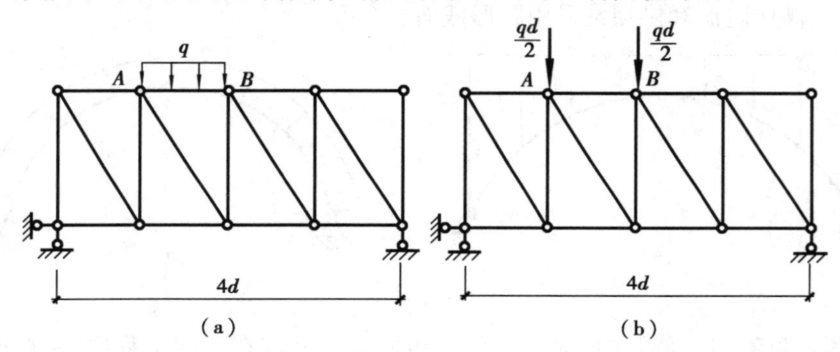

图 9.35

④静定结构的构造变换特性：仍然引用静定结构平衡力系的特性，当静定结构的一个内部几何不变部分作构造变换时，其余部分的内力不变。

⑤支座移动、温度变化等其他作用对静定结构的影响：

在对结构进行分析时，除第二章所述荷载外，还应考虑地基的不均匀沉降、温度变化、材料收缩、制造误差等对结构的影响。对静定结构而言，由于不存在多余约束，支座移动、温度变化等其他作用不会引起结构产生反力和内力。如图 9.36(a)所示简支梁，当 B 支座下沉时，梁可以绕 A 支座转动，只会产生刚性位移而无反力和内力。若简支梁的上下方分别发生温度变化，也因为梁的两端可自由转动而使梁发生如图 9.36(b)所示的弯曲变形，不会引起结构产生反力和内力。

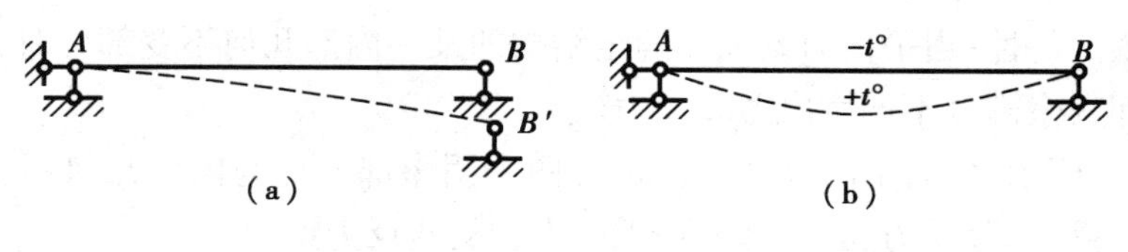

图 9.36

9.6　虚功原理及结构位移计算的一般公式

在第7章中介绍了梁的变形及位移计算的基本方法——积分法以及以积分法为基础的叠加法。可看出其计算是比较繁杂的,且积分法仅能计算荷载引起的绝对位移。工程中引起结构产生位移的原因不仅有荷载,制造误差、材料缩胀、支座移动、温度变化等原因也能使结构产生位移。对于结构的位移计算,力学上更多地从做功和能量的角度来进行分析,以虚功原理作为理论基础,采用单位荷载法进行计算。单位荷载法的优点是可以计算任意杆系结构由于各种原因引起的绝对位移和相对位移。

之所以要研究构件、结构的变形与位移,其目的主要有三。一是验算构件或结构的刚度,确保结构物在使用过程中不致发生过大的位移;二是为后续超静定结构的计算打下基础。在计算超静定结构的反力和内力时,除利用静力平衡条件外,还必须考虑结构的位移条件。这样,位移的计算是解算超静定结构时必然会遇到的问题;三是在结构的制作、架设等过程中,常须预先知道结构位移后的位置,以便采取一定的施工措施。

9.6.1　虚功原理

(1)功的概念

功是能量变化的一种度量。功的概念在物理中已作过讨论。工程中讨论力作功时,通常按力是否随时间而变化分为常力作功和变力作功。

如图9.37(a)所示结构中,A点处作用一个集中力P,力在其作用过程中大小不随时间、位置的改变而改变,该力称为常力。所作的功为常力作功:

$$W = P_i \Delta_i \tag{9.6}$$

力P_i与位移Δ_i方向一致为正。

如图9.37(a)所示结构中,A点处作用一个集中力P,结构中各杆产生变形,A点产生位移AA'。假设在A点产生位移的过程中,P保持不变,则力P所作的功为常力作功:$W = P\Delta$。

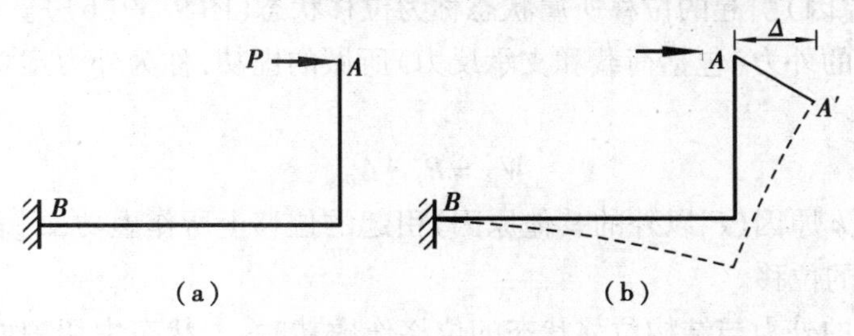

图9.37

式中Δ是A点的线位移AA'在力作用线方向的分位移,也称为与力P相应的位移。

若考虑力在其作用过程中大小随时间的改变而改变,该力称为变力。如在一根上端固定杆的下端上逐渐增加重量(见图9.38(a)),总变形为Δl,(见图9.38(b))在产生Δl的过程中,力呈线性变化,则力P所作的功为:

$$W = \int \mathrm{d}W = \int_0^F P \cdot \delta_{iF} \cdot \mathrm{d}P = \frac{1}{2}P \cdot \Delta l \tag{9.7}$$

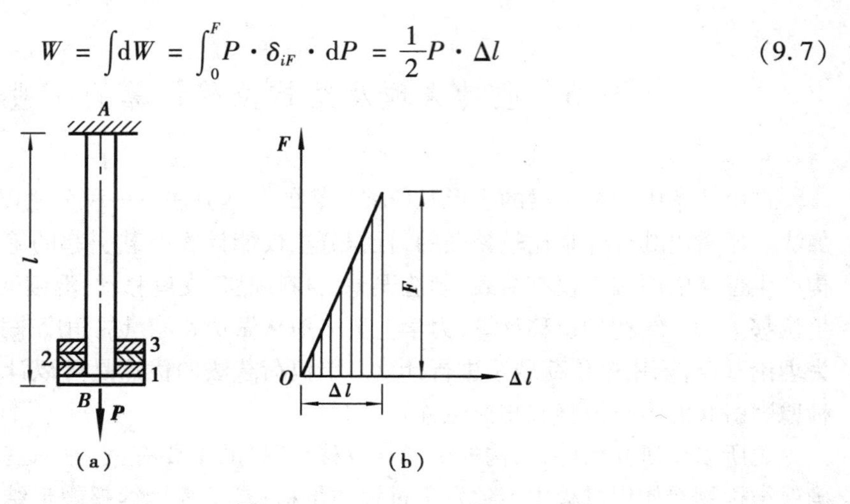

图 9.38

说明：在工程实际中，图 9.37 所示结构由于 P 的作用，A 点产生位移。其位移量也是随着 P 的增加而逐渐形成的，故严格来说也是变力作功，其计算式应为：$W = P\,\Delta/2$。

此外，在力和位移这两个作功的要素中，若力在自身位移上作功，所作的功称为实功。若作功的力与位移彼此无关如图 9.39(a)、(b)所示，则所作的功称为虚功。虚功具有两种情况，其一，作功的力与位移中，有一个是虚设的（虚力或虚位移），所作的功为虚功；其二，作功的力与位移两者均实际存在，但彼此无关，所作的功也为虚功。注意，虚设位移必须是符合约束条件的微小位移。在本章讨论结构的位移计算中，所涉及的就是虚功。需作两点说明：一是因为讨论虚功时，作功的力与位移无关，所以虚功均为常力作功。二是作功的力有集中力、力偶、分布力等，位移也有线位移或角位移，可把与力相关的因子统称为广义力，而与位移相关的因子统称为广义位移，这样虚功仍用广义力与广义位移这两个因子的乘积表示。

下面讨论外力虚功与虚变形功的计算。

由于在虚功中，力和位移是彼此独立无关的两个因素。故可将虚功中的两个因素看成是分别属于同一结构的两种彼此无关的状态，力系所属状态称为力状态（图 9.39(a)），由于 k 原因（P_i以外的其他原因）引起的位移所属状态称为位移状态（图 9.39(b)）。

作用在结构上的外力（包括荷载和支承反力）所做的虚功，称为外力虚功，以 W_{ik}表示。其计算公式为

$$W_{ik} = P_i \cdot \Delta_{ik}$$

式中，W_{ik}表示 P_i在 k 原因（P_i以外的其他原因）引起的位移上所作虚功；Δ_{ik}表示 k 原因引起的 P_i作用点沿其方向的位移。

当结构力状态的外力与结构位移状态的位移作虚功时，力状态中切割面内力也因位移状态的相对变形而作虚功，这种虚功称为虚变形功，以 V_{ik}表示。

对于杆件结构，设力状态（图 9.39(a)）中杆件任一微段 $\mathrm{d}x$ 的内力为 F_{Ni}、F_{Qi}、M_i（图 9.39(c)）；而位移状态（图 9.39(b)）中杆件对应微段的相对变形，即正应变 ε_k、剪应变 γ_k和曲率 κ 分别如图 9.39(d)、(e)、(f)所示。当略去高阶微量后，微段上的虚变形功可表示为

$$\mathrm{d}V_{ik} = F_{Ni}\mathrm{d}u + F_{Qi}\mathrm{d}\nu + M_i\mathrm{d}\varphi$$

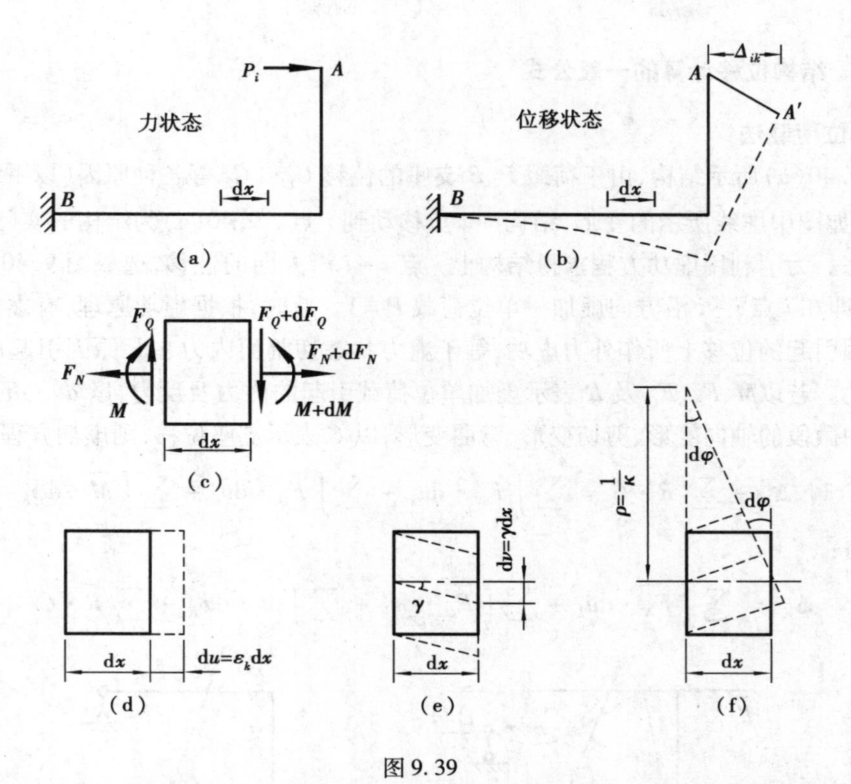

图 9.39

将微段虚变形功沿杆长进行积分，然后对结构的全部杆件求和，即得杆件结构的虚变形功为

$$V_{ik} = \sum \int F_{Ni} du + \sum \int F_{Qi} d\nu + \sum \int M_i d\varphi \tag{9.8}$$

(2)虚功原理

虚功原理实质上是从功能的角度来谈变形体系力系的平衡条件。变形体系的虚功原理可表述为：设变形体系在力系作用下处于平衡状态（力状态），又设该变形体系由于别的原因产生符合约束条件的微小的连续变形（位移状态），则力状态的外力在位移状态的位移上所作的虚功，恒等于力状态的内力在位移状态的变形上所作的虚功，即等于虚变形功。或简写为：外力虚功＝虚变形功，即

$$W_{ik} = V_{ik} \tag{9.9}$$

对于杆系结构虚功原理可用下式表达：

$$W_{ik} = \sum \int_l F_{Ni} du + \sum \int_l F_{Qi} dv + \sum \int_l M_i d\varphi \tag{9.10}$$

上式称为杆系结构的虚功方程。

虚功原理有两种用法：

①虚设位移状态——求实际力状态的未知力。这是在给定的力状态与虚设的位移状态之间应用虚功原理，即为虚位移原理。

②虚设力状态——求实际位移状态的位移。这是在给定的位移状态与虚设的力状态之间应用虚功原理，即为虚力原理。

9.6.2 结构位移计算的一般公式

(1)单位荷载法

如图9.40(a)所示结构,由于荷载 P、B 支座的位移 C_1 和 C_2 等各种原因(以下统称为k原因)而发生如图中虚线所示的变形,结构中 i 点移动到 i' 点。9.40(a)为结构的实际状态,也称为位移状态。为了利用虚功方程求得结构上 i 点 $i-i$ 沿方向的位移,选取图9.40(b)所示的虚力状态,即在 i 点 $i-i$ 沿方向虚加一单位荷载 $P=1$。此时,根据虚功原理,有虚力状态的外力在k原因引起的位移上所作外力虚功,等于虚力状态切割面内力在k原因引起的变形上所作虚变形功。若以 $\overline{M}$、$\overline{F}_N$、$\overline{F}_Q$ 及 $\overline{R}$ 表示虚加单位荷载引起的内力及反力,以 du_k、dv_k、$d\varphi_k$ 表示位移状态中微段的轴向变形、剪切变形、弯曲变形,以 C 表示支座位移,则虚功方程如下:

$$1\cdot\Delta_{ik}+\sum\overline{R}\cdot C=\sum\int_l\overline{F_N}\cdot \mathrm{d}u_k+\sum\int_l\overline{F}_Q\cdot \mathrm{d}v_k+\sum\int_l\overline{M}\cdot \mathrm{d}\varphi_K$$

整理得:

$$\Delta_{ik}=\sum\int_l\overline{F_N}\cdot \mathrm{d}u_k+\sum\int_l\overline{F}_Q\cdot \mathrm{d}v_k+\sum\int_l\overline{M}\cdot \mathrm{d}\varphi_K-\sum\overline{R}\cdot C \qquad (9.11)$$

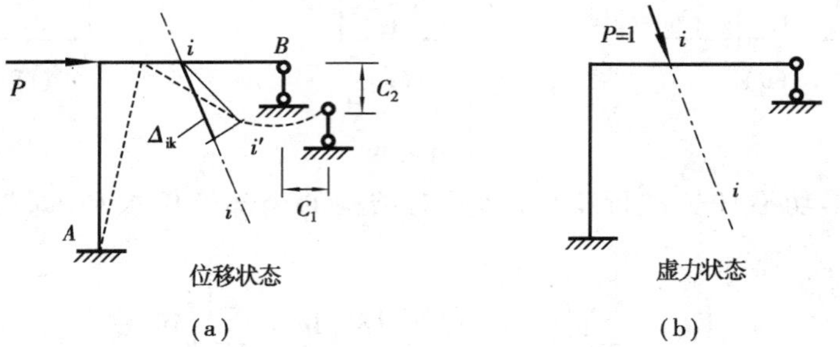

图9.40

此式即为结构位移计算的一般公式。这种利用虚力原理求结构位移的方法称为单位荷载法。在计算时,虚拟单位荷载的指向可以任意假定,若按上式计算出来的结果是正的,就表示实际位移的方向与虚拟单位荷载的方向相同,否则相反。这是因为公式中的左边一项面实际上为虚拟单位荷载所作的虚功,若计算结果为负,则表示虚拟单位荷载的虚功为负,即位移的方向与虚拟单位荷载的方向相反。

(2)虚力状态

利用结构位移计算的一般公式,可以计算任意杆系结构由于各种原因引起的绝对位移和相对位移。注意到公式中的各项均为虚功,所以取虚力状态时,所添加的单位荷载与所要计算的位移必须在作功的关系上是对应的。现举出几种典型的虚拟状态如下:

①求结构上某一点 D 沿水平方向的线位移时,可在该 D 点加一个水平方向的单位荷载(图9.41(a))。

②求结构上某两点 E、F 沿连线方向的相对线位移时,可在该两点的连线上沿线加两个方向相反的单位荷载(图9.41(b))。

③求梁或刚架某一截面的角位移时,可在该截面处加上一个单位力矩(图9.41(c));若求桁架中某一杆件 AB(杆长为 l_i)的角位移时,则在该杆的两端上施加一对反向且与杆轴线垂直

的集中力$\frac{1}{l_i}$,两作用力构成一个单位力偶(图9.41(e))。

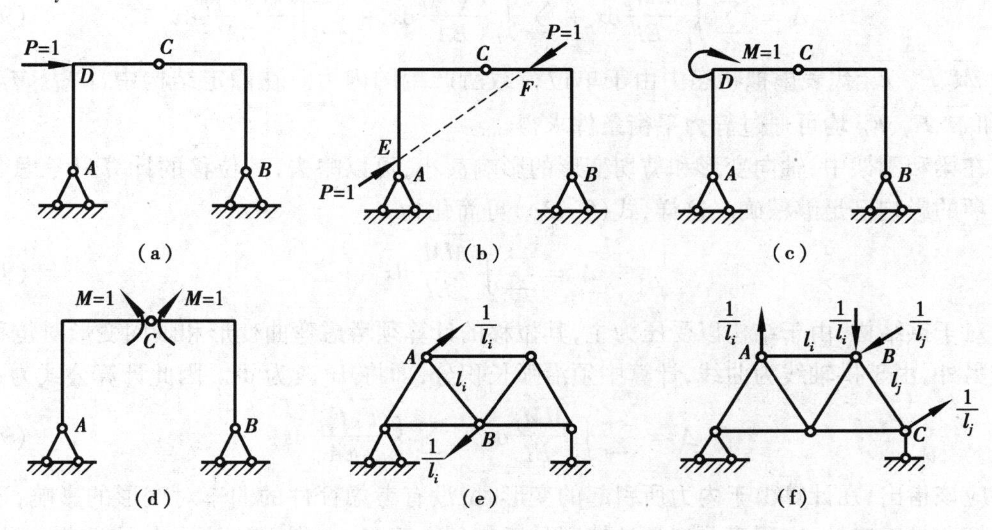

图9.41

④求梁或刚架上两个截面的相对角位移时,可在这两个截面上施加两个方向相反的单位力矩,如图9.41(d)所示为求铰C处左右两侧截面的相对角位移的虚拟状态;若求桁架中两根杆件的相对角位移时,则分别在与两杆相关的结点上施力,组成两个方向相反的单位力偶,如图9.41(f)所示为求AB与BC两杆的相对转角的虚拟状态。

9.7　静定结构的位移计算

公式(9.11)可计算任何杆系结构由于各种原因引起的位移,本节仅讨论静定结构由于荷载及支座移动引起的位移计算。

9.7.1　荷载作用下的位移计算

在荷载作用下,杆件产生内力(M_P、F_{NP}、F_{QP})和变形,并使结构出现位移。在上一节中已介绍杆件微段上变形的几何关系,应用虎克定律,建立变形与内力之间的关系。得微段上变形与内力之间的关系式:

$$\left.\begin{aligned} d\varphi &= \frac{1}{\rho}dx = \frac{M_P}{EI}dx \\ du &= \varepsilon dx = \frac{E_P}{EA}dx \\ dv &= \gamma dx = \frac{kF_{QP}}{GA}dx \end{aligned}\right\} \tag{9.12}$$

式中,EI、EA和GA分别是杆件的抗弯、抗拉和抗剪刚度;k为考虑截面剪应力分布不均匀引入的修正系数,它只与截面的形状有关,当截面为矩形时,$k=1.2$。将上式代入公式(9.11),且有

$c=0$,得

$$\Delta = \sum \int_l \frac{\overline{M}M_P}{EI}\mathrm{d}x + \sum \int_l \frac{\overline{F}_N F_{NP}}{EA}\mathrm{d}x + \sum \int_l \frac{k\overline{F}_Q F_{QP}}{GA}\mathrm{d}x \tag{9.13a}$$

式中,$\overline{M}$、$\overline{F}_N$、$\overline{F}_Q$ 代表虚拟状态中由于单位荷载所产生的内力。在静定结构中,内力 M_P、F_{NP}、F_{QP} 和 $\overline{M}$、$\overline{F}_N$、$\overline{F}_Q$ 均可通过静力平衡条件求得。

在梁和刚架中,轴向变形和剪切变形的影响甚小,可以略去,其位移的计算只考虑弯曲变形一项的影响已足够精确。这样,式(9.13a)可简化为

$$\Delta = \sum \int_l \frac{\overline{M}M_P}{EI}\mathrm{d}x \tag{9.13b}$$

对于拱结构,由于结构以受压为主,其位移的计算须考虑弯曲变形和轴向变形对位移的影响。另外,由于拱轴线为曲线,计算中须沿弧长积分,即将 dx 改为 ds。因此计算公式为:

$$\Delta = \sum \int_l \frac{\overline{M}M_P}{EI}\mathrm{d}s + \sum \int_l \frac{\overline{F}_N F_{NP}}{EA}\mathrm{d}s \tag{9.13c}$$

应该指出,在计算由于内力所引起的变形时,没有考虑杆件的曲率对变形的影响,这只是对直杆才是正确的,应用于曲杆的计算则是近似的。不过,在常用的结构中,例如拱结构或具有曲杆的刚架等,其曲率对变形的影响都很微小,可以略去不计。

在桁架中,只有轴力的作用,且每一杆件的内力及截面都沿杆长 l 不变,故其位移的计算公式为

$$\Delta = \sum \frac{\overline{F}_N F_{NP} l}{EA} \tag{9.13d}$$

例 9.13　如图 9.42(a)所示桁架,各杆 EA 均相等,且为常数。试计算 BC 两点的相对位移。

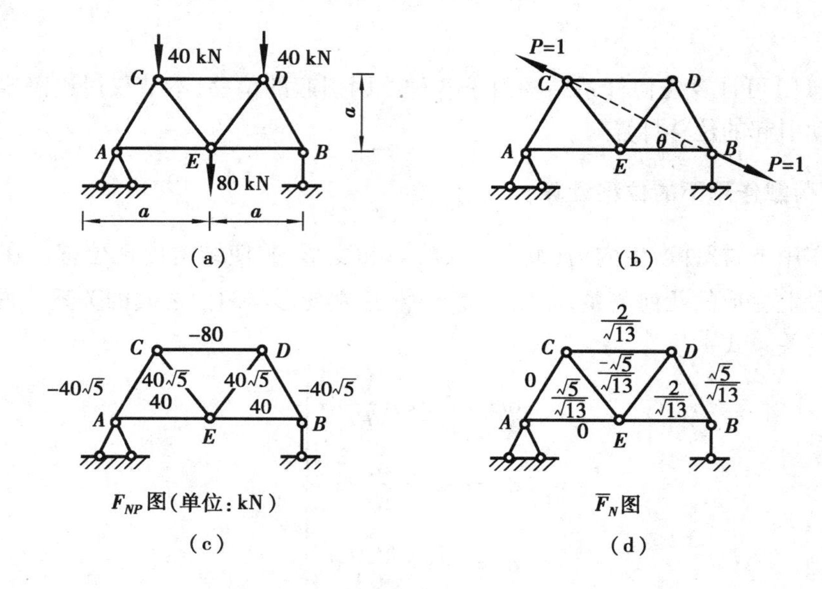

图 9.42

解　根据题意,取图 9.42(b)所示为虚拟状态。

水平杆与斜杆的夹角为α,几何关系为:$\sin\alpha=\dfrac{2}{\sqrt{5}},\cos\alpha=\dfrac{1}{\sqrt{5}}$。

计算荷载作用下各杆的轴力,见图9.42(b)。

虚拟荷载F与水平杆的夹角为θ,根据几何关系得:$\sin\theta=\dfrac{2}{\sqrt{13}},\cos\theta=\dfrac{3}{\sqrt{13}}$。

计算虚拟荷载作用下各杆的轴力,见图9.42(d)。

$$\Delta_{BC}=\sum\frac{F_{NP}\overline{F}_N l}{EA}=-\frac{40\times\sqrt{5}/\sqrt{13}}{EA}\times\frac{\sqrt{5}a}{2}-\frac{80\times 2/\sqrt{13}}{EA}a+\frac{40\times 2/\sqrt{13}}{EA}a$$

$$=-\frac{100\sqrt{5}a}{\sqrt{13}EA}-\frac{80a}{\sqrt{13}EA}=-84.2\frac{a}{EA}\quad(\rightarrow\leftarrow)$$

计算结果为负,表示与虚拟方向相反,即变形后BC两点的直线距离缩短了。

例9.14　如图9.43(a)所示等截面多跨梁,已知EI=常数。试求E点截面的竖向位移。

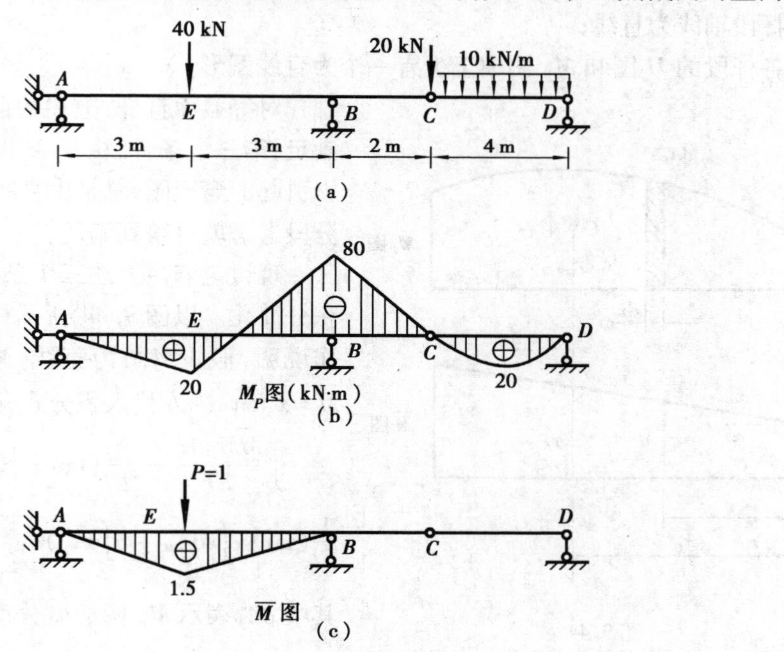

图9.43

解　在E点加一竖向单位荷载作为虚拟状态(图9.43(c)),分别求出实际荷载和单位荷载作用下梁的弯矩(图9.43(b)、(c)),建立弯矩方程式,设以A为坐标原点,则

当$0\leqslant x\leqslant\dfrac{l}{2}$时,$\overline{M}=\dfrac{1}{2}x,M_P=\dfrac{20}{3}x$

当$\dfrac{l}{2}\leqslant x\leqslant l$时,$\overline{M}=3-\dfrac{1}{2}x,M_P=120-\dfrac{100}{3}x$

对于BC和CD段,由于在$\overline{M}$图中无弯矩,故此两段的弯矩对E点的竖向位移没有影响。由公式(9.13b)得

$$\Delta_{EV}=\int_0^3\frac{1}{EI}\times\frac{x}{2}\times\frac{20}{3}x\mathrm{d}x+\int_3^6\frac{1}{EI}\times(3-0.5x)\times(120-\frac{100}{3}x)\mathrm{d}x$$

$$=\frac{30}{EI}+\frac{-30}{EI}=0$$

计算结果为零,说明 E 点无竖向位移。

由例题9.14可看出,由公式(9.13b)计算梁、刚架等受弯为主的结构时,需要建立荷载及单位力作用下的弯矩方程,然后进行积分计算,当组成结构的杆件数目较多,荷载复杂时,计算工作量较大,而对于大多数受弯为主的结构,在满足一定的条件时,可以进行简化计算。

9.7.2 图乘法

在求梁和刚架结构的位移时,将遇到积分式(9.13b):$\Delta = \sum\int_l \frac{\overline{M}M_P}{EI}\mathrm{d}x$。

如果结构各杆段均满足三个条件:

①杆段的 EI 为常数;

②杆段轴线为直线;

③各杆段的 $\overline{M}$ 图和 M_P 图中至少有一个为直线图形。

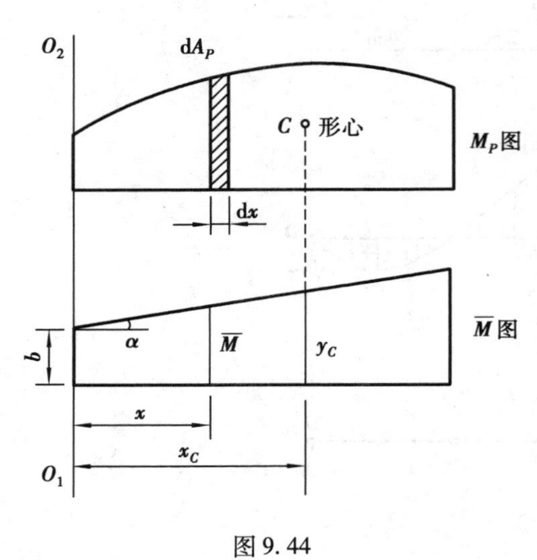

图9.44

对等截面直杆,上述的前两个条件自然恒可满足,第三个条件,由于 $\overline{M}$ 图是在局部虚加单位力引起的弯矩图,总是由直线段所组成,因此只要分段考虑就可得到满足。

现讨论满足上述三个条件下公式(9.13b)的积分简化。以图9.44所示杆段的两个弯矩图来作说明,假设$\overline{M}$图为直线,M_p图为任何形状,取 $\overline{M}=x\tan\alpha+b$ 代入积分式,则有:

$$\int\frac{\overline{M}M_P\mathrm{d}x}{EI}=\frac{1}{EI}\left(\tan\alpha\int xM_P\mathrm{d}x+b\int M_P\mathrm{d}x\right)=\frac{1}{EI}\left(\tan\alpha\int x\mathrm{d}A_P+b\int \mathrm{d}A_P\right)$$

其中 $\mathrm{d}A_P$表示 M_P 图的微分面积,因而积分 $\int x\mathrm{d}A_P$ 表示 M_P 图的面积 A_P 对于 O_1O_2 轴的静矩。这个静矩可以写成$\int x\mathrm{d}A_P=A_Px_C$,式中 x_C 是 M_P 图的形心到 O_1O_2 轴的距离。$\int \mathrm{d}A_P$ 则为 M_P 图的面积 A_P。因此得

$$\int\frac{\overline{M}M_P\mathrm{d}x}{EI}=\frac{1}{EI}A_P(x_C\tan\alpha+b)$$

又因 $x_c\tan\alpha+b=y_C$ 为与 M_P 图形心位置 x_C 对应的$\overline{M}$图上的竖标,故得

$$\int\frac{\overline{M}M_P\mathrm{d}x}{EI}=\frac{1}{EI}A_Py_C$$

由此可见,当上述三个条件被满足时,积分式 $\int\frac{\overline{M}M_P\mathrm{d}x}{EI}$ 之值就等于 M_P 图(任何图形)的面

积 A_P 与其形心位置 x_C 所对应的 $\overline{M}$ 图（直线图形）上的竖标 y_C 的乘积，再以 EI 除之。所得结果按 A_P 与 y_C 在基线的同一侧时为正，否则为负。这就是图形互乘法，简称图乘法。

应当注意：y_C 必须是从直线图形上取得。所谓从直线图形上取是指在 M_P 图的范围内 $\overline{M}$ 图必须是直线图形。若 M_p 与 $\overline{M}$ 均为直线图形，可在任一个弯矩图中取面积，另一个弯矩图中取竖标。

由以上讨论可知，用图乘法计算梁及刚架的位移时，首先必须计算弯矩图的面积和形心位置。常遇到的二次和三次标准抛物线图形的面积及其形心的位置表示于图 9.45 中。

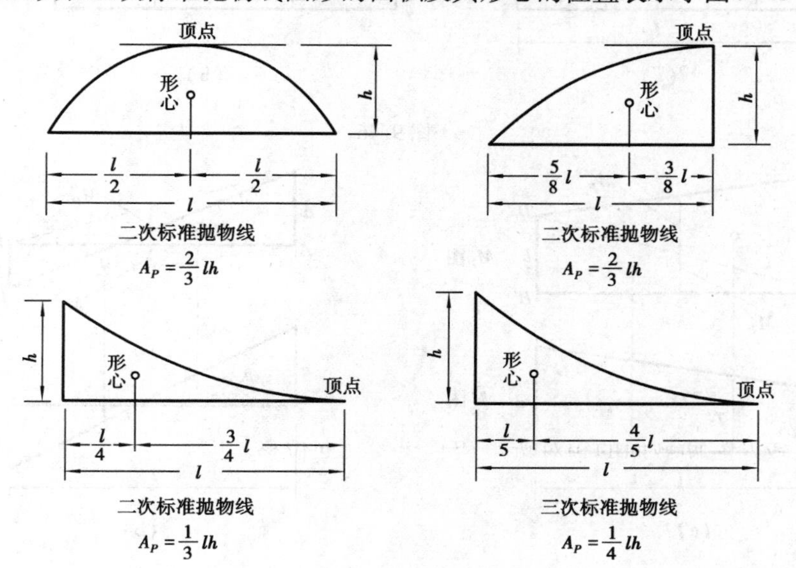

图 9.45

所谓标准抛物线是指含有顶点在内且顶点处的切线与基线平行的抛物线。弯矩图为标准抛物线时，在顶点处应有 $\frac{dM}{dx}=0$，也就是说，顶点处截面的剪力为零。

对有些结构，不能满足图乘法的三个条件，例如杆轴为曲线（拱结构或曲梁）、直杆 EI 为 x 的函数，就只能用积分公式计算。对大多数梁及刚架，均能满足图乘法的三个条件，但在计算中也会出现一些具体情况，下面分别说明：

①在 M_p 图的范围内，$\overline{M}$ 图形是由若干段直线组成（如图 9.46(a) 所示情况），此时应该分段图乘再求和。有：

$$\sum\int\frac{\overline{M}M_P\mathrm{d}x}{EI}=\sum\frac{1}{EI}A_{Pi}y_i \tag{9.14}$$

②在 M_p 图的范围内，$\overline{M}$ 图形为直线，但杆件 EI 呈阶型变化（如图 9.46(b) 所示情况），也须在变化处切分为若干杆段，按公式(9.14)计算。

③如遇到弯矩图的形心位置或面积不便于确定的情况，则可将弯矩图形分解为几个易于确定形心位置和面积的部分，按公式(9.14)计算。

如图 9.47(a) 所示，由于梯形面积开心位置不易确定，可将两个梯形中一个梯形（M_P 图的 $ABCD$）分解为两个三角形 ABD 和 ADC，即 $M_p=M_P'+M_P''$ 代入计算位移公式，便得：

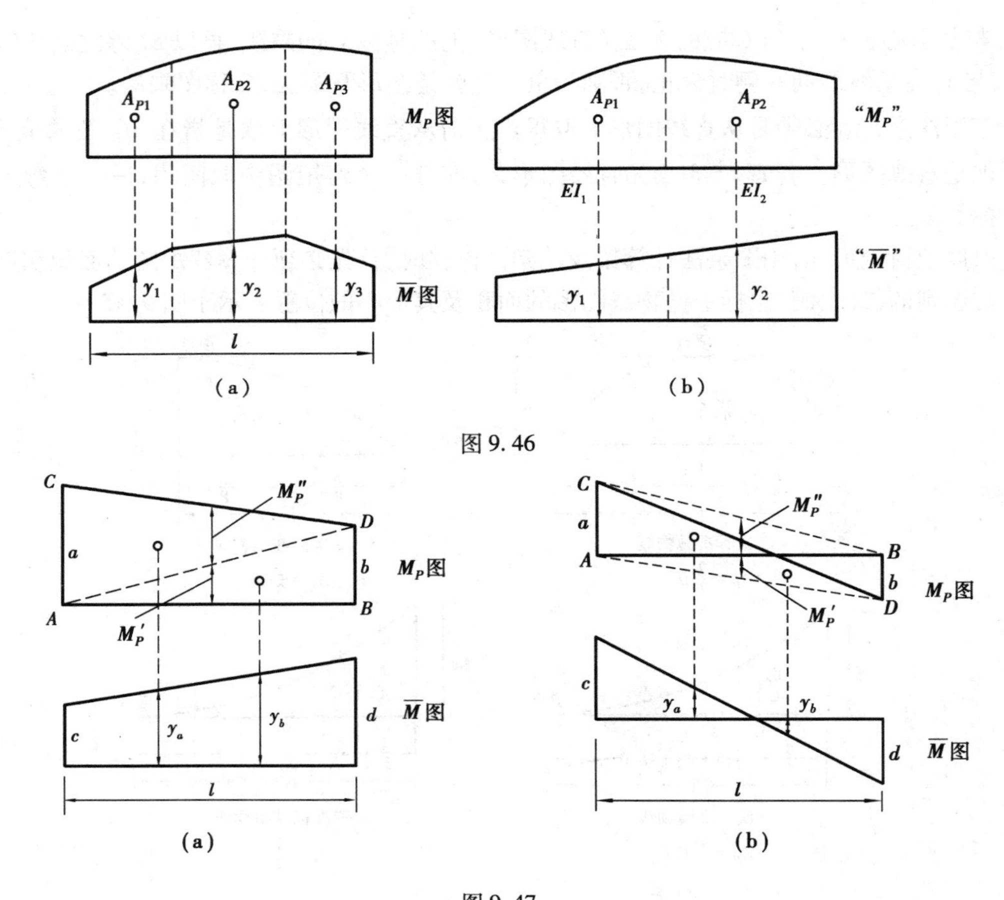

图 9.46

图 9.47

$$\int \frac{\overline{M}M_P\mathrm{d}x}{EI} = \frac{1}{EI}\left(\frac{al}{2}y_a + \frac{bl}{2}y_b\right), y_a = \frac{2}{3}c + \frac{1}{3}d, y_b = \frac{2}{3}d + \frac{1}{3}c$$

如图 9.47(b)所示杆段，两个图形都成直线变化，但两端弯矩位于基线的异侧，在进行图乘时，根据迭加法绘制弯矩图的原则，可将其中一个图形（设为 M_P 图）分解为 ABD 和 ABC 两个三角形，按同上方法处理得：

$$\int \frac{\overline{M}M_P\mathrm{d}x}{EI} = \frac{1}{EI}\left(\frac{al}{2}y_a + \frac{bl}{2}y_b\right), y_a = \frac{2}{3}c - \frac{1}{3}d, y_b = \frac{2}{3}d - \frac{1}{3}c$$

对如图 9.48(a)所示区段由两个端弯矩及均布荷载引起的 M_P 图，可根据弯矩图的叠加法，则将 M_P 图看作是由两个端弯矩引起的弯矩图与$\overline{M}$图相乘（图 9.48(b)），以及简支梁在均布荷载作用下的弯矩图与$\overline{M}$图相乘（图 9.48(c)），然后取其代数和，即可方便地得出其结果。

例 9.15 计算如图 9.49(a)所示悬臂梁 B 端竖向位移 Δ_{BV}和角位移 φ_B。EI 为常数。

解 荷载作用下弯矩图见图 9.49(b)。为求 B 端竖向位移面和角位移，虚拟两个单位荷载作用情况，其弯矩图如图 9.49(c)、(d)所示。

将图 9.49(b)与图 9.49(c)图乘，则得

$$\Delta_{BV} = \frac{1}{EI}\left(\frac{1}{3} \times \frac{ql^2}{2} \times l\right) \times \frac{3}{4}l = \frac{ql^4}{8EI} \quad (\downarrow)$$

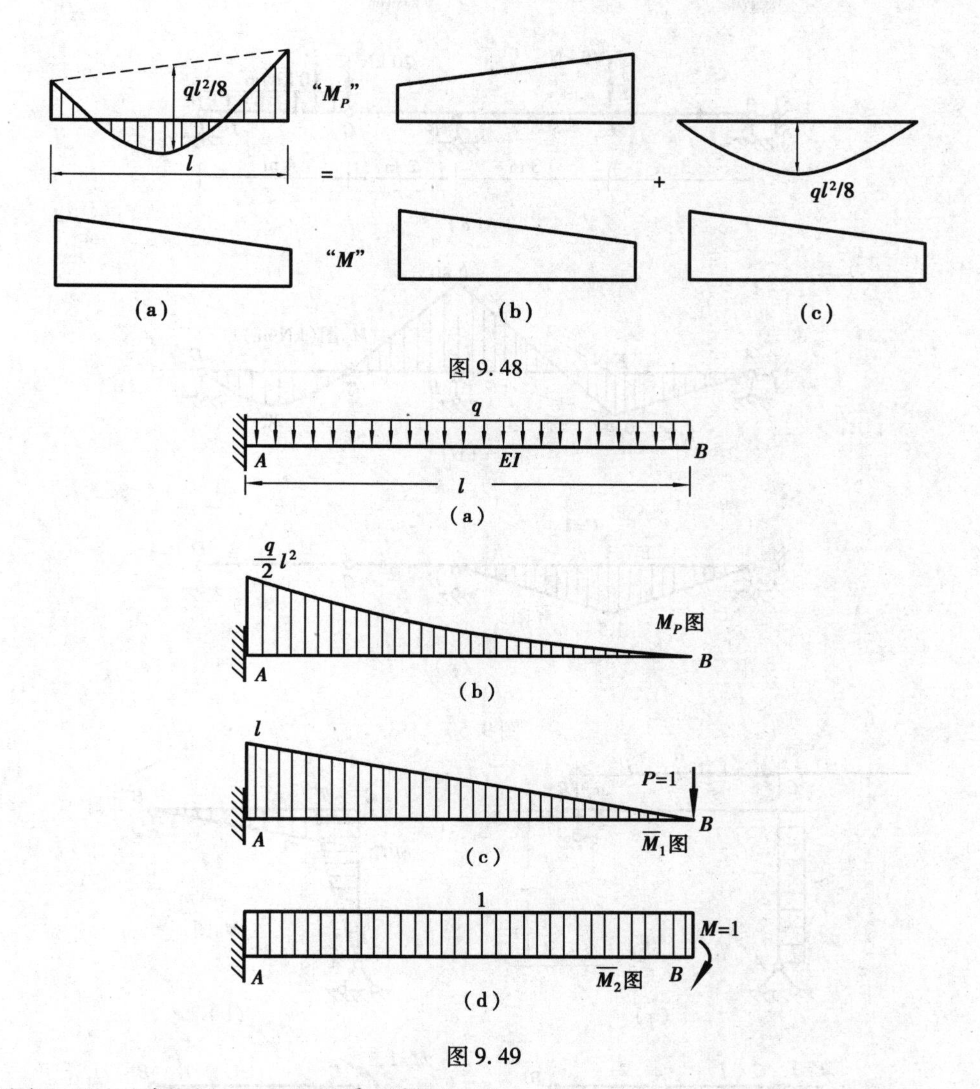

图 9.48

图 9.49

将图 9.49(b)与图 9.49(d)图乘,则得

$$\varphi_B = \frac{1}{EI}\left(\frac{1}{3} \times \frac{ql^2}{2} \times l\right) \times 1 = \frac{ql^3}{6EI} \quad (\curvearrowleft)$$

例 9.16　试用图乘法求例 9.14 中 E 点的竖向位移 Δ_{EV}。

解　见图 9.50(a)所示结构。

用荷载弯矩图(图 9.50(b))和单位荷载下的弯矩图(图 9.50(c))图乘。

对 M_P 图(图 9.50(b))分解,AE 段三角形 AEa 为 A_{P1};EB 段按上述②分解成的两个三角形即 EBa 和 EBb,分别为 A_{P2} 和 A_{P3}。则得

$$\Delta_{EV} = \frac{1}{EI}(A_{P1}y_1 + A_{P1}y_2 + A_{P3}y_3)$$

$$= \frac{1}{EI}\left(\frac{1}{2} \times 20 \times 3 \times \frac{2}{3} \times 1.5 + \frac{1}{2} \times 20 \times 3 \times \frac{2}{3} \times 1.5 - \frac{1}{2} \times 80 \times 3 \times \frac{1}{3} \times 1.5\right) = 0$$

例 9.17　试用图乘法求如图 9.51(a)所示结构中 C 点的水平位移和角位移。

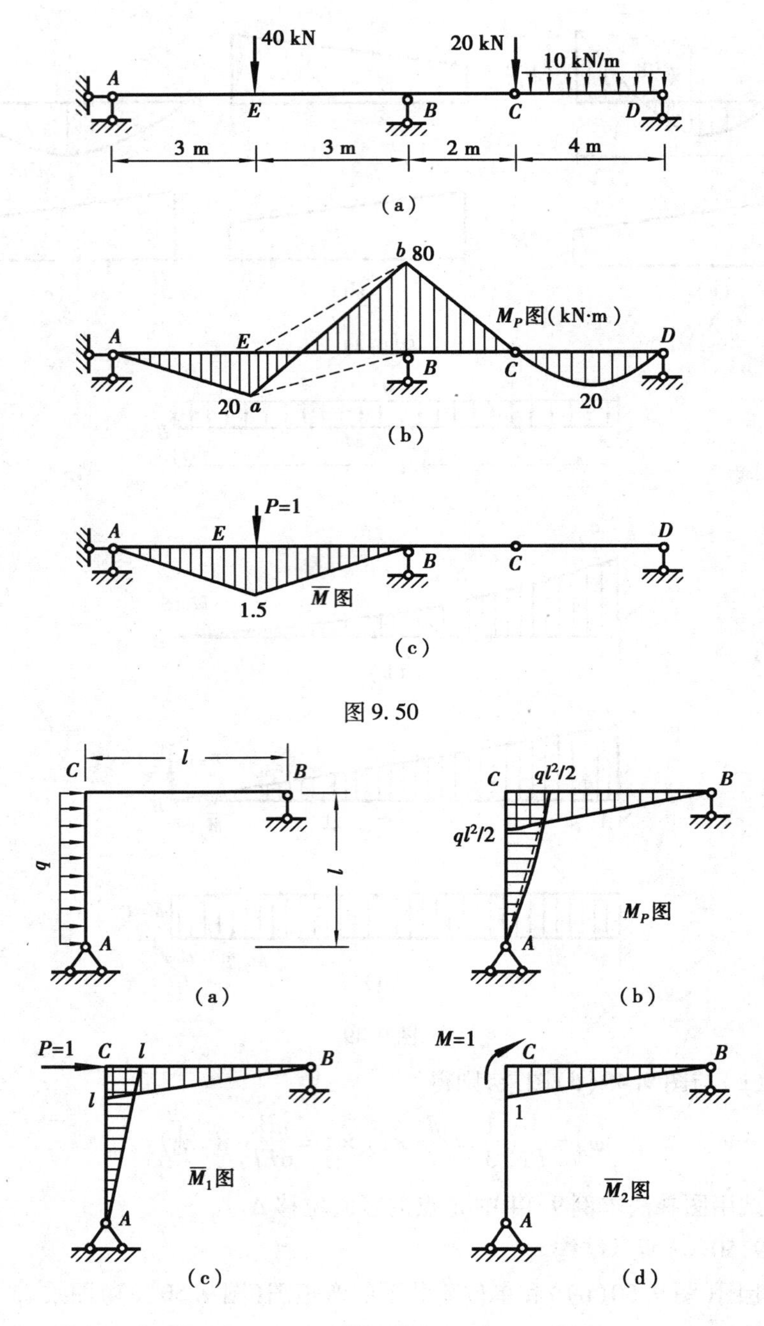

图 9.50

图 9.51

解 首先分别在 C 点虚加一单位水平荷载和一单位力偶,并绘出荷载弯矩图及单位力引起的弯矩图。用荷载弯矩图(图 9.51(b))分别与两个单位荷载下的弯矩图(图 9.51(c)、(d))图乘。

根据分析,对 M_P 图(图 9.51(b))分解,AC 段分解成一个三角形 A_{P1} 和一个抛物线图形 A_{P2};BA 段为三角形 A_{P3}。

将图9.51(b)与图9.51(c)图乘，则得

$$\Delta_{CH}=\frac{1}{EI}(A_{P1}y_1+A_{P1}y_2+A_{P3}y_3)$$

$$=\frac{1}{EI}\left(\frac{l}{2}\times\frac{ql^2}{2}\times\frac{2l}{3}+\frac{2l}{3}\times\frac{ql^2}{8}\times\frac{l}{2}+\frac{l}{2}\times\frac{ql^2}{2}\times\frac{2l}{3}\right)=\frac{3ql^4}{8EI}\quad(\rightarrow)$$

将图9.51(b)与图9.51(d)图乘，则得

$$\varphi_C=\frac{1}{EI}\left(\frac{1}{2}\times\frac{ql^2}{2}\times l\times\frac{2}{3}\right)=\frac{ql^3}{6EI}\quad(\hookleftarrow)$$

例9.18　用图乘法求如图9.52(a)所示刚架 C 铰左、右两截面的相对转角 φ。

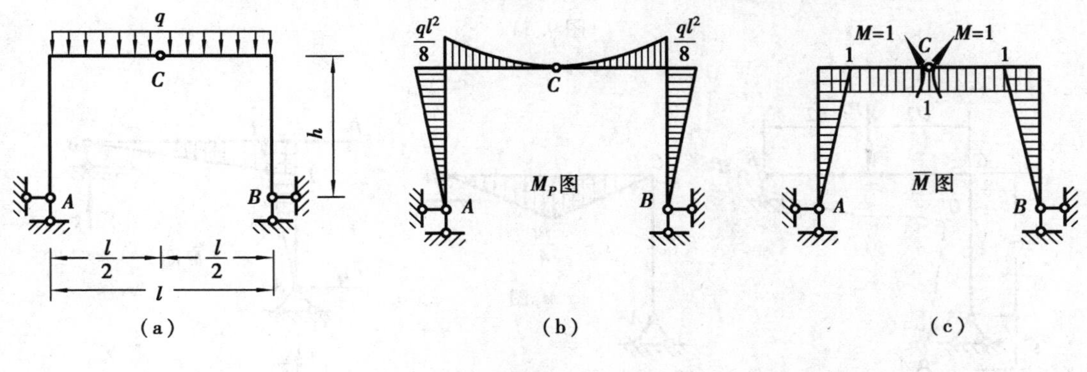

图9.52

解　根据题意要求，以图9.52(c)为虚拟的单位荷载。绘制荷载作用下和虚拟单位荷载情况下的弯矩图，见图9.52(b)、(c)，并用此两图进行图乘，得

$$\varphi=\frac{2}{EI}\left(-\frac{1}{2}\times\frac{ql^2}{8}\times h\times\frac{2}{3}-\frac{2}{3}\times\frac{ql^2}{8}\times\frac{l}{2}\times 1\right)=-\frac{ql^2}{12EI}(h+l)$$

实际 C 铰左、右两截面的相对转角与所设的方向相反。

9.7.3　支座位移时的位移计算

在静定结构中，支座移动和转动并不使结构产生应力和应变，而使结构产生刚体运动。因此，在仅有支座位移情况下，结构位移计算的一般公式(9.11)简化成如下形式：

$$\Delta=-\sum\overline{R}c \tag{9.15}$$

式中，$\sum\overline{R}c$ 为虚拟状态的反力在实际状态的支座位移上所作的虚功之和，反力 $\overline{R}$ 方向与支座位移 c 方向一致时乘积为正(做正功)，反之为负。

例9.19　如图9.53(a)所示结构，若支座 B 发生水平移动，即 B 点向右移动一间距 a，试求 C 铰左、右两截面的相对转角 φ。

解　根据题意，图9.53(b)施加单位荷载为虚拟状态。相对转角 φ 可利用公式(9.15)，即得

$$\varphi=-\sum\overline{R}c=-\frac{1}{h}a=-\frac{a}{h}\quad(\circlearrowleft\circlearrowright)$$

负号表明 C 铰左、右两截面相对转角的实际方向与所设虚单位广义力的方向相反。

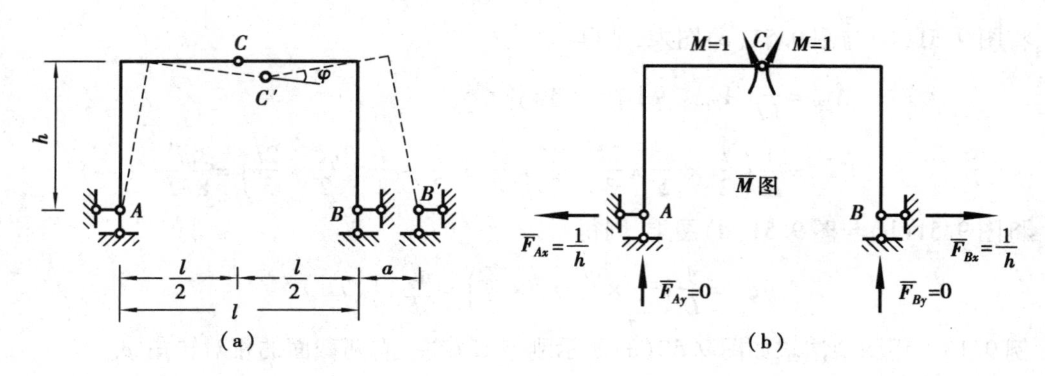

图 9.53

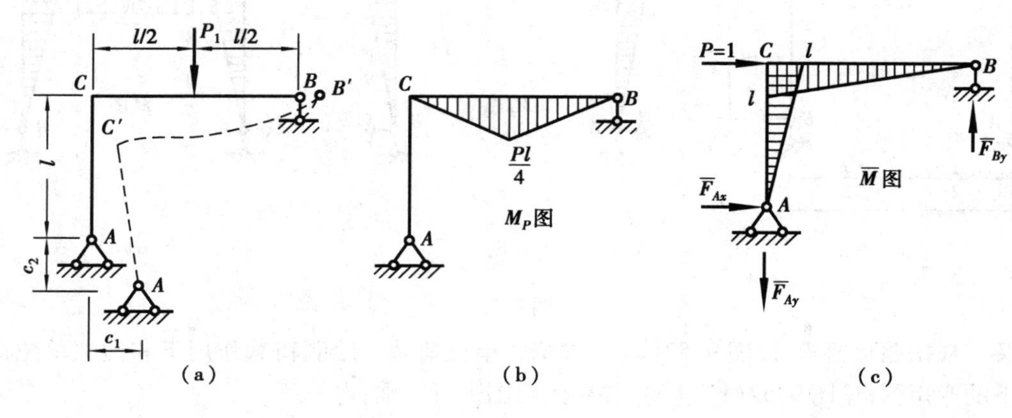

图 9.54

例 9.20 如图 9.54(a)所示刚架结构,在荷载 P 作用和 A 支座水平位移 C_1、竖向位移 C_2 的影响下,试求 C 点的水平位移。

解 1)计算在单位荷载作用下的支反力:

$$\overline{F}_{Ay}=\overline{F}_{By}=1,\overline{F}_{Ax}=-1$$

绘制 M_P 图和 $\overline{M}$ 图,见图 9.54(b)、(c)。

2)计算由荷载引起的 C 点水平位移,用图 9.54(b)和图 9.54(c)图乘

$$\Delta'_{cH}=\frac{1}{EI}\left(\frac{1}{2}\times l\times\frac{P_1 l}{4}\times\frac{1}{2}l\right)=\frac{P_1 l^3}{16EI}(\rightarrow)$$

3)计算由支坐位移引起的 C 点水平位移

$$\Delta''_{CH}=-\sum Rc=-F_{Ax}\times c_1-F_{Ay}c_2=c_1-c_2\quad(\rightarrow)$$

4)C 点的水平位移

$$\Delta_{CH}=\Delta'_{CH}+\Delta''_{CH}=\frac{P_1 l^3}{16EI}+c_1-c_2\quad(\rightarrow)$$

9.8　变形体系的互等定理

9.8.1　功的互等定理

同一结构分别承受两组外力 P_1 和 P_2 作用。第一组力 P_1 所产生的内力为 M_1、F_{N1}、F_{Q1}，第二组力 P_2 所产生的内力为 M_2、F_{N2}、F_{Q2}。现在来研究这两组力按不同的次序先后作用于结构上时所引起的虚功。

图9.55(a)、(b)分别为这两组外力的状态。如图9.55(c)所示，若先施加力 P_1，待达到弹性平衡后，再施加 P_2。若以 W_{12} 代表第一组外力 P_1 在第二组外力 P_2 作用产生的位移下所做的虚功，由虚功原理有

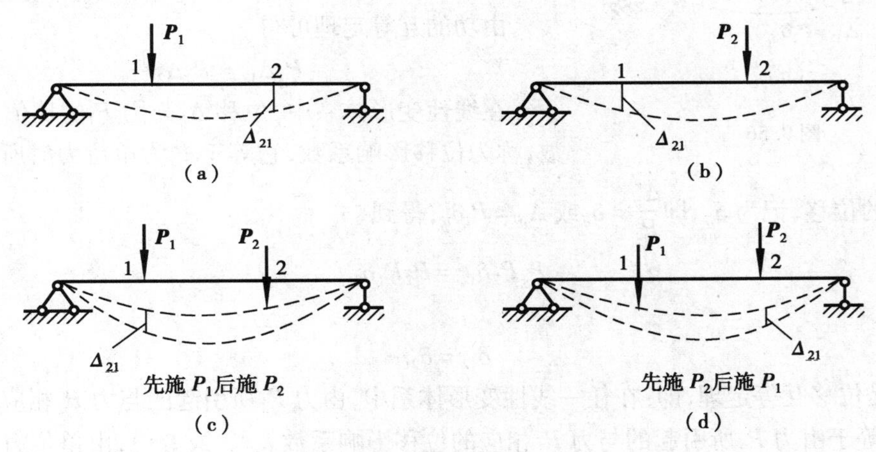

图9.55

$$W_{12} = \sum\int M_1 \mathrm{d}\varphi_2 + \sum\int F_{N1}\mathrm{d}u_2 + \sum\int F_{Q1}\mathrm{d}v_2 = \sum\int M_1\frac{M_2\mathrm{d}x}{EI} + \sum\int F_{N1}\frac{F_{N2}\mathrm{d}x}{EA} + \sum\int kF_{Q1}\frac{F_{Q2}\mathrm{d}x}{GA}$$

如图9.55(d)所示，若先施加力 P_2，待达到弹性平衡后，再施加力 P_1。若以 W_{12} 代表第二组外力 P_2 在第一组外力 P_1 作用产生的位移下所做的虚功，则有

$$W_{21} = \sum\int M_2 \mathrm{d}\varphi_1 + \sum\int F_{N2}\mathrm{d}u_1 + \sum\int F_{Q2}\mathrm{d}v_1 = \sum\int M_2\frac{M_1\mathrm{d}x}{EI} + \sum\int F_{N2}\frac{F_{N1}\mathrm{d}x}{EA} + \sum\int kF_{Q2}\frac{F_{Q1}\mathrm{d}x}{GA}$$

比较上两式可知

$$W_{12} = W_{21} \tag{9.16a}$$

或写为

$$\sum P_1\Delta_{12} = \sum P_2\Delta_{21} \tag{9.16b}$$

式中，Δ_{12}、Δ_{21} 分别代表与 P_1 及 P_2 相应的位移，Δ_{ij} 表示 j 点上作用的荷载在 i 点上产生的位移。$\sum$ 表示包括结构上全部外力所做的虚功。

由此得到功的互等定理，即第一状态的外力在第二状态的位移上所做的虚功，等于第二状

态的外力在第一状态的位移上所做的虚功。

功的互等定理适用于任何类型的弹性结构，在两种状态中也可以包括支座位移在内，不过在计算外力的虚功时必须把反力所做的虚功包括在内。

9.8.2 位移互等定理

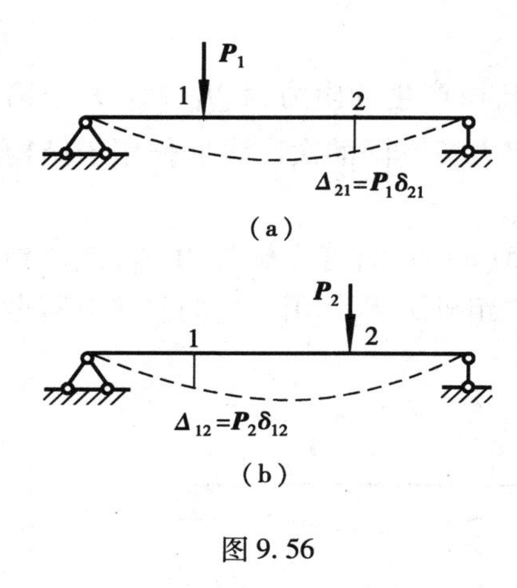

图 9.56

现研究如图 9.56(a)、(b)所示的Ⅰ、Ⅱ两种状态中，状态Ⅰ中只承受力 P_1，状态Ⅱ中只承受力 P_2。图 9.56(a)中的 Δ_{21} 表示 P_1 引起的与 P_2 相应的位移，图 9.56(b)中的 Δ_{12} 表示力 P_2 引起的与力 P_1 相应的位移。实际上，常在位移符号下加两个下标，记为 Δ_{ij}。其中第一个下标 i 表示位移是与力 P_i 相应的，第二个下标 j 表示位移是由力 P_j 引起的。

由功的互等定理可得

$$P_1\Delta_{12}=P_2\Delta_{21}$$

在线性变形体系中，位移 Δ_{ij} 与力 P_j 的比值是一个常数，称为位移影响系数，它等于 P_j 为单位力时所引起的与力 P_i 相应的位移，记为 δ_{ij}，即 $\dfrac{\Delta_{ij}}{P_j}=\delta_{ij}$ 或 $\Delta_{ij}=P_i\delta_{ij}$，得到

$$P_1P_2\delta_{12}=P_2P_1\delta_{21} \tag{9.17a}$$

由此得到

$$\delta_{12}=\delta_{21} \tag{9.17b}$$

这就是位移互等定理，即：在任一线性变形体系中，由力 P_1 所引起的与力 P_2 相应的位移影响系数 δ_{21} 等于由力 P_2 所引起的与力 P_1 相应的位移影响系数 δ_{12}。或者说，由单位力 $P_1=1$ 所引起的与力 P_2 相应的位移，等于由单位力 $P_2=1$ 所引起的与力 P_1 相应的位移。

这里所指的力可以是广义力，位移是相应的广义位移。如图 9.57 和图 9.58 所示，图 9.57 表示两个角位移影响系数的互等情况。图 9.58 表示线位移与角位移影响系数的互等情况。

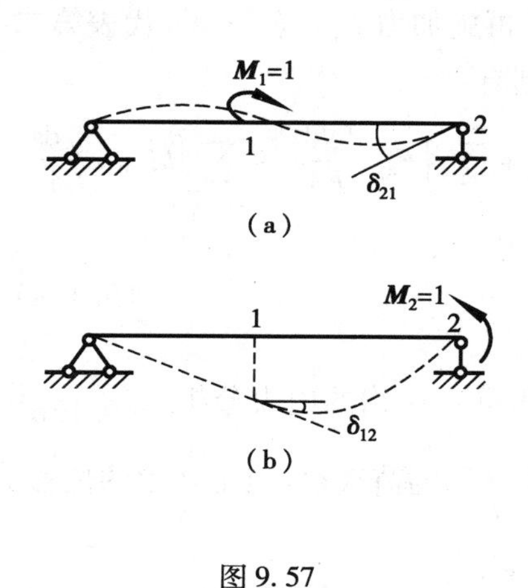

图 9.57

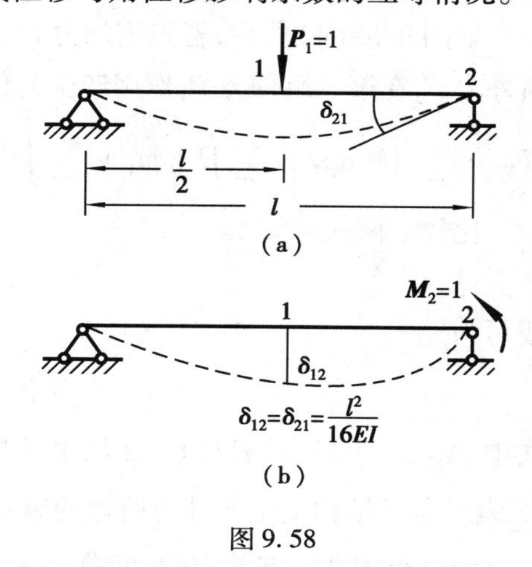

图 9.58

9.8.3　反力互等定理

对于超静定体系在两个支座分别产生单位位移(广义单位位移)时,这两种状态中的相应反力(广义反力)的互等关系。这一定理也是功的互等定理的一种特殊情况。

如图9.58所示为两个支座分别产生单位位移Δ的两种状态,其中图9.59(a)表示支座1发生单位位移$\Delta_1=1$时,支座2产生的反力为γ_{21};图9.59(b)则表示支座2发生单位位移$\Delta_2=1$时,支座1产生的反力设为γ_{12}。

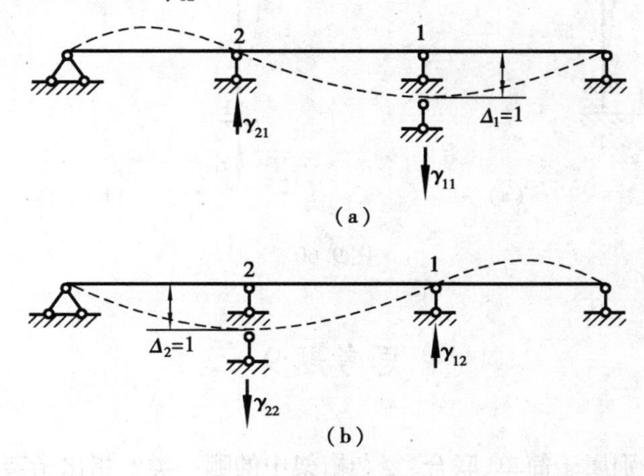

图9.59

γ_{12}、γ_{21}也称为反力影响系数,符号的第一个下标表示它所在的支座位置,第二个下标表示产生反力的单位位移所在位置。其他支座的反力未在图中一一绘出,由于它们所对应的另一状态的相应位移都等于零,因而不做虚功。根据功的互等定理,有

$$-\gamma_{12}\times\Delta_1+\gamma_{11}\times 0=\gamma_{22}\times 0-\gamma_{21}\times\Delta_2$$

得

$$\gamma_{12}=\gamma_{21} \tag{9.18}$$

此式就是反力互等定理,即:支座1由于支座2的单位位移所引起的反力γ_{12},等于支座2由于支座1的单位位移所引起的反力γ_{21}。这一定理适用于体系中任何两个约束上的反力。但应注意,在两种状态中,同一约束的反力和位移在做功的关系上应该是相应的。

图9.60表示反力互等的另一例子,$\gamma_{12}=\gamma_{21}$表示支座2的单位角位移在支座1产生的反力影响系数与支座1的单位线位移在支座2产生的反力矩影响系数互等。

可深入讨论的问题

1. 本章仅讨论了简单的静定结构,所涉及的例题也仅为单跨结构,和多跨梁类似,在工程中,也有很多多跨静定桁架、静定钢架得到应用。欲了解多跨静定结构的内力分析,可参阅结构力学教材。

2. 本章根据重在运用的编写原则,在虚功原理部分,缺少了对广义力、广义位移深入讨论及对虚功原理是否成立的证明,有兴趣的读者可参阅多学时结构力学教材。

3. 根据虚力原理、单位荷载法推导出的结构位移计算的一般公式,可计算任意杆系结构由

于各种原因引起的绝对位移和相对位移。在本章中仅讨论了静定结构荷载及支座移动引起的位移,而对静定结构温度变化、材料收缩、制造误差等因素引起的位移计算未进行讨论。读者可从结构位移计算的一般公式出发,根据静定结构的静力特征,参照荷载及支座移动引起的位移计算方法自行推导计算公式,也可参阅多学时结构力学教材。

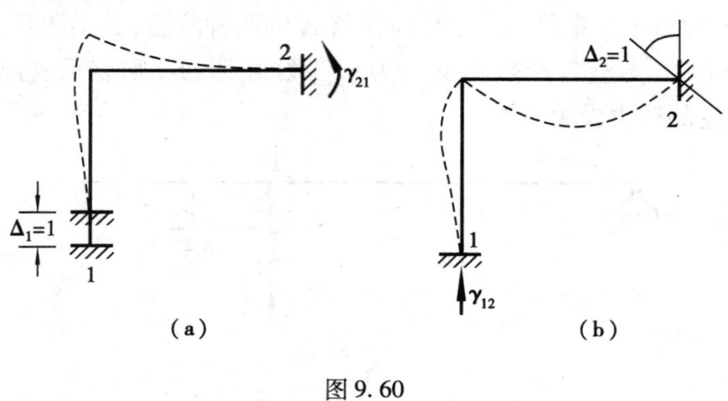

图 9.60

思考题 9

9.1　图示桁架分别属于简单、联合、复杂桁架中的哪一类？指出桁架中的零杆。

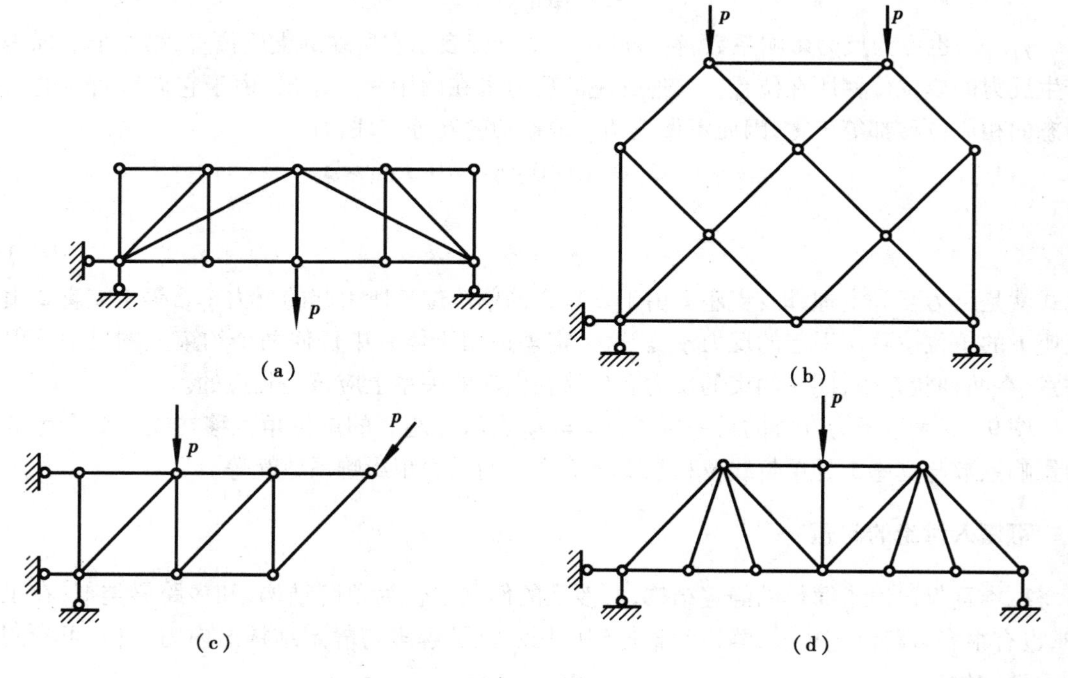

思考 9.1 图

9.2　为什么说求桁架内力的结点法是平面汇交力系理论的具体应用,而截面法是平面一般力系理论的具体应用?

9.3　试分析下列结构弯矩图的错误原因,并加以改正。

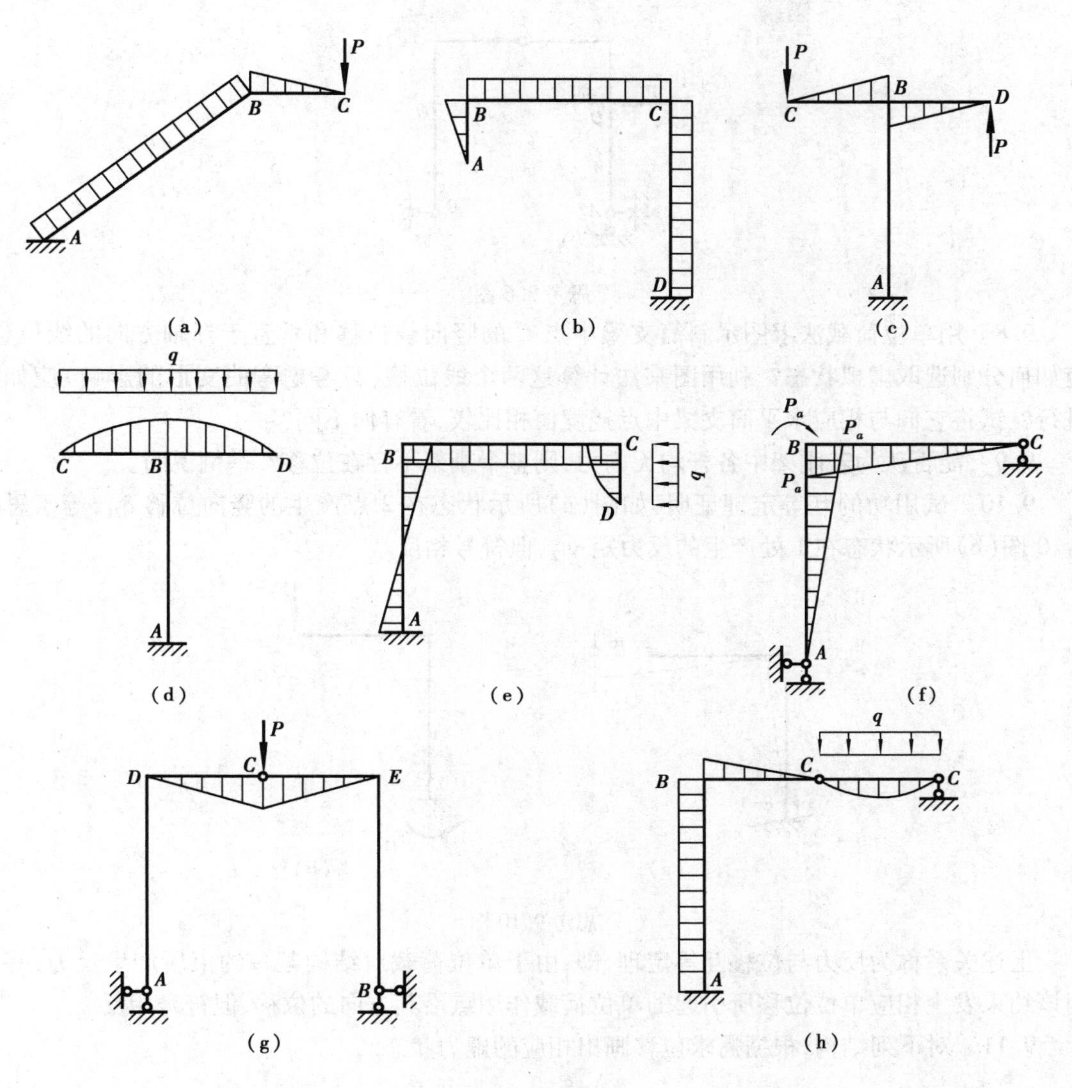

思考9.3图

9.4　根据三铰拱内力计算公式分析三铰拱的弯矩小于相应简支梁的弯矩的原因。

9.5　图示结构中，CD 杆的内力可以直接判定为零吗？为什么

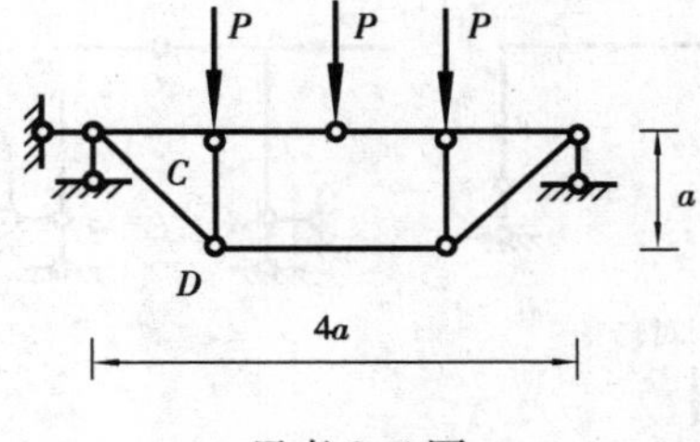

思考9.5图

9.6　图示三铰刚架在 D 点处作用一水平力 P，在求 A、B 支座的反力时，P 可否沿作用线移至 E 点？为什么？

9.7　在荷载作用下，刚架和梁的位移主要由各杆的弯曲变形引起？

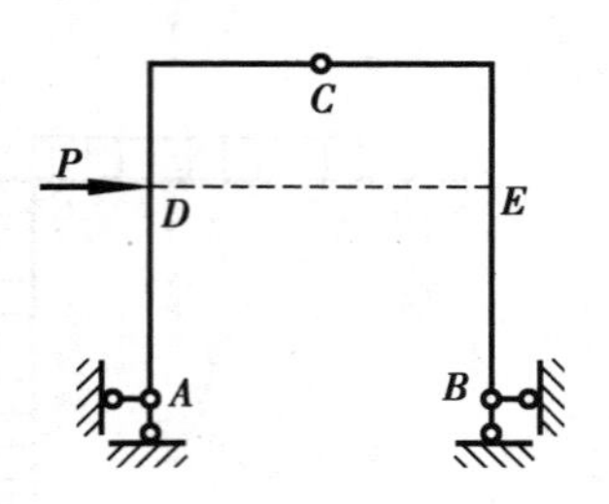

思考 9.6 图

9.8 用单位荷载法求图示斜简支梁中点 C 的竖向线位移和垂直于杆轴方向的线位移,应如何分别选取虚拟状态?利用图乘法计算这两个线位移(只考虑弯曲变形的影响)应如何进行?试将它们与相应水平简支梁中点挠度值相比较,看有何不同?

9.9 能否认为若刚架中各杆均无内力,则整个刚架不存在位移?举例说明。

9.10 试用功的互等定理证明:如图(a)所示状态在 2 点产生的竖向位移 δ_{21},等于思考 9.10 图(b)所示状态在 1 处产生的反力矩 γ_{12},但符号相反。

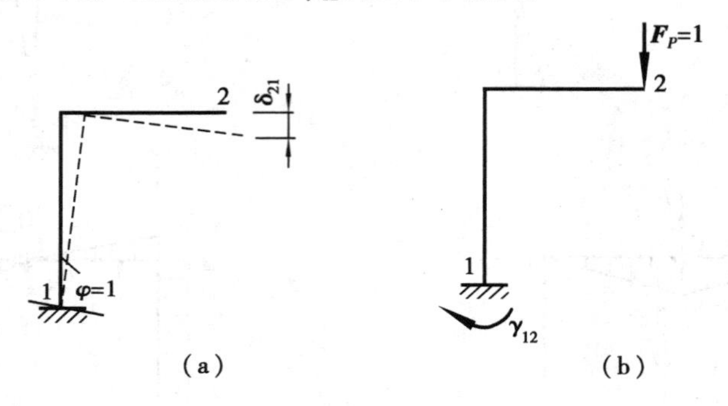

思考 9.10 图

上述关系称为反力与位移互等定理,即:由于单位荷载对结构某一约束所产生反力,等于因该约束发生相应单位位移所引起的单位荷载作用点沿其方向的位移,但符号相反。

9.11 对下列结构,根据需求位移画出相应的虚力状态。

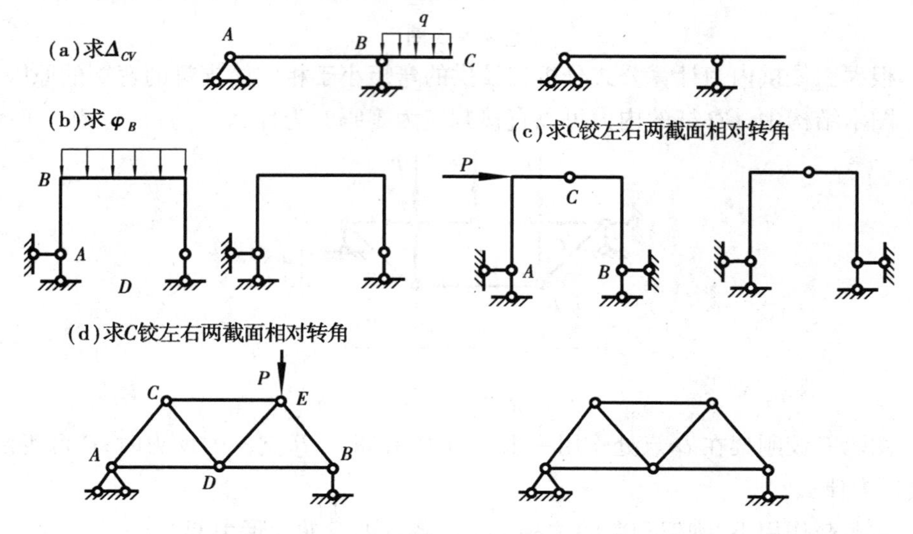

思考 9.11 图

习题9

9.1　计算图示桁架各杆的轴力。

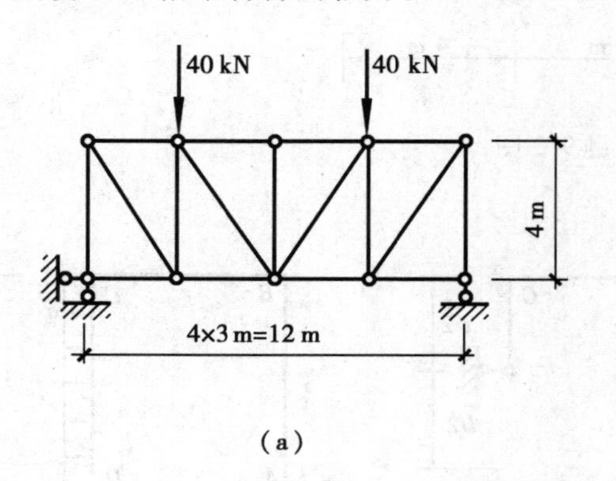

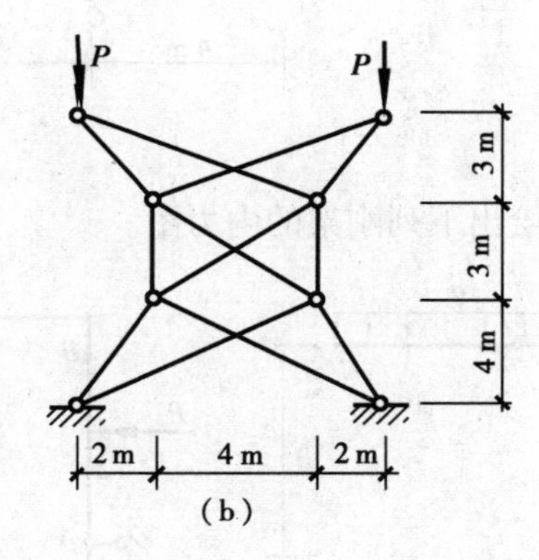

题9.1图

9.2　计算图示桁架指定杆件的轴力。

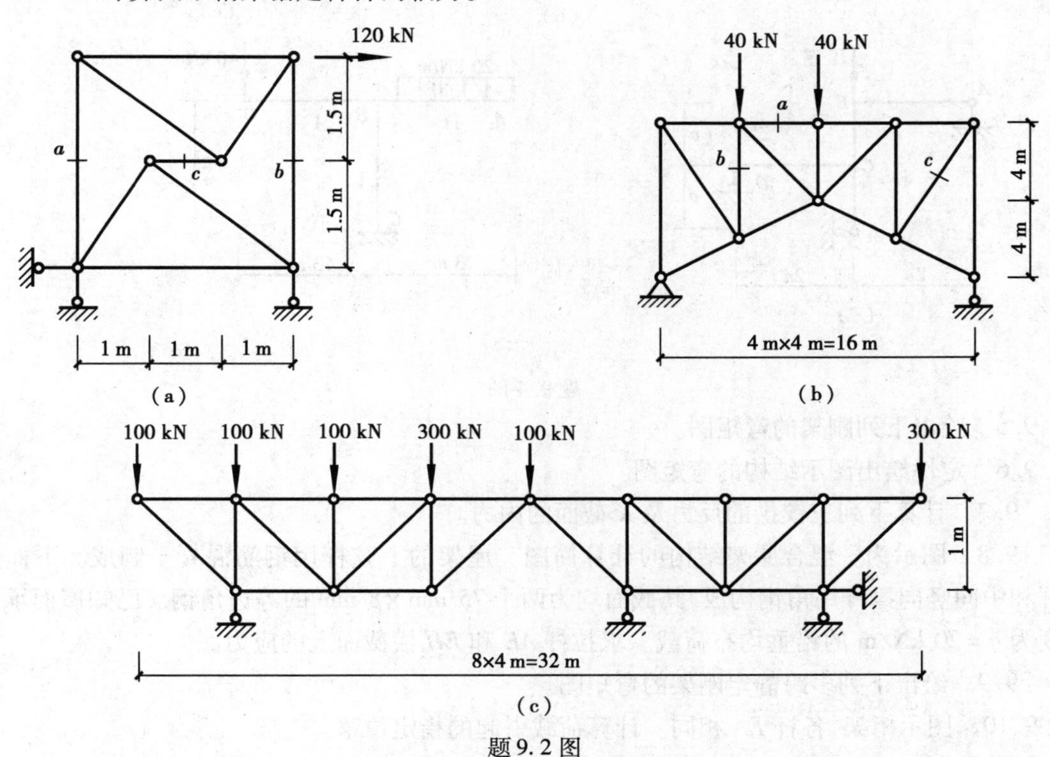

题9.2图

*9.3　图示桁架所有杆都是由两个等边角钢组成，已知角钢的容许应力$[\sigma]=170$ MPa，试选择AC、CD杆所需的角钢型号。

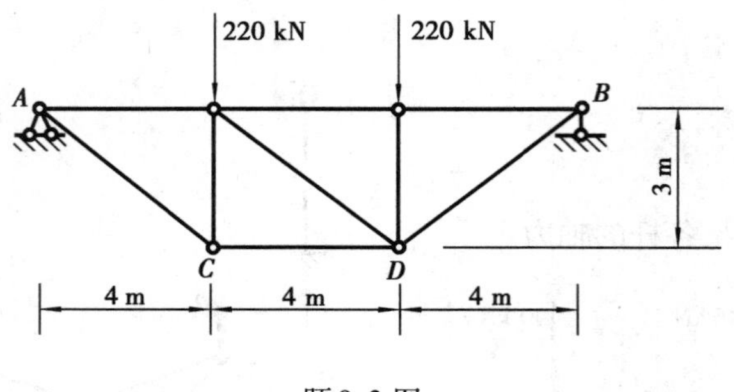

题 9.3 图

9.4　绘出下列刚架的内力图。

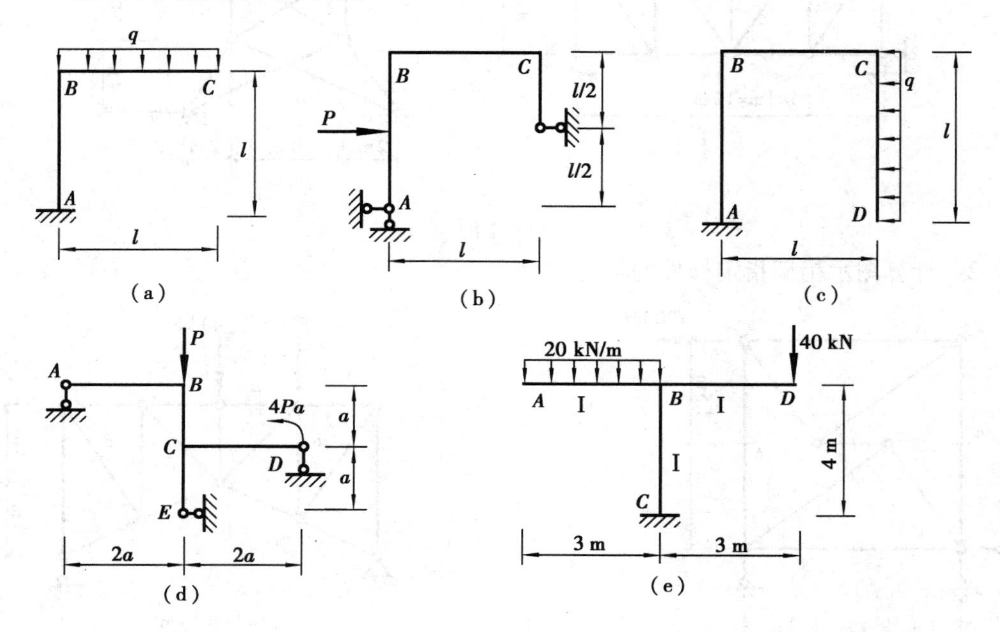

题 9.4 图

9.5　绘出下列刚架的弯矩图。

9.6　定性绘出图示结构的弯矩图。

*9.7　计算下列三铰拱的反力及 K 截面的内力。

*9.8　图示为一混合屋架结构的计算简图。屋架的上弦杆用钢筋混凝土制成。下面的拉杆和中间竖向撑杆用角钢构成，其截面均为两个 75 mm×8 mm 的等边角钢。已知屋面承受集度为 $q=20$ kN/m 的铅垂均布荷载。求拉杆 AE 和 EH 横截面上的应力。

*9.9　绘出下列多跨静定刚架的弯矩图。

9.10　图示桁架，各杆 EA 相同。计算荷载引起的指定位移。

(a)求 D 点的水平位移 Δ_{DH}。　　(b)求 C 点的竖向位移 Δ_{CV}。

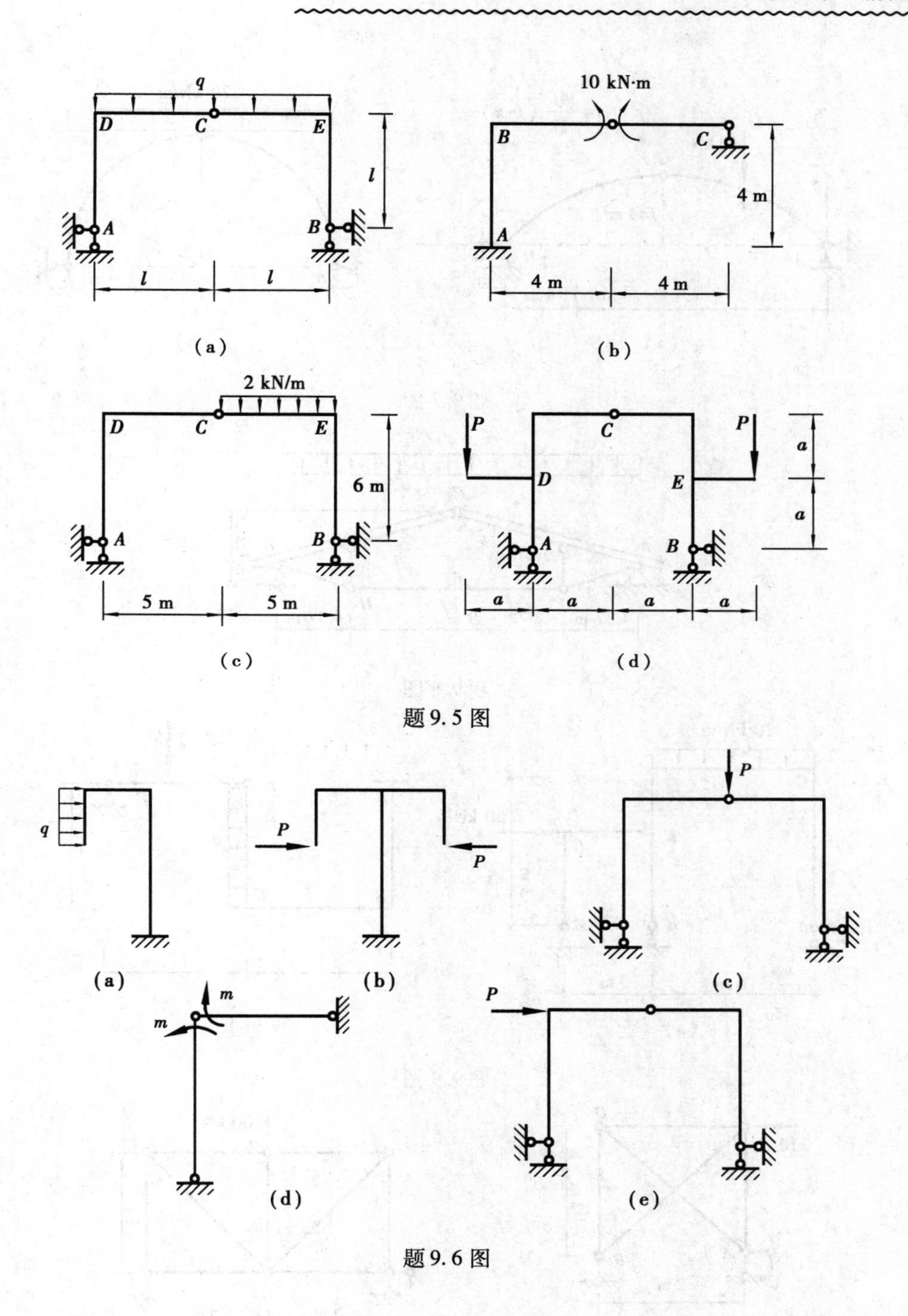
q
D
C
E
l
A
B
l
l
(a)
10 kN·m
B
C
4 m
A
4 m
4 m
(b)
2 kN/m
D
C
E
6 m
A
B
5 m
5 m
(c)
P
C
P
a
D
E
a
A
B
a
a
a
a
(d)

题9.5图

q
P
P
P
(a)
(b)
(c)
m
m
P
(d)
(e)

题9.6图

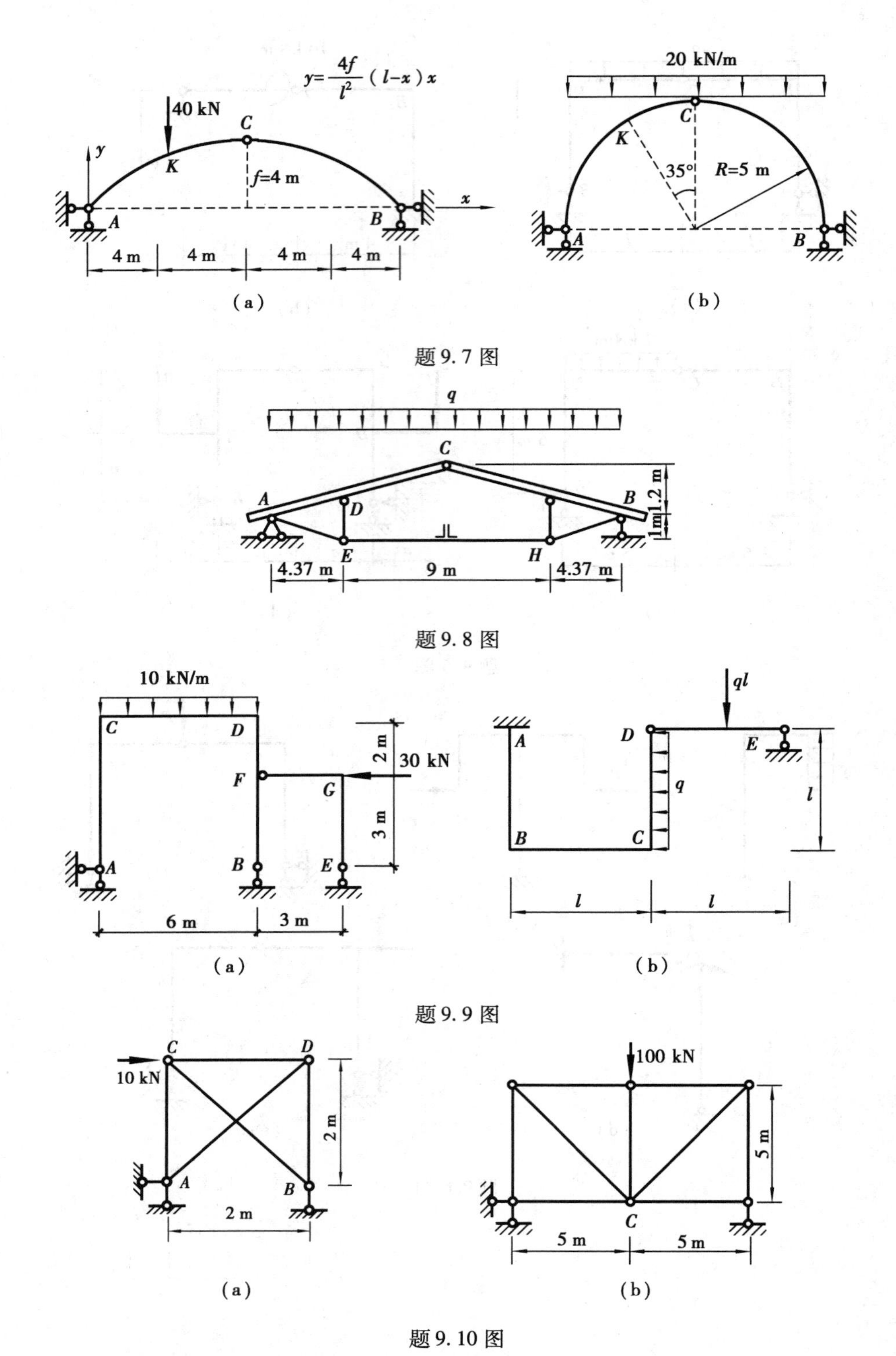

题 9.10 图

9.11　图乘法下列静定梁的指定位移。EI 为常数。

(a)求 C 点的竖向位移 Δ_{CV} 及 A 截面的转角 θ_A。

(b)求 C 铰左右两截面的相对转角及 C 点的竖向位移。

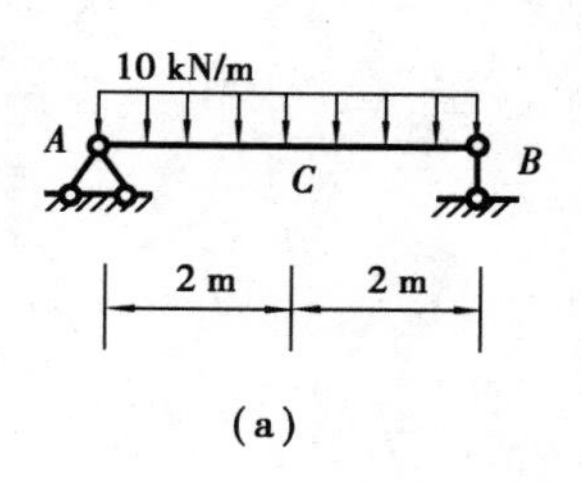

(a)

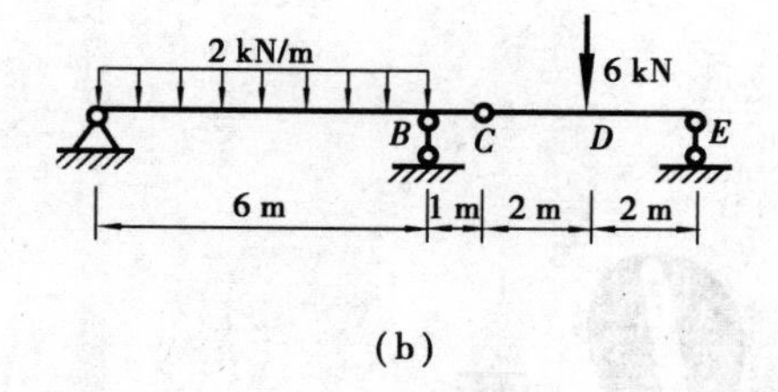

(b)

题9.11图

9.12　用图乘法计算下列刚架的指定位移。各杆 EI 相同且为常数。

(a)求 B 点水平位移 Δ_{HB} 和 A 截面转角 φ_A。

(b)求 C 点的竖向位移 Δ_{CV}。

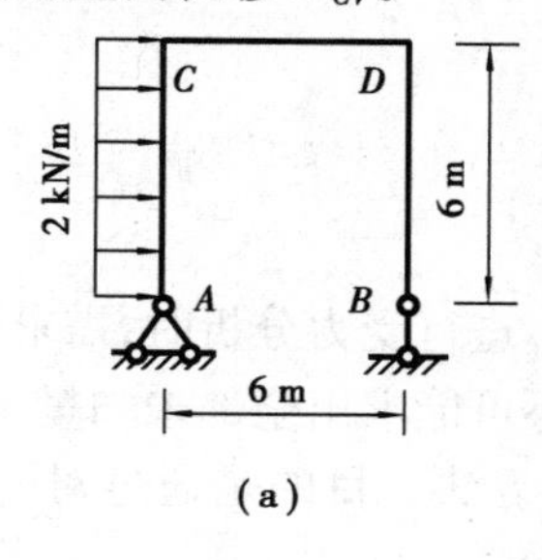

(a)

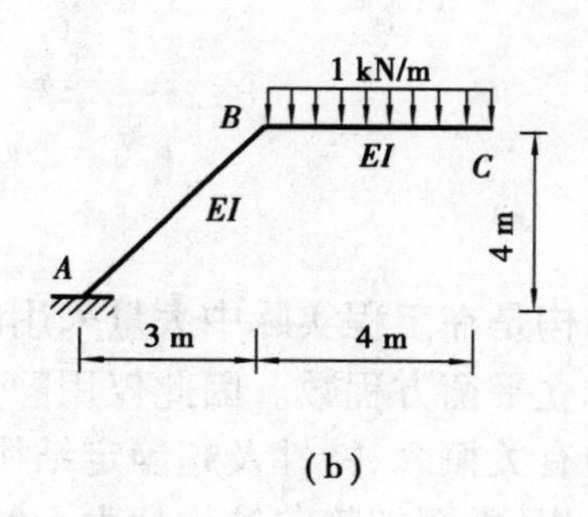

(b)

题9.12图

9.13　试求图示结构铰 A 两侧截面的相对转角 φ_A。

9.14　刚架支座移动如图，$c_1 = a/200$，$c_2 = a/300$，试求 D 点的竖向位移。

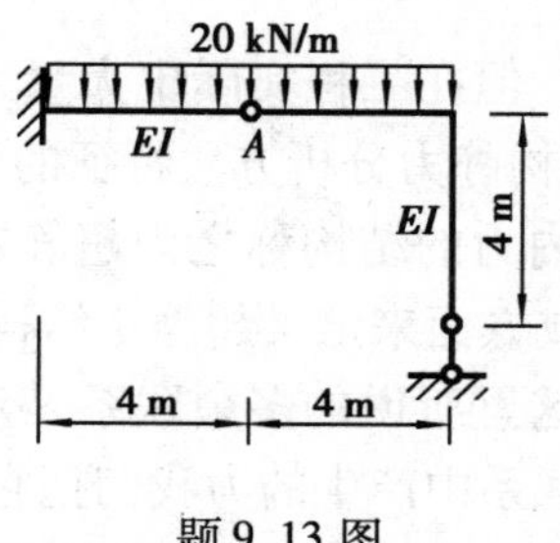

题9.13图

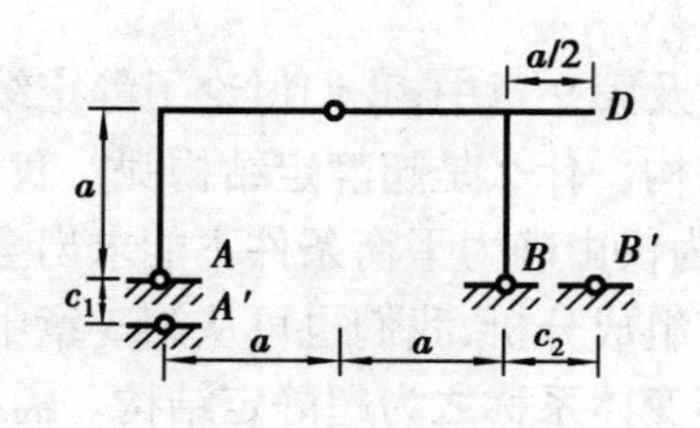

题9.14图

第 10 章 超静定结构内力计算

超静定结构是在工程实际中大量采用的结构形式。进行受力分析时,需求的未知反力、内力总数多于独立平衡方程数。因此仅用静力平衡条件不可能求出全部未知量。本章主要介绍超静定结构的有关概念、特性及超静定结构的基本计算方法。目的是通过对一些简单超静定结构的内力分析,掌握超静定结构的内力特征。

10.1 超静定结构概述

在第 4 章及第 9 章中,我们讨论了静定结构的计算。但在工程实际中大量采用的结构形式是超静定结构。什么是超静定结构呢?我们曾经从结构静力分析方法特征的角度来定义超静定结构,认为仅由静力平衡条件不能求出全部反力及内力的结构称之为超静定结构。学习了体系的几何组成分析,我们也可从第 3 章中的几何组成方面来定义超静定结构,把具有多余联系的几何不变体系称之为超静定结构。需指出的是:这里所说的多余联系是对组成几何不变体系而言,多余联系可出现在结构内部或外部。多余联系中产生的力我们把它称为多余力。图 10.1 中 B 支座可视为多余联系,它出现在结构的外部,其支座反力 R_B 称为多余力,一般用 X_1 表示。

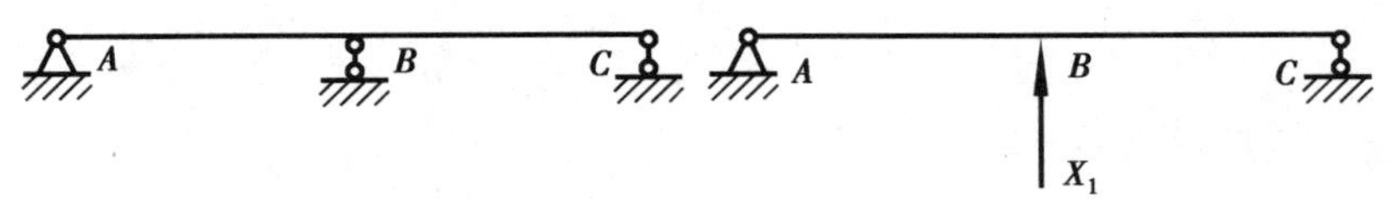

图 10.1

在图 10.2 中,1、2 杆可视为多余联系,它出现在结构的内部,其内力 X_1、X_2 称为多余力。

超静定结构具有多余联系,因此具有多余未知力。我们把超静定结构中多余联系的数目称之为超静定次数,用 n 表示。例图 10.1 所示连续梁有一个多余联系,即 $n=1$,称为一次超静定结构。图 10.2 所示超静定桁架有两个多余联系,即 $n=2$,称为二次超静定结构。确定结构超静定次数的方法,常采用的是取消多余联系法。即**采用去掉多余联系的方法,将原结构转**

化为静定结构，所取消的多余联系数即为超静定次数。常用去掉多余联系的方式有以下 4 种：

①去掉一个链杆支座或切断一根链杆，相当于去掉一个联系。如图 10.1、图 10.2 所示。

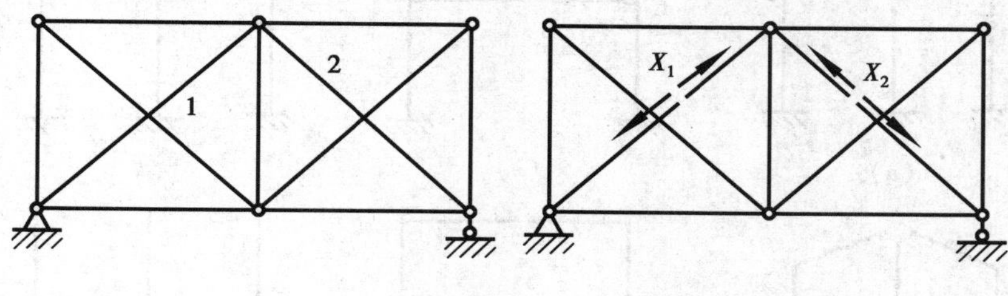

图 10.2

②去掉一个单铰或固定铰支座，相当于去掉两个联系。如图 10.3、图 10.4 所示。

图 10.3　　图 10.4

③去掉一个固定端支座或将一梁式杆切断，相当于去掉三个联系，如图 10.5 所示。

④将一固定端支座改为固定铰支座或将一刚性结点改为铰结点，相当于去掉一个联系，如图 10.6 所示。

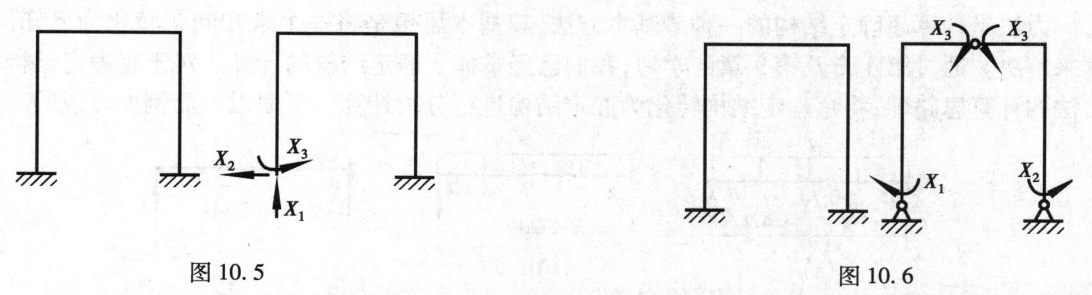

图 10.5　　图 10.6

需指出的是，对一个超静定结构，去掉多余联系的方式可能有多种，在去掉多余联系时，必须注意只能取消多余联系，且取消多余联系后所得体系必须是无多余联系的几何不变体系。

例 10.1　确定图 10.7 所示超静定结构的超静定次数。

解　图 10.7(a)中去掉铰结点 B，体系为图 10.7(b)所示静定结构。因 B 结点为连接三个刚片的复铰，相当于两个单铰，共去掉四个联系，故超静定次数 $n=4$。对图 10.7(c)，去掉 CD、CE、DE 三根链杆及铰结点 E，体系为图 10.7(d)所示静定结构。共去掉五个联系，故超静定次数 $n=5$。对图 10.7(e)，切断四根横梁，体系为图 10.7(f)所示静定结构。故超静定次数 $n=12$。以上例题也可通过去掉其他多余联系来确定其超静定次数，请读者思考。

对超静定杆系结构，由于其具有多余联系，在分析内力时必须同时考虑静力平衡条件及变形协调条件。分析的基本方法有力法及位移法。另外在计算机未广泛运用以前，工程实际中普遍采用的数值计算方法有：力矩分配法、无剪力分配法、迭代法、分层法、反弯点法、D 值法，等等。在计算机广泛运用的今天，常采用矩阵力法及矩阵位移法进行计算。无论是手算还是电算，各种计算方法的基本原理均为力法及位移法。因此本章主要讨论力法、位移法及力矩分配法。

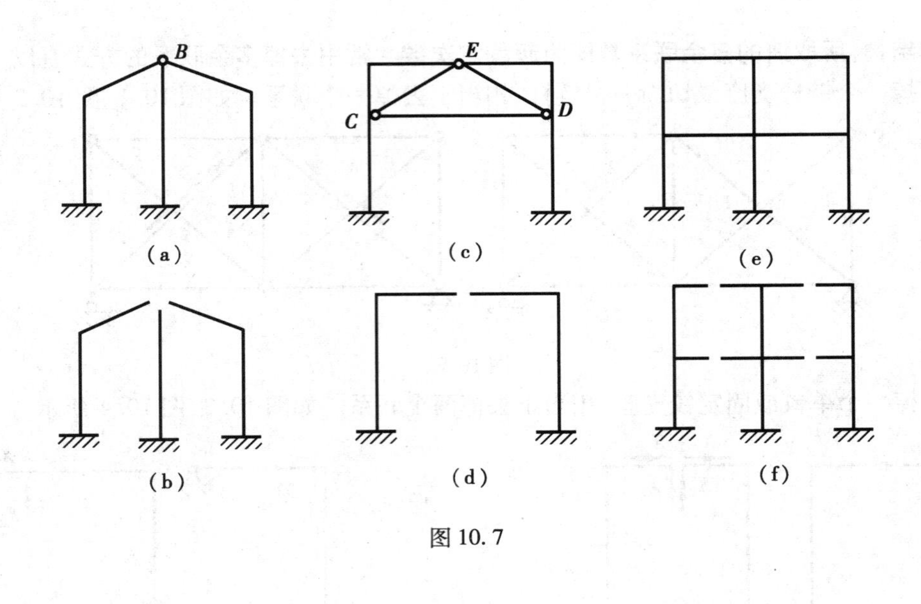

图 10.7

10.2 力 法

10.2.1 力法的基本原理

力法是计算超静定结构的一种最基本方法，其基本思想是将一个未知问题转化为已知问题来解决。通过第 4 章及第 9 章的学习，我们已经掌握了静定结构的计算。对于超静定结构，力法的计算思路即：将超静定结构转化为静定结构进行分析计算。下面以一简例加以说明。

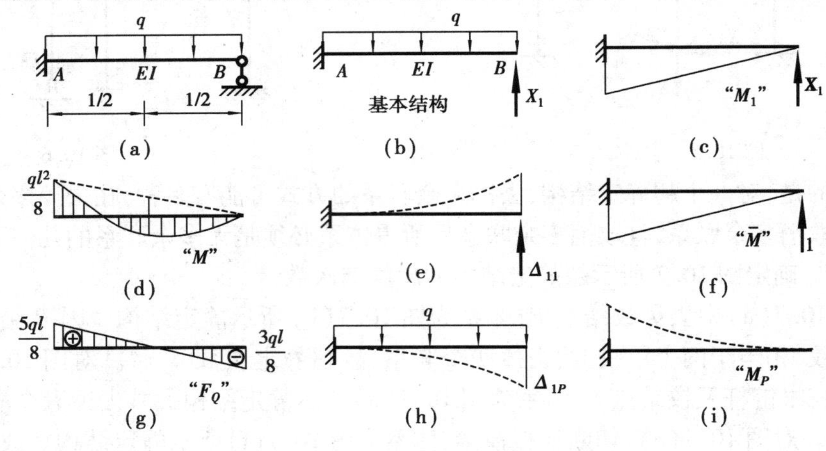

图 10.8

图 10.8(a)所示为一单跨超静定梁，属一次超静定结构。若去掉 B 支座处的链杆，以多余力 X_1 代替。则得图 10.8(b)所示的静定结构——悬臂梁，称为原结构的基本结构。此时基本结构与原结构受力相同。若能设法求出多余力 X_1，则原结构的内力就等于悬臂梁在外荷载和多余力 X_1 共同作用下的内力。如何计算多余力呢？若仅从平衡的角度来考虑，在基本结构中截取任何脱离体，除 X_1 之外还有三个未知反力或内力，平衡方程数少于未知力个数，其解答是

不确定的。实际上,就原结构而言,X_1 是在荷载作用下 B 支座的反力,具有固定值,而对基本结构而言,X_1 已成为主动力,只要能满足强度条件,每给出一个 X_1,可得出一组反力及内力。因此,要确定多余力 X_1,必须进一步考虑变形条件。原结构在 B 支座处,由于多余联系的约束,其竖向位移为零。在基本结构中,多余联系已被去掉,B 点的竖向位移由荷载和多余力 X_1 共同引起。但要用基本结构来代替原结构进行计算,除受力相同外,还必须满足变形相同的条件。所以,基本结构上 X_1 方向的位移(B 点的竖向位移)Δ_1 也必须为零。即

$$\Delta_1 = 0$$

设以 Δ_{11} 及 Δ_{1P} 分别表示基本结构上 X_1 和荷载单独作用时引起的 X_1 方向的位移,根据叠加原理,有

$$\Delta_{11} + \Delta_{1P} = 0 \tag{10.1}$$

因基本结构为静定结构,由第9章所述方法,可计算出 Δ_{11} 及 Δ_{1P} 分别为

$$\Delta_{11} = \frac{X_1 l^3}{3EI}, \Delta_{1P} = -\frac{ql^4}{8EI}$$

代入式(10.1)有

$$\frac{X_1 l^3}{3EI} - \frac{ql^4}{8EI} = 0$$

解方程得

$$X_1 = \frac{3}{8}ql$$

求出了多余力 X_1,则基本结构在 X_1 和荷载共同作用下引起的弯矩图可由叠加法绘出(图10.8(d)),再由弯矩图绘剪力图(图10.8(g)),其内力全部确定。由于**基本结构与原结构受力、变形均相同,所以基本结构在 X_1 和荷载共同作用下引起的内力,也就是原结构的内力。**

由上例可看出两点:第一,用力法求解超静定结构的内力,是以多余力为基本未知量,去掉多余联系,用一静定的基本结构来代替原结构,使基本结构与原结构受力相同;再根据基本结构的变形必须与原结构变形相同的变形协调条件,建立力法方程求解多余力,然后由平衡条件求内力、反力。整个计算过程自始至终都是在基本结构上进行,从而把一个超静定结构问题转化为静定结构问题来分析计算。第二,在力法的计算过程中,关键是确定三个要素:基本未知量、基本结构、力法典型方程。下面逐一讨论。

10.2.2　力法的基本未知量与基本结构

力法的基本未知量是多余力。一个超静定结构,其基本未知量数目等于结构的超静定次数。取消多余联系后所得的静定结构是力法的基本结构。力法的基本未知量与基本结构密切相关,确定一个,另一个随之确定。需要指出的是,基本未知量、基本结构的确定具有一定的随意性。也即一个超静定结构,可取不同的基本结构来进行分析。例如对图10.9(a)所示一次超静定结构,基本未知力除取 B 支座反力为 X_1,用悬臂梁作为基本结构进行分析外,也可取 A 支座反力偶作为 X_1,用简支梁作为基本结构进行分析,见图10.9(b),其计算结果是相同的。读者可自行验证。

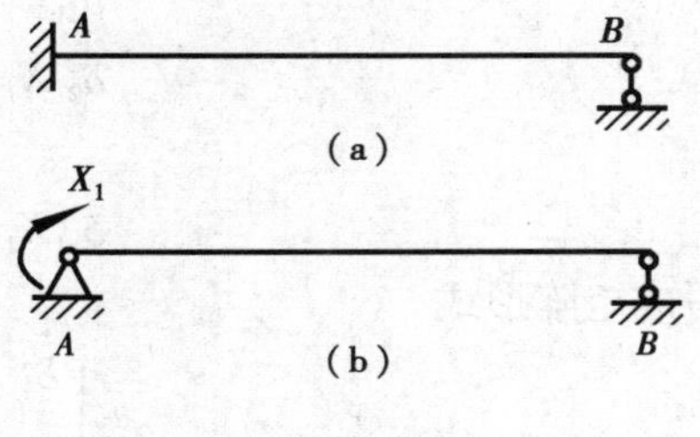

图10.9

但取不同的基本结构,计算工作量是不相同的。如何选取合适的基本结构,使计算工作量减少,希望读者根据后面的例题及习题加以归纳总结。

10.2.3 力法的典型方程

力法的典型方程即求解多余力的变形协调方程(位移方程)。下面以二次超静定结构为例,讨论力法方程的建立。

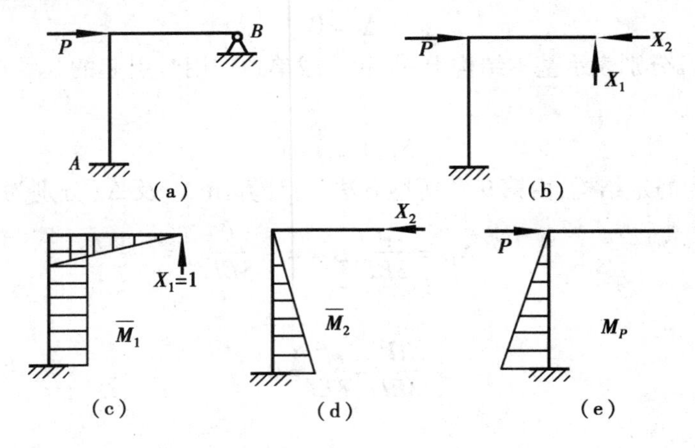

图 10.10

图 10.10(a)为一个二次超静定结构,用力法分析时,去掉 B 端的固定铰支座以多余力 X_1、X_2 代替,则图 10.10(b)所示悬臂钢架为基本结构。考虑基本结构的变形与原结构变形相同,即基本结构上 X_1、X_2 方向的位移均应等于零。有:

$$\Delta_1=0,\Delta_{11}+\Delta_{12}+\Delta_{1P}=0$$

$$\Delta_2=0,\Delta_{21}+\Delta_{22}+\Delta_{2P}=0$$

在弹性范围内,力与变形呈线性关系

$$\Delta_{ik}=\delta_{ik}X_k$$

则典型方程为

$$\left.\begin{aligned}\delta_{11}X_1+\delta_{12}X_2+\Delta_{1P}=0\\ \delta_{21}X_1+\delta_{22}X_2+\Delta_{2P}=0\end{aligned}\right\}\tag{10.2}$$

推广:对 n 次超静定结构,典型方程为

$$\left.\begin{aligned}\delta_{11}X_1+\delta_{12}X_2+\cdots+\delta_{1n}X_n+\Delta_{1P}=0\\ \delta_{21}X_1+\delta_{22}X_2+\cdots+\delta_{2n}X_n+\Delta_{2P}=0\\ \vdots\qquad\qquad\\ \delta_{n1}X_1+\delta_{n2}X_2+\cdots+\delta_{nn}X_n+\Delta_{nP}=0\end{aligned}\right\}\tag{10.3}$$

写成矩阵形式

$$\begin{bmatrix}\delta_{11}&\delta_{12}&\cdots&\delta_{1n}\\ \delta_{21}&\delta_{22}&\cdots&\delta_{2n}\\ \vdots&\vdots&&\vdots\\ \delta_{n1}&\delta_{n2}&\cdots&\delta_{nn}\end{bmatrix}\begin{Bmatrix}X_1\\ X_2\\ \vdots\\ X_n\end{Bmatrix}=\begin{Bmatrix}\Delta_{1P}\\ \Delta_{2P}\\ \vdots\\ \Delta_{nP}\end{Bmatrix}\tag{10.4}$$

系数矩阵中元素 δ_{ik} 表示基本结构上 $X_k=1$ 引起的 X_i 作用点沿其方向的位移,称为柔度系数,该矩阵也称为柔度矩阵。

下面就力法方程进行一些讨论:

①力法方程就其性质而言,是位移方程,或称变形协调方程。等式左边表示的是基本结构上多余力及其荷载共同引起的某一多余力方向的位移,方程右边表示原结构相应多余联系方向的位移,需注意方程右边不一定为零。如图10.11(a)所示单跨超静定梁,B 端为弹簧支座。该梁为一次超静定,去掉 B 支座,以 X_1 代替,得图10.11(b)所示的基本结构。建立力法方程时,由于原结构 B 支座为弹簧支座,在荷载作用下,B 点的竖向位移等于 $-\dfrac{1}{k}X_1$(负号表示位移方向与多余力 X_1 的方向相反),故方程的右边不等于零。力法方程如下:

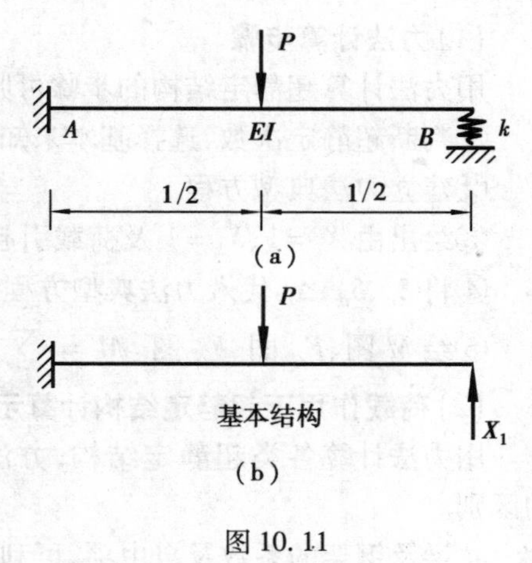

图10.11

$$\delta_{11}X_1+\Delta_{1P}=-\frac{1}{k}X_1$$

②方程中 δ_{ii} 称为主系数,δ_{ik} 称为副系数,Δ_{iP} 称为自由项。根据位移互等定理,有 $\delta_{ik}=\delta_{ki}$,这样可减少副系数的计算工作量。

③系数及自由项的计算:δ_{ii}、δ_{ik}、Δ_{iP} 均为静定结构的位移,可按第9章静定结构位移计算中的位移计算公式方法或图乘法进行计算。

建立基本结构(静定结构)由 $X_i=1$、$X_k=1$ 及荷载作用引起的结构内力函数表达式。采用如下公式计算系数:

$$\begin{aligned}\delta_{ii}&=\sum\int\frac{\overline{M}_i^2}{EI}\mathrm{d}s+\sum\int\frac{k\overline{F}_{Qi}^2}{GA}\mathrm{d}s+\sum\int\frac{\overline{F}_{Ni}^2}{EA}\mathrm{d}s\\ \delta_{ik}&=\sum\int\frac{\overline{M}_i\overline{M}_k}{EI}\mathrm{d}s+\sum\int\frac{k\overline{F}_{Qi}\overline{F}_{Qk}}{GA}\mathrm{d}s+\sum\int\frac{\overline{F}_{Ni}\overline{F}_{Ni}}{EA}\mathrm{d}s\\ \Delta_{iP}&=\sum\int\frac{\overline{M}_i\overline{M}_P}{EI}\mathrm{d}s+\sum\int\frac{k\overline{F}_{Qi}\overline{F}_{QP}}{GA}\mathrm{d}s+\sum\int\frac{\overline{F}_{Ni}\overline{F}_{NP}}{EA}\mathrm{d}s\end{aligned}\tag{10.5}$$

对于梁和钢架等以受弯为主的构件,首先绘出基本结构(静定结构)由 $X_i=1$、$X_k=1$ 及荷载引起的弯矩 $\overline{M}_i$、$\overline{M}_k$ 及 M_P 图。

δ_{ii} 表示基本结构上由于多余力 $X_i=1$ 引起的 X_i 方向的位移——$\overline{M}_i$ 图自乘。

δ_{ik} 表示基本结构上 $X_k=1$ 引起的 X_i 方向的位移——$\overline{M}_i$ 与 $\overline{M}_k$ 图互乘。

Δ_{iP} 表示基本结构上荷载引起的 X_i 方向的位移,可由 $\overline{M}_i$ 与 M_P 图互乘。

例图10.10(a)所示结构,$\overline{M}_1$、$\overline{M}_2$ 及 M_P 图见图10.10(c)、(d)、(e),方程(10.2)中 δ_{11} 为 $\overline{M}_1$ 图自乘,δ_{12}、δ_{21} 为 $\overline{M}_1$ 与 $\overline{M}_2$ 图互乘,Δ_{1P} 为 $\overline{M}_1$ 与 M_P 图互乘,Δ_{2P} 为 $\overline{M}_2$ 与 M_P 图互乘。

在各系数及自由项求出后,将其代入力法典型方程,即可求出所有多余力。再由平衡条件求出其余反力及内力。也可先由下述叠加公式计算出弯矩,再根据弯矩图绘制剪力和轴力图,由平衡条件求出其余反力。弯矩计算公式为

$$M=\overline{M}_1X_1+\overline{M}_2X_2+\cdots+\overline{M}_nX_n+M_P=\sum\overline{M}_iX_i+M_P\tag{10.6}$$

10.2.4　力法计算示例

(1)力法计算步骤

用力法计算超静定结构的步骤可归纳如下：

①判断超静定次数,选择基本未知量,同时确定基本结构。

②建立力法典型方程。

③绘出由 $X_i=1$、$X_k=1$ 及荷载引起的 $\overline{M}_i$、$\overline{M}_k$ 及 M_P 图,计算系数及自由项。

④将 δ_{ii}、δ_{ik}、Δ_{iP} 代入力法典型方程,解方程求 X_i。

⑤绘 M 图、F_Q 图、F_N 图。$M = \sum \overline{M}_i X_i + M_P$ 。

(2)荷载作用下超静定结构计算示例

用力法计算各类超静定结构,方法步骤相同,应注意在计算过程中系数及自由项计算的区别。

a. 梁及钢架的系数及自由项,可利用图乘法计算。

例 10.2　作图 10.12(a)所示超静定刚架的内力图。

解　1)该结构为二次超静定结构,现取图 10.12(b)所示的简支刚架为基本结构。

2)力法典型方程为

$$\delta_{11}X_1+\delta_{12}X_2+\Delta_{1P}=0$$

$$\delta_{21}X_1+\delta_{22}X_2+\Delta_{2P}=0$$

3)绘出 $\overline{M}_1$、$\overline{M}_2$ 及 M_P 图,如图 10.12(c)、(d)、(e),则利用图乘法求得系数及自由项为

$$\delta_{11}=\frac{1}{EI_1}\cdot 1\cdot a\cdot 1+\frac{1}{2EI_1}\cdot\frac{1}{2}\cdot a\cdot 1\cdot\frac{2}{3}\cdot 1=\frac{7a}{6EI_1}$$

$$\delta_{22}=\frac{1}{EI_1}\cdot\frac{1}{2}a^2\cdot\frac{2}{3}a+\frac{1}{2EI_1}\cdot\frac{1}{2}a^2\cdot\frac{2}{3}a=\frac{a^3}{2EI_1}$$

$$\delta_{12}=\delta_{21}=-\left[\frac{1}{EI_1}\cdot\frac{1}{2}a^2\cdot 1+\frac{1}{2EI_1}\cdot\frac{1}{2}a^2\cdot\frac{2}{3}\cdot 1\right]=-\frac{2a^2}{3EI_1}$$

$$\Delta_{1P}=-\frac{1}{2EI_1}\cdot\frac{1}{2}a\cdot\frac{Pa}{4}\cdot\frac{1}{2}=-\frac{Pa^2}{32EI_1}$$

$$\Delta_{2P}=\frac{1}{2EI_1}\cdot\frac{1}{2}a\cdot\frac{Pa}{4}\cdot\frac{1}{2}a=\frac{Pa^3}{32EI_1}$$

4)将以上各值代入力法方程并求解得：

$$X_1=-\frac{3}{80}Pa,\quad X_2=-\frac{9P}{80}$$

5)绘弯矩图:由公式　$M=\sum\overline{M}_iX_i+M_P$,以钢架外部受拉为正,得

$$M_{AC}=-\frac{3Pa}{80}\cdot 1+0+0=-\frac{3}{80}Pa\quad(\text{内部受拉})$$

$$M_{CA}=-\frac{3Pa}{80}\cdot 1+\frac{9P}{80}\cdot a+0=\frac{3}{40}Pa\quad(\text{外部受拉})$$

$$M_{CB}=-\frac{3Pa}{80}\cdot 1+\frac{9P}{80}\cdot a+0=\frac{3}{40}Pa\quad(\text{外部受拉})$$

$M_{BC}=0$

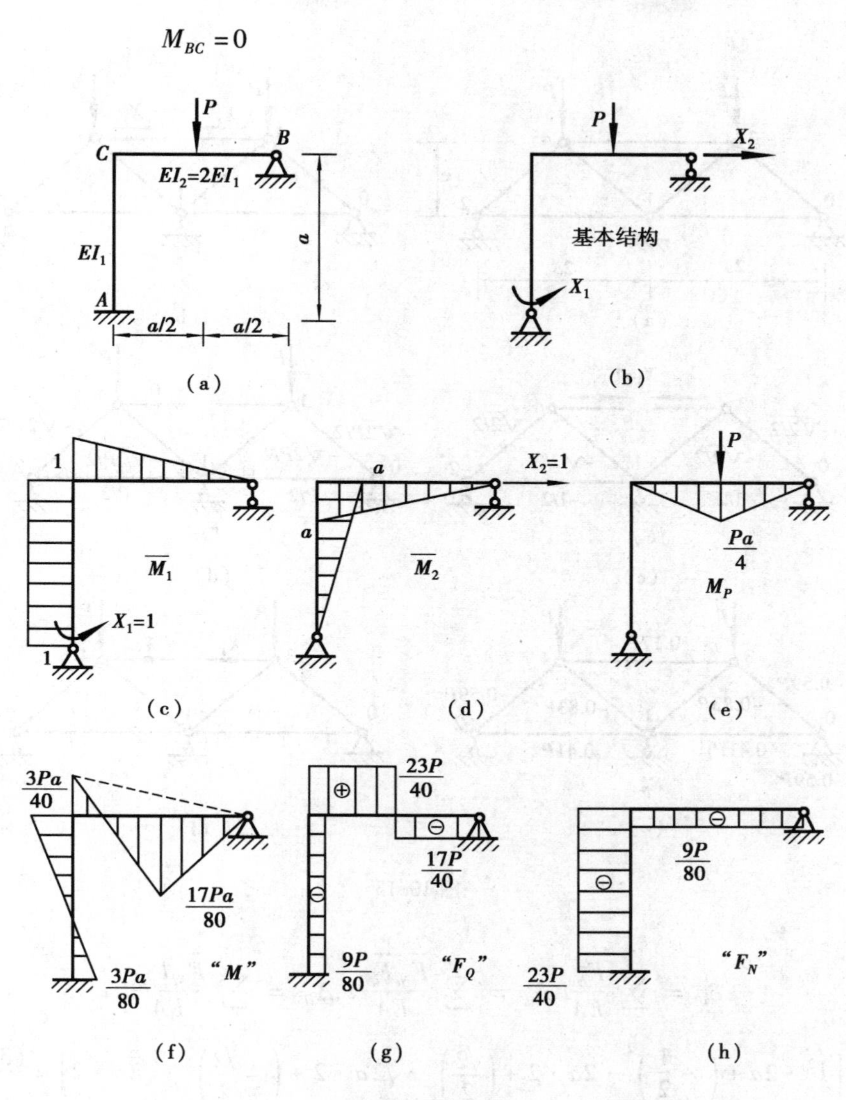

图 10.12

6)根据弯矩图(图 10.12(f)),可绘出剪力图(图 10.12(g)),由平衡条件绘轴力图(图 10.12(h))。

从该例可看出,**在荷载作用下,超静定结构多余力及内力的大小都只与结构中各杆抗弯刚度的相对值有关,与绝对值无关。**

b. 桁架的系数及自由项,可采用公式(10.5)计算。

例 10.3　计算图 10.13(a)所示超静定桁架的内力。

解　1)该桁架为一次超静定,切断上弦杆以 X_1 代替,得图 10.13(b)所示基本结构。

2)建立力法方程。由于切口处两侧截面沿 X_1 方向的相对位移为零,力法方程为

$$\delta_{11}X_1+\Delta_{1P}=0$$

3)计算基本结构由于 $X_1=1$ 及荷载引起的内力 $\overline{F}_{N1}$ 及 F_{NP}(图 10.13(c)、(d)),求 δ_{11}、Δ_{1P}。

桁架的特点是各杆仅受轴力作用,因此在计算系数及自由项时,只考虑轴力的影响,计算

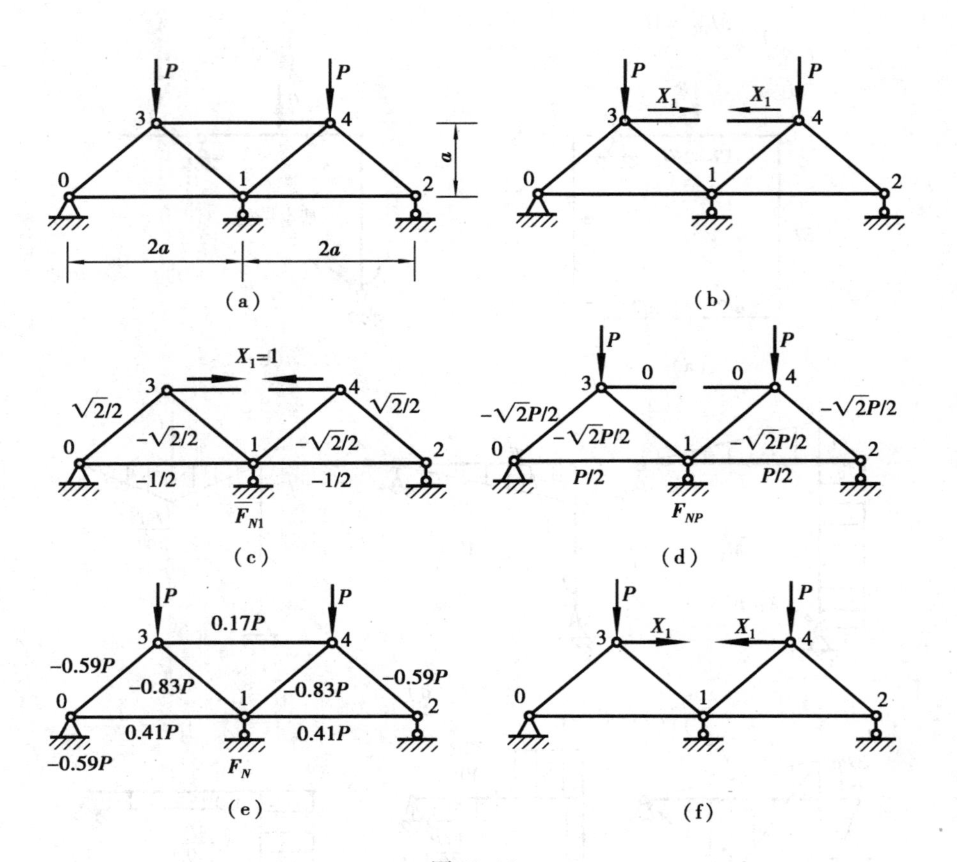

图 10.13

公式为

$$\delta_{ii} = \sum \frac{\overline{F}_{Ni}^2}{EA}l,\delta_{ik} = \sum \frac{\overline{F}_{Ni}\overline{F}_{Nk}}{EA}l,\Delta_{iP} = \sum \frac{\overline{F}_{Ni}F_{NP}}{EA}l \tag{10.7}$$

$$\delta_{11} = \frac{1}{EA}\left[1^2 \cdot 2a + \left(-\frac{1}{2}\right)^2 \cdot 2a \cdot 2 + \left(\frac{\sqrt{2}}{2}\right)^2 \cdot \sqrt{2}a \cdot 2 + \left(-\frac{\sqrt{2}}{2}\right)^2 \cdot \sqrt{2}a \cdot 2\right] = \frac{(3+2\sqrt{2})a}{EA}$$

$$\Delta_{1P} = \frac{1}{EA}\left[\left(-\frac{1}{2}\right)\frac{P}{2} \cdot 2a \cdot 2 + \frac{\sqrt{2}}{2}\left(-\frac{\sqrt{2}P}{2}\right)\sqrt{2}a \cdot 2 + \left(-\frac{\sqrt{2}}{2}\right)\left(-\frac{\sqrt{2}P}{2}\right)\sqrt{2}a \cdot 2\right] = -\frac{Pa}{EA}$$

4）解方程，求 X_1

$$X_1 = -\frac{\Delta_{1P}}{\delta_{11}} = \frac{P}{3+2\sqrt{2}}$$

5）计算各杆轴力

$$F_N = \overline{F}_{N1}X_1 + F_{NP}$$

计算结果见图 10.13（e）。

讨论：在计算该桁架时，若去掉上弦杆以 X_1 代替，得图 10.13（f）所示的基本结构。此时力法方程应是什么形式？最终计算结果是否相同？请读者思考回答。

c. 拱结构的系数和自由项，可采用公式（10.5）计算。

若读者需了解该结构体系的计算，可查阅有关教材。

*例 10.4　用力法计算图 10.14(a)所示铰接排架，$EI_2=6EI_1$。

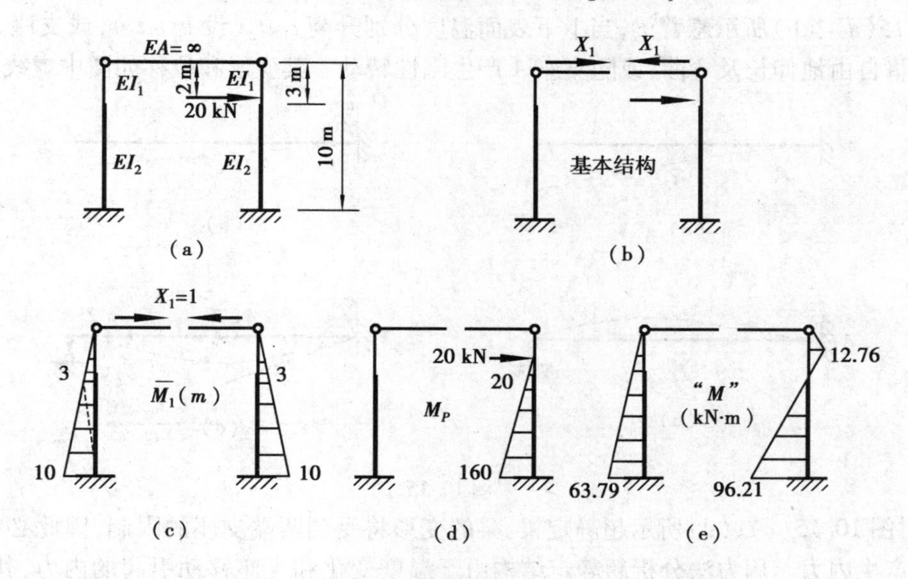

图 10.14

解　排架结构是单层工业厂房中的主要承重结构，是由屋架(屋面大梁)、柱子、基础等构件组成。在取计算简图进行分析时，一般考虑屋架与柱顶铰结，柱与基础为刚结。同时设两个柱顶的相对位移为零，也就是说把屋架(或屋面大梁)看作一根抗拉刚度 $EA=\infty$ 的链杆，见图 10.14(a)。计算同超静定梁及钢架。

图 10.14(a)所示排架属一次超静定。切断链杆，得图 10.14(b)所示基本结构，根据切口处两侧截面相对位移为零的条件，可建立典型方程

$$\delta_{11}X_1+\Delta_{1P}=0$$

绘出 $\overline{M}_1$ 及 M_P 图(图 10.14(c)、(d))，可求 δ_{11}、Δ_{1P}。

$$\delta_{11}=\frac{2}{EI_1}\left(\frac{1}{2}\cdot 3\cdot 3\cdot\frac{2}{3}\cdot 3\right)+\frac{2}{EI_2}\left[\frac{1}{2}\cdot 7\cdot 3\left(\frac{2}{3}\cdot 3+\frac{1}{3}\cdot 10\right)+\frac{1}{2}\cdot 7\cdot 10\left(\frac{2}{3}\cdot 10+\frac{1}{3}\cdot 3\right)\right]$$

$$=\frac{2\ 270}{3EI_2}$$

$$\Delta_{1P}=-\frac{1}{EI_2}\left[\frac{1}{2}\cdot 7\cdot 160\left(\frac{2}{3}\cdot 10+\frac{1}{3}\cdot 3\right)+\frac{1}{2}\cdot 7\cdot 20\left(\frac{2}{3}\cdot 3+\frac{1}{3}\cdot 10\right)\right]-$$

$$\frac{1}{EI_1}\cdot\frac{1}{2}\cdot 1\cdot 20\left(\frac{2}{3}\cdot 3+\frac{1}{3}\cdot 2\right)=-\frac{14\ 480}{3EI_2}$$

代入典型方程求解得

$$X_1=-\frac{\Delta_{1P}}{\delta_{11}}=6.379\ \text{kN}$$

多余力求出后可由 $M=\sum\overline{M}_iX_i+M_P$ 绘出最终弯矩图，见图 10.14(e)。

10.2.5　支座移动时超静定结构的内力计算

对于静定结构，温度变化和支座移动虽可引起变形和位移，但不引起内力。但对于超静定

结构由于多余联系的存在,因此温度变化和支座移动不仅可引起变形和位移,还可引起内力。如图 10.15(a)、(b)所示悬臂梁,当上下表面温度分别升高 t_1、t_2(设 $t_1 > t_2$),或支座 A 产生转动时,梁将自由地伸长及弯曲,或随支座 A 产生刚性转动。其变形和位移如图中虚线所示。

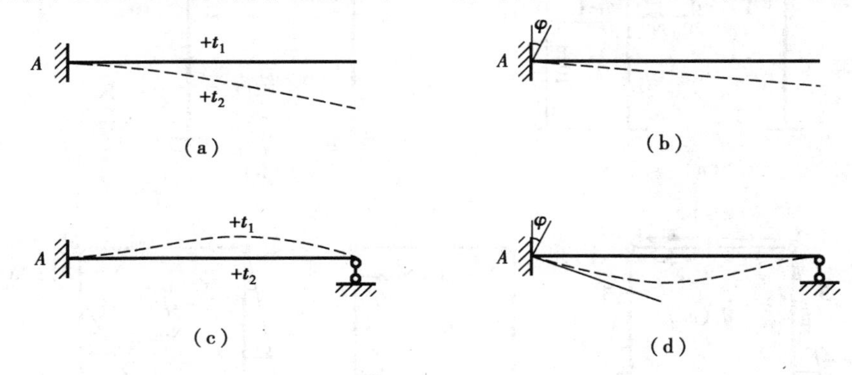

图 10.15

而对图 10.15(c)、(d)所示超静定梁,梁的变形将受到两端支座的限制,因此必将产生反力,同时产生内力。用力法分析超静定结构由于温度变化和支座移动引起的内力,其原理、计算步骤与计算荷载作用引起的内力相同。下面以支座移动时超静定结构的计算为例,着重讨论计算方法中的不同点并举例说明计算方法。

用力法计算支座移动引起的内力与荷载作用引起的内力,两者相比较存在两个不同点。

第一个不同点是:力法典型方程中的自由项不同。仅考虑支座移动时,引起超静定结构产生内力的原因不是主动作用的外力,而是支座移动量。此时,力法方程中的 Δ_{iP} 应改为 Δ_{ic}。Δ_{ic} 表示基本结构上,支座移动引起的 X_i 方向的位移。则力法方程组中第 i 个方程为:

$$\delta_{i1}X_1 + \delta_{i2}X_2 + \cdots + \delta_{in}X_n + \Delta_{ic} = 0$$

根据 Δ_{ic} 的物理意义及第 9 章可知,Δ_{ic} 的计算公式为:

$$\Delta_{iC} = -\sum \bar{R}_i C$$

在建立力法方程时,特别要注意方程的物理意义及 Δ_{ic} 的物理意义。基本结构不同,所建立的方程不同,等式右边不一定为零。

例对图 10.16(a)所示的超静定结构,计算 A 端转角引起的内力时,若取图 10.16(b)所示的悬臂钢架为基本结构,则力法方程为

$$\delta_{11}X_1 + \Delta_{1c} = 0$$

若取图 10.16(c)所示的简支钢架为基本结构,力法方程为

$$\delta_{11}X_1 = -\varphi_A$$

请读者解释上述两个方程的物理意义。

第二个不同点是:最终弯矩的计算公式。荷载作用时,结构最终弯矩计算式中的 M_P 表示基本结构荷载引起的弯矩。在支座移动时,静定的基本结构支座移动不会产生内力,因此结构的最终弯矩计算公式为

$$M = \sum \bar{M}_i X_i$$

例 10.5 绘出图 10.17(a)所示单跨超静定梁由于支座移动引起的内力图。

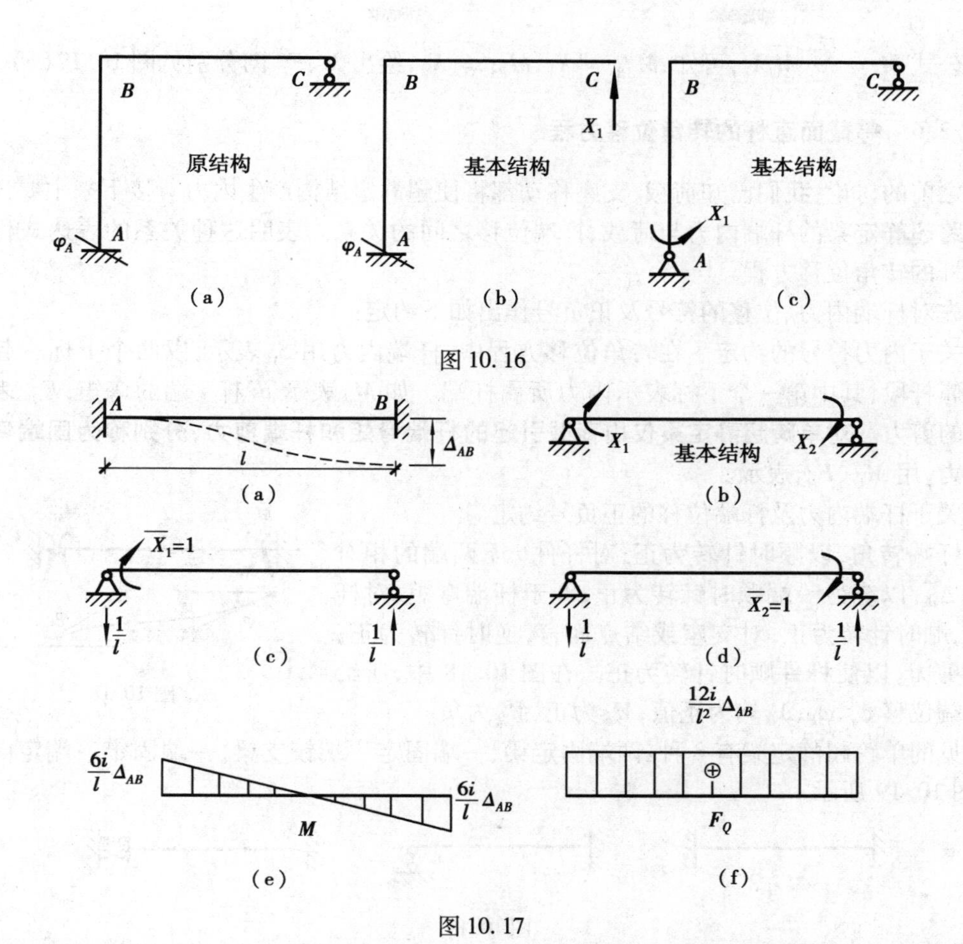

图 10.16

图 10.17

解　该梁为三次超静定，取图 10.17(b)所示的简支梁为基本结构，多余力为杆端弯矩 X_1、X_2和水平反力 X_3。因在计算过程中未考虑轴向变形，X_3对梁的弯矩无影响，可不考虑。力法方程为

$$\delta_{11}X_1+\delta_{12}X_2+\Delta_{1c}=0$$
$$\delta_{21}X_1+\delta_{22}X_2+\Delta_{2c}=0$$

式中的系数可由前述图乘法求得

$$\delta_{11}=\frac{l}{3EI}=\delta_{22},\delta_{12}=\delta_{21}=-\frac{l}{6EI}$$

自由项可由公式 $\Delta_{ic}=-\sum\overline{R}_i c$ 计算：

$$\Delta_{1c}=-\left(-\frac{1}{l}\cdot\Delta_{AB}\right)=\frac{\Delta_{AB}}{l}=\Delta_{2c}$$

将所求系数及自由项代入力法方程，解出多余力：

$$X_1=X_2=-\frac{6EI}{l^2}\Delta_{AB}$$

令 $i=\frac{EI}{l}$，称为杆件的线抗弯刚度，简称线刚度。则

$$X_1=X_2=-\frac{6i}{l}\Delta_{AB}$$

由公式 $M = \sum \overline{M}_i X_i$，可知：$M_{AB} = X_1$，$M_{BA} = X_2$，绘出 M、F_Q 图分别见图 10.17(e)、(f)。

10.2.6 等截面直杆的转角位移方程

由之前的讨论，我们已知荷载、支座移动都将使超静定结构产生内力。接下来主要讨论等截面单跨超静定梁的杆端内力与荷载、杆端位移之间的关系。表明这种关系的表达式称为等截面直杆的转角位移方程。

首先对杆端内力、位移的符号及正负号作出如下约定：

①关于内力符号的约定。在转角位移方程中，杆端内力用 S_{ik} 表示，以两个下标一起表示内力所属杆段，其中第一个下标表示内力所属杆端。如 M_{ik} 表示 ik 杆 i 端的弯矩，F_{Qki} 表示 ik 杆 k 端的剪力。**对单跨超静定梁仅由荷载引起的杆端弯矩和杆端剪力，分别称为固端弯矩和固端剪力**，用 M_{ik}^f、F_{Qik}^f 表示。

②关于杆端内力及杆端位移的正负号约定。

对杆端转角，以顺时针转为正；对杆件 i、k 两端的相对线位移 Δ_{ik}，以绕另一端顺时针转为正；至于杆端弯矩，对杆端而言，顺时针转为正，对支座或结点而言，逆时针转为正；对杆端剪力，以使杆件顺时针转为正。在图 10.18 中，所给出的杆端位移 φ_i、φ_k、Δ_{ik} 均为正值，M_{ki} 为正，M_{ik} 为负。

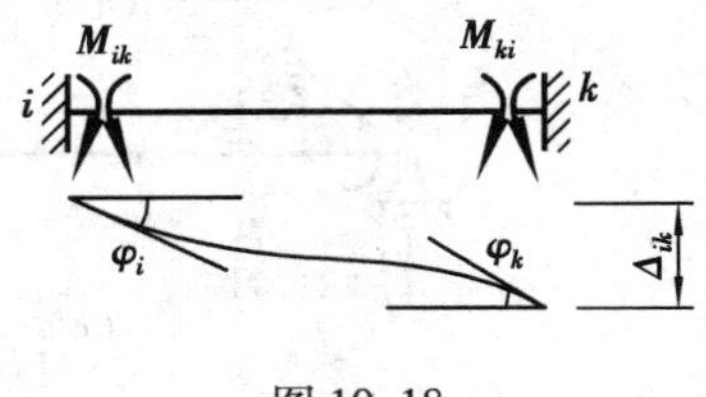

图 10.18

常见的单跨超静定梁有 3 种：两端固定梁、一端固定一端铰支梁、一端固定一端定向支承梁，如图 10.19 所示。

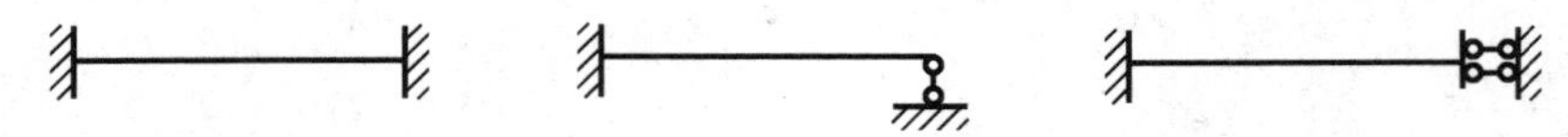

图 10.19

对这 3 种单跨超静定梁，当荷载或某一支座移动单独出现时，所引起的杆端内力均可由力法求出，现列于表 10.1 中，请读者自行验证。

表 10.1 等截面直杆$\left(\text{表中 } i = \dfrac{EI}{l}\right)$的杆端弯矩和剪力

编号	梁的简图	弯矩		剪力	
		M_{AB}	M_{BA}	F_{QAB}	F_{QBA}
1	A, B, φ=1, l	$4i$	$2i$	$-\dfrac{6i}{l}$	$-\dfrac{6i}{l}$
2	A, B, 1, l	$-\dfrac{6i}{l}$	$-\dfrac{6i}{l}$	$\dfrac{12i}{l^2}$	$\dfrac{12i}{l^2}$
3	A, B, P, a, b, l	$-\dfrac{Pab^2}{l^2}$	$\dfrac{Pa^2b}{l^2}$	$\dfrac{Pb^2(l+2a)}{l^3}$	$-\dfrac{Pa^2(l+2b)}{l^3}$
		当 $a = b = l/2$ 时 $-\dfrac{Pl}{8}$	$\dfrac{Pl}{8}$	$\dfrac{P}{2}$	$-\dfrac{P}{2}$

续表

编号	梁的简图	弯矩		剪力	
		M_{AB}	M_{BA}	F_{QAB}	F_{QBA}
4	q A B l	$-\frac{ql^2}{12}$	$\frac{ql^2}{12}$	$\frac{ql}{2}$	$-\frac{ql}{2}$
5	φ=1 A B l	$3i$	0	$-\frac{3i}{l}$	$-\frac{3i}{l}$
6	A B 1 l	$-\frac{3i}{l}$	0	$\frac{3i}{l^2}$	$\frac{3i}{l^2}$
7	q A B l	$-\frac{ql^2}{8}$	0	$\frac{5ql}{8}$	$-\frac{3ql}{8}$
8	P a b A B l	$-\frac{Pab(l+b)}{2l^2}$	0	$\frac{Pab(3l^3-b^2)}{2l^3}$	$-\frac{Pa^2(2l+b)}{2l^3}$
		当 $a=b=l/2$ 时 $-\frac{3Pl}{16}$	0	$\frac{11P}{16}$	$-\frac{5P}{16}$
9	m A B l	$\frac{m}{2}$	m	$-\frac{3m}{2l}$	$-\frac{3m}{2l}$
10	φ=1 A B l	i	$-i$	0	0
11	P a b A B l	$-\frac{Pa}{2l}(2l-a)$	$-\frac{Pa^2}{2l}$	P	0
		当 $a=\frac{l}{2}$ 时 $-\frac{3Pl}{8}$	$-\frac{Pl}{8}$	P	0

续表

编号	梁的简图	弯矩		剪力	
		M_{AB}	M_{BA}	F_{QAB}	F_{QBA}
12		$-\dfrac{Pl}{2}$	$-\dfrac{Pl}{2}$	P	$F_{QBA}^{l}=P$ $F_{QBA}^{r}=0$
13		$-\dfrac{ql^2}{3}$	$-\dfrac{ql^2}{6}$	ql	0

对荷载及支座移动共同作用时，单跨超静定梁的杆端内力，可根据叠加原理进行计算。如对两端固定梁(图10.20)，当A、B端分别产生转角φ_A、φ_B，两端有相对位移Δ_{AB}，且跨中作用有荷载时，由叠加法和表10.1有

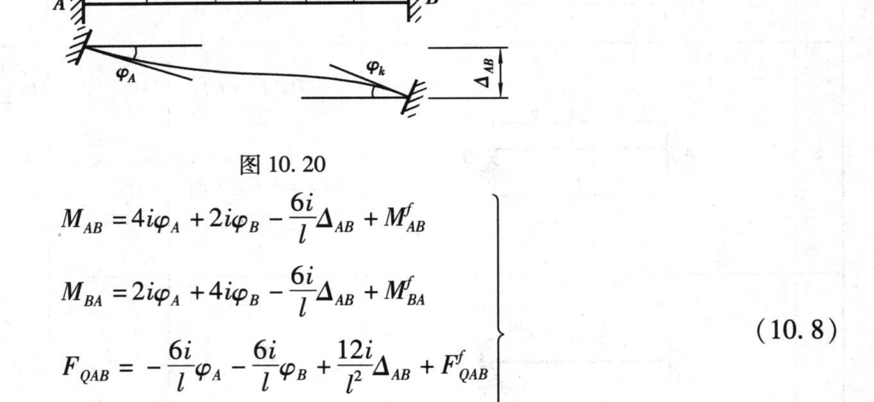

图10.20

$$
\left.\begin{aligned}
M_{AB}&=4i\varphi_A+2i\varphi_B-\frac{6i}{l}\Delta_{AB}+M_{AB}^{f}\\
M_{BA}&=2i\varphi_A+4i\varphi_B-\frac{6i}{l}\Delta_{AB}+M_{BA}^{f}\\
F_{QAB}&=-\frac{6i}{l}\varphi_A-\frac{6i}{l}\varphi_B+\frac{12i}{l^2}\Delta_{AB}+F_{QAB}^{f}\\
F_{QBA}&=-\frac{6i}{l}\varphi_A-\frac{6i}{l}\varphi_B+\frac{12i}{l^2}\Delta_{AB}+F_{QBA}^{f}
\end{aligned}\right\}\tag{10.8}
$$

上式称为两端固定梁的转角位移方程。对一端固定一端铰支梁、一端固定一端定向支承梁，同样可推出其转角位移方程。请读者自行推导。

上述单跨超静定梁的转角位移方程，其实质反映了等截面直杆的杆端内力与杆端位移、荷载之间的关系，从中可推想，荷载是已知的，若能求出杆端位移，代入转角位移方程，即可求出杆端力，从而绘出超静定结构的内力图。也就是说，求解超静定结构，除可以多余力为基本未知量，用力法计算外，也可以杆端位移作为基本未知量进行求解，按这一思路计算超静定结构的方法，称为位移法。

10.3　位移法

10.3.1　位移法的基本原理

为了说明位移法的基本概念，我们来分析图10.21(a)所示刚架。它在荷载P作用下，将发生虚线所示变形。由于B结点是刚性结点，所以杆BA和BC在B端的转角相同，用Z_1表示。如果能设法求得Z_1，代入转角位移方程，则刚架的内力就可以确定。

如何计算Z_1呢？我们首先将结构拆为单杆，图10.21(a)中所示刚架的变形情况可用图10.21(b)所示的两个单跨超静定梁来表示。其中杆件AB相当于两端固定的单跨梁，固定端B发生了转角Z_1；杆件BC相当于一端固定一端铰支的单跨梁，除了受荷载P作用外，固定端B还发生转角Z_1。

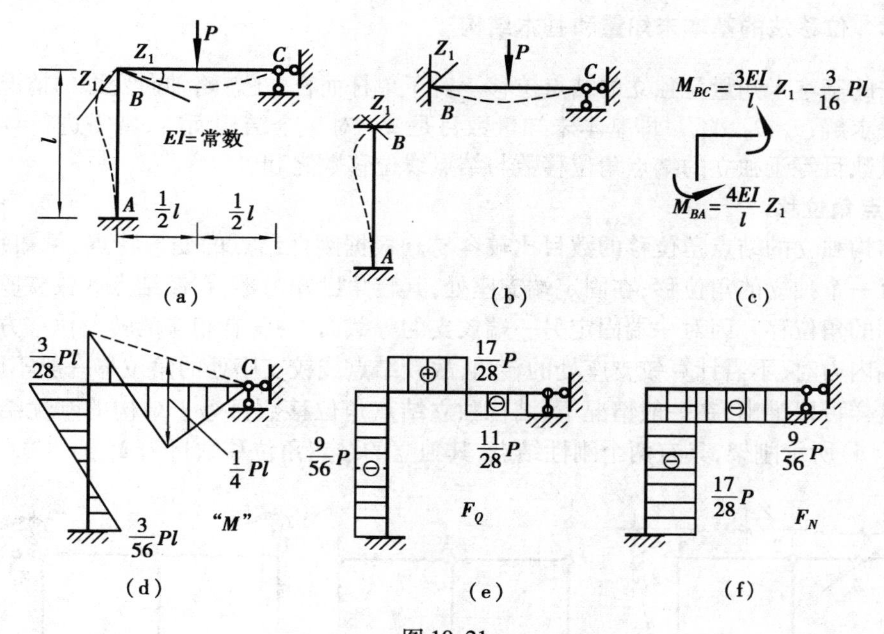

图10.21

这样，对图(a)所示钢架的计算就变为对图(b)所示的两单跨超静定梁的分析及两单跨超静定梁的组合问题。对每一单跨超静定梁，根据转角位移方程，可写出其杆端弯矩表达式

$$M_{AB}=2iZ_1,M_{BA}=4iZ_1,M_{BC}=3iZ_1-\frac{3Pl}{16},M_{CB}=0$$

式中，$i=\frac{EI}{l}$。由以上各式可见，若Z_1已知，则M_{AB}、M_{BA}和M_{BC}即可求出。因此在计算该钢架时，若以结点转角Z_1为基本未知量，以单跨超静定梁为计算单元，设法求出Z_1后，则各杆件端弯矩即可确定。如何求Z_1呢？考虑将两杆件组成原结构，必须满足平衡条件，因此取结点B为隔离体，如图10.21(c)所示，由平衡条件得

$$\sum M_B=0,M_{BA}+M_{BC}=0,4iZ_1+3iZ_1-\frac{3Pl}{16}=0$$

解方程得：

$$Z_1=\frac{3Pl}{112i}\quad（顺时针转动）$$

将 Z_1 代入 M_{AB}、M_{BA}和 M_{BC}表达式得

$$M_{AB}=\frac{3Pl}{56}(右侧受拉),M_{BA}=\frac{3Pl}{28}(左侧受拉),M_{BC}=-\frac{3Pl}{28}\quad(上侧受拉)$$

已知各杆件端弯矩，由简支梁思路可绘出钢架的弯矩图如图 10.21(d)所示。根据弯矩图可进一步画出钢架的剪力图和轴力图，如图 10.21(e)、(f)所示。由此例可看出，用位移法计算超静定结构的计算要点是：

①分析结构的变形特点，找出必须求解的结点位移，确定基本未知量；

②把每根杆件视为单跨超静定梁，并以之为计算单元建立内力与结点位移之间的关系；

③利用平衡条件建立求解基本未知量的位移法方程求解位移；

④根据转角位移方程计算杆端内力并作内力图。

10.3.2　位移法的基本未知量和基本结构

位移法的基本未知量是独立的结点位移。对于单杆而言，在忽略轴向变形的情况下，有三个位移需要求解：θ_A、θ_B、Δ_{AB}。即基本未知量数目是 3。对一个结构而言，则需进行具体分析，基本未知量数目等于独立的结点角位移数与结点线位移数之和。

(1)结点角位移

确定结构独立的结点角位移的数目比较容易。根据刚性结点的变形特点，可知每一个刚性结点只有一个独立的角位移；在固定端支座处，其转角已知为零；在铰结点或铰支座处，各杆端均有不同的角位移。因对一端固定另一端铰支的等截面直杆，有相应的转角位移方程，即在确定其杆端内力时，不需计算铰支座处的转角，故铰结点或铰支座处的角位移一般不取为基本未知量。这样可以推出，在一般情况下，结构独立结点角位移数目等于结构的刚性结点数目。如图 10.22(a)所示刚架，具有两个刚性结点，其独立的结点角位移数目为 2。

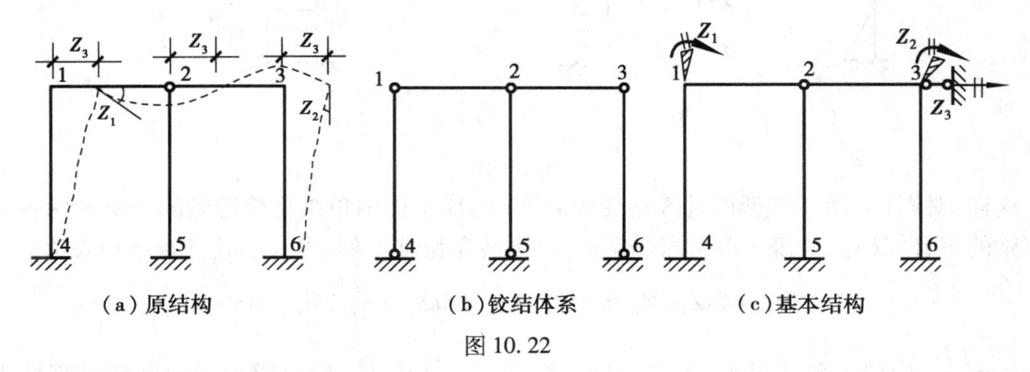

图 10.22

(2)独立的结点线位移

确定结构独立的结点线位移时，一般情况下每个结点均可能有水平和竖向两个线位移。在用位移法计算钢架、连续梁时，为简化计算，通常作如下基本假定：①杆端连线长度不变假定。对于受弯杆件，通常可略去轴向变形和剪切变形的影响，并认为弯曲变形是微小的，因而可假定各杆端之间的连线长度在变形前后保持不变。②小变形假定。即结点线位移的弧线可

用垂直于杆件的切线来代替。由此可得出推论：由两个已知不动（不移动）的结点（或支座）引出两根不在同一直线上的杆件形成的结点不动。这与第3章平面体系的二元体组成相似。根据此推论，依次考察各结点，即可确定结构的线位移数目。如在图10.22(a)中，固定端4、5、6均为固定点，三根竖杆的长度又保持不变，因而结点1、2、3均无竖向位移。又因两根横杆也保持长度不变，故三个结点均有相同的水平线位移。因而刚架只有一个独立的结点线位移。根据推论，对刚架的结点线位移数目还可以用下述方法确定：把原结构中所有刚结点、固定端支座均视为铰结点、固定铰支座，从而得到一个相应的铰结链杆体系。若该体系为几何不变，则原结构的各结点均无线位移；若该体系是几何可变或瞬变的，则用添加链杆的方法（通常用水平链杆或竖向链杆），使其成为几何不变体系，此时所需添加的最少链杆数目就是原结构独立的结点线位移数目。添加链杆处结点沿链杆方向的线位移就是原结构独立的结点线位移。图10.22(a)所示刚架，其相应铰结链杆体系如图10.22(b)所示，它是几何可变的，必须在某结点处添一根水平的链杆才能成为几何不变体系，故知原结构的结点线位移数目为1。由对位移法基本原理的讨论，可看出位移法是以单跨超静定杆为计算单元，即将超静定结构视为由若干单跨超静定杆组成的组合体。为形象并紧凑地表示这一组合体、清晰地表示基本未知量数目，我们可以绘制一示意图，在示意图中，假想在每一个刚结点上加上一个附加刚臂（用符号◣表示）以阻止刚结点的转动，同时在有线位移的结点上加上附加链杆以阻止结点的移动，使各杆均变为单跨超静定杆，再让各附加刚臂及链杆产生与原结构相同的角位移及线位移，这样原结构的变形就与由若干单跨超静定杆组成的组合体的变形相同。这样得到的组合体称为原结构的基本结构①。如图10.22(a)所示刚架，在两刚结点1、3处分别加上附加刚臂，并让其产生角位移Z_1、Z_2，在结点3处加上一根水平链杆，同时让其产生水平位移Z_3，则原结构的每根杆件就都成为两端固定或一端固定另一端铰支的单跨超静定杆。其基本结构如图10.22(c)所示。

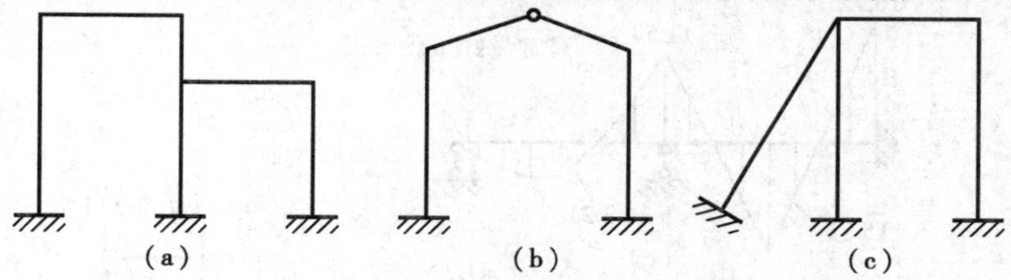

图10.23

按照上述方法，图10.23(a)所示结构有4个角位移，2个线位移；图10.23(b)所示结构有2个角位移，2个线位移；图10.23(c)所示结构有2个角位移，无线位移。请读者自行分析，并绘出基本结构。

值得注意的是，上述确定独立的结点线位移数目的方法，是以受弯直杆变形后两端连线长度不变的假定为依据的。

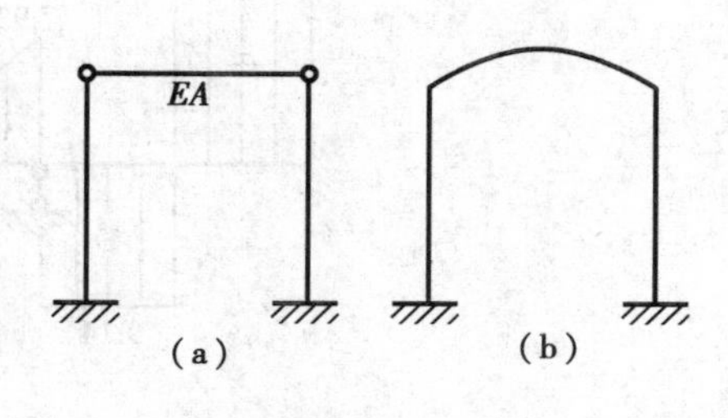

图10.24

对于需要考虑轴向变形的二力杆或受弯杆，其两端连线长度是变化的。因此，对于图

① 在位移法中，求解结点位移可用两种方法：典型方程法及直接用平衡条件建立方程。本书介绍的是后一种方法。该法可不引入基本结构的概念，而典型方程法必须引入基本结构的概念。

10.24(a)、(b)所示结构,其独立的结点线位移的数目均等于4,而不是1。

10.3.3 计算示例

用位移法计算超静定结构时其计算步骤可归纳为:

①确定基本未知量数目;

②利用转角位移方程写出各杆杆端弯矩表达式和剪力表达式;

③利用结点的力矩平衡方程及部分结构力的平衡方程,建立位移法方程计算位移;

④将所求出的位移回代至各杆杆端弯矩表达式中计算各杆杆端弯矩;

⑤根据杆端弯矩绘弯矩图,继而绘出剪力图、轴力图。

例 10.6 试用位移法求作图 10.25(a)所示连续梁的内力图,并计算 B 支座的支座反力。

解 1)确定基本未知量。该连续梁只有一个刚结点 B,设其未知角位移为 Z_1。

2)写出各杆杆端弯矩表达式。由于该结构只有结点角位移,利用结点的力矩平衡方程就能求出未知量,因此对无线位移结构,无须写出杆端剪力表达式。

$$M_{AB} = 2iZ_1 - 15, M_{BA} = 4iZ_1 + 15,$$

$$M_{BC} = 3iZ_1 - 9, M_{CB} = 0$$

式中,$i = \dfrac{EI}{l}$。

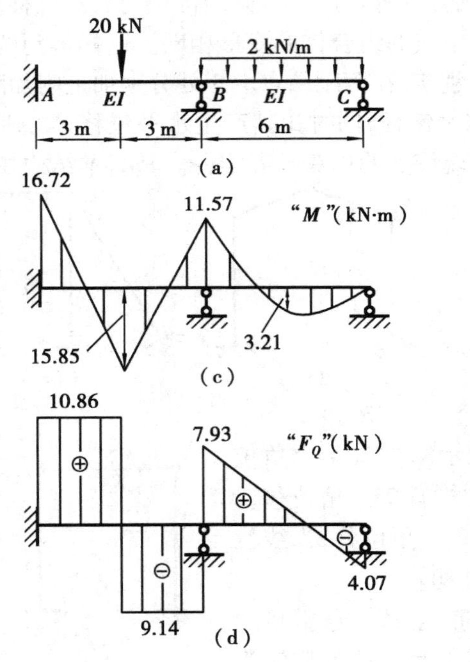

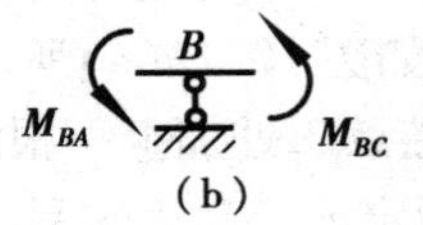

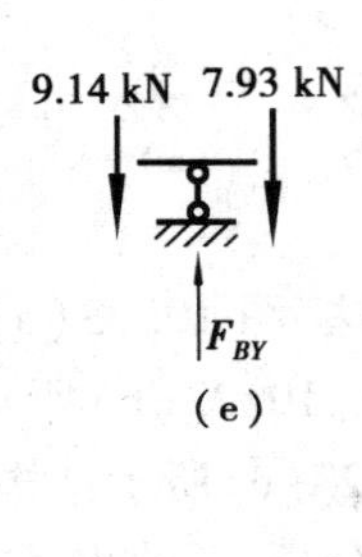

图 10.25

3)利用 B 结点的力矩平衡条件建立位移法方程,求 Z_1。

$$\sum M_B = 0, M_{BA} + M_{BC} = 0, 7iZ_1 + 6 = 0$$

解方程得

$$Z_1 = -\frac{6}{7i} \quad (\text{逆时针转动})$$

4)将Z_1代入M_{AB}、M_{BA}和M_{BC}表达式,计算杆端弯矩。

$M_{AB}=-16.72$ (kN·m)　(上部受拉),$M_{BA}=11.57$ (kN·m)　(上部受拉),

$M_{BC}=-11.57$ (kN·m)　(上部受拉),$M_{CB}=0$

5)绘制内力图

绘制最终弯矩图时,已矩杆端弯矩,可绘出弯矩图如图10.25(c)所示。得到M图后,根据M图绘F_Q图,如图10.25(d)所示。

6)求B支座反力

根据剪力图,取出B结点及支座,由平衡条件$\sum F_Y=0$,可求得$R_B=17.07$ kN,如图10.25(e)所示。

注意:从上例中可看出,在荷载作用下,超静定结构的位移与各杆EI的绝对值有关,但内力只与各杆EI的相对值有关,与绝对值无关。

例10.7　求作图10.26(a)所示钢架的弯矩图。EI=常数。

解　1)确定基本未知量和基本结构

该钢架具有两个基本未知量:$z_1=\theta_C$,$z_2=\Delta$。相应的基本结构如图10.26(b)所示。

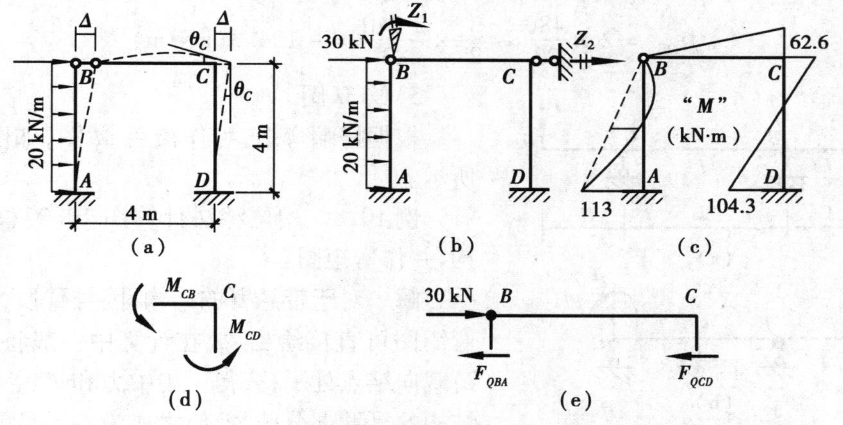

图10.26

2)利用转角位移方程写出各杆杆端弯矩表达式和剪力表达式

因此时超静定结构的内力与各杆EI的绝对值无关,可取$EI=4$,则

$$i_{AB}=i_{BC}=i_{CD}=1$$

根据转角位移方程及表10.1,可得出下列各式:

$$M_{AB}=-\frac{3i}{l}\Delta+M^f_{AB}=-\frac{3}{4}Z_2-40,M_{BA}=M_{BC}=0,M_{CB}=3i\theta_C=3Z_1,$$

$$M_{CD}=4i\theta_C-\frac{6i}{l}\Delta=4Z_1-\frac{3}{2}Z_2,M_{DC}=2i\theta_C-\frac{6i}{l}\Delta=2Z_1-\frac{3}{2}Z_2,$$

$$F_{QBA}=\frac{3i}{l^2}\Delta+F^f_{QBA}=\frac{3}{16}Z_2-30,F_{QCD}=-\frac{6i}{l}\theta_C+\frac{12i}{l^2}\Delta+F^f_{QCD}=-\frac{3}{2}Z_1+\frac{3}{4}Z_2$$

3)考虑平衡条件建立位移法方程

取结点C为分离体如图10.26(d),由力矩平衡条件可得

$$\sum M_C=0,\ M_{CB}+M_{CD}=0,\ 7Z_1-\frac{3}{2}Z_2=0 \tag{a}$$

切断立柱,取横梁部分为分离体如图 10.26(e),在水平方向利用力的平衡条件可得:

$$\sum F_X = 0, F_{QBA} + F_{QCD} - 30 = 0, \frac{3}{16}Z_2 - 30 - \frac{3}{2}Z_1 + \frac{3}{4}Z_2 - 30 = 0,$$

$$-\frac{3}{2}Z_1 + \frac{15}{16}Z_2 - 60 = 0 \qquad \text{(b)}$$

联立解(a)、(b)得

$$Z_1 = \frac{480}{23}, \; Z_2 = \frac{2\,240}{23}$$

4)计算杆端弯矩

将 Z_1、Z_2 代入杆端弯矩表达式得

$$M_{AB} = -\frac{3}{4}\frac{2\,240}{23} - 40 = -113(\text{kN·m})$$

$$M_{CB} = 3 \times \frac{480}{23} = 62.6(\text{kN·m})$$

$$M_{CD} = 4 \times \frac{480}{23} - \frac{3}{4} \times \frac{2\,240}{23} = -62.6(\text{kN·m})$$

$$M_{DC} = 2 \times \frac{480}{23} - \frac{3}{2} \times \frac{2\,240}{23} = -104.3(\text{kN·m})$$

5)绘 M 图

根据杆端弯矩,可作最后 M 图,如图 10.26(c)所示。

例 10.8 用位移法计算图 10.27(a)所示的结构,并作弯矩图。

解 对于带悬臂的结构,因悬臂段为静定的,其弯矩图可直接绘出,故在计算中一般将悬臂段上的荷载向结点处平移,得一集中力和集中力偶后,将原结构的悬臂部分截去,使之成为一无悬臂的新结构,将新结构的弯矩图绘出后与悬臂段在原荷载作用下的弯矩图叠加,即得原结构的 M 图。

1)将悬臂段上的荷载向结点处平移,去掉悬臂,如图 10.27(b)。

2)确定基本未知量。结构只有一个角位移 $z_1 = \varphi_B$。

3)写出杆端弯矩表达式。

(a)

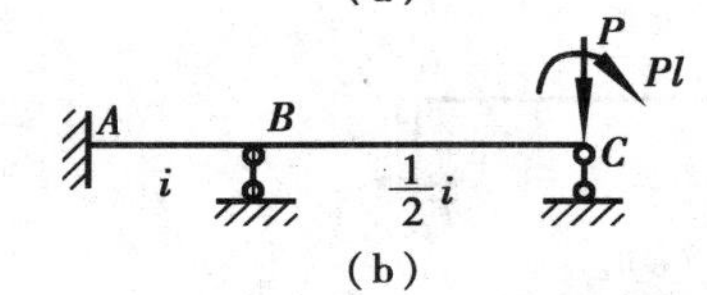

(b)

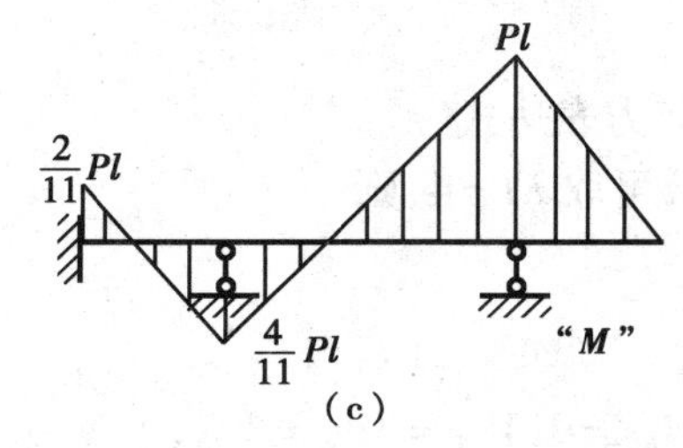

(c)

图 10.27

$$M_{AB} = 2i_{AB}Z_1 = 2iZ_1$$

$$M_{BA} = 4i_{AB}Z_1 = 4iZ_1$$

$$M_{BC} = 3i_{BC}Z_1 + M_{BC}^f = \frac{3}{2}iZ_1 + \frac{Pl}{2}$$

4)利用结点力矩平衡条件建立方程求位移。

$$\sum M_B = 0, M_{BA} + M_{BC} = 0, \frac{11}{2}iZ_1 + \frac{Pl}{2} = 0, Z_1 = -\frac{Pl}{11i}$$

5)计算最终杆端弯矩,绘弯矩图。

$$M_{AB}=2iZ_1=-\frac{2}{11}Pl \quad (\text{上部受拉}),M_{BA}=4iZ_1=-\frac{4}{11}Pl \quad (\text{下部受拉}),$$

$$M_{BC}=\frac{3}{2}iZ_1+\frac{Pl}{2}=\frac{4}{11}Pl \quad (\text{下部受拉}),M_{CB}=Pl$$

根据杆端弯矩可绘出 AB 及 BC 段的弯矩图,CD 段可视为悬臂梁绘弯矩图,最终弯矩图见图 10.27(c)。

再请读者讨论图 10.28 所示刚架。该刚架所受荷载仅为结点力。分析其结点位移发现,该结构只有两个角位移,无线位移。此时弯矩表达式中各项均与 Z_1、Z_2 有关,无固端弯矩项。所得位移法方程为齐次线性方程。因系数行列式的值不为零,Z_1、Z_2 只有为零。代入弯矩表达式,可知 $M_{ik}=0$。即刚架各截面弯矩均为零。根据 M、F_Q 间的微分关系,刚架各截面剪力也为零,结构各杆只有轴力。其受力特征与桁架相同,由此可得如下推论:无线位移结构在结点力作用下,各杆只有轴力,可按桁架对结构进行分析。

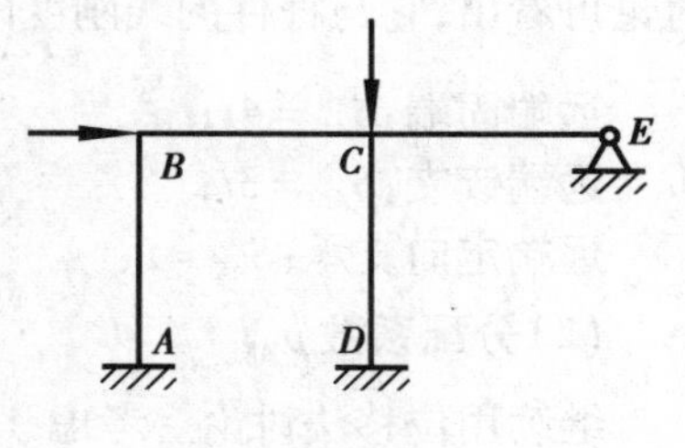

图 10.28

注意:用位移法同样可计算超静定结构由于支座移动引起的内力。计算时只需将杆端弯矩表达式中的固端弯矩项改为单跨超静定杆由于支移引起的弯矩即可。读者可自行讨论。

10.4 力矩分配法

在 10.2 节及 10.3 节中,我们介绍了计算超静定结构的两种基本方法——力法和位移法,它们都需要建立并解算联立方程组。当未知量数目较多时,这项计算工作将是十分繁重的。今天,这些工作已交给计算机去完成。但在计算机被广泛应用于工程领域之前,只有依赖于数值方法去解决。对于结构的受力分析,从 20 世纪 30 年代以来,人们陆续提出了适合于手算的渐近法和近似法。这些方法的共同优点是不需组建、求解多元一次方程组,而通过逐次渐近,直接求出杆端弯矩。本节将着重介绍其中较重要、流传较广的力矩分配法。以让大家了解力学的发展过程,同时对一部分结构,若需了解其受力的大致情况时,也可方便的用其进行计算。

10.4.1 力矩分配法的基本要素

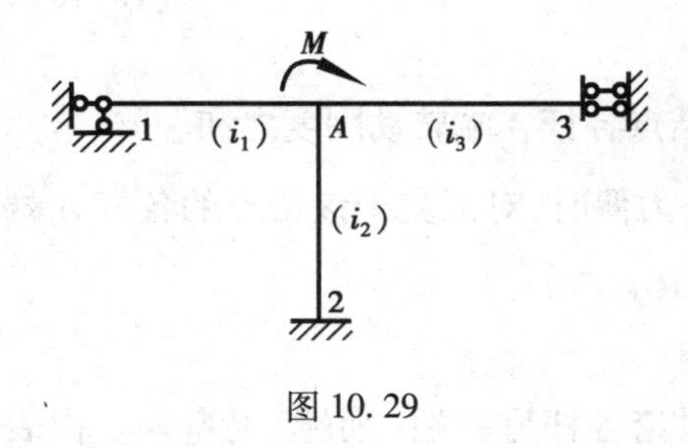

图 10.29

力矩分配法是属于位移法类型的一种渐近法,基本原理仍是位移法。下面我们通过用位移法对图 10.29 所示结构的分析,引入一些新的概念,讨论力矩分配法的三个要素。

(1)转动刚度 S_{AK}(劲度系数)

用位移法分析该结构时,其基本未知量只有一个角位移 θ_A。根据表 10.1 可写出各杆 A 端的杆端弯矩表达式:

$$M_{A1}=3i_1\theta_A,M_{A2}=4i_2\theta_A,M_{A3}=i_3\theta_A \tag{10.9a}$$

令
$$S_{A1}=3i_1, S_{A2}=4i_2, S_{A3}=i_3$$
式(10.9a)式可写为
$$M_{A1}=S_{A1}\theta_A, M_{A2}=S_{A2}\theta_A, M_{A3}=S_{A3}\theta_A \tag{10.9b}$$
或
$$M_{AK}=S_{AK}\theta_A \tag{10.9c}$$
式中,S_{AK}称为AK杆A端的转动刚度。表示AK杆A端产生单位转角时,A端的弯矩。从以上讨论可看出,它与杆件的线刚度$\left(i=\dfrac{EI}{l}\right)$及另一端(远端)的支承有关。

远端固端:$S_{AK}=4i$;
远端铰支:$S_{AK}=3i$;
远端定向支承:$S_{AK}=i$。

(2)分配系数μ_{AK}

继续用位移法讨论。考虑A结点的力矩平衡,求θ_A。
$$\sum M_A=0, M_{A1}+M_{A2}+M_{A3}=M \tag{10.10a}$$
由式(10.9b),有
$$(S_{A1}+S_{A2}+S_{A3})\theta_A=M \tag{10.10b}$$
$$\theta_A=\frac{M}{S_{A1}+S_{A2}+S_{A3}}=\frac{1}{\sum S_{AK}}M\quad(K=1,2,3) \tag{10.10c}$$
将式(10.10c)代入式(10.9b),有
$$M_{A1}=\frac{S_{A1}}{\sum\limits_{(A)}S_{AK}}M, M_{A2}=\frac{S_{A2}}{\sum\limits_{(A)}S_{AK}}M, M_{A3}=\frac{S_{A3}}{\sum\limits_{(A)}S_{AK}}M \tag{10.10d}$$
令
$$\mu_{A1}=\frac{S_{A1}}{\sum\limits_{(A)}S_{AK}}, \mu_{A2}=\frac{S_{A2}}{\sum\limits_{(A)}S_{AK}}, \mu_{A3}=\frac{S_{A3}}{\sum\limits_{(A)}S_{AK}}$$
则
$$M_{A1}=\mu_{A1}M, M_{A2}=\mu_{A2}M, M_{A3}=\mu_{A3}M \tag{10.10e}$$
或
$$M_{AK}=\mu_{AK}M \tag{10.10f}$$
式中,M_{AK}称为分配弯矩;μ_{AK}称为分配系数。
$$\mu_{AK}=\frac{S_{AK}}{\sum\limits_{(A)}S_{AK}} \tag{10.10g}$$
式中,S_{AK}为AK杆A端的转动刚度;$\sum\limits_{(A)}S_{AK}$为汇交于A结点各杆A端转动刚度之和。

分配系数主要反映当结构的某一结点A处作用一外力偶时,对汇交于该结点的各杆A端的杆端弯矩的影响。由公式(10.10g)可知,$\mu_{AK}<1$,$\sum\mu_{AK}=1$。

(3)传递系数C_{AK}

知道了图10.29所示结构各杆A端的弯矩,再来讨论各杆另一端(远端)的弯矩。由表10.1,写出各杆K端($K=1,2,3$)的弯矩如下:
$$M_{1A}=0, M_{2A}=2i_2\theta_A, M_{3A}=-i_3\theta_A \tag{10.11a}$$

将式(10.11a)与式(10.9a)比较,式(10.11a)可表示为:

$$M_{1A}=0\cdot M_{A1},M_{2A}=\frac{1}{2}M_{A2},M_{3A}=-1\cdot M_{A3} \tag{10.11b}$$

令

$$C_{A1}=0,C_{A2}=\frac{1}{2},C_{A3}=-1$$

有

$$M_{1A}=C_{A1}\cdot M_{A1},\quad M_{2A}=C_{A2}M_{A2},\quad M_{3A}=C_{A3}M_{A3} \tag{10.11c}$$

或

$$M_{KA}=C_{AK}M_{AK} \tag{10.11d}$$

式中,C_{AK}称为传递系数。它主要反映AK杆A端分配弯矩对K端的影响,它只与K端的支承情况有关。

远端铰支:$C_{AK}=0$;

远端固定:$C_{AK}=1/2$;

远端定向支承:$C_{AK}=-1$。

除以上三个要素外,在用力矩分配法计算超静定结构时,也要用到固端弯矩的概念。两端固定梁、一端固定一端铰支梁及一端固定一端定向支承梁在常见荷载下的固端弯矩M_{ik}^{f}可由表10.1获得。实际上,掌握了以上力矩分配法的基本要素,我们即可以用力矩分配法计算单个结点在结点力偶作用下的超静定结构。需要指出的是,以上讨论是在结构无线位移的前提下进行的。因此,力矩分配法只能用于计算无线位移结构。

10.4.2　力矩分配法的计算要点

在一般荷载作用下,如何用力矩分配法计算呢?下面以只有一个结点角位移而无线位移的结构为例,讨论力矩分配法的计算要点。

图10.30(a)所示为一连续梁,在荷载作用下连续梁的变形如图10.30(a)中虚线所示。伴随着这个变形出现的杆端弯矩,是我们计算的目标。与位移法相似,首先锁住结点。设想在B结点处添加一附加刚臂,阻止B结点的转动,原结构可视为两单跨超静定梁的组合体。此时BC跨由于荷载的作用产生图10.30(b)中虚线所示的变形,杆端产生固端弯矩。而AB跨则无变形也无弯矩。研究B结点的平衡,可知附加刚臂上必然产生约束力矩,这一约束力矩也称

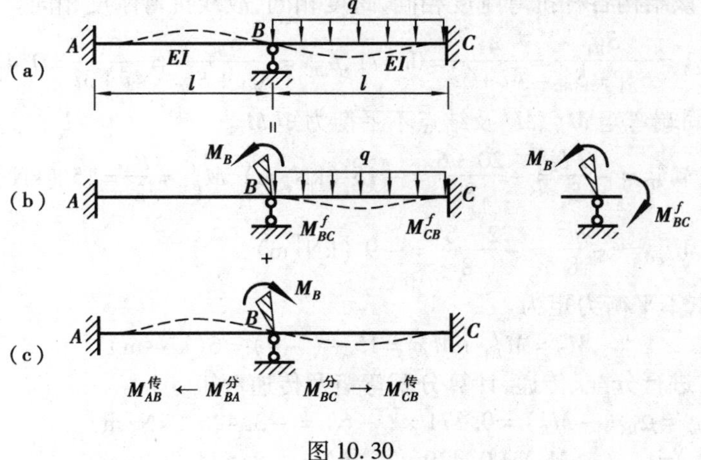

图10.30

为 B 结点的结点不平衡力矩,用 M_B 表示。因锁住结点后,组合体的受力、变形均与原结构不同,所以在这一步中求出的固端弯矩并不是原结构的最终杆端弯矩。为使组合体的受力、变形与原结构相同,再设想在附加刚臂上施加一力偶,该力偶与结点不平衡力矩等值反向,即为 $-M_B$。这时,连续梁产生新的变形如图 10.30(c)中虚线所示。同时作用在 B 结点的这一力偶将在各杆杆端形成分配弯矩与传递弯矩。将图 10.30(b)与图 10.30(c)所示的两种情况叠加,其变形和受力情况就与图 10.30(a)所示情况吻合。因此,由图 10.30(b)所计算出的固端弯矩与由 10.30(c)计算出的分配、传递弯矩相加,就得到图 10.30(a)所示结构的最终杆端弯矩。归纳以上讨论,可知用力矩分配法计算单个结点的无线位移结构,可分为三步:

①锁住结点,计算各杆的固端弯矩及结点不平衡力矩 M_i

$$M_i = \sum_{(i)} M_{ik}^f$$

②放松结点,计算分配弯矩及传递弯矩

$$M_{ik}^{分} = \mu_{ik}(-M_i), M_{ki}^{传} = C_{ik} M_{ik}^{分}$$

③叠加,计算最终杆端弯矩

$$M_{ik} = M_{ik}^f + M_{ik}^{分}, M_{ki} = M_{ki}^f + M_{ki}^{传}$$

10.4.3 力矩分配法的应用

用力矩分配法计算连续梁及无侧移钢架时,计算一般列表或在计算简图上进行。下面举例说明。

(1)单个结点的力矩分配

解题步骤:

①计算各杆分配系数 μ_{ik};

②计算各杆固端弯矩 M_{ik}^f、M_{ki}^f及结点不平衡力矩 M_i;

③将 M_i反号进行分配、传递,计算分配弯矩及传递弯矩;

④叠加计算最终杆端弯矩;

⑤绘 M、F_Q、F_N图。

例 10.9 用力矩分配法计算图 10.31(a)所示连续梁,绘 M 图。

解 计算连续梁时,可直接在梁的下方列表进行。为便于读者理解,作如下说明:

1)计算 μ_{ik}。该结构各杆抗弯刚度相同,跨度相同,故线抗弯刚度相同。

$$\mu_{BA} = \frac{S_{BA}}{S_{BA} + S_{BC}} = \frac{4i}{4i + 3i} = 0.571, \mu_{BC} = \frac{S_{BC}}{S_{BA} + S_{BC}} = \frac{3i}{4i + 3i} = 0.429$$

2)计算各杆固端弯矩 M_{ik}^f、M_{ki}^f及结点不平衡力矩 M_i。

$$M_{AB}^f = -\frac{Pl}{8} = -\frac{20 \cdot 6}{8} = -15\ (\text{kN} \cdot \text{m}), M_{BA}^f = \frac{Pl}{8} = 15\ (\text{kN} \cdot \text{m}),$$

$$M_{BC}^f = -\frac{ql^2}{8} = -\frac{2 \cdot 6^2}{8} = -9\ (\text{kN} \cdot \text{m})$$

B 结点的结点不平衡力矩为

$$M_B = M_{BA}^f + M_{BC}^f = 15 + (-9) = 6(\text{kN} \cdot \text{m})$$

3)将 M_B反号进行分配、传递,计算分配弯矩及传递弯矩。

分配弯矩:$M_{BA} = \mu_{BA}(-M_B) = 0.571 \times (-6) = -3.426\ (\text{kN} \cdot \text{m})$

$M_{BC} = \mu_{BC}(-M_B) = 0.429 \times (-6) = -2.574\ (\text{kN} \cdot \text{m})$

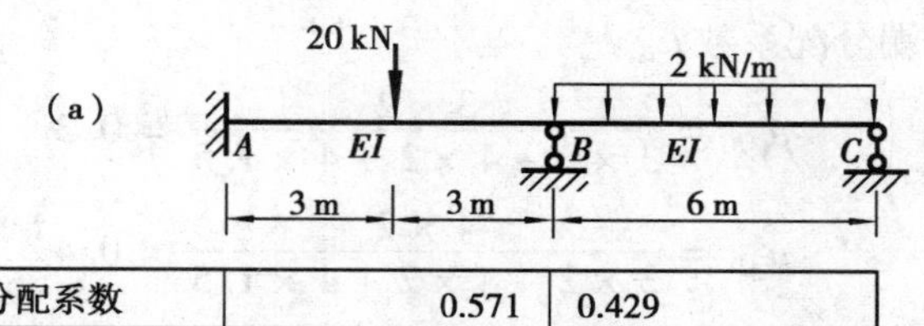

分配系数		0.571	0.429	
固端弯矩	−15	15	−9	
分配与传递	−1.713 ←	−3.426	−2.574 →	0
杆端弯矩	−16.71	11.57	−11.57	0

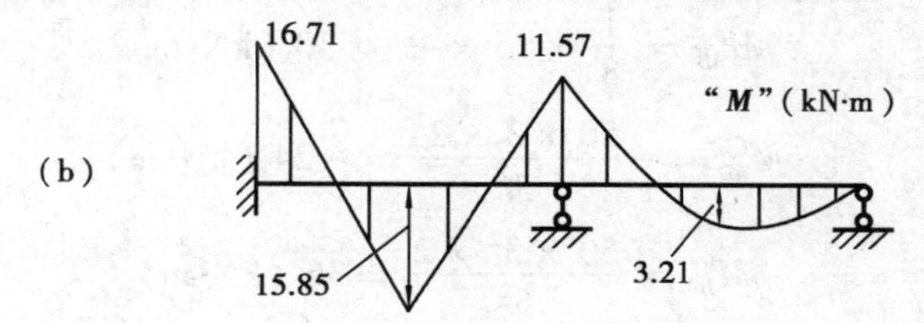

图 10.31

传递弯矩：$M_{AB}=C_{BA}\cdot M_{BA}=0.5\times(-3.426)=-1.713\ (\mathrm{kN\cdot m})$

$M_{CB}=C_{BC}\cdot M_{BC}=0$

4)叠加计算最终杆端弯矩。将各杆端的固端弯矩与分配弯矩或传递弯矩叠加，即可得出最终杆端弯矩。

$M_{AB}=-15+(-1.713)=-16.71\ (\mathrm{kN\cdot m})$，$M_{BA}=15+(-3.426)=11.57\ (\mathrm{kN\cdot m})$

$M_{BC}=-9+(-2.574)=-11.57\ (\mathrm{kN\cdot m})$，$M_{CB}=0$

5)绘 M 图：根据杆端弯矩，可绘出 M 图如图 10.31(b)所示。

例 10.10　试用力矩分配法计算图 10.32(a)所示钢架，绘弯矩图。

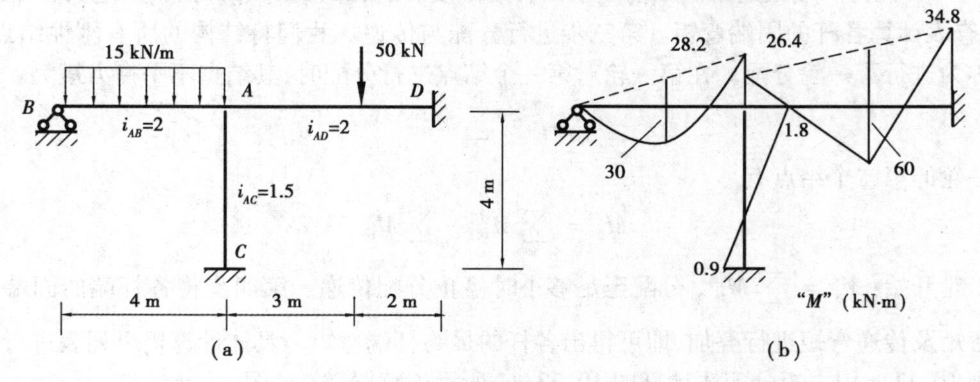

图 10.32

表 10.2　杆端弯矩的计算

结　点	B	A			D	C
杆端	BA	AB	AC	AD	DA	CA
分配系数		0.3	0.3	0.4		
固端弯矩	0	30	0	−24	36	0
分配与传递	0	−1.80	−1.80	−2.40	−1.20	−0.90
最终杆端弯矩	0	28.20	−1.80	−26.40	34.80	−0.90

注：表中的弯矩单位为 kN·m。

解 1)计算各杆端分配系数μ_{ik}。

$$\mu_{AB} = \frac{3 \times 2}{3 \times 2 + 4 \times 2 + 4 \times 1.5} = 0.3$$

$$\mu_{AD} = \frac{4 \times 2}{3 \times 2 + 4 \times 2 + 4 \times 1.5} = 0.4$$

$$\mu_{AC} = \frac{4 \times 1.5}{3 \times 2 + 4 \times 2 + 4 \times 1.5} = 0.3$$

2)计算各杆固端弯矩。

$$M_{AB}^{f} = \frac{1}{8} \times 15 \times 4^2 = 30\ (\text{kN·m})$$

$$M_{AD}^{f} = -\frac{50 \times 3 \times 2^2}{5^2} = -24\ (\text{kN·m})$$

$$M_{DA}^{f} = \frac{50 \times 3^2 \times 2}{5^2} = 36\ (\text{kN·m})$$

力矩分配法计算刚架一般列表进行,如表10.2所示。

根据表10.2绘出弯矩图见图10.32(b)。

(2)多个结点的力矩分配

对于有多个结构角位移的无线位移结构用力矩分配法计算,称为多结点的力矩分配。其计算与单个结点类似,计算要点仍为锁住、放松、叠加。需注意的是在计算过程中,不能同时放松相邻结点,结点不平衡力矩的计算与单个结点的力矩分配在计算上也有所区别。以图10.33(a)所示具有两个结点角位移的连续梁的计算来进行讨论。

首先计算分配系数,此时将所有的刚性结点均视为固定端,*AB*杆为一端固定一端铰支梁,*BC*和*CD*可视为两端固定梁。如前述求出转动刚度,按公式(10.10g)即可求出分配系数。第二步,查表计算各杆的固端弯矩。第三步进行分配与传递。我们将结构的所有刚性结点分配一次称为进行了一轮分配。在第一轮对第一个结点进行分配时,其结点不平衡力矩为

$$M_i = \sum_i M_{ik}^{f}$$

对第一轮的第二个结点有

$$M_i = \sum_i M_{ik}^{f} + \sum_i M_{ik}$$

从第二轮开始:$M_i = \sum_i M_{ik}^{传}$,分配至足够小时停止分配传递。第四步将各杆端的固端弯矩、分配弯矩及传递弯矩进行叠加,即可得出各杆的最终杆端弯矩。具体计算仍可列表进行。

例10.11 用力矩分配法计算图10.33(a)所示连续梁,绘*M*图。

解 在梁的下方对应作一表格。

1)计算分配系数。

$$\mu_{BA} = \frac{S_{BA}}{S_{BA} + S_{BC}} = \frac{3 \times 2}{3 \times 2 + 4 \times 1} = 0.6,\ \mu_{BC} = \frac{S_{BC}}{S_{BA} + S_{BC}} = \frac{4 \times 1}{3 \times 2 + 4 \times 1} = 0.4,$$

$$\mu_{CB} = \frac{S_{CB}}{S_{CB} + S_{CD}} = \frac{4 \times 1}{4 \times 1 + 4 \times 1} = 0.5,\ \mu_{CD} = \frac{S_{CD}}{S_{CB} + S_{CD}} = \frac{4 \times 1}{4 \times 1 + 4 \times 1} = 0.5$$

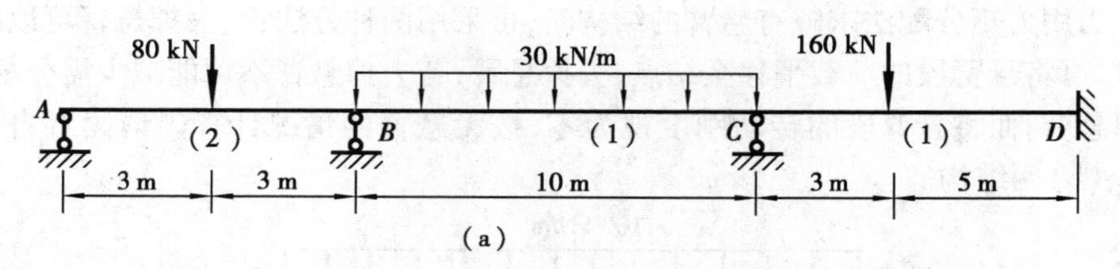

(a)

分配系数		0.6	0.4	0.5	0.5	
固端弯矩	0	90	-250	250	-187.5	112.5
分配与传递	0 ←	96	64 →	32		
			-23.63 ←	-47.25	-47.25 →	-23.63
	0 ←	14.18	9.45 →	4.73		
			-1.18 ←	-2.365	-2.365 →	-1.18
	0 ←	0.71	0.47 →	0.24		
			-0.06 ≈0 ←	-0.12	-0.12	
	0	200.89	-200.89	237.23	-237.23	87.69

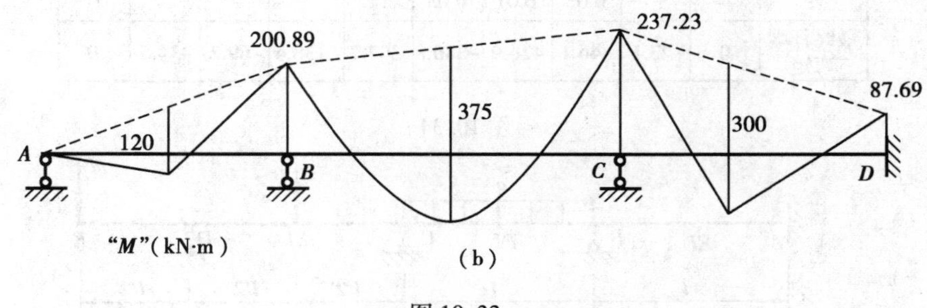

(b)

图 10.33

2)计算各杆固端弯矩 M_{ik}^{f}、M_{ki}^{f}。

$$M_{BA}^{f}=\frac{3Pl}{16}=-\frac{3\times 80\times 6}{16}=90\ (\text{kN}\cdot\text{m})$$

$$M_{BC}^{f}=-\frac{ql^2}{12}=-250(\text{kN}\cdot\text{m}),M_{CB}^{f}=\frac{ql^2}{12}=250\ (\text{kN}\cdot\text{m})$$

$$M_{CD}^{f}=-\frac{Pab^2}{l^2}=-187.5(\text{kN}\cdot\text{m}),M_{DC}^{f}=\frac{Pa^2b}{l^2}=112.5\ (\text{kN}\cdot\text{m})$$

3)计算分配弯矩及传递弯矩。分配传递过程见图 10.33 中表格所示。

4)叠加计算最终杆端弯矩,并绘弯矩图见图 10.33(b)。

例 10.12　用力矩分配法分析图 10.34 所示无侧移刚架,EI = 常数,求最终杆端弯矩。

解　对于无线位移刚架,同样可用力矩分配法进行计算,计算过程见图 10.34 中表格所示。读者可自行绘出内力图。

当用力矩分配法求解有悬臂的结构时,可采用两种方法:当去掉悬臂可以减少需分配的结点时,可将悬臂段的荷载平移至结点,去掉悬臂;若去掉悬臂不可能减少需分配的结点时,可不去掉悬臂,而将悬臂段的转动刚度视为零,按无悬臂的情况计算。请读者自行分析图 10.35(a)、(b)两结构。

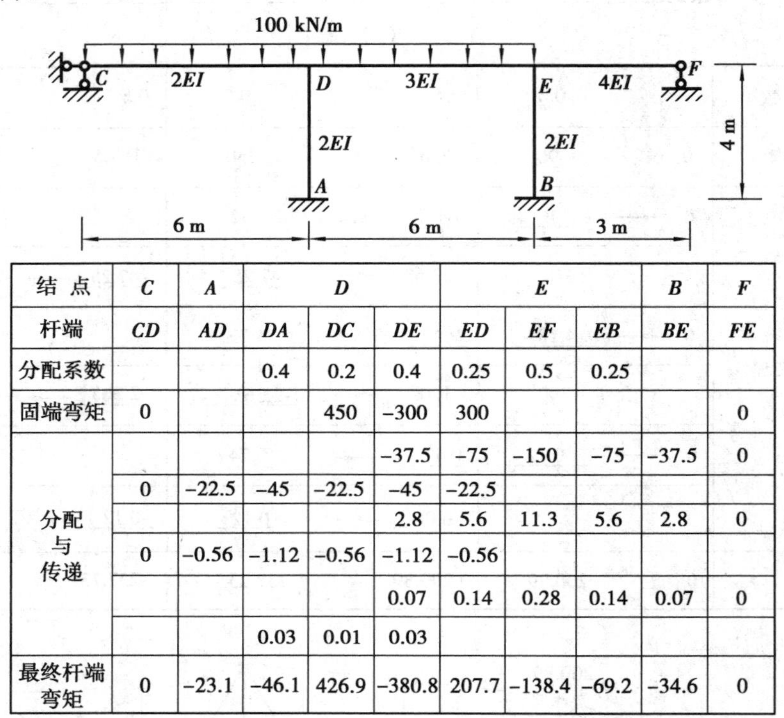

结点	C	A	D			E			B	F
杆端	CD	AD	DA	DC	DE	ED	EF	EB	BE	FE
分配系数			0.4	0.2	0.4	0.25	0.5	0.25		
固端弯矩	0			450	−300	300				0
分配与传递					−37.5	−75	−150	−75	−37.5	0
	0	−22.5	−45	−22.5	−45	−22.5				
					2.8	5.6	11.3	5.6	2.8	0
	0	−0.56	−1.12	−0.56	−1.12	−0.56				
					0.07	0.14	0.28	0.14	0.07	0
			0.03	0.01	0.03					
最终杆端弯矩	0	−23.1	−46.1	426.9	−380.8	207.7	−138.4	−69.2	−34.6	0

图 10.34

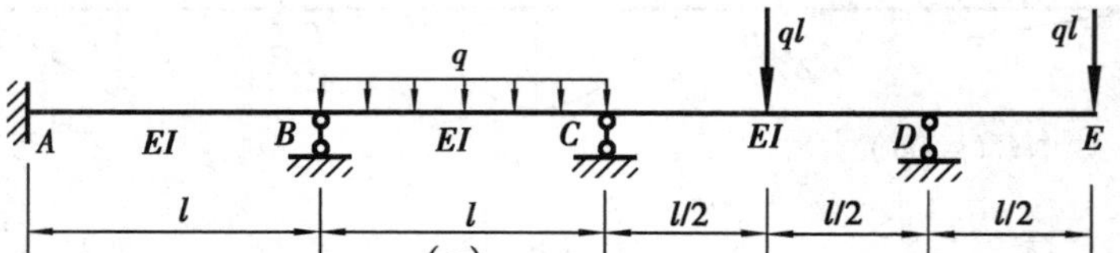

(a)

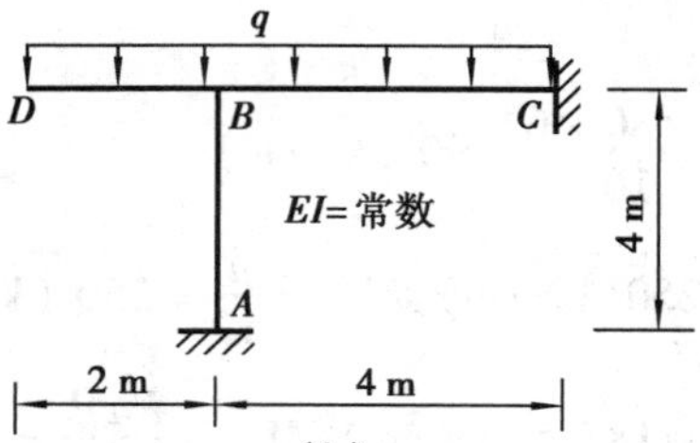

(b)

图 10.35

对于三个及三个以上结点的力矩分配,可采取集体分配的方法来加快收敛。如图 10.36 所示的示意图。

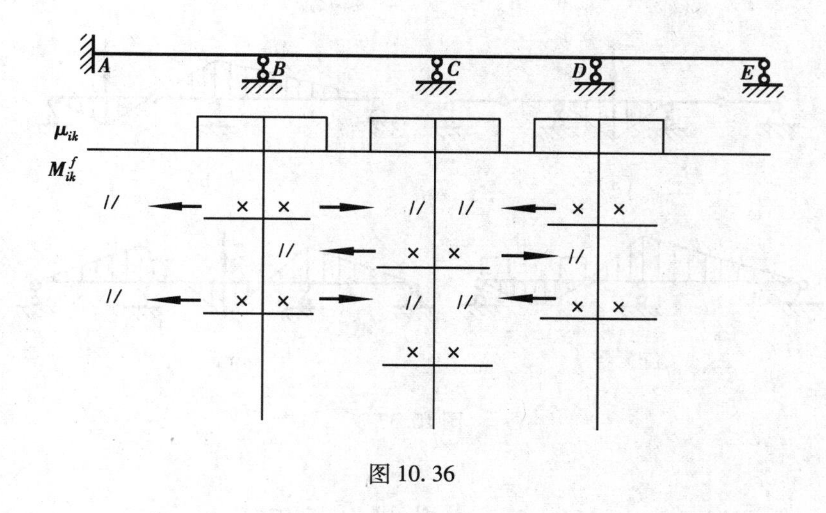

图 10.36

10.5　超静定结构的特性

根据前面对超静定结构内力的分析，将超静定结构与静定结构比较，可看出超静定结构具有以下一些重要的特性。

①从几何组成看，静定结构在任一联系遭破坏后，即成为可变体系，因而不能再承受荷载，而超静定结构由于具有多余联系，在多余联系遭破坏后，仍能维持几何不变性，还具有一定的承载能力，从这一角度说，超静定结构比静定结构坚固。

②从静力分析看，静定结构的内力分析只需通过静力平衡条件就可唯一确定，因此，静定结构的内力与结构的材料性质及截面尺寸无关，而超静定结构的内力仅由静力平衡条件则不能唯一确定，必须同时考虑位移条件。所以，超静定结构的内力与结构的材料性质及截面尺寸有关。因此在设计超静定结构时，须事先假定截面尺寸，才能求出内力然后根据内力再重新选择截面。从前面的计算还可看出，荷载作用时，超静定结构的内力仅与结构各杆的相对刚度有关；若有温度变化和支座移动，其内力与结构各杆刚度的绝对值有关。

③从引起内力的原因看，静定结构除荷载外，其他因素，如支座移动、温度变化、材料收缩、制造误差等原因均不会引起内力。而对于超静定结构，上述任何原因都将使结构产生内力。这主要是因为上述原因都将使结构产生变形，而这种变形将受到多余联系的限制，因而使结构产生内力。介于这一特性，在设计超静定结构时，要采取相应措施，消除或减轻这种内力的不利影响。另一方面，又可利用这种内力来调整结构的整个内力状态，使得内力分布更为合理。

④从荷载对结构的影响看，对静定结构，若荷载作用在局部，部分结构能平衡该荷载时，其余部分不受影响(图 10.37(a))；若在某一几何不变部分上外荷载作等效变换，也仅影响荷载变换部分的内力，其他部分不受影响(图 10.37(b)、(c))。总之可以说，荷载作用对静定结构的影响是局部的，或者说静定结构在局部荷载作用下，影响范围小，但峰值较大。而对于超静定结构，由于多余联系的存在，结构任何部分受力或所受力有所变化，都将影响整个结构，也就是说荷载作用对超静定结构的影响是全局的，或者说超静定结构在局部荷载作用下，影响范围广，但内力分布较均匀(图 10.37(d))。

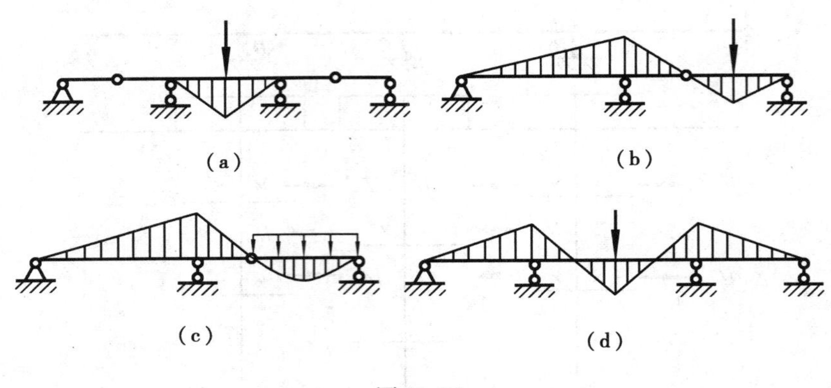

图 10.37

10.6 对称性的利用

在建筑工程中,有很多结构其几何形状、截面尺寸、支座形式、弹性模量均对称于某一几何轴线,我们将这一轴线称为对称轴,这一类结构称为对称结构,如图 10.38(a)。另外,对于作用在结构上的荷载及结构产生的内力、变形,也有正对称、反对称两种情况。正对称荷载、内力在将结构绕对称轴对折后,其作用点、作用方向将重合,大小相等;反对称荷载、内力在将结构绕对称轴对折后,其大小相等,作用点、作用线重合,但指向相反。正对称变形一般指对称轴处垂直于杆轴方向的变形,反对称变形指轴向变形和转角。

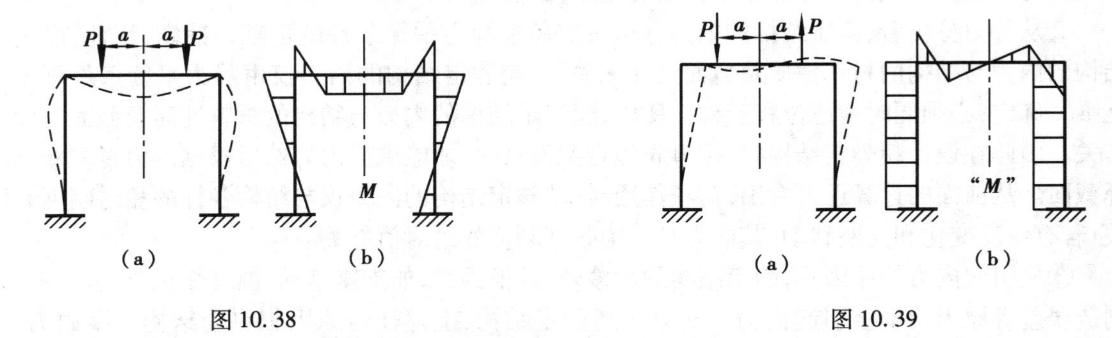

图 10.38　　图 10.39

在超静定结构计算中,结构超静定次数越高或结点位移越多,即基本未知量数目越多,其计算工作量也越大。能否进行简化计算呢? 我们来讨论简化的可能性及简化方法。

在力法方程中,由系数及自由项的计算可知,δ_{ii}恒大于零,而δ_{ik}、Δ_{iP}可大于、等于零或小于零。因此可想办法使尽可能多的δ_{ik}、Δ_{iP}为零,从而使力法计算得到简化。另外,若能想办法减少基本未知量数目,也可使计算得到简化。针对简化方法的不同,下面介绍常用的两种简化计算的思路。

①在力法计算中,利用对称性,选择对称的基本结构可使部分δ_{ik}、Δ_{iP}为零,使计算得以简化。

根据此思路,我们可推出有关对称结构在正对称或反对称荷载作用下的内力、变形特征的两个很重要的结论。具体推导过程请参阅结构力学教材。

结论Ⅰ:对称结构,正对称荷载作用,则反对称多余力为零,结构的内力、变形是正对称的,如图 10.38。关于结构内力、变形正对称,需注意三点:第一,从内力图与变形图来看,M、F_N图正对称,F_Q图反对称;变形图正对称。第二,考虑对称轴上各截面的内力,应只有轴力 F_N、弯矩 M,而剪力 $F_Q=0$。第三,考虑对称轴上各点的位移,只有垂直于杆轴方向的位移,无轴向位移及转角。

结论Ⅱ:对称结构,反对称荷载作用,则正对称多余力为零,结构的内力、变形是反对称的,如图 10.39。同理,关于结构内力、变形反对称,也需注意三点:第一,从内力图与变形图来看,M、F_N图反对称,F_Q图正对称;变形图反对称。第二,考虑对称轴上各截面的内力,只有剪力 F_Q,而弯矩、轴力为零($M=0$,$F_N=0$)。第三,对称轴上各点的位移只有转角和轴向位移,垂直于杆轴方向的位移为零。

②等值半刚架法——减少未知量数目。

在对称的超静定结构计算中,人们经常采用等值半刚架法来简化计算。所谓等值半刚架法,是利用对称结构在正对称或反对称荷载作用下的内力、变形特征,将原结构用等效的半刚架代替,从而减少未知量数目,简化计算。下面分别就正对称荷载、反对称荷载,奇数跨、偶数跨两种对称结构进行讨论。

对称结构在正对称荷载作用时,由结论Ⅰ,内力、变形正对称。讨论图 10.40(a)所示奇数跨结构,在对称轴 C 处,只可能有弯矩和轴力,有竖向线位移。取一半刚架计算时,C 点处内力、变形与定向支承对其的约束相吻合,因此可用定向支承代替,得图 10.40(b)所示的半刚架,从而将一个三次超静定问题转化为两次超静定问题。而对图 10.41(a)所示的偶数跨结构,考虑中柱的轴力对横梁的影响并忽略杆件的轴向变形,其弯矩、剪力、轴力均不为零,而竖向位移、水平位移、转角全为零。因此可用固定端支承替代原约束,得图 10.41(b)所示半刚架,将一个六次超静定问题转化为三次超静定问题。

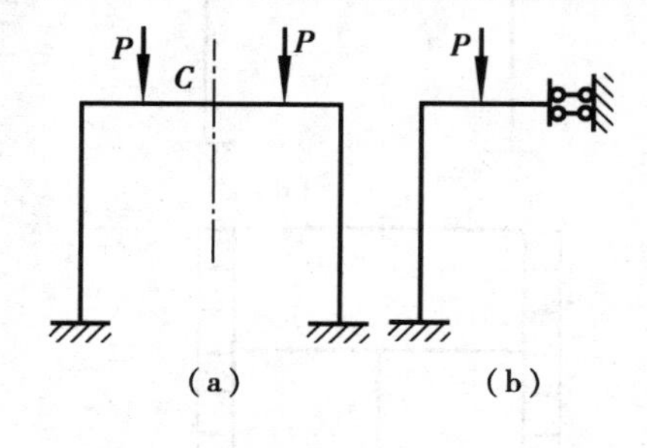

图 10.40

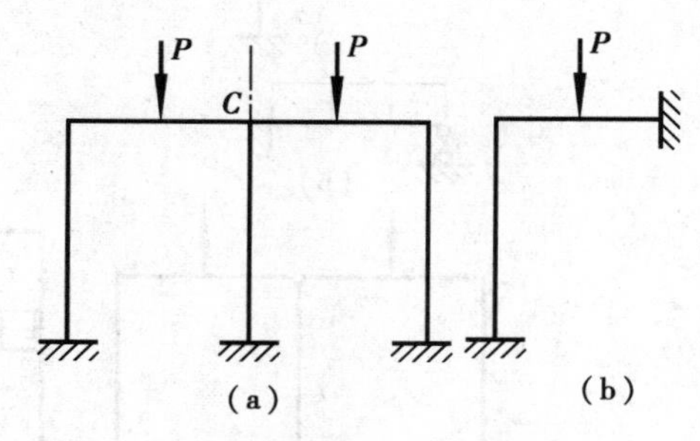

图 10.41

对称结构在反对称荷载作用时,由结论Ⅱ,内力、变形反对称。讨论图 10.42(a)所示奇数跨结构,在对称轴 C 处,只可能有剪力,有水平线位移及转角。取一半刚架计算时,可用竖向链杆支承代替原约束,得图 10.42(b)所示的半刚架,将一个三次超静定问题转化为一次超静定问题。而对图 10.43(a)所示的偶数跨结构,可设想中柱由两根各具$\frac{I}{2}$的分柱组成,两分柱分别在对称轴的两侧,与横梁刚结,如图 10.43(b)。这样可将原结构视为奇数

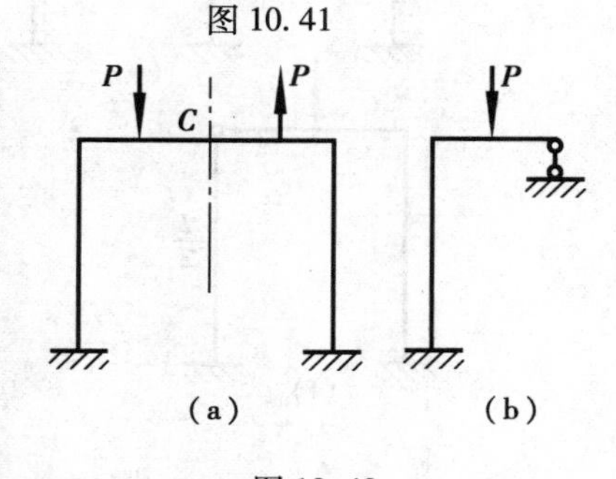

图 10.42

跨的对称结构。由结论Ⅱ,横梁在对称轴截面只有剪力,如图 10.43(c)。在忽略轴向变形时,这一对剪力只对两分柱产生大小相等而性质相反的轴力,对其他各杆均不产生内力。又由于中柱的内力应是两分柱内力之和,故剪力对原结构的内力和变形都无影响。可略去剪力取原结构的一半进行分析,见图 10.43(d)。将一个六次超静定问题转化为三次超静定问题。

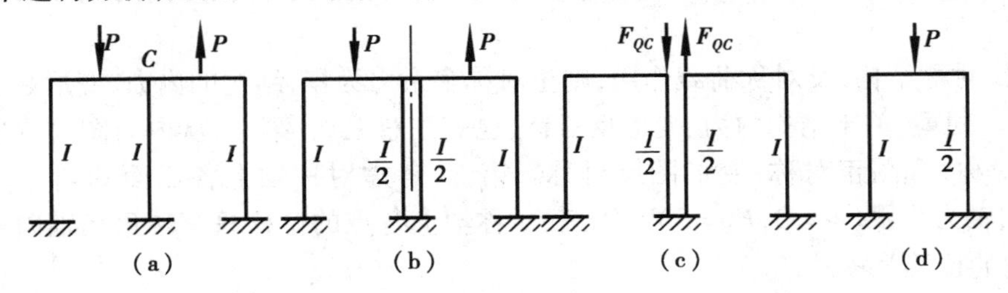

图 10.43

以上分别就对称结构在正对称和反对称荷载作用下,取半刚架进行计算的问题进行了讨论。对于承受任意荷载的对称结构,可利用荷载分组的方法,将荷载分解为正对称和反对称的两种情况,分别计算,最后将两种情况的计算结果叠加即得到所求的解答。

例 10.13 绘出下列结构的等值半刚架。

说明:图 10.44 中,(a)、(c)图为对称结构正对称荷载偶数跨,对应的等值半刚架为(b)、(d)图;(e)图为对称结构反对称荷载偶数跨,对应的等值半刚架为(f)图;(g)、(j)两图分别为正、反对称荷载作用下的两层对称结构,上层为奇数跨,下层为偶数跨,对应的等值半刚架为(h)、(k)图。

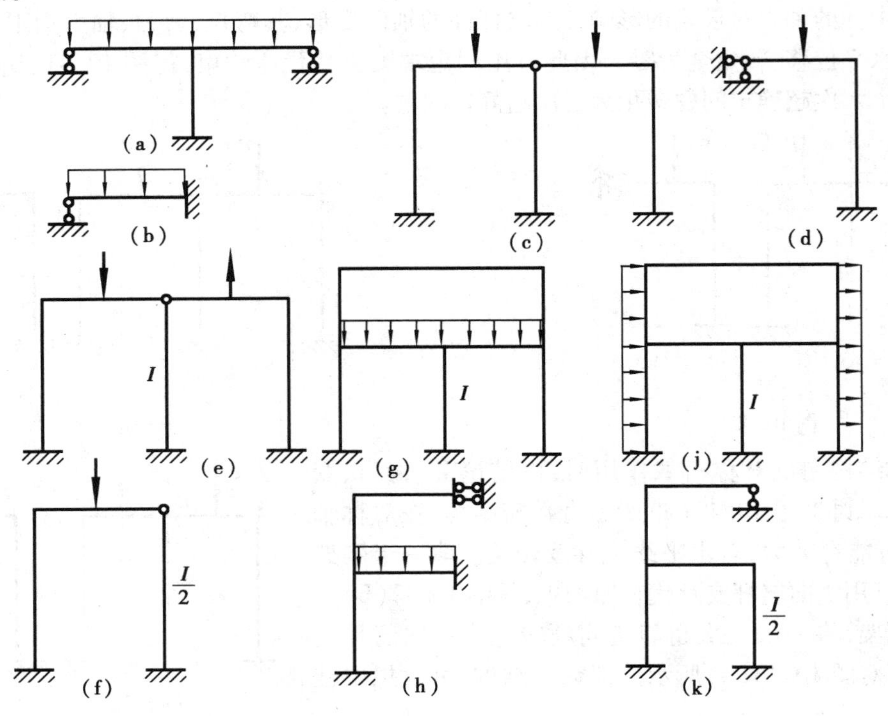

图 10.44

例 10.14 利用对称性计算图10.45(a)所示刚架。各杆 EI = 常数。

解 该结构为9次超静定结构。若用力法计算,有9个未知量;用位移法计算,有2个未知量。考虑该结构为对称结构,正对称荷载,利用对称性可简化计算。用等值半刚架法,可取图10.45(b)所示的半刚架进行计算。此时,用位移法计算,基本未知量仅有一个角位移。写出各杆杆端弯矩表达式为

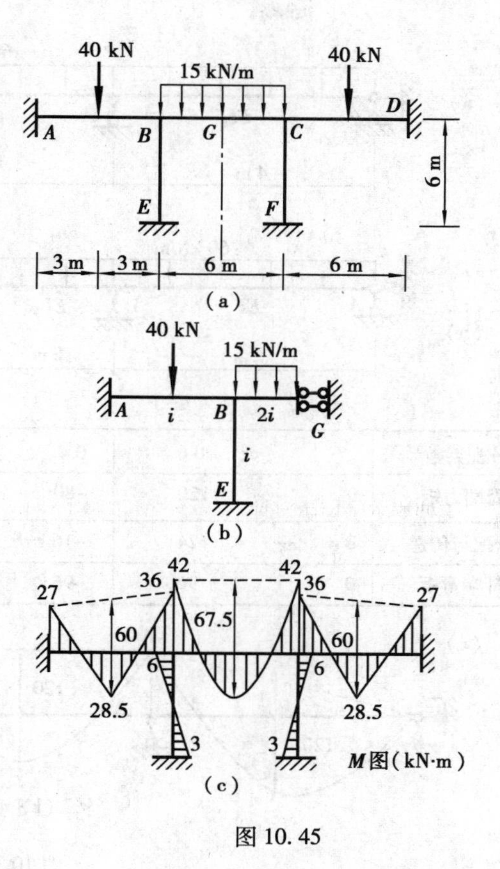

图10.45

$M_{AB}=2iZ_1-30,M_{BA}=4iZ_1+30,$

$M_{BE}=4iZ_1,M_{EB}=2iZ_1,$

$M_{BG}=2iZ_1-45,M_{GB}=-2iZ_1-22.5$

取结点B为隔离体,由平衡条件得

$$\sum M_B=0,M_{BA}+M_{BE}+M_{BG}=0$$

$$10iZ_1-15=0$$

解方程得

$$Z_1=\frac{3}{2i}\quad(\text{顺时针转动})$$

将Z_1代入弯矩表达式得

$M_{AB}=-27\ (\text{kN·m})$ (上部受拉)

$M_{BA}=36\ (\text{kN·m})$ (上部受拉)

$M_{BG}=-42\ (\text{kN·m})$ (上部受拉)

$M_{GB}=-25.5\ (\text{kN·m})$ (下部受拉)

$M_{BE}=6\ (\text{kN·m})$ (左侧受拉)

$M_{EB}=3\ (\text{kN·m})$ (右侧受拉)

根据以上杆端弯矩,可绘出半刚架的弯矩图,再根据对称结构,正对称荷载的受力特征,可绘出整个刚架的弯矩图如图10.45(c)所示。

例10.15 用力矩分配法计算图10.46(a)所示的三跨对称连续梁。

解 该连续梁具有2个刚性结点。利用其对称性,取一半进行计算(图10.46(b))。此时只有一个刚性结点,可按单结点力矩分配解算。

1)计算分配系数

计算分配系数时,可用各杆的绝对线刚度,也可以采用相对线刚度。对本例设相对线刚度

$$i_{1A}=1,i_{1C}=\frac{EI}{\frac{l}{2}}=2$$

则分配系数

$$\mu_{1A}=\frac{3i_{1A}}{3i_{1A}+i_{1C}}=\frac{3\times1}{3\times1+2}=0.6,\mu_{1C}=\frac{i_{1C}}{3i_{1A}+i_{1C}}=\frac{2}{3\times1+2}=0.4$$

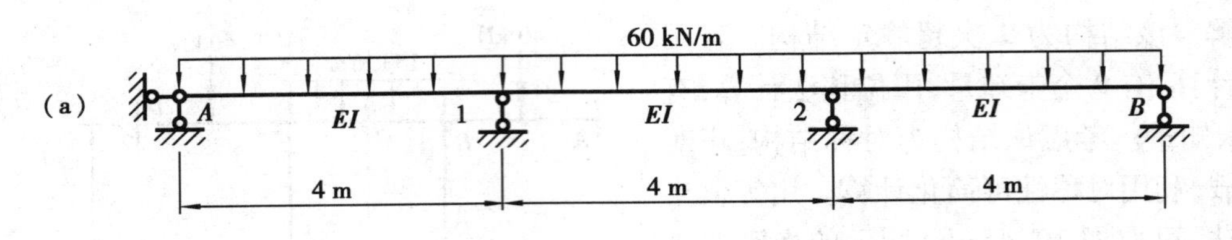

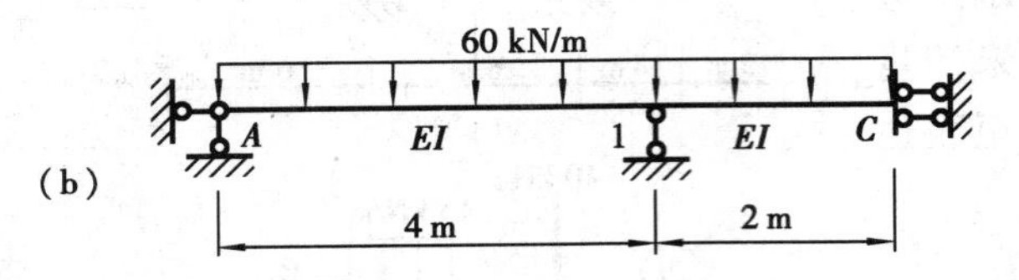

分配系数		0.6	0.4	
固端力矩	0	120	−80	40
分配与传递	0 ←	−24	−16 →	16
杆端弯矩	0	96	−96	−24

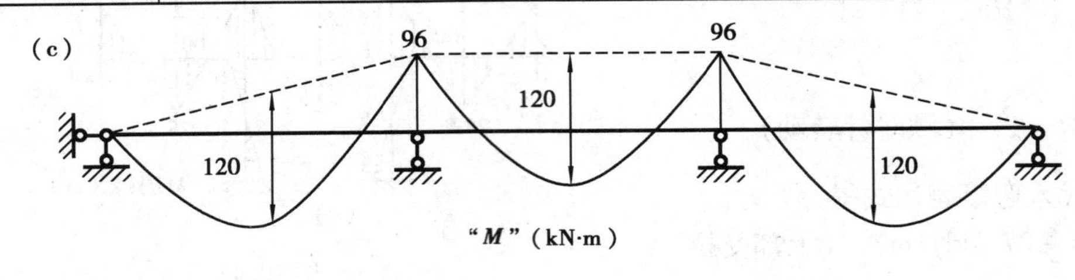

图 10.46

2)计算固端弯矩

当结点 1 固定时,形成两个单跨梁,按表 10.1 给定的公式计算。

梁 $1A$ 为一端固定一端铰支梁, $M_{1A}^{F}=\frac{1}{8}ql^{2}=120\ (\mathrm{kN\cdot m})$

梁 $1C$ 为一端固定一端定向支座梁,左右两端固端弯矩分别为

$$M_{1C}^{F}=-\frac{1}{3}q\left(\frac{l}{2}\right)^{2}=-\frac{1}{12}ql^{2}=-80\ (\mathrm{kN\cdot m})$$

$$M_{C1}^{F}=-\frac{1}{6}q\left(\frac{l}{2}\right)^{2}=-40\ (\mathrm{kN\cdot m})$$

结点 1 的不平衡力矩为

$$M_{1}=120-80=40\ (\mathrm{kN\cdot m})$$

3)分配与传递见图 10.46 中表格所示。

4)最终杆端弯矩见图 10.46 中表格所示。

5)绘 M 图,示于图 10.46(c)。

计算本题时,应注意 $1A$ 杆的线刚度为$\left[\frac{EI}{\frac{l}{2}}=\frac{2EI}{l}\right]$而不是$\left(\frac{EI}{l}\right)$。

可深入讨论的问题

1. 本章只介绍了超静定刚架、超静定桁架的内力计算，而超静定拱结构、超静定组合结构在我们的实际工程中也是常见的，所以对其他超静定结构的内力计算有兴趣的读者可参阅多学时的结构力学教材。

2. 本章主要讨论了超静定结构的内力计算，已知结构各截面的内力，即可根据第5至8章解决强度问题。而关于超静定结构的位移计算问题，有兴趣的读者可参阅多学时的结构力学教材。

3. 随着计算机的广泛应用，矩阵位移法是目前常用的以电算为手段求解超静定结构内力和位移的主要方法，因其便于编制程序，并且适于计算机组织运算，因而在工程界得到广泛应用。有兴趣的读者可参阅多学时的结构力学教材。

思考题10

10.1　在力法中基本结构起什么作用？能否用超静定结构作为基本结构？

10.2　超静定结构的内力分析需要同时考虑平衡条件及变形协调条件。在力法和位移法中，它们各自采用什么方式来满足平衡和变形协调条件？

10.3　用位移法计算图示刚架时，可否把 DC 杆 C 端的转角也作为基本未知量进行计算？

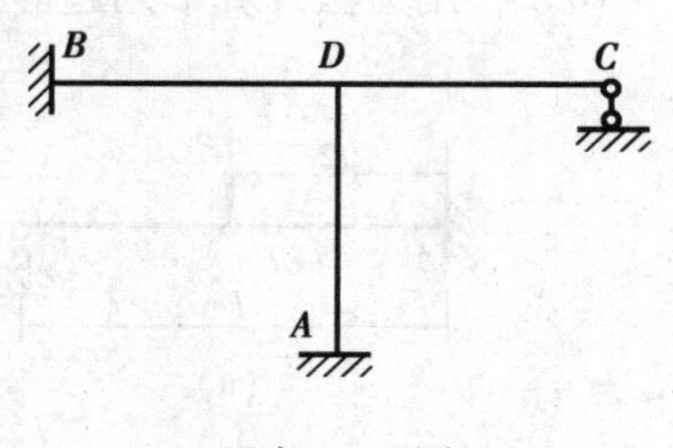

思考10.3图

10.4　静定结构是否可用位移法计算内力？

10.5　为什么力矩分配法不能直接应用于有结点线位移的刚架？

10.6　如果按线刚度来计算分配系数，即考虑 $\mu = \frac{i_{ik}}{\sum_i i_{ik}}$，请推出以下三种情况下的修正线刚度：(1) K 端为铰支；(2) K 端为固端；(3) K 端为定向支承。

10.7　一个超静定结构，仅考虑荷载作用时，若将结构的各杆抗弯刚度同时增大或减小10倍，其弯矩如何变化？

10.8　如果结构是对称的，但荷载不对称，能否按等值半钢架法进行计算？

习题10

10.1　确定下列结构的超静定次数。

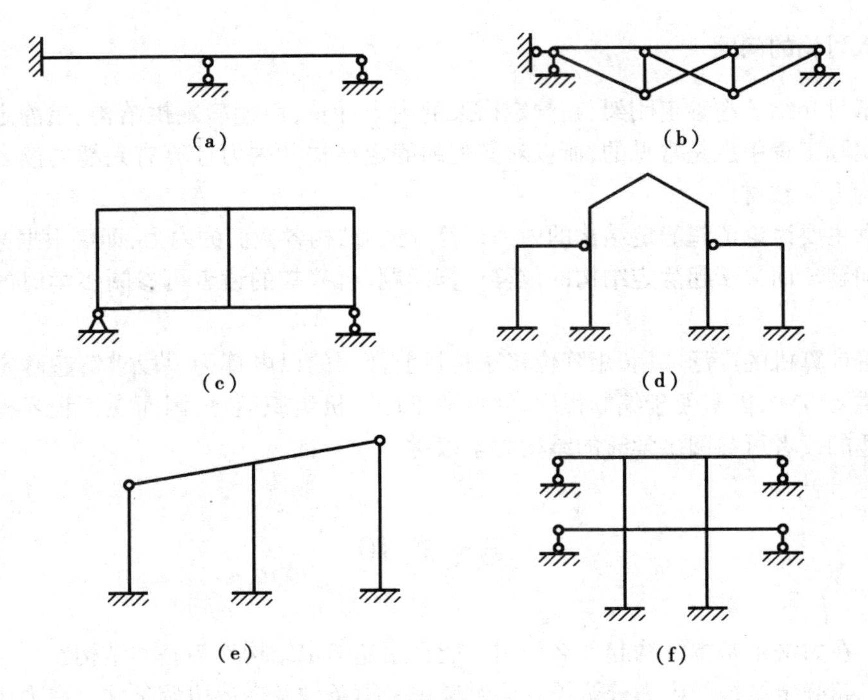

题 10.1 图

10.2　用力法计算下列超静定梁，绘 M、F_Q图。

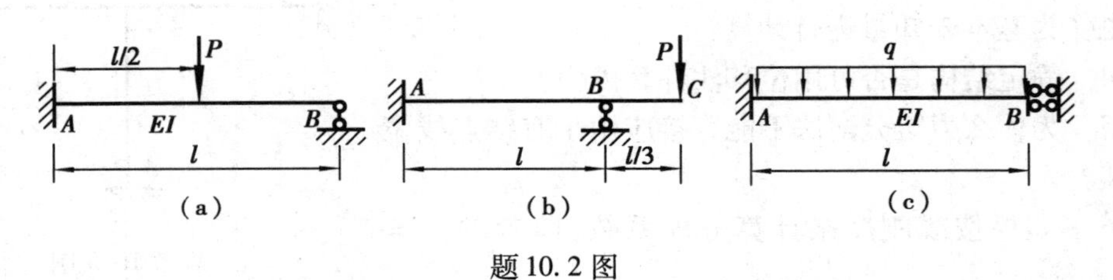

题 10.2 图

10.3　用力法计算下列结构，绘内力图。

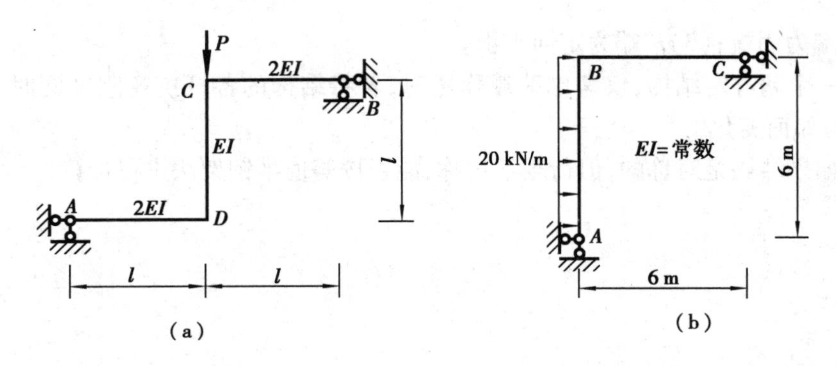

题 10.3 图

10.4　用力法计算图示超静定桁架，求各杆轴力。各杆 EA = 常数。

10.5 用力法计算图示排架，绘 M 图。

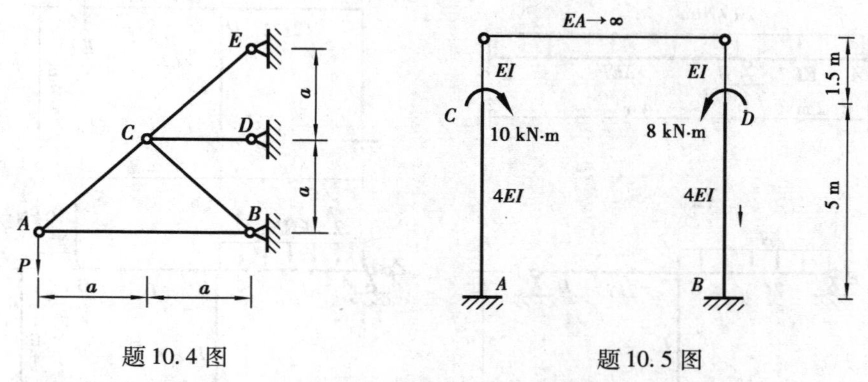

题10.4图　　题10.5图

10.6 图示单跨超静定梁，A 端产生转角 φ_A，绘制梁的 M、F_Q图。

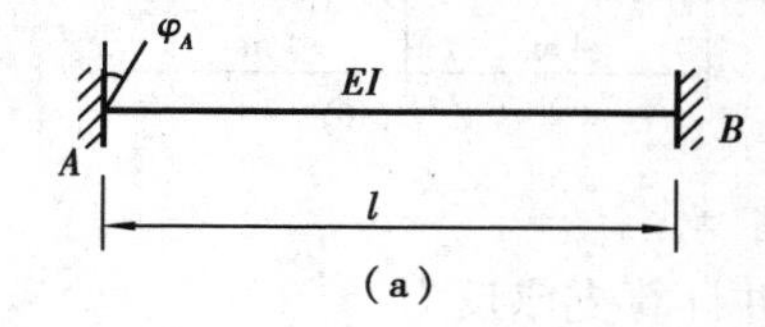

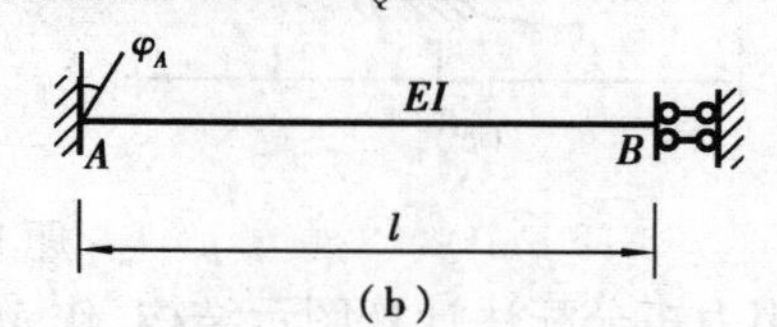

题10.6图

10.7 确定下列结构在位移法计算中其基本未知量的数目。

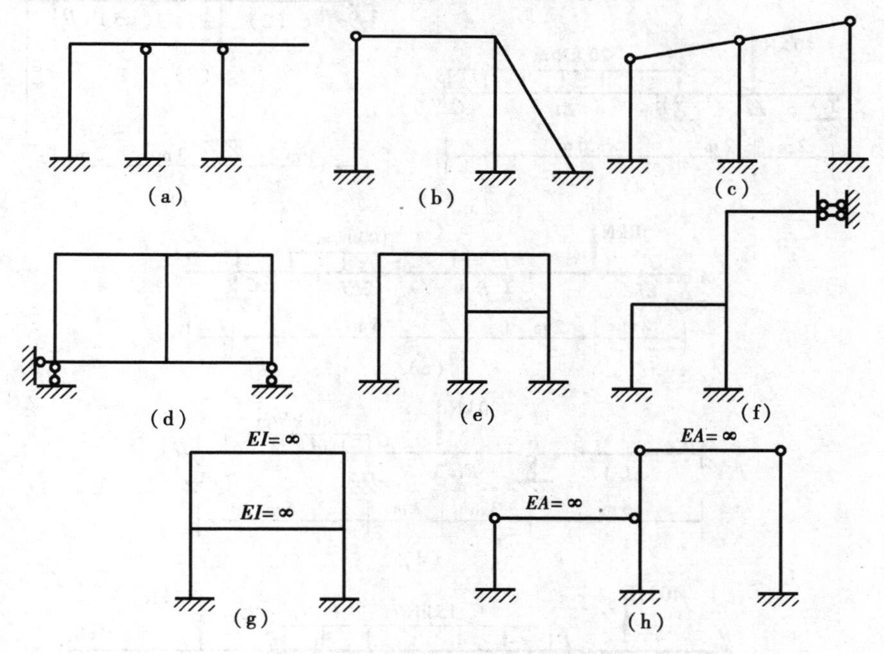

题10.7图

10.8 用位移法计算图示结构，绘内力图。

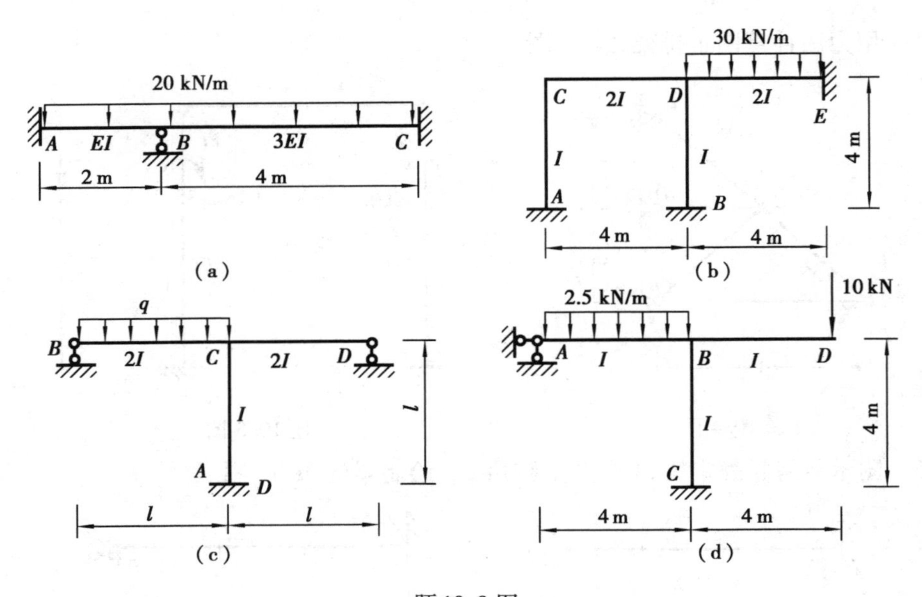

题 10.8 图

10.9　用力矩分配法计算图示结构，作 M 图，并计算支座反力。

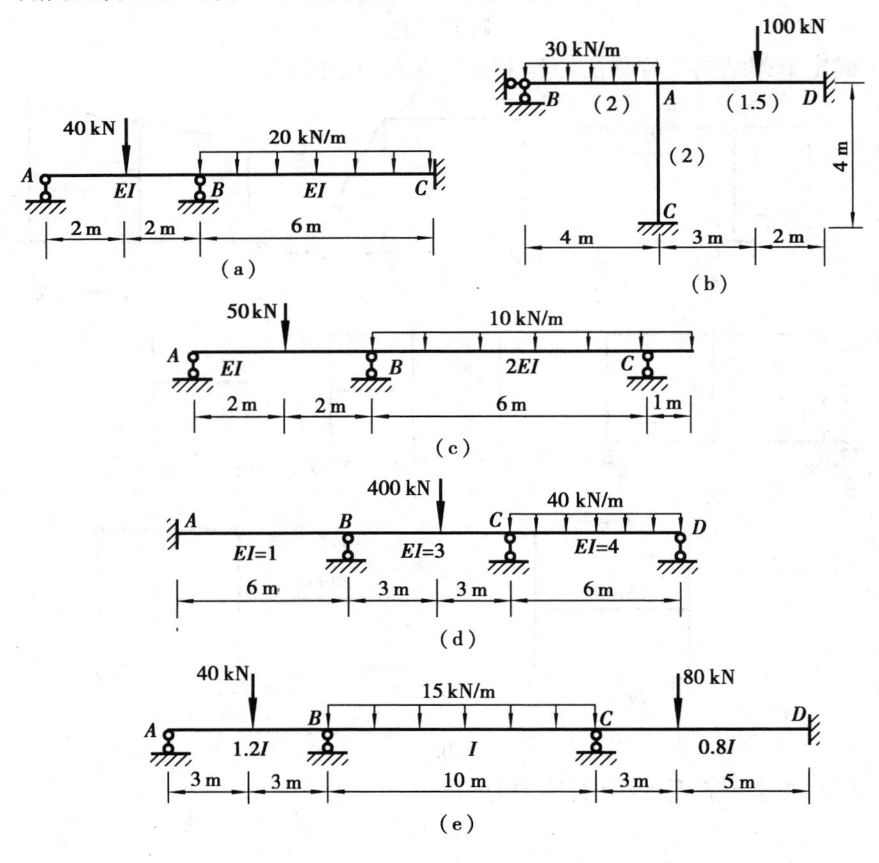

题 10.9 图

10.10　利用对称性,采用适宜的方法计算下列结构,绘 M 图。

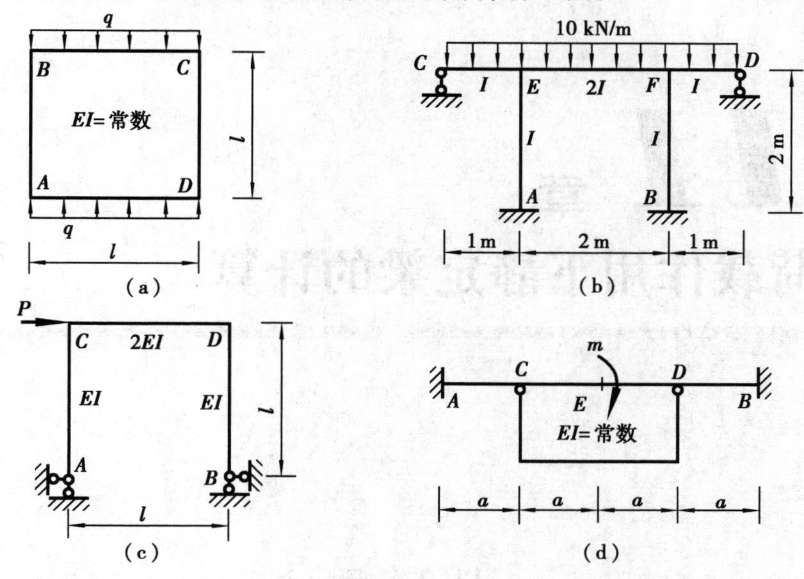

题 10.10 图

*第 11 章 移动荷载作用下静定梁的计算

11.1 概 述

11.1.1 问题的提出

工程中的结构,除承受恒载外,还将受到各种活载的作用。如列车、汽车等行驶过桥梁时,厂房中吊车在吊车梁上运行时,桥梁和吊车梁上承受的荷载为移动荷载;又如承受人群、临时设备、水压力和风压力等可动荷载的结构。当结构受荷载作用时,结构的反力和内力将随着荷载位置的不同而变化。因此,在结构设计中,必须求出荷载作用下结构的反力和内力的最大值。结构在移动荷载作用下,不仅各反力和各截面的内力变化规律各不相同,而且在同一截面上的各内力分量(如弯矩、剪力)的变化规律也不相同。为对结构进行全面了解,确保结构设计的安全合理,必须研究在移动荷载作用下,结构支反力和内力的变化情况;研究结构各截面可能出现的最大内力以及结构最大内力的位置和产生最大内力时荷载作用位置;研究结构各截面位移变化以及位移最大值位置。本章将主要介绍荷载作用下结构反力和各截面内力的最大值以及产生最大值的荷载位置。

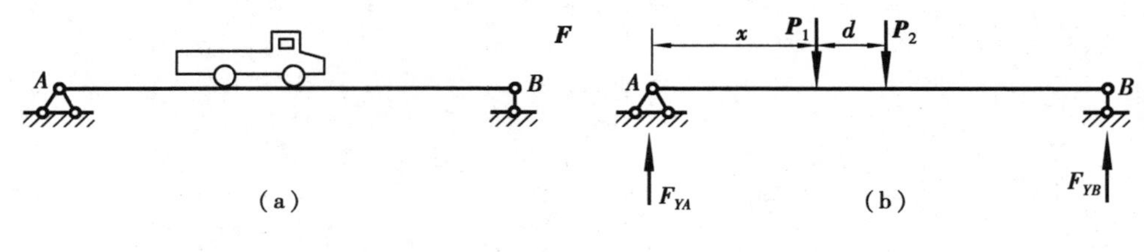

图 11.1

11.1.2 影响线的概念

通常移动荷载是由一系列相互平行的间距不变的竖向荷载组成,如图 11.1 所示简支梁,汽车对梁的作用力通过两个固定间距的轮子施加在梁上，当汽车由左向右行驶时，反力 F_{YA} 将逐渐减小，而反力 F_{YB} 将逐渐增大。这样，只要求出当单位荷载在结构上移动时对某一量值（反力、内力、位移）所产生的影响，则由实际活荷载所产生的这个量值的影响可用叠加原理求得。

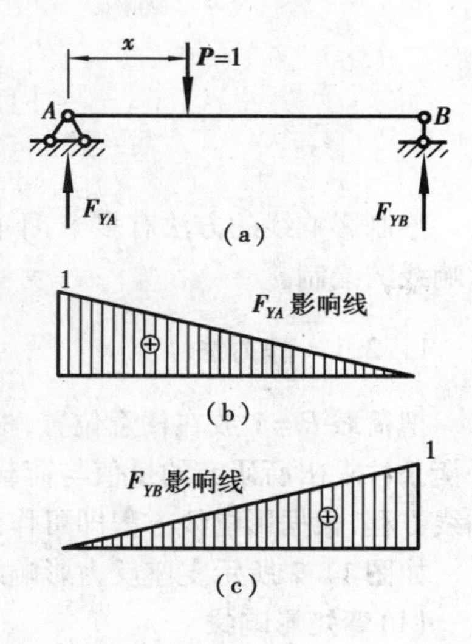

图 11.2

如图 11.2(a)所示简支梁，当荷载 $P=1$ 在 AB 上移动时，求反力 F_{YA} 的数值，如果以 A 点为坐标原点，横坐标 x 表示荷载 $P=1$ 的位置，以纵坐标表示反力 F_{YA} 的数值。

由 $\sum M_B = 0$ 有

$$F_{YA}l - P(l-x) = 0$$

即

$$F_{YA} = P\frac{l-x}{l} = \frac{l-x}{l} \tag{11.1}$$

由上式可知，F_{YA} 的大小与荷载作用位置 x 成正比，或者荷载作用点不同值，F_{YA} 也不同。公式(11.1)反映 F_{YA} 的变化规律，绘制图 11.2(b)，该图概括 F_{YA} 值的所有的可能情况。这一图形称为反力 F_{YA} 的影响线。同理可得反力 F_{YB} 的影响线，见图 11.2(c)。

由上可见，影响线的定义如下：当一个指向不变的单位集中荷载（通常是竖直向下）沿结构移动时，表示某一指定量值变化规律的图形，称为该量值的影响线。

从概念上，影响线与内力图是截然不同的，前者表示当单位荷载沿结构移动时，某一指定截面处的某一量值的变化情形；后者表示在固定荷载作用下，某种量值在结构所有截面上的分布情形。

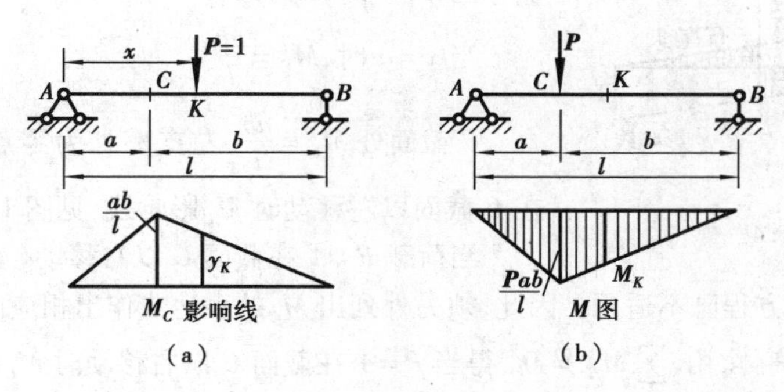

图 11.3

比较图 11.3(a)所示的 M_C 影响线与图 11.3(b)所示的弯矩图，M_C 影响线上 K 截面对应的竖标为 y_K，代表荷载 $P=1$ 作用于 K 处时，C 截面上弯矩 M_C 的大小；而弯矩图上 K 截面对应的竖标 M_K，则代表固定荷载作用下，在 K 截面所产生的弯矩。显然，与某一固定荷载对应的内力图不能反映由于荷载位置变化引起的内力的变化。然而，某一量值的影响线能使我们看出，当单位荷载位置变化时，该量值的变化规律，注意它只能表示某一量值的变化规律，而不能同时反映结构上各量值的变化情形。

此外应注意，影响线仅表示单位荷载移动对结构的某一量值的影响，与实际荷载无关。

11.2 静定梁的影响线

绘制影响线的方法有多个,下面分别介绍静力法、机动法。并介绍结点传递荷载情况下的影响线的绘制。

11.2.1 静力法

把荷载 $P=1$ 放在任意位置,根据所选坐标系,以 x 表示其作用点的横坐标;然后运用静力平衡条件求出所研究的量值与荷载 $P=1$ 的位置 x 之间的关系。表示这种关系的方程称为影响线方程,根据影响线方程即可作出影响线。这种方法称为静力法。

如图 11.2 所示支座反力影响线就是依据静力法绘出的。

(1)弯矩影响线

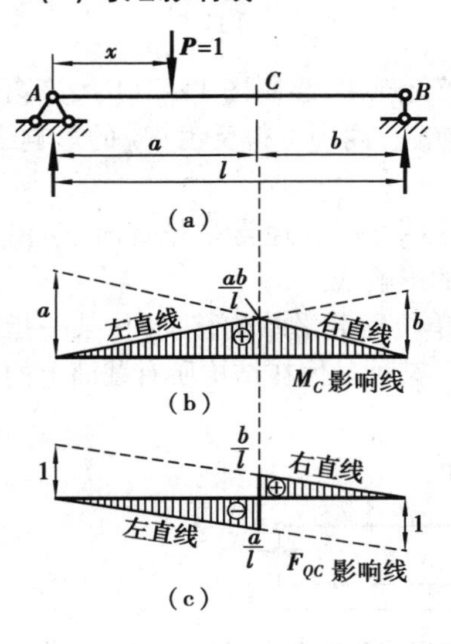

图 11.4

绘制图 11.4(a)简支梁 C 截面的弯矩影响线。为此,先考虑荷载 $P=1$ 在截面 C 的左方移动($0\leqslant x\leqslant a$)。为了计算简便起见,取梁中的 CB 段为隔离体,并规定以使梁下部纤维受拉的弯矩为正,由 $\sum M_C=0$,可得

$$M_C=F_{YB}\cdot b=\frac{x}{l}b \quad (0\leqslant x\leqslant a) \tag{11.2a}$$

由此可知,M_C影响线在截面 C 以左部分(AC 段)为一直线

当 $x=0$ 时,$M_C=0$;

当 $x=a$ 时,$M_C=\dfrac{ab}{l}$

C 截面处 $M_C=\dfrac{ab}{l}$,左支座处为零点,即得荷载 $F=1$ 在 C 截面以左移动时 M_C影响线,见图 11.4(b)。

当荷载 $P=1$ 在截面 C 以右移动($a\leqslant x\leqslant l$)时,即,上面所求得的影响线方程已不适用。因此,须另外列出 M_C的表达式作出相应区段内的影响线。

取 AC 段为隔离体,由 $\sum M_C=0$,得当 $P=1$ 在截面 C 以右移动时 M_C的影响线方程。

$$M_C=F_{YA}\cdot a=\frac{l-x}{l}a(a\leqslant x\leqslant l) \tag{11.2b}$$

由上式可知,BC 段上 M_C的影响线同样为直线图,C 截面处 $M_C=\dfrac{ab}{l}$,右支座处为 0。

式(11.2a)和式(11.2b)连成的图,即为荷载 $P=1$ 在梁上移动时 M_C 的影响线,如图 11.4(b)所示。由图可看出,M_C影响线是由两段直线所组成,此二直线的交点位于截面 C 处的竖标顶点。通常称截面以左的直线为左直线,截面以右的直线为右直线。

从上述弯矩影响线方程可以看出,左直线可由反力 F_{YB}影响线将竖标乘以 b 而得到,而右直线可由反力 F_{YA}影响线将竖标乘以 a 而得到。因此,可以利用 F_{YA}和 F_{YB}影响线来绘制 M_C影

响线，即：在左、右两支座处分别取竖标 a、b，将它们的顶点各与右、左两支座处的零点用直线相连，则这两根直线的交点与左、右零点相连部分就是 M_C 影响线。这种利用已知量值的影响线来作其他量值影响线的方法，能带来较大的方便。

由于已假定 $P=1$，故弯矩影响线竖标的单位为长度单位。

(2)剪力影响线

用静力法绘制图 11.4(a) 中 C 截面的剪力影响线时，先用静力平衡条件建立影响线方程。与弯矩影响线方程相同，先考虑荷载 $P=1$ 在 C 截面的左方移动 $(0\leqslant x\leqslant a)$。取 C 截面以右部分为隔离体，并规定使隔离体有顺时针转动趋势的剪力为正，则

$$\sum F_Y = 0, F_{QD} = -F_{YB} = -\frac{x}{l}(0 \leqslant x \leqslant a) \tag{11.3a}$$

当荷载 $P=1$ 在截面 C 以右移动 $(a\leqslant x\leqslant l)$ 时，取 C 截面以左部分为隔离体，同理可得

$$F_{QD} = F_{YA} = \frac{l-x}{l}(a \leqslant x \leqslant l) \tag{11.3b}$$

依照弯矩影响线的绘制，根据 F_{QC} 影响线方程可绘出 C 截面的剪力影响线。由图 11.4(c)可看出，F_{QC} 影响线为两段相互平行的直线组成，在 C 截面处出现突变，突变值为 1。由 F_{QC} 影响线方程还可看出，剪力影响线也可根据反力影响线绘制。此时分别用虚线绘出反力 F_{YA} 影响线及反号的反力 F_{YB} 影响线，在 C 截面处截断，左边取负的 F_{YB} 影响线，右边取 F_{YA} 影响线即得到 F_{QC} 影响线。

例 11.1　试作图 11.5 所示外伸梁的 F_{YA}、F_{YB}、F_{QD}、M_D 的影响线。

解　1)作 F_{YA}、F_{YB} 的影响线

以 A 点为坐标原点，横坐标 x 以向右为正。当荷载作用在梁上任一点 x 处时，由平衡条件得 F_{YA} 和 F_{YB} 的影响线方程为

$$\left.\begin{aligned} F_{YA} &= \frac{l-x}{l} \\ F_{YB} &= \frac{x}{l} \end{aligned}\right\} \left(0\leqslant x\leqslant \frac{3l}{2}\right)$$

绘制 F_{YA} 和 F_{YB} 的影响线，见图 11.5(b)、(c)。

2)作 M_D 和 F_{QD} 的影响线

当荷载 $P=1$ 在 D 截面的左方移动 $(0\leqslant x\leqslant a)$。取截面 D 以右部分为隔离体，求得 M_D 和 F_{QD} 的影响线方程为

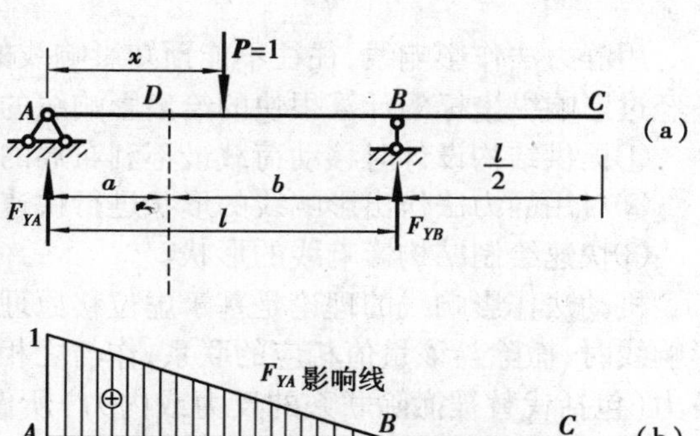

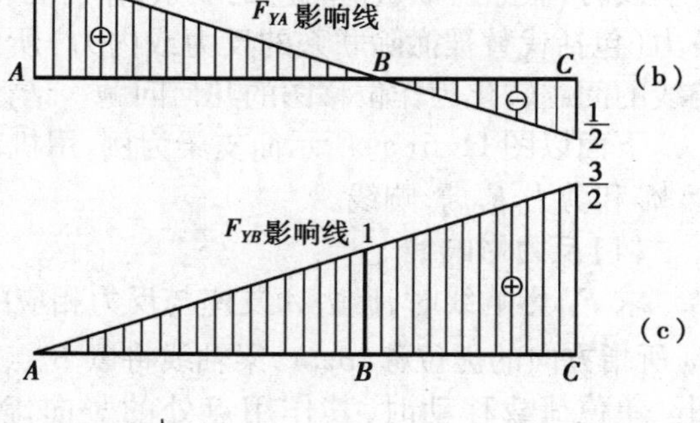

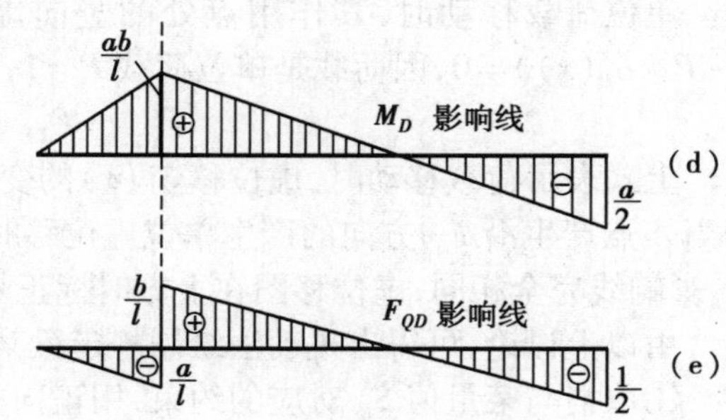

图 11.5

$$\left.\begin{aligned} M_D &= F_{YB}\cdot b = \frac{x}{l}\cdot b \\ F_{QD} &= -F_{YB} = -\frac{x}{l} \end{aligned}\right\}\quad (0\leqslant x\leqslant a)$$

当荷载 $P=1$ 在 D 截面以右移动$\left(a\leqslant x\leqslant \frac{3l}{2}\right)$时，取 D 截面以左部分为隔离体，同理可得 M_D和 F_{QD}的影响线方程为

$$\left.\begin{aligned} M_D &= F_{YA}\cdot a = \frac{l-x}{l}\cdot a \\ F_{QD} &= F_{YA} = \frac{l-x}{l} \end{aligned}\right\}\quad \left(a\leqslant x\leqslant \frac{3l}{2}\right)$$

绘制 M_D和 F_{QD}的影响线，见图 11.5(d)、(e)。

11.2.2 机动法

用静力法作影响线，往往不能预知影响线的形状和零点位置。而机动法作影响线却可以不经过影响纵坐标的计算很快的绘出影响线的轮廓。机动法可用于下列 3 个方面：

①提供结构设计时移动荷载最不利布局的参考；

②对用静力法作出影响线的形状进行快速的校核；

③快速绘制结构影响线的形状。

机动法作影响线的理论是基于虚位移原理，根据机动法的理论，求结构的某一指定量值的影响线时，撤除与该量值相应的联系，作与之相应的虚位移。在此虚拟位移状态下，体系上的各力(包括代替被撤除联系的反力或内力)所做的总虚功等于零。就将求支座反力和内力影响线的问题转化为作位移图的几何问题。请读者自行证明。

下面以图 11.6(a)所示简支梁为例，用机动法作 A 支座的反力 F_{YA}影响线和 C 点截面的弯矩 M_C和剪力 F_{QC}影响线。

(1)反力影响线

求 F_{AY}影响线时，撤去 A 支座与反力相应的约束，以所求量值 F_{YA}代替，虚设 A 点产生了沿 F_{YA}所指方向的虚位移(δ_{PA})，梁轴线将以 B 点为转动中心转动形成图 11.6(b)所示的虚位移图。单位荷载移动时，其作用点处的竖向虚位移为 $\delta_P(x)$。根据虚位移原理：$F_{YA}\times\delta_{PA}+(-P\times\delta_P(x))=0$，因荷载是单位荷载 $P=1$，若设 $\delta_{PA}=1$，有

$$F_{YA} = \delta_P(x) \tag{11.4}$$

上式表示荷载移动时，虚位移 $\delta_P(x)$的变化规律也就是为 F_{YA}的变化规律，即 F_{YA}影响线可用当 A 点产生沿 F_{YA}方向的产生单位虚位移时杆件的虚位移图表示。此图与用静力法绘出的 F_{YA}影响线完全相同，虚位移图在上方时标正号，在下方时标负号。见图 11.6(c)。

由以上讨论，可得出机动法绘制静定梁某量值的影响线，其步骤为：

①取消与某量值 S_K 对应的约束，用正向的 S_K 代替；

②沿 S_K 正向虚设单位位移，绘出相应的虚位移图，并按“上正下负”的原则标明正负号即为梁 S_K 影响线。

(2)弯矩影响线

求 C 截面 M_C 影响线时，在 C 截面撤除与 M_C 相应的约束(即加一铰)，用正向的 M_C 代替，且令铰 C 左、右两侧沿 M_C 所指方向产生单位相对转角，此时 AC 杆将以 A 点为支点逆时针转

动,CB 杆以 B 点为支点顺时针转动,得梁轴线的虚位移图,得图 11.6(d)所示虚位移图。此虚位移图即为 M_C 影响线。需标明正负号(图 11.6(e))。C 点处的竖标计算可由图 11.6(d)根据几何关系求出。

设 $\alpha+\beta=1$,从几何关系知:$\tan\alpha=\alpha=\dfrac{y_C}{a}$,$\tan\beta=\beta=\dfrac{y_c}{b}$。当荷载 $F=1$ 移到 C 点时,$y_{pc}=\dfrac{ab}{l}$。对应 M_C 影响线在 C 点的竖坐标为$\dfrac{ab}{l}$。

(3)剪力影响线

求截面 C 的剪力影响线时,在 C 截面撤除与 F_{QC}相应的约束(即加一个定向支座),用正向的 F_{QC}代替,且令 C 截面左右两侧产生沿 F_{QC}正向的相对单位位移,此时 AC 杆、CB 杆将分别以 A 点、B 点为支点顺时针转动相同角度(定向支承不允许产生相对转角),得图 11.6(f)所示虚位移图。此虚位移图即为 F_{QC}影响线。需标明正负号(图 11.6(g))。C 截面处左右两侧的竖标计算可由图 11.6(f)根据几何关系求出。

因为:
$$y_C^R+y_C^L=1,\quad 且\ \frac{y_c^L}{a}=\frac{y_c^R}{b}$$

故:
$$y_c^L=\frac{a}{l}\quad y_c^R=\frac{b}{l}$$

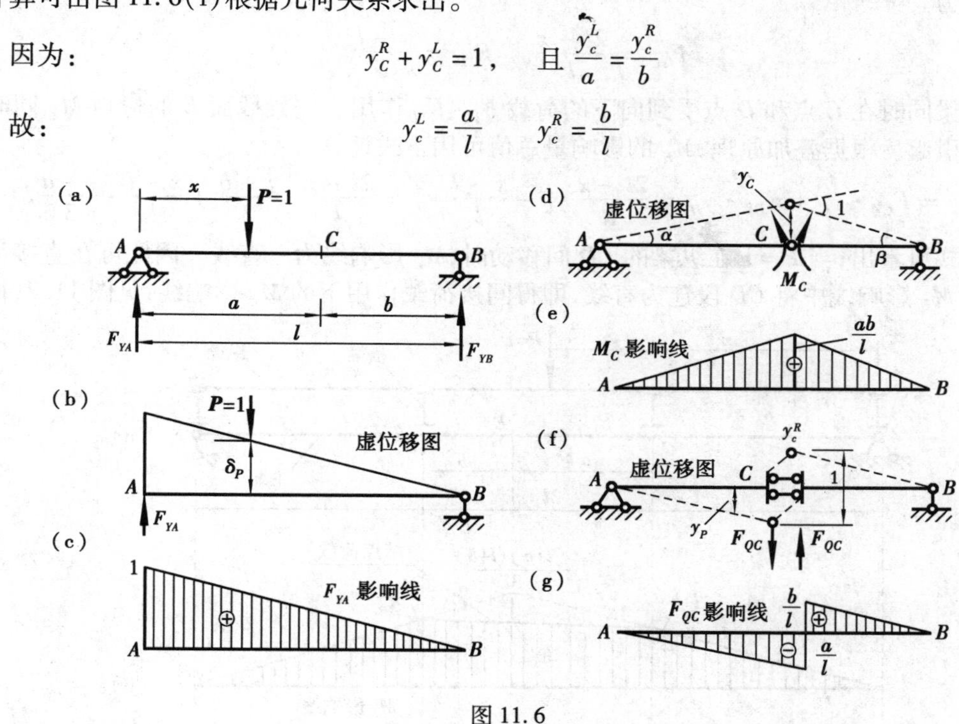

图 11.6

11.2.3　间接荷载作用下的影响线

土木工程中,不少结构承受的是结点传递荷载。如桥梁、楼板中的肋形结构,其荷载是通过楼板直接施加于次梁,再由次梁与主梁的交接点传递给主梁(或称大梁)。这样对于主梁来说,主要的荷载作用在结点处,且以集中力的形式出现。称主梁承受间接荷载或结点荷载作用。在此我们讨论用静力法绘制图 11.7(a)所示结构间接荷载作用下的某些量值的影响线。

(1)支座反力的影响线

与直接荷载作用时完全相同,在此不再重复。

(2)内力影响线

若所求内力影响线的截面正好在结点位置如图11.7(a)所示中的A、B、C、D处，则该截面内力的影响线作法与直接作用下的内力影响线相同。

当所求内力影响线的截面不在结点上时，以求图11.7(a)所示E截面的内力影响线为例。

首先讨论M_E的影响线的绘制。我们先假设当$P=1$直接在主梁AB上移动，绘出直接荷载作用下的M_E影响线如图11.7(b)中虚线所示。当$P=1$在纵梁上移动时，由静力法分析可知$P=1$在C点以左或D点以右移动时，M_E的影响线与直接荷载作用时相同。当$P=1$移动到纵梁的C、D点时，通过横梁将$P=1$直接传递到主梁，与直接荷载作用时相同，其M_E影响线的竖标分别为

$$y_C=\frac{l+b}{3},\quad y_D=\frac{l+a}{3}。$$

当$P=1$在纵梁的CD间移动时，荷载通过横梁C、D同时传递到主梁，此时纵梁C、D处的反力分别为

$$F_{YC}=\frac{2l-x}{l},\quad F_{YD}=\frac{x-l}{l}。$$

即此时主梁同时在C点和D点受到向下的荷载F_{YC}、F_{YD}作用。主梁截面E的弯矩M_E同时由两个荷载引起。根据叠加原理，M_E的影响量总值可用下式计算

$$M_E=F_{CY}\cdot y_C+F_{DY}\cdot y_D=\frac{2l-x}{l}y_C+\frac{x-l}{l}y_D=\frac{2l-x}{l}\cdot\frac{l+b}{3}+\frac{x-l}{l}\cdot\frac{l+a}{3}$$

由此式可看出，当$P=1$在纵梁的CD间移动时，M_E影响线为一直线。因此可在直接荷载作用下的M_E影响线中将CD段连为直线，即得间接荷载作用下的M_E影响线，见图11.7(b)。

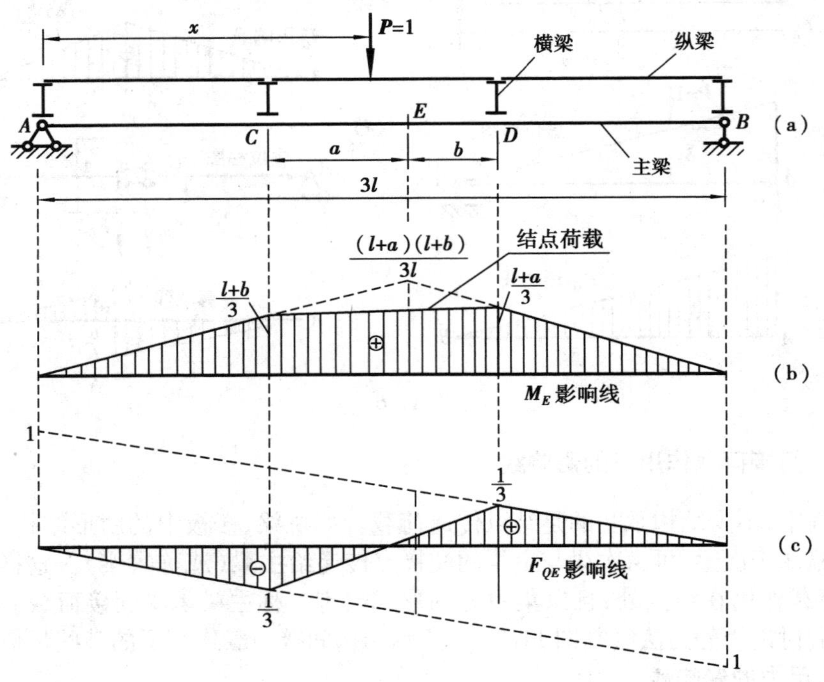

图11.7

根据以上讨论，可归纳出静定梁在间接荷载作用下某一量值 S_K 影响线的绘制步骤为：

①绘出直接荷载作用下的 S_K 影响线；

②确定各结点处的 S_K 影响线竖标；

③将 S_K 影响线相邻结点处的竖标连直线即得静定梁在间接荷载作用下的 S_K 影响线。

例如绘 F_{QE} 的影响线时可先绘出直接荷载作用下的 F_{QE} 影响线如图 11.7(c)中虚线所示，确定 $P=1$ 移至各结点处的 F_{QE} 影响线竖标，相邻结点连直线即得间接荷载作用下的 F_{QE} 影响线，见图 11.7(c)。

11.3　影响线的运用

绘制影响线的最终目的是求出结构某截面由于已知移动荷载所产生的最大内力。下面我们分两步走。首先讨论当荷载位置确定时，如何利用某量值的影响线来求该量值。再讨论，荷载移动至什么位置时，可使某一量值达最大，其最大值为多少。

11.3.1　荷载位置确定时，利用影响线求量值

(1)集中荷载作用

前面我们已知道，某量值的影响线表示：结构任意位置上作用单位竖向荷载时，该量值的大小。图 11.8(a)所示简支梁截面 C 的剪力影响线，设有一组集中荷载 P_1、P_2、P_3、P_4 作用于梁上，需求出截面 C 的剪力。

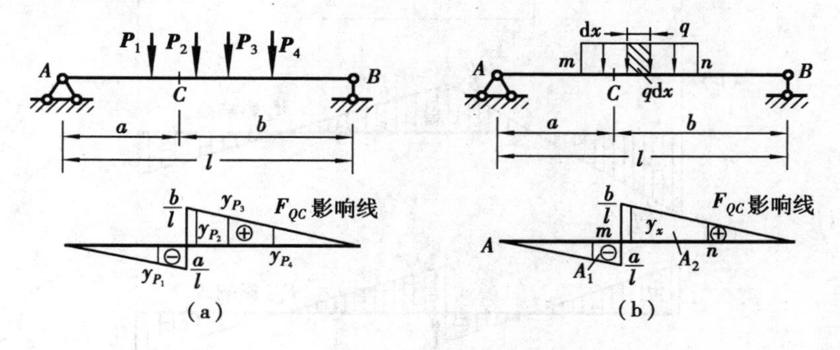

图 11.8

利用已作出的 F_{QC} 影响线。设在荷载作用点处影响线的竖标依次为 y_{P_1}、y_{P_2}、y_{P_3}、y_{P_4}。根据叠加原理可知在这组荷载作用下应有

$$F_{QC}=P_1y_{P_1}+P_2y_{P_2}+P_3y_{P_3}+P_4y_{P_4}$$

由此可得，当已绘出结构的某一量值 S 的影响线后，在一组竖向的集中荷载作用下该量值为

$$S=P_1y_1+P_2y_2+\cdots+P_ny_n=\sum P_iy_i \tag{11.5}$$

式中，y_i 为 P_i 作用点处相应的 S 影响线的竖标。

(2)分布力作用下

以集中荷载的影响为依据，将分布荷载沿其长度分为许多无限小的微段 dx，如图11.8(b)所示，每一微段上的荷载 q_xdx 可作为一集中荷载，故在 mn 区段内的分布荷载对量值 F_{QC} 的影响可用下式表达

$$F_{QC} = \int_{x_m}^{x_n} q_x y_x \mathrm{d}x$$

当 q_x 为均布荷载，即 $q_x = q$ 时，则上式变为

$$F_{QC} = q\int_{x_m}^{x_n} y_x \mathrm{d}x = qA$$

式中，A 表示影响线在荷载分布范围 mn 内的面积。由上可见，为了求得均布荷载的影响，只须把影响线在荷载分布范围内的面积求出，再以荷载集度 q 乘以这个面积。从图 11.8(b)可见，在计算面积 A 时，应考虑影响线的正、负符号，即有

$$A = A_2 - A_1$$

上述两式适用于任一量值 S 的影响线，写成一般形式为

$$S = \int_{x_m}^{x_n} q_x y_x \mathrm{d}x \tag{11.6a}$$

当 $q_x = q$ 时，

$$S = q\int_{x_m}^{x_n} y_x \mathrm{d}x = qA \tag{11.6b}$$

例 11.2 图 11.9(a)所示外伸梁，已知：$P_1 = 20$ kN，$P_2 = 80$ kN，$P_3 = 50$ kN，$q = 30$ kN/m，$l = 6$ m，$l_1 = 2$ m，$a = 2$ m，$b = 4$ m，$e = 1$ m。试利用 M_E 影响线求 M_E 的值和利用 F_{QE} 影响线求 F_{QE} 的值。

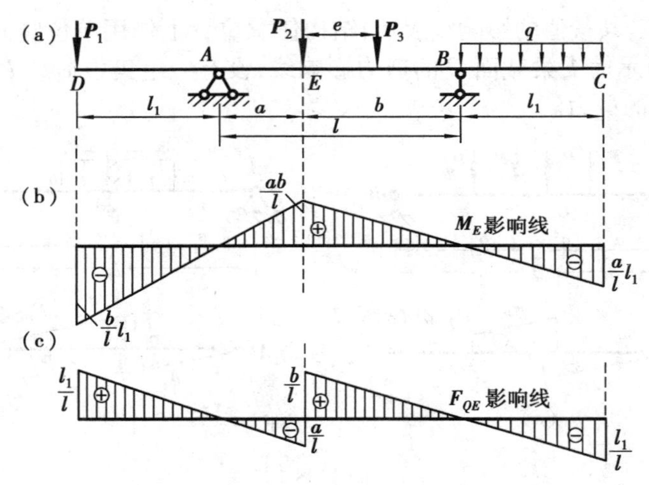

图 11.9

解 1)作出 M_E 影响线，图 11.9(b)所示。由图算出与荷载有关的竖标及面积值。

$$y_1 = -\frac{bl_1}{l} = -\frac{4}{3},\ y_2 = \frac{ab}{l} = \frac{4}{3},\ y_3 = \frac{a(b-e)}{l} = 1,\ A = -\frac{l_1}{2}\cdot\frac{a}{l}l_1 = -\frac{2}{3}$$

按叠加原理可得

$$M_E = \sum P_i y_i + qA = 20\times\left(-\frac{4}{3}\right) + 80\times\frac{4}{3} + 50\times1 + 30\times\left(-\frac{2}{3}\right) = 110(\text{kN}\cdot\text{m})$$

2)作出 F_{QE} 影响线，见图 11.9(c)。根据影响线计算荷载作用点位置处的竖标值。

$$y_1=-\frac{l_1}{l}=-\frac{2}{6}=-\frac{1}{3},y_2=\frac{b}{l}=\frac{4}{6}=\frac{2}{3}\text{或}\ y_2=-\frac{a}{l}=-\frac{2}{6}=-\frac{1}{3},$$

$$y_3=\frac{b-e}{l}=\frac{4-1}{6}=\frac{1}{2},A=-\frac{l_1}{2}\cdot\frac{l_1}{l}=-\frac{4}{12}=-\frac{1}{3}$$

$$F_{QE}^{l}=\sum P_iy_i+qA=20\times\left(-\frac{1}{3}\right)+80\times\frac{2}{3}+50\times\frac{1}{3}+30\times\left(-\frac{1}{3}\right)=\frac{160}{3}(\text{kN})$$

$$F_{QE}^{r}=\sum P_iy_i+qA=20\times\left(-\frac{1}{3}\right)+80\times\left(-\frac{1}{3}\right)+50\times\frac{1}{3}+30\times\left(-\frac{1}{3}\right)=-\frac{80}{3}(\text{kN})$$

11.3.2　利用影响线确定某量值的最不利荷载位置，求该量值

在活载作用下，结构上的任一量值 S_k 一般都随荷载位置的变化而变化。在结构设计中，需要求出量值 S_k 的最大值 $S_{k\max}$ 作为设计的依据，所谓最大值包括最大正值和最大负值，对于最大负值有时也称为最小值 $S_{k\min}$；而要解决这个问题就必须先确定使 S_k 发生最大值时相应的荷载位置，我们称其为 S_k 的最不利荷载位置。只要所求量值的最不利荷载位置确定，其最大值即不难求得。因此，寻求某一量值的最大值的关键，就在于确定其最不利荷载位置。

(1)移动集中荷载下静定梁某量值 S_k 的最不利荷载位置

这里所谈的移动集中荷载是指成组、定距离的集中荷载。其特点是各集中力之间的距离为固定，不能随意断续分布。

根据式(11.5)：$S_k=\sum F_{pi}y_i$ 可知，要使 $\sum F_{pi}y_i$ 为最大值，则应使相应的 y_i 较大，即荷载应相对密集于 S_k 影响线竖标较大处。再考虑数学上求极值的方法，经分析推断可得如下结论：

①当荷载相对密集于 S_k 影响线竖标较大处时可能产生量值 S 的最大值；

②S_k 达最大时，必有一集中荷载位于影响线顶点，通常将这一位于影响线顶点的集中荷载称为临界荷载。

由于荷载是成组、定距离的集中荷载，只要确定了临界荷载，S_k 的最不利荷载位置也就确定。

S_k 最不利荷载位置及 S_k 的计算步骤为：

①绘出 S_k 影响线；

②由经验判断临界荷载的可能值，将其置于 S_k 影响线顶点(相应的荷载位置也即确定)，分别计算各组荷载下对应的 S_k 值，并加以比较，即得出 S_k 的最大值。

例 11.3　图 11.10(a)所示外伸梁，作用有两对移动外力，两对力之间的距离为 x，其最小值为 2 m，

1)当两对力之间的距离 x 为 2 m 时，求 E 截面的最大正弯矩及相应的最不利荷载位置。

2)欲使 E 截面弯矩达最大负值或称最小值，计算两对力之间的距离 x，并计算 $M_{E,\min}$。

解　先作出 M_E 影响线如图 11.10(b)。

1)据前述推断，E 截面产生最大正弯矩时，M_E 的最不利荷载位置有如图 11.10(c)、(d)所示的两种可能情况。分别计算对应的 M_E 值，并加以比较，即得出 M_E 的最大正值。

对于图 11.10(c)所示情况有

$$M_E=\sum P_iy_i=50\times\frac{3}{2}+50\times1+30\times\frac{1}{2}=140(\text{kN}\cdot\text{m})$$

对于图 11.9(d)所示情况有

$$M_E=\sum P_iy_i=30\times\frac{3}{2}+30\times1+50\times\frac{1}{2}=100(\text{kN}\cdot\text{m})$$

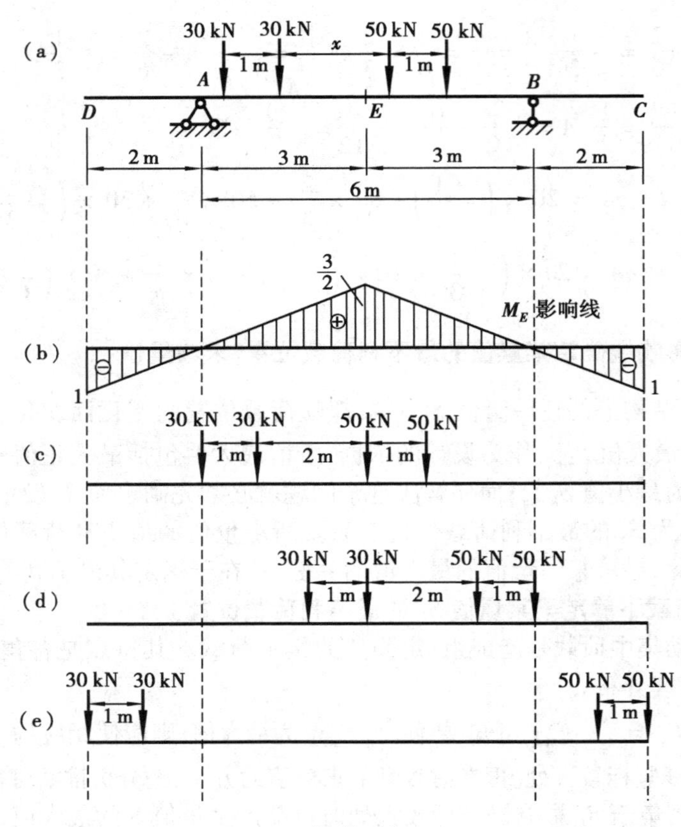

图 11.10

两者比较可知，图 11.10(c)所示为最大 M_E的最不利荷载位置，此时 $M_{E,\max}=140(\text{kN}\cdot\text{m})$。

图 11.10(e)所示的情况：

$$M_E=\sum P_i y_i=50\times(-1)+50\times\left(-\frac{1}{2}\right)+30\times(-1)+30\times\left(-\frac{1}{2}\right)=-120(\text{kN}\cdot\text{m})$$

图 11.10(e)所示的情况为最小 M_E值的最不利荷载位置，此时 $M_{E,\min}=-120(\text{kN}\cdot\text{m})$

2)欲使 E 截面弯矩达最大负值或称最小值，荷载位置如图 11.10(e)所示。此时两对力之间的距离 x 应为 8 m，

$$M_E=\sum P_i y_i=50\times(-1)+50\times\left(-\frac{1}{2}\right)+30\times(-1)+30\times\left(-\frac{1}{2}\right)=-120(\text{kN}\cdot\text{m})$$

图 11.10(e) 所示的情况为 $M_{E,\min}$ 的最不利荷载位置，$M_{E,\min}=-120(\text{kN}\cdot\text{m})$

(2)分布荷载下的荷载最不利位置

可动均布活载(如人群等)，由于它可以任意断续地布置，故最不利荷载位置是很容易确定的。由式(11.6)可知：当均布活载布满对应影响线正号面积部分时，则量值 S 将有其最大值 $S_{\max}$；反之，当均布活载布满对应影响线负号面积部分时，则量值 S 将有最小值 $S_{\min}$。

例 11.4 图 11.11(a)所示外伸梁，梁上布置可动均布荷载 q，已知 $q=20$ kN，$l=6$ m。试求跨中 D 截面上的剪力最不利荷载位置和剪力值。

解 首先作出截面 D 的 F_{QD}影响线，见图 11.11(b)。

根据判断，计算 F_{QD}最大负值时，可动分布力的最不利荷载位置应为图 11.11(c)所示。因此其剪力为

$$F_{QD,\max}^{-} = q\sum A_i = 20 \times \left(-2 \times \frac{1}{2} \times 3 \times \frac{1}{2}\right) = -30(\text{kN})$$

计算 F_{QD}最大正值时,可动分布力的最不利荷载位置应为图 11.11(d)所示。因此其剪力为

$$F_{QD,\max}^{+} = q\sum A_i = 20 \times \left(\frac{1}{2} \times 3 \times \frac{1}{2}\right) = 15(\text{kN})$$

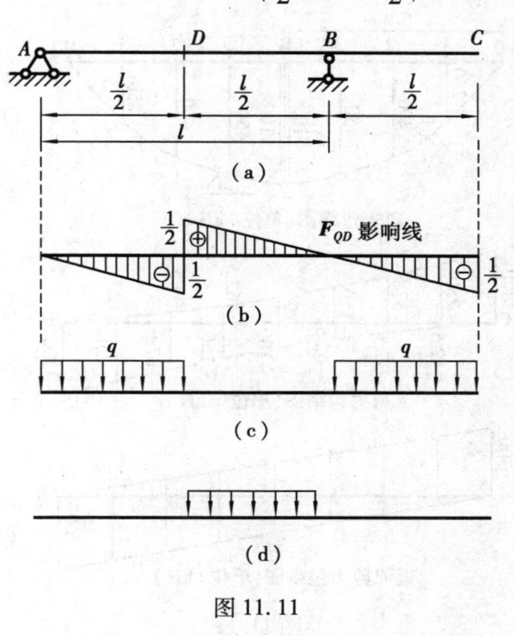

图 11.11

11.4　梁的内力包络图

设计承受移动荷载的结构时,常须知道它在恒载和活载共同作用下各截面的内力的最大值和最小值,作为结构截面设计的依据。通常将恒载和活载的影响分别加以考虑,然后将两者的影响进行叠加。在恒载作用下各截面的内力的计算,前面已介绍。

结构在移动荷载作用下,梁上每一截面的内力的最大值与最小值均可按其相应的最不利荷载位置求得。如果将结构上各截面同类内力的最大值(或最小值)按一定比例用竖标表示出来,并连线则所得的图形称为该内力的包络图。梁的内力包络图有弯矩包络图和剪力包络图。

内力包络图的含义是无论活载处于何种位置,结构各截面所产生的内力值都不会超出相应包络图所示数值的范围。钢筋混凝土梁的设计中,一则须知道梁内各截面的最大弯矩和剪力,作为钢筋布置的配筋计算依据;再则从布置钢筋,考虑钢筋截断位置时,需绘制的材料图也是依据弯矩包络图绘制的。

11.4.1　简支梁的弯矩包络图及剪力包络图、绝对最大弯矩

连接简支梁上各截面弯矩最大值所得的曲线为简支梁的弯矩包络图。其绘制方法是将梁分为若干等份,求出各等分点的最大弯矩,按一定比例连线即可。下面举例说明。

例 11.5　图 11.12(a)所示为一简支梁,跨度为 8 m,承受如图所示的移动集中荷载。试绘制内力包络图。

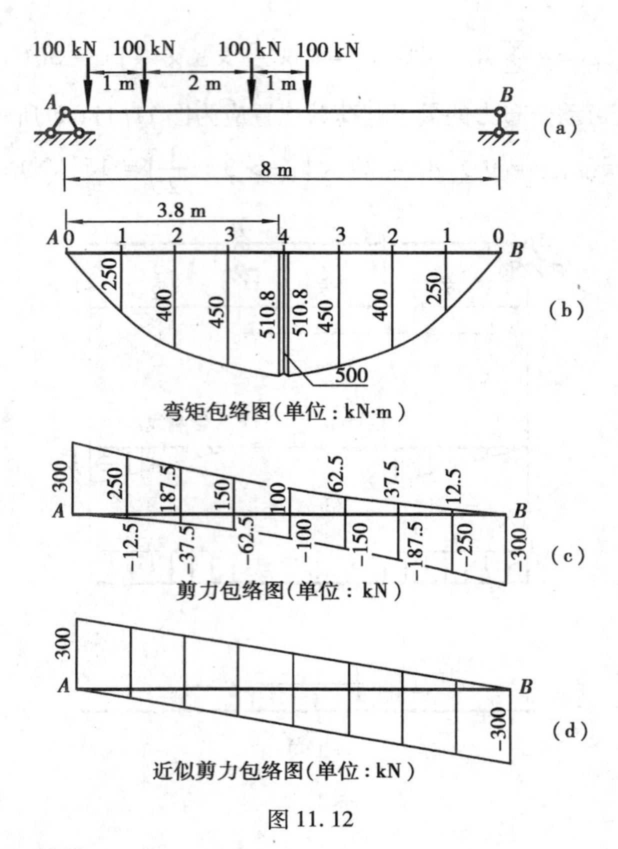

图 11.12

解 1)将梁分为 8 等份。

2)计算各等分点的最大弯矩值。因铰结点处弯矩为零,且弯矩包络图对称,只需计算 1、2、3、4 四点。

$$M_{1,\max} = \sum P_i y_i = 100 \times \left(\frac{7}{8} + \frac{6}{8} + \frac{4}{8} + \frac{3}{8}\right) = 250(\text{kN}\cdot\text{m})$$

$$M_{2,\max} = \sum P_i y_i = 100 \times \left(\frac{3}{2} + \frac{5}{4} + \frac{3}{4} + \frac{1}{2}\right) = 400(\text{kN}\cdot\text{m})$$

$$M_{3,\max} = \sum P_i y_i = 100 \times \left(\frac{15}{8} + \frac{3}{2} + \frac{3}{4} + \frac{3}{8}\right) = 450(\text{kN}\cdot\text{m})$$

$$M_{4,\max} = \sum P_i y_i = 100 \times \left(2 + \frac{3}{2} + 1 + \frac{1}{2}\right) = 500(\text{kN}\cdot\text{m})$$

3)按同一比例标出各相应竖标,并将各竖标顶点连成一光滑曲线,即得到如图 11.12(b)所示的弯矩包络图。

注意:在弯矩包络图中,跨中截面的最大弯矩并非是整根梁上各截面最大弯矩中的最大者。通常将各截面最大弯矩中的最大值称为**绝对最大弯矩**。求某一截面的最大弯矩 $M_{K\max}$ 时,截面确定,只需根据 M_K影响线,确定临界荷载即可确定 $M_{K\max}$的最不利荷载位置,进而求出 $M_{K\max}$。但求梁的绝对最大弯矩时,截面位置和临界荷载均有待确定。我们知道,当一组移动集中荷载处于梁上某一位置时,梁内的最大弯矩必然发生在某一集中荷载作用点处,因此,计算的思路为试算。设定某一荷载为临界荷载,用上节的方法计算出最大弯矩;再假定另一集中荷载,用同样方法分别进行计算,这样梁内的绝对最大弯矩应该是各截面所可能产生的最大弯矩中最大的一个(具体的推导见多学时结构力学教材)。本题中的绝对最大弯矩分别发生在距两端为 3.80 m 处,其值为 510.8 kN·m,比跨中截面最大弯矩值 500 kN·m 只增加2.16%。一般情况下,绝对最大弯矩均发生在跨中附近的截面上,其值与跨中截面最大弯矩值之差为 2%左右,因此,通常不需另行计算绝对最大弯矩。

4)绘出剪力包络图。剪力包络图的绘制方法同弯矩包络图,注意两点:其一,剪力图是反对称,故需计算各等分点截面上的剪力,如图 11.12(c)所示。其二,由于每一截面的剪力可能发生最大正值和最大负值,故剪力包络图有两根曲线。但实际设计中,用到的主要是支座附近处截面的剪力值,故通常只计算两端支座处截面上的最大剪力值和最小剪力值,用直线分别将两端相应的竖标相连,近似为所求的剪力包络图。即可用图 11.12(d)来代替图 11.12(c)所示的剪力包络图。绝对最大剪力在两支座处,其值为 300 kN。

上述的内力包络图是由活载计算所得,若结构上还存在恒载时,须用恒载的内力图与之叠加,两者共同作用下的内力包络图才能作为设计的依据。另外,所谓内力包络图,是针对某种活载而言的,不同情况的活载,将有不同的内力包络图。

11.4.2　连续梁的弯矩包络图及剪力包络图

建筑工程中常见到的一些构筑物是由梁(主梁和次梁)、板组成,如肋形楼盖和水池顶盖。对于这类构筑物的设计计算中,板、次梁、主梁一般都按连续梁计算。这些连续梁受到恒载和活载的共同作用,为确保结构在各种可能出现的荷载作用下都能安全使用,必须求出各截面可能产生的最大正弯矩和最大负弯矩(最小弯矩),作为结构设计的依据。再者,在钢筋混凝土结构设计中,常需要绘制材料图,该材料图又是基于弯矩包络图来绘制。因此,绘制反映连续梁在恒载和活载共同作用下各截面最大和最小弯矩情形的弯矩包络图是关键。

在恒载作用下,结构的任一截面上所产生的弯矩是固定不变的,而活载作用下各截面上的弯矩则随着活载分布不同而改变。因此,求截面的最大弯矩与最小弯矩的主要问题在于确定活载的影响。

研究可动均布活载的影响时,通常按每一跨单独布满活载的情况逐一作出其相应的弯矩图。然后对于任一截面,将这些弯矩图中对应的所有正弯矩值与恒载作用下的相应弯矩值相加便得到该截面的最大弯矩;同理,若将对应的所有负弯矩值与恒载作用下相应的弯矩值相加,便得到该截面的最小弯矩(最大负弯矩)。将各截面的最大弯矩和最小弯矩在同一图中按一定的比例尺用竖标表示出来,并将竖标顶点分别连成两条曲线,所得图形称为连续梁的弯矩包络图。该图表明,连续梁在已知恒载和活载共同作用下,各个截面可能产生的弯矩的极限范围,不论活载如何分布,各个截面产生的弯矩都不会超出这一范围。

同理,绘制反映连续梁在恒载和活载共同作用下的最大剪力和最小剪力变化情形的剪力包络图,绘制原则与弯矩包络图相同。实际设计中,主要用到各支座附近截面上的剪力值。因此,通常只要将各跨两端靠近支座截面上的最大剪力和最小剪力求出,作出相应的竖标后,在每跨中用直线相连,近似地作出所求的剪力包络图。

内力包络图在结构设计中是很有用的,它清楚地表明了连续梁各截面内力变化的极限情形,可以根据它合理地选择截面尺寸,在设计钢筋混凝土梁时,也是配置钢筋的重要依据。

下面以图 11.13(a)所示三跨等截面连续梁为例,具体说明弯矩包络图和剪力包络图的作法。设梁上的恒载 $q=16\ \text{kN/m}$,活载 $p=30\ \text{kN/m}$。

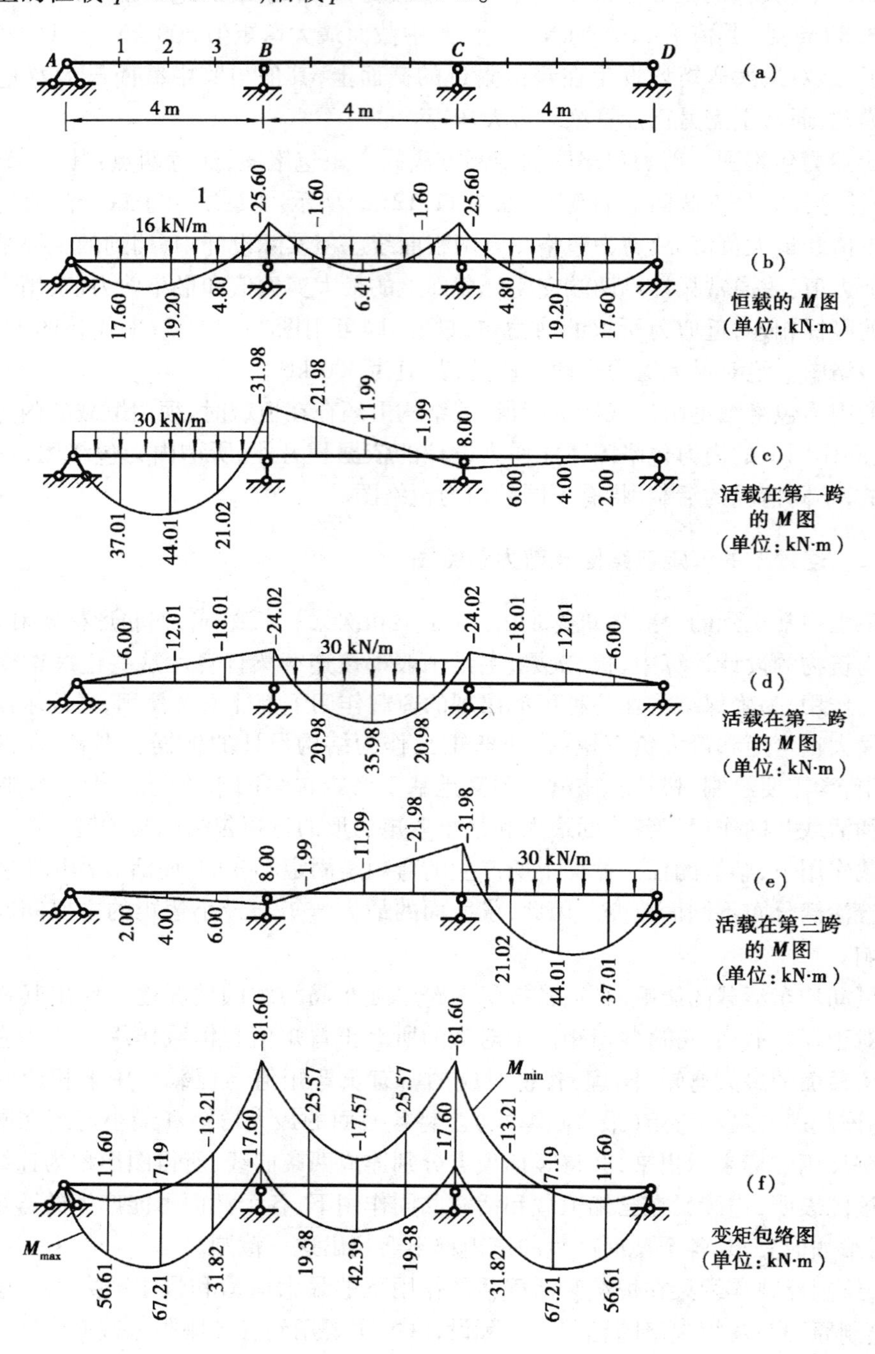

图 11.13

(1)作弯矩包络图

①作出恒载作用下的弯矩图(图 11.13(b))和各跨分别承受活载时的弯矩图(图 11.13(c)、(d)、(e))。

②将梁的各跨分为若干等分(现将每跨分为 4 等分),对每一等分点截面,将恒载弯矩图中该截面处的竖标值与所有各种活载弯矩图中对应的正(负)竖标值相加,即得各截面的最大(小)弯矩值。

如计算第一跨跨中附近某一截面的最大正弯矩(如 $M_{2,\max}$)时,对于活载的影响只需考虑图 11.13(c)、(e)两种活载情况与恒载情况的叠合,即:$M_{2,\max}=17.60+37.06+2.00=56.61$(kN·m);而计算其最大负弯矩(如 $M_{2,\min}$)时,取图 11.13(d)的活载情况与恒载情况的叠合,即:$M_{2,\max}=17.60-6.00=11.60$(kN·m)。

计算支座 B 处,计算最大正弯矩时,只需考虑图 11.13(e)的活载情况与恒载情况的叠合,即:$M_{B,\max}=-25.60+8.00=-17.60$(kN·m);计算最大负弯矩时,取图 11.13(c)、(d)两种活载情况与恒载情况的叠合,即:$M_{B,\max}=-25.60-31.98-24.02=-81.60$(kN·m);各点截面的最大正负弯矩计算方法与上相同。

③将各截面的最大弯矩值和最小弯矩值在同一图中按同一比例用竖标画出,并将竖标顶点分别以曲线相连,即得弯矩包络图,如图 11.13(f)所示,图中弯矩单位为 kN·m。

(2)作剪力包络图

①作出恒载作用下的剪力图(图 11.14(a))和各跨分别承受活载时的剪力图(图 11.14(b)、(c)、(d))。

②将恒载剪力图中各支座左右两侧截面处的竖标值和所有各种活载剪力图中对应的正(负)竖标值相加,便得到相应截面的最大(小)剪力值。方法与上相同。

③把各跨两端截面(即支座侧边的截面)上的最大剪力值和最小剪力值分别用直线相连,即得剪力包络图如图 11.14(e)所示,图中剪力单位为 kN。

由上例可知,计算各截面上的最大和最小内力的[illegible]置情况也就是相应量值的最不利荷载位置。确定最不利荷载位置后,不难计算[illegible]的最大(小)内力,进而求得在恒载和活载共同作用下相应的最大(小)内[illegible]得出求多跨连续梁有关弯矩的最不利活载的布置的规律性:

①求某跨跨中最大正弯矩时,应在该跨布置[illegible]

②求某跨跨中最大负弯矩时,应在该跨的相邻[illegible],其余隔跨布置。

③求某支座的最大负弯矩时,应在该支座相邻两[illegible]活载,其余隔跨布置。

掌握上述规律后,对于多跨连续梁,当计算活载作用下相应的量值时,可查阅有关计算手册进行计算。

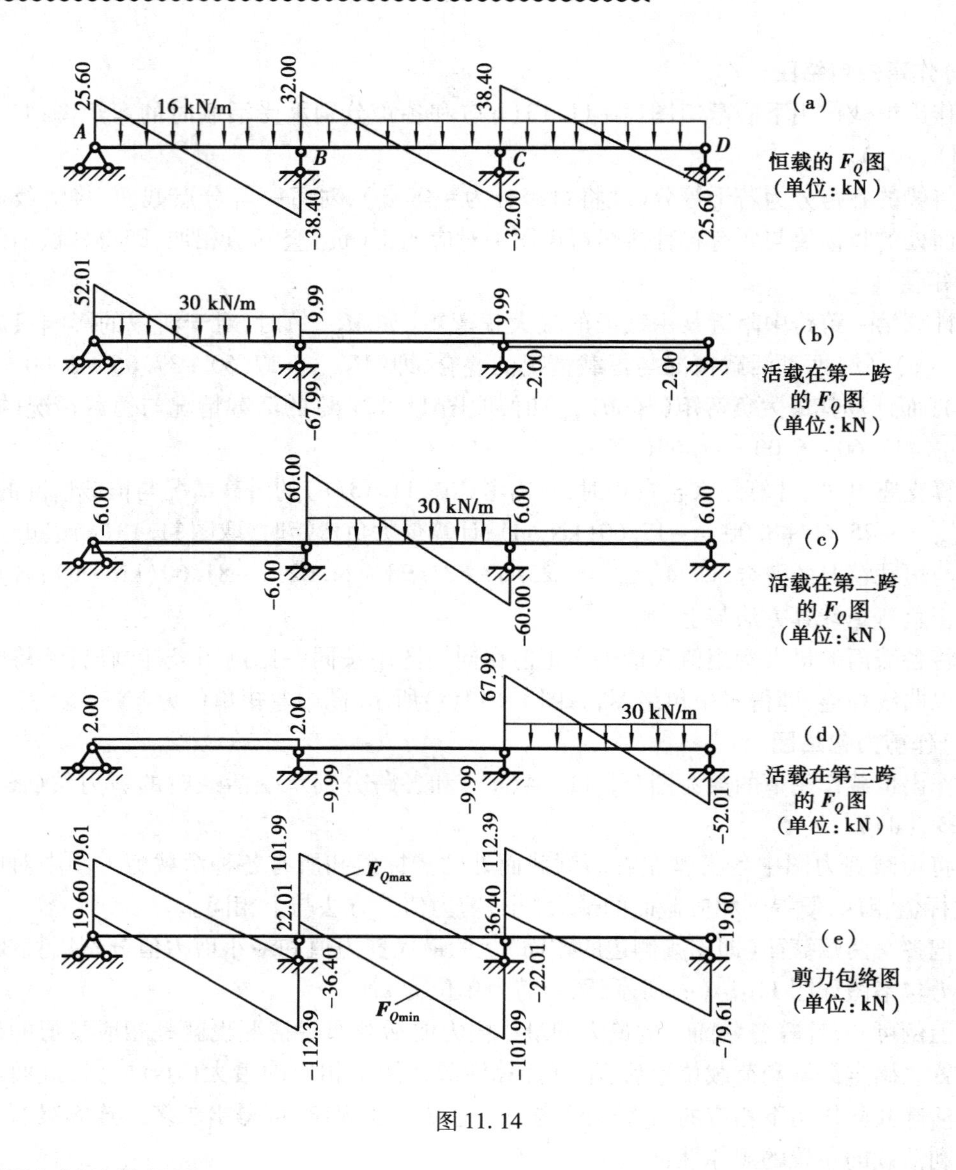

图 11.14

可深入讨论的问题

1. 本章仅以单跨静定梁为例,介绍了影响线的概念、绘制方法及简单应用,未涉及多跨静定梁、桁架等其他静定结构及超静定结构。有兴趣的读者可参阅多学时结构力学教材。

2. 在影响线这一章中,研究了具有典型意义的一个单位竖向荷载沿结构移动时,某一量值的变化规律,若沿结构移动的是一个单位力偶,某一量值的影响线与单位竖向荷载沿结构移动时有何关系?读者可自行研究分析或参阅其他结构力学教程。

思考题 11

11.1 影响线的含义是什么?其竖标与单位荷载有什么关系?

11.2　试述某截面内力影响线与固定荷载下该截面的内力有何异同。

11.3　何谓最不利荷载位置？何谓临界荷载？

11.4　确定移动集中荷载组的不利位置，只要试算各集中力在影响线的 ______________ 处的 ____________________ 情况。

11.5　试述内力图、影响线、包络图的区别，三者各有何用途。

11.6　简支梁的绝对最大弯矩是在 ____________ 荷载作用下，简支梁内各截面的最大弯矩中的 __________________ 值。

11.7　图示结构 M_E 影响线 C 点的竖标为 __________。

11.8　简述绘制影响线时，静力法和机动法有何不同？承受结点传递荷载的结构，影响线的绘制有何不同？

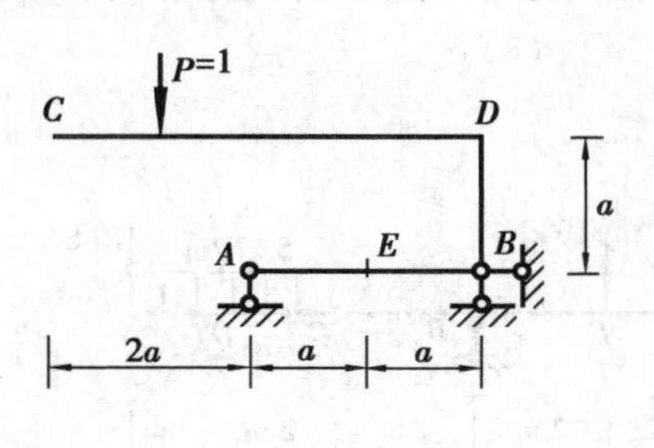

思考 11.7 图

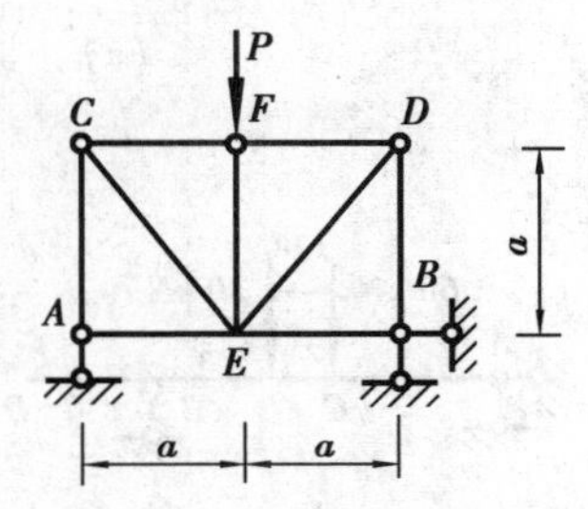

思考 11.9 图

*11.9　图示桁架结构中，AE 杆的轴力影响线是否应画在 AE 杆上？

*11.10　试述简支梁与连续梁内力包络图的区别。

习题 11

11.1　用静力法绘制图示梁中 R_B、M_A、F_{QD}、M_D、F_{QB}^L、F_{QB}^R 的影响线。

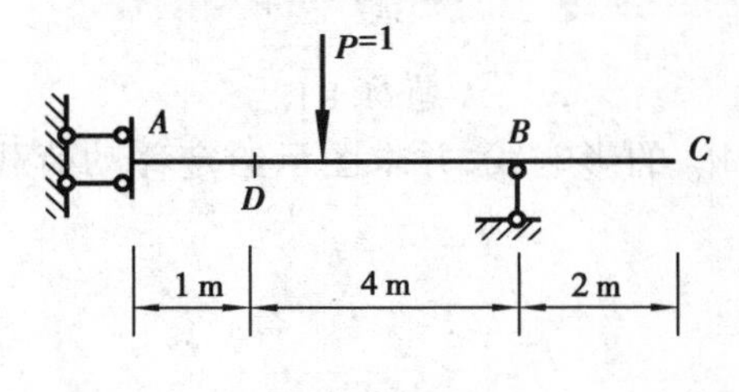

题 11.1 图

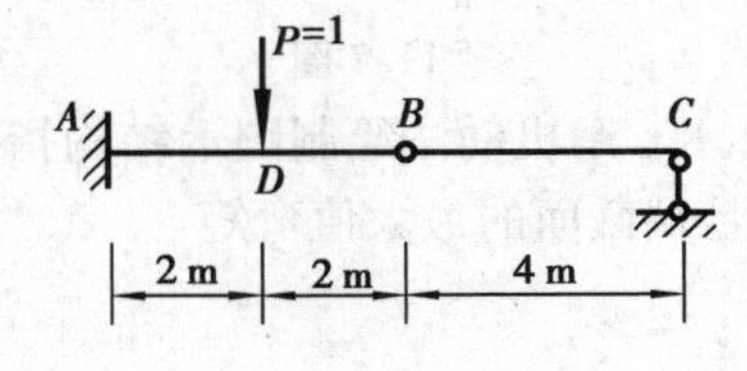

题 11.2 图

11.2　用静力法绘制图示梁中 R_C、F_{QA} 的影响线，用机动法绘制 F_{QD}、M_D 的影响线。

11.3　竖向荷载在梁 EF 上移动，试用机动法绘制梁 DB 中 R_A、M_A、F_{QC}、M_C 的影响线。

11.4　分别利用 R_C、M_C 影响线，求图示结构荷载下 C 点的约束力和 C 截面的弯矩。

11.5　图示外伸梁上有移动荷载组作用，荷载次序不变。试利用影响线求 R_B、F_{QC}、M_C 的最大值与最小值。

11.6　试绘出图示结构的 M_F 影响线，并求图示荷载位置作用下的 M_F 值。

11.7　求图示桁架中杆 a、b 的内力影响线。

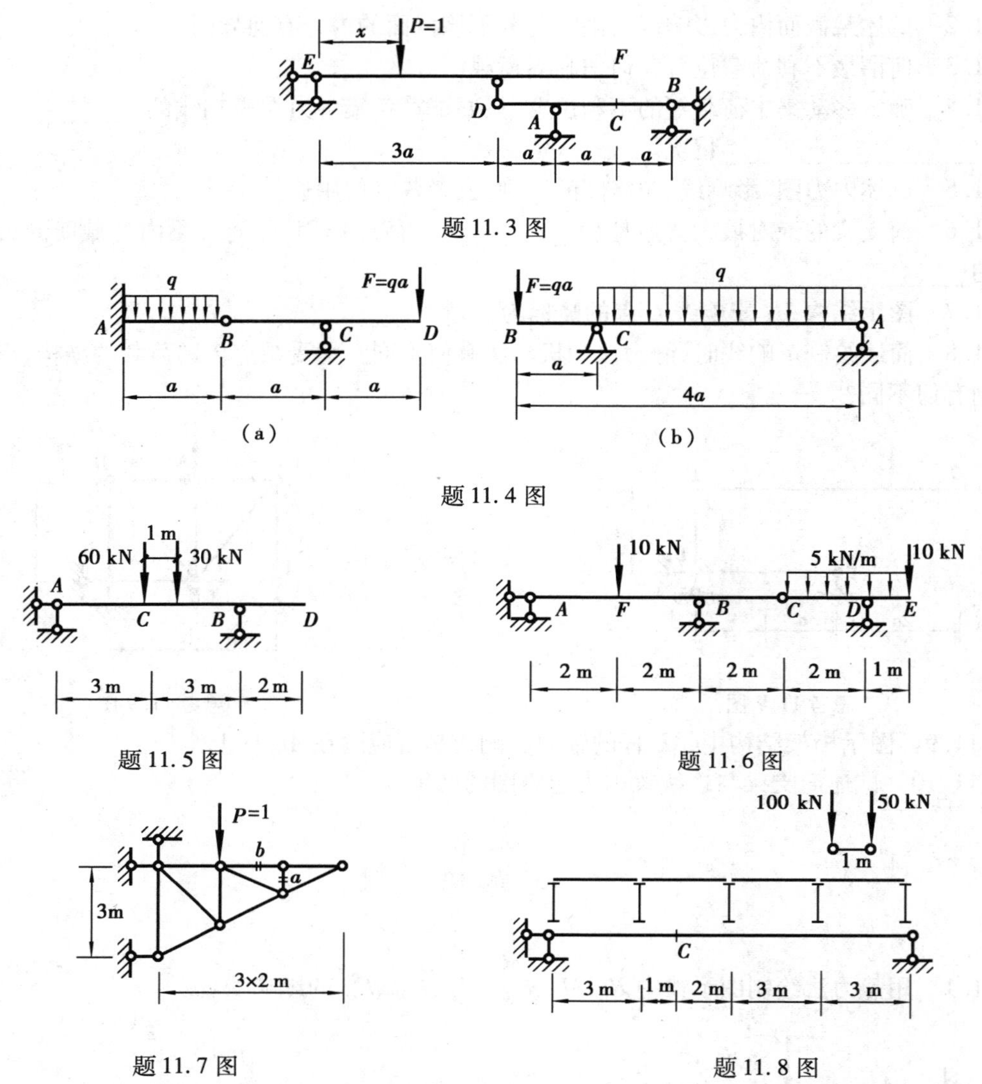

题 11.3 图

题 11.4 图

题 11.5 图

题 11.6 图

题 11.7 图

题 11.8 图

11.8　用机动法绘制图示结构指定量值 F_{QC}、M_C 的影响线，并求图示给定移动荷载作用下，梁上 C 截面的最大值弯矩。

第12章 常见结构的计算简图及受力特征

前述各章主要介绍了建筑结构的力学分析原理和计算方法,有关计算简图的基本知识也作了简要介绍。为加深读者对选取计算简图的原则和方法的理解,本章将对常用建筑结构的计算简图和简化分析方法及受力特征进行阐述。主要包括,框架结构、拱结构、网架结构及其他一些常见结构。

12.1 框架结构体系

12.1.1 框架结构的特点

如图 12.1 所示,框架结构是以梁和柱为主要承重构件,能承受竖向荷载和水平荷载的结构体系。框架梁与柱的连接一般为刚性连接,它们间的夹角在受力前后保持不变。

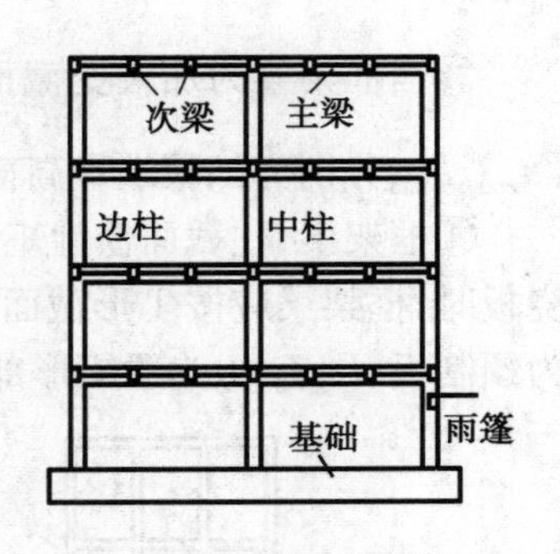

图 12.1　框架示意图

框架结构房屋的主要优点是平面布置较为灵活,能提供较大的室内空间,对于办公楼、旅馆、学校、医院、住宅及多层轻工业厂房等建筑,是最常用的结构体系。由于构件截面尺寸小,在水平荷载(风荷载、地震作用)下,结构的抗侧移刚度小,水平位移大,所以一般称它为柔性结构体系,这类结构体系承受竖向荷载较为合理。

12.1.2 框架结构的分类

①按跨数、层数和立面构成分,有单跨、多跨框架,单层、多层框架,以及对称、不对称框架。单跨对称框架又称门式框架。

②按受力特点分,若框架的各构件轴线处于同一平面内,称为平面框架,若不在同一平面内则称为空间框架,空间框架也可由平面框架组成。

③按所用材料分,有钢筋混凝土框架、预应力混凝土框架、钢框架、胶合木框架和组合框架

(如钢筋混凝土柱和型钢梁,组合砖柱和钢筋混凝土梁)等。

12.1.3 框架结构的计算简图

1)计算单元的选取

框架结构作为空间结构,应取整个结构为计算单元,按三维框架进行计算分析。但对于平面布置较规则,柱距和跨数相差不大的框架结构,在计算中可将三维框架简化为平面框架,每榀框架按其负荷面积承担外荷载。在各榀框架中(包括纵向、横向框架)选出一榀或几榀有代表性的框架作为计算单元,如图 12.2 所示。

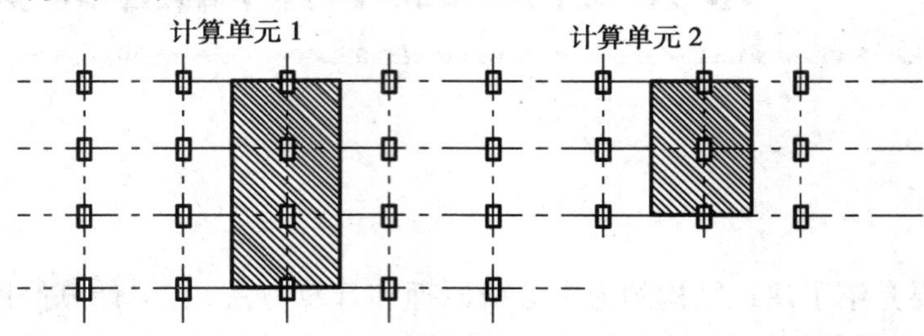

图 12.2 框架计算单元

2)计算简图

计算简图是由计算模型及作用在其上的荷载共同构成的。框架结构的计算模型是由梁、柱几何轴线确定的,框架柱与基础的连接按固定端考虑如图 12.3 所示。当采用近似手算方法时,为使计算简便,可按下述原则简化。

(1)计算模型的简化(图 12.4)

①当框架梁为坡度 $i\leqslant 1/8$ 的折梁时,可简化为直杆。

②当框架各跨跨度相差不大于 10% 时,可简化为等跨框架,跨度取平均值。

③当框架梁为加腋变截面梁时,若 $\dfrac{h_{end}}{h_{mid}}<1.6$,可不考虑加腋的影响,按等截面计算内力($h_{end}$、$h_{mid}$ 分别为加腋端最高截面及跨中等截面梁的梁高)。

④框架梁、柱截面惯性矩:框架柱按实际截面确定,框架梁应考虑楼板的作用。当采用现浇板时,框架梁应按 T 形截面确定,可简化为:一边有楼板,$I=1.5I_0$;两边有楼板,$I=2.0I_0$;若为预制板,$I=I_0$(I_0 为梁矩形部分的惯性矩)。

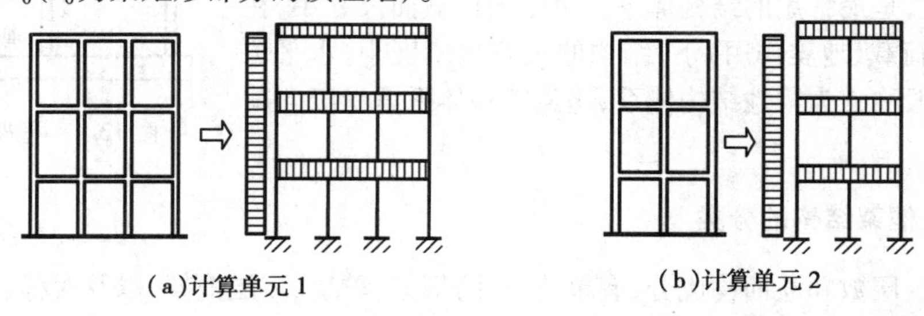

图 12.3 框架计算简图

(2)如图 12.1 所示的有主次梁的楼板结构荷载简化

①计算次梁传给主梁的荷载时,允许不考虑次梁的连续性,按各跨简支计算传至主梁的集中荷载。

②计算板传给梁的荷载时，应考虑每块板的特点，转化为等效的均布荷载计算。

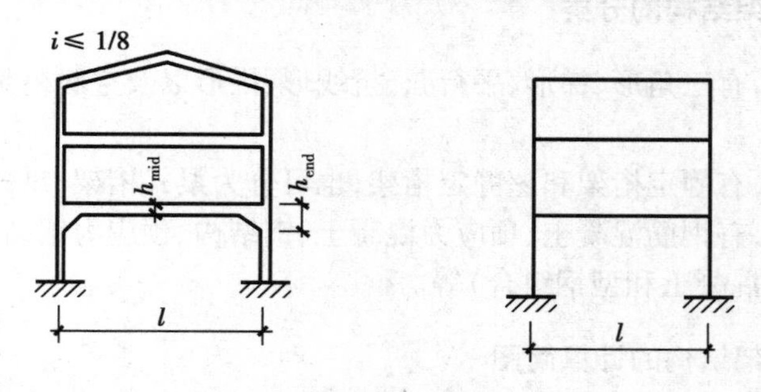

图 12.4　框架计算模型简化

12.1.4　框架结构的受力特点

一般情况下，框架结构的内力分布有以下特点：

①框架结构中各杆件的内力分量一般是弯矩、剪力、轴力共存。此时其截面上的应力分布是不均匀的。对柱而言，若只有轴向压力存在时，称为轴心受压，此时横截面上的轴向应力均匀分布。若弯矩与轴力(压力)同时存在，则称为偏心受压。当弯矩产生的应力小于轴力产生的应力时，横截面上均为轴向压应力，但大小不等，一般称为小偏心受压；当弯矩产生的应力大于轴力产生的应力时，横截面上的轴向应力可能出现部分为拉应力、部分为压应力，称为大偏心受压。

②在竖向荷载作用下，顶层柱的弯矩值与底层柱的弯矩值相比，相差不大；而顶层柱的轴力则比底层柱的轴力小得多。在水平荷载作用下，底层梁、柱承受的弯矩值比顶层梁、柱大得多，由风荷载引起的弯矩值与水平地震作用引起的弯矩值相比后者更大，因此对于多层框架结构来说，若考虑地震作用时，一般不再考虑风荷载(在沿海地区，可能遇到相反情况)。在框架结构的内力、变形计算中，必须考虑竖向荷载(恒载、活载)与水平荷载(地震作用或风荷载)的组合。

12.2　桁架结构体系

12.2.1　平面桁架(含空腹桁架)的特点

工程中的绝大多数结构都是空间结构。但在许多情况下往往可以引入一些适当的假定，把它们简化为平面结构，从而避免复杂的计算并取得精度符合工程要求的结果。如图 12.5 所示。平面桁架是由若干细长直杆连接组成，各杆的连接全部为铰链连接。且各杆轴线、作用与反作用力均位于同一平面内的承重结构体系。平面桁架结构可看成是由工形截面梁演变而来，即将梁截面中正应力较小的腹板挖去，由上下弦杆和腹杆(竖杆和斜杆)组成的格构式结构。上下弦杆承受弯曲引起的压力和拉力，相当于梁的翼缘；腹杆承受剪切引起的拉力或压力。相当于梁的腹板。

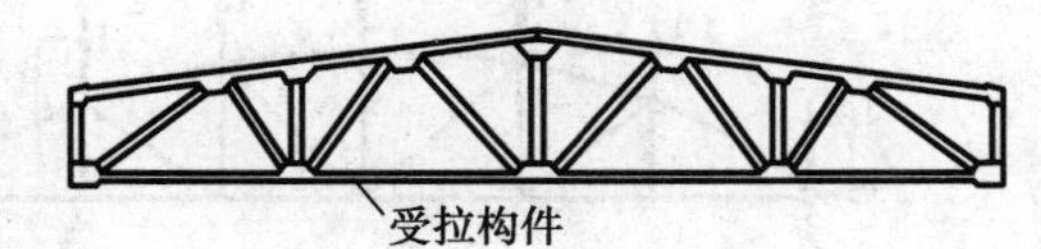

图 12.5　桁架示意图

12.2.2 平面桁架结构的分类

①按立面形状分,有三角形、梯形、平行弦、折线形、拱形以及空腹桁架等;其中空腹桁架的腹杆间没有斜杆。

②按受力特点分,有静定桁架和超静定桁架,也可分为梁式桁架、拱式桁架等。

③按所用材料分,有钢筋混凝土、预应力混凝土、钢结构、预应力钢结构、木结构、组合结构(如钢和木组合,钢筋混凝土和型钢组合)等。

12.2.3 平面桁架结构的计算简图

计算平面桁架时通常对桁架中各杆的连接、荷载等进行简化,简化后的桁架称为理想桁架。理想桁架的特点是:

①所有结点都是铰结点;

②所有外力都施加在结点上;

③各杆的轴线都是直线且通过铰中心;

④忽略联结点处铰的摩擦力,视为理想铰。

理想桁架各杆件只承受轴向拉力或轴向压力(主内力),应力分布均匀,从而能充分利用材料的强度;适用于较大跨度(当跨度大于 15 m ~ 18 m 时,常采用桁架)或高度的结构物,如屋盖结构中的屋架、高层建筑中的支撑系统或格构墙体、桥梁工程中的跨越结构、高耸结构(如桅杆塔、输电塔)以及闸门等。由于实际工程与理想桁架的差异所产生的附加弯矩与剪力(称为次内力)对一般桁架可忽略,大跨和特殊受力的桁架则不能忽略,这在结构概念设计应予以注意。

常用的平行弦、拱形、三角形等平面桁架。它们在单位荷载作用下的杆件主内力图见图 12.6。

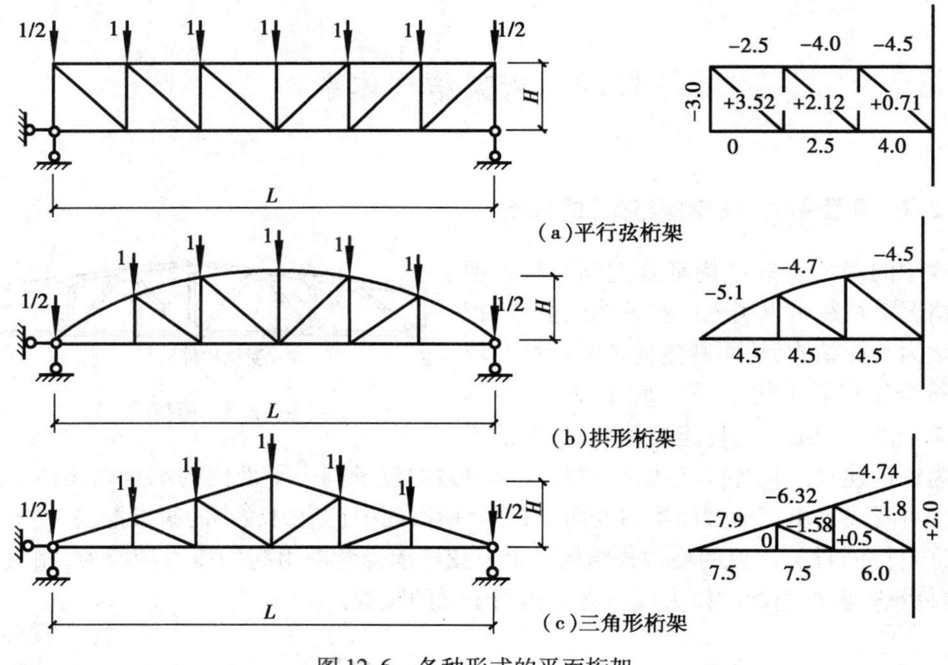

图 12.6 各种形式的平面桁架

由图可见桁架的杆件布置对内力影响是很大的，对图12.6所示三种桁架的内力分布进行比较：对平行弦桁架，其上、下弦杆的轴力分布规律是中间大、两头小，而腹杆的轴力则是中间小、两头大。因其受力不均匀，用料较多，从受力角度来说不够合理。对拱型桁架，其上、下弦杆的轴力分布相对较均匀，而腹杆的轴力几乎为零，从受力角度来说比较合理，但由于其上弦各结点分布在一条抛物线上，施工较困难。对三角形桁架，其上、下弦杆的轴力分布规律是中间小、两头大；且上、下弦杆的轴力值与其他两种类型的桁架相比是最大的，因此不够经济。在桁架的设计中，杆件布置除考虑受力合理外还要考虑其他使用要求，如对屋架，还需考虑屋面防水、屋面板的布置等，要综合多种因素后方能确定。

空腹桁架是平面桁架的特例。它由平行的上下弦和直腹杆组成，没有斜腹杆，因而可利用空腹处布置管道或设置门窗。图12.7(a)所示空腹桁架可按水平框架作近似解(取反弯点在各杆中点处)；它受力后的变形图和隔离体图如图12.7(b)、(c)所示，求得各杆的轴力和弯矩示意于图12.7(d)中。可见空腹桁架各杆件除承受有轴向力外还承受弯矩。

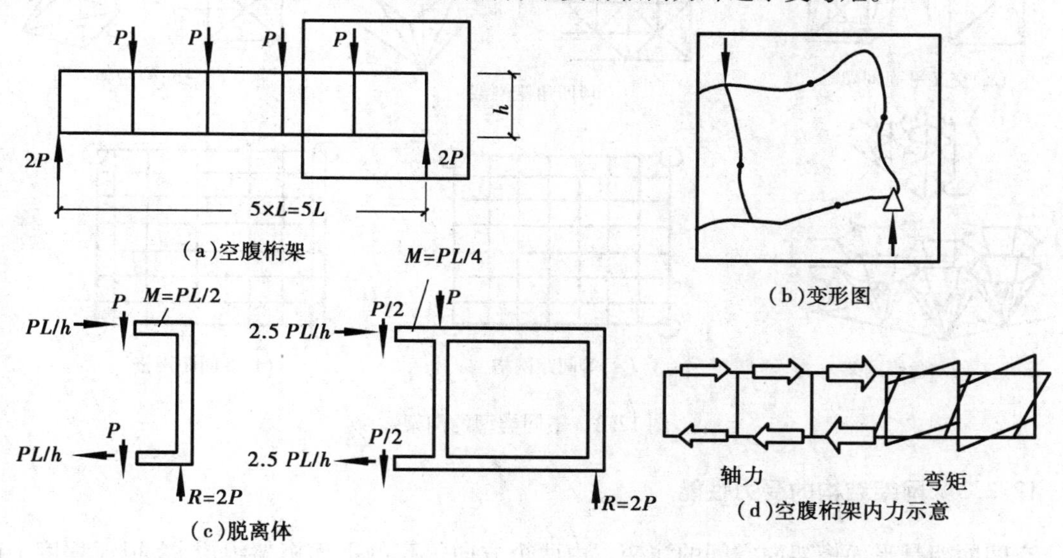

图12.7　空腹桁架

12.3　网架结构

12.3.1　网架结构的特点

网架是由多根杆件按照一定的网格形式，通过节点连接而成的空间结构。各杆件主要承受拉力或压力。网架具有重量轻、刚度大、抗震性能好等优点，主要用于大跨度屋盖结构。

12.3.2　网架结构的分类(图12.8)

①按外形分，有双层平板网架、立体交叉桁架、单(双)层曲面壳型网架等。

②按板型网格组成分，有交叉桁架网架、四角锥网架、三角锥网架、六角锥网架等。

③按形成曲面的型式分，有圆柱面壳网架、球面壳网架、双曲抛物面壳网架等。

④按所用材料分，有钢筋混凝土网架、钢网架、木网架、组合网架等。

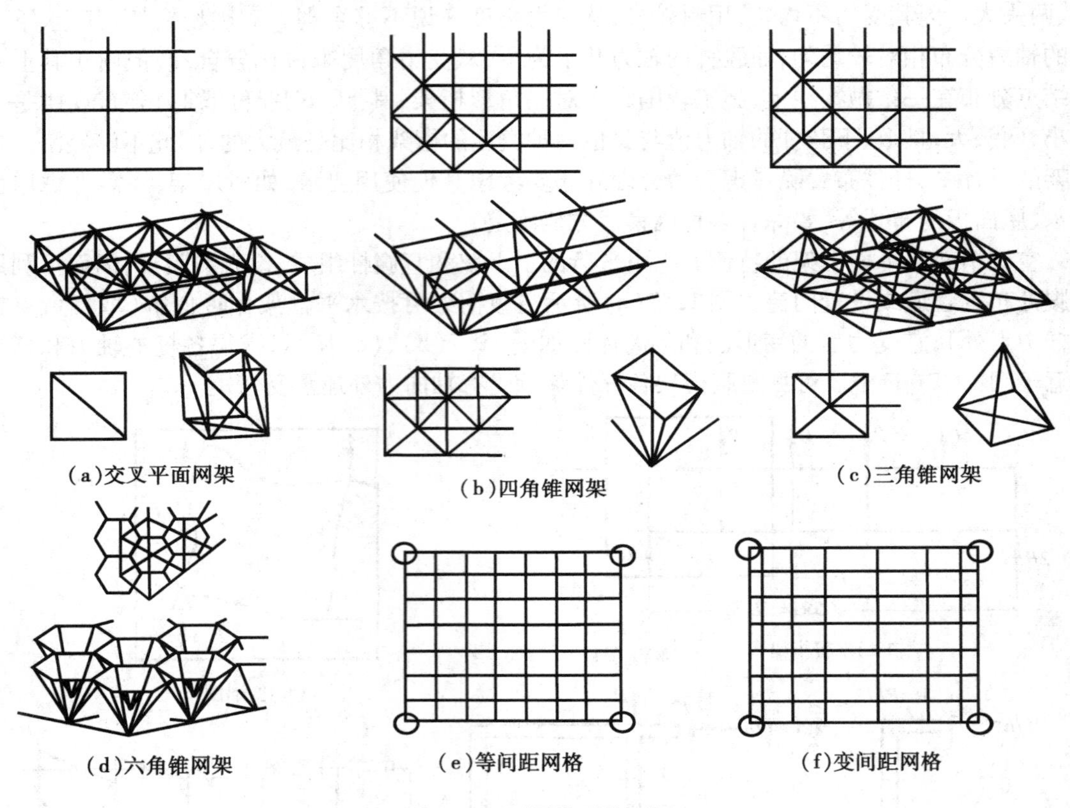

图 12.8　不同类型的网架

12.3.3　网架结构的受力性能

空间网架是平面桁架向空间的演变。由两个方向等高的平面桁架组成，在很大程度上改善平面桁架平面外稳定性差的弱点。两个方向的平面桁架可以正交或斜交，也可成上下弦各自联系成网格，腹杆为斜杆，在两个方向上都起斜杆作用，既可做成平板型平面网架也可做成折板形或壳形网架。

图 12.9(a)所示为平板型网架，图 12.9(b)表示四角支承网架的近似受力简图。网架任一方向沿总截面的弯矩分布是不均匀的。每个网格节间弦杆承受的弯矩 $M=S$(节间尺寸) × $m_{平均}$(节间平均单位长度的弯矩值)，并可按此弯矩近似地求得相应的上下弦内力 C(压力)和 T(拉力)。由于平板型网架的类型众多，每个节点连接的杆件众多，以及支承柱的间距较大等原因，空间网架设计时要注意下列问题：

①选择合适的网格类型和杆件组成(以钢管为宜，也可用型钢)；

②选择网架的节点做法；

③注意网架与支承柱的连接。

对于跨度较大的网架，由于挠度较大和温度应力的影响，宜采用弧形支座或摇摆支座。平

板型网架的跨度 L 一般较大，其高跨比可取 1/13 ~ 1/10（$L<30$ m），1/16 ~ 1/12（$L=30$ ~ 60 m），1/20 ~ 1/14（$L>60$ m）。网架的挠度宜控制在跨度的 1/250 以内。

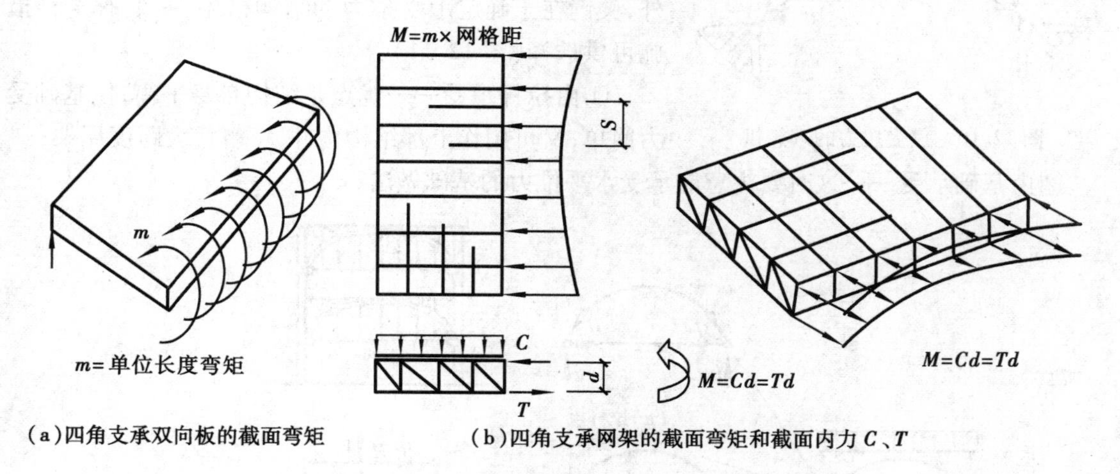

（a）四角支承双向板的截面弯矩　（b）四角支承网架的截面弯矩和截面内力 C、T

图 12.9　四角支承平板网架近似受力分析

12.4　拱结构

12.4.1　拱结构的特点

拱结构是在竖向荷载作用下能产生水平推力、由曲线形或折线形平面杆件组成的平面结构，含拱圈和支座两部分。拱圈在荷载作用下主要承受轴向压力（有时也承受弯矩和剪力），支座可作成能承受竖向和水平反力以及弯矩的支墩，也可用拉杆来承受水平推力。由于拱圈主要承受轴向压力，与同跨度同荷载的梁相比，能节省材料，提高刚度，跨越较大空间，可采用砖、石、混凝土等廉价材料，因而它的应用范围很广，既可用于大跨度结构，也可用于一般跨度的承重构件。

12.4.2　拱结构的分类

①按拱轴线的外形分，有圆弧拱、抛物线拱、悬链线拱、折线拱等；

②按拱圈截面分，有实体拱、箱形拱、管状截面拱、桁架拱等；

③按受力特点分，有三铰拱、两铰拱、无铰拱等；

④按所用材料分，有钢筋混凝土拱、混凝土砌块拱、砖拱、石拱、钢拱（含钢桁架拱）、木拱（含木桁架拱）等。

12.4.3　拱结构的受力特点

拱结构是一种推力的结构。拱的外形一般是抛物线、圆弧线或折线，目的是使拱体各截面在外荷载、支承反力和推力作用下基本上处于受压或较小偏心受压状态，从而大大提高拱结构

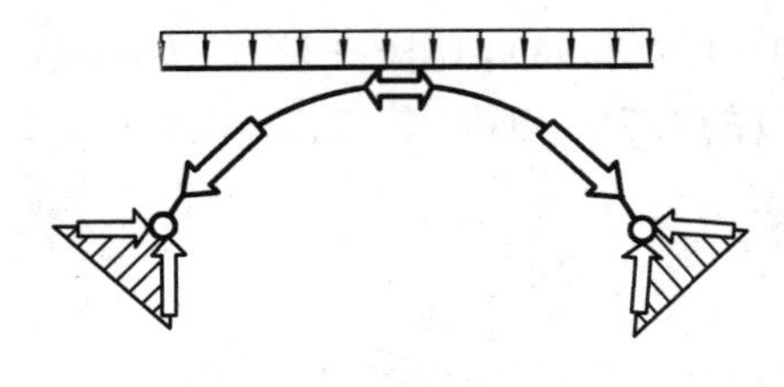
图 12.10　仅受压力的理想拱

的承载力(图 12.10)。

采用拱结构,除依据作用力情况合理选择拱的外形外,关键在于确定承受推力的结构措施,一般有 4 种措施可供选择(图 12.11):

①由拉杆承受——优点是结构自身平衡,使基础受力简单;又可用作上部结构构件,可替代大跨度屋架;

②由基础承受——这时要注意能承受水平推力的基础做法;

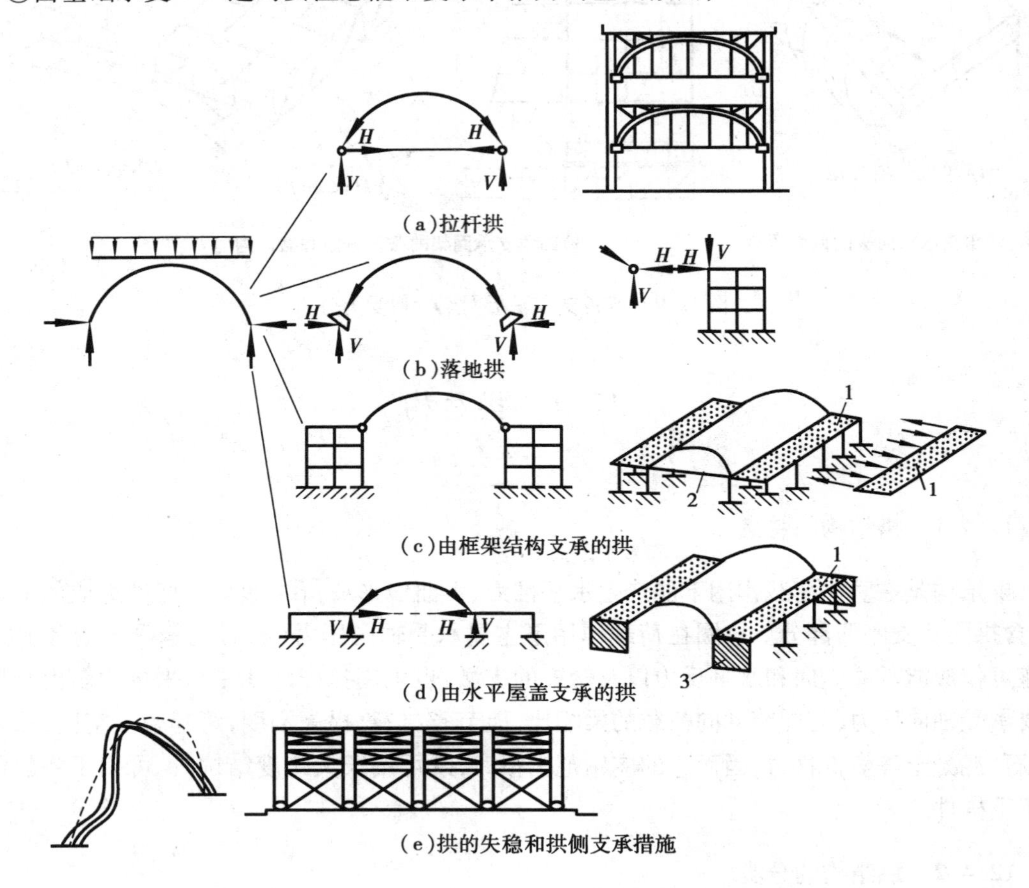

图 12.11　拱结构的支承方式

1—水平屋盖;2—两侧拉杆;3—拉侧力结构

③由侧面结构物承受——此结构物必须有足够的抗侧力刚度;

④由侧面水平构件承受——一般在拱脚处设置水平屋盖构件;水平推力先由此构件作为刚性水平方向的梁承受,再传递给两端的拉杆或竖向抗侧力结构。此外,当拱因承受过大内压力出现失稳现象时,防止失稳的办法是在拱身两侧加足够的侧向支撑点(图 12.11(e))。

12.5　其他结构

12.5.1　壳体结构

(1)壳体结构的特点

壳体是一种曲面形的构件,它与边缘构件(可由梁、拱或桁架等构成)组成的空间结构称壳体结构。壳体结构具有很好的空间传力性能,能以较小的构件厚度覆盖大跨度空间。它可以做成各种形状,适应多种工程造型的需要;一般具有刚度大、承载力高、造型新颖,且可兼有承重和围护双重作用,能较大幅度地节省结构用材,因而广泛应用于结构工程中。壳体的曲面一般可由直线或曲线旋转或平移而成;它们在壳面荷载作用下主要的受力状态为双向受压,因而可以做得很薄,但在与边缘构件连接处的附近除受压力外还受弯、受剪,因而需局部加厚。

(2)壳体结构的分类

①按曲面几何特征分,有圆球面、椭圆球面、抛物面、双曲扁壳;有双曲面、双曲抛物面扭壳、双曲抛物面鞍形壳;还有圆柱面即筒壳、椭圆柱面、锥面壳等。见图12.12。

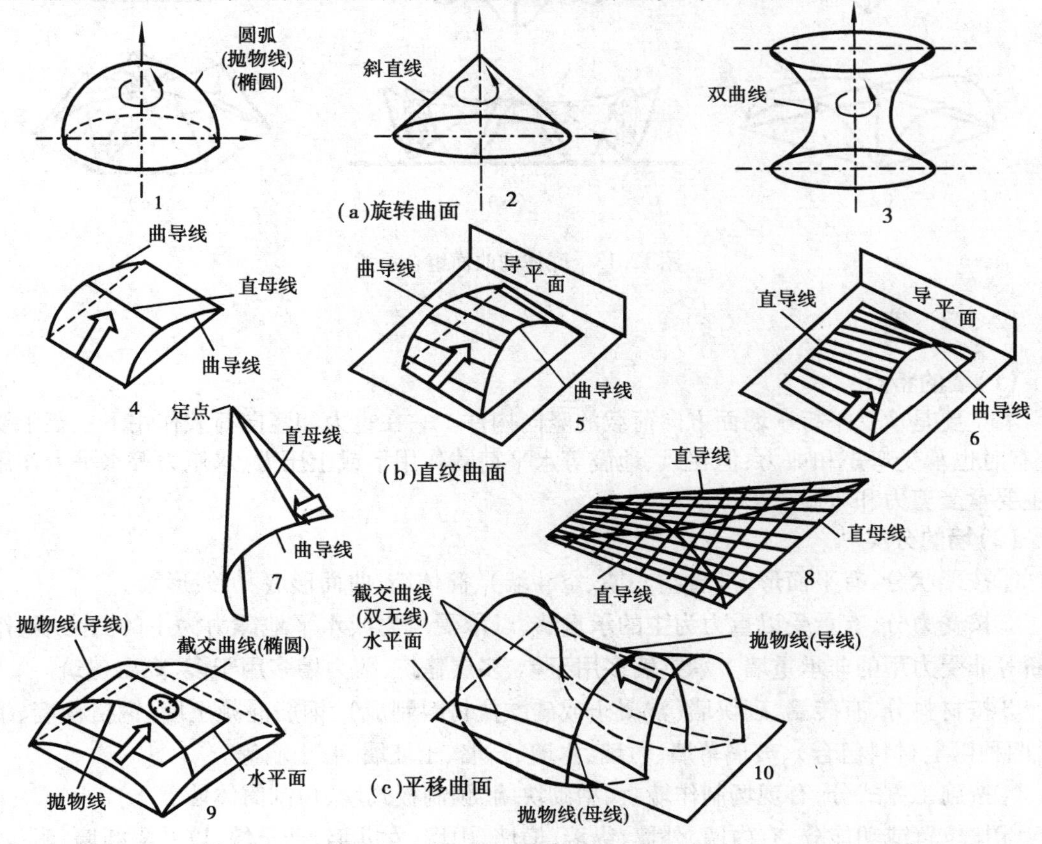

图12.12　壳体结构的曲面型式

1—球壳;2—圆锥壳;3—双曲面壳;4—柱面(筒)壳;5—柱面壳;
6—劈锥壳;7—锥形壳;8—扭壳;9—双曲扁壳;10—双曲抛物面壳

②按所用材料分，以钢筋混凝土壳为主，也可用钢网架壳、砖壳、胶合木壳等。

(3)壳体结构的受力特点

壳体结构是一种薄壁空间曲面结构，在一般荷载下可设计成使壳面主要处于无矩(也称薄膜)状态，因而受力性能好，刚度大，自重轻，材料省，可以覆盖大跨度空间，形成新颖美观的建筑造型。其缺点是：钢筋混凝土成型、模板制作较困难，施工费用较高；占用建筑空间太多，对保温不利，且有回声现象；当跨度很大厚跨比减小时稳定问题十分突出。

壳体结构的曲面型式多种多样，基本上有旋转曲面、直纹曲面和平移曲面 3 类(图 12.13)。壳体结构的经典计算理论在 19 世纪末 20 世纪初开始形成，至今已很成熟，但由于涉及高阶偏微分方程求解，能够用经典方法解决计算问题的仅限于一些几何形状、边界条件及荷载都较为简单的特殊情况。一般情况下求解需借助于有限元等数值方法，或针对不同的具体情况引入近似简化的工程分析或甚至可采用模拟试验的方法。

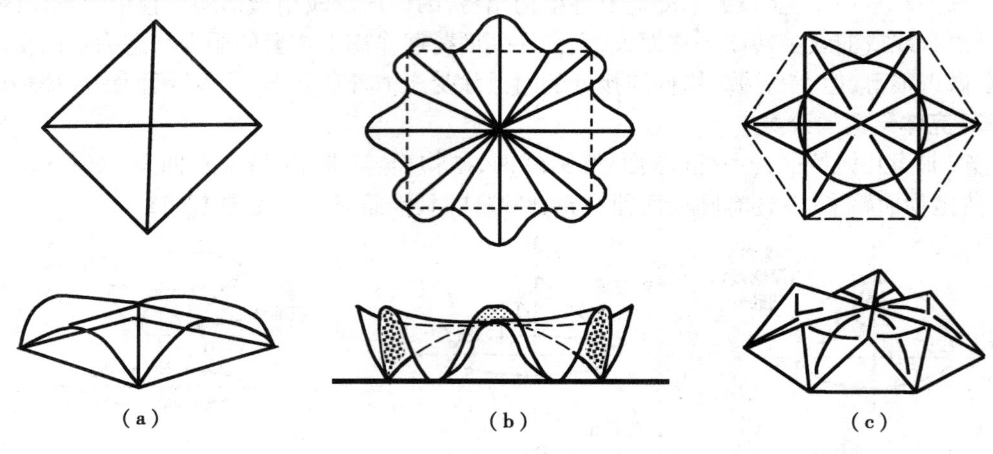

图 12.13　壳体的曲面组合示意

12.5.2　墙

(1)墙的特点

墙主要是承受平行于墙面方向荷载的竖向构件。它在重力和竖向荷载作用下主要承受压力，有时也承受弯矩和剪力；但在风、地震等水平荷载作用下或土压力、水压力等水平力作用下则主要承受剪力和弯矩。

(2)墙的分类

①按形状分，有平面形墙(含空心墙、空斗墙)、筒体墙、曲面形墙、折线形墙。

②按受力分，有承受以重力为主的承重墙、以承受风力或水平地震力为主的剪力墙，作为隔断等非受力用的非承重墙。承重墙多用于单、多层建筑，剪力墙多用于多、高层建筑。

③按材料分，有砖墙、砌块墙(混凝土或硅酸盐材料制成)、钢筋混凝土墙、钢格构墙、组合墙(两种以上材料组合)、玻璃幕墙、竹墙、木墙、石墙、土坯墙、夯土墙等。

④按施工方式分，有现场制作墙、大型砌块墙、预制板式墙、预制筒体墙。

⑤按位置或功能分，有内墙、外墙、纵墙、横墙、山墙、女儿墙、挡土墙，以及隔断墙、耐火墙、屏蔽墙、隔音墙等。

12.5.3　索

(1)索的特点

索结构也是一种推力结构，不同的是它的推力方向与拱结构相反。索是以柔性受拉钢索组成的构件，用于悬索结构（由柔性拉索及其边缘构件组成的结构）或悬挂结构（指楼<屋>面荷载通过吊索或吊杆悬挂在主体结构上的结构）。悬索结构一般能充分利用抗拉性能很好的材料，做到跨度大、自重小、材料省且便于施工（如大跨屋盖结构或大跨桥梁结构）。悬挂结构则多用于高层建筑，其中吊索或吊杆承受重力荷载，水平荷载则由筒体、塔架或框架柱承受。

(2)索的分类

①按所用材料分，有钢丝束、钢丝绳、钢绞线、链条、圆钢、钢管以及其他受拉性能好的线材等，个别的也可用预应力混凝土板带或钢板带代替。

②按受力特点分，有单曲面索、双曲面索和双曲交叉索，形式有单层、双层、伞形、圆形、椭圆形、矩形、菱形等。悬挂结构还有悬挂索、双曲面悬挂索、斜拉索等。

③按悬挂的支承结构分，有筒体支承、柱或塔架支承的悬索结构、悬挂结构等。

(3)索结构的受力特点

考虑悬索的柔软性，通常忽略其抗弯刚度，认为在荷载、支座反力（含推力）的作用下处于中心受拉状态，任一截面均不能随弯矩。如图12.14所示。

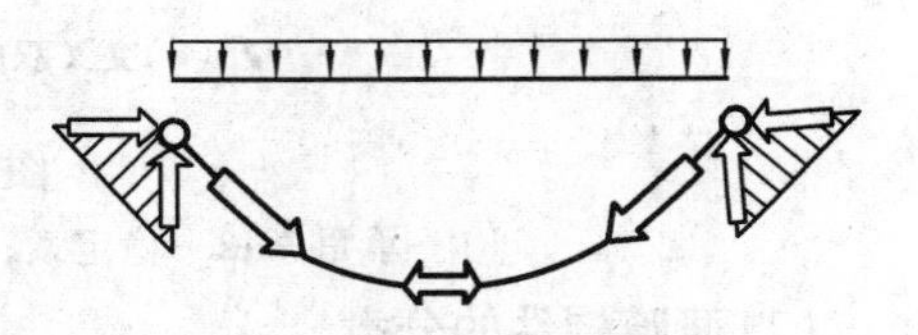

图12.14　仅受拉力的理想索

作为屋面的索结构，一般由索网、边缘构件和支承构件三部分组成。索网（见图12.15）有单曲面（呈圆筒形微凹面，用单层或双层拉索）、双曲面（呈凹形或凸形旋转面，也可用单层或双层拉索）和交叉双曲面（由两组曲率相反的拉索交叉形成，主拉索下凹为承重索，副拉索上凸为稳定索）3种类型。在结构设计时，如果采用索结构做屋面，除选用合理的索网外，另一关健是它的支承处理。它通常用3种措施：

①用斜向牵索（图12.15(a)、(b)）。虽简易有效但影响外观和使用效果；

②用封闭的圆形或马鞍形环梁和相应支柱（图12.15(c)、(d)、(f)）。环梁内力可以自平衡；

③用对称的斜撑体系（图12.15(e)）。要处理好对称斜撑底部基础的连接。

索结构能跨越大跨度(40～150 m)，可形成大空间，充分利用材料固有性能，施工简捷，造型新颖。索是柔性材料。索结构的刚度和稳定性较差，在水平风力作用下索屋面将产生风吸力，使屋盖掀起或失稳和产生颇动的现象（图12.15)，因而往往需用稳定索。

12.5.4　薄膜构件

(1)薄膜构件的特点

薄膜构件是指用薄膜材料制成的构件，它或者由空心封闭式薄膜充入空气后形成，或者将薄膜张拉后形成。它具有重量轻，跨度大，构造简单，造型灵活，施工简便等优越性；但隔热、防火性能差，且充气薄膜尚有漏气缺陷，需持续供气，故仅适用于轻便流动的临时性和半永久性建筑。

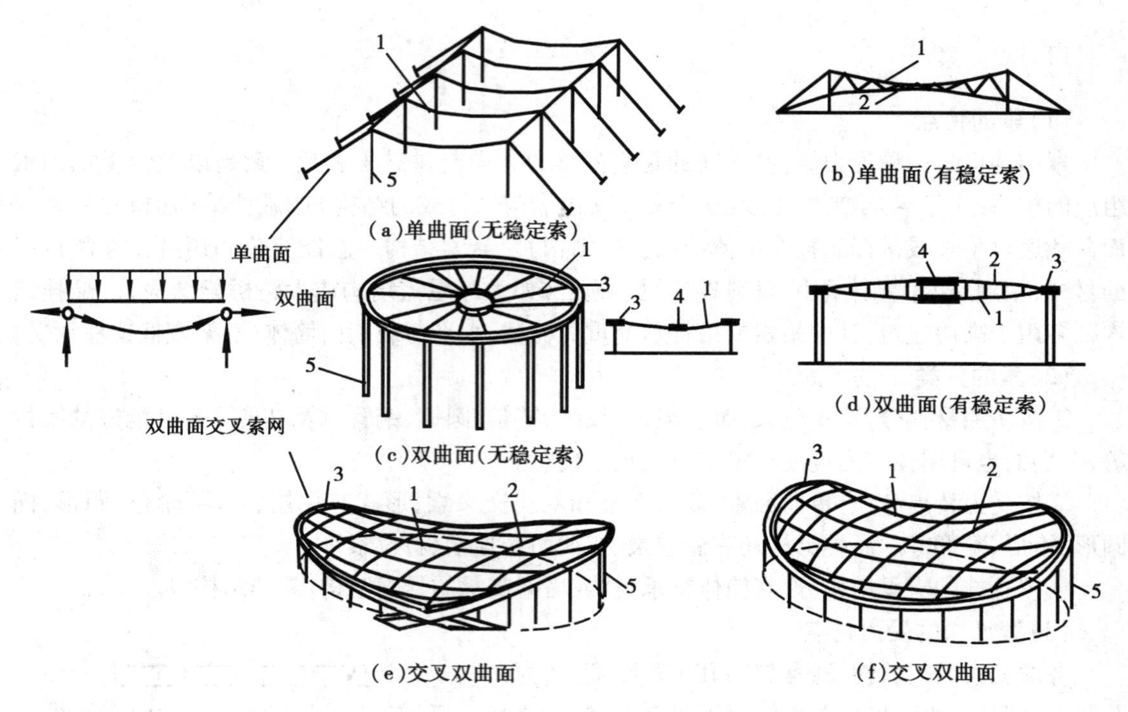

图 12.15 索结构类型

1—承重索;2—稳定索;3—边缘构件;4—中心拉环;5—支承立柱

(2)薄膜构件的分类

①按所用面材材料分,有玻璃纤维布、塑料薄膜、金属编织物等薄膜用材。

②按结构型式分,有气承式(直接用单层薄膜作屋面、外墙,充气后形成圆筒状或圆球状表面)、气囊式(将空气充入薄膜,形成板、梁、柱、壳等构件,再将它们连接成结构)、张拉式(将薄膜直接张拉在边缘构件〈杆件或绳索〉上形成结构平面)等。

12.6 结构简化处理的原则

12.6.1 空间作用原则

建筑物本来是一个空间结构,平时往往为了结构设计计算工作的简化,将它分解成各种平面受力状态进行量化分析。在结构概念设计时,考虑建筑物内各部分结构的空间作用,实际上是还原到它本来的结构面貌。当然,如果这时更能有意识地利用或构成构件间的空间关系,往往还会给所设计的建筑结构带来加大刚度、减小内力、受力效能好等方面的优点。这时,依其有效性的次序做到以下几点是有利的:

①加强结构构件的平面外刚度(如在砌筑墙体内设置钢筋混凝土圈梁和构造柱);

②加强平面结构与平面外结构构件的联系(如平面屋架与屋架间支撑的联系);

③考虑结构构件间的相互作用(如板与梁的相互作用);

④考虑结构体系间的相互作用(如剪力墙体系与框架体系的相互作用);

⑤采用空间结构体系(如空间框架、壳体结构)。

12.6.2　合理受力原则

结构概念设计时,要经常运用力学原理来处理结构构件的一般受力分析问题。以下几个方面往往应给予注意:

①从受力和变形看,均匀受力比集中受力好,多跨连续比单跨简支好,空间作用比平面作用好,刚性连接比铰连接好,超静定的受力体系比静定的受力体系好;另外,传力简捷比传力曲折好,要避免不明确的受力状态。

②从受力和变形的分析看,要尽可能利用结构的对称性、刚度的相对性、变形的连续性和协调性;既要分析各部分构件的直接受力状态,也要分析整体结构的宏观受力状态;要抓住主要的受力状况和它所发生的变形,忽略次要的受力状况和它的相应变形。

③从抗力和材料看,要尽可能选用以轴向应力为主的受力状态,尽可能增加构件和结构的截面惯性矩和抗弯刚度、抗剪切能力和抗剪刚度,并合理地选用材料和组织构件的截面,做到“因材施用,材尽其用”。

④从结构构件自身看,砌体构件要注意设置好圈梁和构造柱、芯柱,以保证砌体结构的延性和承受不均匀沉降的能力;混凝土构件要避免剪切破坏先于弯曲破坏、混凝土压溃先于钢筋屈服、钢筋与混凝土的粘结破坏先于构件自身破坏,以避免造成脆性失效;钢构件应避免局部失稳或整个构件失稳,以确保钢结构的承载和变形能力;构件间和连接应使节点和预埋件的破坏不先于其连接件,以便充分发挥构件自身的作用。

附录 1　型钢规格表

附表 1　热轧等边角钢(GB/T 9787—1988)

符号意义：

b——边宽度；　I——惯性矩；

d——边厚度；　i——惯性半径；

r——内圆弧半径；　W——截面系数；

r_1——边端内圆弧半径；　z_0——重心距离。

角钢号数	尺寸/mm			截面面积/cm²	理论质量/(kg·m⁻¹)	外表面面积/(m²·m⁻¹)	参考数值										z_0/cm
							$x-x$			x_0-x_0			y_0-y_0			x_1-x_1	
	b	d	r				I_x/cm⁴	i_x/cm	W_x/cm³	I_{x0}/cm⁴	i_{x0}/cm	W_{x0}/cm³	I_{y0}/cm⁴	i_{y0}/cm	W_{y0}/cm³	I_{x1}/cm⁴	
2	20	3	3.5	1.132	0.889	0.078	0.40	0.59	0.29	0.63	0.75	0.45	0.17	0.39	0.20	0.81	0.60
		4		1.459	1.145	0.077	0.50	0.58	0.36	0.78	0.73	0.55	0.22	0.38	0.24	1.09	0.64
2.5	25	3		1.432	1.124	0.098	0.82	0.76	0.46	1.29	0.95	0.73	0.34	0.49	0.33	1.57	0.73
		4		1.859	1.459	0.097	1.03	0.74	0.59	1.62	0.93	0.92	0.43	0.48	0.40	2.11	0.76
3	30	3	4.5	1.749	1.373	0.117	1.46	0.91	0.68	2.31	1.15	1.09	0.61	0.59	0.51	2.71	0.85
		4		2.276	1.786	0.117	1.84	0.90	0.87	2.92	1.13	1.37	0.77	0.58	0.62	3.63	0.89

3.6	36	3	4.5	2.109	1.656	0.141	2.58	1.11	0.99	4.09	1.39	1.61	1.07	0.71	0.76	4.68	1.00
		4		2.756	2.163	0.141	3.29	1.09	1.28	5.22	1.38	2.05	1.37	0.70	0.93	6.25	1.04
		5		3.382	2.654	0.141	3.95	1.08	1.56	6.24	1.36	2.45	1.65	0.70	1.09	7.48	1.07
4.0	40	3	5	2.359	1.825	0.157	3.59	1.23	1.23	5.69	1.55	2.01	1.49	0.79	0.96	6.41	1.09
		4		3.086	2.422	0.157	4.60	1.22	1.60	7.29	1.54	2.58	1.91	0.79	1.19	8.56	1.13
		5		3.791	2.976	0.156	5.53	1.21	1.96	8.76	1.52	3.01	2.30	0.78	1.39	10.74	1.17
4.5	45	3		2.659	2.088	0.177	5.17	1.40	1.58	8.20	1.76	2.58	2.14	0.90	1.24	9.12	1.22
		4		3.486	2.736	0.177	6.65	1.38	2.05	10.56	1.74	3.32	2.75	0.89	1.54	12.18	1.26
		5		4.292	3.369	0.176	8.04	1.37	2.51	12.74	1.72	4.00	3.33	0.88	1.81	15.25	1.30
		6		5.076	3.985	0.175	9.33	1.36	2.95	14.76	1.70	4.64	3.89	0.88	2.06	18.36	1.33
5	50	3	5.5	2.971	2.332	0.197	7.18	1.55	1.96	11.37	1.96	3.22	2.98	1.00	1.57	12.50	1.34
		4		3.897	3.059	0.197	9.26	1.54	2.56	14.70	1.94	4.16	3.82	0.99	1.96	16.60	1.38
		5		4.803	3.770	0.196	11.21	1.53	3.13	17.79	1.92	5.03	4.64	0.98	2.31	20.90	1.42
		6		5.688	4.465	0.196	13.05	1.52	3.68	20.68	1.91	5.85	5.42	0.98	2.63	25.14	1.46
5.6	56	3	6	3.343	2.624	0.221	10.19	1.75	2.48	16.14	2.20	4.08	4.24	1.13	2.02	17.56	1.47
		4		4.390	3.446	0.220	13.18	1.73	3.24	20.92	2.18	5.28	5.46	1.11	2.52	23.43	1.53
		5		5.415	4.251	0.220	16.02	1.72	3.97	25.42	2.17	6.42	6.61	1.10	2.98	29.33	1.57
		8		8.367	6.568	0.219	23.63	1.68	6.03	37.37	2.11	9.44	9.89	1.09	4.16	47.24	1.68
6.3	63	4	7	4.978	3.907	0.248	19.03	1.96	4.13	30.17	2.46	6.78	7.89	1.26	3.29	33.35	1.70
		5		6.143	4.822	0.248	23.17	1.94	5.08	36.77	2.45	8.25	9.57	1.25	3.90	41.73	1.74
		6		7.288	5.721	0.247	27.12	1.93	6.00	43.03	2.43	9.66	11.20	1.24	4.46	50.14	1.78
		8		9.515	7.469	0.247	34.46	1.90	7.75	54.56	2.40	12.25	14.33	1.23	5.47	67.11	1.85
		10		11.657	9.151	0.246	41.09	1.88	9.39	64.85	2.36	14.56	17.33	1.22	6.36	84.31	1.93

续表

角钢号数	尺寸/mm			截面面积 /cm^2	理论质量/ ($kg \cdot m^{-1}$)	外表面面积/ ($m^2 \cdot m^{-1}$)	参考数值										z_0 /cm
							x — x			x_0 — x_0			y_0 — y_0			x_1 — x_1	
	b	d	r				I_x /cm^4	i_x /cm	W_x /cm^3	I_{x0} /cm^4	i_{x0} /cm	W_{x0} /cm^3	I_{y0} /cm^4	i_{y0} /cm	W_{y0} /cm^3	I_{x1} /cm^4	
		4		5.570	4.372	0.275	26.39	2.18	5.14	41.80	2.74	8.44	10.99	1.40	4.17	45.74	1.86
		5		6.875	5.397	0.275	32.21	2.16	6.32	51.08	2.73	10.32	13.34	1.39	4.95	57.21	1.91
7.0	70	6	8	8.160	6.406	0.275	37.77	2.15	7.48	59.93	2.71	12.11	15.61	1.38	5.67	68.73	1.95
		7		9.424	7.398	0.275	43.09	2.14	8.59	68.35	2.69	13.81	17.18	1.38	6.34	80.29	1.99
		8		10.677	8.373	0.274	48.17	2.12	9.68	76.37	2.68	15.43	19.98	1.37	6.98	91.92	2.03
		5		7.412	5.818	0.295	39.97	2.33	7.32	63.30	2.92	11.94	16.63	1.50	5.77	70.56	2.04
		6		8.797	6.905	0.294	46.95	2.31	8.64	74.38	2.90	14.02	19.51	1.49	6.67	84.55	2.07
7.5	75	7		10.160	7.976	0.294	53.57	2.30	9.93	84.96	2.89	16.02	22.18	1.48	7.44	98.71	2.11
		8		11.503	9.030	0.294	59.96	2.28	11.20	95.07	2.88	17.93	24.86	1.47	8.19	112.97	2.15
		10	9	14.126	11.089	0.293	71.98	2.26	13.64	113.92	2.84	21.48	30.05	1.46	9.56	141.74	2.22
		5		7.912	6.211	0.315	48.79	2.48	8.34	77.33	3.13	13.67	20.25	1.60	6.66	85.36	2.15
		6		9.397	7.376	0.314	57.35	2.47	9.87	90.98	3.11	16.08	23.72	1.59	7.65	102.50	2.19
8	80	7		10.860	8.252	0.314	65.58	2.46	11.37	104.07	3.10	18.40	27.09	1.58	8.58	119.70	2.23
		8		12.303	9.658	0.314	73.49	2.44	12.83	116.60	3.08	20.61	30.39	1.57	9.46	136.97	2.27
		10		15.126	11.874	0.313	88.43	2.42	15.64	140.09	3.04	24.76	36.77	1.56	11.09	171.74	2.35
		6		10.637	8.350	0.354	82.77	2.79	12.61	131.26	3.51	20.63	34.28	1.80	9.95	145.87	2.44
		7		12.301	9.656	0.354	94.83	2.78	14.54	150.47	3.50	23.64	39.18	1.78	11.19	170.30	2.48
9	90	8	10	13.944	10.946	0.353	106.47	2.76	16.42	168.97	3.48	26.55	43.97	1.78	12.35	194.80	2.52
		10		17.167	13.476	0.353	128.58	2.74	20.07	203.90	3.45	32.04	53.26	1.76	14.52	244.07	2.59
		12		20.306	15.940	0.352	149.22	2.71	23.57	236.21	3.41	37.12	62.22	1.75	16.49	293.76	2.67

10	100	6	12	11. 932	9. 366	0. 393	114. 95	3. 01	15. 68	181. 98	3. 90	25. 74	47. 92	2. 00	12. 69	200. 07	2. 67
		7		13. 796	10. 830	0. 393	131. 86	3. 09	18. 10	208. 97	3. 89	29. 55	54. 74	1. 99	14. 26	233. 54	2. 71
		8		15. 638	12. 176	0. 393	148. 24	3. 08	20. 47	235. 07	3. 88	33. 24	61. 41	1. 98	15. 75	267. 09	2. 76
		10		19. 261	15. 120	0. 392	179. 51	3. 05	25. 06	284. 68	3. 84	40. 26	74. 35	1. 96	18. 54	344. 48	2. 84
		12		22. 800	17. 898	0. 391	208. 90	3. 03	29. 48	330. 95	3. 81	46. 80	86. 84	1. 95	21. 08	402. 34	2. 91
		14		26. 256	20. 611	0. 391	236. 53	3. 00	33. 73	374. 06	3. 77	52. 90	99. 00	1. 94	23. 44	470. 75	2. 99
		16		29. 627	23. 257	0. 390	262. 53	2. 98	37. 82	414. 16	3. 74	58. 57	110. 89	1. 94	25. 63	539. 80	3. 06
11	110	7		15. 196	11. 928	0. 433	177. 16	3. 41	22. 05	280. 94	4. 30	36. 12	73. 38	2. 20	17. 51	310. 64	2. 96
		8		17. 238	13. 532	0. 433	199. 46	3. 40	24. 95	316. 49	4. 28	40. 69	82. 42	2. 19	19. 39	355. 20	3. 01
		10		21. 261	16. 690	0. 432	242. 19	3. 38	30. 60	384. 39	4. 25	49. 42	99. 98	2. 17	22. 91	444. 65	3. 09
		12		25. 200	19. 782	0. 431	282. 55	3. 35	36. 05	448. 17	4. 22	57. 62	116. 93	2. 15	26. 15	534. 60	3. 16
		14		29. 056	22. 809	0. 431	320. 71	3. 32	41. 31	508. 01	4. 18	65. 31	133. 40	2. 14	29. 14	625. 16	3. 24
12. 5	125	8	14	19. 750	15. 504	0. 492	297. 03	3. 88	32. 52	470. 89	4. 88	53. 28	123. 16	2. 50	25. 86	521. 01	3. 37
		10		24. 373	19. 133	0. 491	361. 37	3. 85	39. 97	573. 89	4. 85	64. 93	149. 46	2. 48	30. 62	651. 93	3. 45
		12		28. 912	22. 696	0. 491	423. 16	3. 83	41. 17	671. 44	4. 82	75. 96	174. 88	2. 46	35. 03	783. 42	3. 53
		14		33. 367	26. 193	0. 490	481. 65	3. 80	54. 16	763. 73	4. 78	86. 41	199. 57	2. 45	39. 13	915. 61	3. 61
14	140	10		27. 373	21. 488	0. 511	514. 65	4. 34	50. 58	817. 27	5. 46	82. 56	212. 04	2. 78	39. 20	915. 11	3. 82
		12		32. 512	25. 522	0. 511	603. 68	4. 31	59. 80	958. 79	5. 43	96. 85	248. 57	2. 76	45. 02	1 099. 28	3. 90
		14		37. 567	29. 490	0. 550	688. 81	4. 28	68. 75	1 093. 56	5. 40	110. 47	284. 06	2. 75	50. 45	1 284. 22	3. 98
		16		42. 539	33. 393	0. 549	770. 24	4. 26	77. 46	1 221. 81	5. 36	123. 42	318. 67	2. 74	55. 55	1 147. 07	4. 06

续表

角钢号数	尺寸/mm			截面面积/cm^2	理论质量/$(kg\cdot m^{-1})$	外表面面积/$(m^2\cdot m^{-1})$	参考数值										z_0/cm
							$x-x$			x_0-x_0			y_0-y_0			x_1-x_1	
	b	d	r				I_x/cm^4	i_x/cm	W_x/cm^3	I_{x0}/cm^4	i_{x0}/cm	W_{x0}/cm^3	I_{y0}/cm^4	i_{y0}/cm	W_{y0}/cm^3	I_{x1}/cm^4	
16	160	10	16	31.502	24.729	0.630	779.53	4.98	66.70	1 237.30	6.27	109.36	321.76	3.20	52.76	1 364.33	4.31
		12		37.441	29.391	0.630	916.58	4.95	78.98	1 455.68	6.24	128.67	377.49	3.18	60.74	1 639.57	4.39
		14		43.296	33.987	0.629	1 048.36	4.92	90.95	1 665.02	6.20	147.17	431.49	3.16	68.24	1 914.68	4.47
		16		49.067	38.518	0.629	1 175.08	4.89	102.63	1 865.57	6.17	164.89	484.59	3.14	75.31	2 190.82	4.55
18	180	12		42.241	33.159	0.710	1 321.35	5.59	100.82	2 100.10	7.05	165.00	542.61	3.58	78.41	2 332.80	4.89
		14		48.896	38.383	0.709	1 514.48	5.56	116.25	2 407.42	7.02	189.14	625.53	3.56	88.38	2 723.80	4.97
		16		55.467	43.542	0.709	1 700.99	5.54	131.13	2 703.37	6.98	212.40	698.60	3.55	97.83	3 115.29	5.05
		18		61.955	48.634	0.708	1 875.12	5.50	145.64	2 988.24	6.94	234.78	762.01	3.51	105.14	3 502.43	5.13
20	200	14	18	54.642	42.894	0.788	2 103.55	6.20	144.70	3 343.26	7.82	236.40	863.83	3.98	111.82	3 734.10	5.46
		16		62.013	48.680	0.788	2 366.15	6.18	163.65	3 760.89	7.79	265.93	971.41	3.96	123.96	4 270.39	5.54
		18		69.301	54.401	0.787	2 620.64	6.15	182.22	4 164.54	7.75	294.48	1 076.74	3.94	135.52	4 808.13	5.62
		20		76.505	60.056	0.787	2 867.30	6.12	200.42	4 554.55	7.72	322.06	1 180.04	3.93	146.55	5 347.51	5.69
		24		90.661	71.168	0.785	3 338.25	6.07	236.17	5 294.97	7.64	374.41	1 381.53	3.90	166.55	6 457.16	5.87

注：截面图中的 $r_1=\frac{1}{3}d$ 及表中的 r 值的数据只用于孔型设计，不作交货条件。

附表2 热轧不等边角钢(GB/T 9788—1988)

符号意义：

B——边宽度； b——短边宽度；

d——边厚度； I——惯性矩；

r——内圆弧半径； i——惯性半径；

r_1——边端内圆弧半径； W——截面系数；

x_0——重心距离； y_0——重心距离。

角钢号数	尺寸/mm				截面面积/cm^2	理论质量/($kg\cdot m^{-1}$)	外表面积/($m^2\cdot m^{-1}$)	参考数值													
								$x-x$			$y-y$			x_1-x_1		y_1-y_1		$u-u$			
	B	b	d	r				I_x/cm^4	i_x/cm	W_x/cm^3	I_y/cm^4	i_y/cm	W_y/cm^3	I_{x1}/cm^4	y_0/cm	I_{y1}/cm^4	x_0/cm	I_u/cm^4	i_u/cm	W_u/cm^3	$\tan\alpha$
2.5/1.6	25	16	3	3.5	1.162	0.912	0.080	0.70	0.78	0.43	0.22	0.44	0.19	1.56	0.86	0.43	0.42	0.14	0.34	0.16	0.392
			4		1.499	1.176	0.079	0.88	0.77	0.55	0.27	0.43	0.24	2.09	0.90	0.59	0.46	0.17	0.34	0.20	0.381
3.2/2	32	20	3		1.492	1.171	0.102	1.53	1.01	0.72	0.46	0.55	0.30	3.27	1.08	0.82	0.49	0.28	0.43	0.25	0.382
			4		1.939	1.522	0.101	1.93	1.00	0.93	0.57	0.54	0.39	4.37	1.12	1.12	0.53	0.35	0.42	0.32	0.374
4/2.5	40	25	3	4	1.890	1.484	0.127	3.08	1.28	1.15	0.93	0.70	0.49	5.39	1.32	1.59	0.59	0.56	0.54	0.40	0.386
			4		2.467	1.936	0.127	3.93	1.26	1.49	1.18	0.69	0.63	8.53	1.37	2.14	0.63	0.71	0.54	0.52	0.381
4.5/2.8	45	28	3	5	2.149	1.687	0.143	4.45	1.44	1.47	1.34	0.79	0.62	9.10	1.47	2.23	0.64	0.80	0.61	0.51	0.383
			4		2.806	2.203	0.143	5.69	1.42	1.91	1.70	0.78	0.80	12.13	1.51	3.00	0.68	1.02	0.60	0.66	0.380
5/3.2	50	32	3	5.5	2.431	1.908	0.161	6.24	1.60	1.84	2.02	0.91	0.82	12.49	1.60	3.31	0.73	1.20	0.70	0.68	0.404
			4		3.177	2.494	0.160	8.02	1.59	2.39	2.58	0.90	1.06	16.65	1.65	4.45	0.77	1.53	0.69	0.87	0.402
5.6/3.6	56	36	3	6	2.743	2.153	0.181	8.88	1.80	2.32	2.92	1.03	1.05	17.54	1.78	4.70	0.80	1.73	0.79	0.87	0.408
			4		3.590	2.818	0.180	11.45	1.79	3.03	3.76	1.02	1.37	23.39	1.82	6.33	0.85	2.23	0.79	1.13	0.408
			5		4.415	3.466	0.180	13.86	1.77	3.71	4.49	1.01	1.65	29.25	1.87	7.94	0.88	2.67	0.78	1.36	0.404

续表

角钢号数	尺寸/mm				截面面积/cm^2	理论质量/$(kg \cdot m^{-1})$	外表面积/$(m^2 \cdot m^{-1})$	参考数值															
								$x-x$			$y-y$			x_1-x_1		y_1-y_1		$u-u$			
	B	b	d	r				I_x/cm^4	i_x/cm	W_x/cm^3	I_y/cm^4	i_y/cm	W_y/cm^3	I_{x1}/cm^4	y_0/cm	I_{y1}/cm^4	x_0/cm	I_u/cm^4	i_u/cm	W_u/cm^3	tan α
6. 3/4	63	40	4	7	4. 058	3. 185	0. 202	16. 49	2. 02	3. 87	5. 23	1. 14	1. 70	33. 30	2. 04	8. 63	0. 92	3. 12	0. 88	1. 40	0. 398
			5		4. 993	3. 920	0. 202	20. 02	2. 00	4. 74	6. 31	1. 12	2. 71	41. 63	2. 08	10. 86	0. 95	3. 76	0. 87	1. 71	0. 396
			6		5. 908	4. 638	0. 201	23. 36	1. 96	5. 59	7. 29	1. 11	2. 43	49. 98	2. 12	13. 12	0. 99	4. 34	0. 86	1. 99	0. 393
			7		6. 802	5. 339	0. 201	26. 53	1. 98	6. 40	8. 24	1. 10	2. 78	58. 07	2. 15	15. 47	1. 03	4. 97	0. 86	2. 29	0. 389
7/4. 5	70	45	4	7. 5	4. 547	3. 570	0. 226	23. 17	2. 26	4. 86	7. 55	1. 29	2. 17	45. 92	2. 24	12. 26	1. 02	4. 40	0. 98	1. 77	0. 410
			5		5. 609	4. 403	0. 225	27. 95	2. 23	5. 92	9. 13	1. 28	2. 65	57. 10	2. 28	15. 39	1. 06	5. 40	0. 98	2. 19	0. 407
			6		6. 647	5. 218	0. 225	32. 54	2. 21	6. 95	10. 62	1. 26	3. 12	68. 35	2. 32	18. 58	1. 09	6. 35	0. 98	2. 59	0. 404
			7		7. 657	6. 011	0. 225	37. 22	2. 20	8. 03	12. 01	1. 25	3. 57	79. 99	2. 36	21. 84	1. 13	7. 16	0. 97	2. 94	0. 402
(7.5/5)	75	50	5	8	6. 125	4. 808	0. 245	34. 86	2. 39	6. 83	12. 61	1. 44	3. 30	70. 00	2. 40	21. 04	1. 17	7. 41	1. 10	2. 74	0. 435
			6		7. 260	5. 699	0. 245	41. 12	2. 38	8. 12	14. 70	1. 42	3. 88	84. 30	2. 44	25. 37	1. 21	8. 54	1. 08	3. 19	0. 435
			8		9. 467	7. 431	0. 244	52. 39	2. 35	10. 52	18. 53	1. 40	4. 99	112. 50	2. 52	34. 24	1. 29	10. 87	1. 07	4. 10	0. 429
			10		11. 590	9. 098	0. 244	62. 71	2. 33	12. 79	21. 96	1. 38	6. 04	140. 80	2. 60	43. 43	1. 36	13. 10	1. 06	4. 99	0. 423
8/5	80	50	5		6. 375	5. 005	0. 255	41. 96	2. 56	7. 78	12. 82	1. 42	3. 32	85. 21	2. 60	21. 06	1. 14	7. 66	1. 10	2. 74	0. 388
			6		7. 560	5. 935	0. 255	49. 49	2. 56	9. 25	14. 95	1. 41	3. 91	102. 53	2. 65	25. 41	1. 18	8. 85	1. 08	3. 20	0. 387
			7		8. 724	6. 848	0. 255	56. 16	2. 54	10. 58	16. 96	1. 39	4. 48	119. 33	2. 69	29. 82	1. 21	10. 18	1. 08	3. 70	0. 384
			8		9. 867	7. 745	0. 254	62. 83	2. 52	11. 92	18. 85	1. 38	5. 03	136. 41	2. 73	34. 32	1. 25	11. 38	1. 07	4. 16	0. 381
9/5. 6	90	56	5	9	7. 212	5. 611	0. 287	60. 45	2. 90	9. 92	18. 32	1. 59	4. 21	121. 32	2. 91	29. 53	1. 25	10. 98	1. 23	3. 49	0. 385
			6		8. 557	6. 717	0. 286	71. 03	2. 88	11. 74	21. 42	1. 58	4. 96	145. 59	2. 95	35. 58	1. 29	12. 90	1. 23	4. 13	0. 384
			7		9. 880	7. 756	0. 286	81. 01	2. 86	13. 49	24. 36	1. 57	5. 70	169. 60	3. 00	41. 71	1. 33	14. 67	1. 22	4. 72	0. 382
			8		11. 183	8. 779	0. 286	91. 03	2. 85	15. 27	27. 15	1. 56	6. 41	194. 17	3. 04	47. 93	1. 36	16. 34	1. 21	5. 29	0. 380

10/6.3	100	63	6	10	9.617	7.550	0.320	99.06	3.21	14.64	30.94	1.79	6.35	199.71	3.24	50.50	1.43	18.42	1.38	5.25	0.394
			7		11.111	8.722	0.320	113.45	3.20	16.88	35.26	1.78	7.29	233.00	3.28	59.14	1.47	21.00	1.38	6.02	0.393
			8		12.584	9.878	0.319	127.37	3.18	19.08	39.39	1.77	8.21	266.32	3.32	67.88	1.50	23.50	1.37	6.78	0.391
			10		15.467	12.142	0.319	153.81	3.15	23.32	47.12	1.74	9.98	333.06	3.40	85.73	1.58	28.33	1.35	8.24	0.387
10/8	100	80	6		10.637	8.350	0.354	107.04	3.17	15.19	61.24	2.40	10.16	199.82	2.95	102.68	1.97	31.65	1.72	8.37	0.627
			7		12.301	9.656	0.354	122.73	3.16	17.52	70.08	2.39	11.71	233.20	3.00	119.98	2.01	36.17	1.72	9.60	0.626
			8		13.944	10.946	0.353	137.92	3.14	19.81	78.58	2.37	13.21	266.61	3.04	137.37	2.05	40.58	1.71	10.80	0.625
			10		17.167	13.476	0.353	166.87	3.12	24.24	94.65	2.35	16.12	333.63	3.12	172.48	2.13	49.10	1.69	13.12	0.622
11/7	110	70	6		10.637	8.350	0.354	133.37	3.54	17.85	42.92	2.01	7.90	265.78	3.53	69.08	1.57	25.36	1.54	6.53	0.403
			7		12.301	9.656	0.354	153.00	3.53	20.60	49.01	2.00	9.09	310.07	3.57	80.82	1.61	28.95	1.53	7.50	0.402
			8		13.944	10.946	0.353	172.04	3.51	23.30	54.87	1.98	10.25	354.39	3.62	92.70	1.65	32.45	1.53	8.45	0.401
			10		17.167	13.476	0.353	208.39	3.48	28.54	65.88	1.96	12.48	443.13	3.70	116.83	1.72	39.20	1.51	10.29	0.397
12.5/8	125	80	7	11	14.096	11.066	0.403	277.98	4.02	26.86	74.74	2.30	12.01	454.99	4.01	120.32	1.80	43.81	1.76	9.92	0.408
			8		15.989	12.551	0.403	256.77	4.01	30.41	83.49	2.28	13.56	519.99	4.06	137.85	1.84	49.15	1.75	11.18	0.407
			10		19.712	15.474	0.402	312.04	3.98	37.33	100.67	2.26	16.56	650.09	4.14	173.40	1.92	59.45	1.74	13.64	0.404
			12		23.351	18.330	0.402	364.41	3.95	44.01	116.67	2.24	19.43	780.39	4.22	209.67	2.00	69.35	1.72	16.01	0.400
14/9	140	90	8	12	18.038	14.160	0.453	365.64	4.50	38.48	120.69	2.59	17.34	730.53	4.50	195.75	2.04	70.83	1.98	14.31	0.411
			10		22.261	17.475	0.452	445.50	4.47	47.31	146.03	2.56	21.22	913.20	4.58	245.92	2.12	85.82	1.96	17.48	0.409
			12		26.400	20.724	0.451	521.25	4.44	55.87	169.79	2.54	24.95	1 096.09	4.66	296.89	2.19	100.21	1.95	20.54	0.406
			14		30.456	23.908	0.451	594.10	4.42	64.18	192.10	2.51	28.54	1 279.26	4.74	348.82	2.27	114.13	1.94	23.52	0.403
16/10	160	100	10	13	25.315	19.872	0.512	668.69	5.14	62.13	205.03	2.85	26.56	1 362.89	5.24	336.59	2.28	121.74	2.19	21.92	0.390
			12		30.054	23.592	0.511	784.91	5.11	73.49	239.06	2.82	31.28	1 635.56	5.32	405.94	2.36	142.33	2.17	25.79	0.388
			14		34.709	27.247	0.510	896.30	5.08	84.56	271.20	2.80	35.82	1 908.50	5.40	476.42	2.43	163.23	2.16	29.56	0.385
			16		39.281	30.835	0.510	1 003.04	5.05	95.33	301.60	2.77	40.24	2 181.79	5.48	548.22	2.51	182.57	2.16	33.44	0.382

续表

角钢号数	尺寸/mm				截面面积/cm^2	理论质量/$(kg \cdot m^{-1})$	外表面积/$(m^2 \cdot m^{-1})$	参考数值														
								$x-x$			$y-y$			x_1-x_1		y_1-y_1		$u-u$				
	B	b	d	r				I_x/cm^4	i_x/cm	W_x/cm^3	I_y/cm^4	i_y/cm	W_y/cm^3	I_{x1}/cm^4	y_0/cm	I_{y1}/cm^4	x_0/cm	I_u/cm^4	i_u/cm	W_u/cm^3	tan α
18/11	180	110	10	14	28.373	22.273	0.571	956.25	5.80	78.96	278.11	3.13	32.49	1 940.40	5.89	447.22	2.44	166.50	2.42	26.88	0.376
			12		33.712	26.464	0.571	1 124.72	5.78	93.53	325.03	3.10	38.32	2 328.38	5.98	538.94	2.52	194.87	2.40	31.66	0.374
			14		38.967	30.589	0.570	1 286.91	5.75	107.76	369.55	3.08	43.97	2 716.60	6.06	631.95	2.59	222.30	2.39	36.32	0.372
			16		44.139	34.649	0.569	1 443.06	5.72	121.64	411.85	3.06	49.44	3 105.15	6.14	726.46	2.67	248.94	2.38	40.87	0.369
20/12.5	200	125	12		37.912	29.761	0.641	1 570.90	6.44	116.73	483.16	3.57	49.99	3 193.85	6.54	787.74	2.83	285.79	2.74	41.23	0.392
			14		43.867	34.436	0.640	1 800.97	6.41	134.65	550.83	3.54	57.44	3 726.17	6.02	922.47	2.91	326.58	2.73	47.34	0.390
			16		49.739	39.045	0.639	2 023.35	6.38	152.18	615.44	3.52	64.69	4 258.86	6.70	1 058.86	2.99	366.21	2.71	53.32	0.388
			18		55.256	43.588	0.639	2 238.30	6.35	169.33	677.19	3.49	71.74	4 792.00	6.78	1 197.13	3.06	404.83	2.70	59.18	0.385

注：①括号内的型号不推荐使用；

②截面图中的 $r_1 = \frac{1}{3}d$ 及表中的 r 值的数据只用于孔型设计，不作交货条件。

附表3　热轧工字钢(GB/T 706—1988)

符号意义：h——高度；
b——腿宽度；
d——腰厚度；
t——平均腿厚度；
r——内圆弧半径；
r_1——腿端圆弧半径；
I——惯性矩；
i——惯性半径；
W——截面系数；
S——半截面的静矩。

斜度 1:6

型号	尺寸/mm						截面面积/cm^2	理论质量/($kg \cdot m^{-1}$)	参考数值						
									$x-x$				$y-y$		
	h	b	d	t	r	r_1			I_x/cm^4	W_x/cm^3	i_x/cm	$I_x:S_x$/cm	I_y/cm^4	W_y/cm^3	i_y/cm
10	100	68	4.5	7.6	6.5	3.3	14.345	11.261	245	49	4.14	8.59	33	9.72	1.52
12.6	126	74	5.0	8.4	7.0	3.5	18.118	14.223	488	77	5.20	10.85	47	12.68	1.61
14	140	80	5.5	9.1	7.5	3.8	21.516	16.890	712	102	5.76	12.00	64	16.10	1.73
16	160	88	6.0	9.9	8.0	4.0	26.131	20.513	1130	141	6.58	13.80	93	21.20	1.89
18	180	94	6.5	10.7	8.5	4.3	30.756	24.143	1660	185	7.36	15.40	122	26.00	2.00
20a	200	100	7.0	11.4	9.0	4.5	35.578	27.929	2370	237	8.15	17.20	158	31.50	2.12
20b	200	102	9.0	11.4	9.0	4.5	39.578	31.069	2500	250	7.96	16.90	169	33.10	2.06
22a	220	110	7.5	12.3	9.5	4.8	42.128	33.070	3400	309	8.99	18.90	225	40.90	2.31
22b	220	112	9.5	12.3	9.5	4.8	46.528	36.524	3570	325	8.78	18.70	239	42.70	2.27
25a	250	116	8.0	13.0	10.0	5.0	48.541	38.105	5024	402	10.18	21.58	280	48.28	2.40
25b	250	118	10.0	13.0	10.0	5.0	53.541	42.030	5284	423	9.94	21.27	309	52.42	2.40
28a	280	122	8.5	13.7	10.5	5.3	55.404	43.429	7114	508	11.32	24.62	345	56.57	2.50
28b	280	124	10.5	13.7	10.5	5.3	61.004	47.888	7480	534	11.08	24.24	379	61.21	2.49
32a	320	130	9.5	15.0	11.5	5.8	67.156	52.717	11100	692	12.8	27.46	460	70.56	2.62
32b	320	132	11.5	15.0	11.5	5.8	73.556	57.741	11600	726	12.6	27.09	502	75.99	2.61

续表

型号	尺寸/mm						截面面积/cm^2	理论质量/($kg \cdot m^{-1}$)	参考数值						
									x—x				y—y		
	h	b	d	t	r	r_1			I_x/cm^4	W_x/cm^3	i_x/cm	$I_x:S_x$/cm	I_y/cm^4	W_y/cm^3	i_y/cm
32c	320	134	13.5	15.0	11.5	5.8	79.956	62.765	12 200	760	12.3	26.77	544	81.17	2.61
36a	360	136	10.0	15.8	12.0	6.0	76.480	60.037	15 800	875	14.4	30.70	552	81.20	2.69
36b	360	138	12.0	15.8	12.0	6.0	83.680	65.689	16 500	919	14.1	30.30	582	84.30	2.64
36c	360	140	14.0	15.8	12.0	6.0	90.880	71.341	17 300	962	13.8	29.90	612	87.40	2.60
40a	400	142	10.5	16.5	12.5	6.3	86.112	67.598	21 700	1090	15.9	34.10	660	93.20	2.77
40b	400	144	12.5	16.5	12.5	6.3	94.112	73.878	22 800	1140	15.6	33.60	692	96.20	2.71
40c	400	146	14.5	16.5	12.5	6.3	102.112	80.158	23 900	1190	15.2	33.20	727	99.60	2.65
45a	450	150	11.5	18.0	13.5	6.8	102.446	80.420	32 200	1430	17.7	38.60	855	114.00	2.89
45b	450	152	13.5	18.0	13.5	6.8	111.446	87.485	33 800	1500	17.4	38.00	894	118.00	2.84
45c	450	154	15.5	18.0	13.5	6.8	120.446	94.550	35 300	1570	17.1	37.60	938	122.00	2.79
50a	500	158	12.0	20.0	14.0	7.0	119.304	93.654	46 500	1860	19.7	42.80	1120	142.00	3.07
50b	500	160	14.0	20.0	14.0	7.0	129.304	101.504	48 600	1940	19.4	42.40	1170	146.00	3.01
50c	500	162	16.0	20.0	14.0	7.0	139.304	109.354	50 600	2080	19.0	41.80	1220	151.00	2.96
56a	560	166	12.5	21.0	14.5	7.3	135.435	106.316	65 600	2340	22.0	47.73	1370	165.08	3.18
56b	560	168	14.5	21.0	14.5	7.3	146.435	115.108	68 500	2450	21.6	47.17	1487	174.25	3.16
56c	560	170	16.5	21.0	14.5	7.3	157.835	123.900	71 400	2550	21.3	46.66	1558	183.34	3.16
63a	630	176	13.0	22.0	15.0	7.5	154.658	121.407	93 900	2980	24.5	54.17	1701	193.24	3.31
63b	630	178	15.0	22.0	15.0	7.5	167.258	131.298	98 100	3160	24.2	53.51	1812	203.60	3.29
63c	630	180	17.0	22.0	15.0	7.5	179.858	141.189	102 000	3300	23.8	52.92	1925	213.88	3.27

注：截面图和表中标注圆弧半径 r、r_1 的数据只用于孔型设计，不作交货条件。

附表4 热轧槽钢(GB/T 707—1988)

符号意义：h——高度；
b——腿宽度；
d——腰厚度；
t——平均腿厚度；
r——内圆弧半径；
r_1——腿端圆弧半径；
I——惯性矩；
i——惯性半径；
W——截面系数；
z_0——$y-y$ 轴与 y_1-y_1 轴的间距。

型号	尺寸/mm						截面面积/cm^2	理论质量/($kg \cdot m^{-1}$)	参考数值							
									$x-x$			$y-y$			y_1-y_1	z_0/cm
	h	b	d	t	r	r_1			W_x/cm^3	I_x/cm^4	i_x/cm	W_y/cm^3	I_y/cm^4	i_y/cm	I_{y1}/cm^4	
5	50	37	4.5	7.0	7.0	3.50	6.93	5.44	10.4	26.0	1.94	3.55	8.30	1.10	20.9	1.35
6.3	63	40	4.8	7.5	7.5	3.75	8.45	6.63	16.1	50.8	2.45	4.50	11.87	1.19	28.4	1.36
8	80	43	5.0	8.0	8.0	4.00	10.25	8.05	25.3	101.3	3.15	5.79	16.60	1.27	37.4	1.43
10	100	48	5.3	8.5	8.5	4.24	12.75	10.01	39.7	198.3	3.95	7.80	25.60	1.41	54.9	1.52
12.6	126	53	5.5	9.0	9.0	4.50	15.69	12.32	62.1	391.5	4.95	10.24	37.99	1.57	77.1	1.59
14a	140	58	6.0	9.5	9.5	4.75	18.52	14.54	80.5	563.7	5.52	13.01	53.20	1.70	107.1	1.71
14b	140	60	8.0	9.5	9.5	4.75	21.32	16.73	87.1	609.4	5.35	14.12	61.10	1.69	120.6	1.67
16a	160	63	6.5	10.0	10.0	5.00	21.96	17.24	108.3	866.2	6.28	16.30	73.30	1.83	144.1	1.80
16b	160	65	8.5	10.0	10.0	5.00	25.16	19.75	116.8	934.5	6.10	17.55	83.40	1.82	160.8	1.75
18a	180	68	7.0	10.5	10.5	5.25	25.70	20.17	141.4	1272.7	7.04	20.03	98.60	1.96	189.7	1.88
18b	180	70	9.0	10.5	10.5	5.25	29.30	23.00	152.2	1369.9	6.84	21.52	111.00	1.95	210.1	1.84
20a	200	73	7.0	11.0	11.0	5.50	28.84	22.64	178.0	1780.4	7.86	24.20	128.00	2.11	244.0	2.01
20b	200	75	9.0	11.0	11.0	5.50	32.84	25.78	191.4	1913.7	7.64	25.88	143.60	2.09	268.4	1.95

续表

型号	尺寸/mm						截面面积/cm^2	理论质量/($kg \cdot m^{-1}$)	参考数值							
									$x-x$			$y-y$			y_1-y_1	z_0/cm
	h	b	d	t	r	r_1			W_x/cm^3	I_x/cm^4	i_x/cm	W_y/cm^3	I_y/cm^4	i_y/cm	I_{y1}/cm^4	
22a	220	77	7.0	11.5	11.5	5.75	31.85	25.00	217.6	2 393.9	8.67	28.17	157.80	2.23	298.2	2.10
22b	220	79	9.0	11.5	11.5	5.75	36.24	28.45	233.8	2 571.4	8.42	30.05	176.40	2.21	326.3	2.03
25a	250	78	7.0	12.0	12.0	6.00	34.92	27.41	269.6	3 369.6	9.82	30.61	175.53	2.24	322.3	2.07
25b	250	80	9.0	12.0	12.0	6.00	39.92	31.34	282.4	3 530.0	9.41	32.66	196.42	2.22	353.2	1.98
25c	250	82	11.0	12.0	12.0	6.00	44.92	35.26	295.2	3 690.5	9.07	35.93	218.42	2.21	384.1	1.92
28a	280	82	7.5	12.5	12.5	6.25	40.03	31.43	340.3	4 764.6	10.91	35.72	217.99	2.33	387.6	2.10
28b	280	84	9.5	12.5	12.5	6.25	45.64	35.82	366.5	5 130.5	10.60	37.93	242.14	2.30	427.6	2.02
28c	280	86	11.5	12.5	12.5	6.25	51.23	40.22	392.6	5 496.3	10.35	40.30	267.60	2.28	462.6	1.95
32a	320	88	8.0	14.0	14.0	7.00	48.41	38.08	474.9	7 598.1	12.49	46.47	304.79	2.50	552.3	2.24
32b	320	90	10.0	14.0	14.0	7.00	54.91	43.11	509.0	8 144.2	12.15	49.16	336.33	2.47	592.9	2.16
32c	320	92	12.0	14.0	14.0	7.00	61.31	48.13	543.1	8 690.3	11.88	52.64	374.18	2.47	643.3	2.09
36a	360	96	9.0	16.0	16.0	8.00	60.91	47.81	659.7	11 874.2	13.97	63.54	455.00	2.73	818.4	2.44
36b	360	98	11.0	16.0	16.0	8.00	68.11	53.47	702.9	12 651.8	13.63	66.85	496.70	2.70	880.4	2.37
36c	360	100	13.0	16.0	16.0	8.00	75.31	59.12	746.1	13 429.4	13.36	70.02	536.40	2.67	947.9	2.34
40a	400	100	10.5	18.0	18.0	9.00	75.07	58.93	878.9	17 577.9	15.30	78.83	592.00	2.81	1 067.7	2.49
40b	400	102	12.5	18.0	18.0	9.00	83.07	65.21	932.2	18 644.5	14.98	82.52	640.00	2.78	1 135.6	2.44
40c	400	104	14.5	18.0	18.0	9.00	91.07	71.49	985.6	19 711.2	14.71	86.19	687.80	2.75	1 220.7	2.42

注：截面图和表中标注圆弧半径 r、r_1 的数据只用于孔型设计，不作交货条件。

附录2　基本力学实验指导

建筑力学实验是建筑力学教学过程中的重要环节，对加深理论知识的理解，培养实践操作技能等有着不可替代的作用。附录2主要介绍建筑力学中金属材料的拉伸、金属材料的压缩、低碳钢弹性模量和泊松比的测定、梁的纯弯曲正应力、空心圆管扭转剪应力测定五个基本实验。

在进行实验时应注意以下几点：

1. 注意了解实验条件和观察实验中的各种现象，因为各种现象和实验条件都与材料的性能和实验结果有着密切的关系。

2. 尽可能将观察到的实验现象与学过的理论知识相结合，用理论解释实验现象，以实验结果验证理论。

3. 了解机器及仪表的使用方法和工作原理，以便正确地操作和使用。

4. 在填写实验报告及回答讨论题时，要真正通过自己的思考，以求得对问题的深入理解。

5. 实验报告是对所完成的实验结果整理成书面形式的综合资料。学习者在自己动手完成实验的基础上，独立完成实验报告，并做到字迹端正、绘图清晰、表达清楚。

附录2.1　金属材料的拉伸实验

一、实验目的

1. 观察与分析低碳钢、灰铸铁在拉伸过程中的力学现象并绘制拉伸图。

2. 测定低碳钢的σ_s、σ_b、δ、ψ和灰铸铁的σ_b。

3. 比较低碳钢与灰铸铁的机械性能。

二、实验仪器和设备

1. 电子万能试验机。

2. 游标卡尺。

三、试件

实验表明，试件的尺寸和形状对试验结果有影响，为了使各种材料的试验结果具有通用性、可比性，必须将试件尺寸、形状和试验方法统一规定，使试验标准化。本实验所用的试件参照国家标准《力学性能试验取样位置和试样制备》（GB/T 2975—1998）制备；实验方法参照国家标准《金属材料 室温拉伸试验方法》（GB/T 228—2002）进行。

试件形状如图附 2.1 所示：

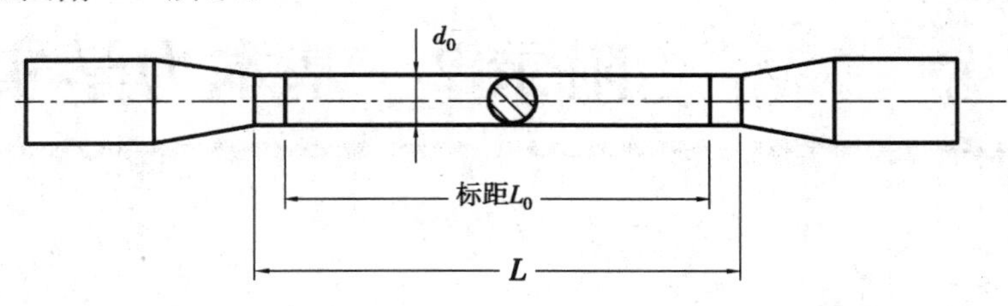

图附 2.1

L——试件平行长度，$L \geqslant L_0 + d_0$；

L_0——试件平行长度部分最外两条刻线间的距离，称为原始标距；

d_0——试件平行长度部分之原始直径。

圆形比例试件分两种：

$L_0 = 10\ d_0$，称为长试件；

$L_0 = 5\ d_0$，称为短试件。

四、实验原理

（一）低碳钢拉伸实验

材料的机械性能指标 σ_s、σ_b、δ 和 ψ 由常温、静载下的轴向拉伸破坏试验测定。整个试验过程中，载荷由小到大逐渐增加，力与变形的关系可由拉伸图表示，被测材料试件的拉伸图由试验机自动记录显示。低碳钢的拉伸图比较典型，可分为弹性、屈服、强化、颈缩四个阶段，若在强化阶段卸载，弹性变形消失，塑性变形残留下来，见图附 2.2，各阶段的力学性能见第 5 章 5.4.1。低碳钢试件在整个拉伸过程中有四个强度指标：比例极限 σ_p、弹性极限 σ_e、屈服极限 σ_s 及强度极限 σ_b。σ_p 与 σ_e 很接近，且在实验中难以获得精确值，实验中主要测定低碳钢拉伸时的屈服极限 σ_s 及强度极限 σ_b。

图附 2.2 为低碳钢拉伸图。

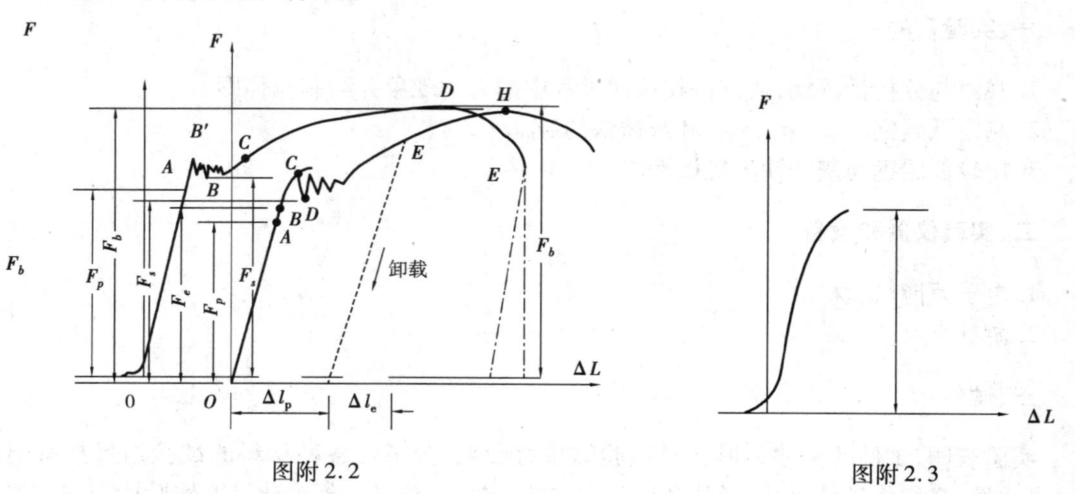

图附 2.2

图附 2.3

（二）灰铸铁拉伸实验

对于灰铸铁，由于拉伸时的塑性变形极小，在变形很小时就达到最大载荷而突然断裂，力-变形曲线表现为只有一个阶段，其强度极限 σ_b 即为试件断裂时的应力，显见，灰铸铁拉伸时塑性很差，抗拉能力也不强。图附2.3为铸铁拉伸图。实验中主要测定灰铸铁拉伸时的强度极限 σ_b。

五、实验步骤

（一）开机准备

1. 打开计算机，启动试验软件。

2. 安装夹具。根据试样情况选择好夹具，若夹具已安装到试验机上，则对夹具进行检查，并根据试样的长度及夹具的间距设置好限位装置。

3. 测量并记录试件的尺寸。在刻线长度内的两端和中部测量三个截面的直径 d_0，取直径最小者为计算直径，并量取标距长度 L_0。

4. 点击试验部分里的新试验，选择相应的试验方案，输入试样的参数如尺寸等。

5. 夹持试样。先将试样夹在接近力传感器一端的夹头上，力清零消除试样自重后再夹持试样的另一端。夹持长度不小于夹具长度的3/4。

（二）进行实验

1. 按运行命令按钮，设备将按照软件设定的实验方案进行试验。

2. 每根样品试验完后屏幕右端将显示试验结果。

3. 浏览拉伸曲线，记录屈服载荷 F_s 和最大载荷 F_b。

4. 实验结束后，将试样取出进行观察。

（三）断后延伸率 δ 和截面收缩率 ψ 的测定

1. 试件拉断后，将其断裂试件紧密对接在一起，在断口（颈缩）处沿两个互相垂直方向各测量一次直径，记录后再重复测量一次直径，取其平均值为 d_1，用来计算断口处横截面面积 A_1。

2. 将断裂试件的两段紧密对接在一起，尽量使其轴线位于一直线上，用游标卡尺测量断裂后断口两侧距断口最远的两条刻线之间的标距长度，即为 L_1。

六、注意事项

1. 夹持试件时必须保证足够的夹持长度。

2. 实验前一定要设计好实验方案，准确测量实验计算用数据。

3. 加载过程中，不得靠近试验机。

4. 如遇异常情况，立即按下红色“电源”按钮。

5. 确认载荷完全卸掉后，关闭仪器电源，整理实验台面。

七、实验结果处理

1. 根据测得的低碳钢拉伸载荷 F_s、F_b 计算屈服极限 σ_s 和强度极限 σ_b。

2. 根据测得的灰铸铁拉伸最大载荷 F_b 计算强度极限 σ_b，计算公式如下。

$$\sigma_s = \frac{F_s}{A_0} \qquad \sigma_b = \frac{F_b}{A_0} \qquad A_0 = \frac{\pi \cdot d_0^2}{4}$$

3. 根据拉断前后的试件标距长度和横截面面积，计算出低碳钢的延伸率 δ 和截面收缩率 ψ；由于灰铸铁拉伸塑性变形量很小，断后延伸率和截面收缩率一般就不必测定。

$$\delta = \frac{L_1 - L_0}{L_0} \times 100\%$$

$$\psi = \frac{A_0 - A_1}{A_0} \times 100\%$$

4. 绘制两种材料的拉抻图（F-ΔL 图）。

5. 绘图表示两种材料的断口形状。

附录2.2 金属材料的压缩实验

一、实验目的

1. 观察与分析低碳钢、灰铸铁在压缩过程中的力学现象并绘制压缩图。
2. 测定压缩时低碳钢的的 σ_s，灰铸铁的 σ_b。
3. 比较低碳钢与灰铸铁的机械性能。

二、实验仪器和设备

1. 液压式万能材料试验机。
2. 游标卡尺。

三、试件

为了能对各种材料的试验结果作比较，金属材料压缩试样一般采用圆柱形标准试样如图附 2.4 所示。

1. 试样高度和直径的比例要适宜。试件太高，容易产生纵向不稳定现象；试件太短，试验机垫板与试件两端面间的摩擦力（图附 2.5）对试件实际的承载能力产生影响。为保证试样在试验过程中均匀单向压缩，且端部不在试验结束之前损坏，国标 GB/T 7314—2005 推荐无约束压缩试样尺寸为：

$$1 \leqslant \frac{h_0}{d_0} \leqslant 2$$

2. 试件置于试验机的球形承垫中心位置处（图附 2.6），以防试件两端面稍不平时，起调节作用，使压力均匀分布，其合力应通过试件轴线。

3. 试件两端的平面应加工光滑以减小摩擦力的影响，实验时通常还在两端部加适量的润滑油。

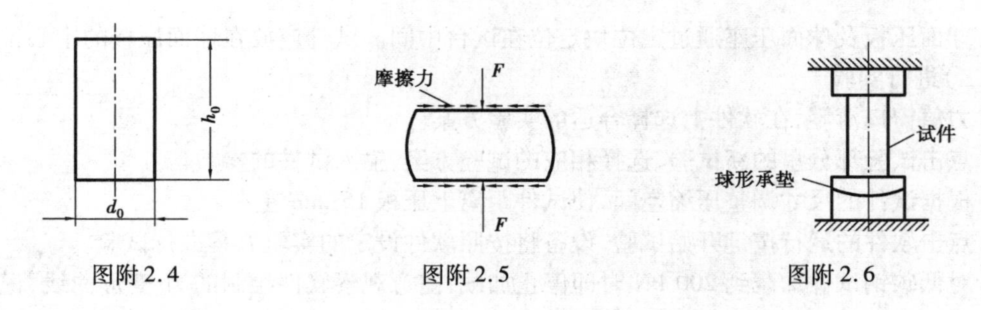

图附 2.4　　图附 2.5　　图附 2.6

四、实验原理

1. 低碳钢压缩实验

低碳钢受压时与受拉时一样有比例极限和屈服极限，但不像拉伸时那样有明显的屈服现象。因此，测定压缩的屈服载荷 F_s 时要特别细心观察。在力-变形曲线上会出现一个小台阶，如图附 2.7 所示。

过了屈服点，塑性变形迅速增加，试件横截面面积也随之增大。而增大的面积能承受更大的载荷，低碳钢试件最后可被压成饼状而不破坏，所以无法测定强度极限 σ_b。实验中主要测定低碳钢压缩时的屈服极限 σ_s。

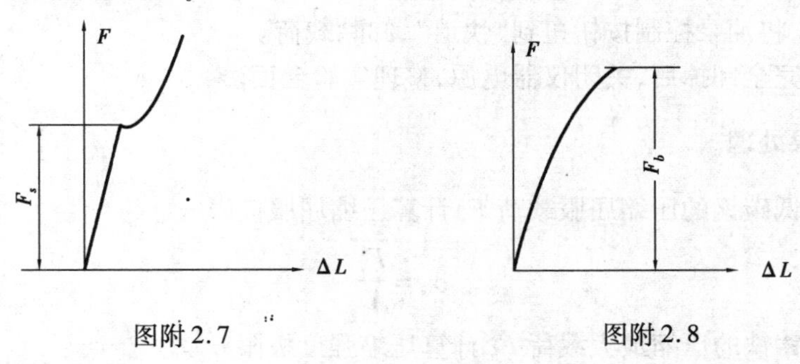

图附 2.7　　图附 2.8

2. 灰铸铁压缩实验

灰铸铁压缩时的力-变形曲线（图附 2.8）仍只有一个阶段，但破坏时的强度极限 σ_b 值高，且变形明显，由圆柱状变成鼓状（主要由试件两端摩擦力限制试件两端横向膨胀所致），试件破坏后断面为与水平面成约 45°的斜面。实验中主要测定灰铸铁压缩时的强度极限 σ_b。

五、实验步骤

（一）开机准备

1. 开机之前的检查

（1）主机的电源和用户电源一致。

（2）检查控制器连接线（包括 UBS 通讯线，负荷，位移，控制线）都已经连接好无松动。

2. 开机顺序

（1）打开油源电源开关，然后按油泵启动按钮。

（2）启动控制器和电脑。

3. 联机：试验机主机开机后应等待至少 45 s，点击软件中的“联机”按钮联机。

4. 测量并记录试件的尺寸。

5. 球面压板及球面压座通过定位块定位在试台中间。试件应放在球面压板的中心位置。

（二）进行实验

1. 力值窗口清零，在软件上选择合适的实验方案。
2. 点击试验部分里的新试验，选择相应的试验方案，输入试件的参数。
3. 根据试件的尺寸调整压缩空间，使试件距离上压板 15 mm 左右。
4. 点击软件的运行按键开始试验，设备将按照软件设定的实验方案进行试验。
5. 对低碳钢试件加载到 200 kN 时即停止加载，注意观察软件绘制的力-变形曲线，记录屈服载荷 F_s。
6. 铸铁试件加压至试件破坏为止，记录最大载荷 F_b。
7. 实验结束，卸除载荷后，才能将试件取出进行观察。

六、注意事项

1. 试件必须先放置在下压板的中心，才能下降横梁进行加载。
2. 实验前一定要设计好实验方案，准确测量实验计算用数据。
3. 加载过程中，不得靠近试验机。
4. 如遇异常情况，立即按下红色“急停”按钮。
5. 实验结束，将油泵控制按钮扭到“快退”，卸除载荷。
6. 确认载荷完全卸掉后，关闭仪器电源，整理实验台面。

七、实验结果处理

1. 根据所测低碳钢的压缩屈服载荷 F_s 计算压缩屈服极限 σ_s。

$$\sigma_s = \frac{F_s}{A_0}$$

2. 根据所测铸铁的压缩最大载荷 F_b 计算压缩强度极限 σ_b。

$$\sigma_b = \frac{F_b}{A_0}$$

式中：

$$A_0 = \frac{\pi \cdot d_0^2}{4}$$

附录 2.3　低碳钢弹性模量和泊松比的测定

一、实验目的

1. 测定低碳钢的弹性模量 E 和泊松比 μ。
2. 验证胡克（Hooke）定律。

二、实验仪器和设备

1. 组合实验台中拉伸装置。

2. 静态电阻应变仪。

3. 游标卡尺、钢板尺。

三、试件

试件采用矩形截面试件,电阻应变片布片方式如图附 2.9 所示。在试件中央截面上,沿前后两面的轴线方向分别对称的贴一对轴向应变片 R_1、R_1' 和一对横向应变片 R_2、R_2',以测量轴向应变 ε 和横向应变 ε'。

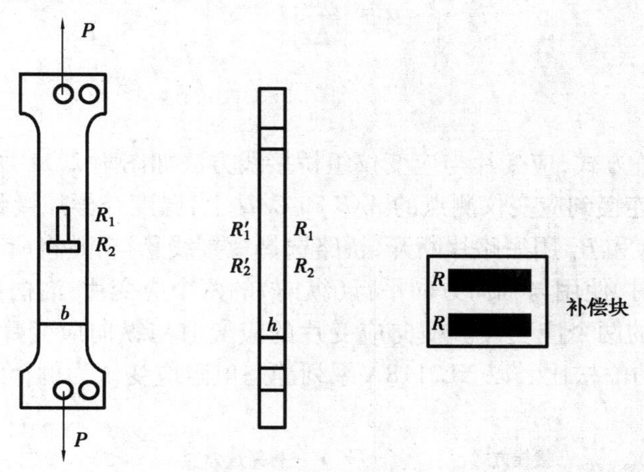

图附 2.9

四、实验原理

1. 弹性模量 E 的测定

由于实验装置和安装初始状态的不稳定性,拉伸曲线的初始阶段往往是非线性的。为了尽可能减小测量误差,实验宜从一初载荷 $P_0(P_0\neq 0)$ 开始,采用增量法,分级加载,分别测量在各相同载荷增量 ΔP 作用下,产生的应变增量 $\Delta\varepsilon$,并求出 $\Delta\varepsilon$ 的平均值。设试件初始横截面面积为 A_0,又因 $\varepsilon=\Delta l/l$,则有

$$E=\frac{\Delta P}{\Delta\varepsilon A_0}$$

上式即为增量法测 E 的计算公式。

式中　A_0——试件截面面积;

　　　$\Delta\varepsilon$——轴向应变增量的平均值。

用上述板试件测 E 时,合理地选择组桥方式可有效地提高测试灵敏度和实验效率。采用图附 2.10 所示相对桥臂测量将两轴向应变片分别接在电桥的相对两臂(AB、CD),两温度补偿片接在相对桥臂(BC、DA),偏心弯曲的影响可自动消除。根据桥路原理得到:

$$\varepsilon_d=2\varepsilon_p$$

式中　ε_d——应变读数值;

　　　ε_p——实际应变值。

图附 2.10

实验中,将电阻应变仪上读得的数值除以 2 得到实际应

变值,填入实验报告表格中。

2. 泊松比 μ 的测定

利用试件上的横向应变片和补偿应变片合理组桥,采用与弹性模量测试时同样的桥路连接形式。为了尽可能减小测量误差,实验宜从一初载荷 $P_0(P_0\neq 0)$ 开始,采用增量法,分级加载,测量在各相同载荷增量 ΔP 作用下的横向应变增量 $\Delta\varepsilon'$ 并求出平均值,使用弹性模量测试时相同载荷增量下纵向应变增量 $\Delta\varepsilon$。求出平均值,按定义

$$\mu=\left|\frac{\overline{\Delta\varepsilon'}}{\overline{\Delta\varepsilon}}\right|$$

便可求得泊松比 μ。

3. 实验接线方式

实验接桥采用全桥方式,应变片与应变仪组桥接线方法如图附 2.11 所示。将试件上的应变片(即工作应变片)连接到应变仪测点的 A/B 和 C/D 上,温度补偿片接到应变仪测点的 B/C 和 A/D 上,测点上的 B 和 B_1 用短路片断开,桥路选择短接线悬空,并将所有螺钉旋紧。

弹性模量 E 测定时,使用与轴向方向平行(纵向)的两个应变片;泊松比 μ 测定时,使用与轴线方向垂直(横向)的两个应变片。横向应变片的应变值与纵向应变片的应变值的比值的绝对值即为被测材料的泊松比。以 XL2118A 系列静态电阻应变仪为例,介绍实验的接线方式和桥路选择。

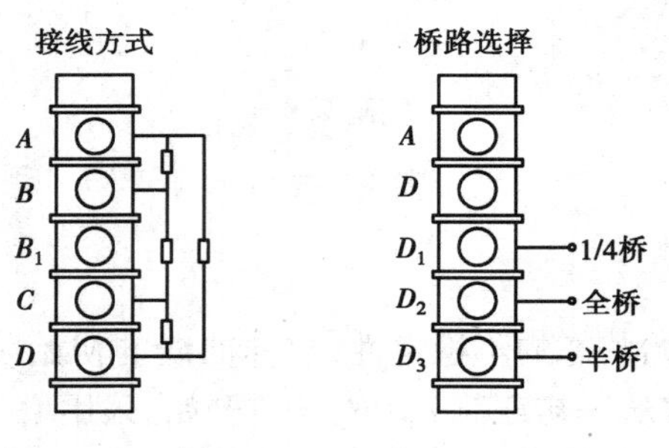

图附 2.11

五、实验步骤

1. 找准试件上应变片的位置及其连接线的颜色。

2. 测量试件尺寸。在试件标距范围内,测量试件三个横截面尺寸,取三处横截面面积的平均值作为试件的横截面面积 A_0。

3. 拟订加载方案。可先选取适当的初载荷 P_0(一般取 $P_0=10\%P_{max}$ 左右,该实验载荷范围 $P_{max}\leqslant 5\ 000$ N),分 5 级加载。

4. 根据加载方案,调整好实验加载装置。

5. 按实验要求接好线(为提高测试精度建议采用图附 2.10 所示相对桥臂测量方法,纵向应变 $\varepsilon_d=2\varepsilon_p$,横向应变 $\varepsilon'_d=2\varepsilon'_p$),调整好仪器,检查整个测试系统是否处于正常工作状态。应变仪清零。

6. 加载。均匀缓慢加载至初载荷 P_0,记下各点应变的初始读数;然后分级等增量加载,每增加一级载荷,依次记录各点电阻应变片的应变值,直到最终载荷。实验至少重复两次。相对

桥臂测量数据表格，其他组桥方式实验表格可根据实际情况自行设计。

7. 作完实验后，卸掉载荷，关闭电源，整理好所用仪器设备，清理实验现场，将所用仪器设备复原。

六、注意事项

1. 测试仪未开机前，一定不要进行加载，以免在实验中损坏试件。
2. 实验前一定要设计好实验方案，准确测量实验计算用数据。
3. 加载过程中一定要缓慢加载，不可快速进行加载，以免超过预定加载载荷值，导致测试数据不准确，同时注意不要超过实验方案中预定的最大载荷，以免损坏试件；该实验最大载荷为5 000 N。
4. 实验结束，一定要先将载荷卸掉，必要时可将加载附件一起卸掉，以免误操作损坏试件。
5. 确认载荷完全卸掉后，关闭仪器电源，整理实验台面。

七、实验结果处理

1. 弹性模量计算

公式为

$$E=\frac{\Delta P}{\Delta \varepsilon A_0}$$

2. 泊松比计算

公式为

$$\mu=\left|\frac{\Delta \varepsilon'}{\Delta \varepsilon}\right|$$

3. 绘制 σ-ε 图。

附录2.4　梁的纯弯曲正应力实验

一、实验目的

1. 测定梁在纯弯曲时横截面上正应力大小和分布规律。
2. 验证纯弯曲梁的正应力计算公式。

二、实验仪器和设备

1. 组合实验台中纯弯曲梁实验装置。
2. 静态电阻应变仪。
3. 游标卡尺、钢板尺。

三、试件

采用如图附2.12所示矩形截面钢梁，在梁的跨中沿梁侧面不同高度，平行于轴线贴有5个应变片，如图附2.13所示。

四、实验原理

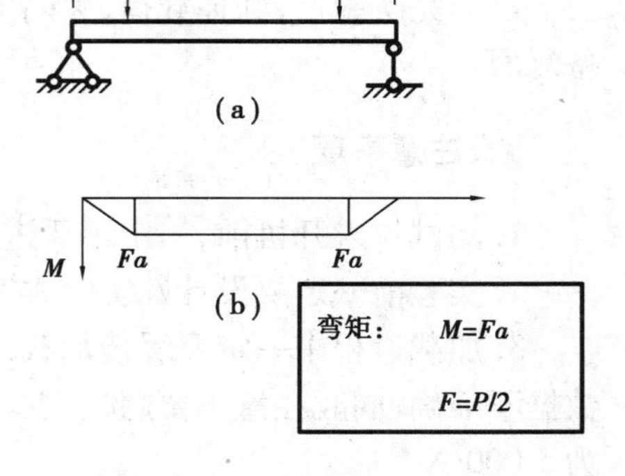

图附 2.12

1. 正应力的测定

梁的纯弯曲实验受力分析简图如图附 2.12 所示。在纯弯曲条件下，根据平面假设和纵向纤维间无挤压的假设，可得到梁横截面上任一点的正应力，计算公式为

$$\sigma = \frac{M \cdot y}{I_z}$$

式中 M——为弯矩，$M = Pa/2$；

I_z——为横截面对中性轴的惯性矩；

y——为所求应力点至中性轴的距离。

为了测量梁在纯弯曲时横截面上正应力的分布规律，在梁的纯弯曲段沿梁侧面不同高度，平行于轴线贴有应变片（图附 2.13）。

实验可采用半桥单臂、公共补偿、多点测量方法。加载采用增量法，即每增加等量的载荷 ΔP，测出各点的应变增量 $\Delta\varepsilon_{i实}$，然后分别取各点应变增量的平均值$\overline{\Delta\varepsilon_{i实}}$，依次求出各点的应力增量

$$\sigma_{i实} = E \cdot \Delta\varepsilon_{i实} \qquad (i = 1,2,3,4,5)$$

将实测应力值与理论应力值进行比较，以验证弯曲正应力公式。

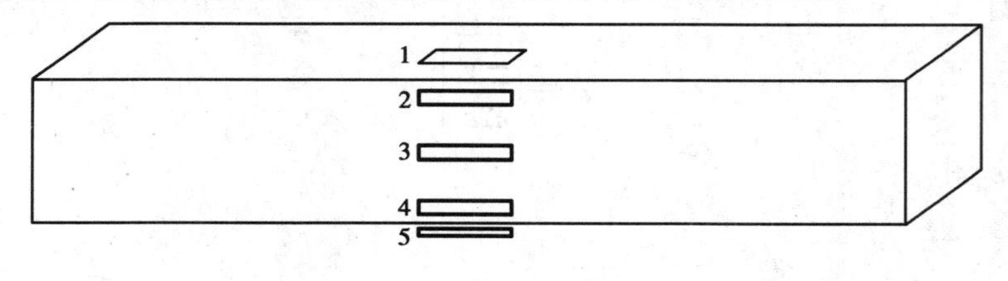

图附 2.13

2. 实验接线方法

实验接桥采用 1/4 桥（半桥单臂）方式，应变片与应变仪组桥接线方法如图附 2.14 所示。使用弯曲梁上的 1 号、2 号、3 号、4 号及 5 号应变片（即工作应变片）分别连接到应变仪测点的 A/B 上，测点上的 B 和 B_1 用短路片短接；温度补偿应变片连接到桥路选择端的 A/D 上，桥路选择短接线将 D_1/D_2 短接，并将所有螺钉旋紧。

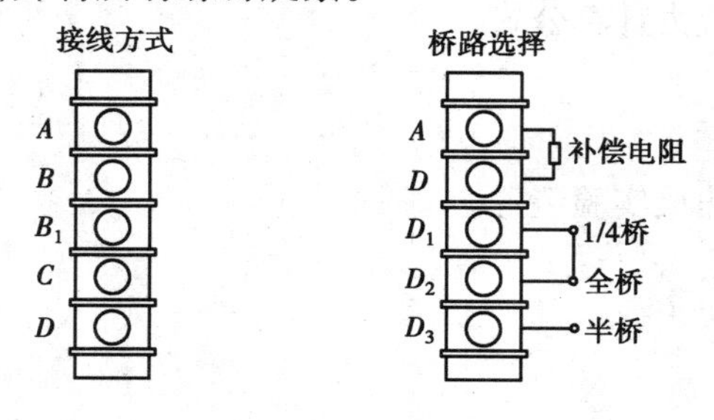

图附 2.14

五、实验步骤

1. 找准试件上应变片的位置及其连接线的颜色。

2. 测量矩形截面梁的宽度 b 和高度 h、载荷作用点到梁支点距离 a 及各应变片到中性层的距离 y_i。

3. 拟订加载方案。可先选取适当的初载荷 P_0（一般取 $P_0=10\% P_{max}$ 左右，该实验载荷范围 $P_{max} \leqslant 5\ 000$ N），分4~6级加载。

4. 根据加载方案，调整好实验加载装置。

5. 按实验要求接好线，调整好仪器，检查整个测试系统是否处于正常工作状态。将应变仪清零。

6. 加载。均匀缓慢加载至初载荷 P_0，记下各点应变的初始读数；然后分级等增量加载，每增加一级载荷，依次记录各点电阻应变片的应变值 $\varepsilon_{i实}$，直至最终载荷。实验要求该步骤至少重复两次。

7. 做完实验后，卸掉载荷，关闭电源，整理好所用仪器设备，清理实验现场，将所用器设备复原。

六、注意事项

1. 测试仪未开机前，一定不能进行加载，以免损坏试件。

2. 实验前一定要设计好实验方案，准确测量实验计算用数据。

3. 加载过程中一定要缓慢加载，不可快速进行加载，以免测试数据不准确；同时，注意不要超过实验方案中预定的最大载荷，以免损坏试件。该实验的最大载荷为4 000 N。

4. 实验结束，一定要先将载荷卸掉，同时将加载附件一起卸掉，以免误操作损坏试件。

5. 确认载荷完全卸掉后，关闭仪器电源，整理实验台面。

七、实验结果处理

1. 实验值计算

根据测得的各点应变值 $\varepsilon_{i实}$，求出应变增量平均值 $\overline{\Delta\varepsilon_{i实}}$，代入胡克定律计算各点的实验应力值，因 $1\mu\varepsilon=10^{-6}\varepsilon$，所以

各点实验应力计算：

$$\Delta\sigma_{i实}=E\times\overline{\Delta\varepsilon_{i实}}\times10^{-6}\qquad(i=1,2,3,4,5)$$

2. 理论值计算

弯距增量
$$\Delta M=\frac{\Delta P\cdot a}{2}$$

各点理论值计算：

$$\sigma_{i理}=\frac{\Delta M y_i}{I_Z}\qquad(i=1,2,3,4,5)$$

3. 绘出实验应力值和理论应力值的分布图

分别以横坐标轴表示各测点的应力 $\varepsilon_{i实}$ 和 $\varepsilon_{i理}$，以纵坐标轴表示各测点距梁中性层位置 y_i，选用合适的比例绘出应力分布图。

附录2.5　空心圆管扭转剪应力测定实验

一、实验目的

1. 测定空心圆管在扭转变形作用下的扭转剪应力,并与理论值进行比较。
2. 进一步掌握电测法。

二、实验仪器和设备

1. 弯扭组合实验装置。
2. 静态电阻应变仪。
3. 游标卡尺、钢板尺。

三、试件

采用如图附2.15所示的铝制空心圆管,在距加载臂300 mm横截面外缘A、B、C、D点各贴一组应变花。

四、实验原理

空心圆管受纯扭转作用时,使圆筒发生扭转变形,圆筒的m点处于平面应力状态如图附2.15所示。在m点单元体上作用有由扭矩引起的剪应力τ_n,剪应力τ_n计算如下。

$$\tau_n = \frac{M_n}{W_T}$$

式中　M_n——扭矩,$M_n = P \cdot a$(a为扇形臂长度)

W_T——抗扭截面模量,对空心圆筒:$W_T = \frac{\pi D^3}{16}\left[1 - \left(\frac{d}{D}\right)^4\right]$

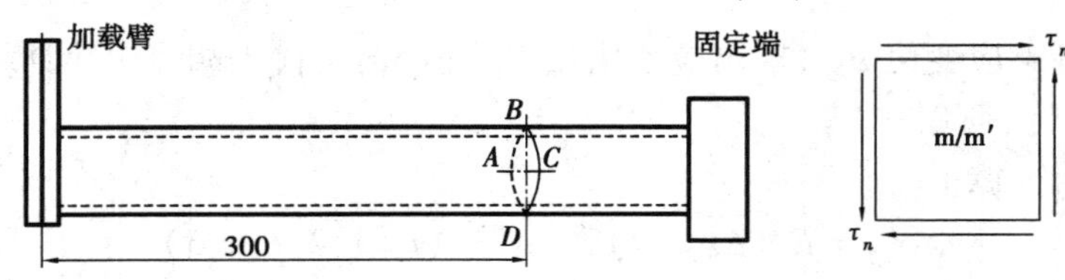

图附2.15

本实验装置采用45°直角应变花,在A、B、C、D点各贴一组应变花(图附2.16),应变花上三个应变片的α角分别为$-45°$、$0°$、$45°$。

当空心圆管受纯扭转时,B或D两点方向45°和$-45°$方向的应变片都是沿主应力方向,主应力σ和剪应力τ数值相等。实验采用半桥组桥方式,测量B、D两点的剪切应变,即R_4和R_6、R_{10}和R_{12}两两采用半桥组桥方式进行测量。由广义胡克定律及$G = \frac{E}{2(1+\mu)}$,可得到截面$m - m'$的扭矩产生的剪切应变$\gamma = \varepsilon_{45^0} - \varepsilon_{-45^0}$,于是$B$和$D$两点所在截面的扭转剪应力实验值为:

$$\tau_n = \frac{E\varepsilon_d}{2(1+\mu)}$$

其中，ε_d——应变读数值。

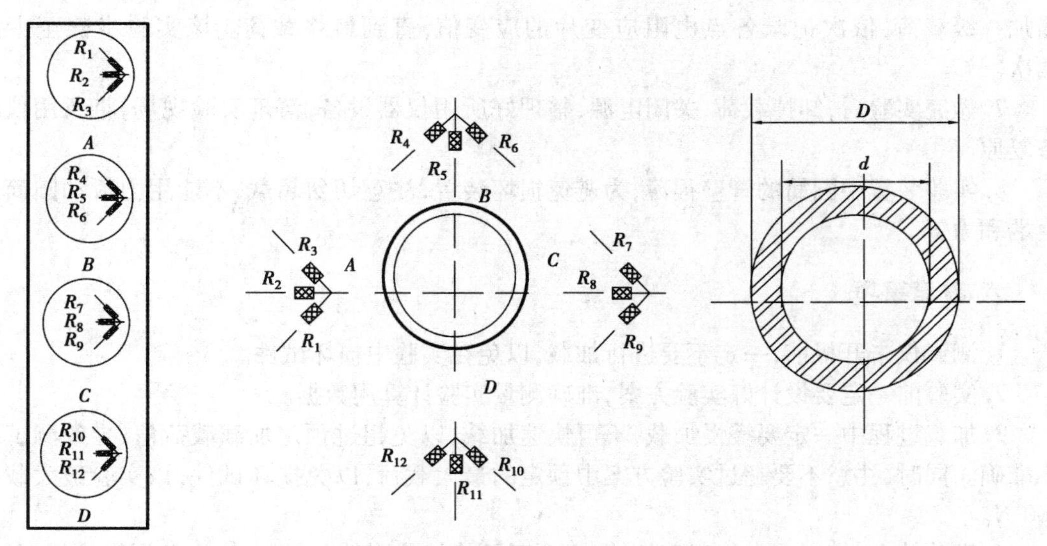

图附2.16

实验接桥采用半桥方式，应变片与应变仪组桥接线方法如图附2.17所示。使用空心圆管顶点和底部应变花的45°应变片（即工作应变片）组成半桥连接到应变仪测点的A/B和B/C上，桥路选择端的A/D点悬空，测点上的B和B_1用短路片断开，桥路选择短接线连接到D_2/D_3点，并将所有螺钉旋紧。

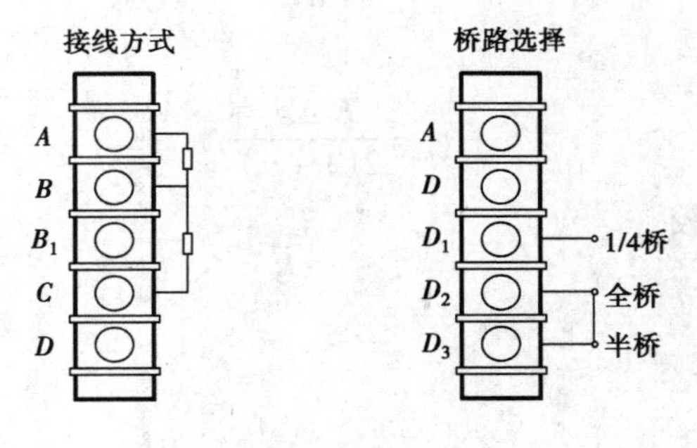

图附2.17

五、实验步骤

1. 找准试件上应变片的位置及其连接线的颜色。

2. 测量试件尺寸、扇形臂长度，确定试件有关参数。

3. 将空心圆管上的应变片按测试要求接到仪器上，组成测量电桥，即将B和D两点的R_4和R_6、R_{10}和R_{12}应变片两两采用半桥组桥方式进行测量。调整好仪器，检查整个测试系统是否处于正常工作状态。

4. 拟订加载方案。可先选取适当的初载荷P_0（一般取$P_0 = 10\% P_{max}$左右，该实验载荷范

围 $P_{max} \leqslant 700\ N$)，分 4 ~ 6 级加载。

5. 根据加载方案，调整好实验加载装置。将应变仪清零。

6. 加载。均匀缓慢加载至初载荷 P_0，记下各点应变的初始读数；然后分级等增量加载，每增加一级载荷，依次记录各点电阻应变片的应变值，直到最终载荷。该实验步骤至少重复两次。

7. 做完实验后，卸掉载荷，关闭电源，整理好所用仪器设备，清理实验现场，将所用仪器设备复原。

8. 实验装置中圆筒的管壁很薄，为避免损坏装置，注意切勿超载，不能用力扳动圆筒的自由端和力臂。

六、注意事项

1. 测试仪未开机前，一定不要进行加载，以免在实验中损坏试件。

2. 实验前一定要设计好实验方案，准确测量实验计算用数据。

3. 加载过程中一定要缓慢加载，不可快速加载，以免超过预定加载载荷值，导致测试数据不准确。同时，注意不要超过实验方案中预定的最大载荷，以免损坏试件；该实验最大载荷为 700 N。

4. 实验结束，一定要先将载荷卸掉，必要时可将加载附件一起卸掉，以免误操作损坏试件。

5. 确认载荷完全卸掉后，关闭仪器电源，整理实验台面。

七、实验结果处理

1. 理论扭转剪应力

计算公式为：

$$\tau_n = \frac{M_n}{W_T}$$

2. 实测扭转剪应力

计算公式为：

$$\tau_n = \frac{E\,\overline{\Delta\varepsilon_d}}{2(1+\mu)}$$

3. 实验值与理论值比较

附录2.6 实验报告(参考样本)

<table>
<tr><td colspan="2">年级、专业、班</td><td></td><td>学 号</td><td></td><td>姓 名</td><td></td><td>成 绩</td><td></td></tr>
<tr><td colspan="2">实验项目名称</td><td colspan="4">1. 金属材料的拉伸试验</td><td>指导教师</td><td colspan="2"></td></tr>
<tr><td>教师评语</td><td colspan="8">实验指导教师签字：
年 月 日</td></tr>
<tr><td>实验目的</td><td colspan="8"></td></tr>
<tr><td>实验原理</td><td colspan="8"></td></tr>
<tr><td rowspan="3">实验设备</td><td colspan="3">试验机名称及型号</td><td colspan="5"></td></tr>
<tr><td colspan="3">最大试验力</td><td></td><td colspan="2">负荷测量精度</td><td colspan="2"></td></tr>
<tr><td colspan="3">量具名称及型号</td><td></td><td colspan="2">量具分度值</td><td colspan="2"></td></tr>
<tr><td rowspan="6">试件尺寸</td><td rowspan="3">实验前</td><td>材 料</td><td>截面Ⅰ
d_{01}
/mm</td><td>截面Ⅱ
d_{02}
/mm</td><td>截面Ⅲ
d_{03}
/mm</td><td>最小直径
d_0
/mm</td><td>最小横截面积
A_0
/mm^2</td><td>原始标距长度
L_0
/mm</td></tr>
<tr><td>低碳钢</td><td></td><td></td><td></td><td></td><td></td><td></td></tr>
<tr><td>灰铸铁</td><td></td><td></td><td></td><td></td><td></td><td></td></tr>
<tr><td rowspan="3">实验后</td><td colspan="5">端口(颈缩)处最小直径 d_1/mm</td><td>断口横截面积
A_1/mm^2</td><td>断后标距长度
L_1/mm</td></tr>
<tr><td rowspan="2">低碳钢</td><td></td><td></td><td>平 均</td><td></td><td></td><td></td></tr>
<tr><td></td><td></td><td></td><td></td><td></td><td></td></tr>
<tr><td rowspan="7">机械性能</td><td colspan="6">实验记录及计算结果</td><td>低碳钢</td><td>灰铸铁</td></tr>
<tr><td colspan="6">屈服载荷 F_s/kN</td><td></td><td></td></tr>
<tr><td colspan="6">最大载荷 F_b/kN</td><td></td><td></td></tr>
<tr><td colspan="6">屈服极限 σ_s/MPa</td><td></td><td></td></tr>
<tr><td colspan="6">强度极限 σ_b/MPa</td><td></td><td></td></tr>
<tr><td colspan="6">延伸率 δ/%</td><td></td><td></td></tr>
<tr><td colspan="6">断面收缩率 ψ/%</td><td></td><td></td></tr>
<tr><td colspan="8"></td><td></td></tr>
</table>

续表

材料	低碳钢	灰铸铁
拉伸图	F ΔL	F ΔL
断口形状		

讨论：

1. 参考试验机自动绘出的拉伸图，分析试件从加力至断裂的过程可分为几个阶段？相应于每一阶段的拉伸曲线的特点和物理意义是什么？
2. σ_s 和 σ_b 是不是试件在屈服和断裂时的真实应力？为什么？
3. 由拉伸实验测定的材料机械性能在工程上有何实用价值？

年级、专业、班		学　号		姓　名		成　绩	
实验项目名称	2. 金属材料的压缩实验				指导教师		
教师评语	实验指导教师签名： 年　　月　　日						
实验目的							
实验原理							

实验设备	试验机名称及型号		最大试验力	
	使用量程		量程分度值	
	量具名称及型号		量具分度值	

试件尺寸			机械性能	实验记录及计算结果	低碳钢	灰铸铁
	低碳钢	灰铸铁		屈服载荷 F_s/kN		
直径 d_0/mm				最大载荷 F_b/kN		
面积 A_0/mm^2				屈服极限 σ_s/MPa		
高度 h_0/mm				强度极限 σ_b/MPa		
实验指导教师签名：						

材料	低碳钢	灰铸铁
压缩图	F Δh	F Δh

讨论：

1. 为什么灰铸铁试件压缩时沿 45°的方向破裂？

2. 由两种材料（低碳钢和灰铸铁）拉伸与压缩的试验结果，归纳整理塑性材料和脆性材料的力学性能及破坏形式。

<table>
<tr><td>年级、专业、班</td><td></td><td>学　号</td><td></td><td>姓　名</td><td></td><td>成　绩</td><td></td></tr>
<tr><td>实验项目名称</td><td colspan="4">3. 低碳钢弹性模量和泊松比测定实验</td><td>指导教师</td><td colspan="2"></td></tr>
<tr><td>教师评语</td><td colspan="7">实验指导教师签名：
年　　月　　日</td></tr>
<tr><td>实验目的</td><td colspan="7"></td></tr>
<tr><td>实验原理</td><td colspan="7"></td></tr>
<tr><td rowspan="2">实验设备</td><td>试验机名称及型号</td><td colspan="6"></td></tr>
<tr><td>仪器名称及型号</td><td colspan="2"></td><td>仪器分度值</td><td colspan="3">$1\mu\varepsilon$</td></tr>
</table>

<table>
<tr><td colspan="4">试件尺寸</td></tr>
<tr><td>平均截面积 A/mm^2</td><td>1</td><td>2</td><td>3</td></tr>
<tr><td></td><td></td><td></td><td></td></tr>
</table>

<table>
<tr><td colspan="7">实验数据记录</td></tr>
<tr><td colspan="2">载荷/N</td><td>载荷增量/N</td><td>读数 $\varepsilon_d(\mu\varepsilon)$</td><td>增量 $\Delta\varepsilon$</td><td>读数 ε'_d</td><td>增量 $\Delta\varepsilon'$</td></tr>
<tr><td>P_0</td><td></td><td></td><td></td><td></td><td></td><td></td></tr>
<tr><td>P_1</td><td></td><td></td><td></td><td></td><td></td><td></td></tr>
<tr><td>P_2</td><td></td><td></td><td></td><td></td><td></td><td></td></tr>
<tr><td>P_3</td><td></td><td></td><td></td><td></td><td></td><td></td></tr>
<tr><td>P_4</td><td></td><td></td><td></td><td></td><td></td><td></td></tr>
<tr><td colspan="7">实验指导教师签名：</td></tr>
<tr><td colspan="3">载荷增量平均值 $\Delta P=$</td><td colspan="2">$\Delta\varepsilon=$</td><td colspan="2">$\Delta\varepsilon'=$</td></tr>
</table>

续表

弹性模量 $E=$	泊松比 $\mu=$
σ-ε 图	

讨论：

1. 与一次加载法测定弹性模量 E 和泊松比 μ 相比，采用增量法测定 E 和 μ 有何优点？
2. 试分析纵向应变片和横向应变片粘贴不准对测试结果的影响。

年级、专业、班		学　号		姓　名		成　绩	
实验项目名称	4.梁的弯曲正应力实验				指导教师		
教师评语	实验指导教师签名： 年　　月　　日						
实验目的							
实验原理							
实验设备	试验台名称						
	仪器名称及型号		分度值	$1\mu\varepsilon$			

应变片至中性层距离/mm		梁的尺寸和有关参数
y_1	−20	宽度 $b=$　　mm
y_2	−10	高度 $h=$　　mm
y_3	0	跨度 $L=$　　mm
y_4	10	载荷距离 $a=$　　mm
y_5	20	弹性模量 $E=206$ GPa
		泊松比 $\mu=0.26$
		惯性矩 $I_z=$

载荷/N							
	P						
	ΔP						

续表

实验数据（$\mu\varepsilon$）								
	1	ε_p						
		$\Delta\varepsilon_p$						
		$\overline{\Delta\varepsilon_p}$						
	2	ε_p						
		$\Delta\varepsilon_p$						
		$\overline{\Delta\varepsilon_p}$						
	3	ε_p						
		$\Delta\varepsilon_p$						
		$\overline{\Delta\varepsilon_p}$						
	4	ε_p						
		$\Delta\varepsilon_p$						
		$\overline{\Delta\varepsilon_p}$						
	5	ε_p						
		$\Delta\varepsilon_p$						
		$\overline{\Delta\varepsilon_p}$						

测　点	实验值 $\sigma_{实}$/MPa	理论值 $\sigma_{理}$/MPa	相对误差/%
1			
5			

讨论：

1. 分析理论值和实验值误差的原因？
2. 弯曲正应力的大小是否受材料弹性模量 E 的影响？

年级、专业、班		学　号		姓　名		成　绩	
实验项目名称	5.空心圆管扭转剪应力实验				指导教师		
教师评语	实验指导教师签名： 年　　月　　日						
实验目的							
实验原理							

实验设备				
实验设备	试验台名称			
	仪器名称及型号		分度值	$1\mu\varepsilon$

圆筒的尺寸和有关参数	
计算长度 $L=300$ mm	弹性模量 $E=70$ GPa
外径 $D=40$ mm	泊松比 $\mu=0.3$
内径 $d=34$ mm（铝）	
扇臂长度 $a=248$ mm	

载荷/N		P						
		ΔP						
实验数据（$\mu\varepsilon$）	B点	ε_d						
		$\Delta\varepsilon_d$						
	D点							
		$\overline{\Delta\varepsilon_d}$						

讨论：

1. 简要分析误差产生的原因？
2. 为何应变花上三个应变片分别为 $-45°$，$0°$，$45°$ 方向布置？

习题参考答案

习题2

2.1　$F_{X1}=3.5\ \text{N}, F_{X2}=5\ \text{N}, F_{X3}=-30\ \text{N}$

$M_O(F_1)=-3.54\ \text{N·m}, M_O(F_2)=28.5\ \text{N·m}, M_O(F_3)=-180\ \text{N·m}$

2.2　$F_{X1}=50\sqrt{2}\ \text{N}, F_{Y1}=50\sqrt{2}\ \text{N}, M_O(F_1)=0$

$F_{X2}=100\ \text{N}, F_{Y2}=0, M_O(F_2)=100\ \text{N·m}$

$M_O(M_1)=-M_1=-300\ \text{N·m}, M_O(M_2)=M_2=450\ \text{N·m}$

2.3　$F_R'=32.83\ \text{N}, M_O=19.57\ \text{N·m}$

2.4　(1) $F_R'=0, M_O=3Fl$

(2) $F_R'=0, M_A=3Fl$

2.5　$F_R'=42.01\ \text{kN}, \alpha=52.48°, d=0.777\ \text{m}$

2.6　$F_R=F, x=\dfrac{4-\sqrt{3}}{2}a$

2.7　$x_C=5\ \text{cm}, y_C=2.26\ \text{cm}$

2.8　$x_C=-\dfrac{F^2R}{2(R^2-F^2)}, y_C=0$

2.9　(a) $z_C=0\ \text{mm}, y_C=6.07\ \text{mm}$

(b) $z_C=11\ \text{mm}, y_C=0\ \text{mm}$

(c) $z_C=10.1\ \text{mm}, y_C=5.1\ \text{mm}$

(d) $z_C=0\ \text{mm}, y_C=17.5\ \text{mm}$

2.10　(a) $S_z=24\times10^3\ \text{mm}^3$；(b) $S_z=-42.25\times10^3\ \text{mm}^3$；(c) $S_z=30.5\times10^3\ \text{mm}^3$

2.11　(a) $I_z=2.18\times10^5\ \text{mm}^4$；(b) $I_z=3.63\times10^7\ \text{mm}^4$；(c) $I_z=1.23\times10^4\ \text{cm}^4$

2.12　$a=111\ \text{mm}$

习题3

3.1—3.2　无多余约束的几何不变体系。

3.3　几何可变体系,瞬变。

3.4　具有3个多余约束的几何不变体系。

3.5—3.8　无多余约束的几何不变体系。

3.9　具有5个多余约束的几何不变体系。

3.10—3.12　无多余约束的几何不变体系。

3.13　具有2个多余约束的几何不变体系。

3.14　无多余约束的几何不变体系。

3.15　几何可变体系,常变。

3.16　无多余约束的几何不变体系。

3.17　几何可变体系,瞬变。

3.18　无多余约束的几何不变体系。

习题4

4.1　略

4.2　略

4.3　略

4.4　$F_{AB}=54.64\ \text{kN}$　(拉),$F_{CB}=74.64\ \text{kN}$　(压)

4.5　$F_{BC}=5\ \text{kN}$　(压)

4.6　$M_1/M_2=2$

4.7　$F_{BC}=\dfrac{M}{2\sqrt{2}a}$

4.8　(a)$F_{XA}=\dfrac{\sqrt{3}}{2}F_1(\rightarrow)$,　$F_{YK}=\dfrac{1}{6}(F_1+4F_2)(\uparrow)$,　$F_B=\dfrac{1}{3}(F_1+F_2)(\uparrow)$

(b)$F_{XA}=\dfrac{1}{3\sqrt{3}}(2F_1+F_2)(\rightarrow)$,　$F_{YA}=\dfrac{1}{3}(F_1+2F_2)(\uparrow)$,　$F_B=\dfrac{2}{3\sqrt{3}}(2F_1+F_2)(\nwarrow)$

(c)$F_{XA}=0$,　$F_{YA}=\dfrac{1}{3}(2F+\dfrac{M}{a})(\uparrow)$,　$F_B=\dfrac{1}{3}(F-\dfrac{M}{a})(\uparrow)$

(d)$F_{XA}=0$,　$F_{YA}=\dfrac{1}{2}(-F+\dfrac{M}{a})(\uparrow)$,　$F_B=\dfrac{1}{2}(3F-\dfrac{M}{a})(\uparrow)$

(e)$F_{XA}=0$,　$F_{YA}=F_2-F_1(\uparrow)$,　$M_A=M+a(2F_2-F_1)$(逆时针)

(f)$F_{XA}=0$,　$F_{YA}=-3\ \text{kN}$,　$F_B=24.6\ \text{kN}(\uparrow)$

4.9　(a)$F_{YA}=ql(\uparrow)$　$M_A=ql^2/2$(逆)

(b)$F_{YC}=100\ \text{kN}(\uparrow)$　$M_C=30\ \text{kN}\cdot\text{m}$(逆)

(c)$F_{XA}=-F(\leftarrow)$,　$F_{YA}=3qa-\dfrac{5F}{6}(\uparrow)$,　$F_B=3qa+\dfrac{5F}{6}(\uparrow)$

(d)$F_{XA}=\dfrac{qa}{2}(\rightarrow)$,　$F_{YA}=qa(\uparrow)$,$F_B=-\dfrac{qa}{2}(\leftarrow)$

4.10　(a)$M_A=254.84\ \text{kN}\cdot\text{m}$　(逆时针),　$F_{YA}=101.21\ \text{kN}(\uparrow)$

(b)$F_{YA}=17\ \text{kN}(\uparrow)$

(c)$F_{YA}=10\ \text{kN}(\uparrow)$

(d) $F_{YA}=52.5\ \text{kN}(\uparrow)$

4.11 (a) $F_{YA}=100\ \text{kN}(\uparrow)$

(b) $F_{YA}=ql(\uparrow)$

(c) $F_{YB}=\frac{15}{2}\ \text{kN·m}(\uparrow)$ $F_{YA}=\frac{15}{12}\ \text{kN·m}(\rightarrow)$

(d) $F_{YA}=45\ \text{kN}\ (\uparrow)$

习题 5

5.1 $F_{N1}=-20\ \text{kN},\sigma_1=-100\ \text{MPa}$

$F_{N2}=-10\ \text{kN},\sigma_2=-33.3\ \text{MPa}$

$F_{N3}=10\ \text{kN},\sigma_3=25\ \text{MPa}$

5.2 $\Delta_D=\frac{Fl}{3EA}$

5.3 (1) 最大压力 $N_{CB}=260\ \text{kN}$

(2) $\sigma_{AC}=-2.5\ \text{MPa},\sigma_{CB}=-6.5\ \text{MPa}$

(3) $\varepsilon_{AC}=-0.025\times10^{-3},\varepsilon_{CB}=-0.065\times10^{-3}$

(4) $\Delta_l=-1.35\ \text{mm}$

5.4 $\sigma_{AB}=74\ \text{MPa}$

5.5 $d=26\ \text{mm},a=124\ \text{mm}$

5.6 $[F]=68\ \text{kN}$

5.7 $[F]=15\ \text{kN},\Delta=2.5\ \text{mm}$

5.8 $[l]=780\ \text{m}$

5.9 $A_1=0.576\ \text{m}^2,A_2=0.665\ \text{m}^2,\Delta=2.24\ \text{mm}$

5.10 $\Delta l=\frac{\gamma l^2}{2E}=\frac{\frac{W}{2}l}{EA}$，其中 W 为自重

5.11 $F_{cr}=151\ \text{kN}$

5.12 BC 杆

5.13 610 kN

5.14 $d=14\ \text{mm}$

习题 6

6.1 不满足强度要求 改用直径 33 mm 的销钉。

6.2 抗剪强度、挤压强度满足要求。

6.3 略

6.4 $m_q=0.0135(\text{kN·m})/\text{m}$

6.5 (1) $\tau_{max}=71.4\ \text{MPa},\varphi=1.02°$

(2) $\tau_A=\tau_B=71.4\ \text{MPa},\tau_C=35.7\ \text{MPa}$

(3) $\gamma_C=0.0005$

6.6　AE 段 $\tau_{max}=44.6$ MPa，　$\theta=0.46(°)/m$
　　BC 段 $\tau_{max}=71.4$ MPa，　$\theta=1.02(°)/m$

习题 7

7.1　(a) $M_B=10$ kN·m　(上部受拉)，$F_{QB}^l=15\sqrt{2}$ kN
　　(b) $M_C=17$ kN·m　(下部受拉)，$F_{QC}^l=17$ kN
　　　$M_D=26$ kN·m　(下部受拉)，$F_{QD}=9$ kN
　　(c) $M_A=20$ kN·m　(上部受拉)，$F_{QA}^l=-20$ kN
　　(d) $M_B=10$ kN·m，$M_D^l=30$ kN·m　(下部受拉)，$F_{QD}=-7.5$ kN
　　(e) $M_D=80$ kN·m　(上部受拉)，$F_{QD}^k=80$ kN，$F_{QD}^l=100$ kN
　　(f) $M_F^r=\frac{ql^2}{2}$，　$M_F^l=-\frac{ql^2}{2}$　$F_{QF}=-ql$

7.2　略

7.3　(a) $M_A=20$ kN·m(上部受拉)
　　(b) $M_B=3$ kN·m(上部受拉)
　　(c) $M_A=m$(下部受拉)
　　(d) $M_B=120$ kN·m(上部受拉)

7.4　$\sigma_{max}=22.2$ MPa

7.5　$\sigma_{t,max}=10.4$ MPa，发生 C 截面的下缘。

7.6　$a=2.12$ m，$q=25$ kN/m

7.7　$a=1.39$ m

7.8　满足强度要求。

7.9　$q=1.96$ kN/m

7.10　$n=3.71$

7.11　$W_z=412\ cm^3$，选用两个 8 号槽钢。

7.12　$b=510$ mm

7.13　$\tau_{max}=8.96$ MPa

7.14　$\tau_a=\tau_b=\tau_c=0.45$ MPa

7.15　$[F]=3.94$ kN

7.16　$\tau_{max}=0.444$ MPa

7.17　$\tau_{max}=4.125$ MPa

7.18　(a) $y_A=0,\theta_A=0,y_B=0$
　　(b) $y_A=0,y_B=0,y_D=0$
　　(c) $y_A=0,y_B=0$
　　(d) $y_A=0,y_B=\frac{ql}{2C}$
　　(e) $y_A=0,y_B=\frac{qlh}{2EA}$

7.19　(a) $\theta_A=\frac{Fl^2}{12EI}, y_B=\frac{Fl^3}{8EI}, \theta_B=\frac{-7Fl^2}{24EI}$

(b) $\theta_A=\frac{-5ql^3}{8EI}, y_B=\frac{5ql^4}{24EI}, \theta_B=\frac{-3ql^3}{8EI}$

(c) $\theta_A=0, y_B=\frac{ql^4}{8EI}, \theta_B=\frac{ql^3}{6EI}$

(d) $\theta_A=\frac{qa^3}{3EI}, y_B=\frac{-qa^4}{3EI}, \theta_B=\frac{-qa^3}{3EI}$

7.20　(a) $y_B=\frac{ql^4}{8EI}-\frac{Fl^3}{3EI}, \theta_B=\frac{ql^3}{6EI}-\frac{Fl^2}{2EI}$

(b) $y_B=\frac{163ql^4}{24EI}, \theta_B=\frac{19ql^3}{6EI}$

(c) $y_B=\frac{14ma^2-3Fa^3}{12EI}, \theta_B=\frac{3Fa^2-20ma}{12EI}$

(d) $y_B=\frac{Fl^3}{8EI}, \theta_B=\frac{-7Fl^2}{24EI}$

(e) $y_B=\frac{5qa^4}{24EI}, \theta_B=\frac{-3qa^3}{8EI}$

(f) $y_B=\frac{5qa^4}{48EI}, \theta_B=\frac{-qa^3}{48EI}$

7.21　(a) $y_C=\frac{-5qa^4}{24EI}$；(b) $y_C=\frac{M_e a^2}{3EI}$

7.22　$d=158$ mm

7.23　略

7.24　$\sigma_1=34.7, \sigma_3=-54.7, \alpha_1=26.6, \tau_{max}=44.7$

7.25　(a) $\sigma_1=70$ MPa, $\sigma_2=30$ MPa, $\sigma_3=0$, $\tau_{max}=35$ MPa

(b) $\sigma_1=50$ MPa, $\sigma_2=0$, $\sigma_3=-50$ MPa, $\tau_{max}=50$ MPa

(c) $\sigma_1=55.4$ MPa, $\sigma_2=0$, $\sigma_3=-115.4$ MPa, $\tau_{max}=85.4$ MPa

(d) $\sigma_1=100$ MPa, $\sigma_2=0$, $\sigma_3=0$, $\tau_{max}=50$ MPa

7.26　$\sigma_{1,a}=211, \sigma_{1,b}=210, \sigma_3=-17, \sigma_{1,c}=-\sigma_{3,c}=85$

7.27　$\gamma=0.27$

7.28　(a) 34.7, 48.4, 89.4, 78；(b) 130, 130, 160, 140

习题 8

8.1　$\sigma_a=0.2$ MPa, $\sigma_b=10.2$ MPa, $f_z=11.2$ mm, $f_y=6.9$ mm

8.2　(1) $\sigma_{c,max}=\frac{8F}{3a^2}$；(2) $\sigma_c=2\frac{F}{a^2}$

8.3　$f_C=4.6$ mm

8.4　$d=55.8$ mm

习题 9

9.1　略

9.2 (a) $F_{Na}=60\ \text{kN}, F_{Nb}=-60\ \text{kN}, F_{Nc}=120\ \text{kN}$

(b) $F_{Na}=-60\ \text{kN}, F_{Nb}=-66.7\ \text{kN}, F_{Nc}=30.1\ \text{kN}$

(c) $F_{Na}=300\ \text{kN}, F_{Nb}=0, F_{Nc}=-300\ \text{kN}$

9.3 $\sigma_{AC}=136\ \text{MPa}, \sigma_{BD}=131\ \text{MPa}, \Delta\tau_{AC}=\Delta_A=1.62\ \text{mm}, \Delta\tau_{DB}=\Delta_B=0.59\ \text{mm}$

9.4 (a) $M_{BC}=\frac{1}{2}ql^2$ （上部受拉），$F_{QBC}=ql, F_{NBC}=0$

(b) $M_{BC}=\frac{1}{2}Pl$ （上部受拉），$F_{QBC}=0, F_{NBC}=-P$

(c) $M_{BC}=\frac{1}{2}ql^2$ （上部受拉），$F_{QBC}=0, F_{NBC}=-ql$

(d) $M_{BC}=3Pl$ （左侧受拉），$F_{QBC}=0, F_{NBC}=P/2$

(e) $M_{BC}=30\ \text{kN}\cdot\text{m}$ （左侧受拉），$F_{QBC}=0, F_{NBC}=-100\ \text{kN}$

9.5 (a) $M_{DC}=\frac{1}{8}ql^2$

(b) $M_{BA}=20\ \text{kN}\cdot\text{m}$ （右侧受拉）

(c) $M_{DA}=12.5\ \text{kN}\cdot\text{m}$ （外侧受拉）

(d) $M_{EA}=Pa/2$ （内侧受拉）

9.6 略

9.7 (a) $F_{YA}=30\ \text{kN}(\uparrow), F_H=20\ \text{kN}, M_K=60\ \text{kN}\cdot\text{m}$ （下部受拉）

$F_{QK}^{l}=-17.89\ \text{kN}, F_{NK}^{l}=31.29\ \text{kN}$

(b) $M_K=-29\ \text{kN}\cdot\text{m}$ （上部受拉），$F_{QK}=18.3\ \text{kN}, F_{NK}=68.3\ \text{kN}$

9.8 $\sigma_{AE}=159.1\ \text{MPa}, \sigma_{EC}=154.8\ \text{MPa}$

9.9 (a) $M_{CA}=150\ \text{kN}\cdot\text{m}$ （外侧受拉）

(b) $M_{BA}=0$

9.10 图示桁架，各杆 EA 相同。计算荷载引起的指定位移。

(a) $\Delta_{DH}=\frac{20+40\sqrt{2}}{EA}(\rightarrow)$

(b) $\Delta_{CV}=\frac{500(1+\sqrt{2})}{EA}(\downarrow)$

9.11 (a) $\Delta_{CV}=\frac{100}{3EI}(\downarrow)$ $Q_A=\frac{80}{3EI}$（顺）

(b) $\theta_{c(l,r)}=\frac{33}{2EI}$(⊃⊂) $\Delta_{CV}=\frac{11}{EI}(\uparrow)$

9.12 用图乘法计算下列刚架的指定位移。
各杆 EI 相同且为常数。

(a) $\Delta_{BH}=\frac{1\,188}{EI}(\rightarrow)$ $\varphi_A=\frac{216}{EI}$（顺）

(b) $\Delta_{CV}=\frac{432}{EI}(\downarrow)$

9.13 $\varphi_A=\frac{2\,560}{3EI}$(↲)

9.14 $\Delta_{DV}=\frac{-a}{480}$ （↑）

习题10

10.1 (a)2次,(b)2次,(c)6次,(d)7次,(e)4次,(f)10次

10.2 (a)$M_{AB}=\frac{3Pl}{16}$ （上部受拉）

(b)$M_{AB}=-\frac{Pl}{2}$ （下部受拉）

(c)$M_{AB}=\frac{2}{3}ql^2$ （上部受拉）

10.3 (a)$M_{DA}=\frac{Pl}{2}$ （下部受拉）

$M_{CB}=\frac{pl}{2}$（下部受拉）

(b)$M_{BA}=45\ \text{kN}\cdot\text{m}$ （左侧受拉）

10.4 $F_{NCE}=9$

10.5 $M_{AC}=2.32\ \text{kN}\cdot\text{m}$

10.6 略

10.7 (a)3,(b)1,(c)1,(d)8,(e)7,(f)4,(g)2,(h)4

10.8 (a)$M_{AB}=-2.67\ \text{kN}\cdot\text{m}$,$M_{CB}=32.67\ \text{kN}\cdot\text{m}$

(b)$M_{DC}=14.29\ \text{kN}\cdot\text{m}$,$M_{DB}=8.57\ \text{kN}\cdot\text{m}$ $M_{CA}=-2.86\ \text{kN}\cdot\text{m}$

(c)$M_{AC}=\frac{ql^2}{104}$

(d)$M_{BA}=20\ \text{kN}\cdot\text{m}$,$M_{BC}=20\ \text{kN}\cdot\text{m}$ $M_{CB}=10\ \text{kN}\cdot\text{m}$

10.9 (a)$M_{BA}=45.9\ \text{kN}\cdot\text{m}$

(b)$M_{AB}=56.4\ \text{kN}\cdot\text{m}$

(c)$M_{BA}=39.6\ \text{kN}\cdot\text{m}$

(d)$M_{AB}=45.5\ \text{kN}\cdot\text{m}$,$M_{CD}=-308.3\ \text{kN}\cdot\text{m}$

(e)$M_{BA}=100.5\ \text{kN}\cdot\text{m}$

10.10 (a)$M_{BA}=\frac{ql^2}{24}$ （左侧受拉）

(b)$M_{EC}=2.14\ \text{kN}\cdot\text{m}$

(c)$M_{CA}=\frac{Pl}{2}$ （右侧受拉）

(d)$M_{AC}=\frac{m}{4}$ （下部受拉）

习题11

11.1 略

11.2 略

11.3 略

11.4 (a)$R_C=2qa, M_C=-qa^2$;(b)$R_C=\frac{17}{6}qa, M_C=-qa^2$

11.5 $R_{B,\max}=110\ \text{kN}, R_{B,\min}=5\ \text{kN}, F_{QC,\max}=40\ \text{kN}, F_{QC,\min}=-35\ \text{kN}$,
$M_{C,\max}=120\ \text{kN}\cdot\text{m}, M_{C,\min}=-60\ \text{kN}\cdot\text{m}$

11.6 $M_F=11.25\ \text{kN}\cdot\text{m}$

11.7 略

11.8 $M_{C,\max}=\frac{850}{3}\ \text{kN}\cdot\text{m}$

参考文献

[1] 哈尔滨工业大学. 理论力学[M]. 北京:高等教育出版社,2009.
[2] 重庆大学. 理论力学(建筑力学第一分册)[M]. 北京:高等教育出版社,2010.
[3] 董卫华. 理论力学[M]. 武汉:武汉理工大学版社,2002.
[4] 孙训方. 材料力学[M]. 北京:高等教育出版社,2002.
[5] 于光瑜,秦惠民. 材料力学(建筑力学第二分册)[M]. 北京:高等教育出版社,1999.
[6] 武建华. 材料力学[M]. 重庆:重庆大学出版社,2002.
[7] 粟一凡. 材料力学[M]. 北京:高等教育出版社,1983.
[8] [苏]T. C. 皮萨连科. 材料力学手册[M]. 范钦珊,译. 北京:中国建筑工业出版社,1981.
[9] [美]S. P. 铁木辛科. 材料力学[M]. 胡人礼,译. 北京:科学出版社,1978.
[10] [美]S. P. 铁木辛科. 材料力学史[M]. 常振戢,译. 上海:上海科学技术出版社,1961.
[11] 李家宝. 结构力学(建筑力学第三分册)[M]. 北京:高等教育出版社,1999.
[12] 孙俊,张长领. 结构力学Ⅰ[M]. 重庆:重庆大学出版社,2001.
[13] 王焕定,章梓茂,景瑞. 结构力学(Ⅰ)[M]. 北京:高等教育出版社,1999.
[14] 杨弗康,李家宝. 结构力学[M]. 北京:高等教育出版社,1998.
[15] 龙驭球,包世华. 结构力学教程[M]. 北京:高等教育出版社,1988.
[16] 徐新济,李恒增. 结构力学学习方法及解题指导[M]. 上海:同济大学出版社,2001.
[17] [日]和泉正哲. 建筑结构力学[M]. 薛松涛,陈镕,译. 西安:西安交通大学出版社,2003.
[18] 周国瑾,施美丽,张景良. 建筑力学[M]. 上海:同济大学出版社, 2000.
[19] 罗福午. 建筑结构概念体系与估算[M]. 北京:清华大学出版社,1991.
[20] 罗福午,张惠英,杨军. 建筑结构概念设计及案例[M]. 北京:清华大学出版社,2003.